150 Ja...
Wissen für die Zukunft
Oldenbourg Verlag

Signalverarbeitung

Zeit-Frequenz-Analyse und Schätzverfahren

von
Prof. Dr. Uwe Kiencke,
Dipl.-Ing. Michael Schwarz,
Dipl.-Ing. Thomas Weickert

Oldenbourg Verlag München

Prof. Dr. Uwe Kiencke lehrt seit 1992 an der Universität Karlsruhe (TH) am Institut für Industrielle Informationstechnik (IIIT). Nach Studium und Promotion war er von 1972-1987 bei der Robert Bosch GmbH, Schwieberdingen und von 1988-1992 bei Siemens Automotive, Regensburg. 1987 wurde er mit dem Arch T. Colwell Merit Award der Society of Automotive Engineers (USA) ausgezeichnet.

Dipl.-Ing. Michael Schwarz ist Wissenschaftlicher Mitarbeiter am Institut für Industrielle Informationstechnik der Universität Karlsruhe (TH).

Dipl.-Ing. Thomas Weickert ist Wissenschaftlicher Mitarbeiter am Institut für Industrielle Informationstechnik der Universität Karlsruhe (TH).

Bibliografische Information der Deutschen Nationalbibliothek

Die Deutsche Nationalbibliothek verzeichnet diese Publikation in der Deutschen Nationalbibliografie; detaillierte bibliografische Daten sind im Internet über <http://dnb.d-nb.de> abrufbar.

© 2008 Oldenbourg Wissenschaftsverlag GmbH
Rosenheimer Straße 145, D-81671 München
Telefon: (089) 4 50 51-0
oldenbourg.de

Lektorat: Anton Schmid
Herstellung: Dr. Rolf Jäger
Coverentwurf: Kochan & Partner, München
Gedruckt auf säure- und chlorfreiem Papier
Druck: Grafik + Druck, München
Bindung: Thomas Buchbinderei GmbH, Augsburg

ISBN 978-3-486-58668-8

Vorwort

In den letzten Jahren hat sich die Zeit-Frequenz-Analyse zu einer wichtigen Teildisziplin der Signalverarbeitung entwickelt, mit der auch Signale mit zeitvarianten Spektren behandelt werden können. Diese ist Teil einer Vorlesung, die ich an der Universität Karlsruhe halte.

Als mein Vorgänger Prof. Heinz Kronmüller im Jahre 1992 seine Abschiedsvorlesung hielt, machte er die Aussage, in der Signalverarbeitung seien nun alle wesentlichen Probleme gelöst. Gott sei Dank hat er sich in diesem Punkte geirrt. Bereits im Jahre 1996 musste ich die von ihm übernommene Vorlesung Signalverarbeitung wesentlich erweitern. So kommt es, dass ca. ⅔ des heutigen Stoffumfangs erst in den letzten Jahren neu hinzukam, wobei die vorherigen Themen stark gekürzt wurden.

Die im Wesentlichen hinzugekommene Zeit-Frequenz-Analyse umfasst die Signaldarstellung in Frames, die Kurzzeit-Fourier-Transformation, die Wavelet-Transformation und die Wigner-Ville-Verteilung. Als die Idee geboren wurde, aus dem Skriptum ein Buch zu entwickeln, war mir mein Mitarbeiter Dipl.-Ing. Michael Schwarz eine wichtige Stütze. Mit ihm konnte ich z. B. Beweise über Monate hinweg solange diskutieren, bis sie endlich mathematisch exakt waren. Mein Mitarbeiter Dipl.-Ing. Thomas Weickert steuerte aus seiner Forschungsarbeit die Abschnitte über die Wavelet Packets bei, die neue interessante Anwendungen für die Wavelet-Transformation eröffnen. Beiden Koautoren gilt mein Dank. Außerdem danke ich Herrn cand. el. Konrad Christ für die Erstellung des Skriptums und dem Oldenbourg Verlag für die Bereitschaft, das entstandene Buch zu vertreiben.

Das vorliegende Buch wendet sich an Studenten eines Master-Studiengangs und an Ingenieure, die auf dem Gebiet der Signalverarbeitung arbeiten. Den Leser mögen beim ersten Kennenlernen des Buches die vielen Formeln und die langen mathematischen Beweise abschrecken. Bei näherem Hinsehen wird er aber den Vorteil erkennen, dass alle Ableitungen Zeile für Zeile nachvollziehbar sind und dass nur die gängige Ingenieurmathematik verwendet wird. Als Eingangskenntnisse werden lediglich die Grundlagen der Signalverarbeitung vorausgesetzt, wie sie z. B. in [20], [23] und [35] zu finden sind. Eine Vielzahl von Beispielen aus aktuellen Projekten soll dazu beitragen, den Anwendungsbezug herzustellen. Damit werden die Leser in die Lage versetzt, sich den Stoff selbst anzueignen, und sich die weiterführende Literatur zu erschließen.

Mein Dank gilt neben den beiden Koautoren auch meiner Frau Margarete, die mich ermutigt hat, dieses Buch fertigzustellen, obwohl ich viele Wochenenden und immer wieder Teile unseres Urlaubs dafür verwendet habe.

Karlsruhe, März 2008 U. Kiencke

Inhaltsverzeichnis

1 Signaldarstellung in Funktionenräumen

Signale werden vorteilhafterweise als Elemente in einem Funktionenraum dargestellt. Dabei unterscheiden wir zwischen Energie-, Leistungs- und Zufallssignalen. Funktionensysteme, welche den Funktionenraum aufspannen, müssen die Eigenschaft der Vollständigkeit aufweisen (Hilbert-Raum). Neben Basisfunktionen werden Frames eingeführt, mit denen sich leichter eine redundante Signaldarstellung erreichen lässt.

Mit Hilfe von Integraltransformationen (z. B. Fourier-Transformation) werden zeitabhängige Signale in eine andere Darstellung überführt, z. B. in Abhängigkeit von der Frequenz. In der neuen Darstellung lassen sich manche Signaleigenschaften besser erkennen. Zur einfacheren Charakterisierung, wo die wesentlichen Signalanteile im Zeit- und Frequenzbereich lokalisiert sind, werden die mittlere Zeit, die mittlere Frequenz, die Zeitdauer und die Bandbreite eingeführt. Letztere können nicht beliebig gewählt werden, sondern verändern sich gegenläufig zueinander. Bei Vergrößerung der Zeitdauer wird die Bandbreite kleiner und umgekehrt. Das Zeitdauer-Bandbreite-Produkt ist damit eine wichtige Signal-Eigenschaft, die insbesondere für Fensterfunktionen und den von diesen verursachten Leckeffekt von Bedeutung ist. Ein weiterer wichtiger Begriff ist die Kompaktheit von Fensterfunktionen, weil von ihm abhängt, wie geeignet aus Fenstern abgeleitete zeit- oder frequenzverschobene Funktionensysteme sind, den Funktionenraum aufzuspannen. Dazu wird eine formelle Bedingung für die Kompaktheit formuliert. Aus solchen kompakten Funktionen werden in den folgenden Kapiteln Fenster für die Kurzzeit-Fourier-Transformation (Kapitel 2) und Mother-Wavelets für die Wavelet-Transformation erzeugt (Kapitel 3).

1.1 Energie- und Leistungssignale

Im Folgenden sollen einige Grundlagen der Signalverarbeitung kurz wiederholt werden, die als bekannt vorausgesetzt werden, und die z. B. in [20], [23] und [35] dargestellt sind.

1.1.1 Energiesignale

Definition 1.1 *Energiesignale*

Energiesignale haben über einem unendlich großen Definitionsintervall $t \in [-\infty, \infty]$ eine endliche Signalenergie.

Die quadratische Norm von Energiesignalen ist gleich der Signalenergie.

$$E_x = \int\limits_{-\infty}^{\infty} |x(t)|^2 \, dt < \infty \tag{1.1}$$

$$E_x = \|x(t)\|^2 = \langle x(t), x(t) \rangle_t \tag{1.2}$$

Dabei ist

$$s_{xx}^E(t) = |x(t)|^2 \tag{1.3}$$

die Energiedichte über der Zeit. Sie gibt an, welche Energieanteile des Signals zu welchen Zeiten auftreten. Der Quotient

$$\frac{s_{xx}^E(t)}{\|x(t)\|^2} \tag{1.4}$$

ist die normierte Energiedichte, wobei die normierte Signalfunktion die Energie $E_x = 1$ hat. Nach dem Satz von Parseval (siehe Anhang A.2) ändert sich die Signalenergie bei der Fourier-Transformation nicht, da diese ein unitärer Operator ist.

$$E_x = \|x(t)\|^2 = \int\limits_{-\infty}^{\infty} s_{xx}^E(t) \, dt = \int\limits_{-\infty}^{\infty} |x(t)|^2 \, dt \tag{1.5}$$

$$= \int\limits_{-\infty}^{\infty} |X(f)|^2 \, df = \int\limits_{-\infty}^{\infty} S_{xx}^E(f) \, df = \|X(f)\|^2 \tag{1.6}$$

$S_{xx}^E(f)$ ist das Energiedichtespektrum über der Frequenz. Es gibt an, welche Energieanteile des Signals bei welchen Frequenzen auftreten.

Ein Beispiel für Energiesignale sind die Impulsantworten stabiler linearer zeitinvarianter Systeme (engl.: linear time-invariant system, LTI-System). Sie haben bei stabilen LTI-Systemen eine endliche Signalenergie. Weiterhin haben alle Signale endliche Signalenergie, wenn sie in einem endlichen Zeitfenster definiert sind, außerhalb dessen die Amplitudenwerte zu Null gesetzt werden (Abschnitt 1.4).

Die folgende Beziehung wird in Abschnitt 1.6.4 benötigt.

Satz 1.1 *Polarisationsgleichung*

Für das Innenprodukt quadratisch integrierbarer Signale $x(t)$ und $y(t)$ gilt die Polarisationsgleichung [39]

$$\langle x(t), y(t) \rangle = \frac{1}{4} \Big[\|x(t) + y(t)\|^2 - \|x(t) - y(t)\|^2$$

$$+ j \|x(t) + jy(t)\|^2 - j \|x(t) - jy(t)\|^2 \Big] \tag{1.7}$$

Beweis 1.1

Die verschiedenen Normen werden ausmultipliziert.

$$\|x(t) + y(t)\|^2 = \|x(t)\|^2 + \langle x(t), y(t)\rangle + \langle y(t), x(t)\rangle + \|y(t)\|^2 \tag{1.8}$$

$$\|x(t) - y(t)\|^2 = \|x(t)\|^2 - \langle x(t), y(t)\rangle - \langle y(t), x(t)\rangle + \|y(t)\|^2 \tag{1.9}$$

$$\|x(t) + jy(t)\|^2 = \|x(t)\|^2 - j\langle x(t), y(t)\rangle + j\langle y(t), x(t)\rangle + \|y(t)\|^2 \tag{1.10}$$

$$\|x(t) - jy(t)\|^2 = \|x(t)\|^2 + j\langle x(t), y(t)\rangle - j\langle y(t), x(t)\rangle + \|y(t)\|^2 \tag{1.11}$$

Die einzelnen Terme werden in die Polarisationsgleichung eingesetzt.

$$\begin{aligned}
\langle x(t), y(t)\rangle = \frac{1}{4}\big(\ & \|x(t)\|^2 + \langle x(t), y(t)\rangle + \langle y(t), x(t)\rangle + \|y(t)\|^2 \\
& - \|x(t)\|^2 + \langle x(t), y(t)\rangle + \langle y(t), x(t)\rangle - \|y(t)\|^2 \\
& + j\|x(t)\|^2 + \langle x(t), y(t)\rangle - \langle y(t), x(t)\rangle + j\|y(t)\|^2 \\
& - j\|x(t)\|^2 + \langle x(t), y(t)\rangle - \langle y(t), x(t)\rangle - j\|y(t)\|^2\,\big) \\
= \ & \langle x(t), y(t)\rangle
\end{aligned} \tag{1.12}$$

Damit ist die Polarisationsgleichung bewiesen.

Satz 1.2 *Absolute Integrierbarkeit kompakter Energiesignale*

Das Signal $x(t)$ erfülle die beiden Voraussetzungen

1. Endliche Signalenergie

$$\int_{-\infty}^{\infty} |x(t)|^2\, dt < \infty, \tag{1.13}$$

2. Kompaktheit des Signalverlaufs

$$\int_{-\infty}^{\infty} |tx(t)|\, dt < \infty. \tag{1.14}$$

Dann ist das Signal $x(t)$ absolut integrierbar, d. h.

$$\int_{-\infty}^{\infty} |x(t)|\, dt < \infty. \tag{1.15}$$

Die Kompaktheits-Bedingung bedeutet, dass die Amplitude $|x(t)|$ für $|t| \to \infty$ so stark gegen Null konvergiert, dass die Gewichtung mit dem divergierenden Faktor t mehr als kompensiert wird. Die Bedingung ist wenig restriktiv. Eine wesentlich stärker einschränkende Definition für kompakte Signale findet sich in Abschnitt 1.6.5.

Beweis 1.2

Zu Beginn wird die unabhängige Variable t durch entsprechende Normierung in eine dimensionslose Größe überführt. Danach können wir das absolute Integral in die beiden Teilintegrale

$$\int_{-\infty}^{\infty} |x(t)|\, dt = \int_{|t|<1} |x(t)|\, dt + \int_{|t|\geq 1} |x(t)|\, dt \tag{1.16}$$

aufteilen. Auf das erste Teilintegral wird die Schwarzsche Ungleichung (Gl. (1.22)) angewendet.

$$\int_{|t|<1} |x(t)| \cdot |1|\, dt \leq \underbrace{\sqrt{\int_{|t|<1} |x(t)|^2\, dt}}_{<\infty,\ \text{nach Vorr. 1}} \cdot \underbrace{\sqrt{\int_{|t|<1} |1|^2\, dt}}_{<\infty} < \infty \tag{1.17}$$

Das erste Teilintegral ist endlich. Beim zweiten Teilintegral gilt mit den Integrationsgrenzen $|t| \geq 1$ für den Kehrwert

$$\frac{1}{|t|} \leq 1. \tag{1.18}$$

Damit wird das zweite Teilintegral entsprechend

$$\int_{|t|\geq 1} |x(t)|\, dt = \int_{|t|\geq 1} \left| t \cdot x(t) \cdot \frac{1}{t} \right| dt \leq \underbrace{\int_{|t|\geq 1} |t \cdot x(t)|\, dt}_{<\infty,\ \text{nach Vorr. 2}} < \infty \tag{1.19}$$

abgeschätzt. Es ist ebenfalls endlich. Das Signal $x(t)$ ist damit insgesamt absolut integrierbar.

Beispiel 1.1   *Kompaktheit des Hanning-Fensters*

Das auf die Signalenergie $E_g = 1$ normierte Hanning-Fenster lautet

$$g(t) = \sqrt{\frac{2}{3T}} \left(1 + \cos\left(2\pi \frac{t}{T} \right) \right) \cdot r_T(t).$$

Das Hanning-Fenster ist kompakt, weil das Integral

$$\int_{-\infty}^{\infty} |t \cdot g(t)|\, dt = \sqrt{\frac{2}{3T}} \int_{-\frac{T}{2}}^{\frac{T}{2}} \left| t \cdot \left(1 + \cos\left(2\pi \frac{t}{T} \right) \right) \right| dt = 0{,}1214 \cdot T^{\frac{3}{2}} < \infty$$

konvergiert. Das absolute Integral des Hanning-Fensters

$$\int\limits_{-\infty}^{\infty} |g(t)|\, dt = 2\sqrt{\frac{2}{3T}} \int\limits_{0}^{\frac{T}{2}} \left(1 + \cos\left(2\pi \frac{t}{T}\right)\right) dt = 0{,}8165\sqrt{T} < \infty$$

konvergiert dann ebenfalls.

1.1.2 Leistungssignale

Definition 1.2 *Leistungssignale*

Leistungssignale haben eine endlich große Signalleistung über dem unendlich großen Definitionsintervall $t \in [-\infty, \infty]$. Die Signalenergie ist unendlich groß.

Als quadratische Norm wird daher bei Leistungssignalen die Signalleistung herangezogen. Die momentane Signalleistung im Intervall $[t - T/2, t + T/2]$ ist

$$P_x(t) = \frac{1}{T} \int\limits_{t-\frac{T}{2}}^{t+\frac{T}{2}} |x(t)|^2\, dt. \tag{1.20}$$

Über dem unendlich großen Intervall entspricht dies der Leistung

$$P_x = \lim_{T\to\infty} \frac{1}{T} \int\limits_{-\frac{T}{2}}^{\frac{T}{2}} |x(t)|^2\, dt = \|x(t)\|^2 < \infty. \tag{1.21}$$

Ein Beispiel für Leistungssignale sind alle periodischen Funktionen. Bei ihnen ist die Leistung gleich der Momentanleistung in einer Periode T. Denkt man sich zeitlich begrenzte Signale außerhalb ihres Beobachtungszeitraums periodisch fortgesetzt, so erhält man Leistungssignale.

Nach der Schwarzschen Ungleichung existiert das Innenprodukt zweier Signale, wenn deren Norm endlich ist.

$$\left|\langle x(t), y(t)\rangle\right|^2 \leq \|x(t)\|^2 \cdot \|y(t)\|^2 \tag{1.22}$$

Dies gilt für Energie- und Leistungssignale. Die Schwarzsche Ungleichung wird im Folgenden bei den Beweisen der Unschärferelation (Gl. (1.153)), der Einhaltung der Frame-Grenzen durch die Gabor-Reihe (Gl. (2.80)) sowie der Cramér-Rao-Ungleichung (Gl. (8.291)) verwendet.

1.1.3   Korrelation bei Leistungs- und Energiesignalen

Zufällige Signale werden in der Kategorie der Leistungssignale bearbeitet. Dabei beschränkt man sich in technischen Anwendungen auf stationäre, ergodische Prozesse. Stationäre Prozesse ändern ihre statistischen Kennwerte, die Momente, nicht über der Zeit.

Das zweite Moment für Leistungssignale

$$E\left\{x(t)x^*(t)\right\} = \lim_{T\to\infty} \frac{1}{T} \int_{-\frac{T}{2}}^{\frac{T}{2}} x(t)x^*(t)\,dt \tag{1.23}$$

ist bei Ergodizität für eine Musterfunktion des stochastischen Prozesses über dem unendlichen Zeitintervall definiert. Das zweite Moment für Energiesignale kann für zufällige Signale dagegen nicht verwendet werden, da es unendlich groß ist. Ansonsten müsste das erste Moment für Energiesignale für große $|t|$ gegen Null gehen, im Widerspruch zur geforderten Stationarität.

Die Korrelationsfunktion ist bei *Leistungssignalen* gegeben durch das Innenprodukt für Leistungssignale zwischen dem um τ verschobenen und dem nicht verschobenen Signal

$$r_{xx}(\tau) = E\left\{x(t+\tau)x^*(t)\right\} = \lim_{T\to\infty} \frac{1}{T} \int_{-\frac{T}{2}}^{\frac{T}{2}} x(t+\tau)x^*(t)\,dt\,. \tag{1.24}$$

Die Fourier-Transformierte davon ist gerade das Leistungsdichtespektrum.

$$S_{xx}(f) = \mathcal{F}\left\{r_{xx}(\tau)\right\} = \int_{-\infty}^{\infty} r_{xx}(\tau)\exp(-j2\pi f\tau)\,d\tau \tag{1.25}$$

Entsprechend sind die Kreuzkorrelation $r_{xy}(\tau)$ und die Kreuzleistungsdichte $S_{xy}(f)$ definiert.

$$r_{xy}(\tau) = \lim_{T\to\infty} \frac{1}{T} \int_{-\frac{T}{2}}^{\frac{T}{2}} x(t+\tau)y^*(t)\,dt \tag{1.26}$$

$$S_{xy}(f) = \mathcal{F}\left\{r_{xy}(\tau)\right\} = \int_{-\infty}^{\infty} r_{xy}(\tau)\exp(-j2\pi f\tau)\,d\tau \tag{1.27}$$

Zufällige Signale können gefiltert werden, indem man anstelle des analytisch nicht definierten Eingangssignals dessen Korrelationsfunktion verwendet [22]. Die Korrelation kann formell auch für *Energiesignale* definiert werden. Dazu verwendet man das Innenprodukt für Energiesignale.

$$r_{xx}^E(\tau) = \int_{-\infty}^{\infty} x(t+\tau)x^*(t)\,dt \tag{1.28}$$

Deren Fourier-Transformierte ist die Energiedichte.

$$S_{xx}^E(f) = \mathcal{F}\{r_{xx}^E(\tau)\} = \int\limits_{-\infty}^{\infty} r_{xx}^E(\tau)\exp(-j2\pi f\tau)\,d\tau \tag{1.29}$$

$$= X(f)\cdot X^*(f) \tag{1.30}$$

Die Energiedichte kann unmittelbar aus den Fourier-Transformierten ohne Umweg über die Korrelationsfunktion berechnet werden.

1.1.4   Zeitdiskrete Signale

Durch die Abtastung eines zeitkontinuierlichen Signals $x(t)$ mit der Abtastfrequenz $f_A = \frac{1}{t_A}$ erhält man das zeitdiskrete Signal $x(n)$, das nur in den Abtastzeitpunkten $n\cdot t_A$ definiert ist. Dabei muss das Abtasttheorem eingehalten werden, um das zeitkontinuierliche aus dem zeitdiskreten Signal rekonstruieren zu können (siehe die Bedingung in Gl. (1.32)). Zeitdiskrete Signale haben ein periodisch wiederholtes Spektrum.

$$X_*(f) = \sum_{n=-\infty}^{\infty} x(n)\exp(-j2\pi f t_A n). \tag{1.31}$$

Der Index "$*$" steht für die Abtastung im Zeitbereich. Bei exakter Einhaltung des Abtasttheorems kann das Spektrum des kontinuierlichen Signals $X(f)$ aus dem des zeitdiskreten Signals $X_*(f)$ mit Hilfe eines Rechtecktiefpasses der Fläche 1 (nicht Signalenergie 1) rekonstruiert werden [23].

$$X(f) = \frac{1}{f_A}\cdot R_{f_A}(f)\cdot X_*(f), \quad X(f)\begin{cases}\neq 0 & \text{für } |f| < f_A/2 \\ = 0 & \text{für } |f| \geq f_A/2\end{cases} \tag{1.32}$$

Die Signalenergie kann nach dem Satz von Parseval im Zeit- und Frequenzbereich berechnet werden.

$$E_x = \|x(t)\|^2 = \|X(f)\|^2 = \int\limits_{-\infty}^{\infty} |X(f)|^2\,df \tag{1.33}$$

Wenn $x(t)$ das Abtasttheorem exakt einhält, kann die Signalenergie aus dem Spektrum des zeitdiskreten Signals durch Einsetzen von Gl. (1.32) in Gl. (1.33) als

$$E_x = \frac{1}{f_A^2}\int\limits_{-f_A/2}^{f_A/2} |X_*(f)|^2\,df \tag{1.34}$$

berechnet werden. Dies soll im Folgenden überprüft werden.

Durch Einsetzen der Fourier-Transformation des zeitdiskreten Signals (Gl. (1.31)) erhält man

$$E_x = \frac{1}{f_A^2} \int\limits_{-f_A/2}^{f_A/2} \sum_{n=-\infty}^{\infty} \sum_{m=-\infty}^{\infty} x(n)x^*(m) \exp(j2\pi f t_A(m-n)) \, df \tag{1.35}$$

$$= \frac{1}{f_A^2} \sum_{n=-\infty}^{\infty} \sum_{m=-\infty}^{\infty} x(n)x^*(m) \underbrace{\int\limits_{-f_A/2}^{f_A/2} \exp(j2\pi f t_A(m-n)) \, df}_{f_A \delta(m-n)} \tag{1.36}$$

$$= \frac{1}{f_A} \sum_{n=-\infty}^{\infty} |x(n)|^2 \tag{1.37}$$

$$= \frac{1}{f_A} E_{x_*}. \tag{1.38}$$

Die über das zeitdiskrete Innenprodukt berechnete Signalenergie E_{x_*} des zeitdiskreten Signals $x(n)$

$$E_{x_*} = \langle x(n), x(n) \rangle_n = \sum_{n=-\infty}^{\infty} |x(n)|^2 = f_A \cdot E_x \tag{1.39}$$

weicht bei exakter Einhaltung des Abtasttheorems um den Faktor f_A von der Signalenergie E_x des zeitkontinuierlichen Signals $x(t)$ ab. Bei steigender Abtastfrequenz f_A steigt die Zahl der Abtastwerte $x(n)$ und damit die Quadratsumme der Abtastwerte in E_{x_*} an. Wird dies mittels Division durch f_A kompensiert, so bleibt die Signalenergie E_x unabhängig von der Abtastfrequenz erhalten.
Die Autokorrelationsfunktion (AKF) des zeitdiskreten Energiesignals ist als das zeitdiskrete Innenprodukt

$$r_{x_*x_*}^E(k) = \langle x(n+k), x(n) \rangle_n = \sum_{n=-\infty}^{\infty} x(n+k)x^*(n) \tag{1.40}$$

definiert. Der Wert für $k = 0$ ist die Signalenergie des zeitdiskreten Signals.

$$E_{x_*} = r_{x_*x_*}^E(0) \tag{1.41}$$

$$E_x = \frac{1}{f_A} r_{x_*x_*}^E(0) \tag{1.42}$$

Für zeitdiskrete, stationäre, ergodische stochastische Prozesse ist die Autokorrelation durch das zeitdiskrete Innenprodukt für Leistungssignale

$$r_{x_*x_*}(k) = \langle x(n+k), x(n) \rangle_n = \lim_{N \to \infty} \frac{1}{2N+1} \sum_{n=-N}^{N} x(n+k)x^*(n) \tag{1.43}$$

gegeben.

Der Wert für $k = 0$ ist die Signalleistung des zeitdiskreten Signals.

$$P_{x_*} = r_{x_* x_*}(0) \tag{1.44}$$

Praktisch kann man nur eine endliche Zahl von Abtastwerten heranziehen. Man erhält dann als Näherung eine mit einem Dreieckfenster gefensterte Korrelationsfunktion.

1.2   Integraltransformationen

Mit Hilfe von Integraltransformationen lassen sich zeitabhängige Signale in eine andere Darstellung überführen, z. B. in die Abhängigkeit von einer unabhängigen Variablen s. Dabei ändert sich die im Signal enthaltene Information nicht.

Eine allgemeine Integraltransformation ist gegeben durch

$$X(s) = \int_T x(t)\Theta(s,t)\,dt \quad t \in T, s \in S. \tag{1.45}$$

Die Funktion $\Theta(s,t)$ heißt Kern der Integraltransformation. Mit dem reziproken Kern $\varphi(t,s)$ lässt sich die Rücktransformation in die ursprüngliche Darstellung durchführen.

$$x(t) = \int_S X(s)\varphi(t,s)\,ds \quad t \in T, s \in S \tag{1.46}$$

Durch Einsetzen von Gl. (1.45) in Gl. (1.46) ergibt sich die Reziprozitätsbedingung für die Rücktransformation.

$$x(t) = \int_S \int_T x(t')\Theta(s,t')\varphi(t,s)\,dt'\,ds \tag{1.47}$$

$$= \int_T x(t') \underbrace{\int_S \Theta(s,t')\varphi(t,s)\,ds}_{\overset{!}{=}\delta(t-t')}\,dt' \tag{1.48}$$

Damit Signale mit Hilfe von Integraltransformationen hin- und wieder zurücktransformiert werden können, müssen die Integrationskerne die Bedingung

$$\int_S \Theta(s,t')\varphi(t,s)\,ds \overset{!}{=} \delta(t-t') \tag{1.49}$$

erfüllen. *Selbstreziproke Kerne* erfüllen die Bedingung

$$\varphi(t,s) = \Theta^*(s,t). \tag{1.50}$$

Integraltransformationen, die einen selbstreziproken Kern enthalten, werden als unitäre Transformationen bezeichnet. Ein Beispiel dafür ist die Fourier-Transformation.

$$\varphi(t,f) = \exp(j2\pi ft) \quad , T = (-\infty, \infty) \tag{1.51}$$

$$\Theta(f,t) = \exp(-j2\pi ft) = \varphi^*(t,f) \quad , S = (-\infty,\infty) \tag{1.52}$$

Die Reziprozitätsbedingung ist somit für die Fourier-Transformation erfüllt.

$$\int_{-\infty}^{\infty} \Theta(f,t')\varphi(t,f)\,df = \int_{-\infty}^{\infty} \exp(j2\pi f(t-t'))\,df = \delta(t-t') \tag{1.53}$$

Faltungskerne hängen lediglich von der Differenz der unabhängigen Variablen $(t-s)$ bzw. $(s-t)$ ab.

$$X(s) = \int_{-\infty}^{\infty} x(t)\theta(s-t)\,dt = x(t) * \theta(t), \tag{1.54}$$

$$x(t) = \int_{-\infty}^{\infty} X(s)\varphi(t-s)\,ds = X(s) * \varphi(s). \tag{1.55}$$

Die beiden Faltungsintegrale ergeben durch Fourier-Transformation:

$$X_t(f) = \mathscr{F}_t\{x(t)\} = X_s(f) \cdot \Phi(f), \tag{1.56}$$

$$X_s(f) = \mathscr{F}_s\{X(s)\} = X_t(f) \cdot \Theta(f). \tag{1.57}$$

Interpretiert man $\Theta(f)$ als Übertragungsfunktion eines linearen, zeitinvarianten Systems, so ist $\Phi(f)$ die Übertragungsfunktion des dazu inversen Systems.

$$\Phi(f) = \frac{1}{\Theta(f)} \tag{1.58}$$

Ein Beispiel für eine Integraltransformation mit Faltungskern ist die Hilbert-Transformation. Die Kernfunktionen sind hier

$$\varphi(t-s) = -\frac{1}{\pi(t-s)}, \tag{1.59}$$

$$\theta(s-t) = \frac{1}{\pi(s-t)} = \varphi(s-t) \tag{1.60}$$

und dementsprechend

$$\Phi(f) = j\,\mathrm{sign}(f), \tag{1.61}$$

$$\Theta(f) = -j\,\mathrm{sign}(f) = \Phi^*(f). \tag{1.62}$$

1.3   Zeitdauer und Bandbreite von Energiesignalen

1.3.1   Mittlere Zeit, mittlere Frequenz, Zeitdauer, Bandbreite

Es soll nun betrachtet werden, in welchem Zeit- bzw. Frequenzbereich die endliche Signalenergie konzentriert ist. In Analogie zur Wahrscheinlichkeitsrechnung werden die mittlere Zeit (Gl. (1.63)) und die mittlere Frequenz (Gl. (1.64)) als erste Momente der normierten Energiedichten berechnet.

$$t_x = \int_{-\infty}^{\infty} t \cdot \frac{|x(t)|^2}{\|x(t)\|^2}\, dt = \frac{1}{\|x(t)\|^2} \langle t \cdot x(t), x(t) \rangle \tag{1.63}$$

$$f_x = \int_{-\infty}^{\infty} f \cdot \frac{|X(f)|^2}{\|X(f)\|^2}\, df = \frac{1}{\|X(f)\|^2} \langle f \cdot X(f), X(f) \rangle \tag{1.64}$$

Bei geraden Energiedichten $|x(t)|^2$ bzw. $|X(f)|^2$ machen die Definitionen Gl. (1.63) und Gl. (1.64) eventuell keinen Sinn. Die mittlere Zeit t_x sollte dann vom kausalen Signal berechnet werden, das nur für $t \geq 0$ von Null abweichende Amplitudenwerte aufweist. Entsprechend sollte die mittlere Frequenz f_x eventuell vom analytischen Signal (Hilbert-Transformation) berechnet werden, dessen Spektrum nur für $f \geq 0$ von Null abweichende Amplitudenwerte aufweist.

Entsprechend der Varianz in der Wahrscheinlichkeitsrechnung werden die Zeitdauer (Gl. (1.65)) und die Bandbreite (Gl. (1.66)) als zentrierte zweite Momente der normierten Energiedichten berechnet. Die Zeitdauer Δ_t ist ein Maß für den Zeitbereich, in dem die wesentliche Energie des Signals lokalisiert ist.

$$\Delta_t^2 = \int_{-\infty}^{\infty} (t - t_x)^2 \frac{|x(t)|^2}{\|x(t)\|^2}\, dt = \frac{1}{\|x(t)\|^2} \langle (t - t_x)x(t), (t - t_x)x(t) \rangle \tag{1.65}$$

Die Bandbreite Δ_f ist ein Maß für den Frequenzbereich, in dem die wesentliche Energie des Signals lokalisiert ist.

$$\Delta_f^2 = \int_{-\infty}^{\infty} (f - f_x)^2 \frac{|X(f)|^2}{\|X(f)\|^2}\, df = \frac{1}{\|X(f)\|^2} \langle (f - f_x)X(f), (f - f_x)X(f) \rangle \tag{1.66}$$

Es gilt für die Zeitdauer

$$\Delta_t^2 = \frac{1}{E_x} \int_{-\infty}^{\infty} (t - t_x)^2 \, |x(t)|^2 \, dt \tag{1.67}$$

$$= \frac{1}{E_x} \left[\int_{-\infty}^{\infty} t^2 \, |x(t)|^2 \, dt - 2t_x \underbrace{\int_{-\infty}^{\infty} t \, |x(t)|^2 \, dt}_{t_x \cdot E_x} + t_x^2 \underbrace{\int_{-\infty}^{\infty} |x(t)|^2 \, dt}_{E_x} \right] \tag{1.68}$$

$$= \frac{1}{E_x} \int_{-\infty}^{\infty} t^2 \, |x(t)|^2 \, dt - t_x^2 . \tag{1.69}$$

Entsprechend gilt für die Bandbreite

$$\Delta_f^2 = \frac{1}{E_x} \int_{-\infty}^{\infty} f^2 \, |X(f)|^2 \, df - f_x^2 . \tag{1.70}$$

1.3.2   Mittlere Frequenz und Bandbreite im Zeitbereich

Im Folgenden soll die *mittlere Frequenz* f_x des Fourier-Spektrums im Zeitbereich interpretiert werden. Dazu wird zunächst die Momentanfrequenz $f_x(t)$ definiert:

Definition 1.3   *Momentanfrequenz*

Die Momentanfrequenz eines Signals

$$x(t) = A(t) \exp \left(j \varphi(t) \right) \tag{1.71}$$

ist die Ableitung seiner Phase nach der Zeit

$$f_x(t) = \frac{1}{2\pi} \frac{d\varphi(t)}{dt} . \tag{1.72}$$

Mit Hilfe des folgenden Satzes kann die mittlere Frequenz ausschließlich im Zeitbereich berechnet werden, ohne die Notwendigkeit zu einer Fourier-Transformation.

Satz 1.3   *Mittlere Frequenz im Zeitbereich*

Die mittlere Frequenz f_x des Fourier-Spektrums ist das gewichtete Mittel der Momentanfrequenz

$$f_x = \int_{-\infty}^{\infty} f_x(t) \cdot \frac{|x(t)|^2}{\|x(t)\|^2} \, dt . \tag{1.73}$$

Die Gewichtungsfunktion ist dabei die normierte Energiedichte im Zeitbereich.

Beweis 1.3

Die mittlere Frequenz nach Gl. (1.64)

$$f_x = \frac{1}{E_x} \int\limits_{-\infty}^{\infty} f \cdot X(f) \cdot X^*(f) \, df \tag{1.74}$$

wird mit Hilfe der Korrespondenz

$$\frac{1}{j2\pi} \frac{dx(t)}{dt} \circ\!\!-\!\!\bullet \; f \cdot X(f) \tag{1.75}$$

und mit dem Satz von Parseval (Anhang A.2) überführt in

$$f_x = \frac{1}{E_x} \int\limits_{-\infty}^{\infty} \frac{1}{j2\pi} \cdot \frac{dx(t)}{dt} \cdot x^*(t) \, dt \, . \tag{1.76}$$

Das Energiesignal wird in Betrag und Phase aufgetrennt

$$x(t) = A(t) \cdot \exp(j\varphi(t)) \, . \tag{1.77}$$

Die mittlere Frequenz ist damit

$$f_x = \frac{1}{E_x} \frac{1}{j2\pi} \int\limits_{-\infty}^{\infty} \left[\dot{A}(t)\exp(j\varphi(t)) + A(t)j\dot{\varphi}(t)\exp(j\varphi(t)) \right]$$
$$\cdot A(t)\exp(-j\varphi(t)) \, dt \tag{1.78}$$

$$= \frac{1}{E_x} \frac{1}{j2\pi} \int\limits_{-\infty}^{\infty} \left[\dot{A}(t) + A(t)j\dot{\varphi}(t) \right] A(t) \, dt \tag{1.79}$$

$$= \int\limits_{-\infty}^{\infty} \frac{\dot{\varphi}(t)}{2\pi} \cdot \frac{A^2(t)}{E_x} \, dt - \frac{j}{2\pi E_x} \int\limits_{-\infty}^{\infty} \dot{A}(t)A(t) \, dt \tag{1.80}$$

$$= \frac{1}{2\pi E_x} \left(\int\limits_{-\infty}^{\infty} \dot{\varphi}(t) \cdot A^2(t) \, dt - j \underbrace{\int\limits_{-\infty}^{\infty} \dot{A}(t) \cdot A(t) \, dt}_{=\frac{1}{2}\int\limits_{-\infty}^{\infty} \frac{d}{dt}(A^2(t)) \, dt = \frac{1}{2}(A^2(+\infty) - A^2(-\infty)) = 0} \right) . \tag{1.81}$$

Der zweite Term ist Null, da die Amplitude des Energiesignals für $t \to \pm\infty$ verschwindet.

Die Momentanfrequenz kann sich über der Zeit ändern (z. B. Sprachsignal). Sie enthält allgemein zu einem Zeitpunkt mehrere zeitvariante Frequenzkomponenten, ist also eigentlich eine *mittlere* Momentanfrequenz.

Beispiel 1.2 *Cosinus-Schwingung fester Frequenz*

$$x(t) = A(t) \cdot \cos(\varphi(t)) = A(t) \cdot \cos(2\pi f_c t)$$

Die Momentanfrequenz berechnet sich damit zu

$$f_x(t) = \frac{1}{2\pi} \dot{\varphi}(t) = f_c .$$

Es wird eine konstante Amplitude $A(t) = A_x$ angenommen. Dann ist die Fourier-Transformierte gegeben durch

$$X(f) = \frac{1}{2} A_x (\delta(f - f_c) + \delta(f + f_c)) .$$

Die mittlere Frequenz berechnet sich nach Gl. (1.73) folgendermaßen:

$$f_x = \frac{1}{2\pi} \int\limits_{-\infty}^{\infty} \dot{\varphi}(t) \frac{|x(t)|^2}{\|x(t)\|^2} \, dt$$

$$= f_c \int\limits_{-\infty}^{\infty} \frac{|x(t)|^2}{\|x(t)\|^2} \, dt = f_c .$$

Das Beispiel stellt einen Grenzfall dar, da die Signalenergie E_x der Cosinus-Schwingung unendlich groß ist.

Als nächstes soll nun die *Bandbreite* Δ_f des Fourier-Spektrums Gl. (1.65) im Zeitbereich interpretiert werden.

Satz 1.4 *Bandbreite im Zeitbereich*

Die Bandbreite des Fourier-Spektrums wird durch das gewichtete Mittel der quadrierten Differenz der Momentanfrequenz $f_x(t)$ gegenüber der mittleren Frequenz f_x und durch die Amplitudenänderung $\dot{A}(t)$ bestimmt.

$$\Delta_f^2 = \int\limits_{-\infty}^{\infty} (f_x(t) - f_x)^2 \frac{|x(t)|^2}{\|x(t)\|^2} \, dt + \frac{1}{4\pi^2 E_x} \int\limits_{-\infty}^{\infty} (\dot{A}(t))^2 \, dt \qquad (1.82)$$

Beweis 1.4

Das zweite Moment wird als Energie E_y folgender Hilfsgröße

$$Y(f) = (f - f_x)X(f) \qquad (1.83)$$

berechnet. In einer Zwischenbetrachtung ergibt sich nach dem Verschiebungssatz der Fourier-Transformation

$$\int_{-\infty}^{\infty} X(f+f_x)\exp(j2\pi ft)\,df = \int_{-\infty}^{\infty} X(f)\exp(j2\pi(f-f_x)t)\,df \tag{1.84}$$

$$= \exp(-j2\pi f_x t)\int_{-\infty}^{\infty} X(f)\exp(j2\pi ft)\,df \tag{1.85}$$

$$= x(t)\cdot\exp(-j2\pi f_x t). \tag{1.86}$$

Die Ableitung beider Gleichungsseiten nach der Zeit t ergibt

$$\int_{-\infty}^{\infty} j2\pi(f-f_x)X(f)\exp(j2\pi(f-f_x)t)\,df = \frac{d}{dt}\left(x(t)\exp(-j2\pi f_x t)\right). \tag{1.87}$$

Die Bandbreite des Signals $X(f)$ berechnet sich aus der oben eingeführten Hilfsgröße $Y(f)$

$$\Delta_f^2 = \frac{1}{E_x}\int_{-\infty}^{\infty} (f-f_x)^2\,|X(f)|^2\,df \tag{1.88}$$

$$= \frac{1}{E_x}\int_{-\infty}^{\infty} Y(f)Y^*(f)\,df = \frac{1}{E_x}\int_{-\infty}^{\infty} y(t)y^*(t)\,dt = \frac{E_y}{E_x} \tag{1.89}$$

als Verhältnis der Energien. Die inverse Fourier-Transformierte $y(t)$ der Hilfsgröße $Y(f)$ ist

$$y(t) = \int_{-\infty}^{\infty} Y(f)\exp\left(j2\pi ft\right)df = \int_{-\infty}^{\infty} (f-f_x)X(f)\exp\left(j2\pi ft\right)df \tag{1.90}$$

$$= \frac{1}{j2\pi}\exp\left(j2\pi f_x t\right)\cdot\int_{-\infty}^{\infty} j2\pi(f-f_x)X(f)\exp\left(j2\pi(f-f_x)t\right)df. \tag{1.91}$$

Die Hilfsgröße wird mit Hilfe der obigen Zwischenrechnung Gl. (1.87) in

$$y(t) = \frac{1}{j2\pi}\exp(j2\pi f_x t)\cdot\frac{d}{dt}\left(x(t)\exp(-j2\pi f_x t)\right) \tag{1.92}$$

umgewandelt. Das Signal $x(t)$ wird nun in Betrag und Phase zerlegt.

$$x(t) = A(t)\exp(j\varphi(t)) \tag{1.93}$$

Damit berechnet sich die Hilfsgröße $y(t)$ zu

$$y(t) = \frac{1}{j2\pi} \exp(j2\pi f_x t) \frac{d}{dt} \left(A(t) \exp(j\varphi(t) - j2\pi f_x t) \right) \tag{1.94}$$

$$= \frac{1}{j2\pi} \exp(j2\pi f_x t) \left[A(t) \exp(j\varphi(t) - j2\pi f_x t) \right.$$
$$\left. \cdot (j\dot{\varphi}(t) - j2\pi f_x) + \dot{A}(t) \exp(j\varphi(t) - j2\pi f_x t) \right] \tag{1.95}$$

$$= \frac{1}{2\pi} \left[(\dot{\varphi}(t) - 2\pi f_x) \cdot A(t) - j\dot{A}(t) \right] \cdot \exp(j\varphi(t)). \tag{1.96}$$

Die Bandbreite von $X(f)$ lässt sich durch Einsetzen der Hilfsgröße $y(t)$ aus Gl. (1.96) in Gl. (1.89) bestimmen zu

$$\Delta_f^2 = \frac{1}{E_x} \int\limits_{-\infty}^{\infty} y(t) y^*(t)\, dt \tag{1.97}$$

$$= \frac{1}{4\pi^2 E_x} \int\limits_{-\infty}^{\infty} (\dot{\varphi}(t) - 2\pi f_x)^2 A^2(t)\, dt + \frac{1}{4\pi^2 E_x} \int\limits_{-\infty}^{\infty} (\dot{A}(t))^2\, dt \tag{1.98}$$

$$= \int\limits_{-\infty}^{\infty} (f_x(t) - f_x)^2 \frac{|x(t)|^2}{\|x(t)\|^2}\, dt + \frac{1}{4\pi^2 E_x} \int\limits_{-\infty}^{\infty} (\dot{A}(t))^2\, dt. \tag{1.99}$$

Bei linear zeitabhängiger Phase und konstanter Amplitude

$$\varphi(t) = 2\pi f_x t \quad , \quad \frac{\dot{\varphi}(t)}{2\pi} = f_x \tag{1.100}$$

$$A(t) = A_0 \quad , \quad \dot{A}(t) = 0 \tag{1.101}$$

ist die Bandbreite $\Delta_f = 0$. Will man Signale geringer Bandbreite erzeugen, so muss man die Amplitude $A(t)$ und die Phase $\varphi(t)$ glätten.

Beispiel 1.3 *Cosinus-Schwingung*

Bei der oben betrachteten Cosinus-Schwingung konstanter Amplitude A_x und der konstanten Momentanfrequenz

$$f_x(t) = \dot{\varphi}(t)/2\pi = f_c$$

ist die Bandbreite $\Delta_f = 0$. Dies entspricht dem Linienspektrum der Cosinus-Schwingung.

Beispiel 1.4 *Chirp-Signal*

Beim Chirp-Signal steigt die Frequenz proportional mit der Zeit an. Solche Signale senden z. B. Fledermäuse aus, um im Flug Beutetiere (Insekten) orten zu können. Die Amplitude A_x sei konstant.

$$x(t) = A_x \cdot \cos\left(\pi \frac{t^2}{T^2}\right) = A_x \cdot \cos(\varphi(t))$$

Die Momentanfrequenz des Chirp-Signals ist

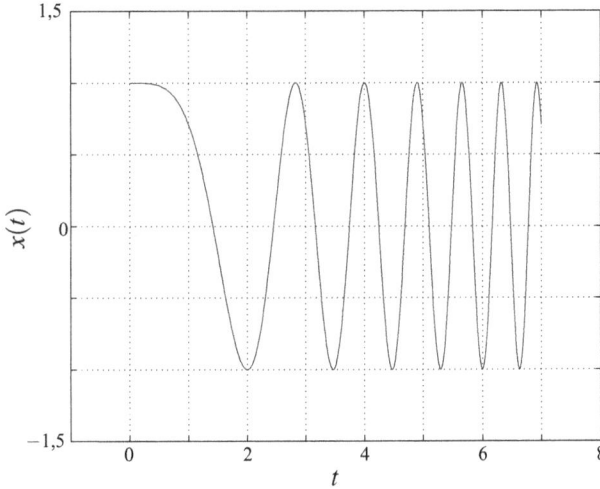

Abbildung 1.1: Zeitlicher Verlauf des Chirp-Signals $x(t) = \cos\left(\pi \frac{t^2}{T^2}\right)$ mit $T = 2$

$$f_x(t) = \frac{1}{2\pi} \dot{\varphi}(t) = \frac{t}{T^2}.$$

Die mittlere Frequenz ist nach Gl. (1.73) gegeben durch

$$f_x = \int_{-\infty}^{\infty} f_x(t) \frac{|x(t)|^2}{\|x(t)\|^2} \, dt = \frac{1}{T^2} \int_{-\infty}^{\infty} t \frac{|x(t)|^2}{\|x(t)\|^2} \, dt = \frac{t_x}{T^2}.$$

Die Energiedichte $|x(t)|^2$ des Chirp-Signals ist eine gerade Funktion, die Zeit t eine ungerade Funktion.

$$|x(t)|^2 = A_x^2 \cos^2\left(\pi \frac{t^2}{T^2}\right)$$

Damit wird das Integral Null. Deswegen ist die mittlere Zeit Zeit t_x und auch die mittlere Frequenz f_x des Chirp-Signals Null.

$$t_x = 0, \qquad f_x = 0$$

Da sich das Chirp-Signal von $-\infty$ bis ∞ erstreckt, ist seine Zeitdauer Δ_t unendlich groß. Mit $t_x = 0$ ist die Zeitdauer aufgrund der Symmetrie von t^2 und $\cos^2$

$$\Delta_t^2 = \frac{\int\limits_0^\infty t^2 \cos^2\left(\pi \frac{t^2}{T^2}\right) dt}{\int\limits_0^\infty \cos^2\left(\pi \frac{t^2}{T^2}\right) dt} \, .$$

Dies ist nach der Regel von *de l'Hospital*

$$\Delta_t^2 = \frac{\lim\limits_{t\to\infty}\left(t^2 \cos^2\left(\pi \frac{t^2}{T^2}\right)\right)}{\lim\limits_{t\to\infty}\left(\cos^2\left(\pi \frac{t^2}{T^2}\right)\right)} = \infty \, .$$

Der Nenner ist ein Wert, der zwischen 0 und 1 schwankt, der Zähler geht mit t^2 gegen ∞.

Die Bandbreite Δ_f des Chirp-Signals ist nach Gleichung (1.82) gegeben durch

$$\Delta_f^2 = \int\limits_{-\infty}^\infty \left(\frac{t}{T^2} - f_x\right)^2 \frac{|x(t)|^2}{\|x(t)\|^2} dt$$

$$= \frac{1}{T^4} \int\limits_{-\infty}^\infty t^2 \frac{|x(t)|^2}{\|x(t)\|^2} dt = \frac{\Delta_t^2}{T^4} \, .$$

Die Bandbreite des Chirp-Signals ist somit auch unendlich groß.

1.3.3   Mittlere Zeit und Zeitdauer im Frequenzbereich

Die Momentanfrequenz $f_x(t)$ ist in Definition 1.3 als die Ableitung der Momentanphase $\varphi(t)$ des Signals $x(t)$ nach der Zeit eingeführt worden.

$$f_x(t) = \frac{1}{2\pi} \frac{d\varphi(t)}{dt} \tag{1.102}$$

Nach Gleichung (1.73) wird die mittlere Frequenz im Zeitbereich durch gewichtete Mittelung der Momentanfrequenz über den Zeitbereich berechnet.

$$f_x = \int\limits_{-\infty}^\infty f_x(t) \cdot \frac{|x(t)|^2}{\|x(t)\|^2} dt \tag{1.103}$$

Eine dazu symmetrische Definition kann man für die mittlere Zeit und die Zeitdauer im Frequenzbereich vornehmen.

Definition 1.4 *Gruppenlaufzeit*

Die Gruppenlaufzeit $t_x(f)$ ist die Ableitung der Phase $\Psi(f)$ des Signals

$$X(f) = |X(f)| \cdot \exp(j\Psi(f)) \tag{1.104}$$

nach der Frequenz.

$$t_x(f) = -\frac{1}{2\pi}\frac{d\Psi(f)}{df} \tag{1.105}$$

Eine abfallende Phase $\Psi(f)$ des Signals $X(f)$ entspricht einer Verzögerung. Das negative Vorzeichen in Gl. (1.105) bewirkt, dass der Signalverzögerung eine positive Gruppenlaufzeit zugeordnet wird.

Satz 1.5 *Mittlere Zeit im Frequenzbereich*

Die mittlere Zeit t_x kann im Frequenzbereich als gewichtetes Mittel der Gruppenlaufzeit berechnet werden. Die Gewichtungsfunktion ist dabei die normierte Energiedichte im Frequenzbereich.

$$t_x = \int_{-\infty}^{\infty} t_x(f) \cdot \frac{|X(f)|^2}{\|X(f)\|^2}\,df \tag{1.106}$$

Beweis 1.5

Die mittlere Zeit wurde in Gl. (1.63) als

$$t_x = \frac{1}{E_x}\int_{-\infty}^{\infty} t \cdot x(t) \cdot x^*(t)\,dt \tag{1.107}$$

definiert. Mit Hilfe der Korrespondenz

$$t \cdot x(t) \; \circ\!\!-\!\!\bullet \; -\frac{1}{j2\pi} \cdot \frac{dX(f)}{df} \tag{1.108}$$

und dem Satz von Parseval (Anhang A.2) erhält man die mittlere Zeit im Spektralbereich

$$t_x = \frac{1}{E_x}\int_{-\infty}^{\infty}\left(-\frac{1}{j2\pi}\cdot\frac{dX(f)}{df}\right)\cdot X^*(f)\,df. \tag{1.109}$$

Das Signal $X(f)$ wird in Betrag und Phase aufgetrennt.

$$X(f) = A(f)\exp(j\Psi(f)) \tag{1.110}$$

Die mittlere Zeitdauer ist damit

$$t_x = \left(-\frac{1}{j2\pi}\right)\frac{1}{E_x}\int_{-\infty}^{\infty}\left[A'(f)\exp(j\Psi(f))+A(f)j\Psi'(f)\exp(j\Psi(f))\right]$$

$$\cdot A(f)\exp(-j\Psi(f))\,df \tag{1.111}$$

$$=\left(-\frac{1}{j2\pi}\right)\frac{1}{E_x}\int_{-\infty}^{\infty}\left[A'(f)+A(f)j\Psi'(f)\right]A(f)\,df \tag{1.112}$$

$$=\int_{-\infty}^{\infty}\left(-\frac{1}{2\pi}\frac{d\Psi(f)}{df}\right)\cdot\frac{A^2(f)}{E_x}\,df+j\frac{1}{2\pi E_x}\underbrace{\int_{-\infty}^{\infty}A'(f)\cdot A(f)\,df}.\tag{1.113}$$

$$\frac{1}{2}\int_{-\infty}^{\infty}\frac{d}{df}\left(A^2(f)\right)df=\frac{1}{2}\left(A^2(\infty)-A^2(-\infty)\right)=0$$

Der zweite Term ist gleich Null, da der Betrag des Spektrums eines Energiesignals für $f\to\pm\infty$ verschwindet. Mit Hilfe von Definition 1.4 für die Gruppenlaufzeit erhalten wir Gl. (1.114)

$$t_x = \int_{-\infty}^{\infty}t_x(f)\cdot\frac{|X(f)|^2}{\|X(f)\|^2}\,df. \tag{1.114}$$

Man erkennt, dass das negative Vorzeichen in der Definition 1.4 der Gruppenlaufzeit durch die Korrespondenz (1.108) eingeführt wird.

Satz 1.6   *Zeitdauer im Frequenzbereich*

Die Zeitdauer eines Energiesignals wird durch das gewichtete Mittel der quadrierten Differenz der Gruppenlaufzeit $t_x(f)$ gegenüber der mittleren Zeit t_x und durch die Amplitudenänderung $dA(f)/df$ bestimmt.

$$\boxed{\Delta_t^2 = \int_{-\infty}^{\infty}(t_x(f)-t_x)^2\cdot\frac{|X(f)|^2}{\|X(f)\|^2}\,df+\frac{1}{4\pi^2 E_x}\int_{-\infty}^{\infty}\left(\frac{dA(f)}{df}\right)^2\,df} \tag{1.115}$$

Beweis 1.6

Die Zeitdauer Δ_t^2 aus Gleichung (1.66) wird als Signalenergie der Hilfsgröße

$$y(t) = (t-t_x)x(t) \tag{1.116}$$

berechnet. Aus

$$X(f) = \int_{-\infty}^{\infty}x(t)\exp(-j2\pi ft)\,dt \tag{1.117}$$

erhält man durch Ableitung nach f

$$-\frac{1}{j2\pi}\frac{d}{df}\left(X(f)\exp\left(j2\pi f t_x\right)\right) = -\frac{1}{j2\pi}\frac{d}{df}\int\limits_{-\infty}^{\infty}x(t)\exp\left(-j2\pi f\left(t-t_x\right)\right)dt$$

$$=\int\limits_{-\infty}^{\infty}(t-t_x)x(t)\exp\left(-j2\pi f\left(t-t_x\right)\right)dt \quad (1.118)$$

und durch Multiplikation mit dem Demodulationsfaktor

$$-\frac{1}{j2\pi}\exp\left(-j2\pi f t_x\right)\frac{d}{df}\left(X(f)\exp\left(j2\pi f t_x\right)\right) =$$

$$=\int\limits_{-\infty}^{\infty}\underbrace{(t-t_x)x(t)}_{y(t)}\exp\left(-j2\pi f t\right)dt$$

$$\underbrace{\phantom{=\int\limits_{-\infty}^{\infty}(t-t_x)x(t)\exp\left(-j2\pi f t\right)dt}}_{Y(f)}$$

die Fourier-Transformierte $Y(f)$ der Hilfsgröße. Zerlegt man das Signal $X(f)$ in Betrag und Phase

$$X(f) = A(f)\exp\left(j\Psi(f)\right) \quad (1.119)$$

und setzt dies in $Y(f)$ ein, so erhält man

$$Y(f) = -\frac{1}{j2\pi}\exp\left(-j2\pi f t_x\right)\frac{d}{df}\left(A(f)\exp\left(j\Psi(f)+j2\pi f t_x\right)\right) \quad (1.120)$$

$$=\underbrace{\left(-\frac{1}{2\pi}\frac{d\Psi(f)}{df}-t_x\right)}_{t_x(f)}A(f)\exp\left(j\Psi(f)\right)+\frac{1}{2\pi}\frac{dA(f)}{df}\exp\left(j\Psi(f)\right).$$

$$(1.121)$$

Die Zeitdauer ist damit

$$\Delta_t^2 = \int\limits_{-\infty}^{\infty}(t-t_x)^2\frac{|X(f)|^2}{\|X(f)\|^2}dt = \frac{1}{E_x}\int\limits_{-\infty}^{\infty}y(t)y^*(t)dt = \frac{1}{E_x}\int\limits_{-\infty}^{\infty}Y(f)Y^*(f)df$$

$$(1.122)$$

$$=\int\limits_{-\infty}^{\infty}(t_x(f)-t_x)^2\frac{|X(f)|^2}{\|X(f)\|^2}df + \frac{1}{4\pi^2 E_x}\int\limits_{-\infty}^{\infty}\left(\frac{dA(f)}{df}\right)^2df \quad ,\text{w.z.b.w.}$$

$$(1.123)$$

Die beiden eindimensionalen Verläufe $f_x(t)$ und $t_x(f)$ sind nur bedingt geeignet, ein Signal $x(t)$ zu analysieren. Man kann das Verhalten allgemeiner Signale, z. B. von Musik, genauer beschreiben, wenn man zu einer zweidimensionalen Zeit-Frequenz-Darstellung $T_x(t,f)$ übergeht. Lineare Zeit-Frequenz-Darstellungen erfüllen die folgende Beziehung.

$$x(t) = c_1 x_1(t) + c_2 x_2(t) \Rightarrow T_x(t,f) = c_1 T_{x_1}(t,f) + T_{x_2}(t,f) \quad (1.124)$$

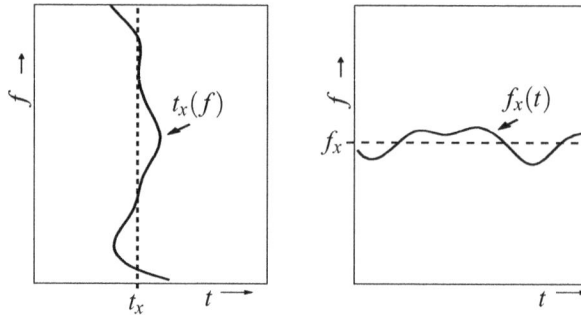

Abbildung 1.2: *Mittlere Zeit t_x, Gruppenlaufzeit $t_x(f)$, mittlere Frequenz f_x und Momentanfrequenz $f_x(t)$*

Beispiele für lineare Zeit-Frequenz-Darstellungen sind die *Kurzzeit-Fourier-Transformation* und die *Wavelet-Transformation*.

1.4 Fensterfunktionen

Für die Kurzzeit-Fourier-Transformation und die Wavelet-Transformation werden Fensterfunktionen benötigt. Dazu betrachten wir deren Eigenschaften.

1.4.1 Verschiebungs-Invarianz

Als erstes wollen wir eine Definition für die Fensterfunktion formulieren.

Definition 1.5 *Fensterfunktion*

Eine Fensterfunktion $w(t)$ ist ein reelles, symmetrisches, nicht-negatives Energiesignal, dessen Signalenergie überwiegend im Bereich der mittleren Zeit und der mittleren Frequenz lokalisiert ist. Man sagt, dass das Fenster ein kompaktes Signal ist. Die Symmetrie bedeutet im Zeitbereich

$$w(t) = w(-t) \geq 0. \tag{1.125}$$

Die Fourier-Transformierte des Fensters

$$W(f) = \int_{-\infty}^{\infty} w(t) \exp\left(-j2\pi ft\right) dt = \int_{-\infty}^{\infty} w(-t) \exp\left(-j2\pi ft\right) dt \tag{1.126}$$

$$= \int_{-\infty}^{\infty} w(t') \exp\left(-j2\pi(-f)t'\right) dt' = W(-f) \tag{1.127}$$

ist dann ebenfalls symmetrisch. Die Fensterfunktion ist auf die Signalenergie $\|w(t)\|^2 = 1$ normiert.

Eine restriktive Definition für die Kompaktheit findet sich in Abschnitt 1.6.5, Gl. (1.310). Das Signal $x(t)$ wird bei der Zeit-Frequenz-Analyse in einem um die mittlere Zeit t_w und die mittlere Frequenz f_w verschobenen Fenster

$$w(t-t_w)\exp(j2\pi f_w t) \; \circ\!\!\!-\!\!\bullet \; W(f-f_w)\exp(-j2\pi(f-f_w)t_w) \qquad (1.128)$$

betrachtet. Dabei entspricht der Verschiebung um f_w im Frequenzbereich ein Modulationsfaktor im Zeitbereich. Daraus folgt das „gefensterte" Signal $x_w(t)$ als das Produkt

$$x_w(t) = x(t) \cdot w(t-t_w)\exp(j2\pi f_w t). \qquad (1.129)$$

Aus verschobenen Fensterfunktionen werden die Analyse- und Synthesefenster bei der Kurz-zeit-Fourier-Transformation gebildet. Das Fenster hat die mittlere Zeit t_w und die mittlere Frequenz f_w. Für das nichtverschobene Zeitfenster $w(t)$ sind beide Werte definitionsgemäß Null. Die mittlere Zeit und die mittlere Frequenz des um t_w bzw. f_w verschobenen Fensters $w(t-t_w) \cdot \exp(j2\pi f_w t)$ werden wie folgt berechnet (vgl. Gl. (1.63) und (1.64)):

$$\bar{t} = \int_{-\infty}^{\infty} t \cdot \frac{|w(t-t_w)\exp(j2\pi f_w t)|^2}{\|w(t-t_w)\exp(j2\pi f_w t)\|^2}\, dt \qquad (1.130)$$

$$= \underbrace{\int_{-\infty}^{\infty} (t-t_w) \cdot \frac{|w(t-t_w)|^2}{\|w(t-t_w)\|^2}\, d(t-t_w)}_{=0,\ \text{nach Definition}} + t_w \underbrace{\int_{-\infty}^{\infty} \frac{|w(t-t_w)|^2}{\|w(t-t_w)\|^2}\, d(t-t_w)}_{=1} \qquad (1.131)$$

$$= t_w, \qquad (1.132)$$

$$\bar{f} = \int_{-\infty}^{\infty} f \cdot \frac{|W(f-f_w)\exp(-j2\pi(f-f_w)t_w)|^2}{\|W(f-f_w)\exp(-j2\pi(f-f_w)t_w)\|^2}\, df \qquad (1.133)$$

$$= \underbrace{\int_{-\infty}^{\infty} (f-f_w) \cdot \frac{|W(f-f_w)|^2}{\|W(f-f_w)\|^2}\, d(f-f_w)}_{=0,\ \text{nach Definition}}$$

$$+ f_w \underbrace{\int_{-\infty}^{\infty} \frac{|W(f-f_w)|^2}{\|W(f-f_w)\|^2}\, d(f-f_w)}_{=1} \qquad (1.134)$$

$$= f_w. \qquad (1.135)$$

Bemerkung 1.1

Verschobene Fenster $w(t-t_w)\exp(j2\pi f_w t)$ können aufgrund des Modulationsfaktors auch Funktionswerte annehmen, die komplex sind und die eventuell einen negativen Realteil besitzen.

Satz 1.7 *Verschiebungs-Invarianz*

Die Zeitdauer Gl. (1.136) und die Bandbreite Gl. (1.138) des Fensters sind unabhängig von der mittleren Zeit t_w und von der mittleren Frequenz f_w. Dies ist die Eigenschaft der Verschiebungs-Invarianz.

Beweis 1.7

Mit $dt = d(t - t_w)$ und $df = d(f - f_w)$ gilt

$$\Delta_t^2 = \int_{-\infty}^{\infty} (t - t_w)^2 \cdot \frac{|w(t - t_w)\exp(j2\pi f_w t)|^2}{\|w(t - t_w)\exp(j2\pi f_w t)\|^2}\, d(t - t_w) = \int_{-\infty}^{\infty} t'^2 \cdot \frac{|w(t')|^2}{\|w(t')\|^2}\, dt',$$

$$(1.136)$$

$$\Delta_f^2 = \int_{-\infty}^{\infty} (f - f_w)^2 \frac{|W(f - f_w)\exp(-j2\pi(f - f_w)t_w)|^2}{\|W(f - f_w)\exp(-j2\pi(f - f_w)t_w)\|^2}\, d(f - f_w) \qquad (1.137)$$

$$= \int_{-\infty}^{\infty} f'^2 \cdot \frac{|W(f')|^2}{\|W(f')\|^2}\, df'. \qquad (1.138)$$

Satz 1.8 *Innenprodukt verschobener Fensterfunktionen*

Der Betrag des Innenprodukts zweier gegeneinander zeit- und frequenzverschobener Fensterfunktionen ist nur abhängig von der relativen Verschiebung und unabhängig von der gemeinsamen absoluten Verschiebung. Dabei sind die Zeitverschiebungen t_{w_1}, t_{w_2} und die Frequenzverschiebungen f_{w_1}, f_{w_2}.

Beweis 1.8

Das Innenprodukt ist

$$\langle w(t - t_{w_1})\exp(j2\pi f_{w_1} t), w(t - t_{w_2})\exp(j2\pi f_{w_2} t)\rangle =$$

$$= \int_{-\infty}^{\infty} w(\underbrace{t - t_{w_1}}_{t'})w^*(t - t_{w_2})\exp(j2\pi(f_{w_1} - f_{w_2})t)\, dt \qquad (1.139)$$

$$= \int_{-\infty}^{\infty} w(t')w^*(t' + \underbrace{t_{w_1} - t_{w_2}}_{-\Delta t_w})\exp(j2\pi(\underbrace{f_{w_1} - f_{w_2}}_{-\Delta f_w})(t' + t_{w_1}))\, dt' \qquad (1.140)$$

$$= \exp(-j2\pi\Delta f_w t_{w_1})\int_{-\infty}^{\infty} w(t')w^*(t' - \Delta t_w)\exp(-j2\pi\Delta f_w t')\, dt'. \qquad (1.141)$$

Für den Betrag des Innenproduktes erhält man

$$|\langle w(t-t_{w_1})\exp(j2\pi f_{w_1}t), w(t-t_{w_2})\exp(j2\pi f_{w_2}t)\rangle| \\ = |\langle w(t), w(t-\Delta t_w)\exp(j2\pi \Delta f_w t)\rangle|. \tag{1.142}$$

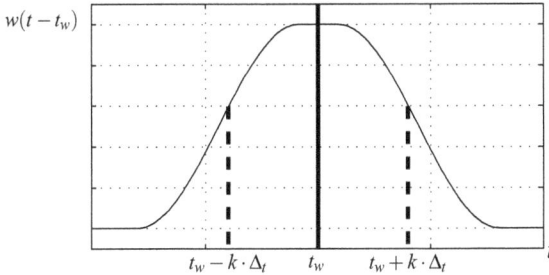

Abbildung 1.3: *Verschobene Fensterfunktion*

1.4.2 Leckeffekt

Die Fourier-Transformierte $X_w(f)$ des in einem endlichen Fenster $w(t-t_w)\exp(j2\pi f_w t)$ betrachteten Signals $x_w(t)$ aus Gl. (1.129) wird durch Faltung mit der Fourier-Transformierten $W(f)$ der Fensterfunktion gegenüber dem ursprünglichen Spektrum $X(f)$ verfälscht.

$$X_w(f) = X(f) * W(f-f_w)\exp(-j2\pi(f-f_w)t_w) \tag{1.143}$$

Dies ist der Leckeffekt. Nur bei einem Dirac-Impuls $\delta(f-f_w)$ als Fourier-Transformierter des Fensters tritt kein Leckeffekt auf. Diesem entspricht aber im Zeitbereich eine sich über einen unendlichen Bereich erstreckende „Fensterfunktion"

$$\exp(j2\pi f_w t). \tag{1.144}$$

Gewünscht ist eine möglichst kleine Zeitdauer und gleichzeitig möglichst kleine Bandbreite der Fensterfunktion. Dazu wird das Zeitdauer-Bandbreite-Produkt betrachtet.

1.4.3 Unschärferelation

Das Zeitdauer-Bandbreite-Produkt des Fensters wird gemäß Gl. (1.65) und (1.66) berechnet.

$$\Delta_t^2 \cdot \Delta_f^2 = \int_{-\infty}^{\infty} t^2 \cdot \frac{|w(t)|^2}{\|w(t)\|^2}\, dt \cdot \int_{-\infty}^{\infty} f^2 \cdot \frac{|W(f)|^2}{\|W(f)\|^2}\, df \tag{1.145}$$

Da die Zeitdauer und die Bandbreite unabhängig von t_w und f_w sind, wurden beide zu Null gesetzt. Aufgrund von Gl. (1.75) und dem Satz von Parseval (vgl. Anhang A.2) kann man das Zeitdauer-Bandbreite-Produkt im Zeitbereich wie folgt ansetzen.

$$\Delta_t^2 \cdot \Delta_f^2 = \frac{1}{4\pi^2 E_w^2} \cdot \int_{-\infty}^{\infty} t^2 \cdot |w(t)|^2\, dt \cdot \int_{-\infty}^{\infty} \left|\frac{d}{dt}w(t)\right|^2 dt \tag{1.146}$$

Mit Hilfe der Schwarzschen Ungleichung (vgl. A.4) ergibt sich die Abschätzung

$$\Delta_t^2 \cdot \Delta_f^2 = \frac{1}{4\pi^2 E_w^2} \langle t \cdot w(t), t \cdot w(t) \rangle \cdot \left\langle \frac{dw(t)}{dt}, \frac{dw(t)}{dt} \right\rangle \tag{1.147}$$

$$\geq \frac{1}{4\pi^2 E_w^2} \left| \left\langle t \cdot w(t), \frac{dw(t)}{dt} \right\rangle \right|^2. \tag{1.148}$$

Durch Berechnung des Innenprodukts erhält man die Ungleichung

$$\Delta_t^2 \cdot \Delta_f^2 \geq \frac{1}{4\pi^2 E_w^2} \left| \int_{-\infty}^{\infty} [t \cdot w(t)] \cdot \left[\frac{d}{dt} w(t) \right] dt \right|^2 \tag{1.149}$$

$$\geq \frac{1}{4\pi^2 E_w^2} \left(\int_{-\infty}^{\infty} t \cdot \frac{1}{2} \frac{d}{dt} (w(t))^2 \, dt \right)^2 \tag{1.150}$$

$$\geq \frac{1}{16\pi^2 E_w^2} \left(\underbrace{t \cdot w^2(t) \Big|_{-\infty}^{\infty}}_{=0} - \underbrace{\int_{-\infty}^{\infty} w^2(t) \, dt}_{=E_w} \right)^2 \tag{1.151}$$

$$\Delta_t^2 \cdot \Delta_f^2 \geq \frac{1}{16\pi^2} \tag{1.152}$$

$$\boxed{\Delta_t \cdot \Delta_f \geq \frac{1}{4\pi}}. \tag{1.153}$$

Das Zeitdauer-Bandbreite-Produkt ist immer größer/gleich $1/4\pi$. Man nennt diese Ungleichung auch *Unschärferelation*. Für eine schmale Fensterfunktion $w(t)$ im Zeitbereich (und damit für eine feine Auflösung im Zeitbereich) bezahlt man mit einer breiten Fensterfunktion $W(f)$ im Frequenzbereich (und damit mit einer groben Auflösung im Frequenzbereich) und umgekehrt.

1.4.4   Gauß-Impuls

Je größer die Zeitdauer einer Fensterfunktion, desto geringer ist deren Bandbreite, und umgekehrt. Das kleinste Zeitdauer-Bandbreite-Produkt wird erreicht, wenn in der Unschärferelation (Gl. 1.153) das Gleichheitszeichen steht. Dies gilt gerade, wenn die beiden Funktionen in der Schwarzschen Ungleichung mit dem Faktor β zueinander proportional sind.

$$\beta \cdot t \cdot g(t) + \frac{d}{dt} g(t) = 0 \tag{1.154}$$

Die Integration der Gleichung (1.154) ergibt den Gauß-Impuls

$$g(t) = c \cdot \exp\left(-\frac{\beta}{2} t^2\right). \tag{1.155}$$

Die Konstante c wird dabei so bestimmt, dass die Energie des Gauß-Impulses identisch 1 wird.

$$E_g = \|g(t)\|^2 = 1 \tag{1.156}$$

$$E_g = \int_{-\infty}^{\infty} |g(t)|^2 \, dt = c^2 \cdot \int_{-\infty}^{\infty} \exp(-\beta t^2) \, dt = c^2 \cdot \sqrt{\pi/\beta} \stackrel{!}{=} 1 \qquad (1.157)$$

$$c = (\beta/\pi)^{1/4} \qquad (1.158)$$

Der normierte Gauß-Impuls ist somit gegeben durch

$$g(t) = (\beta/\pi)^{1/4} \exp(-\frac{\beta}{2} t^2). \qquad (1.159)$$

Er ist symmetrisch in t, d. h. $t_g = 0$. Wegen $\dot{\varphi}(t) = 0$ ist auch $f_g = 0$.

Die Zeitdauer berechnet sich nach Gl. (1.65) zu

$$\Delta_t^2 = \int_{-\infty}^{\infty} t^2 |g(t)|^2 \, dt \qquad (1.160)$$

$$= (\beta/\pi)^{1/2} \cdot \int_{-\infty}^{\infty} t^2 \exp(-\beta t^2) \, dt = 1/(2\beta). \qquad (1.161)$$

Die Bandbreite berechnet sich nach Gleichung (1.82) mit $\dot{\varphi}(t) = 0$ und $E_g = 1$ zu

$$\Delta_f^2 = \frac{1}{4\pi^2} \int_{-\infty}^{\infty} \left(\dot{A}(t)\right)^2 \, dt \qquad (1.162)$$

$$= \frac{1}{4\pi^2} \int_{-\infty}^{\infty} \left[(\beta/\pi)^{1/4} \cdot \beta \cdot t \cdot \exp(-\frac{\beta}{2} t^2) \right]^2 \, dt \qquad (1.163)$$

$$= \frac{\beta^2}{4\pi^2} \cdot (\beta/\pi)^{1/2} \cdot \int_{-\infty}^{\infty} t^2 \exp(-\beta t^2) \, dt \qquad (1.164)$$

$$= \frac{\beta^2}{4\pi^2} \cdot \frac{1}{2\beta} = \frac{\beta}{8\pi^2}. \qquad (1.165)$$

Das Zeitdauer-Bandbreite-Produkt ist wie erwartet

$$\Delta_t^2 \cdot \Delta_f^2 = \frac{1}{16\pi^2}. \qquad (1.166)$$

Der Gauß-Impuls ist somit die im Zeit- und Frequenzbereich kompakteste Funktion. Während die Normalverteilung in der Wahrscheinlichkeitsrechnung den Abfall auf $1/e$ bei $x = \sqrt{2}\sigma_x$ erreicht, ist dies beim Gauß-Impuls für $t = 2\Delta_t$ der Fall. Das liegt an der unterschiedlichen Normierung. Bei der Normalverteilung ist das Integral über die Wahrscheinlichkeitsdichte zu eins normiert.

$$\int_{-\infty}^{\infty} f_N(x) \, dx = 1 \qquad (1.167)$$

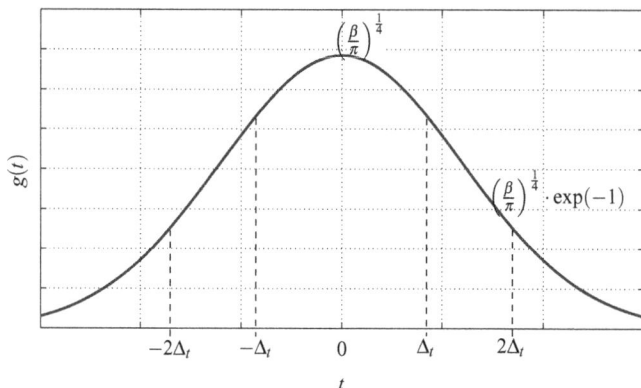

Abbildung 1.4: Gauß-Impuls

Beim Gauß-Impuls hingegen wird die Signalenergie auf eins normiert.

$$\int_{-\infty}^{\infty} g^2(t)\,dt = 1 \tag{1.168}$$

Die Fourier-Transformierte des Gauß-Impulses ist gegeben durch

$$G(f) = \sqrt{2}(\pi/\beta)^{1/4} \exp\left(-\frac{2}{\beta}\pi^2 f^2\right). \tag{1.169}$$

Wählt man anstelle von β die Zeitdauer Δ_t und die Bandbreite Δ_f als Parameter, so erhält man eine symmetrische Darstellung des Gauß-Impulses im Zeit- und Frequenzbereich.

$$g(t) = \frac{1}{\sqrt{\sqrt{2\pi}\Delta_t}} \exp(-\frac{t^2}{4\Delta_t^2}) \tag{1.170}$$

$$G(f) = \frac{1}{\sqrt{\sqrt{2\pi}\Delta_f}} \exp(-\frac{f^2}{4\Delta_f^2}) \tag{1.171}$$

1.4.5   Effektive Zeitdauer und Bandbreite

Die in Anlehnung an die Wahrscheinlichkeitsrechnung als zweites zentriertes Moment der normierten Energiedichte definierte Zeitdauer Δ_t ist klein gegenüber der Zeitdauer, in der das Signal $x(t)$ nennenswerte von Null abweichende Amplituden aufweist. Deshalb wird alternativ die effektive Zeitdauer T_{eff} eingeführt. Die Fläche unter dem Betrag des Signals $|x(t)|$ wird aufintegriert und mit einem flächengleichen Rechteck verglichen, dessen eine Seite gleich der maximalen Amplitude $x_{\max}$ des Signals $|x(t)|$ ist. Dadurch erhält man eine Abschätzung, für welche effektive Zeitdauer T_{eff} das Signal $x(t)$ nennenswerte Energieanteile aufweist. Dabei sei

$x(t)$ auf die Signalenergie 1 normiert.

$$T_{\text{eff}} = \int\limits_{-\infty}^{\infty} \frac{|x(t)|}{x_{\text{max}}}\, dt \qquad\qquad (1.172)$$

Beispiel 1.5   *Effektive Zeitdauer (nach Flächengleichheit)*

Das betrachtete Energiesignal sei

$$x(t) = \sqrt{\frac{2}{T}} \cos\left(\pi\frac{t}{T}\right) r_T(t).$$

Der Vorfaktor $x_{\text{max}} = \sqrt{\frac{2}{T}}$ stellt die Normierung auf die Signalenergie 1 sicher. Man erhält die effektive Zeitdauer

$$T_{\text{eff}} = \int\limits_{-T/2}^{T/2} \cos\left(\pi\frac{t}{T}\right) dt = \frac{2T}{\pi} \approx 0{,}637 \cdot T.$$

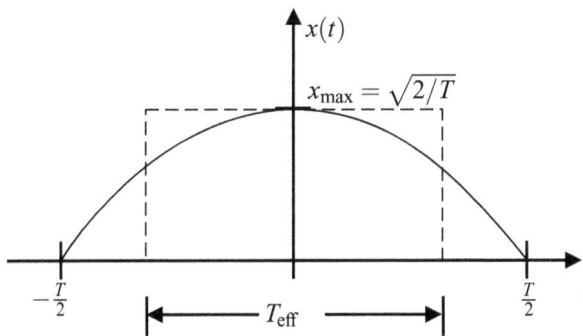

Abbildung 1.5: *Effektive Zeitdauer einer Cosinus-Halbwelle*

Die effektive Zeitdauer nach dem Flächengleichgewicht wird speziell dann verwendet, wenn man bei periodischer Wiederholung von Signalverläufen Aliasing vermeiden will. Bei der Gabor-Reihe wird zum Beispiel das Spektrum der Kurzzeit-Fourier-Transformation abgetastet, wobei die Analyse-Fensterfunktion $\gamma(t - mT)$ in diskreten Vielfachen von $T \approx T_{\text{eff}}$ verschoben wird (siehe Abschnitt 2.2). Durch ausreichend kleine diskrete Verschiebungszeiten T bleibt der Informationsgehalt des Signals $x(t)$ erhalten.

Beispiel 1.6 *Zeitdauer (entsprechend Varianz)*

Gegeben ist das auf die Energie 1 normierte Signal $x(t)$ aus Beispiel 1.5.

$$x(t) = \sqrt{\frac{2}{T}} \cos\left(\pi \frac{t}{T}\right) r_T(t)$$

$$E_x = \int_{-\infty}^{\infty} |x(t)|^2 \, dt = 1$$

Die Zeitdauer berechnet sich mit $t_x = 0$ nach Gleichung (1.69) zu

$$\Delta_t^2 = \frac{2}{T} \int_{-T/2}^{T/2} t^2 \cos^2\left(\pi \frac{t}{T}\right) dt \, .$$

Das Integral lässt sich mit Hilfe der Produktregel $\int u \, dv = uv - \int v \, du$ lösen. Dabei wird

$$u = t^2, \quad du = 2t \, dt$$

$$dv = \cos^2\left(\pi \frac{t}{T}\right) dt, \quad v = \frac{1}{2} t + \frac{T}{4\pi} \sin\left(2\pi \frac{t}{T}\right)$$

gesetzt. Man erhält

$$\Delta_t^2 = \frac{2}{T} \left[\left[t^2 \left(\frac{1}{2} t + \frac{T}{4\pi} \sin\left(2\pi \frac{t}{T}\right) \right) \right]\Big|_{-T/2}^{T/2} - \int_{-T/2}^{T/2} t^2 + \frac{T}{2\pi} t \sin\left(2\pi \frac{t}{T}\right) dt \right]$$

$$= \frac{T^2}{4} - \frac{2}{T} \left[\frac{1}{3} t^3 + \frac{T}{2\pi} \left(\frac{T^2}{4\pi^2} \sin\left(2\pi \frac{t}{T}\right) - \frac{T}{2\pi} t \cos\left(2\pi \frac{t}{T}\right) \right) \right]\Big|_{-T/2}^{T/2}$$

$$= \frac{T^2}{4} - \frac{T^2}{6} + \frac{T}{2\pi^2} \left(\frac{T}{2} \cos(\pi) + \frac{T}{2} \cos(\pi) \right)$$

$$= \frac{T^2}{12} - \frac{T^2}{2\pi^2} \approx 0{,}032673 \cdot T^2 \, .$$

Daraus folgt für die Zeitdauer Δ_t

$$\Delta_t \approx 0{,}181 \cdot T \, .$$

Die Zeitdauer Δ_t ist wesentlich kleiner als die effektive Zeitdauer T_{eff}.

Die Zeitdauer Δ_t ist lediglich ein Maß für die zeitliche Verteilung des Signals. Will man den Zeitbereich kennzeichnen, in dem das Signal $x(t)$ nennenswerte Energieanteile aufweist, so muss man ein Mehrfaches von Δ_t ansetzen, in diesem Beispiel evtl. $4 \cdot \Delta_t$. Dies entspricht dem Vorgehen in der Wahrscheinlichkeitsrechnung, wo der Vertrauensbereich in Vielfachen von σ_x angegeben wird [22].

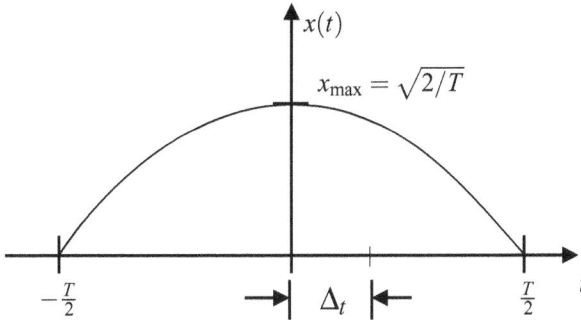

Abbildung 1.6: *Zeitdauer einer Cosinus-Halbwelle*

In Analogie zur effektiven Zeitdauer wird die effektive Bandbreite

$$F_{\text{eff}} = \int\limits_{-\infty}^{\infty} \frac{|X(f)|}{X_{\text{max}}} \, df \qquad\qquad (1.173)$$

definiert. Für die Beziehung zwischen der effektiven Bandbreite F_{eff} und der Bandbreite Δ_f gelten dieselben Überlegungen wie für die Beziehung zwischen der effektiven Zeitdauer T_{eff} und der Zeitdauer Δ_t.

Beispiel 1.7 *Effektive Zeitdauer und Bandbreite des Gauß-Impulses*

Für den Gauß-Impuls

$$g(t) = \left(\frac{\beta}{\pi}\right)^{1/4} \exp\left(-\frac{\beta}{2}t^2\right)$$

$$G(f) = \sqrt{2}\left(\frac{\pi}{\beta}\right)^{1/4} \exp\left(-\frac{2}{\beta}\pi^2 f^2\right)$$

ist die effektive Zeitdauer

$$T_{\text{eff}} = \int\limits_{-\infty}^{\infty} \frac{|g(t)|}{g_{\text{max}}} \, dt = \int\limits_{-\infty}^{\infty} \exp\left(-\frac{\beta}{2}t^2\right) dt = \sqrt{\frac{2\pi}{\beta}}$$

und die effektive Bandbreite

$$F_{\text{eff}} = \int\limits_{-\infty}^{\infty} \frac{|G(f)|}{G_{\text{max}}} \, df = \int\limits_{-\infty}^{\infty} \exp\left(-\frac{2}{\beta}\pi^2 f^2\right) df = \sqrt{\frac{\beta}{2\pi}}.$$

Daraus folgt das Produkt

$$T_{\text{eff}} \cdot F_{\text{eff}} = 1.$$

1.5   Skalierung

Bei der Wavelet-Transformation werden die sog. Mother-Wavelets skaliert. Dabei werden die mittlere Zeit und die mittlere Frequenz der Wavelets verändert. Deshalb werden im Folgenden die Auswirkungen der Skalierung auf ein Signal betrachtet. Wichtig ist die Skalierungs-Invarianz in Satz 1.9.

1.5.1   Skalierung im Zeit- und Frequenzbereich

Die Zeit t werde vorerst mit dem Faktor $a > 0$ skaliert. Später werden für die Skalierung allgemeine $a \in \mathbb{R}$ zugelassen. Das skalierte Signal ist im Zeitbereich

$$x_a(t) = x\left(\frac{t}{a}\right) \quad , a > 0. \tag{1.174}$$

Der gleiche Funktionswert wird erst bei der a-fachen Zeit erreicht, d. h. das Signal $x_a(t)$ ist gegenüber $x(t)$ a-fach gestreckt (bei $a > 1$). Die Fourier-Transformierte ist:

$$X_a(f) = \int_{-\infty}^{\infty} x(t/a)\exp(-j2\pi f t)\, dt \tag{1.175}$$

$$= a \int_{-\infty}^{\infty} x(t/a)\exp\left(-j2\pi a f \frac{t}{a}\right) d(t/a) \tag{1.176}$$

$$= aX(af). \tag{1.177}$$

Der entsprechende Wert des Spektrums wird bereits bei einer um den Faktor $a > 1$ niedrigeren Frequenz erreicht, d. h. das Spektrum $X_a(f)$ ist gegenüber $X(f)$ a-fach gestaucht. Die Amplituden von $X_a(f)$ sind um den Faktor $a > 1$ vergrößert (vgl. Abb. 1.7). Entsprechendes gilt für $a < 1$. Aufgrund der Streckung der Funktion $x_a(t)$ über der Zeit ist die Signalenergie um den Faktor a größer.

$$E_{x,a} = \int_{-\infty}^{\infty} |x(t/a)|^2\, dt = a \int_{-\infty}^{\infty} |x(t/a)|^2\, d(t/a) = a \cdot E_x \tag{1.178}$$

Soll ein Signal trotz Skalierung seine unveränderte Signalenergie behalten, so muss es mit einem Vorfaktor $\frac{1}{\sqrt{|a|}}$ versehen werden. Das skalierte Signal lautet dann abweichend von Gl. (1.174)

$$x_a(t) = \frac{1}{\sqrt{|a|}} x\left(\frac{t}{a}\right). \tag{1.179}$$

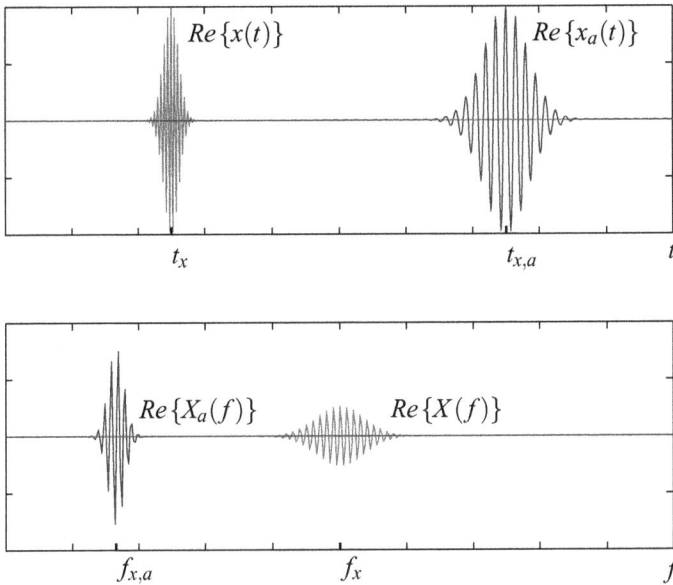

Abbildung 1.7: *Skalierung einer Funktion im Zeit- und Frequenzbereich (entsprechend Gl. (1.174) und Gl. (1.177))*

Die mittlere Zeit ist wegen der Streckung a mal so groß.

$$t_{x,a} = \frac{1}{E_{x,a}} \int_{-\infty}^{\infty} t \cdot |x(t/a)|^2 \, dt \tag{1.180}$$

$$= \frac{1}{a \cdot E_x} \cdot a^2 \int_{-\infty}^{\infty} (t/a) \cdot |x(t/a)|^2 \, d(t/a) \tag{1.181}$$

$$= a \cdot t_x \tag{1.182}$$

Die Zeitdauer ist entsprechend

$$\Delta_{t,a}^2 = \frac{1}{E_{x,a}} \int_{-\infty}^{\infty} (t - t_{x,a})^2 \, |x(t/a)|^2 \, dt \tag{1.183}$$

$$= \frac{a^3}{a \cdot E_x} \int_{-\infty}^{\infty} ((t/a) - t_x)^2 \, |x(t/a)|^2 \, d(t/a) \tag{1.184}$$

$$= a^2 \left[\int_{-\infty}^{\infty} ((t' - t_x)^2 \, |x(t')|^2 \, dt' \right] \tag{1.185}$$

$$= a^2 \Delta_t^2 \,. \tag{1.186}$$

Die mittlere Frequenz ist wegen der Skalierung um den Faktor a kleiner.

$$f_{x,a} = \frac{1}{E_{x,a}} \int_{-\infty}^{\infty} f \cdot a^2 \left|X(af)\right|^2 df \tag{1.187}$$

$$= \frac{1}{a \cdot E_x} \int_{-\infty}^{\infty} (af) \left|X(af)\right|^2 d(af) \tag{1.188}$$

$$= \frac{1}{a} \cdot f_x \tag{1.189}$$

Wenn die mittlere Frequenz ungleich Null ist, wird durch die Skalierung die mittlere Frequenz verschoben. Deshalb wurde in Abb. 1.7 ein mittelwertfreies Signal betrachtet, dessen mittlere Frequenz $f_x \neq 0$ ist.

Die Bandbreite ist entsprechend

$$\Delta_{f,a}^2 = \frac{1}{E_{x,a}} \int_{-\infty}^{\infty} (f - f_{x,a})^2 a^2 \left|X(af)\right|^2 df \tag{1.190}$$

$$= \frac{1}{a^2 E_x} \int_{-\infty}^{\infty} ((af - f_x)^2 \left|X(af)\right|^2 d(af) \tag{1.191}$$

$$= \frac{1}{a^2} \left[\frac{1}{E_x} \int_{-\infty}^{\infty} (f' - f_x)^2 \left|X(f')\right|^2 df' \right] \tag{1.192}$$

$$= \frac{1}{a^2} \Delta_f^2 . \tag{1.193}$$

Geht man von der Beschränkung $a > 0$ auf allgemeine $a \in \mathbb{R}$ über, ergibt sich:

$$X_a(f) = |a| \cdot X(af) \qquad\qquad E_{x,a} = |a| \cdot E_x \tag{1.194}$$

$$t_{x,a} = a \cdot t_x \qquad\qquad \Delta_{t,a}^2 = a^2 \cdot \Delta_t^2 \tag{1.195}$$

$$f_{x,a} = \frac{1}{a} \cdot f_x \qquad\qquad \Delta_{f,a}^2 = \frac{1}{a^2} \cdot \Delta_f^2 \tag{1.196}$$

1.5.2   Skalierungs-Invarianz

Satz 1.9 *Skalierungs-Invarianz*

Die folgenden Verhältnisse Q_t und Q_f bleiben bei der Skalierung konstant.

$$Q_t = \frac{2\Delta_t}{t_x} = \frac{2\Delta_{t,a}}{t_{x,a}} \tag{1.197}$$

$$Q_f = \frac{2\Delta_f}{f_x} = \frac{2\Delta_{f,a}}{f_{x,a}} \tag{1.198}$$

Man sagt, die Verhältnisse Q_t und Q_f sind gegenüber der Skalierung *invariant*. Der Faktor 2 in Gl. (1.197) und Gl. (1.198) ist willkürlich eingefügt.

Beweis 1.9

$$Q_t = \frac{2\Delta_{t,a}}{t_{x,a}} = \frac{2a\Delta_t}{at_x} = \frac{2\Delta_t}{t_x} \tag{1.199}$$

$$Q_f = \frac{2\Delta_{f,a}}{f_{x,a}} = \frac{2\Delta_f/a}{f_x/a} = \frac{2\Delta_f}{f_x} \tag{1.200}$$

Bei der Wavelet-Transformation werden die Analyse- und Synthesewavelets skaliert. Dabei verändern sich die Zeitdauer proportional zur mittleren Zeit und die Bandbreite proportional zur mittleren Frequenz.

1.6   Hilbert-Räume

Signale können als Linearkombination von Basisfunktionen dargestellt werden. Bei zunehmender Redundanz des Basissystems wird die Kondition der Gramschen Matrix $\underline{G}$ schlechter, welche zur Berechnung der Koeffizienten a invertiert werden muss. Als Alternative bietet sich die Signaldarstellung in Frames an, bei der die Gramsche Matrix nicht invertiert zu werden braucht. Frames werden bei der Kurzzeit-Fourier-Transformation und der Wavelet-Transformation verwendet.

1.6.1   Basisfunktionen

Es wird ein Signal $x(t)$ betrachtet, das sich in der Form

$$x(t) = \sum_{i=-\infty}^{\infty} a_i \varphi_i(t) \tag{1.201}$$

darstellen lässt. Die Funktionen $\varphi_i(t)$ werden nun als Vektoren interpretiert, die einen Hilbert-Raum Φ vollständig aufspannen:

$$\Phi = \text{span}\{\varphi_i(t), i = -\infty, \ldots, \infty\}. \tag{1.202}$$

Da sich das Signal $x(t)$ als Linearkombination dieser Vektoren darstellen lässt, ist es ein Element des Hilbert-Raumes Φ.

Falls die Funktionen $\varphi_i(t)$ linear voneinander unabhängig sind, bilden sie eine Basis von Φ:

$$\Phi = \text{Basis}\{\varphi_i(t), i = -\infty, \ldots, \infty\}. \tag{1.203}$$

In diesem Fall sind die Koeffizienten a_i eindeutig. Der Vektor

$$\underline{a} = [a_{-\infty}, \ldots, a_\infty]^{\mathrm{T}} \tag{1.204}$$

gibt dann die Energieverteilung des Signals $x(t)$ bezüglich der Basisfunktionen $\{\varphi_i(t), i = -\infty, \ldots, \infty\}$ an. Der Hilbert-Raum kann eine endliche Dimension $i = 1, \ldots, n$ besitzen. Wir schreiben dann Φ_n.

Um die Koeffizienten a_i der Basisentwicklung zu berechnen, wird für $i = 1, \ldots, n$ das Innenprodukt zwischen $x(t)$ und $\varphi_i(t)$ gebildet. Mit Gl. (1.201) ergibt sich:

$$\langle x(t), \varphi_1(t) \rangle = a_1 \langle \varphi_1(t), \varphi_1(t) \rangle + a_2 \langle \varphi_2(t), \varphi_1(t) \rangle + \ldots + a_n \langle \varphi_n(t), \varphi_1(t) \rangle \tag{1.205}$$

$$\langle x(t), \varphi_2(t) \rangle = a_1 \langle \varphi_1(t), \varphi_2(t) \rangle + a_2 \langle \varphi_2(t), \varphi_2(t) \rangle + \ldots + a_n \langle \varphi_n(t), \varphi_2(t) \rangle$$

$$\vdots$$

$$\langle x(t), \varphi_n(t) \rangle = a_1 \langle \varphi_1(t), \varphi_n(t) \rangle + a_2 \langle \varphi_2(t), \varphi_n(t) \rangle + \ldots + a_n \langle \varphi_n(t), \varphi_n(t) \rangle$$

Das Gleichungssystem kann in eine Vektor-Matrix-Notation überführt werden:

$$\begin{bmatrix} \langle x(t), \varphi_1(t) \rangle \\ \langle x(t), \varphi_2(t) \rangle \\ \vdots \\ \langle x(t), \varphi_n(t) \rangle \end{bmatrix} = \underbrace{\begin{bmatrix} \langle \varphi_1(t), \varphi_1(t) \rangle & \langle \varphi_2(t), \varphi_1(t) \rangle & \cdots & \langle \varphi_n(t), \varphi_1(t) \rangle \\ \langle \varphi_1(t), \varphi_2(t) \rangle & \langle \varphi_2(t), \varphi_2(t) \rangle & \cdots & \langle \varphi_n(t), \varphi_2(t) \rangle \\ \vdots & \vdots & \ddots & \vdots \\ \langle \varphi_1(t), \varphi_n(t) \rangle & \langle \varphi_2(t), \varphi_n(t) \rangle & \cdots & \langle \varphi_n(t), \varphi_n(t) \rangle \end{bmatrix}}_{\underline{G} \text{ (Gramsche Matrix)}} \begin{bmatrix} a_1 \\ a_2 \\ \vdots \\ a_n \end{bmatrix}$$

$$\tag{1.206}$$

Falls die Gramsche Matrix $\underline{G}$ regulär ist, sind die Koeffizienten eindeutig, d. h. $\{\varphi_i(t), i = 1, \ldots, n\}$ ist eine Basis. Dies ist dann der Fall, wenn die $\varphi_i(t)$ linear voneinander unabhängig sind. Die Berechnungsvorschrift für die Koeffizienten lautet dann:

$$\underline{a} = \underline{G}^{-1} \cdot \begin{bmatrix} \langle x(t), \varphi_1(t) \rangle \\ \langle x(t), \varphi_2(t) \rangle \\ \vdots \\ \langle x(t), \varphi_n(t) \rangle \end{bmatrix} \tag{1.207}$$

Wie in Bemerkung 8.1 gezeigt wird, ist diese Berechnung der Koeffizienten optimal im Sinne eines quadratischen Gütekriteriums. In einem Hilbert-Raum bildet die Folge der Basisfunktionen $\varphi_i(t)$ eine Cauchy-Folge, wenn zu jedem $\varepsilon > 0$ ein Index i_ε existiert mit der Eigenschaft

$\| \underline{\varphi}_i - \underline{\varphi}_j \| < \varepsilon$ für alle Indizes $i, j > i_\varepsilon$. Jede Cauchy-Folge im Hilbert-Raum Φ besitzt einen Grenzwert in Φ.

$$\hat{x}_n(t) = \sum_{i=1}^{n} a_i \varphi_i(t) \tag{1.208}$$

$$\hat{x}_m(t) = \sum_{i=1}^{m} a_i \varphi_i(t) \qquad n, m > n(\varepsilon): \; \| \hat{x}_n(t) - \hat{x}_m(t) \| < \varepsilon \tag{1.209}$$

Beispiel 1.8 *Zeitverschobene Gauß-Impulse als Basisfunktionen*

Die um Vielfache mT der diskreten Zeit T verschobenen Gauß-Impulse $\varphi(t)$ sollen ein Basissystem bilden.

$$\varphi_m(t) = \left(\frac{\beta}{\pi} \right)^{\frac{1}{4}} \exp \left(-\frac{\beta}{2} (t - mT)^2 \right)$$

Es wird die Substitution $t' = t - mT$ eingesetzt.

$$\varphi_m(t') = \left(\frac{\beta}{\pi} \right)^{\frac{1}{4}} \exp \left(-\frac{\beta}{2} t'^2 \right)$$

1. Zuerst wollen wir zeigen, dass die gegeneinander zeitverschobenen Gauß-Impulse *nicht* orthogonal zueinander sind. Dabei wird der zweite Verschiebungsindex als Summe $m + \Delta m$ formuliert. Das Innenprodukt

$$\langle \varphi_m(t'), \varphi_{m+\Delta m}(t') \rangle$$

$$= \int_{-\infty}^{\infty} \left(\frac{\beta}{\pi} \right)^{\frac{1}{2}} \exp \left(-\frac{\beta}{2} \left(t'^2 + (t' + \Delta mT)^2 \right) \right) dt'$$

$$= \left(\frac{\beta}{\pi} \right)^{\frac{1}{2}} \int_{-\infty}^{\infty} \exp \left(-\frac{\beta}{2} \left(t'^2 + t'^2 + 2t' \Delta mT + \Delta m^2 T^2 \right) \right) dt'$$

$$= \left(\frac{\beta}{\pi} \right)^{\frac{1}{2}} \exp \left(-\frac{\beta}{4} \Delta m^2 T^2 \right) \int_{-\infty}^{\infty} \exp \left(-\beta \left(t' + \frac{\Delta m}{2} T \right)^2 \right) dt'$$

$$= \left(\frac{\beta}{\pi} \right)^{\frac{1}{2}} \exp \left(-\frac{\beta}{4} \Delta m^2 T^2 \right) \int_{-\infty}^{\infty} \exp \left(-\beta t''^2 \right) dt''$$

$$= 2 \left(\frac{\beta}{\pi} \right)^{\frac{1}{2}} \exp \left(-\frac{\beta}{4} \Delta m^2 T^2 \right) \underbrace{\int_{0}^{\infty} \exp \left(-\beta t''^2 \right) dt''}_{\frac{1}{2} \left(\frac{\pi}{\beta} \right)^{\frac{1}{2}}}$$

$$= \exp\left(-\frac{\beta}{4}\Delta m^2 T^2\right) \neq 0$$

ist für $\Delta m \neq 0$ nicht gleich Null. Allerdings konvergiert das Innenprodukt mit wachsendem Δm schnell gegen sehr kleine Werte.

Die gegeneinander zeitverschobenen Gauß-Impulse sind *nicht* orthogonal.

2. Als nächstes soll geprüft werden, ob die zeitverschobenen Gauß-Impulse eine Basis bilden. Dazu soll versucht werden, einen einzelnen Gauß-Impuls $\varphi_m(t)$ der Zeitverschiebung mT

$$\varphi_m(t) = \left(\frac{\beta}{\pi}\right)^{\frac{1}{4}} \exp\left(-\frac{\beta}{2}(t-mT)^2\right) = \left(\frac{\beta}{\pi}\right)^{\frac{1}{4}} \exp\left(-\frac{\beta}{2}t'^2\right)$$

als Linearkombination aller anderen zeitverschobenen Gauß-Impulse darzustellen.

$$\hat{\varphi}_m(t') = \sum_{\substack{\Delta m=-\infty \\ \Delta m \neq 0}}^{\infty} c_{\Delta m} \left(\frac{\beta}{\pi}\right)^{\frac{1}{4}} \exp\left(-\frac{\beta}{2}(t'+\Delta mT)^2\right)$$

$$= \underbrace{\left(\frac{\beta}{\pi}\right)^{\frac{1}{4}} \exp\left(-\frac{\beta}{2}t'^2\right)}_{\varphi_m(t)} \cdot \underbrace{\sum_{\substack{\Delta m=-\infty \\ \Delta m \neq 0}}^{\infty} c_{\Delta m} \exp\left(-\frac{\beta}{2}\left(2t'\Delta mT + \Delta m^2 T^2\right)\right)}_{\neq 1}$$

$$\neq \varphi_m(t')$$

Der Summenterm ist stets ungleich 1. Deshalb kann man einen einzelnen Gauß-Impuls *nicht exakt* als Linearkombination aller anderen zeitverschobenen Gauß-Impulse darstellen. Die zeitverschobenen Gauß-Impulse sind linear voneinander unabhängig. Sie bilden damit eine Basis. Dies gilt allerdings nur, wenn die Zeitverschiebung T gegenüber der effektiven Zeitdauer T_{eff} (Gl. (1.172)) nicht zu groß gewählt wird, um ein als Linearkombination darzustellendes Signal $x(t)$ ausreichend dicht abzutasten.

3. Ein einzelner Gauß-Impuls $x(t) = \varphi_0(t)$ soll nun doch durch die Linearkombination der anderen zeitverschobenen Gauß-Impulse zumindest *angenähert* werden. Für die Gauß-Impulse wird $T_{\text{eff}} = \sqrt{\frac{2\pi}{\beta}}$, also $\beta = \frac{2\pi}{T_{\text{eff}}^2}$ gewählt (siehe Abschnitt 1.4.5):

$$\varphi_0(t) = \left(\frac{2}{T_{\text{eff}}^2}\right)^{\frac{1}{4}} \exp\left(-\frac{\pi}{T_{\text{eff}}^2}t^2\right)$$

$$\approx \sum_{\substack{\Delta m=-\infty \\ \Delta m \neq 0}}^{\infty} c_{\Delta m} \left(\frac{2}{T_{\text{eff}}^2}\right)^{\frac{1}{4}} \exp\left(-\frac{\pi}{T_{\text{eff}}^2}(t-\Delta mT)^2\right)$$

Um die Koeffizienten $c_{\Delta m}$ berechnen zu können, müssen nach Gleichungen (1.206) und (1.207) die Gramsche Matrix $\underline{G}$ und die Innenprodukte $\langle x(t), \varphi_1(t)\rangle, \ldots,$ $\langle x(t), \varphi_n(t)\rangle$ bekannt sein.

Hierzu wird allgemein das Innenprodukt $\langle \varphi_i(t), \varphi_j(t) \rangle$ berechnet.

$$\langle \varphi_i(t), \varphi_j(t) \rangle = \int\limits_{-\infty}^{\infty} \varphi_i(t) \cdot \varphi_j^*(t)\, dt$$

$$= \int\limits_{-\infty}^{\infty} \sqrt{\frac{2}{T_{\text{eff}}^2}} \exp\left(-\frac{\pi}{T_{\text{eff}}^2}\left[(t - iT)^2 + (t - jT)^2 \right] \right) dt$$

$$= \frac{\sqrt{2}}{T_{\text{eff}}} \int\limits_{-\infty}^{\infty} \exp\left(-\frac{2\pi}{T_{\text{eff}}^2}\left[t^2 - (i+j)\,Tt + \frac{i^2 + j^2}{2}T^2 \right] \right) dt$$

Um das Integral zu lösen, wird das Argument der Exponentialfunktion quadratisch ergänzt:

$$\langle \varphi_i(t), \varphi_j(t) \rangle = \frac{\sqrt{2}}{T_{\text{eff}}}$$

$$\cdot \int\limits_{-\infty}^{\infty} \exp\left(-\frac{2\pi}{T_{\text{eff}}^2}\left[\left(t - \frac{i+j}{2}T\right)^2 - \frac{(i+j)^2}{4}T^2 + \frac{i^2 + j^2}{2}T^2 \right] \right) dt$$

$$= \frac{\sqrt{2}}{T_{\text{eff}}} \exp\left(\frac{2\pi}{T_{\text{eff}}^2}\left[\frac{(i+j)^2}{4}T^2 - \frac{i^2 + j^2}{2}T^2 \right] \right)$$

$$\cdot \int\limits_{-\infty}^{\infty} \exp\left(-\frac{2\pi}{T_{\text{eff}}^2}\left(t - \frac{i+j}{2}T\right)^2 \right) dt$$

Mit der Substitution $u = t - \frac{i+j}{2}T$ ergibt sich für das Integral

$$\int\limits_{-\infty}^{\infty} \exp\left(-\frac{2\pi}{T_{\text{eff}}^2}\left(t - \frac{i+j}{2}T\right)^2 \right) dt = \int\limits_{-\infty}^{\infty} \exp\left(-\frac{2\pi}{T_{\text{eff}}^2}u^2 \right) du = \frac{T_{\text{eff}}}{\sqrt{2}} \,.$$

Damit ergibt sich:

$$\langle \varphi_i(t), \varphi_j(t) \rangle = \exp\left(\frac{2\pi}{T_{\text{eff}}^2}\left[\frac{(i+j)^2}{4}T^2 - \frac{i^2 + j^2}{2}T^2 \right] \right)$$

$$= \exp\left(-\frac{\pi}{2}\frac{T^2}{T_{\text{eff}}^2}(i - j)^2 \right) = \exp\left(-\frac{\pi}{2}\frac{T^2}{T_{\text{eff}}^2}\Delta m^2 \right) .$$

$$(1.210)$$

Im Folgenden wird die Basis auf 10 Gauß-Impulse beschränkt, um die Gramsche Matrix darstellen zu können. Der Gauß-Impuls $x(t) = \varphi_0(t)$ soll durch $\varphi_{-5}(t), \ldots, \varphi_{-1}(t), \varphi_1(t), \ldots, \varphi_5(t)$ angenähert werden.

Die Gramsche Matrix ist damit

$$\underline{G} = [\langle \varphi_i, \varphi_j \rangle]_{i,j} = \left[\exp\left(-\frac{\pi}{2}\frac{T^2}{T_{\text{eff}}^2}(i - j)^2 \right) \right]_{i,j} \quad \begin{array}{l} \text{mit } i,j = -5, \ldots, 5 \\ \text{und } i,j \neq 0. \end{array}$$

Für $T = T_{\text{eff}}$ ist die Gramsche Matrix

$$
\underline{G} =
\begin{bmatrix}
1 & 0{,}21 & 0 & 0 & 0 & 0 & 0 & 0 & 0 & 0 \\
0{,}21 & 1 & 0{,}21 & 0 & 0 & 0 & 0 & 0 & 0 & 0 \\
0 & 0{,}21 & 1 & 0{,}21 & 0 & 0 & 0 & 0 & 0 & 0 \\
0 & 0 & 0{,}21 & 1 & 0{,}21 & 0 & 0 & 0 & 0 & 0 \\
0 & 0 & 0 & 0{,}21 & 1 & 0{,}21 & 0 & 0 & 0 & 0 \\
0 & 0 & 0 & 0 & 0{,}21 & 1 & 0{,}21 & 0 & 0 & 0 \\
0 & 0 & 0 & 0 & 0 & 0{,}21 & 1 & 0{,}21 & 0 & 0 \\
0 & 0 & 0 & 0 & 0 & 0 & 0{,}21 & 1 & 0{,}21 & 0 \\
0 & 0 & 0 & 0 & 0 & 0 & 0 & 0{,}21 & 1 & 0{,}21 \\
0 & 0 & 0 & 0 & 0 & 0 & 0 & 0 & 0{,}21 & 1
\end{bmatrix}, \qquad T = T_{\text{eff}}
$$

gut konditioniert, für $T = 0{,}1 \cdot T_{\text{eff}}$ ist

$$
\underline{G} =
\begin{bmatrix}
1 & 0{,}98 & 0{,}94 & 0{,}87 & 0{,}78 & 0{,}57 & 0{,}46 & 0{,}37 & 0{,}28 & 0{,}21 \\
0{,}98 & 1 & 0{,}98 & 0{,}94 & 0{,}87 & 0{,}78 & 0{,}57 & 0{,}46 & 0{,}37 & 0{,}28 \\
0{,}94 & 0{,}98 & 1 & 0{,}98 & 0{,}94 & 0{,}87 & 0{,}78 & 0{,}57 & 0{,}46 & 0{,}37 \\
0{,}87 & 0{,}94 & 0{,}98 & 1 & 0{,}98 & 0{,}94 & 0{,}87 & 0{,}78 & 0{,}57 & 0{,}46 \\
0{,}78 & 0{,}87 & 0{,}94 & 0{,}98 & 1 & 0{,}98 & 0{,}94 & 0{,}87 & 0{,}78 & 0{,}57 \\
0{,}57 & 0{,}78 & 0{,}87 & 0{,}94 & 0{,}98 & 1 & 0{,}98 & 0{,}94 & 0{,}87 & 0{,}78 \\
0{,}46 & 0{,}57 & 0{,}78 & 0{,}87 & 0{,}94 & 0{,}98 & 1 & 0{,}98 & 0{,}94 & 0{,}87 \\
0{,}37 & 0{,}46 & 0{,}57 & 0{,}78 & 0{,}87 & 0{,}94 & 0{,}98 & 1 & 0{,}98 & 0{,}94 \\
0{,}28 & 0{,}37 & 0{,}46 & 0{,}57 & 0{,}78 & 0{,}87 & 0{,}94 & 0{,}98 & 1 & 0{,}98 \\
0{,}21 & 0{,}28 & 0{,}37 & 0{,}46 & 0{,}57 & 0{,}78 & 0{,}87 & 0{,}94 & 0{,}98 & 1
\end{bmatrix}, \qquad T = 0{,}1 \cdot T_{\text{eff}}
$$

dagegen schlecht konditioniert, was die Invertierung erschwert.

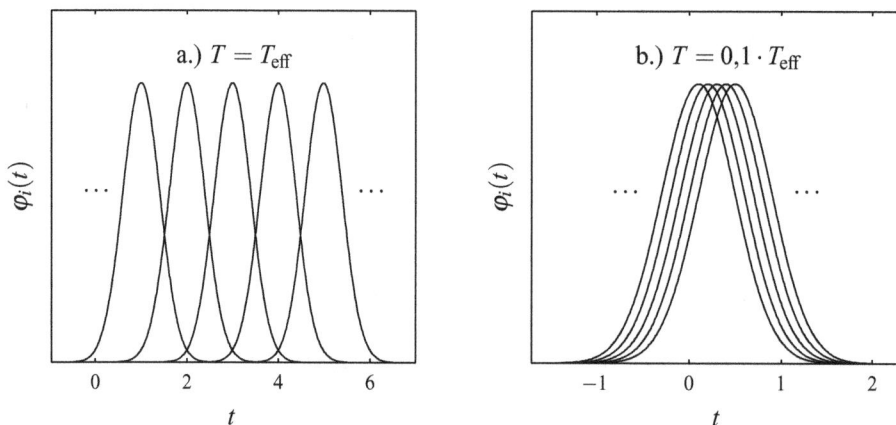

Abbildung 1.8: *Zeitverschobene Gauß-Impulse als Basisfunktionen*

Außerdem erhält man:

$$
\begin{bmatrix} \langle x(t), \varphi_{-5}(t) \rangle \\ \vdots \\ \langle x(t), \varphi_{-1}(t) \rangle \\ \langle x(t), \varphi_{1}(t) \rangle \\ \vdots \\ \langle x(t), \varphi_{5}(t) \rangle \end{bmatrix} = \begin{bmatrix} \langle \varphi_0(t), \varphi_{-5}(t) \rangle \\ \vdots \\ \langle \varphi_0(t), \varphi_{-1}(t) \rangle \\ \langle \varphi_0(t), \varphi_{1}(t) \rangle \\ \vdots \\ \langle \varphi_0(t), \varphi_{5}(t) \rangle \end{bmatrix} = \begin{bmatrix} \exp\left(-\frac{\pi}{2}\frac{T^2}{T_{\mathrm{eff}}^2}\cdot 25\right) \\ \vdots \\ \exp\left(-\frac{\pi}{2}\frac{T^2}{T_{\mathrm{eff}}^2}\right) \\ \exp\left(-\frac{\pi}{2}\frac{T^2}{T_{\mathrm{eff}}^2}\right) \\ \vdots \\ \exp\left(-\frac{\pi}{2}\frac{T^2}{T_{\mathrm{eff}}^2}\cdot 25\right) \end{bmatrix}.
$$

Nach Gleichung (1.207) lassen sich nun die Koeffizienten a_i berechnen. Sie sind in Abb. 1.9(a) für $\frac{T}{T_{\mathrm{eff}}} = 1$ dargestellt. Wie zu erwarten, kann der Gauß-Impuls $\varphi_0(t)$ hiermit nicht angenähert werden, Abb. 1.9(b).

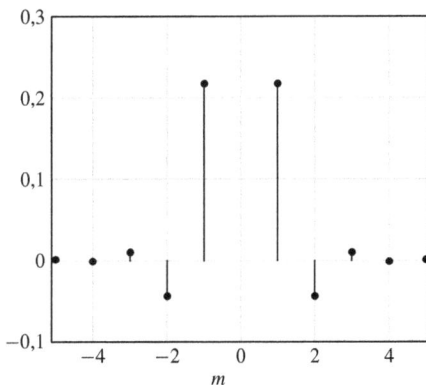

(a) Koeffizienten a_i

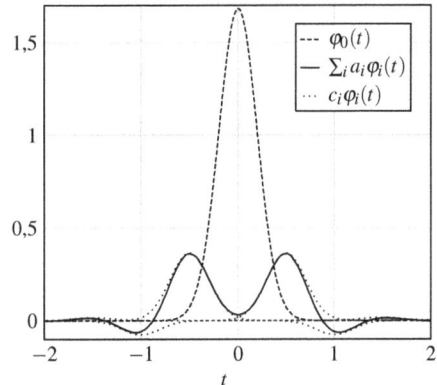

(b) Gauß-Impulse

Abbildung 1.9: *Annäherung von φ_0 durch $\sum_i a_i \varphi_i$ mit $\frac{T}{T_{\mathrm{eff}}} = 1$: Die Approximation der Funktion φ_0 gelingt nicht.*

Um den Gauß-Impuls $\varphi_0(t)$ besser anzunähern, wird die Zeitverschiebung T der Gauß-Impulse $\varphi_i(t)$ stark verkleinert. Für $\frac{T}{T_{\mathrm{eff}}} = 0{,}1$ ist das Ergebnis in Abb. 1.10 zu sehen. Wählt man sehr kleine $T \leq 0{,}1 \cdot T_{\mathrm{eff}}$, so überlappen sich die Basisfunktionen stark. Damit ist das System der Basisfunktionen stark überbestimmt. Mit kleiner werdendem T gehen allerdings die Elemente der Gramschen Matrix gegen 1, so dass diese schlecht konditioniert ist und nicht mehr invertiert werden kann. Will man deshalb den Funktionenraum Φ mit einem stark überbestimmten Funktionensystem aufspannen, so wählt man dafür anstelle von Basisfunktionen Frames, bei denen die Koeffizienten durch Projektion ohne Invertierung der Gramschen Matrix berechnet werden (vgl. Abschnitt 1.6.3).

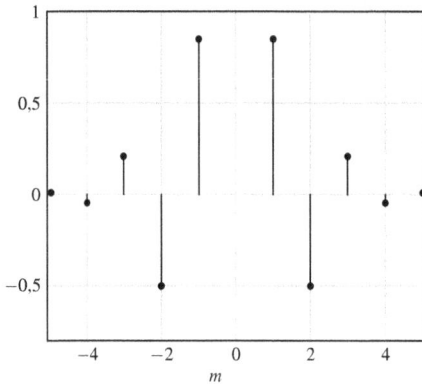

(a) Koeffizienten a_i

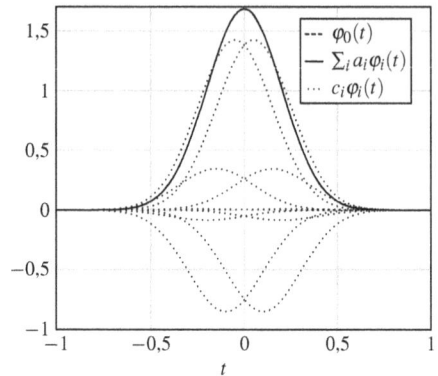

(b) Gauß-Impulse

Abbildung 1.10: *Annäherung von φ_0 durch $\sum\limits_i a_i \varphi_i$ mit $\frac{T}{T_{\text{eff}}} = 0{,}1$: Die Funktion φ_0 und ihre Approximation sind in der Darstellung nicht mehr zu unterscheiden.*

Beispiel 1.9 *Annäherung der Funktion $x(t) = t^2$ durch ein Basissystem zeitverschobener Gauß-Impulse*

Nicht alle Basissysteme sind gleich gut geeignet, um bestimmte Signale im Funktionenraum zu approximieren. Dies wird im Folgenden gezeigt. Das Signal $x(t) = t^2$ soll durch die Linearkombination zeitverschobener Gauß-Impulse

$$\varphi_i(t) = \left(\frac{2}{T_{\text{eff}}^2}\right)^{\frac{1}{4}} \exp\left(-\frac{\pi}{T_{\text{eff}}^2}(t - iT)^2\right)$$

dargestellt werden. Da $x(t) = t^2$ kein Energiesignal ist, kann man die sich ergebende Näherung nur für endliche Zeiten betrachten. Um die Koeffizienten a_i berechnen zu können, wird die Anzahl der Gauß-Impulse auf $2N + 1$ begrenzt:

$$x(t) \approx \sum_{i=-N}^{N} a_i \varphi_i(t).$$

Die Elemente der Gramschen Matrix $\underline{G}$ wurden bereits in Beispiel 1.8 berechnet:

$$\underline{G} = \left[\langle \varphi_i, \varphi_j \rangle\right]_{i,j} = \left[\exp\left(-\frac{\pi}{2}\frac{T^2}{T_{\text{eff}}^2}(i - j)^2\right)\right]_{i,j} \qquad \text{mit } i,j = -N, \ldots, N.$$

Um die Koeffizienten a_i ermitteln zu können, werden im Folgenden die Innenprodukte $\langle x(t), \varphi_i(t) \rangle$ bestimmt:

$$\langle x(t), \varphi_i(t) \rangle = \int_{-\infty}^{\infty} \left(\frac{2}{T_{\text{eff}}^2}\right)^{\frac{1}{4}} \exp\left(-\frac{\pi}{T_{\text{eff}}^2}(t - iT)^2\right) \cdot t^2 \, dt.$$

Durch Substitution mit $u = t - iT$ kann das Integral in drei Summanden aufgeteilt werden:

$$\langle x(t), \varphi_i(t) \rangle = \left(\frac{2}{T_{\text{eff}}^2}\right)^{\frac{1}{4}} \int_{-\infty}^{\infty} \exp\left(-\frac{\pi}{T_{\text{eff}}^2} u^2\right) \cdot (u + iT)^2 \, du$$

$$= \left(\frac{2}{T_{\text{eff}}^2}\right)^{\frac{1}{4}} \left[\int_{-\infty}^{\infty} u^2 \exp\left(-\frac{\pi}{T_{\text{eff}}^2} u^2\right) du + \underbrace{2iT \int_{-\infty}^{\infty} u \exp\left(-\frac{\pi}{T_{\text{eff}}^2} u^2\right) du}_{=0} \right.$$

$$\left. + i^2 T^2 \int_{-\infty}^{\infty} \exp\left(-\frac{\pi}{T_{\text{eff}}^2} u^2\right) du \right]$$

$$= \left(\frac{2}{T_{\text{eff}}^2}\right)^{\frac{1}{4}} \left[\frac{T_{\text{eff}}^3}{2\pi} + (iT)^2 \cdot T_{\text{eff}} \right] = 2^{-\frac{3}{4}} \cdot T_{\text{eff}}^{\frac{5}{2}} \cdot \pi^{-1} + (iT)^2 \cdot 2^{\frac{1}{4}} \cdot T_{\text{eff}}^{\frac{1}{2}}.$$

Die Koeffizienten a_i können nun durch

$$\underline{a} = \underline{G}^{-1} \cdot \begin{bmatrix} \langle x(t), \varphi_1(t) \rangle \\ \langle x(t), \varphi_2(t) \rangle \\ \vdots \\ \langle x(t), \varphi_N(t) \rangle \end{bmatrix}$$

berechnet werden. Setzt man $T_{\text{eff}} = 5$ und variiert die Zeit T, mit der die Gauß-Impulse verschoben werden, so zeigt sich, dass die Annäherung der Funktion durch die Gauß-Impulse mit kleinerem T besser wird, siehe Abb. 1.11. Zu beachten ist, dass sich bei der Umsetzung auf einem Digitalrechner $\frac{T}{T_{\text{eff}}}$ nicht beliebig verkleinern lässt. Für $\frac{T}{T_{\text{eff}}} \to 0$ gehen die

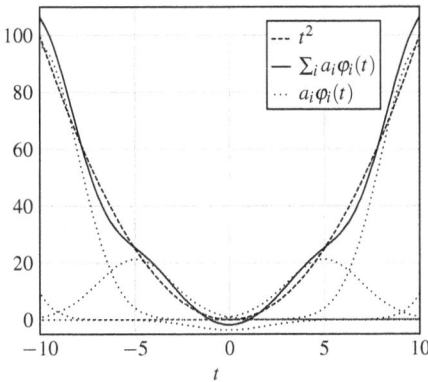

(a) $\frac{T}{T_{\text{eff}}} = 1$

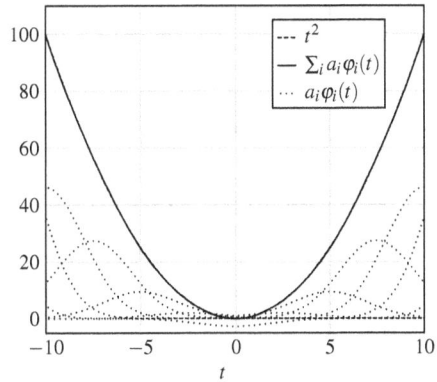

(b) $\frac{T}{T_{\text{eff}}} = 0,5$

Abbildung 1.11: *Annäherung von t^2 durch $\sum_i a_i \varphi_i$*

Elemente der Gramschen Matrix gegen 1, vgl. Gl. (1.210). Die Matrix ist dann schlecht konditioniert, d. h. ihre Determinante liegt nahe bei Null, was zu numerischen Problemen führt.

Man sieht an diesem Beispiel, dass die Gauß-Impulse als Basisfunktionen zur Darstellung des Signals t^2 ungeeignet sind.

Beispiel 1.10   *Fourier-Reihe*

Das Signal $x(t)$ wird als Fourier-Reihe der Periode T

$$x(t) = \sum_{k=-\infty}^{\infty} a_k \exp(j2\pi \frac{k}{T} t)$$

dargestellt. Man kann die Fourier-Reihe im Frequenzbereich als Reihenentwicklung in frequenzverschobene Dirac-Impulse

$$X(f) = \sum_{k=-\infty}^{\infty} a_k \delta(f - \frac{k}{T})$$

interpretieren. Der einzelne Dirac-Impuls $W(f) = \delta(f)$ ist im Frequenzbereich eine ideal kompakte Fensterfunktion. Die inversen Fourier-Transformierten der frequenzverschobenen Dirac-Impulse sind dagegen komplexe harmonische Schwingungen, die sich über das unendliche Zeitintervall $-\infty \leq t \leq \infty$ erstrecken. Das Fenster $\delta(f - \frac{k}{T})$ ist also nur im Frequenzbereich, nicht aber im Zeitbereich kompakt. Daraus resultiert eine evtl. schlechte Auflösung der Signaldarstellung im Zeitbereich, z. B. bei Sprüngen, wo das Gibbssche Phänomen auftritt [23]. Die Fourier-Reihe konvergiert dann langsam und die Signalenergie ist auf viele Koeffizienten a_k verteilt.
Soll eine zeit- und frequenzverschobene Fensterfunktion $w(t)$ geeignet sein zur Darstellung von Signalen $x(t)$ in einer Reihenentwicklung, so muss Kompaktheit sowohl im Zeit- als auch im Frequenzbereich vorhanden sein.

1.6.2   Orthonormalität und Biorthonormalität

Definition 1.6   *Orthonormale Basis*

Eine orthonormale Basis $\{\varphi_i(t), i = 1, \ldots, n\}$ erfüllt die Bedingung

$$\langle \varphi_i(t), \varphi_j(t) \rangle = \delta_{ij}.$$ (1.211)

Die Gramsche Matrix wird damit zur Einheitsmatrix und die Koeffizienten der Reihenentwicklung von $x(t)$ in die $\varphi_i(t)$ lassen sich durch die Gleichung

$$a_i = \langle x(t), \varphi_i(t) \rangle, \quad i = 1, \ldots, n$$ (1.212)

berechnen. Die Summe über alle möglichen Innenprodukte der Funktionen aus einer orthonormalen Basis ist gleich 1. Dies folgt unmittelbar aus Gleichung (1.211).

$$\sum_{j=-\infty}^{\infty} \langle \varphi_i(t), \varphi_j(t) \rangle = 1 \quad , \forall i. \tag{1.213}$$

Bei einer *orthogonalen* Basis ist die Gramsche Matrix eine Diagonalmatrix mit gleichen Elementen in der Hauptdiagonalen. Ihre Elemente sind

$$\langle \varphi_i(t), \varphi_j(t) \rangle = g \cdot \delta_{ij}, g \neq 1. \tag{1.214}$$

Die Inverse der Gramschen Matrix besitzt dann die Elemente $\frac{1}{g}\delta_{ij}$.

Beispiel 1.11 *sinc-Funktionen als orthogonale Basis*

Die zeitverschobenen sinc-Funktionen

$$\varphi_m(t) = \mathrm{sinc}\left(\pi f_A \left(t - m t_A\right)\right)$$

mit $f_A = 1/t_A$ bilden bei exakter Einhaltung des Abtasttheorems ein orthogonales Basissystem, mit dem das zeitkontinuierliche Signal $x(t)$ aus den Abtastwerten $x(n)$ rekonstruiert werden kann. D. h. es gilt für die sinc-Funktionen

$$\left\langle \mathrm{sinc}\left(\pi f_A \left(t - m t_A\right)\right), \mathrm{sinc}\left(\pi f_A \left(t - n t_A\right)\right) \right\rangle_t = \frac{1}{f_A} \delta \left(n - m\right).$$

Dies soll im Folgenden gezeigt werden. Die Fourier-Transformierte der sinc-Funktion ist das Rechteckfenster der Fläche 1

$$\mathcal{F}\{\mathrm{sinc}(\pi f_A t)\} = \frac{1}{f_A} R_{f_A}(f) = \begin{cases} \frac{1}{f_A} & \text{für } |f| \leq f_A/2 \\ 0 & \text{sonst} \end{cases}.$$

Aufgrund der zeitlichen Verschiebung um $m t_A$ erhält man im Frequenzbereich einen Demodulationsfaktor $\exp(-j2\pi f m t_A)$. Mit Hilfe des Satzes von Parseval wird das Innenprodukt

$$\langle \mathrm{sinc}(\pi f_A(t - m t_A)), \mathrm{sinc}(\pi f_A(t - n t_A)) \rangle_t$$

$$= \left\langle \frac{1}{f_A} R_{f_A}(f) \exp(-j2\pi f m t_A), \frac{1}{f_A} R_{f_A}(f) \exp(-j2\pi f n t_A) \right\rangle_f$$

$$= \frac{1}{f_A^2} \underbrace{\int_{-f_A/2}^{f_A/2} \exp(j2\pi f(n - m) t_A) \, df}_{f_A \delta(n-m)}$$

$$= \frac{1}{f_A} \delta(n - m).$$

Die Koeffizienten der Basisentwicklung in die sinc-Funktionen werden mit Hilfe der Inversen $\underline{G}^{-1}$ der Gramschen Matrix berechnet. Die Elemente von $\underline{G}$ sind $g_{nm} = \frac{1}{f_A}\delta(n-m)$, die der Inversen $f_A\delta(n-m)$. Damit erhält man für die Koeffizienten

$$a_n = f_A \langle x(t), \operatorname{sinc}(\pi f_A(t - nt_A))\rangle_t$$

$$= f_A \left\langle X(f), \frac{1}{f_A} R_{f_A}(f)\exp(-j2\pi f nt_A)\right\rangle_f$$

$$= \int_{-f_A/2}^{f_A/2} X(f)\exp(j2\pi f nt_A)\,df$$

$$= \int_{-\infty}^{\infty} X(f)\exp(j2\pi f t)\,df\Big|_{t=nt_A} \quad , \quad X(f) = 0 \text{ für } |f| \geq f_A/2$$

$$= x(nt_A)$$

gerade die Abtastwerte des Signals.

Satz 1.10   *Koeffizientenenergie orthonormaler Basisentwicklungen*

In einem orthonormalen Basissystem gilt der Satz von Parseval bezüglich der Koeffizienten der Basisentwicklungen

$$\langle x(t), y(t)\rangle = \sum_{i=-\infty}^{\infty} a_i b_i^* . \tag{1.215}$$

Beweis 1.10

$$\langle x(t), y(t)\rangle = \left\langle \sum_{i=-\infty}^{\infty} a_i \varphi_i(t), \sum_{j=-\infty}^{\infty} b_j \varphi_j(t)\right\rangle \tag{1.216}$$

$$= \sum_{i=-\infty}^{\infty}\sum_{j=-\infty}^{\infty} a_i b_j^* \underbrace{\langle \varphi_i(t), \varphi_j(t)\rangle}_{\delta_{ij}} \tag{1.217}$$

$$= \sum_{i=-\infty}^{\infty} a_i b_i^* . \tag{1.218}$$

Damit gilt auch

$$\|x(t)\|^2 = \langle x(t), x(t)\rangle = \sum_{i=-\infty}^{\infty} |a_i|^2 , \tag{1.219}$$

d. h. die Signalenergie ist bei der Entwicklung in orthonormale Basisfunktionen gleich der Koeffizientenenergie. Dies gilt nicht mehr für orthogonale Basissysteme.

Beispiel 1.12 *Berechnung der Signalenergie aus den Abtastwerten eines Signals*

Wird bei der Abtastung eines Signals $x(t)$ das Abtasttheorem exakt eingehalten, so lässt sich das Signal aus den Abtastwerten $x(nt_A)$ rekonstruieren. In Beispiel 1.11 wurde gezeigt, dass die Rekonstruktion von $x(t)$ der Entwicklung von $x(t)$ in eine orthogonale Basis zeitverschobener sinc-Funktionen mit den Abtastwerten als Koeffizienten $a_n = x(nt_A)$ entspricht.

$$x(t) = \sum_{n=-\infty}^{\infty} x(nt_A) \operatorname{sinc}(\pi f_A(t - nt_A))$$

Die Signalenergie ist

$$\|x(t)\|^2 = \langle x(t), x(t) \rangle_t$$

$$= \left\langle \sum_{m=-\infty}^{\infty} x(mt_A) \operatorname{sinc}(\pi f_A(t - mt_A)), \sum_{n=-\infty}^{\infty} x(nt_A) \operatorname{sinc}(\pi f_A(t - nt_A)) \right\rangle_t$$

$$= \sum_{m=-\infty}^{\infty} \sum_{n=-\infty}^{\infty} x(mt_A) x^*(nt_A) \langle \operatorname{sinc}(\pi f_A(t - mt_A)), \operatorname{sinc}(\pi f_A(t - nt_A)) \rangle_t$$

$$= \sum_{m=-\infty}^{\infty} \sum_{n=-\infty}^{\infty} x(mt_A) x^*(nt_A)$$

$$\left\langle \frac{1}{f_A} R_{f_A}(f) \exp(-j2\pi f m t_A), \frac{1}{f_A} R_{f_A}(f) \exp(-j2\pi f n t_A) \right\rangle_f$$

$$= \sum_{m=-\infty}^{\infty} \sum_{n=-\infty}^{\infty} x(mt_A) x^*(nt_A) \frac{1}{f_A^2} \underbrace{\int_{-f_A/2}^{f_A/2} \exp(j2\pi f(n - m)t_A)\, df}_{f_A \delta(n-m)}$$

$$= \frac{1}{f_A} \sum_{n=-\infty}^{\infty} |x(nt_A)|^2 \,.$$

Dies entspricht der Berechnung der Signalenergie in Gl. (1.37)

Im Folgenden wird der Frage nachgegangen, wie die Koeffizienten b_i, $i = 1, \ldots, m$ gewählt werden können, so dass das Signal $x(t)$ in einem Unterraum m-ter Ordnung $\Phi_m \subset \Phi_n$ durch

$$\hat{x}(t) = \sum_{i=1}^{m} b_i \varphi_i(t), \quad m < n \tag{1.220}$$

möglichst gut approximiert wird. D. h. der Abstand

$$\|x(t) - \hat{x}(t)\|^2 \tag{1.221}$$

der beiden Signale im Hilbert-Raum

$$\Phi_n = \operatorname{Basis}\{\varphi_i(t), i = 1, \ldots, n\}, \tag{1.222}$$

soll minimal werden. Dabei sei $\{\varphi_i(t), i = 1, \ldots, n\}$ eine orthonormale Basis des Raumes Φ_n, der den Unterraum

$$\Phi_m = \text{Basis}\{\varphi_i, i = 1, \ldots, m\} \tag{1.223}$$

umfasst. Eine optimale Approximation wird durch die orthogonale Projektion des Signals $x(t)$ auf den Unterraum Φ_m erreicht:

$$\hat{x}(t) = \underset{\Phi_m}{\text{Proj}}\{x(t)\}. \tag{1.224}$$

Dies entspricht der Wahl der Koeffizienten $b_i = a_i$, $i = 1, \ldots, m$.

Der komplementäre Raum

$$\Phi_m^\perp = \text{Basis}\{\varphi_i(t), i = m + 1, \ldots, n\} \tag{1.225}$$

ist orthogonal zu Φ_m. Entsprechend sind $\hat{x}(t)$ und der Fehler

$$\varepsilon(t) = x(t) - \hat{x}(t) \tag{1.226}$$

orthogonal:

$$\langle \hat{x}(t), \varepsilon(t) \rangle = 0. \tag{1.227}$$

Dies ist das Projektionstheorem [23].

Definition 1.7 *Biorthonormalität*

Zwei Funktionensysteme $\{\varphi_i(t), i = 1, \ldots, n\}$ und $\{\tilde{\varphi}_i(t), i = 1, \ldots, n\}$ heißen biorthonormal, wenn sie die Bedingung

$$\langle \varphi_i(t), \tilde{\varphi}_j(t) \rangle = \delta_{ij}. \tag{1.228}$$

erfüllen.

Die Koeffizienten der Reihenentwicklung von $x(t)$ in das Funktionensystem $\varphi_i(t)$ sind

$$a_i = \langle x(t), \tilde{\varphi}_i(t) \rangle. \tag{1.229}$$

Die einzelnen Funktionensysteme $\{\varphi_i(t), i = 1, \ldots, n\}$ oder $\{\tilde{\varphi}_i(t), i = 1, \ldots, n\}$ müssen für sich alleine weder orthogonal noch Basissysteme sein.

1.6.3 Frames

Im Abschnitt 1.6.1 haben wir linear voneinander unabhängige Basisfunktionen $\varphi_i(t)$ kennengelernt, die einen Hilbert-Raum

$$\Phi_n = \text{Basis}\{\varphi_i(t), i = 1, \ldots, n\} \tag{1.230}$$

aufspannen. Die optimalen Koeffizienten a_i für die Reihenentwicklung eines Signals $x(t)$ waren dabei nach Gleichung (1.207)

$$\underline{a} = \underline{G}^{-1} \cdot \begin{bmatrix} \langle x(t), \varphi_1(t) \rangle \\ \langle x(t), \varphi_2(t) \rangle \\ \vdots \\ \langle x(t), \varphi_n(t) \rangle \end{bmatrix} . \tag{1.231}$$

Bei stark redundanten Basissystemen verschlechtert sich allerdings die Kondition der Gramschen Matrix $\underline{G}$. Alternativ dazu kann man einen Hilbert-Raum Φ mit einem Frame aufspannen.

Definition 1.8 *Frame*

Ein Frame ist ein Funktionensystem $\{\varphi_i(t), i = -\infty, \ldots, \infty\}$, welches einen Hilbert-Raum

$$\Phi = \text{Frame}\{\varphi_i(t), i = -\infty, \ldots, \infty\} \tag{1.232}$$

aufspannt, wobei die Koeffizienten a_i als Projektion des darzustellenden Signals $x(t) \in \Phi$ auf die Funktionen $\varphi_i(t)$

$$a_i = \langle x(t), \varphi_i(t) \rangle \tag{1.233}$$

berechnet werden und die Koeffizientenenergie innerhalb endlicher Frame-Grenzen

$$0 < A \cdot \|x(t)\|^2 \le \sum_{i=-\infty}^{\infty} |a_i|^2 \le B \cdot \|x(t)\|^2 < \infty \tag{1.234}$$

bleibt.

Die Reihenentwicklung des Signals $x(t)$ in einen Frame ist

$$x(t) = \sum_{i=-\infty}^{\infty} \langle x(t), \varphi_i(t) \rangle \cdot \varphi_i(t) . \tag{1.235}$$

Die Gramsche Matrix braucht nicht invertiert zu werden. Außerdem wird nicht gefordert, dass die Funktionen $\varphi_i(t)$ des Frames linear unabhängig voneinander sein müssen. Die Koeffizienten a_i sind nun allerdings nicht mehr optimal und nicht eindeutig. Für eine sinnvolle Analyse des Signals $x(t)$ ist deshalb zumindest eine Beschränkung der Koeffizientenenergie des Frames entsprechend Gl. (1.234) erforderlich. Je näher die Frame-Grenzen A und B zusammenliegen, desto besser repräsentieren die Koeffizienten a_i die anteilige Energie des Signals $x(t)$ bezüglich der Funktionen $\varphi_i(t)$. Normiert man die Energie des Signals $x(t)$ auf 1, so lautet die Bedingung für die Koeffizientenenergie

$$0 < A \le \sum_{i=-\infty}^{\infty} \left| \left\langle \frac{x(t)}{\|x(t)\|^2}, \varphi_i(t) \right\rangle \right|^2 \le B < \infty . \tag{1.236}$$

Bei starker linearer Abhängigkeit der Frame-Funktionen ist deren Anzahl und damit auch die der Koeffizienten stark überbestimmt. In diesem Fall steigt die Koeffizientenenergie des Frames an.

Definition 1.9 *Riesz-Basis*

Eine Riesz-Basis Φ ist ein Frame, dessen Funktionen $\varphi_i(t)$ linear voneinander unabhängig sind.

Beispiel 1.13 *Riesz-Basis aus zeitverschobenen Gauß-Impulsen*

In Beispiel 1.8 wurden als Basisfunktionen zeitverschobene Gauß-Impulse

$$\varphi_m(t) = \left(\frac{2}{T_{\text{eff}}^2}\right)^{\frac{1}{4}} \exp\left(-\frac{\pi}{T_{\text{eff}}^2}(t - mT)^2\right), \quad m \neq 0$$

verwendet, um einen Gauß-Impuls $x(t) = \varphi_0(t)$ der Signalenergie 1 zu approximieren. Im Folgenden wird die Gramsche Matrix bei der Berechnung der Koeffizienten nicht mehr invertiert, sondern die Koeffizienten der Riesz-Basis ergeben sich als Projektion

$$a_m = \langle x(t), \varphi_m(t)\rangle = \int\limits_{-\infty}^{\infty} \varphi_0(t) \cdot \varphi_m^*(t)\,dt = \exp\left(-\frac{\pi}{2}\frac{T^2}{T_{\text{eff}}^2}m^2\right).$$

Die Koeffizientenenergie

$$\sum_{m=-\infty}^{\infty} |a_m|^2 = \sum_{m=-\infty}^{\infty} \exp\left(-\pi\frac{T^2}{T_{\text{eff}}^2}m^2\right) = 1 + 2 \cdot \sum_{m=1}^{\infty} \exp\left(-\pi\frac{T^2}{T_{\text{eff}}^2}m^2\right)$$

wächst mit kleiner werdendem T/T_{eff}, d. h. mit der Überbestimmtheit des Funktionensystems (siehe Abb. 1.12). Zum Beispiel ist bei $T = T_{\text{eff}}$ die Koeffizientenenergie 1,09, bei $T = 0,1 \cdot T_{\text{eff}}$ bereits 3,27.

Definition 1.10 *Duale Frames*

Die beiden zueinander biorthonormalen Folgen von Funktionen

$$\{\varphi_i(t), i = -\infty, \cdots, \infty\} \tag{1.237}$$

und

$$\{\tilde{\varphi}_i(t), i = -\infty, \cdots, \infty\} \tag{1.238}$$

bilden jeweils für sich einen Frame. Sie seien über die Biorthonormalitätsbedingung

$$\langle \varphi_i(t), \tilde{\varphi}_j(t)\rangle = \delta_{ij} \tag{1.239}$$

miteinander verbunden. Wenn die Koeffizienten der Reihenentwicklung eines Signals $x(t)$ in die $\varphi_i(t)$ bzw. $\tilde{\varphi}_i(t)$ gemäß

$$a_i = \langle x(t), \tilde{\varphi}_i(t) \rangle , \tag{1.240}$$

$$\tilde{a}_i = \langle x(t), \varphi_i(t) \rangle , \tag{1.241}$$

bestimmt werden, dann heißen die beiden Funktionensysteme $\varphi_i(t)$ und $\tilde{\varphi}_i(t)$ duale Frames.

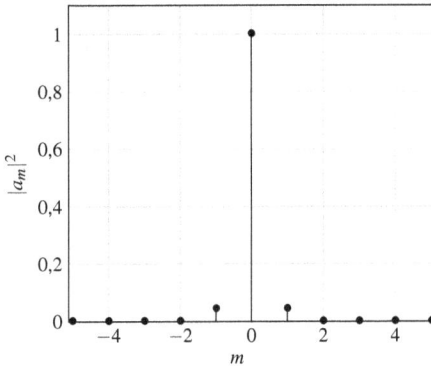

(a) Koeffizientenenergie für $T = T_{\text{eff}}$ *(b) Koeffizientenenergie für $T = 0{,}1 \cdot T_{\text{eff}}$*

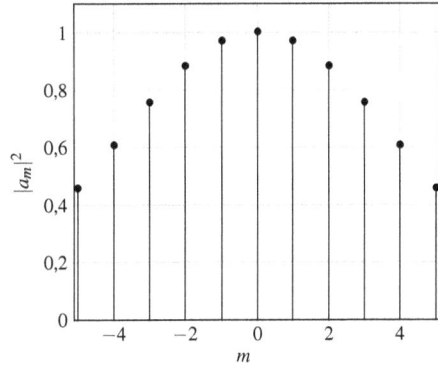

Abbildung 1.12: *Vergleich der Koeffizientenenergie*

Satz 1.11   *Koeffizientenenergie dualer Frames*

Die beiden Funktionensysteme $\varphi_i(t)$, $\tilde{\varphi}_i(t)$ bilden duale Frames. Dann sind die Koeffizienten a_i, $\tilde{a}_j$ mit der Energie des Signals $x(t)$ über die Beziehung

$$\|x(t)\|^2 = \sum_{i=-\infty}^{\infty} a_i \cdot \tilde{a}_i^* \tag{1.242}$$

verbunden.

Beweis 1.11

$$\|x(t)\|^2 = \langle x(t), x(t) \rangle$$

$$= \left\langle \sum_{i=-\infty}^{\infty} \langle x(t), \tilde{\varphi}_i(t) \rangle \, \varphi_i(t), \sum_{j=-\infty}^{\infty} \langle x(t), \varphi_j(t) \rangle \, \tilde{\varphi}_j(t) \right\rangle \tag{1.243}$$

$$= \sum_{i=-\infty}^{\infty} \sum_{j=-\infty}^{\infty} \underbrace{\langle x(t), \tilde{\varphi}_i(t) \rangle}_{a_i} \underbrace{\langle x(t), \varphi_j(t) \rangle^*}_{\tilde{a}_j^*} \underbrace{\langle \varphi_i(t), \tilde{\varphi}_j(t) \rangle}_{\delta_{ij}} = \sum_{i=-\infty}^{\infty} a_i \tilde{a}_i^* . \tag{1.244}$$

Satz 1.12   *Frame-Grenzen dualer Frames*

Für den Frame $\{\varphi_i(t), i = -\infty, \cdots, \infty\}$ gelten die Grenzen der Koeffizientenenergie

$$0 < A \leq \frac{\sum\limits_{i=-\infty}^{\infty} |a_i|^2}{\|x(t)\|^2} \leq B < \infty. \tag{1.245}$$

Dann gelten für den dazu dualen Frame $\{\tilde{\varphi}_j(t), j = -\infty, \cdots, \infty\}$ die Grenzen

$$0 < \frac{1}{B} \leq \frac{\sum\limits_{j=-\infty}^{\infty} |\tilde{a}_j|^2}{\|x(t)\|^2} \leq \frac{1}{A} < \infty. \tag{1.246}$$

Beweis 1.12

Die oberen Frame-Grenzen werden für beide Frames mit

$$\frac{\sum\limits_{i=-\infty}^{\infty} |a_i|^2}{\|x(t)\|^2} \leq B < \infty \tag{1.247}$$

und

$$\frac{\sum\limits_{j=-\infty}^{\infty} |\tilde{a}_j|^2}{\|x(t)\|^2} \leq C < \infty \tag{1.248}$$

angesetzt. Im Folgenden sollen daraus die unteren Frame-Grenzen bestimmt werden. In einem ersten Schritt wird die Signalenergie von $x(t)$ nach Satz 1.11 formuliert.

$$\|x(t)\|^2 = \sum\limits_{i=-\infty}^{\infty} a_i \cdot \tilde{a}_i^*. \tag{1.249}$$

In einem zweiten Schritt werden die Innenprodukte der Koeffizientenvektoren mit Hilfe der Schwarzschen Ungleichung abgeschätzt (A.4).

$$|\langle \underline{a}, \underline{\tilde{a}} \rangle|^2 \leq \langle \underline{a}, \underline{a} \rangle \cdot \langle \underline{\tilde{a}}, \underline{\tilde{a}} \rangle \tag{1.250}$$

$$\left| \sum\limits_{i=-\infty}^{\infty} a_i \tilde{a}_i^* \right|^2 \leq \left(\sum\limits_{i=-\infty}^{\infty} |a_i|^2 \right) \cdot \left(\sum\limits_{i=-\infty}^{\infty} |\tilde{a}_i|^2 \right) \tag{1.251}$$

Mit Hilfe von Gleichung (1.249) ergibt dies die Ungleichung

$$1 \leq \frac{\sum\limits_{i=-\infty}^{\infty} |a_i|^2}{\|x(t)\|^2} \cdot \frac{\sum\limits_{i=-\infty}^{\infty} |\tilde{a}_i|^2}{\|x(t)\|^2} . \tag{1.252}$$

Als drittes wird die obere Grenze B des Frames der $\varphi_i(t)$ eingesetzt.

$$\frac{\|x(t)\|^2}{\sum\limits_{i=-\infty}^{\infty}|\tilde{a}_i|^2} \leq \frac{\sum\limits_{i=-\infty}^{\infty}|a_i|^2}{\|x(t)\|^2} \leq B < \infty \tag{1.253}$$

Daraus erhält man die untere Grenze des Frames der $\tilde{\varphi}_i(t)$ zu

$$0 < \frac{1}{B} \leq \frac{\sum\limits_{i=-\infty}^{\infty}|\tilde{a}_i|^2}{\|x(t)\|^2}. \tag{1.254}$$

Im letzten Schritt wird die obere Grenze C des Frames der $\tilde{\varphi}_i(t)$ eingesetzt.

$$\frac{\|x(t)\|^2}{\sum\limits_{i=-\infty}^{\infty}|a_i|^2} \leq \frac{\sum\limits_{i=-\infty}^{\infty}|\tilde{a}_i|^2}{\|x(t)\|^2} \leq C < \infty \tag{1.255}$$

Daraus erhält man die untere Grenze des Frames der $\varphi_i(t)$ zu

$$0 < \frac{1}{C} \leq \frac{\sum\limits_{i=-\infty}^{\infty}|a_i|^2}{\|x(t)\|^2}. \tag{1.256}$$

Setzt man nun noch $A = \frac{1}{C}$, so ist Satz 1.12 bewiesen, d. h. es gilt gemäß Voraussetzung

$$0 < A \leq \frac{\sum\limits_{i=-\infty}^{\infty}|a_i|^2}{\|x(t)\|^2} \leq B < \infty, \tag{1.257}$$

und daraus folgt

$$0 < \frac{1}{B} \leq \frac{\sum\limits_{i=-\infty}^{\infty}|\tilde{a}_i|^2}{\|x(t)\|^2} \leq \frac{1}{A} < \infty. \tag{1.258}$$

Definition 1.11 *Duale Riesz-Basis*

Wenn die beiden Funktionensysteme $\varphi_i(t)$ und $\tilde{\varphi}_j(t)$ eines dualen Frames nach Definition 1.10 jeweils für sich linear voneinander unabhängig sind, dann bilden sie eine duale Riesz-Basis. Die beiden Funktionensysteme der dualen Riesz-Basis sind biorthogonal zueinander.

1.6.4   Tight Frames

Definition 1.12   *Tight Frame (tight: stramm, eng anliegend)*

Sind die beiden Frame-Grenzen in Definition 1.8 gleich

$$A = B, \tag{1.259}$$

so bilden die den Hilbert-Raum aufspannenden Frame-Funktionen $\varphi_i(t)$ einen Tight Frame. Die Koeffizientenenergie ist proportional zur Signalenergie

$$\|x(t)\|^2 = \frac{1}{A} \sum_{i=-\infty}^{\infty} |\langle x(t), \varphi_i(t) \rangle|^2 . \tag{1.260}$$

Frames sind die überbestimmte Variante einer Basis, Tight Frames die überbestimmte Variante einer orthogonalen Basis.

Satz 1.13

Für $A = 1$ geht der Tight Frame in eine orthogonale Basis über.

Beweis 1.13

In Gleichung (1.260) wird für das Signal $x(t)$ eine Framefunktion $\varphi_j(t)$ eingesetzt:

$$\left\| \varphi_j(t) \right\|^2 = \sum_{i=-\infty}^{\infty} \left| \langle \varphi_j(t), \varphi_i(t) \rangle \right|^2 \tag{1.261}$$

$$= \left\| \varphi_j(t) \right\|^2 + \sum_{i \neq j} \underbrace{\left| \langle \varphi_j(t), \varphi_i(t) \rangle \right|^2}_{\geq 0} \tag{1.262}$$

Damit die Gleichung erfüllt wird, muss für $A = 1$

$$\left| \langle \varphi_j(t), \varphi_i(t) \rangle \right|^2 = 0 \quad \Leftrightarrow \quad \langle \varphi_j(t), \varphi_i(t) \rangle = 0 \tag{1.263}$$

gelten, d. h. die Framefunktionen sind orthogonal. Als nächstes wird bewiesen, dass die Framefunktionen für $A = 1$ die Signalenergie 1 besitzen:

$$\|x(t)\|^2 = \langle x(t), x(t) \rangle \tag{1.264}$$

$$= \left\langle \sum_{i=-\infty}^{\infty} a_i \varphi_i(t), \sum_{j=-\infty}^{\infty} a_j \varphi_j(t) \right\rangle \tag{1.265}$$

$$= \sum_{i=-\infty}^{\infty} \sum_{j=-\infty}^{\infty} a_i a_j^* \underbrace{\langle \varphi_i(t), \varphi_j(t) \rangle}_{\|\varphi_i(t)\|^2 \cdot \delta_{ij}} \tag{1.266}$$

$$= \sum_{i=-\infty}^{\infty} |a_i|^2 \cdot \|\varphi_i(t)\|^2 . \tag{1.267}$$

Mit den Framekoeffizienten

$$a_i = \langle x(t), \varphi_i(t) \rangle \tag{1.268}$$

folgt für $A = 1$ aus Gl. (1.260)

$$\|x(t)\|^2 = \sum_{i=-\infty}^{\infty} |\langle x(t), \varphi_i(t) \rangle|^2 \cdot \|\varphi_i(t)\|^2 \overset{!}{=} \sum_{i=-\infty}^{\infty} |\langle x(t), \varphi_i(t) \rangle|^2 . \tag{1.269}$$

Diese Forderung kann nur erfüllt werden, wenn $\forall i : \|\varphi_i(t)\|^2 = 1$ gilt. Die Funktionen $\varphi_i(t)$ des Tight Frames gehen für $A = 1$ in eine orthonormale Basis über. Die Signalenergie der Framefunktionen $\varphi_i(t)$ ist dabei auf 1 normiert. Umgekehrt erhalten wir für $A \neq 1$ entweder eine orthogonale Basis ($\langle \varphi_i(t), \varphi_j(t) \rangle = \delta_{ij}$) oder einen Tight Frame ($\langle \varphi_i(t), \varphi_j(t) \rangle \neq \delta_{ij}$).

Bemerkung 1.2

Die Funktionen $\varphi_i(t)$ eines Tight Frames sind für $A \neq 1$ *nicht* orthogonal zueinander. Dies sieht man am Beispiel 1.14 der sinc-Funktionen für Überabtastung $\alpha > 1$.

Satz 1.14   *Innenprodukt zweier Signale*

Das Innenprodukt zweier Signale ist proportional zur Summe über ihre Koeffizienten-Produkte bezüglich des Tight Frames.

$$\langle x(t), y(t) \rangle = \frac{1}{A} \sum_{i=-\infty}^{\infty} \langle x(t), \varphi_i(t) \rangle \langle y(t), \varphi_i(t) \rangle^* \tag{1.270}$$

Beweis 1.14

Für das Innenprodukt wird die Polarisationsgleichung 1.1 angesetzt.

$$\langle x(t), y(t) \rangle = \frac{1}{4} \Big[\|x(t) + y(t)\|^2 - \|x(t) - y(t)\|^2$$
$$+ j \|x(t) + jy(t)\|^2 - j \|x(t) - jy(t)\|^2 \Big] \tag{1.271}$$

In die Normen wird jeweils Gl. (1.260) eingesetzt.

$$\langle x(t), y(t) \rangle$$

$$= \frac{1}{4A} \left[\sum_{i=-\infty}^{\infty} |\langle x(t)+y(t), \varphi_i(t) \rangle|^2 - \sum_{i=-\infty}^{\infty} |\langle x(t)-y(t), \varphi_i(t) \rangle|^2 \right.$$

$$\left. +j \sum_{i=-\infty}^{\infty} |\langle x(t)+jy(t), \varphi_i(t) \rangle|^2 - j \sum_{i=-\infty}^{\infty} |\langle x(t)-jy(t), \varphi_i(t) \rangle|^2 \right] \qquad (1.272)$$

$$= \frac{1}{4A} \sum_{i=-\infty}^{\infty} \left[\langle x(t)+y(t), \varphi_i(t) \rangle \langle x(t)+y(t), \varphi_i(t) \rangle^* \right.$$

$$- \langle x(t)-y(t), \varphi_i(t) \rangle \langle x(t)-y(t), \varphi_i(t) \rangle^*$$

$$+ \langle x(t)+jy(t), \varphi_i(t) \rangle \langle x(t)+jy(t), \varphi_i(t) \rangle^*$$

$$\left. - \langle x(t)-jy(t), \varphi_i(t) \rangle \langle x(t)-jy(t), \varphi_i(t) \rangle^* \right] \qquad (1.273)$$

$$= \frac{1}{4A} \sum_{i=-\infty}^{\infty} \left[\left(\langle x(t), \varphi_i(t) \rangle + \langle y(t), \varphi_i(t) \rangle \right) \left(\langle x(t), \varphi_i(t) \rangle^* + \langle y(t), \varphi_i(t) \rangle^* \right) \right.$$

$$- \left(\langle x(t), \varphi_i(t) \rangle - \langle y(t), \varphi_i(t) \rangle \right) \left(\langle x(t), \varphi_i(t) \rangle^* - \langle y(t), \varphi_i(t) \rangle^* \right)$$

$$+ j \left(\langle x(t), \varphi_i(t) \rangle + \langle jy(t), \varphi_i(t) \rangle \right) \left(\langle x(t), \varphi_i(t) \rangle^* + \langle jy(t), \varphi_i(t) \rangle^* \right)$$

$$\left. - j \left(\langle x(t), \varphi_i(t) \rangle - \langle jy(t), \varphi_i(t) \rangle \right) \left(\langle x(t), \varphi_i(t) \rangle^* - \langle jy(t), \varphi_i(t) \rangle^* \right) \right] \qquad (1.274)$$

$$= \frac{1}{4A} \sum_{i=-\infty}^{\infty} \left[|\langle x(t), \varphi_i(t) \rangle|^2 + |\langle y(t), \varphi_i(t) \rangle|^2 + \langle x(t), \varphi_i(t) \rangle \langle y(t), \varphi_i(t) \rangle^* \right.$$

$$+ \langle y(t), \varphi_i(t) \rangle \langle x(t), \varphi_i(t) \rangle^* - |\langle x(t), \varphi_i(t) \rangle|^2 - |\langle y(t), \varphi_i(t) \rangle|^2$$

$$+ \langle x(t), \varphi_i(t) \rangle \langle y(t), \varphi_i(t) \rangle^* + \langle y(t), \varphi_i(t) \rangle \langle x(t), \varphi_i(t) \rangle^* + j|\langle x(t), \varphi_i(t) \rangle|^2$$

$$+ j|\langle y(t), \varphi_i(t) \rangle|^2 + \langle x(t), \varphi_i(t) \rangle \langle y(t), \varphi_i(t) \rangle^* - \langle y(t), \varphi_i(t) \rangle \langle x(t), \varphi_i(t) \rangle^*$$

$$- j|\langle x(t), \varphi_i(t) \rangle|^2 - j|\langle y(t), \varphi_i(t) \rangle|^2 + \langle x(t), \varphi_i(t) \rangle \langle y(t), \varphi_i(t) \rangle^*$$

$$\left. - \langle y(t), \varphi_i(t) \rangle \langle x(t), \varphi_i(t) \rangle^* \right] \qquad (1.275)$$

$$= \frac{1}{A} \sum_{i=-\infty}^{\infty} \langle x(t), \varphi_i(t) \rangle \langle y(t), \varphi_i(t) \rangle^* \qquad (1.276)$$

Satz 1.15 *Reihenentwicklung in einen Tight Frame*

Aus der Bedingung aus Gl. (1.260) für die Koeffizientenenergie des Tight Frames

$$\|x(t)\|^2 = \frac{1}{A} \sum_{i=-\infty}^{\infty} |\langle x(t), \varphi_i(t) \rangle|^2 \tag{1.277}$$

ergibt sich für die Reihenentwicklung des Signals $x(t)$ in die Funktionen $\varphi_i(t)$ des Tight Frames

$$x(t) = \frac{1}{A} \sum_{i=-\infty}^{\infty} \langle x(t), \varphi_i(t) \rangle \, \varphi_i(t). \tag{1.278}$$

Beweis 1.15

Die Bedingung Gl. (1.260) für die Koeffizientenenergie des Tight Frames wird umgeformt.

$$\|x(t)\|^2 = \frac{1}{A} \sum_{i=-\infty}^{\infty} |\langle x(t), \varphi_i(t) \rangle|^2 \tag{1.279}$$

$$= \frac{1}{A} \sum_{i=-\infty}^{\infty} \langle x(t), \varphi_i(t) \rangle \, \langle x(t), \varphi_i(t) \rangle^* \tag{1.280}$$

$$= \frac{1}{A} \sum_{i=-\infty}^{\infty} \langle x(t), \varphi_i(t) \rangle \, \langle \varphi_i(t), x(t) \rangle \tag{1.281}$$

$$= \left\langle \frac{1}{A} \sum_{i=-\infty}^{\infty} \langle x(t), \varphi_i(t) \rangle \, \varphi_i(t), x(t) \right\rangle \tag{1.282}$$

$$= \langle x(t), x(t) \rangle$$

Durch Vergleich erhält man

$$x(t) = \frac{1}{A} \sum_{i=-\infty}^{\infty} \langle x(t), \varphi_i(t) \rangle \, \varphi_i(t). \tag{1.283}$$

Beispiel 1.14 *sinc-Funktionen als Tight Frame bei Überabtastung*

Ein bandbegrenztes Signal

$$X(f) = 0 \quad \text{für} \quad |f| \geq f_{\max}$$

wird mit

$$f_A = \alpha \cdot 2 f_{\max} \quad , \quad \alpha > 1$$

überabgetastet. Dabei ist

$$\alpha = \frac{f_A}{2 f_{\max}} > 1$$

der Überabtastfaktor. Dann bilden die zur Rekonstruktion des zeitkontinuierlichen Signals aus seinen Abtastwerten verwendeten sinc-Funktionen

$$\varphi_m(t) = \text{sinc}(2\pi f_{\max}(t - mt_A))$$

$$\Phi_m(f) = \frac{1}{2f_{\max}} R_{2f_{\max}}(f) \exp(-j2\pi f m t_A)$$

keine orthogonale Basis wie in Beispiel 1.11, sondern einen Tight Frame.

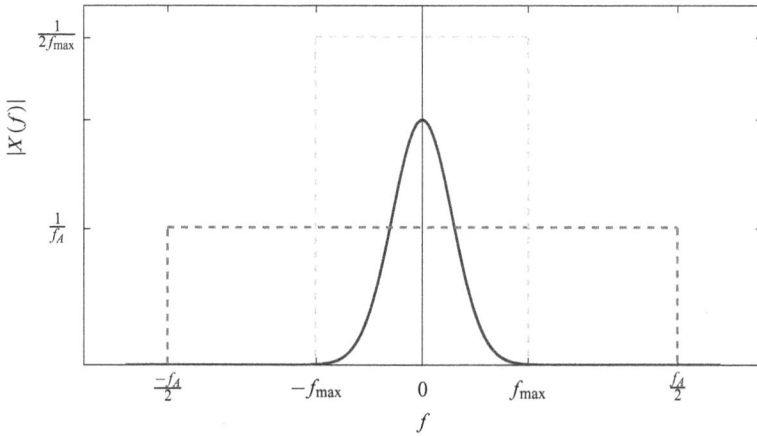

Abbildung 1.13: *Rekonstruktion eines Signals im Frequenzbereich durch Multiplikation der Fourier-Transformierten mit einem Rechteckfilter der Fläche* 1

Die Rekonstruktion erfolgt im Frequenzbereich durch Multiplikation der Fourier-Transformierten mit einem Rechteckfilter der Fläche 1. Bei Überabtastung kann ein schmaleres Rechteckfilter der Breite $2f_{\max}$ verwendet werden. Das Innenprodukt der Rekonstruktionsfunktionen ist

$$
\begin{aligned}
&\langle \varphi_m(t), \varphi_n(t) \rangle \\
&= \langle \text{sinc}(2\pi f_{\max}(t - mt_A)), \text{sinc}(2\pi f_{\max}(t - nt_A)) \rangle_t \\
&= \left\langle \frac{1}{2f_{\max}} R_{2f_{\max}}(f) \exp(-j2\pi f m t_A), \frac{1}{2f_{\max}} R_{2f_{\max}}(f) \exp(-j2\pi f n t_A) \right\rangle_f \\
&= \frac{1}{(2f_{\max})^2} \int\limits_{-f_{\max}}^{f_{\max}} \exp(j2\pi f(n-m)t_A)\, df \\
&= \frac{\alpha^2}{f_A^2} \cdot \frac{\sin(2\pi f_{\max}(n-m)t_A)}{\pi(n-m)t_A}
\end{aligned}
$$

$$= \frac{\alpha}{f_A} \cdot \text{sinc}(\frac{\pi}{\alpha}(n-m))$$

$$\neq \frac{\alpha}{f_A} \delta(n-m).$$

Die Rekonstruktionsfunktionen $\text{sinc}(2\pi f_{\text{max}}(t-mt_A))$ bilden bei Überabtastung $\alpha > 1$ <u>kein</u> orthogonales Basissystem.

Die Koeffizienten der Reihenentwicklung werden als Projektion des zu rekonstruierenden Signals $x(t)$ auf die sinc-Funktionen berechnet, ohne Invertierung der Gramschen Matrix.

$$a_n = \langle x(t), \text{sinc}(2\pi f_{\text{max}}(t-nt_A)) \rangle_t$$

$$= \left\langle X(f), \frac{1}{2f_{\text{max}}} R_{2f_{\text{max}}}(f) \exp(-j2\pi f n t_A) \right\rangle_f$$

$$= \frac{1}{2f_{\text{max}}} \int\limits_{-f_{\text{max}}}^{f_{\text{max}}} X(f) \exp(j2\pi f n t_A) \, df$$

$$= \frac{\alpha}{f_A} \int\limits_{-\infty}^{\infty} X(f) \exp(j2\pi f t) \, df \Big|_{t=nt_A} \quad , \quad X(f) = 0 \quad \text{für} \quad |f| \geq f_{\text{max}}$$

$$= \frac{\alpha}{f_A} \cdot x(n)$$

Die Reihenentwicklung bei der Rekonstruktion lautet

$$x(t) = \sum_{n=-\infty}^{\infty} x(n) \, \text{sinc}(2\pi f_{\text{max}}(t-nt_A))$$

$$= \frac{f_A}{\alpha} \sum_{n=-\infty}^{\infty} a_n \, \text{sinc}(2\pi f_{\text{max}}(t-nt_A)).$$

Der Proportionalitätsfaktor des Frames ist $A = \frac{\alpha}{f_A}$. Die Signalenergie ist

$$\|x(t)\|^2 = \langle x(t), x(t) \rangle$$

$$= \left\langle \sum_{n=-\infty}^{\infty} x(n) \, \text{sinc}(2\pi f_{\text{max}}(t-nt_A)), x(t) \right\rangle$$

$$= \sum_{n=-\infty}^{\infty} x(n) \underbrace{\langle \text{sinc}(2\pi f_{\text{max}}(t-nt_A)), x(t) \rangle}_{\frac{\alpha}{f_A} x^*(n)}$$

$$= \frac{\alpha}{f_A} \sum_{n=-\infty}^{\infty} |x(n)|^2$$

$$= \frac{f_A}{\alpha} \sum_{n=-\infty}^{\infty} |a_n|^2 .$$

Die Bedingung in Gl. (1.260) für den Tight Frame ist damit erfüllt.

Definition 1.13   *Duale Tight Frames*

Die beiden zueinander biorthonormalen Folgen von Funktionen

$$\{\varphi_i(t),\, i = -\infty, \ldots, \infty\} \tag{1.284}$$

und

$$\{\tilde{\varphi}_j(t),\, j = -\infty, \ldots, \infty\} \tag{1.285}$$

bilden jeweils für sich einen Tight Frame. Die Biorthonormalitätsbedingung lautet

$$\langle \varphi_i(t), \tilde{\varphi}_j(t) \rangle = \delta_{ij}. \tag{1.286}$$

Wenn die Koeffizienten der Reihenentwicklung eines Signals $x(t)$ in die $\varphi_i(t)$ bzw. $\tilde{\varphi}_j(t)$ gemäß

$$a_i = \langle x(t), \tilde{\varphi}_i(t) \rangle, \tag{1.287}$$

$$\tilde{a}_i = \langle x(t), \varphi_i(t) \rangle, \tag{1.288}$$

bestimmt werden, dann heißen die beiden Funktionensysteme $\varphi_i(t)$ und $\tilde{\varphi}_j(t)$ duale Tight Frames.

Satz 1.16   *Proportionalitätsfaktoren dualer Tight Frames*

Wenn die Koeffizientenenergie des Tight Frames der Funktionen $\varphi_i(t)$

$$\|x(t)\|^2 = \frac{1}{A} \sum_{i=-\infty}^{\infty} |\langle x(t), \tilde{\varphi}_i(t) \rangle|^2 \tag{1.289}$$

mit dem Proportionalitätsfaktor A ist, so ist die des dazu dualen Tight Frames der Funktionen $\tilde{\varphi}_i(t)$

$$\|x(t)\|^2 = A \sum_{i=-\infty}^{\infty} |\langle x(t), \varphi_i(t) \rangle|^2, \tag{1.290}$$

d. h. der Proportionalitätsfaktor des dualen Tight Frames ist zu dem des Tight Frames invers.

Beweis 1.16

Aus Satz 1.12 ergibt sich für duale Tight Frames bei Gleichheit von oberer und unterer Schranke der Frame-Faktor

$$C = \frac{1}{A}. \tag{1.291}$$

Die Reihenentwicklung lautet nach Satz 1.15

$$x(t) = \frac{1}{A} \sum_{i=-\infty}^{\infty} \langle x(t), \tilde{\varphi}_i(t) \rangle \, \varphi_i(t) \tag{1.292}$$

bzw.

$$x(t) = A \sum_{i=-\infty}^{\infty} \langle x(t), \varphi_i(t) \rangle \, \tilde{\varphi}_j(t). \tag{1.293}$$

Gleichung (1.242) über die Koeffizientenenergie soll für duale Tight Frames verifiziert werden. Es ist nämlich

$$\|x(t)\|^2 = \langle x(t), x(t) \rangle$$

$$= \left\langle \frac{1}{A} \sum_{i=-\infty}^{\infty} \langle x(t), \tilde{\varphi}_i(t) \rangle \, \varphi_i(t), A \sum_{j=-\infty}^{\infty} \langle x(t), \varphi_j(t) \rangle \, \tilde{\varphi}_j(t) \right\rangle \tag{1.294}$$

$$= \sum_{i=-\infty}^{\infty} \sum_{j=-\infty}^{\infty} \langle x(t), \tilde{\varphi}_i(t) \rangle \, \langle x(t), \varphi_j(t) \rangle^* \underbrace{\langle \varphi_i(t), \tilde{\varphi}_j(t) \rangle}_{=\delta_{ij}} \tag{1.295}$$

$$= \sum_{i=-\infty}^{\infty} a_i \cdot \tilde{a}_i^*. \tag{1.296}$$

1.6.5 Frames mit verschobenen Fensterfunktionen

Das Funktionensystem eines Frames werde im Folgenden durch um mT bzw. kF zeit- und frequenzverschobene Fensterfunktionen erzeugt. Die Reihenentwicklung eines Signals $x(t)$ lautet damit

$$x(t) = \sum_{m=-\infty}^{\infty} \sum_{k=-\infty}^{\infty} a_{mk} w_{mk}(t). \tag{1.297}$$

Die Koeffizienten a_{mk} der verschobenen Fensterfunktionen

$$w_{mk}(t) = w(t - mT) \exp(j2\pi kF t) \tag{1.298}$$

werden als Projektion von $x(t)$ auf die Fenster $w_{mk}(t)$ berechnet. Sie sollen möglichst gut die anteilige Energie des zu analysierenden Signals $x(t)$ im Bereich der mittleren Zeit mT und der mittleren Frequenz kF repräsentieren. Dazu muss die Energie der Fensterfunktion um die mittlere Zeit und die mittlere Frequenz lokalisiert sein, d. h. die Fensterfunktion muss kompakt sein.

Außerdem dürfen die Zeit- und Frequenzverschiebungsschritte T und F nicht zu groß gewählt werden, um ein mit Hilfe der Fensterfunktionen zu analysierendes Signal $x(t)$ ausreichend dicht „abzutasten". Ein guter Ausgangspunkt für die Wahl von T und F ist

$$T \leq T_{\text{eff}}, \qquad F \leq F_{\text{eff}} \tag{1.299}$$

Beim Beispiel 1.7 des Gauß-Impulses gilt

$$T_{\text{eff}} \cdot F_{\text{eff}} = 1. \tag{1.300}$$

Um dieses Ergebnis auf andere Fensterfunktionen zu verallgemeinern, werden kritische Verschiebungen

$$T \cdot F \leq T_{\text{krit}} \cdot F_{\text{krit}} = 1 \tag{1.301}$$

eingeführt. Die Inverse davon ist die Überabtastrate

$$\alpha = \frac{1}{T \cdot F} \geq \frac{1}{T_{\text{krit}} \cdot F_{\text{krit}}} = 1. \tag{1.302}$$

Der Fall $\alpha = 1$ wird kritische Abtastung genannt. Bei kritischer Abtastung ist das Produkt der beiden Verschiebungen gleich 1. Es gilt weiterhin

Satz 1.17   *Um die Überabtastung vergrößerte Verschiebungen*

Die mit dem Überabtastfaktor α multiplizierten Zeit- und Frequenzverschiebungen

$$\alpha T \geq T_{\text{krit}} \qquad , \qquad \alpha F \geq F_{\text{krit}} \tag{1.303}$$

sind größer gleich den kritischen Verschiebungen.

Beweis 1.17

Es gilt gemäß Gl. (1.302)

$$\alpha T = \frac{1}{F} \quad \text{und} \quad \alpha F = \frac{1}{T}. \tag{1.304}$$

Aus den Bedingungen

$$\frac{1}{T_{\text{krit}} \cdot F} \geq 1 \qquad \text{bzw.} \qquad \frac{1}{T \cdot F_{\text{krit}}} \geq 1 \tag{1.305}$$

erhalten wir

$$\alpha T = \frac{1}{F} \geq T_{\text{krit}} \qquad \text{bzw.} \qquad \alpha F = \frac{1}{T} \geq F_{\text{krit}}. \tag{1.306}$$

Wenn wir aus zeit- und frequenzverschobenen Fensterfunktionen einen Frame konstruieren, so fordern wir vom Fenster die Eigenschaft der Kompaktheit. Wir wollen im Folgenden eine formelle Definition für die Kompaktheit der Fensterfunktionen $w(t)$ einführen, die wesentlich restriktiver als die Bedingung 2 in Satz 1.2 ist. Dazu betrachten wir zuerst das Vorgehen bei orthonormalen Basissystemen, bei denen das Innenprodukt zweier zeit- und frequenzverschobener Fensterfunktionen

$$\langle w(t), w_{\Delta m \Delta k}(t) \rangle = \delta(\Delta m)\, \delta(\Delta k) \tag{1.307}$$

ist. Die Summe über alle Innenproduktbeträge ist damit bei orthonormalen Funktionensystemen

$$\sum_{\Delta m=-\infty}^{\infty} \sum_{\Delta k=-\infty}^{\infty} |\langle w(t), w_{\Delta m \Delta k}(t) \rangle| = 1. \qquad (1.308)$$

Bei aus verschobenen Fensterfunktionen gebildeten Frame-Funktionen ist deren Innenprodukt für $\Delta m \neq 0$, $\Delta k \neq 0$ abweichend von Gl. (1.211) ungleich Null. Wird der Frame aber aus *kompakten* Fensterfunktionen erzeugt, so sind deren Überlappungsflächen zumindest klein. Bei kompakten Frame-Funktionen ist die Summe der Innenprodukte deshalb betragsmäßig kleiner als eine obere Schranke.

Definition 1.14 *Kompakte Frame-Funktionen*

Ein Frame werde aus zeit- und frequenzverschobenen Fensterfunktionen erzeugt. Dabei seien die Zeit- und Frequenzverschiebungen größer oder gleich den kritischen Verschiebungen

$$T \geq T_{\text{krit}}, \quad F \geq F_{\text{krit}}. \qquad (1.309)$$

Das Fenster $w(t)$ ist kompakt, wenn die Summe der Innenproduktbeträge

$$\sum_{\Delta m=-\infty}^{\infty} \sum_{\Delta k=-\infty}^{\infty} |\langle w(t), w(t - \Delta m T) \exp(j 2\pi \Delta k F t) \rangle| \leq S(w) < \infty \qquad (1.310)$$

kleiner als eine obere Schranke $S(w)$ ist. Diese hängt von der Kurvenform des Fensters ab.

In Definition 1.14 wurden große Zeit- und Frequenzverschiebungen $T \geq T_{\text{krit}}$ und $F \geq F_{\text{krit}}$ angenommen, weil dann die Überlappungsflächen klein sind (Abb. 1.14(a)). Mögliche Kombi-

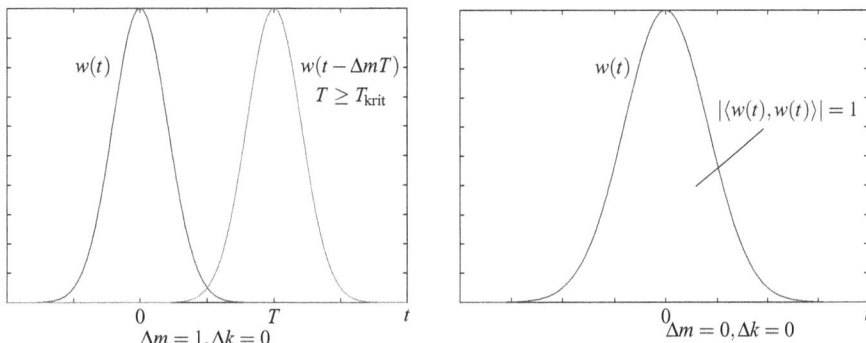

(a) Überlappungsgebiet zeitverschobener Fenster   *(b) Innenprodukt für die Verschiebung Null*

Abbildung 1.14: *Überlappungsgebiete bei verschiedenen Zeit- und Frequenzverschiebungen*

nationen sind unter anderem

$$(\alpha T, F) \qquad \text{oder} \qquad (T, \alpha F), \tag{1.311}$$

deren Produkt gerade 1 ergibt. Werden kleinere Verschiebungen $T < T_{\text{krit}}$, $F < F_{\text{krit}}$ gewählt, so werden die Überlappungen und damit die obere Schranke größer. In diesem Fall der Über- abtastung $\alpha > 1$ muss geprüft werden, ob eine höhere obere Schranke Gültigkeit hat.

Das Innenprodukt für $\Delta m = 0$, $\Delta k = 0$ stellt gerade die Signalenergie des Fensters $w(t)$ dar, die üblicherweise auf 1 normiert ist. (Abb. 1.14(b))

$$\int_{-\infty}^{\infty} |w(t)|^2 \, dt = 1. \tag{1.312}$$

Definition 1.15   *α-kompakte Frame-Funktionen bei Überabtastung*

Ein Frame werde aus zeit- und frequenzverschobenen Fensterfunktionen erzeugt. Dabei seien die Zeit- und Frequenzverschiebungen kleiner als die kritischen Verschiebungen

$$T \cdot F = \frac{1}{\alpha} T_{\text{krit}} \cdot F_{\text{krit}} \le 1, \quad \alpha \ge 1, \tag{1.313}$$

d. h. der Frame sei um den Faktor α überbestimmt. Das Fenster $w(t)$ ist α-kompakt, wenn die Summe der Innenproduktbeträge

$$\sum_{\Delta m = -\infty}^{\infty} \sum_{\Delta k = -\infty}^{\infty} |\langle w(t), w_{\Delta m, \Delta k}(t) \rangle| \le \alpha \cdot S(w) < \infty, \quad \alpha \ge 1 \tag{1.314}$$

kleiner als eine um α erhöhte obere Schranke $\alpha \cdot S(w)$ ist.

Beispiel 1.15   *Innenprodukte zeit- und frequenzverschobener Gauß-Impulse*

Ein einzelner um mT und kF verschobener Gauß-Impuls ist

$$g_{mk}(t) = \left(\frac{\beta}{\pi}\right)^{\frac{1}{4}} \exp\left(-\frac{\beta}{2}(t - mT)^2\right) \exp(j2\pi kFt).$$

Der Betrag des Innenproduktes zweier gegeneinander verschobener Gauß-Impulse ist nach Satz 1.8 nur abhängig von der relativen Verschiebung.

$$\left| \langle g_{mk}(t), g_{m+\Delta m, k+\Delta k}(t) \rangle \right| = \left| \langle g(t), g_{\Delta m, \Delta k}(t) \rangle \right|$$

$$= \left(\frac{\beta}{\pi}\right)^{\frac{1}{2}} \left| \int_{-\infty}^{\infty} \exp\left(-\frac{\beta}{2}\left(t^2 + (t - \Delta mT)^2\right)\right) \exp\left(-j2\pi \Delta kFt\right) dt \right|$$

$$= \left(\frac{\beta}{\pi}\right)^{\frac{1}{2}} \left| \int_{-\infty}^{\infty} \exp\left(-\frac{\beta}{2}\left(\left(\sqrt{2}t\right)^2 - 2\left(\sqrt{2}t\right)\cdot\frac{\Delta m}{\sqrt{2}}T\right.\right.\right.$$

$$\left.\left.\left. + \frac{\Delta m^2}{2}T^2 + \frac{\Delta m^2}{2}T^2\right)\right)\cdot\exp\left(-j2\pi\Delta kFt\right)dt\right|$$

Mit $t' = \sqrt{2}t$ ergibt dies

$$= \frac{1}{\sqrt{2}}\left(\frac{\beta}{\pi}\right)^{\frac{1}{2}}\exp\left(-\frac{\beta}{4}\Delta m^2 T^2\right)\left|\int_{-\infty}^{\infty}\exp\left(-\frac{\beta}{2}\left(t' - \frac{\Delta m}{\sqrt{2}}T\right)^2\right)\right.$$

$$\left.\cdot\exp\left(-j2\pi\frac{\Delta k}{\sqrt{2}}Ft'\right)dt'\right|.$$

Das Integral kann formell als Fourier-Transformierte des um $\frac{\Delta m}{\sqrt{2}}T$ zeitverschobenen Gauß-Impulses bei der Frequenz $\frac{\Delta k}{\sqrt{2}}F$ interpretiert werden. Man erhält nach Gl. (1.169) die Fourier-Transformierte

$$\left|\langle g(t), g_{\Delta m, \Delta k}(t)\rangle\right| = \frac{1}{\sqrt{2}}\left(\frac{\beta}{\pi}\right)^{\frac{1}{2}}\exp\left(-\frac{\beta}{4}\Delta m^2 T^2\right)\sqrt{2}\left(\frac{\pi}{\beta}\right)^{\frac{1}{2}}$$

$$\cdot\exp\left(-\frac{2}{\beta}\pi^2\frac{\Delta k^2}{2}F^2\right)\left|\exp\left(-j2\pi\frac{\Delta m}{\sqrt{2}}\frac{\Delta k}{\sqrt{2}}TF\right)\right|.$$

Mit der effektiven Zeitdauer und Bandbreite des Gauß-Impulses

$$T_{\text{eff}} = \sqrt{\frac{2\pi}{\beta}}, \quad F_{\text{eff}} = \sqrt{\frac{\beta}{2\pi}}$$

lautet der Betrag des Innenproduktes schließlich

$$\left|\langle g_{mk}(t), g_{m+\Delta m, k+\Delta k}(t)\rangle\right| = \exp\left(-\frac{\pi}{2}\left(\Delta m^2\frac{T^2}{T_{\text{eff}}^2} + \Delta k^2\frac{F^2}{F_{\text{eff}}^2}\right)\right).$$

Bei kritischer Abtastung $\alpha = 1$ ist

$$T = T_{\text{krit}} = T_{\text{eff}}, \quad F = F_{\text{krit}} = F_{\text{eff}}.$$

Die Summe der Innenproduktbeträge ist in diesem Fall

$$\sum_{\Delta m=-\infty}^{\infty}\sum_{\Delta k=-\infty}^{\infty}\exp\left(-\frac{\pi}{2}\left(\Delta m^2 + \Delta k^2\right)\right) \leq S(g) \approx 2{,}0$$

Bei Überabtastung $\alpha = 100$ sei z. B.

$$T = 0{,}1\cdot T_{\text{eff}}, \quad F = 0{,}1\cdot F_{\text{eff}}.$$

Die Summe der Innenproduktbeträge ist dann beim Gauß-Impuls

$$\sum_{\Delta m=-\infty}^{\infty} \sum_{\Delta k=-\infty}^{\infty} \exp\left(-\frac{\pi}{2}\left(\left(\frac{\Delta m}{10}\right)^2 + \left(\frac{\Delta k}{10}\right)^2\right)\right) \leq \alpha \cdot S(g) \approx 200$$

kleiner als eine um den Überabtastfaktor α erhöhte obere Schranke. Der Gauß-Impuls ist α-kompakt.

Beispiel 1.16 *Innenprodukte zeit- und frequenzverschobener Rechteckimpulse*

Der Rechteckimpuls $r(t)$ ist keine kompakte Fensterfunktion nach Definition 1.14. Der Rechteckimpuls wird auf die Signalenergie 1 normiert, woraus sich die Faktoren $1/\sqrt{T_{\text{krit}}}$ bzw. $1/\sqrt{F_{\text{krit}}}$ ergeben. Die kritischen Zeit- und Frequenzverschiebungen sind

$$T_{\text{krit}} = T_{\text{eff}}, \quad F_{\text{krit}} = \frac{1}{T_{\text{eff}}}.$$

Wir prüfen nun die Kompaktheit nach Gl. (1.310). Ein einzelner Summand ist

$$S_{\Delta m \Delta k} = \left|\langle r(t), r_{\Delta m, \Delta k}(t)\rangle\right|$$

$$= \left|\int_{-\infty}^{\infty} r(t)r(t-\Delta mT)\exp(j2\pi\Delta kFt)\,dt\right|$$

Das Produkt $r(t) \cdot r(t-\Delta mT)$ ist nur für $|\Delta m| \cdot T < T_{\text{krit}}$ ungleich Null, bzw. $|\Delta m| < T_{\text{krit}}/T$. Damit ist die Δm-Summe endlich. Das Produkt $r(t) \cdot r(t-\Delta mT)$ wird als Maximalwert

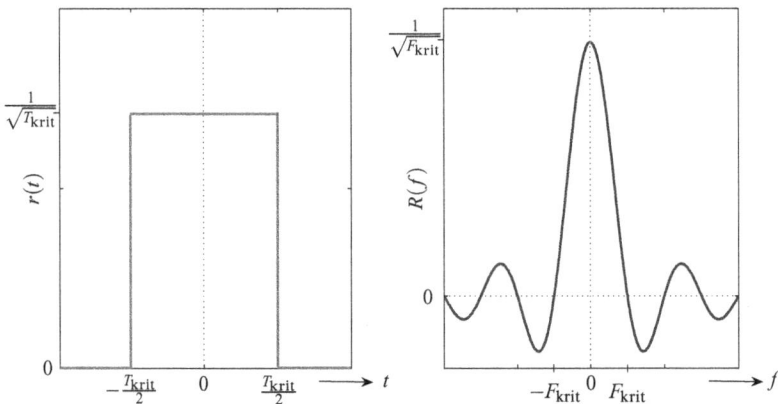

Abbildung 1.15: *Rechteckimpuls $r(t)$ und Fourier-Transformierte $R(f)$*

$1/T_{\text{krit}}$ $(\Delta m = 0)$ abgeschätzt.

$$S_{\Delta m \Delta k} \leq \left| \frac{1}{T_{\text{krit}}} \int_{-T_{\text{krit}}/2}^{T_{\text{krit}}/2} \exp(j2\pi\Delta kFt)\,dt \right|$$

$$\leq \left| \frac{\exp(j\pi\Delta kF\,T_{\text{krit}}) - \exp(-j\pi\Delta kF\,T_{\text{krit}})}{j2\pi\Delta kF\,T_{\text{krit}}} \right|$$

$$\leq \left| \frac{\sin(\pi\Delta kF\,T_{\text{krit}})}{\pi\Delta kF\,T_{\text{krit}}} \right|$$

Damit kann die Summe aus Gl. (1.310) insgesamt abgeschätzt werden.

$$\sum_{\Delta m}\sum_{\Delta k} S_{\Delta m \Delta k} \leq \sum_{|\Delta m| \leq \frac{T_{\text{krit}}}{T}} \sum_{\Delta k} |\text{sinc}(\pi\Delta kF\,T_{\text{krit}})|$$

Bei kritischer Abtastung im Frequenzbereich $F = F_{\text{krit}}$ besitzt die Δk-Summe nur einen Term für $\Delta k = 0$, während alle anderen Terme verschwinden. Nur in diesem Spezialfall ist das Rechteckfenster kompakt. Allgemein besitzt die Δk-Summe unendlich viele Terme, so dass keine obere Schranke für die Summe der Innenproduktbeträge des Rechteckfensters gefunden werden kann. Der Rechteckimpuls ist für $\alpha > 1$ kein kompaktes Fenster nach Definition 1.14.

Die aus zeit- und frequenzverschobenen kompakten Fensterfunktionen gebildeten Frames finden sowohl bei der Kurzzeit-Fourier-Transformation als auch bei der Wavelet-Transformation Anwendung. Dies liegt u. a. daran, dass die Koeffizienten von Gabor- und Wavelet-Reihen durch Projektion des zu analysierenden Signals $x(t)$ auf die Framefunktionen berechnet werden.

2 Kurzzeit-Fourier-Transformation

Bei endlichen Messreihen wird die zu untersuchende Funktion $x(t)$ lediglich während eines Zeitfensters $w(t)$ betrachtet. Geht man auf Funktionen $x(t)$ mit zeitvariantem Frequenzgehalt über, so verändert sich das Spektrum $X(f)$ über der Zeit. Man kann dies näherungsweise dadurch berücksichtigen, dass man $x(t)$ nur während des Fensters erfasst, innerhalb dessen näherungsweise eine Zeit-Invarianz angenommen wird. Durch Betrachtung der sich verändernden Funktion $x(t)$ in zeitlich und frequenzmäßig aufeinander folgenden Zeitfenstern $w(t - \tau)$ kann man die Veränderungen des Signals analytisch darstellen (Abb. 2.1) . Man muss lediglich geeignete Fensterfunktionen wählen, welche den Leckeffekt in Grenzen halten. Im Folgenden soll das mit der Fensterfunktion $w(t)$ multiplizierte Signal $x(t)$ einer Integraltransformation unterzogen werden. Die Verschiebung des Fensters kann dabei auf zwei Arten erfolgen:

- Zeit- und Frequenzverschiebung: Kurzzeit-Fourier-Transformation

- Zeitverschiebung und Skalierung: Wavelet-Transformation

2.1 Kontinuierliche Signale und Systeme

2.1.1 Verschiedene Interpretationen

Bei der klassischen Fourier-Transformation wird das Innenprodukt der zu analysierenden Funktion $x(t)$ mit der harmonischen Schwingung $\exp(j2\pi f t)$ gebildet.

$$X(f) = \langle x(t), \exp(j2\pi f t) \rangle \tag{2.1}$$

$$= \int\limits_{-\infty}^{\infty} x(t) \exp(-j2\pi f t)\, dt = \mathcal{F}_t\{x(t)\} \tag{2.2}$$

Dadurch wird die Ähnlichkeit des Signals $x(t)$ mit der harmonischen Schwingung der Frequenz f bestimmt. Nach dem Satz von Parseval (Anhang A.2) ist dies die Faltung

$$X(f) = \langle X(v), \delta(f - v) \rangle_v \tag{2.3}$$

des Spektrums mit dem Dirac-Impuls an der Stelle $v = f$. Da das Beobachtungsintervall im Zeitbereich unendlich breit ist, tritt im Spektrum kein Leckeffekt auf.

Die Kurzzeit-Fourier-Transformation (Short-Time-Fourier-Transform, STFT)

$$F_x^\gamma(\tau, f) = \int\limits_{-\infty}^{\infty} x(t)\gamma^*(t-\tau)\exp(-j2\pi ft)\,dt \tag{2.4}$$

$$= \int\limits_{-\infty}^{\infty} X(\nu)\Gamma^*(\nu-f)\exp(j2\pi(\nu-f)\tau)\,d\nu \tag{2.5}$$

kann auf unterschiedliche Weise interpretiert werden.[1]

Bemerkung 2.1

Die Darstellung für das zeit- und frequenzverschobene Analysefenster $\gamma(t)$ lautet:

$$\gamma(t-\tau)\exp(j2\pi ft) \;\circ\!\!\!-\!\!\!\bullet\; \Gamma(\nu-f)\exp(-j2\pi(\nu-f)\tau). \tag{2.6}$$

Interpretation I:
Fensterung von $x(t)$ mit $\gamma^*(t-\tau)$, Ähnlichkeit der gefensterten Funktion mit der Harmonischen der Frequenz f

Das zu analysierende Signal $x(t)$ wird lediglich während des um τ verschobenen Analysefensters $\gamma^*(t-\tau)$ betrachtet (Abb. 2.1). Das gefensterte Signal wird dann der klassischen Fourier-Transformation unterworfen. Dabei wird vorausgesetzt, dass der Frequenzgehalt des Signals $x(t)$ während der Zeitdauer des zeitverschobenen Fensters $\gamma^*(t-\tau)$ annähernd konstant ist. Die Kurzzeit-Fourier-Transformation lautet dann:

Definition 2.1   *Kurzzeit-Fourier-Transformation*

$$F_x^\gamma(\tau, f) = \mathcal{F}\{x(t)\gamma^*(t-\tau)\} \tag{2.7}$$

$$= \int\limits_{-\infty}^{\infty} x(t)\gamma^*(t-\tau)\exp(-j2\pi ft)\,dt \tag{2.8}$$

Dies ist in Abb. 2.2 zu sehen. Bei dieser Darstellung wird offensichtlich, dass die Kurzzeit-Fourier-Transformation aufgrund der Fensterung einem Leckeffekt unterworfen ist. Da das Fenster $\gamma(t)$ als reell angenommen wurde, gilt $\gamma^*(t) = \gamma(t)$. Im Folgenden wird aber dennoch das Konjugiert-Komplex-Zeichen mitgeführt.

---

[1] Die Äquivalenz beider Darstellungen ergibt sich über den Satz von Parseval, vgl. Definition 2.2.

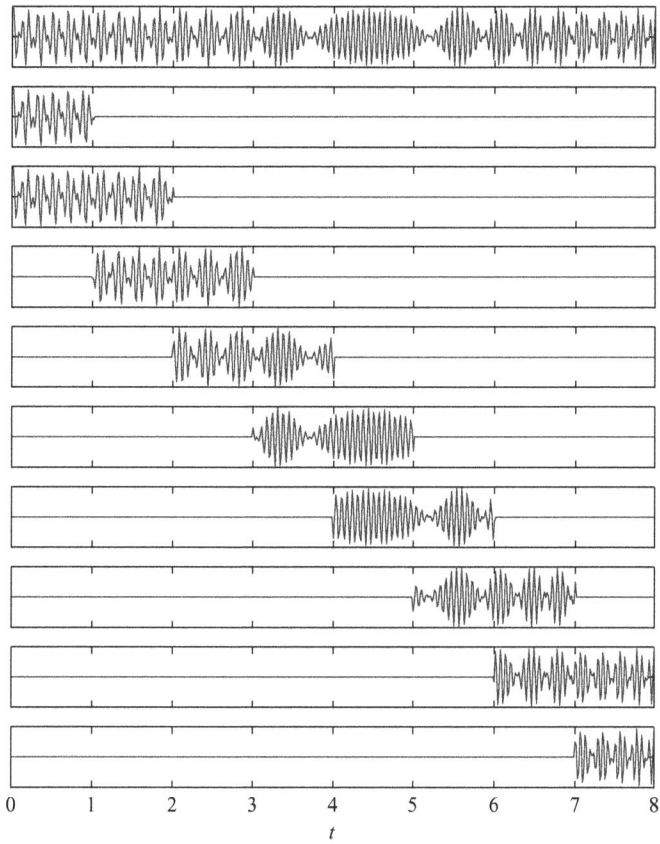

Abbildung 2.1: *Fensterung des Signals (oben: gesamtes Signal, darunter: Fensterung mit unterschied-lichen Zeitverschiebungen τ)*

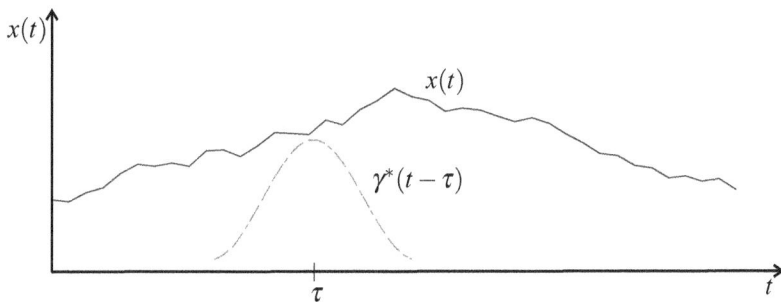

Abbildung 2.2: *Fourier-Transformation des gefensterten Signals*

Interpretation II:

Ähnlichkeit von $x(t)$ mit dem um τ, f zeit- und frequenzverschobenen Fenster

Die Kurzzeit-Fourier-Transformation kann auch als Innenprodukt des Signals $x(t)$ mit einem um τ verschobenen und mit f modulierten Fenster $\gamma(t)$ interpretiert werden. Die Modulation im Zeitbereich entspricht einer Verschiebung um f im Frequenzbereich (Abb. 2.3).

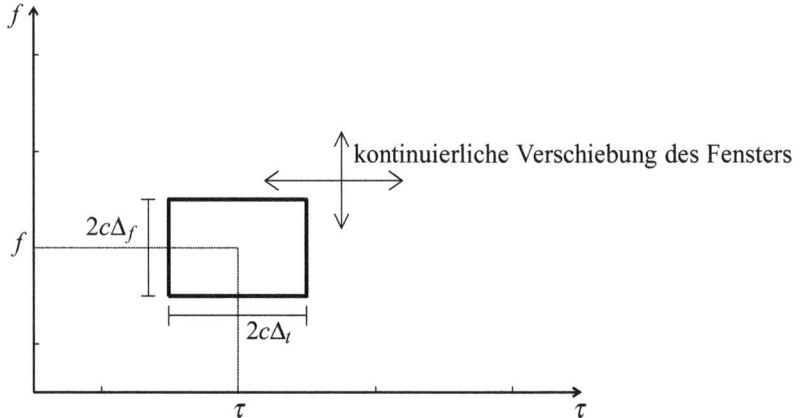

Abbildung 2.3: *Ähnlichkeit des Signals mit einem zeit- und frequenzverschobenen Fenster*

Definition 2.2 *Kurzzeit-Fourier-Transformation*

$$F_x^\gamma(\tau, f) = \langle x(t), \gamma(t-\tau)\exp(j2\pi ft)\rangle_t \tag{2.9}$$

$$= \langle X(\nu), \Gamma(\nu-f)\exp(-j2\pi(\nu-f)\tau)\rangle_\nu \tag{2.10}$$

Mit Hilfe des Innenprodukts wird die Ähnlichkeit des Signals $x(t)$ mit dem zeit- und frequenzverschobenen Fenster $\gamma(t)$ im Bereich um τ und im Bereich um f untersucht.[2]

Die Zeitdauer Δ_t und die Bandbreite Δ_f des Fensters sind nach den Gleichungen (1.136) und (1.138) invariant gegenüber den Verschiebungen τ und f. Sie hängen ausschließlich von der Kurvenform des verwendeten Fensters $\gamma(t)$ ab. Mit der Kurzzeit-Fourier-Transformation wird demnach die Ähnlichkeit des Signals $x(t)$ mit $\gamma(t)$ im Zeitfensterbereich

---

[2] Das Innenprodukt kann als Maß für die Ähnlichkeit zweier Funktionen interpretiert werden. Nach dem Satz von Parseval kann diese Ähnlichkeit sowohl im Zeit- als auch im Frequenzbereich bestimmt werden.

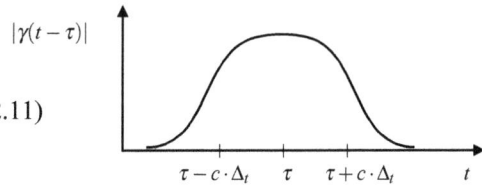

$$[\tau - c \cdot \Delta_t, \tau + c \cdot \Delta_t] \qquad (2.11)$$

und im Frequenzfensterbereich

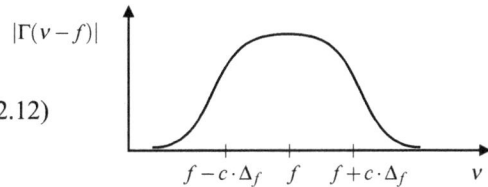

$$[f - c \cdot \Delta_f, f + c \cdot \Delta_f] \qquad (2.12)$$

untersucht.

Die klassische Fourier-Transformation ist ein Spezialfall der Kurzzeit-Fourier-Transformation mit $\Delta_t \to \infty$ und $\Delta_f \to 0$ (ideale Frequenzauflösung).

Interpretation III:

Demodulation und anschließende Tiefpassfilterung

Die Umformung des Innenproduktes (2.9) in eine Faltung führt zu einer weiteren Definition der Kurzzeit-Fourier-Transformation:

Definition 2.3 *Kurzzeit-Fourier-Transformation*

$$F_x^\gamma(\tau, f) = \int_{-\infty}^{\infty} [x(t)\exp(-j2\pi ft)] \cdot [\gamma^*(-(\tau - t))]\, dt \qquad (2.13)$$

$$= x(\tau)\exp(-j2\pi f\tau) \underset{t}{*} \gamma^*(-\tau) \qquad (2.14)$$

$$= \mathcal{F}_\nu^{-1}\{ \underbrace{X(\nu + f)}_{\substack{\text{demoduliertes}\\\text{Signal}}} \cdot \underbrace{\Gamma^*(\nu)}_{\substack{\text{Tiefpass-}\\\text{filter}}} \} \qquad (2.15)$$

Diese Darstellung lässt sich als Tiefpassfilterung des zuvor demodulierten Signals $x(t)$ interpretieren. Das Signal wird also zunächst um $(-f)$ frequenzverschoben und anschließend mit dem Analysefenster gefiltert. Da das Analysefenster die Mittenfrequenz Null besitzt, wirkt es als Tiefpassfilter.

Interpretation IV:

Bandpassfilterung und anschließende Demodulation

Durch Ausklammern des Faktors $\exp(-j2\pi f\tau)$ in Gl. (2.5) gelangt man schließlich zu einer vierten Definition der Kurzzeit-Fourier-Transformation:

Definition 2.4 *Kurzzeit-Fourier-Transformation*

$$F_x^\gamma(\tau,f) = \exp(-j2\pi f\tau)\int\limits_{-\infty}^{\infty} X(\nu)\Gamma^*(\nu-f)\exp(j2\pi\nu\tau)\,d\nu \qquad (2.16)$$

$$= \underbrace{\exp(-j2\pi f\tau)}_{\text{Demodulation}}\cdot\mathcal{F}_\nu^{-1}\{X(\nu)\underbrace{\Gamma^*(\nu-f)}_{\substack{\text{Bandpass-}\\\text{filter}}}\} \qquad (2.17)$$

$$= \exp(-j2\pi f\tau)\cdot\left(x(\tau)\underset{t}{*}\gamma^*(-\tau)\exp(j2\pi f\tau)\right) \qquad (2.18)$$

Dies kann als Bandpassfilterung mit anschließender Demodulation interpretiert werden (Abb. 2.5). Der Frequenzgang des Bandpasses ist dabei

$$\Gamma^*(\nu-f)\quad\bullet\!\!-\!\!\circ\quad \gamma^*(-\tau)\exp(j2\pi f\tau). \qquad (2.19)$$

Dies ist das frequenzverschobene Analysefenster mit der Mittenfrequenz f. Bei der Demodulation wird das gefilterte Signal um die Frequenz $(-f)$ verschoben. Das Ergebnis — die Kurzzeit-Fourier-Transformierte — ist damit wieder ein Tiefpasssignal.

Spektrum der Kurzzeit-Fourier-Transformation

Das Spektrum $F_x^\gamma(\tau,f)$ ist zeitvariant. Es hängt nicht nur von der Frequenz f ab, sondern auch von der mittleren Zeit τ des Analysefensters.

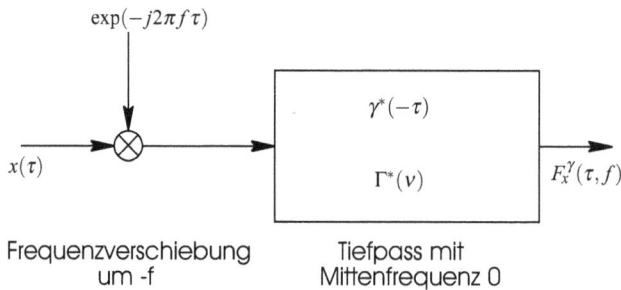

Abbildung 2.4: Tiefpass-Interpretation der Kurzzeit-Fourier-Transformation

$$\exp(-j2\pi f\tau)$$

$$x(\tau) \longrightarrow \boxed{\begin{array}{c} \gamma^*(-\tau)\exp(j2\pi f\tau) \\ \\ \Gamma^*(\nu-f) \end{array}} \longrightarrow \otimes \longrightarrow F_x^\gamma(\tau,f)$$

Bandpass mit   Frequenzverschiebung
Mittenfrequenz f   um -f

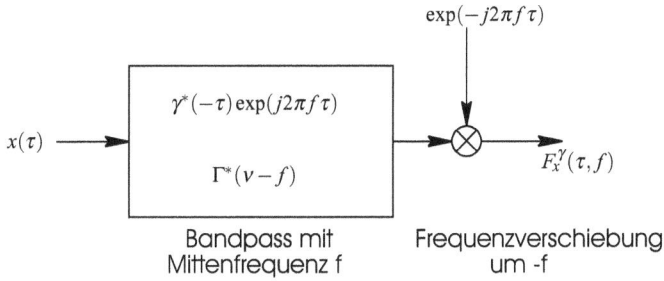

Abbildung 2.5: *Bandpass-Interpretation der Kurzzeit-Fourier-Transformation*

2.1.2 Spektrogramm

Definition 2.5 *Spektrogramm*

Das Spektrogramm ist das Betragsquadrat der Kurzzeit-Fourier-Transformierten.

$$S_x^\gamma(\tau,f) = |F_x^\gamma(\tau,f)|^2 \tag{2.20}$$

$$= \left| \int_{-\infty}^{\infty} x(t)\gamma^*(t-\tau)\exp(-j2\pi ft)\,dt \right|^2 \tag{2.21}$$

Die Phasen-Information geht beim Übergang auf das Spektrogramm verloren.

Satz 2.1 *Signalenergie des Spektrogramms*

Die im Spektrogramm enthaltene Signalenergie ist gleich der Signalenergie $\|x(t)\|^2$.

$$\int_{-\infty}^{\infty} \int_{-\infty}^{\infty} S_x^\gamma(\tau,f)\,d\tau\,df = \|x(t)\|^2 \tag{2.22}$$

Beweis 2.1

Die Energie des Spektrogramms ist das Integral

$$\int_{-\infty}^{\infty} \int_{-\infty}^{\infty} \int_{-\infty}^{\infty} \int_{-\infty}^{\infty} x(t)\gamma^*(t-\tau)\exp(-j2\pi ft)x^*(t')\gamma(t'-\tau)$$

$$\cdot \exp(j2\pi ft')\,dt\,dt'\,d\tau\,df \tag{2.23}$$

$$= \int_{-\infty}^{\infty} \int_{-\infty}^{\infty} \int_{-\infty}^{\infty} x(t)x^*(t')\gamma^*(t-\tau)\gamma(t'-\tau) \int_{-\infty}^{\infty} \exp(j2\pi f(t'-t))\,df\,dt'\,dt\,d\tau \tag{2.24}$$

$$= \int\limits_{-\infty}^{\infty} \int\limits_{-\infty}^{\infty} \int\limits_{-\infty}^{\infty} x(t)x^*(t')\gamma^*(t-\tau)\gamma(t'-\tau)\delta(t'-t)\,dt'\,dt\,d\tau. \tag{2.25}$$

Mit der Substitution $t - \tau = t''$ erhält man

$$\int\limits_{-\infty}^{\infty} \int\limits_{-\infty}^{\infty} |x(t)|^2 \cdot |\gamma(t'')|^2 \,dt\,dt'' = \|x(t)\|^2 \cdot \underbrace{\|\gamma(t)\|^2}_{1} = \|x(t)\|^2 \tag{2.26}$$

Normiert man die Signalenergie des Fensters auf 1, so ist die im Spektrogramm enthaltene Signalenergie gerade die des transformierten Signals $x(t)$.

2.1.3   Verschiebungs-Invarianz

Die Kurzzeit-Fourier-Transformation bleibt invariant gegenüber Verschiebungen von $x(t)$ um t_x oder f_x.

Zeitverschiebung
Das um t_x zeitverschobene Signal

$$x_0(t) = x(t - t_x) \tag{2.27}$$

soll transformiert werden.

$$F_{x0}^{\gamma}(\tau, f) = \int\limits_{-\infty}^{\infty} x(t - t_x) \cdot \gamma^*(t - \tau) \exp(-j2\pi f t)\,dt \tag{2.28}$$

$$= \int\limits_{-\infty}^{\infty} x(t') \cdot \gamma^*(t' - (\tau - t_x)) \exp(-j2\pi f(t' + t_x))\,dt' \tag{2.29}$$

$$= F_x^{\gamma}(\tau - t_x, f) \exp(-j2\pi f t_x) \tag{2.30}$$

Die Transformierte bleibt bis auf einen Modulationsfaktor gleich. Das Spektrum ist in der Zeitachse um die gleiche Zeit t_x verschoben.

Frequenzverschiebung
Das um f_x frequenzverschobene Signal

$$x_0(t) = x(t) \exp(j2\pi f_x t) \tag{2.31}$$

soll transformiert werden.

$$F_{x0}^{\gamma}(\tau, f) = \int\limits_{-\infty}^{\infty} x(t)\gamma^*(t - \tau) \exp(-j2\pi(f - f_x)t)\,dt \tag{2.32}$$

$$= F_x^{\gamma}(\tau, f - f_x) \tag{2.33}$$

Das Spektrum ist in der Frequenzachse um die gleiche Frequenz f_x verschoben.

2.1.4   Rekonstruktion des Signals im Zeitbereich

Das Signal $x(t)$ kann als Linearkombination von Funktionen $\tilde{\gamma}(t-\tau)\exp(j2\pi ft)$ dargestellt werden, die untereinander in der mittleren Zeit τ und der mittleren Frequenz f verschoben sind. Die Koeffizienten sind die $c(\tau,f)$. Die Funktion bei $\tau=0$ und $f=0$ ist das Fenster $\tilde{\gamma}(t)$. Da τ und f kontinuierlich verschoben werden, muss über die Linearkombinationen integriert werden.

$$x(t) = \int\limits_{-\infty}^{\infty} \int\limits_{-\infty}^{\infty} c(\tau,f) \cdot \tilde{\gamma}(t-\tau)\exp(j2\pi ft)\,d\tau\,df \tag{2.34}$$

Die Rekonstruktion von $x(t)$ ist allgemein nicht möglich. Zum Beispiel gäbe es kein Signal im Zeitbereich, das einer zeit- und frequenzbegrenzten Funktion $c(\tau,f)$ in Abb. 2.6 entspricht. Dies ergibt sich aus dem Riemann-Lebesgue-Lemma [23], das bei Zeitbegrenzung eine unendliche Ausdehnung im Frequenzbereich folgert und umgekehrt. Wenn man als Koeffizient $c(\tau,f)$ ein gültiges Kurzzeit-Fourier-Spektrum $F_x^{\gamma}(\tau,f)$ einsetzt, dann ist diese Entwicklung gerade die Rekonstruktion von $x(t)$.

$$c(\tau,f) = F_x^{\gamma}(\tau,f) \tag{2.35}$$

Die Funktion $\tilde{\gamma}(t)$ wird dann *Synthesefenster* genannt.

$$\boxed{\hat{x}(t) = \int\limits_{-\infty}^{\infty} \int\limits_{-\infty}^{\infty} F_x^{\gamma}(\tau,f)\tilde{\gamma}(t-\tau)\exp(j2\pi ft)\,d\tau\,df} \tag{2.36}$$

Um die Bedingungen für das Analysefenster $\gamma(t)$ und das Synthesefenster $\tilde{\gamma}(t)$ zu berechnen, wird in Gl. (2.36) die Kurzzeit-Fourier-Transformierte (siehe Def. 2.1) eingesetzt.

$$F_x^{\gamma}(\tau,f) = \int\limits_{-\infty}^{\infty} x(t')\gamma^*(t'-\tau)\exp(-j2\pi ft')\,dt' \tag{2.37}$$

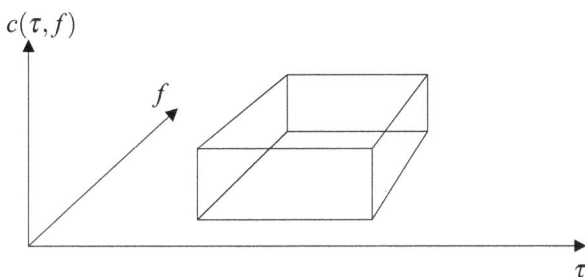

Abbildung 2.6: Zweidimensionale Funktion, die kein gültiges Kurzzeit-Fourier-Spektrum ist

Dabei ist die Zeitvariable des ursprünglichen Signals mit t' bezeichnet. Durch Vertauschen der Integrationen erhält man

$$\hat{x}(t) = \int\limits_{-\infty}^{\infty} \int\limits_{-\infty}^{\infty} \int\limits_{-\infty}^{\infty} x(t')\gamma^*(t'-\tau)\tilde{\gamma}(t-\tau)\exp(j2\pi f(t-t'))\,df\,dt'\,d\tau \tag{2.38}$$

$$= \int\limits_{-\infty}^{\infty} \int\limits_{-\infty}^{\infty} x(t')\gamma^*(t'-\tau)\tilde{\gamma}(t-\tau)\delta(t-t')\,dt'\,d\tau \tag{2.39}$$

$$= \int\limits_{-\infty}^{\infty} x(t)\gamma^*(t-\tau)\tilde{\gamma}(t-\tau)\,d\tau. \tag{2.40}$$

Mit der Substitution $t-\tau = \tau'$ erhält man

$$\hat{x}(t) = x(t)\int\limits_{-\infty}^{\infty} \tilde{\gamma}(\tau')\gamma^*(\tau')\,d\tau'. \tag{2.41}$$

Die Rücktransformation des Signals $x(t)$ aus der Zeit-Frequenz-Verteilung $F_x^\gamma(\tau, f)$ ist möglich, wenn das Analyse- und das Synthesefenster folgende Rekonstruktionsbedingung erfüllen.

$$\boxed{\langle \tilde{\gamma}(t), \gamma(t) \rangle = \int\limits_{-\infty}^{\infty} \tilde{\gamma}(t)\gamma^*(t)\,dt \overset{!}{=} 1} \tag{2.42}$$

Diese Bedingung ist wenig restriktiv. Bei gegebenem Analysefenster $\gamma(t)$ gibt es unendlich viele Synthesefenster $\tilde{\gamma}(t)$, welche diese Bedingung erfüllen.

Ein möglicher Ansatz ist:

$$\tilde{\gamma}(t) = \gamma(t)\,,\text{ auf } E_{\tilde{\gamma}} = E_\gamma = 1 \text{ normiert} \tag{2.43}$$

Üblicherweise wird die Signalenergie des Fensters immer auf 1 normiert. Die Fenster sollten weiterhin eine begrenzte Zeitdauer Δ_t und eine begrenzte Bandbreite Δ_f aufweisen. Eine häufig verwendete Fensterfunktion ist der Gauß-Impuls

$$\gamma(t) = \tilde{\gamma}(t) = \left(\frac{\beta}{\pi}\right)^{\frac{1}{4}} \exp\left(-\frac{\beta}{2}t^2\right). \tag{2.44}$$

2.1.5   Beispiele zur Kurzzeit-Fourier-Transformation

Beispiel 2.1 *Die klassische Fourier-Transformation als Spezialfall der STFT*

Die Fourier-Transformation ist ein Spezialfall der Kurzzeit-Fourier-Transformation, bei dem das Fenster unendlich breit ist (perfekte Frequenzauflösung).

$$\gamma(t) = 1\,,\ \Gamma(f) = \delta(f)$$

$$F_x^\gamma(\tau, f) = \int\limits_{-\infty}^{\infty} x(t) \exp(-j2\pi f t)\, dt = X(f)$$

Der andere Grenzfall ist der eines unendlich schmalen Zeitfensters (perfekte Zeitauflösung).

$$\gamma(t) = \delta(t)\,, \ \Gamma(f) = 1$$

$$F_x^\gamma(\tau, f) = \int\limits_{-\infty}^{\infty} x(t)\delta(t - \tau) \exp(-j2\pi f t)\, dt$$

$$= x(\tau) \exp(-j2\pi f \tau)$$

Das resultierende Signal ist das ursprüngliche Signal, das mit der Frequenz f moduliert ist.

Beispiel 2.2   *Transformation des Gauß-Impulses*

Folgendes Signal (ein Gauß-Impuls) soll transformiert werden.

$$x(t) = \left(\frac{\beta_1}{\pi}\right)^{\frac{1}{4}} \exp(-\frac{\beta_1}{2}t^2) = \left(2\frac{\Delta_f}{\Delta_t}\right)^{\frac{1}{4}} \exp\left(-\frac{t^2}{4\Delta_t^2}\right)$$

Als Analysefenster dient ebenfalls ein Gauß-Impuls (Gabor-Fenster)

$$\gamma(t) = \left(\frac{\beta_2}{\pi}\right)^{\frac{1}{4}} \exp(-\frac{\beta_2}{2}t^2) = \left(2\frac{\delta_f}{\delta_t}\right)^{\frac{1}{4}} \exp\left(-\frac{t^2}{4\delta_t^2}\right),$$

der auf die Energie 1 normiert ist. Die Zeitdauer und Bandbreite des Analysefensters werden dabei mit δ_t bzw. δ_f bezeichnet. Die beiden Parameter $\beta_1 = 2\pi\Delta_f/\Delta_t$ und $\beta_2 = 2\pi\delta_f/\delta_t$ geben die Verhältnisse von Bandbreite zu Zeitdauer an. Die *Kurzzeit-Fourier-Transformation* $F_x^\gamma(\tau, f)$ des Signals $x(t)$ berechnet sich wie folgt.

$$F_x^\gamma(\tau, f) = \int\limits_{-\infty}^{\infty} \left(\frac{\beta_1\beta_2}{\pi^2}\right)^{\frac{1}{4}} \exp(-\frac{\beta_1}{2}t^2) \exp(-\frac{\beta_2}{2}(t - \tau)^2) \exp(-j2\pi f t)\, dt$$

$$= \left(\frac{\beta_1\beta_2}{\pi^2}\right)^{\frac{1}{4}} \int\limits_{-\infty}^{\infty} \exp\left(-\frac{\beta_1 + \beta_2}{2}\left(t^2 - \frac{2\beta_2 t\tau}{\beta_1 + \beta_2} + \frac{\beta_2\tau^2}{\beta_1 + \beta_2}\right)\right)$$

$$\cdot \exp(-j2\pi f t)\, dt \tag{2.45}$$

Man ergänzt den Exponenten der e-Funktion in Gl. (2.45) mit

$$-\frac{\beta_2^2\tau^2}{(\beta_1 + \beta_2)^2} + \frac{\beta_2^2\tau^2}{(\beta_1 + \beta_2)^2}$$

und beachtet, dass

$$\frac{\beta_2 \tau^2}{\beta_1 + \beta_2} - \frac{\beta_2^2 \tau^2}{(\beta_1 + \beta_2)^2} = \frac{\beta_1 \beta_2}{(\beta_1 + \beta_2)^2} \tau^2$$

gilt. Dann lässt sich $F_x^\gamma(\tau, f)$ folgendermaßen darstellen.

$$F_x^\gamma(\tau, f) = \left(\frac{\beta_1 \beta_2}{\pi^2}\right)^{\frac{1}{4}} \exp\left(-\frac{\beta_1 \beta_2}{2(\beta_1 + \beta_2)} \tau^2\right)$$

$$\cdot \int_{-\infty}^{\infty} \exp\left(-\frac{\beta_1 + \beta_2}{2} \left(t - \frac{\beta_2}{\beta_1 + \beta_2} \tau\right)^2\right) \exp(-j2\pi f t) \, dt$$

$$= \left(\frac{2\sqrt{\beta_1 \beta_2}}{\beta_1 + \beta_2}\right)^{\frac{1}{2}} \exp\left(-\frac{\beta_1 \beta_2}{2(\beta_1 + \beta_2)} \tau^2 - \frac{4\pi^2}{2(\beta_1 + \beta_2)} f^2 - j\frac{2\pi \beta_2}{\beta_1 + \beta_2} f \tau\right)$$

Unter Verwendung von Zeitdauer und Bandbreite ist die Kurzzeit-Fourier-Transformierte von $x(t)$

$$F_x^\gamma(\tau, f) = \frac{\left(4 \cdot (\Delta_f/\Delta_t)(\delta_f/\delta_t)\right)^{\frac{1}{4}}}{\left(\Delta_f/\Delta_t + \delta_f/\delta_t\right)^{\frac{1}{2}}}$$

$$\cdot \exp\left(-\frac{\tau^2}{4(\Delta_t^2 + \delta_t^2)} - \frac{f^2}{4(\Delta_f^2 + \delta_f^2)} - j\frac{\frac{\delta_f}{\delta_t} f \tau}{\frac{\Delta_f}{\Delta_t} + \frac{\delta_f}{\delta_t}}\right).$$

Das Spektrogramm des Gauß-Impulses lautet

$$S_x(\tau, f) = |F_x^\gamma(\tau, f)|^2$$

$$= \frac{2\sqrt{\beta_1 \beta_2}}{\beta_1 + \beta_2} \exp\left(-\frac{\beta_1 \beta_2}{\beta_1 + \beta_2} \tau^2 - \frac{4\pi^2}{\beta_1 + \beta_2} f^2\right)$$

$$= 2\frac{\sqrt{(\Delta_f/\Delta_t)(\delta_f/\delta_t)}}{\Delta_f/\Delta_t + \delta_f/\delta_t} \exp\left(-\frac{\tau^2}{2(\Delta_t^2 + \delta_t^2)} - \frac{f^2}{2(\Delta_f^2 + \delta_f^2)}\right).$$

Das Spektrogramm wird nun auf folgender Ellipse

$$\frac{\beta_1 \beta_2}{\beta_1 + \beta_2} \tau^2 + \frac{4\pi^2}{\beta_1 + \beta_2} f^2 = 1$$

bzw.

$$\frac{\tau^2}{2(\Delta_t^2 + \delta_t^2)} + \frac{f^2}{2(\Delta_f^2 + \delta_f^2)} = 1$$

betrachtet. Dort ist das Spektrogramm auf $1/e$ des Maximalwerts abgefallen. Die Fläche der Ellipse (Abb. 2.7) ist

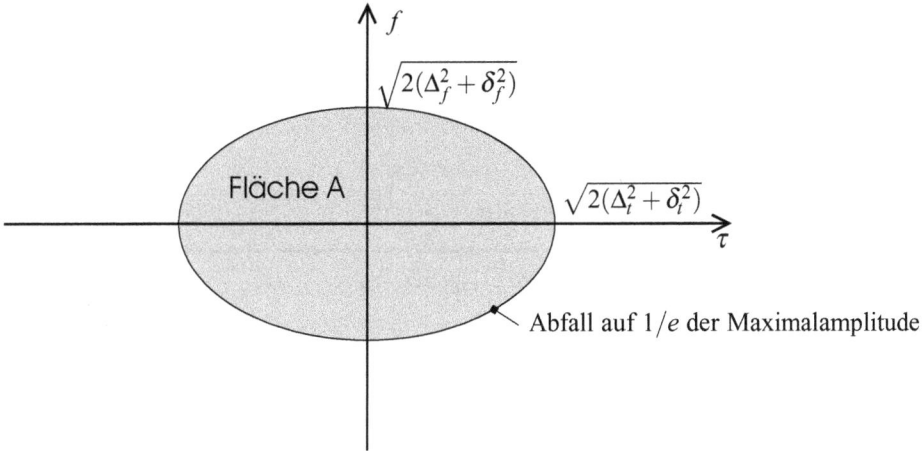

$$\sqrt{2(\Delta_f^2 + \delta_f^2)}$$

Fläche A

$$\sqrt{2(\Delta_t^2 + \delta_t^2)}$$

Abfall auf $1/e$ der Maximalamplitude

Abbildung 2.7: *Spektrogramm des Gauß-Impulses*

$$A = \frac{1}{2}\frac{\beta_1 + \beta_2}{\sqrt{\beta_1 \beta_2}} = \frac{1}{2}\frac{\Delta_f/\Delta_t + \delta_f/\delta_t}{\sqrt{(\Delta_f/\Delta_t)\cdot(\delta_f/\delta_t)}}.$$

Sie ist für $\beta_1 = \beta_2$ bzw. für $\Delta_f = \delta_f$, $\Delta_t = \delta_t$ minimal.

$$A_{\min} = 1$$

Der Abfall auf $1/e$ erfolgt dann bei $\tau = 2\Delta_t$ und $f = 2\Delta_f$. Je kleiner die Fläche A, desto besser ist die Auflösung des transformierten Gauß-Impulses im Kurzzeit-Fourier-Spektrum. Der richtigen Wahl des Fensters kommt also eine große Bedeutung zu.

Die Rekonstruktion des Signals im Zeitbereich erfordert einigen Rechenaufwand. Dabei wird das Synthesefenster $\tilde{\gamma}(t)$ gleich dem Analysefenster $\gamma(t)$ gewählt.

$$x(t) = \left(\frac{2\sqrt{\beta_1 \beta_2}}{\beta_1 + \beta_2}\right)^{\frac{1}{2}} \int\limits_{-\infty}^{\infty}\int\limits_{-\infty}^{\infty} \exp\left(-\frac{\beta_1 \beta_2 \tau^2}{2(\beta_1 + \beta_2)} - \frac{4\pi^2 f^2}{2(\beta_1 + \beta_2)} - j\frac{2\pi\beta_2 f\tau}{\beta_1 + \beta_2}\right)$$

$$\cdot \left(\frac{\beta_2}{\pi}\right)^{\frac{1}{4}} \exp\left(-\frac{\beta_2}{2}(t - \tau)^2\right) \exp(j2\pi ft)\, df\, d\tau$$

$$x(t) = \sqrt{2}\frac{\beta_1^{\frac{1}{4}}\beta_2^{\frac{1}{2}}}{(\beta_1 + \beta_2)^{\frac{1}{2}}\pi^{\frac{1}{4}}} \int\limits_{-\infty}^{\infty} \exp\left(-\frac{\beta_1 \beta_2 \tau^2}{2(\beta_1 + \beta_2)} - \frac{\beta_2}{2}(t - \tau)^2\right)$$

$$\cdot \underbrace{\int\limits_{-\infty}^{\infty} \exp\left(-\frac{4\pi^2 f^2}{2(\beta_1 + \beta_2)}\right) \exp\left(j2\pi f\left(t - \frac{\beta_2}{\beta_1 + \beta_2}\tau\right)\right)\, df}_{I}\, d\tau$$

Das Integral I über der Frequenz wird getrennt berechnet.

$$I = \frac{(\beta_1 + \beta_2)^{\frac{1}{4}}}{\sqrt{2} \cdot \pi^{\frac{1}{4}}}$$

$$\cdot \underbrace{\int_{-\infty}^{\infty} \sqrt{2} \frac{\pi^{\frac{1}{4}}}{(\beta_1 + \beta_2)^{\frac{1}{4}}} \exp\left(-\frac{4\pi^2 f^2}{2(\beta_1 + \beta_2)}\right) \exp\left(j2\pi f\left(t - \frac{\beta_2}{\beta_1 + \beta_2}\tau\right)\right) df}_{\frac{(\beta_1+\beta_2)^{1/4}}{\pi^{1/4}} \exp\left(-\frac{\beta_1+\beta_2}{2}\left(t - \frac{\beta_2}{\beta_1+\beta_2}\tau\right)^2\right)}$$

$$= \frac{(\beta_1 + \beta_2)^{1/2}}{\sqrt{2} \cdot \pi^{1/2}} \exp\left(-\frac{\beta_1 + \beta_2}{2}\left(t - \frac{\beta_2}{\beta_1 + \beta_2}\tau\right)^2\right)$$

Damit wird das rekonstruierte Signal

$$x(t) = \frac{\beta_1^{1/4}}{\pi^{1/4}} \cdot \frac{\beta_2^{1/2}}{\pi^{1/2}}$$

$$\cdot \int_{-\infty}^{\infty} \exp\left(-\frac{\beta_1 \beta_2 \tau^2}{2(\beta_1 + \beta_2)} - \frac{\beta_2}{2}(t - \tau)^2 - \frac{\beta_1 + \beta_2}{2}\left(t - \frac{\beta_2}{\beta_1 + \beta_2}\tau\right)^2\right) d\tau$$

$$= \frac{\beta_1^{1/4}}{\pi^{1/4}} \exp\left(-\frac{\beta_1}{2}t^2\right) \cdot \underbrace{\int_{-\infty}^{\infty} \frac{\beta_2^{1/2}}{\pi^{1/2}} \exp\left(-\beta_2(\tau - t)^2\right) d\tau}_{= \int_{-\infty}^{\infty} \tilde{\gamma}(t)\gamma(t)dt = 1}$$

$$= \frac{\beta_1^{1/4}}{\pi^{1/4}} \exp\left(-\frac{\beta_1}{2}t^2\right).$$

Beispiel 2.3   *STFT zweier überlagerter Chirp-Signale*

Gegeben sind zwei Chirp-Signale der Länge $t = 256\,\mathrm{s}$, deren Frequenz $f(t)$ linear steigt, im ersten Fall von $f_0 = 0\,\mathrm{Hz}$ auf $f_{\mathrm{Ende}} = 0{,}5\,\mathrm{Hz}$, im zweiten Fall von $f_0 = 0{,}15\,\mathrm{Hz}$ auf $f_{\mathrm{Ende}} = 0{,}35\,\mathrm{Hz}$. Die beiden Signale sowie ihre Summe $x(t)$ sind in Abb. 2.8(a) dargestellt. Aus der Summe und aus deren Fourier-Transformierter kann man wenig Information über das Signal gewinnen. Die herkömmliche Fourier-Transformation (Abb. 2.8(b)) enthält zwar alle Spektralanteile, lässt deren zeitlichen Verlauf aber nicht erkennen.

Auf das Signal $x(t)$ wird nun die Kurzzeit-Fourier-Transformation (STFT) angewendet. Als Fensterfunktion wird der Gauß-Impuls $\gamma(t) = \left(\frac{2}{T_{\mathrm{eff}}^2}\right)^{\frac{1}{4}} \exp\left(\frac{-\pi t^2}{T_{\mathrm{eff}}^2}\right)$ verwendet. Abb. 2.9(a) zeigt das Spektrogramm, also das Betragsquadrat der STFT, für ein Gauß-Fenster der effektiven Zeitdauer $T_{\mathrm{eff}} = 4{,}1\,\mathrm{s}$. Man erkennt eine recht gute Zeit-, jedoch eine schlechte Frequenzauflösung. In den Bereichen, in denen die Frequenzen der beiden Chirp-Signale einander ähnlich sind, verschmiert das Spektrum. Verwendet man ein längeres Fenster

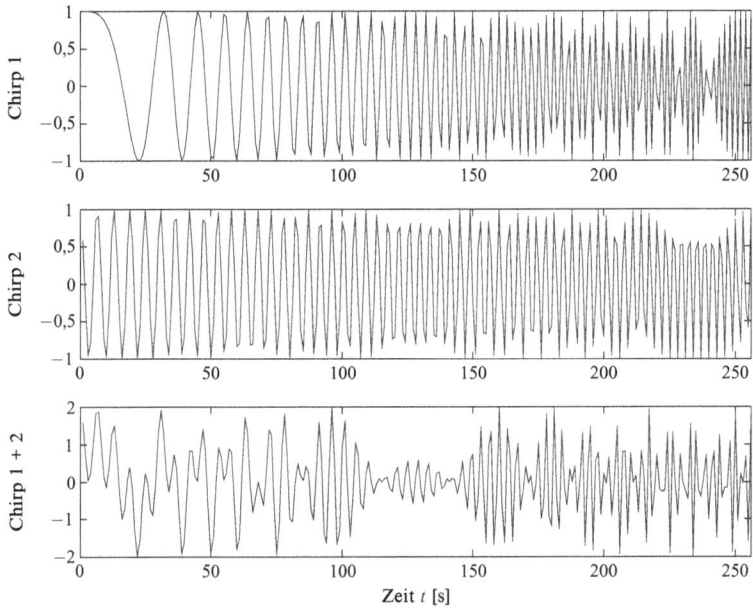

(a) Zwei Chirp-Signale und ihre Summe

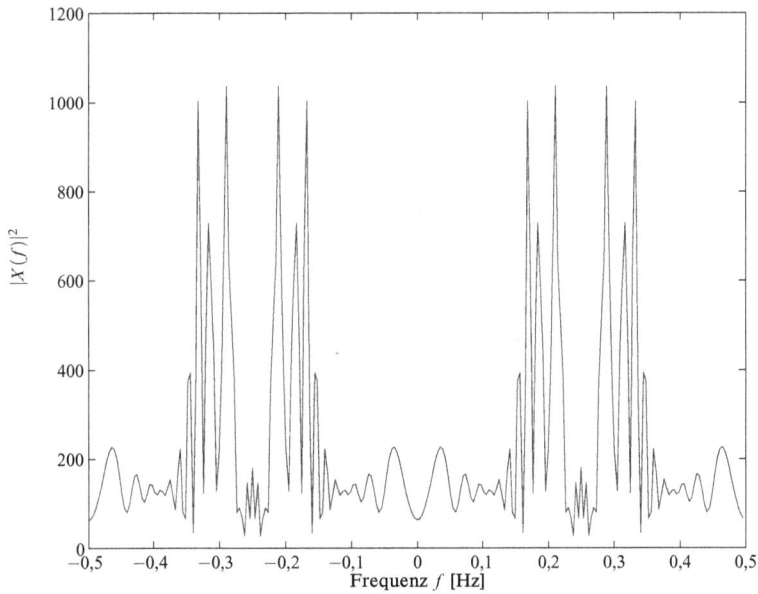

(b) Fourier-Transformation des überlagerten Chirp-Signals

Abbildung 2.8: Chirp-Signal

($T_{eff} = 11,25\,\text{s}$), so wird die Frequenzauflösung besser. Dies ist in Abb. 2.9(b) sichtbar. Bei einem noch längeren Fenster ($T_{eff} = 31\,\text{s}$) verschlechtert sich die Zeitauflösung zunehmend (siehe Abb. 2.9(c)). Man sieht, wie wichtig die geeignete Wahl des Fensters ist.

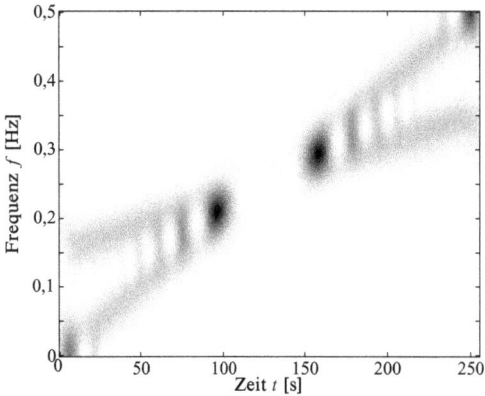

(a) *Gauß-Fenster der effektiven Zeitdauer* $T_{eff} = 4,1\,\text{s}$ *(schlechte Frequenzauflösung)*

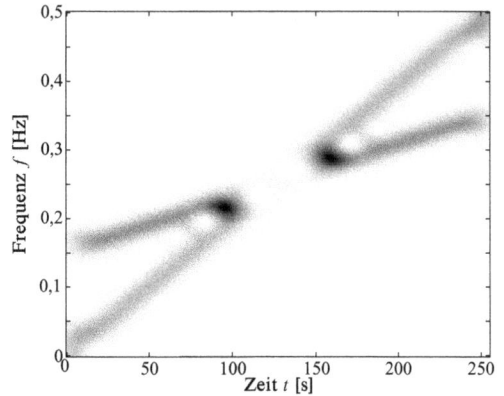

(b) *Gauß-Fenster der Zeitdauer* $T_{eff} = 11,25\,\text{s}$ *(bessere Frequenzauflösung)*

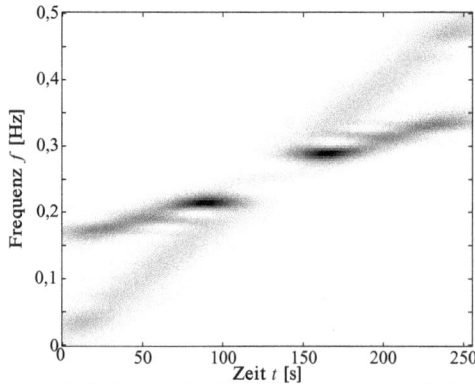

(c) *Gauß-Fenster der Zeitdauer* $T_{eff} = 31\,\text{s}$ *(schlechte Zeitauflösung)*

Abbildung 2.9: *STFT des überlagerten Chirp-Signals*

Beispiel 2.4   *Ultraschall Doppler-Messtechnik*

Die Blutflussgeschwindigkeit kann mit Hilfe eines Ultraschall-Sensors nicht-invasiv bestimmt werden. Dieses Verfahren hat vielfältige Anwendungsmöglichkeiten in der industriellen Durchflussmesstechnik und in der Medizin gefunden. Es wird beispielsweise zur Bestimmung des Herzschlagvolumens sowie zur Erkennung von Querschnittsverengungen der Blutgefäße eingesetzt. Gemessen wird hierbei die Strömungsgeschwindigkeit der roten Blutkörperchen.

Die Ultraschall-Doppler-Technik zur Messung der Blutgeschwindigkeit ist eng verwandt mit der Radartechnik. Die momentane Frequenz des Doppler-Signals ist dabei direkt proportional zur Geschwindigkeit des Messobjektes. Zwei wesentliche Unterschiede sind aber zu nennen: Im Gegensatz zur Radartechnik, wo meist nur ein Ziel erkannt werden soll, befinden sich in dem vom Ultraschall ausgeleuchteten Volumen viele Blutteilchen, die sich mit unterschiedlicher Geschwindigkeit bewegen. Das Empfangssignal ist daher nicht monochromatisch, sondern bildet ein komplettes Spektrum von Frequenzverschiebungen (Doppler-Spektrum). Ein zweiter Unterschied liegt in der Zeitvarianz des Blutflusses bzw. der „Blutteilchengeschwindigkeit". Damit scheitern alle Algorithmen zur Berechnung der Geschwindigkeit, die zur Verbesserung der Genauigkeit eine Mittelung von Messwerten über der Zeit durchführen. Eine analoge Auswertung des zeitveränderlichen Doppler-Spektrums ist mit großen Schwierigkeiten verbunden. Aus diesem Grund wird ein leistungsfähiger PC verwendet, der das gemessene Doppler-Signal in Echtzeit auswerten kann. Eingangsgröße ist dabei das demodulierte Doppler-Signal, Ausgangsgröße die momentane Strömungsgeschwindigkeit bzw. die Pulsfrequenz.

Bei der Blutgeschwindigkeitsmessung wird die an den roten Blutteilchen (Erythrozyten) gestreute Ultraschallstrahlung untersucht. Die Erythrozyten sind kreisrunde, etwas eingedellte Scheiben, die den sauerstoffbindenden Blutfarbstoff Hämoglobin enthalten. Zur Messung der Blutgeschwindigkeit wird die Frequenzverschiebung zwischen gesendetem und empfangenem Ultraschallsignal bestimmt, welche durch die Relativbewegung zwischen den Blutteilchen und dem Sender/Empfänger verursacht wird (Doppler-Effekt).

Der Doppler-Effekt wird bei allen Wellenvorgängen beobachtet. Er tritt immer dann auf, wenn sich Sender und Empfänger relativ zueinander bewegen. Nähert sich z. B. der Empfänger dem Sender, so treffen je Zeiteinheit mehr Wellenpakete beim Empfänger ein als bei einem ruhenden Empfänger. Die empfangene Frequenz wird also höher sein, als die des gesendeten Signals.

Ultraschallwellen benötigen zu ihrer Ausbreitung ein Medium. Daraus resultiert ein wesentlicher Unterschied zwischen dem Doppler-Effekt bei elektromagnetischen Wellen und bei akustischen Wellen. Während für den Doppler-Effekt bei elektromagnetischen Wellen ausschließlich die Relativbewegung zwischen Sender und Empfänger von Bedeutung ist, sind bei Ultraschallwellen die Bewegung des Senders und die des Empfängers relativ zum Medium zu unterscheiden.

Bewegt sich der Empfänger mit der Relativgeschwindigkeit v auf den ruhenden Sender zu, so gilt

$$f = f_0 \left(1 + \frac{v}{c} \right) \tag{2.46}$$

für die am Empfänger registrierte Frequenz f, wobei f_0 die Sendefrequenz darstellt. Die Ausbreitungsgeschwindigkeit c beträgt in Wasser 1492 m/s und in Fett 1470 m/s. Ruht der Empfänger und bewegt sich der Sender mit der Relativgeschwindigkeit v auf den Empfänger zu, so gilt

$$f = f_0 \frac{1}{1 - \frac{v}{c}} \, . \tag{2.47}$$

Bei der Blutgeschwindigkeitsmessung trifft der Ultraschall auf ein Blutteilchen i mit der Relativgeschwindigkeit $v_i \cdot \cos \alpha$ (Abb. 2.10). Das bewegte Blutteilchen streut den Ultraschall. Das Echo trifft auf den ruhenden Empfänger. Mit Gl. (2.46) und Gl. (2.47) gilt für die vom Empfänger registrierte Frequenz

$$f = f_0 \cdot \frac{1 + \frac{v_i}{c} \cos \alpha}{1 - \frac{v_i}{c} \cos \alpha}, \tag{2.48}$$

da ein Blutteilchen die von ihm empfangene Welle erneut aussendet. Es wirkt als Sender und Empfänger und die Welle erfährt daher eine doppelte Frequenzänderung.

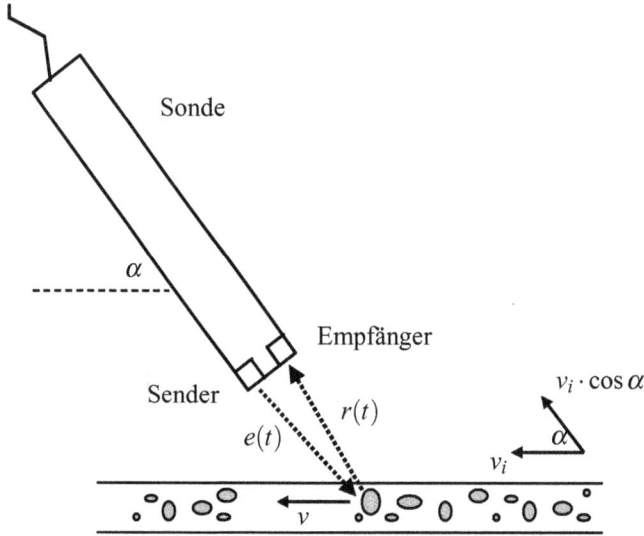

Abbildung 2.10: *Kontinuierliches Doppler-Verfahren*

Für Strömungsgeschwindigkeiten, die klein sind im Vergleich zur Ausbreitungsgeschwindigkeit (d. h. $v_i \ll c$), lässt sich dieser Ausdruck noch etwas vereinfachen. Entwickelt man den Nenner von Gl. (2.48) in eine Reihe, so erhält man

$$f = f_0 \cdot \left(1 + \frac{v_i}{c} \cos \alpha\right) \cdot \sum_{n=0}^{\infty} \left(\frac{v_i}{c} \cos \alpha\right)^n.$$

Von der Reihe werden nur die ersten beiden Glieder berücksichtigt. Die Empfangsfrequenz f lässt sich dann als Summe aus der Senderfrequenz f_0 und einer Frequenzverschiebung f_i darstellen:

$$f = f_0 \cdot \left(1 + 2\frac{v_i}{c} \cos \alpha\right) = f_0 + f_i.$$

Für f_i gilt also:

$$f_i = 2\frac{v_i}{c} f_0 \cos \alpha. \tag{2.49}$$

Die Frequenzverschiebung f_i ist als Doppler-Effekt bekannt. Für kleine Relativgeschwindigkeiten $v_i \cos \alpha$ hängt wie bei den elektromagnetischen Wellen die Frequenzverschiebung linear von der Relativgeschwindigkeit ab. Zur Bestimmung der Geschwindigkeit v_i aus der Frequenzverschiebung f_i ist die Kenntnis des Strahlwinkels α notwendig. Tatsächlich befinden sich in dem vom Ultraschall ausgeleuchteten Volumen viele Blutteilchen mit unterschiedlichen Geschwindigkeiten, so dass vom Empfänger nicht nur eine Frequenzverschiebung, sondern ein komplettes Doppler-Spektrum registriert wird. Es lässt sich zeigen, dass das Doppler-Leistungsdichtespektrum direkt proportional zur Geschwindigkeit der Blutteilchen ist. Die Geschwindigkeitsverteilung ist die Häufigkeit der Teilchen, die mit einer bestimmten Geschwindigkeit fließen. Teilchen, die sich auf die Sonde zu bewegen, verursachen dabei eine positive Frequenzverschiebung im Doppler-Spektrum, solche, die sich von der Sonde weg bewegen, eine negative Frequenzverschiebung.

Bei der Bestimmung des Leistungsdichtespektrums besteht das Problem, dass sich die Geschwindigkeit der roten Blutkörperchen bei jedem Pulsschlag stark ändert, die Geschwindigkeitsverteilung „wird breiter". Diese Änderungen der Breite sind nahezu periodisch mit einer Grundfrequenz von ungefähr einem Hertz (Pulsschlag). Entsprechend der Änderung der Geschwindigkeitsverteilung ändert sich die Bandbreite des Leistungsdichtespektrums. Damit ist das Leistungsdichtespektrum eine Funktion von Zeit *und* Herzfrequenz. Diese Tatsache begründet den Einsatz der Kurzzeit-Fourier-Transformation.

Das Spektrogramm einer Messung mit einer Trägerfrequenz $f_0 = 8$ MHz ist in Abb. 2.11 zu sehen. Die Beobachtungszeit beträgt $T = 2{,}5$ s. Deutlich zu sehen sind drei Pulsschläge. Anhand von Gl. (2.49) kann nun die Blutflussgeschwindigkeit berechnet werden:

$$v_i = \frac{c \cdot f_i}{2 \cdot f_0 \cdot \cos \alpha} \, . \tag{2.50}$$

Somit ergibt sich für eine auftretende Doppler-Frequenz $f_i \approx 2250$ Hz eine Blutflussgeschwindigkeit von $v_i \approx 30$ cm/s. Hierbei beträgt der Strahlwinkel $\alpha = \pi/4$.

Abb. 2.11 veranschaulicht auch die Geschwindigkeitsverteilung der einzelnen Blutkörperchen. Dunkle Stellen im Spektrogramm weisen auf eine hohe Dichte der Geschwindigkeitsverteilung hin [16].

2.2 Gabor-Reihe

2.2.1 Diskretisierung von Zeit- und Frequenzverschiebung

Zur Herleitung der Gabor-Reihe werden die mittlere Zeit τ und die mittlere Frequenz f des Analysefensters $\gamma_{mk}(t) = \gamma(t - mT) \exp(j2\pi kFt)$ in *diskreten* Schritten $\tau = mT$ und $f = kF$ verändert. Dies entspricht einer Abtastung des Zeit-Frequenz-Spektrums. In den Abtastpunkten erhält man folgende Koeffizienten.

$$F_x^{\gamma}(m,k) = \langle x(t), \gamma_{mk}(t) \rangle_t \tag{2.51}$$

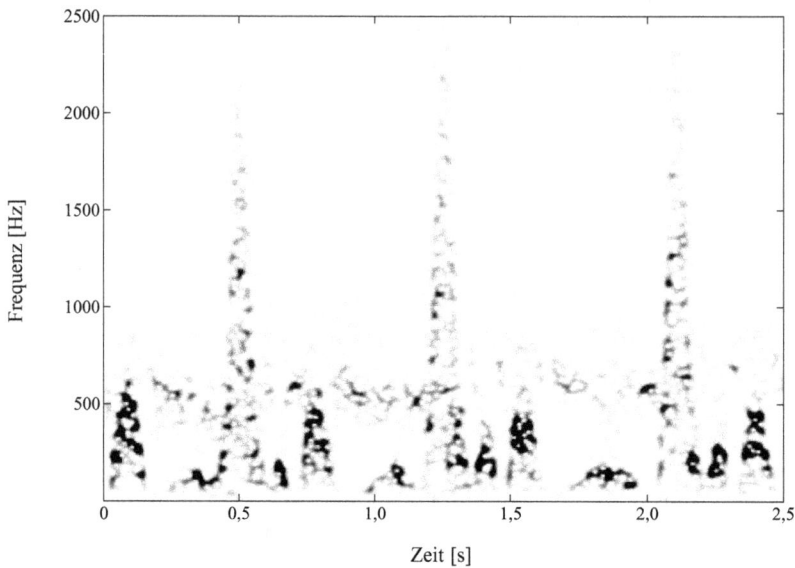

Abbildung 2.11: *Spektrogramm der Ultraschall-Messung*

$$= \int_{-\infty}^{\infty} x(t)\gamma^*(t-mT)\exp(-j2\pi kFt)\,dt \qquad (2.52)$$

Sie werden durch Projektion des zu analysierenden Signals $x(t)$ auf die zeit- und frequenz-verschobenen Analysefenster $\gamma_{mk}(t)$ berechnet. Die Kurzzeit-Fourier-Transformierten $F_x^\gamma(m,k)$ stellen die Koeffizienten der Gabor-Reihe dar. Die Rekonstruktion des Signals im Zeitbereich mit Hilfe des ebenfalls in diskreten Zeit- und Frequenzschritten verschobenen Synthesefensters $\tilde{\gamma}_{mk}(t) = \tilde{\gamma}(t-mT)\exp(j2\pi kFt)$ ergibt die Gabor-Reihe.

Definition 2.6

Die Gabor-Reihe $\hat{x}(t)$ ist definiert als zweidimensionale Reihenentwicklung

$$\hat{x}(t) = \sum_{m=-\infty}^{\infty} \sum_{k=-\infty}^{\infty} F_x^\gamma(m,k)\tilde{\gamma}_{mk}(t). \qquad (2.53)$$

Dies entspricht der Fourier-Reihe im eindimensionalen Fall. Zweckmäßigerweise wählt man für die diskreten Verschiebungen $T \leq T_{\text{eff}}$ und entsprechend $F \leq F_{\text{eff}}$. Dadurch wird sicher-gestellt, dass das Signal $x(t)$ ausreichend dicht mit verschobenen Analysefenstern $\gamma(t-mT)$ „abgetastet" wird. Bei $T > T_{\text{eff}}$ würden zwischen den verschobenen Fenstern liegende Anteile des Signals $x(t)$ nicht bei der Berechnung der Gabor-Koeffizienten berücksichtigt, es träte ein

Informationsverlust auf (Abb. 2.12). Dies entspräche einer unzureichenden Stützstellendichte des Zeit-Frequenz-Spektrums $F_x^\gamma(m,k)$, so dass $x(t)$ daraus nicht rekonstruiert werden könnte. Entsprechendes gilt für $F > F_{\text{eff}}$. Deshalb wird

$$T \cdot F \leq T_{\text{eff}} \cdot F_{\text{eff}} \qquad (2.54)$$

gefordert. Bei $T \cdot F \ll T_{\text{eff}} \cdot F_{\text{eff}}$ ist das System der Analysefenster $\gamma(t-mT)\exp(j2\pi kFt)$ und der Synthesefenster $\tilde{\gamma}(t-mT)\exp(j2\pi kFt)$ überbestimmt. Beim Gauß-Impuls ist $T_{\text{krit}} \cdot F_{\text{krit}} = T_{\text{eff}} \cdot F_{\text{eff}} = 1$. Die Bedingung Gl. (2.54) wird in Abschnitt 2.2.2 präziser formuliert.

Gabor hat als Analyse- und Synthesefenster zeit- und frequenzverschobene Gauß-Impulse genommen, weil diese sowohl im Zeit- als auch im Frequenzbereich am besten konzentriert sind [13].

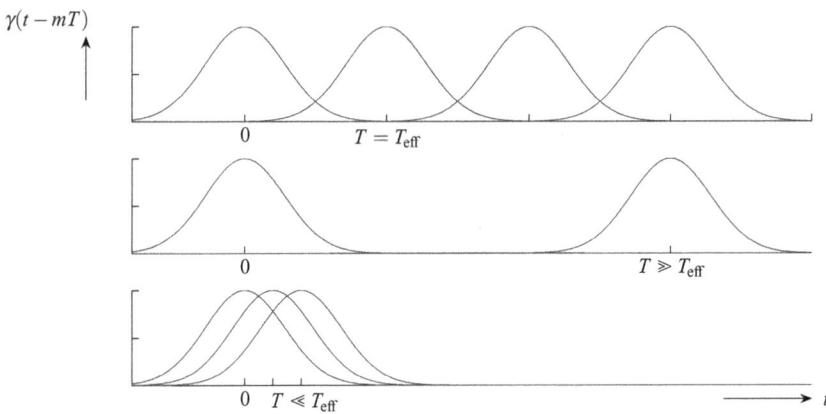

Abbildung 2.12: *Diskrete Zeitverschiebungen T*

2.2.2 Abtasttheorem für die Zeit-Frequenz-Verteilung

Wir betrachten das Analysefenster $\gamma(t-mT)$, das in Zeiten $T \leq T_{\text{eff}}$ verschoben ist (Abb. 2.13). Die Fourier-Transformierte des Analysefensters ist gegeben durch

$$\gamma(t-mT) \;\circ\!\!-\!\!\bullet\; \Gamma(f)\exp(-j2\pi f mT). \qquad (2.55)$$

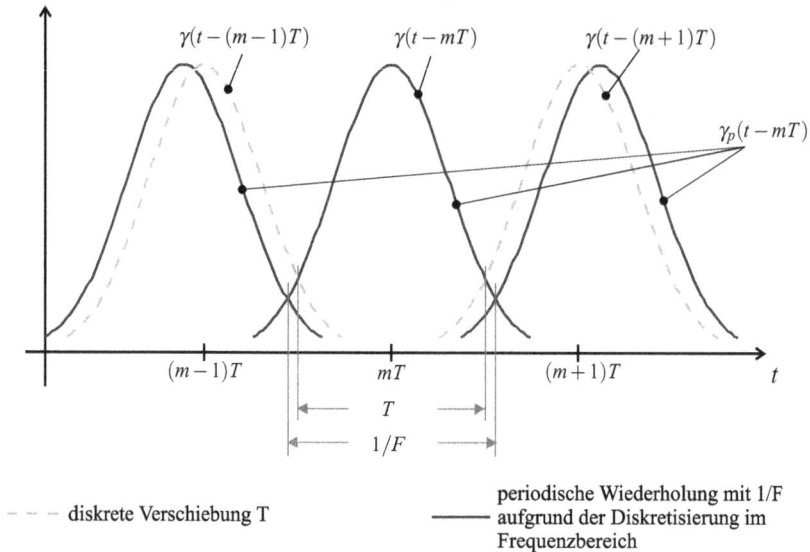

Abbildung 2.13: *Analysefenster der Gabor-Transformation*

Sie wird im Frequenzbereich mit $f = kF$ diskretisiert, was eine periodische Wiederholung im Zeitbereich mit $1/F$ zur Folge hat.[3]

$$\gamma_p(t - mT) = \frac{1}{F}\gamma(t - mT) * \sum_{k=-\infty}^{\infty} \delta\left(t - \frac{k}{F}\right)$$

$$\sum_{k=-\infty}^{\infty} \Gamma(kF)\exp(-j2\pi kF \cdot mT) \cdot \delta(f - kF) \qquad (2.56)$$

Bzw. in in der Darstellung als Fourier-Reihe:

$$\gamma_p(t - mT) = \mathcal{F}^{-1}\left\{\sum_{k=-\infty}^{\infty} \Gamma(kF)\exp(-j2\pi \cdot kF \cdot mT)\delta(f - kF)\right\} \qquad (2.57)$$

$$= \sum_{k=-\infty}^{\infty} \Gamma(kF)\exp\left(j2\pi kF(t - mT)\right). \qquad (2.58)$$

---

[3] Die Schreibweise $\gamma_p(t - mT)$ in Gl. (2.56) ist mathematisch nicht einwandfrei, da der Impulskamm von der Zeitverschiebung T des Fensters unabhängig ist. Er hängt lediglich von der Lage der Abtastpunkte im Spektrum ab.

Wir wählen zunächst $T = T_{eff}$. Damit besitzt das ursprüngliche Analysefenster $\gamma(t - mT_{eff})$ außerhalb des Zeitintervalls

$$\left[(m - \frac{1}{2})T_{eff}, (m + \frac{1}{2})T_{eff}\right] \tag{2.59}$$

keine wesentliche Signalenergie mehr. Dann gilt, dass zur Vermeidung von Aliasing die periodische Wiederholung $1/F$ von $\gamma_p(t - mT)$ weiter auseinander liegen muss als die diskrete Verschiebung T_{eff} der mittleren Zeit, d. h. es muss die notwendige Bedingung $T_{eff} \leq 1/F$ gelten. Wählen wir jetzt eine kleinere Zeitverschiebung $T \leq T_{eff}$ dann gilt auch $T \leq 1/F$. Insgesamt gilt der folgende Satz:

Satz 2.2 *Abtasttheorem für die Zeit-Frequenzverteilung*

Die diskreten Zeit- und Frequenzverschiebungsschritte müssen die Bedingung $T \cdot F \leq 1$ erfüllen.

Durch diese Bedingung wird insgesamt sichergestellt, dass das Spektrum ausreichend häufig abgetastet wird. Wenn die Abtastschrittweite T vergrößert wird, muss die Schrittweite F entsprechend verringert werden und umgekehrt. Der Fall $T \cdot F = T_{krit} \cdot F_{krit} = 1$ wird kritische Abtastung genannt. Damit werden die in Abschnitt 1.6.5 eingeführten Verschiebungen T_{krit} und F_{krit} verständlich. Das Spektrum muss mit ausreichend engem Stützstellenabstand abgetastet werden, mindestens aber mit der kritischen Abtastung. Andererseits sollten die Abtastschritte ausreichend groß gewählt werden, um zu starke Überlappungen der Fensterfunktionen zu vermeiden. Der Kehrwert

$$\alpha = \frac{1}{TF} \geq 1 \tag{2.60}$$

ist der Grad der Überabtastung.

Die Rekonstruktion des Signals im Zeitbereich erfolgt mit Hilfe der in diskreten Schritten zeit- und frequenzverschobenen Synthesefenster.

$$\tilde{\gamma}_{mk}(t) = \tilde{\gamma}(t - mT)\exp(j2\pi kFt) \tag{2.61}$$

Dies führt zur Gabor-Reihe

$$\boxed{\hat{x}(t) = \sum_{m=-\infty}^{\infty} \sum_{k=-\infty}^{\infty} F_x^{\gamma}(m, k)\tilde{\gamma}(t - mT)\exp(j2\pi kFt)}, \tag{2.62}$$

welche bei Einhaltung des Abtasttheorems für die Zeit-Frequenz-Verteilung und der im Folgenden abgeleiteten Rekonstruktionsbedingung das Signal $x(t)$ vollständig rekonstruiert.

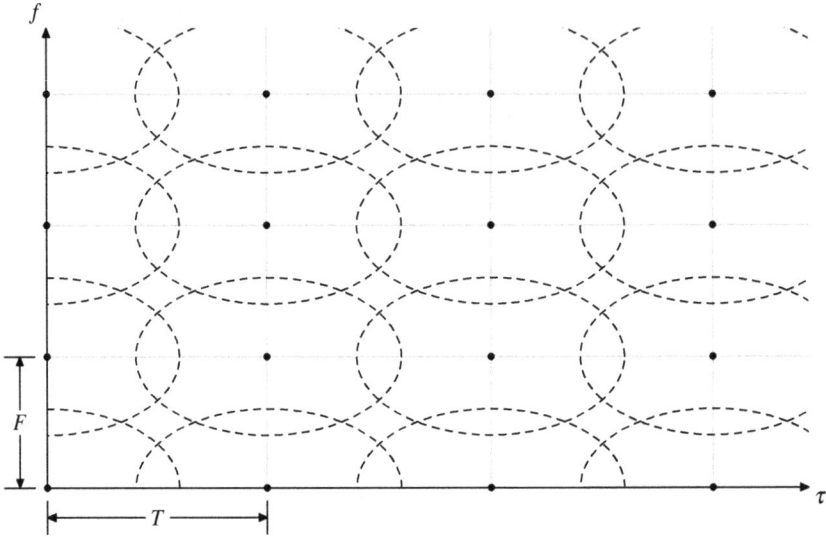

Abbildung 2.14: *Zeit-Frequenz-Darstellung bei Einhaltung des Abtasttheorems durch ausreichend dichte, mit den Koeffizienten $F_x^\gamma(m,k)$ gewichtete Fourier-Atome $\tilde{\gamma}(t-mT)\exp(j2\pi kFt)$*

2.2.3 Rekonstruktion des Signals im Zeitbereich

Wir setzen die Kurzzeit-Fourier-Transformierte $F_x^\gamma(m,k)$ in die Gabor-Reihe ein.

$$\hat{x}(t) = \sum_{m=-\infty}^{\infty} \sum_{k=-\infty}^{\infty} \int_{-\infty}^{\infty} x(t')\gamma^*(t'-mT)\exp(-j2\pi kFt')\tilde{\gamma}(t-mT)\exp(j2\pi kFt)\,dt'$$

(2.63)

$$= \int_{-\infty}^{\infty} x(t')$$

$$\cdot \underbrace{\sum_{m=-\infty}^{\infty} \sum_{k=-\infty}^{\infty} \gamma^*(t'-mT)\exp(-j2\pi kFt')\tilde{\gamma}(t-mT)\exp(j2\pi kFt)\,dt'}_{\overset{!}{=}\delta(t-t')}$$

(2.64)

Die Rekonstruktion ist nur möglich, wenn die Vollständigkeitsrelation Gl. (2.65) für Analyse- und Synthesefenster erfüllt ist.

$$\sum_{m=-\infty}^{\infty} \sum_{k=-\infty}^{\infty} \gamma^*(t'-mT)\exp(-j2\pi kFt')\tilde{\gamma}(t-mT)\exp(j2\pi kFt) = \delta(t-t')\,,\forall\, t$$

(2.65)

Gl. (2.63) wird umgeformt.

$$\hat{x}(t) = \int_{-\infty}^{\infty} x(t') \sum_{m=-\infty}^{\infty} \gamma^*(t'-mT)\tilde{\gamma}(t-mT) \underbrace{\sum_{k=-\infty}^{\infty} \exp(j2\pi kF(t-t'))}_{\frac{1}{F}\sum_{k=-\infty}^{\infty} \delta(t-t'-\frac{k}{F})} dt' \qquad (2.66)$$

Auf die k-Summation wird die Poissonsche Summenformel [23] angewendet.

$$\hat{x}(t) = \int_{-\infty}^{\infty} x(t') \sum_{m=-\infty}^{\infty} \gamma^*(t'-mT)\tilde{\gamma}(t-mT) \cdot \frac{1}{F} \sum_{k=-\infty}^{\infty} \delta(t-t'-\frac{k}{F}) dt' \qquad (2.67)$$

$$= \sum_{k=-\infty}^{\infty} x(t-\frac{k}{F}) \cdot \frac{1}{F} \sum_{m=-\infty}^{\infty} \gamma^*(t-mT-\frac{k}{F})\tilde{\gamma}(t-mT) \qquad (2.68)$$

$$= \sum_{k=-\infty}^{\infty} x(t-\frac{k}{F}) \cdot \frac{1}{F} \int_{-\infty}^{\infty} \gamma^*(t''-\frac{k}{F})\tilde{\gamma}(t'') \underbrace{\sum_{m=-\infty}^{\infty} \delta(t-mT-t'')}_{\frac{1}{T}\sum_{m=-\infty}^{\infty} \exp(j2\pi m(t-t'')/T)} dt'' \qquad (2.69)$$

Auf die m-Summation wird die Poissonsche Summenformel angewendet.

$$\hat{x}(t) = \sum_{k=-\infty}^{\infty} x(t-\frac{k}{F}) \sum_{m=-\infty}^{\infty} \exp(j2\pi mt/T)$$

$$\underbrace{\cdot \frac{1}{TF} \int_{-\infty}^{\infty} \tilde{\gamma}(t'')\gamma^*(t''-\frac{k}{F}) \exp(-j2\pi mt''/T) dt''}_{\overset{!}{=}\delta(m)\delta(k)} \qquad (2.70)$$

Die Rekonstruktion ist möglich, wenn die Biorthogonalitätsbedingung (2.71) für Synthese- und Analysefenster erfüllt wird. Diese ist mit der Vollständigkeitsrelation (2.65) äquivalent.

$$\boxed{\frac{1}{TF} \int_{-\infty}^{\infty} \tilde{\gamma}(t)\gamma^*(t-\frac{k}{F}) \exp(-j2\pi mt/T) dt = \delta(m)\delta(k)} \qquad (2.71)$$

Mit den Bezeichnungen $\alpha T := 1/F$ und $\alpha F := 1/T$ kann das Abtasttheorem für die Zeit-Frequenz-Verteilung wie folgt umformuliert werden:

$$\alpha = \frac{1}{TF} = (\alpha T) \cdot (\alpha F) \geq 1. \qquad (2.72)$$

Die Zeit- und Frequenzverschiebungen αT und αF in der Biorthogonalitätsbedingung (2.71) sind aufgrund von Gl. (1.303) größer/gleich als die maximal zulässigen bei kritischer Abtastung $T_{\text{krit}} \cdot F_{\text{krit}}$. In Analogie zum zeit- und frequenzverschobenen Analysefenster γ_{mk} wird die Funktion

$$\gamma_{mk}^{\alpha}(t) := \gamma(t-m\alpha T)\exp(j2\pi k\alpha Ft) = \gamma(t-\frac{m}{F})\exp(j2\pi kt/T) \qquad (2.73)$$

definiert. Damit wird die Biorthogonalitätsbedingung Gl. (2.71) umgeformt:

$$\alpha \int_{-\infty}^{\infty} \tilde{\gamma}(t)\gamma^*(t - m\alpha T)\exp(-j2\pi k\alpha Ft)\,dt = \delta(m)\delta(k)\,, \quad \forall\, m,k \tag{2.74}$$

$$\boxed{\alpha \cdot \left\langle \tilde{\gamma}(t), \gamma^{\alpha}_{mk}(t) \right\rangle_t = \delta(m)\delta(k)\,, \quad \forall\, m,k} \tag{2.75}$$

Sie heißt *Wexler-Raz-Beziehung* [43]. Bei Störungen des Signals $x(t)$ wird überkritisch mit $\alpha > 1$ abgetastet, d. h. mit einem engeren Stützstellenraster. In diesem Fall gilt:

$$\gamma_{mk}(t) \neq \gamma^{\alpha}_{mk}(t) \tag{2.76}$$

Bei gegebenem Analysefenster $\gamma(t)$ kann eine ungeeignete Wahl von T, F zu numerischen Instabilitäten führen (Bei starker Überbestimmtheit). Wenn die Vollständigkeitsrelation nicht erfüllt ist, gibt es bei vorhandenem $\gamma(t)$, T, F keine Synthesefunktion $\tilde{\gamma}(t)$, welche die Biorthogonalitätsbedingung erfüllt. Analytisch kann die Biorthogonalitätsbedingung nicht allgemein gelöst werden. Zur Berechnung des Synthesefensters aus dem Analysefenster muss man auf numerische Verfahren übergehen, d. h. auf die diskrete Kurzzeit-Fourier-Transformation (Abschnitt 2.3).

Beispiel 2.5   *Berechnung der Synthesefunktion*

Das Analysefenster wird vorgegeben als

$$\gamma(t) = \left(\frac{\beta}{\pi}\right)^{1/4} \exp\left(-\frac{\beta}{2}t^2\right).$$

Bei kritischer Abtastung $T \cdot F = 1$ erhält man aus Gl. (2.71) die Biorthonormalitätsbedingung

$$\int_{-\infty}^{\infty} \tilde{\gamma}(t) \left(\frac{\beta}{\pi}\right)^{\frac{1}{4}} \exp\left(-\frac{\beta}{2}(t - m\alpha T)^2 - j2\pi k\alpha Ft\right) dt = \delta(m) \cdot \delta(k). \tag{2.77}$$

Die Synthesefunktion $\tilde{\gamma}(t)$ kann analytisch aus der Biorthonormalitätsbedingung (Gl. (2.77)) bzw. aus der Biorthogonalitätsbedingung (Gl. (2.71)) nicht berechnet werden.

2.2.4   Gabor-Reihe als Frame

Für die Gabor-Reihe wird eine ausreichende Abtastung (Satz 2.2 bzw. Gl. (2.60))

$$\alpha = \frac{1}{T \cdot F} \geq 1 \tag{2.78}$$

und die Biorthogonalität (Gl. (2.75)) von Analyse- und Synthesefensterfunktionen

$$\alpha \cdot \left\langle \tilde{\gamma}(t), \gamma^{\alpha}_{mk}(t) \right\rangle_t = \delta(m) \cdot \delta(k) \tag{2.79}$$

vorausgesetzt. Damit spannen die Analyse- und Synthesefenster über die Gabor-Reihe den Funktionenraum auf. Die Berechnung der Koeffizienten erfolgt als Projektion (Gl. (2.51)) des untersuchten Signals $x(t)$ auf die Analysefunktionen $\gamma_{mk}(t)$ (bzw. Synthesefunktionen beim dualen System). Die Gabor-Reihe ist aber nur dann zur Signalanalyse wirklich geeignet, wenn die Koeffizienten $F_x^\gamma(m,k)$ gut die anteilige Signalenergie der Funktionen $\tilde{\gamma}_{mk}(t)$ repräsentieren. Die Koeffizientenenergie muss innerhalb endlicher Grenzen liegen. Dazu müssen die Analyse- und Synthesefunktionen α-kompakt sein. Dies hat Gabor erkannt und verwendet deshalb als Fensterfunktionen Gauß-Impulse, weil diese sowohl im Zeit- als auch im Frequenzbereich am besten konzentriert sind [13], siehe Abschnitt 1.4.4.

Satz 2.3   *Gabor-Reihe als Frame*

Die Gabor-Reihe stellt bei Einhaltung der Abtastbedingung (Satz 2.2) und der Biorthogonalitätsbedingung (Gl. (2.75)) einen dualen Frame dar, wenn sowohl Analyse- als auch Synthesefenster α-kompakt sind.

Beweis 2.2

Zum Beweis muss geprüft werden, ob die Koeffizientenenergie innerhalb endlicher Frame-Grenzen bleibt, d. h. ob

$$0 < A \cdot \|x(t)\|^2 \le \sum_m \sum_k |F_x^\gamma(m,k)|^2 \le B \cdot \|x(t)\|^2 < \infty \tag{2.80}$$

gilt.

(a) obere Schranke
Die Koeffizientenenergie wird umgeformt:

$$\sum_m \sum_k |F_x^\gamma(m,k)|^2$$

$$= \sum_m \sum_k \langle x(t'),\, \gamma_{mk}(t') \rangle \langle x(t),\, \gamma_{mk}(t) \rangle^* \tag{2.81}$$

$$= \sum_m \sum_k \int\limits_{-\infty}^{\infty} x(t')\gamma^*(t'-mT)\exp(-j2\pi kFt')\,dt'$$

$$\cdot \int\limits_{-\infty}^{\infty} x^*(t)\gamma(t-mT)\exp(j2\pi kFt)\,dt \tag{2.82}$$

$$= \sum_m \int\limits_{-\infty}^{\infty}\int\limits_{-\infty}^{\infty} x(t')\gamma^*(t'-mT)x^*(t)\gamma(t-mT)$$

$$\cdot \underbrace{\sum_k \exp(j2\pi kF(t-t'))}_{\frac{1}{F}\sum_k \delta(t-t'-\frac{k}{F})}\,dt'\,dt \tag{2.83}$$

Auf die k-Summation wird die Poissonsche Summenformel angewendet:

$$\sum_m \sum_k |F_x^\gamma(m,k)|^2$$

$$= \sum_m \sum_k \frac{1}{F} \int\limits_{-\infty}^{\infty} \int\limits_{-\infty}^{\infty} x(t')\gamma^*(t'-mT)\delta\left(t-t'-\frac{k}{F}\right) dt'$$

$$\cdot x^*(t)\gamma(t-mT)\,dt \tag{2.84}$$

$$= \sum_m \sum_k \frac{1}{F} \int\limits_{-\infty}^{\infty} x\left(t-\frac{k}{F}\right)x^*(t)\gamma(t-mT)\gamma^*\left(t-\frac{k}{F}-mT\right) dt \tag{2.85}$$

$$= \sum_k \frac{1}{F} \int\limits_{-\infty}^{\infty} x\left(t-\frac{k}{F}\right)x^*(t) \int\limits_{-\infty}^{\infty} \gamma(t'')\gamma\left(t''-\frac{k}{F}\right)$$

$$\cdot \underbrace{\sum_m \delta(t-mT-t'')}_{\frac{1}{T}\sum_m \exp(j2\pi m(t-t'')/T)} \, dt''\,dt \tag{2.86}$$

Auf die m-Summation wird ebenfalls die Poissonsche Summenformel angewendet:

$$\sum_m \sum_k |F_x^\gamma(m,k)|^2$$

$$= \sum_m \sum_k \frac{1}{TF} \int\limits_{-\infty}^{\infty} x\left(t-\frac{k}{F}\right)\exp(j2\pi mt/T)x^*(t)\,dt$$

$$\cdot \int\limits_{-\infty}^{\infty} \gamma(t'')\gamma^*\left(t''-\frac{k}{F}\right)\exp(-j2\pi mt''/T)\,dt'' \tag{2.87}$$

Substitution: $\frac{1}{F}=\alpha T$, $\frac{1}{T}=\alpha F$, $\alpha=\frac{1}{TF}$

$$= \sum_m \sum_k \alpha \underbrace{\int\limits_{-\infty}^{\infty} x(t-k\alpha T)\exp(j2\pi m\alpha Ft)x^*(t)\,dt}_{\langle x_{km}(t),x(t)\rangle}$$

$$\cdot \int\limits_{-\infty}^{\infty} \gamma(t'')\gamma^*(t-k\alpha T)\exp(-j2\pi m\alpha Ft'')\,dt'' \tag{2.88}$$

Nach der Schwarzschen Ungleichung ist

$$|\langle x_{km}(t),x(t)\rangle| \leq \|x_{km}(t)\| \cdot \|x(t)\| . \tag{2.89}$$

Damit ist die Koeffizientenenergie:

$$\sum_m \sum_k |F_x^\gamma(m,k)|^2 \leq \alpha \sum_m \sum_k \underbrace{\|x_{km}(t)\|}_{\|x(t)\|} \cdot \|x(t)\|$$

$$\cdot \underbrace{\left| \int_{-\infty}^{\infty} \gamma(t)\gamma^*(t-k\alpha T)\exp(-j2\pi m\alpha F t)\,dt \right|}_{\langle \gamma(t),\gamma_{km}^\alpha(t) \rangle}$$

$$\leq \alpha \|x(t)\|^2 \underbrace{\sum_m \sum_k |\langle \gamma(t),\gamma_{km}^\alpha(t) \rangle|}_{\leq S(\gamma)} < \infty \qquad (2.90)$$

Die Verschiebungen $\alpha T \geq T_{\text{krit}}$ und $\alpha F \geq F_{\text{krit}}$ sind größer als die maximal zulässigen Verschiebungen bei kritischer Abtastung. Deshalb gilt bei kompakten Analysefenstern $\gamma(t)$ die obere Schranke $S(\gamma)$.

(b) untere Schranke

Die Gabor-Reihe (Gl. (2.53)) wird in die Norm $\|x(t)\|^2$ eingesetzt.

$$\|x(t)\|^2 = \langle x(t),x(t) \rangle$$
$$= \left\langle \sum_m \sum_k F_x^\gamma(m,k)\cdot\tilde{\gamma}_{mk}(t), \sum_{m'} \sum_{k'} F_x^\gamma(m',k')\tilde{\gamma}_{m'k'}(t) \right\rangle \qquad (2.91)$$

Die Summation wird auf Indexdifferenzen

$$\Delta m = m' - m \quad , \quad \Delta k = k' - k \qquad (2.92)$$

umgestellt. Damit wird die Signalenergie

$$\|x(t)\|^2$$
$$= \sum_m \sum_k \sum_{\Delta m} \sum_{\Delta k} \langle F_x^\gamma(m,k)\tilde{\gamma}_{mk}(t), F_x^\gamma(m+\Delta m,k+\Delta k)\tilde{\gamma}_{m+\Delta m,k+\Delta k}(t) \rangle$$

$$\qquad (2.93)$$

$$\leq \sum_{\Delta m} \sum_{\Delta k} \left| \sum_m \sum_k F_x^\gamma(m,k)\cdot(F_x^\gamma(m+\Delta m,k+\Delta k))^* \right|$$
$$\cdot \underbrace{\left| \langle \tilde{\gamma}_{mk}(t), \tilde{\gamma}_{m+\Delta m,k+\Delta k}(t) \rangle \right|}_{|\langle \tilde{\gamma}(t),\tilde{\gamma}_{\Delta m,\Delta k}(t) \rangle|} \qquad (2.94)$$

Aufgrund der Verschiebungs-Invarianz (Satz 1.7) der Fensterfunktion ist der Betrag der Innenprodukte nur abhängig von den Relativverschiebungen. Somit ergibt sich für die Signalenergie

$$\|x(t)\|^2 \leq \sum_{\Delta m} \sum_{\Delta k} |\langle \tilde{\gamma}(t), \tilde{\gamma}_{\Delta m, \Delta k}(t) \rangle|$$

$$\cdot \left| \sum_{m} \sum_{k} F_x^{\gamma}(m,k) \, (F_x^{\gamma}(m+\Delta m, k+\Delta k))^* \right| \qquad (2.95)$$

mit Hilfe der Schwarzschen Ungleichung (A.4)

$$\left| \sum_{m} \sum_{k} F_x^{\gamma}(m,k) \, (F_x^{\gamma}(m+\Delta m, k+\Delta k))^* \right|$$

$$\leq \sqrt{\sum_{m} \sum_{k} |F_x^{\gamma}(m,k)|^2} \cdot \underbrace{\sqrt{\sum_{m} \sum_{k} |F_x^{\gamma}(m+\Delta m, k+\Delta k)|^2}}_{=\sqrt{\sum_{m} \sum_{k} |F_x^{\gamma}(m,k)|^2}}$$

$$\|x(t)\|^2 \leq \underbrace{\sum_{\Delta m} \sum_{\Delta k} |\langle \tilde{\gamma}(t), \tilde{\gamma}_{\Delta m, \Delta k}(t) \rangle|}_{\leq \alpha \cdot S(\tilde{\gamma})} \cdot \left(\sum_{m} \sum_{k} |F_x^{\gamma}(m,k)|^2 \right). \qquad (2.96)$$

Wenn $\tilde{\gamma}(t)$ ein α-kompaktes Synthesefenster ist, dann kann die Signalenergie nach oben

$$\|x(t)\|^2 \leq \alpha \cdot S(\tilde{\gamma}) \cdot \left(\sum_{m} \sum_{k} |F_x^{\gamma}(m,k)|^2 \right) \qquad (2.97)$$

bzw. die Koeffizienten-Energie nach unten

$$0 < \frac{1}{\alpha \cdot S(\tilde{\gamma})} \|x(t)\|^2 \leq \sum_{m} \sum_{k} |F_x^{\gamma}(m,k)|^2 \qquad (2.98)$$

abgeschätzt werden.

(c) Frame-Grenzen
Insgesamt bleibt die Koeffizientenenergie der Gabor-Reihe für α-kompakte Analyse- und Synthesefenster innerhalb der endlichen Frame-Grenzen.

$$0 < \frac{1}{\alpha \cdot S(\tilde{\gamma})} \|x(t)\|^2 \leq \sum_{m} \sum_{k} |F_x^{\gamma}(m,k)|^2 \leq \alpha \cdot S(\gamma) \cdot \|x(t)\|^2 < \infty \quad (2.99)$$

Für den dazu dualen Frame werden Analyse- und Synthesefenster vertauscht, d. h. es gilt:

$$0 < \frac{1}{\alpha \cdot S(\gamma)} \|x(t)\|^2 \leq \sum_{m} \sum_{k} \left| F_x^{\tilde{\gamma}}(m,k) \right|^2 \leq \alpha \cdot S(\tilde{\gamma}) \cdot \|x(t)\|^2 < \infty$$

$$(2.100)$$

Die Signalanalyse mittels der Kurzzeit-Fourier-Transformation liefert dann gute Ergebnisse, wenn sie mit kompakten Fensterfunktionen durchgeführt wird. Mit wachsender Überabtastung $\alpha > 1$ liegen die untere und obere Frame-Grenze weiter auseinander, d. h. die Koeffizienten repräsentieren weniger gut die anteilige Signalenergie. Die Überabtastung wird man deshalb im Wesentlichen dann anwenden, wenn die zu analysierenden Signale von Störungen überlagert sind.

2.3 Diskrete Kurzzeit-Fourier-Transformation

In praktischen Anwendungen liegen Signale nur in zeitdiskreter Form als Folge von Signalwerten $x(n)$ vor. Deshalb nehmen wir im Folgenden zusätzlich eine Abtastung im Zeitbereich vor.

2.3.1 Definition

Beim Übergang von der Kurzzeit-Fourier-Transformation zur *diskreten* Kurzzeit-Fourier-Transformation wird zusätzlich zum Spektrum $F_x^{\gamma}(m,k)$ auch das Signal $x(t)$ im Zeitbereich abgetastet. Wir betrachten das Signal im Grundintervall $0...(N-1)t_A$, darüber hinaus wird das Signal periodisch fortgesetzt. Das abgetastete Signal lässt sich als Impulsfolge

$$x_*(t) = \sum_{n=0}^{N-1} x(t)\delta(t - nt_A)\qquad(2.101)$$

beschreiben. Dabei ist t_A die Abtastzeit. Die diskrete Zeitverschiebung T sei ein ganzzahliges Vielfaches ΔM der Abtastzeit t_A.

$$T = \Delta M \cdot t_A\qquad(2.102)$$

Entsprechend sei die diskrete Frequenzverschiebung F ein ganzzahliges Vielfaches ΔK der Beobachtungsfrequenz Δf.

$$F = \Delta K \cdot \Delta f\qquad(2.103)$$

Die Auflösung der Spektraldarstellung in Zeit- und Frequenzrichtung sei gleich der des ursprünglichen Signals im Zeitbereich, d. h.

$$N = \Delta M \cdot M = \Delta K \cdot K.\qquad(2.104)$$

Aus dem Abtasttheorem für die Zeit-Frequenz-Verteilung bei der Gabor-Reihe $T \cdot F \leq 1$ erhält man bei zeitdiskreten Signalen folgende Bedingung

$$\underbrace{\Delta M \cdot t_A}_{T} \cdot \underbrace{\Delta K \cdot \Delta f}_{F} \leq 1.\qquad(2.105)$$

Mit der Beobachtungsfrequenz $\Delta f = 1/(N \cdot t_A)$ [23] erhält man die notwendige Bedingung

$$\Delta M \cdot \Delta K \leq N.\qquad(2.106)$$

Der Grad der Überabtastung α wird wie folgt dargestellt:

$$\alpha = \frac{M \cdot K}{N} = \frac{\text{Zahl der Abtastpunkte in der Zeit-Frequenz-Darstellung}}{\text{Zahl der Abtastpunkte der zeitdiskreten Funktion}}. \quad (2.107)$$

Der Grad der Überabtastung ist damit

$$\alpha = \frac{M \cdot K}{N} = \frac{N}{\Delta M \cdot \Delta K} = \frac{K}{\Delta M} = \frac{M}{\Delta K} \geq 1. \quad (2.108)$$

Daraus ergibt sich

$$\Delta M \leq K, \quad \Delta K \leq M. \quad (2.109)$$

Bei kritischer Abtastung $T \cdot F = 1$ gilt das Gleichheitszeichen.

$$\Delta M = K, \quad \Delta K = M \quad (2.110)$$

In Abb. 2.15 ist die Auflösung der Spektraldarstellung mit der Abtastzeit t_A und der Beobachtungsfrequenz Δf eingetragen. Das Abtastraster des Kurzzeit-Fourier-Spektrums ist dem überlagert.

Die Kurzzeit-Fourier-Transformierte des zeitdiskreten Signals $x_*(t)$ wird im Folgenden schrittweise abgeleitet. Zuerst wird die Zeit $t = nt_A$ diskretisiert.

$$F_{x_*}^{\gamma}(\tau, f) = \int_{-\infty}^{\infty} x_*(t) \gamma^*(t - \tau) \exp(-j2\pi f t) \, dt \quad (2.111)$$

$$= \int_{-\infty}^{\infty} \sum_{n=0}^{N-1} x(t) \delta(t - nt_A) \gamma^*(t - \tau) \exp(-j2\pi f t) dt \quad (2.112)$$

$$= \sum_{n=0}^{N-1} \int_{-\infty}^{\infty} \left(x(t) \gamma^*(t - \tau) \exp(-j2\pi f t) \right) \cdot \delta(t - nt_A) dt \quad (2.113)$$

$$= \sum_{n=0}^{N-1} x(nt_A) \gamma^*(nt_A - \tau) \exp(-j2\pi f nt_A) \quad (2.114)$$

Als nächstes werden die Zeit- und Frequenzverschiebungen τ bzw. f diskretisiert:

$$\tau = mT, \qquad f = kF.$$

Daraus folgt:

$$F_{x_*}^{\gamma}(m, k) = \sum_{n=0}^{N-1} x(nt_A) \gamma^*(nt_A - mT) \exp(-j2\pi \cdot kF \cdot nt_A). \quad (2.115)$$

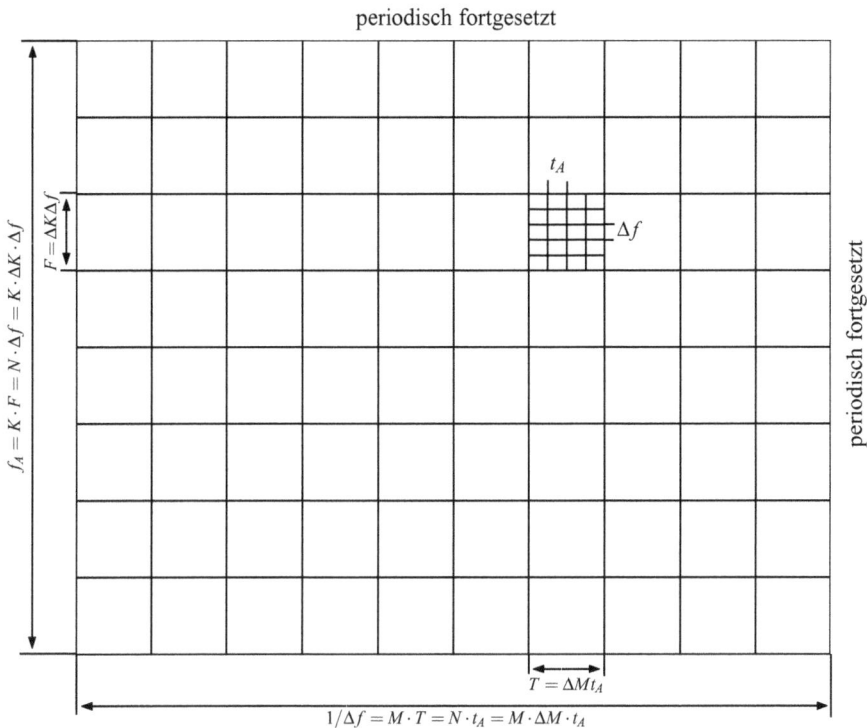

Abbildung 2.15: *Abtastraster bei der diskreten Kurzzeit-Fourier-Transformation. Hier gilt:* $\Delta M = 4$, $M = 10$, $\Delta K = 5$, $K = 8$, $N = 40$. *Dies entspricht einer Überabtastrate von* $\alpha = \frac{M \cdot K}{N} = 2$

Mit

$$T = \Delta M \cdot t_A, \qquad F = \Delta K \cdot \Delta f, \qquad \Delta f = \frac{1}{N t_A}$$

und der Abkürzung

$$W_K := \exp(-j2\pi/K) \tag{2.116}$$

ergibt sich schließlich:

$$F_{x_*}^{\gamma}(m,k) = \sum_{n=0}^{N-1} x(nt_A)\gamma^*\big((n - m\Delta M)t_A\big) \exp(-j2\pi kn/K) \tag{2.117}$$

$$= \sum_{n=0}^{N-1} x(n)\gamma^*(n - m\Delta M)W_K^{kn} \tag{2.118}$$

$$= \sum_{n=0}^{N-1} x(n)\gamma_{mk}^*(n). \tag{2.119}$$

Dabei ist

$$\gamma_{mk}(n) := \gamma(n - m\Delta M)W_K^{-kn} \tag{2.120}$$

das zeit- und frequenzverschobene Analysefenster.

Bei der Ausblendung des zeitdiskreten Signals $x(n)$ durch das Analysefenster $\gamma^*(n - m\Delta M)$ werden die außerhalb des Fensters liegenden Amplitudenwerte durch Zero-Padding aufgefüllt, weil die Fensterbreite ΔM wesentlich kleiner ist als das Beobachtungsintervall N der zeitdiskreten Funktion $x(n)$.

2.3.2   Rekonstruktion des zeitdiskreten Signals

Die Rücktransformation erfolgt mit Hilfe der zeit- und frequenzverschobenen Synthesefenster.

$$\tilde{\gamma}_{mk}(n) = \tilde{\gamma}(n - m \cdot \Delta M)\exp(j2\pi kn/K) \tag{2.121}$$

$$= \tilde{\gamma}(n - m \cdot \Delta M)W_K^{-kn} \tag{2.122}$$

Das rekonstruierte Signal

$$\hat{x}(n) = \sum_{m=0}^{M-1}\sum_{k=0}^{K-1} F_{x_*}^{\gamma}(m,k)\tilde{\gamma}_{mk}(n) \tag{2.123}$$

$$= \sum_{n'=0}^{N-1} x(n') \sum_{m=0}^{M-1}\sum_{k=0}^{K-1} \gamma^*(n' - m\Delta M)\tilde{\gamma}(n - m\Delta M)\exp(j2\pi k(n-n')/K) \tag{2.124}$$

ist nur dann vorhanden, wenn die Vollständigkeitsrelation für das Analyse- und das Synthesefenster

$$\sum_{m=0}^{M-1}\sum_{k=0}^{K-1} \gamma^*(n' - m \cdot \Delta M)\tilde{\gamma}(n - m\Delta M)\exp(j2\pi k(n-n')/K) = \delta(n-n'), \quad \forall\, n,n' \tag{2.125}$$

erfüllt ist. Gl. (2.124) wird umgruppiert.

$$\hat{x}(n) = \sum_{n'=0}^{N-1}\sum_{m=0}^{M-1} x(n')\gamma^*(n' - m\Delta M)\tilde{\gamma}(n - m\Delta M) \underbrace{\sum_{k=0}^{K-1} \exp(j2\pi k(n-n')/K)}_{K\cdot\sum_{k=0}^{\Delta K-1}\delta(n-n'-k\cdot K)} \tag{2.126}$$

Auf die k-Summation wird die zeitdiskrete Poissonsche Summenformel (Anhang B.1) angewendet. Der Faktor K vor der Summe wird durch $N/\Delta K$ ersetzt.

$$\hat{x}(n) = \frac{N}{\Delta K} \sum_{k=0}^{\Delta K-1} \sum_{m=0}^{M-1} \sum_{n'=0}^{N-1} \left(x(n')\gamma^*(n'-m\Delta M)\tilde{\gamma}(n-m\Delta M) \right) \cdot \delta\left((n-k\cdot K)-n'\right)$$

(2.127)

$$= \sum_{k=0}^{\Delta K-1} x(n-k\cdot K) \cdot \frac{N}{\Delta K} \sum_{m=0}^{M-1} \gamma^*(n-m\cdot\Delta M - k\cdot K)\tilde{\gamma}(n-m\cdot\Delta M) \quad (2.128)$$

$$= \sum_{k=0}^{\Delta K-1} x(n-k\cdot K) \cdot \frac{N}{\Delta K} \sum_{n''=0}^{N-1} \gamma^*(n''-k\cdot K)\tilde{\gamma}(n'')$$

$$\cdot \underbrace{\sum_{m=0}^{M-1} \delta(n-m\cdot\Delta M - n'')}_{\frac{1}{\Delta M}\sum_{m=0}^{\Delta M-1} \exp(j2\pi m(n-n'')/\Delta M)}$$

(2.129)

Die zeitdiskrete Poissonsche Summenformel wird nun auf die m-Summation angewendet.

$$\hat{x}(n) = \sum_{k=0}^{\Delta K-1} x(n-k\cdot K) \cdot \sum_{m=0}^{\Delta M-1} \exp(j2\pi mn/\Delta M)$$

$$\cdot \underbrace{\frac{N}{\Delta K \cdot \Delta M} \sum_{n''=0}^{N-1} \gamma^*(n''-k\cdot K)\tilde{\gamma}(n'') \exp(-j2\pi mn''/\Delta M)}_{\overset{!}{=}\delta(m)\delta(k)}$$

(2.130)

Die Rekonstruktion ist dann und nur dann möglich, wenn die Biorthogonalitätsbedingung für das Analyse- und das Synthesefenster erfüllt ist.

$$\boxed{\begin{array}{c} \dfrac{N}{\Delta K \cdot \Delta M} \displaystyle\sum_{n=0}^{N-1} \tilde{\gamma}(n)\gamma^*(n-k\cdot K) \exp(-j2\pi mn/\Delta M) = \delta(m)\delta(k), \\[4mm] k = 0,\dots,\Delta K-1, \quad m = 0,\dots,\Delta M-1 \end{array}}$$

(2.131)

2.3.3   Berechnung der Synthesefunktionen

In Analogie zur Vorgehensweise in Abschnitt 2.2.3 wird die Funktion:

$$\gamma_{km}^{\alpha}(n) = \gamma(n-k\cdot K) \exp(j2\pi mn/\Delta M),$$
$$k = 0,\dots,\Delta K-1, \quad m = 0,\dots,\Delta M-1$$

(2.132)

eingeführt.[4] Damit wird Gl. (2.131) umgeformt:

$$\alpha \sum_{n=0}^{N-1} \tilde{\gamma}(n)\gamma_{km}^{\alpha*}(n) = \delta(m)\delta(k), \quad k = 0,\dots,\Delta K-1, \quad m = 0,\dots,\Delta M-1$$

(2.133)

---

[4] Bei kritischer Abtastung $\alpha = 1$ gilt: $\gamma_{km}^{\alpha}(n) = \gamma_{mk}(n)$.

Mit der Schreibweise als Innenprodukt erhält man die *zeitdiskrete Wexler-Raz-Beziehung* [43]:

$$\alpha \langle \tilde{\gamma}(n), \gamma_{km}^{\alpha}(n) \rangle_n = \delta(m)\delta(k), \quad k = 0, \dots, \Delta K - 1, \quad m = 0, \dots, \Delta M - 1$$

(2.134)

Mit den Vektoren der Ordnung N

$$\underline{\tilde{\gamma}} := \left[\tilde{\gamma}(0) \ \dots \ \tilde{\gamma}(N-1) \right]^{\mathrm{T}}$$

(2.135)

bzw. der Ordnung $\Delta M \cdot \Delta K$

$$\underline{\mu} := \left[1/\alpha \ 0 \ \dots \ 0 \right]^{\mathrm{T}}$$

(2.136)

sowie der Matrix der Ordnung $\Delta M \cdot \Delta K \times N$

$$\underline{\Gamma}^{\alpha} := \begin{bmatrix}
\gamma_{0,0}^{\alpha}(0) & \cdots & \gamma_{0,0}^{\alpha}(N-1) \\
\vdots & \ddots & \vdots \\
\gamma_{\Delta K-1,0}^{\alpha}(0) & \cdots & \gamma_{\Delta K-1,0}^{\alpha}(N-1) \\
\gamma_{0,1}^{\alpha}(0) & \cdots & \gamma_{0,1}^{\alpha}(N-1) \\
\vdots & \ddots & \vdots \\
\gamma_{\Delta K-1,1}^{\alpha}(0) & \cdots & \gamma_{\Delta K-1,1}^{\alpha}(N-1) \\
\vdots & \ddots & \vdots \\
\vdots & \ddots & \vdots \\
\gamma_{0,\Delta M-1}^{\alpha}(0) & \cdots & \gamma_{0,\Delta M-1}^{\alpha}(N-1) \\
\vdots & \ddots & \vdots \\
\gamma_{\Delta K-1,\Delta M-1}^{\alpha}(0) & \cdots & \gamma_{\Delta K-1,\Delta M-1}^{\alpha}(N-1)
\end{bmatrix}$$

(2.137)

kann die Beziehung (2.134) als Matrizengleichung dargestellt werden:

$$\underline{\Gamma}^{\alpha*} \cdot \underline{\tilde{\gamma}} = \underline{\mu}$$

(2.138)

Bei vorgegebener Analysefunktion $\gamma(n)$ kann daraus die dazu biorthogonale Synthesefunktion $\tilde{\gamma}(n)$ berechnet werden. Die erste Gleichungszeile entspricht gerade der Rekonstruktionsbedingung Gl. (2.42). Bei kritischer Abtastung $\alpha = 1$ ist die Matrix $\underline{\Gamma}^{\alpha}$ quadratisch. Wenn eine Lösung des linearen Gleichungssystems existiert, ist diese bei kritischer Abtastung eindeutig. Bei überkritischer Abtastung $\alpha > 1$ ist das Gleichungssystem unterbestimmt, so dass keine eindeutige Lösung existiert.

Die zu berechnende Synthesefunktion $\tilde{\gamma}(n)$ soll wegen der geforderten Kompaktheit ihres Signalverlaufs im Wesentlichen auf das Fenster ΔM konzentriert sein. Berücksichtigt man eine gewisse Reserve R, kann die Länge des Synthesefensters auf $(1+R)\Delta M$ festgelegt werden (siehe Abb. 2.16).[5] Für alle n außerhalb des Intervalls

$$[-R/2 \cdot \Delta M, (1+R/2) \cdot \Delta M - 1]$$

wird $\tilde{\gamma}(n) = 0$ gesetzt.

---

[5] Die negativen Indizes in der Abbildung lassen sich durch periodische Fortsetzung deuten: Ein negativer Index n entspricht so dem Index $N+n$.

Um diese Randbedingung einzuhalten, wird die Matrix $\underline{\Gamma}_R^{\alpha}$ definiert, die aus der Matrix $\underline{\Gamma}^{\alpha}$ entsteht, indem alle Spalten eliminiert werden, deren zugeordnete Elemente des Synthesefensters Null sein sollen. Der verkürzte Vektor des Synthesefensters wird mit $\underline{\tilde{\gamma}}_R$ bezeichnet. Somit ist das Gleichungssystem

$$\underline{\Gamma}_R^{\alpha *} \cdot \underline{\tilde{\gamma}}_R = \underline{\mu} \tag{2.139}$$

mit $\Delta M \cdot \Delta K$ Gleichungen und $(1 + R)\Delta M$ Variablen zu lösen. Da im Normalfall $R < \Delta K - 1$ erfüllt ist, ist dieses Gleichungssystem überbestimmt. Eine Näherungslösung kann über die Minimierung der Fehlerquadrate bestimmt werden:

$$\underline{\hat{\tilde{\gamma}}} = \left(\underline{\Gamma}_R^{\alpha * T} \cdot \underline{\Gamma}_R^{\alpha *}\right)^{-1} \cdot \underline{\Gamma}_R^{\alpha * T} \cdot \underline{\mu} \tag{2.140}$$

Die Güte der Näherung muss überprüft werden, insbesondere die Einhaltung der ersten Gleichung des Systems. Ist die Lösung unbefriedigend, kann die Reserve R erhöht werden. Soll die Länge des Synthesefensters nicht erhöht werden, kann $\hat{\tilde{\gamma}}(n)$ mit einem Korrekturfaktor multipliziert werden, um wenigstens die erste Gleichung exakt zu erfüllen.

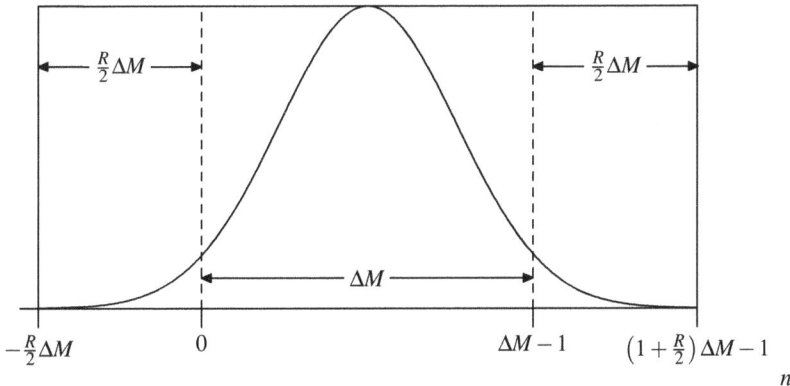

Abbildung 2.16: *Konzentration der Signalenergie des Synthesefensters auf ein Intervall der Länge* $(1 + R)\Delta M$

Beispiel 2.6 *Berechnung der Synthesefunktion $\tilde{\gamma}(n)$ aus der Analysefunktion $\gamma(n)$*

Für eine diskrete Kurzzeit-Fourier-Transformation sind folgende Parameter gegeben:

$$M = K = 32$$
$$\Delta M = \Delta K = 16$$
$$N = 512$$

Diese Wahl führt zum Überabtastfaktor $\alpha = 2$.

Als Analysefenster $\gamma(n)$ wird das in Abb. 2.17(a) gezeigte Gauß-Fenster verwendet. Es wurde auf eine Länge von insgesamt 32 Abtastwerten beschränkt (also $R = 1$) und so parametriert, dass an den Rändern $\gamma(-8) = \gamma(23) = 0{,}0025$ gilt. Für $n \notin [-8, 23]$ wird $\gamma(n) = 0$ gesetzt.

Zu diesem Analysefenster soll ein Synthesefenster mit der Reserve $R = 1$ berechnet werden. Formuliert man die Biorthogonalitätsbedingung für beide Fenster wie im vorhergehenden Abschnitt beschrieben als lineares Gleichungssystem, erhält man $\Delta M \cdot \Delta K = 256$ Gleichungen mit $N = 512$ Variablen. Durch die Beschränkung der Länge des Synthesefensters reduziert sich die Zahl der freien Parameter von 512 auf 32. Die Lösung dieses überbestimmten Gleichungssystems durch Minimierung der Fehlerquadrate führt zu einer sehr guten Näherungslösung für das Synthesefenster $\tilde{\gamma}(n)$ (siehe Abb. 2.17(b)).

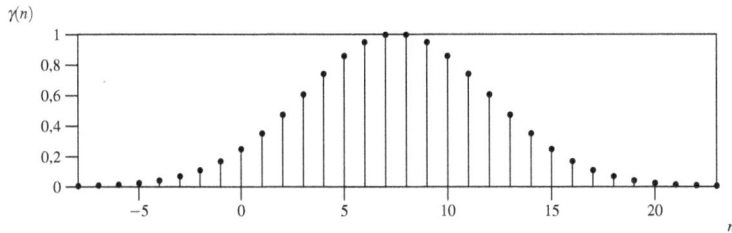

(a) Analysefenster

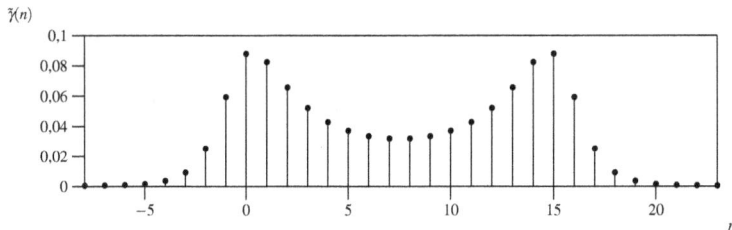

(b) Synthesefenster

Abbildung 2.17: *Analyse- und Synthesefenster für die diskrete Kurzzeit-Fourier-Transformation*

Abb. 2.18 zeigt in der rechten Hälfte die diskrete Kurzzeit-Fourier-Transformation (STFT) und Rekonstruktion eines Chirp-Signals.[6] In der linken Hälfte wurden das Analyse- und das Synthesefenster vertauscht. Aufgrund der Biorthogonalität der Fenster gelingt die Rekonstruktion auch auf diese Weise.

Bemerkung 2.2   *Kompaktheit zeitdiskreter Fenster*

Bei der diskreten STFT wird ein endlicher Ausschnitt der Zeit-Frequenz-Ebene betrachtet. Außerhalb des Beobachtungszeitraumes $0 \le t \le (N-1)t_A$ bzw. außerhalb des Nyquistbandes $0 \le f \le (N-1)\Delta f$ werden die Koeffizienten der STFT periodisch fortgesetzt. Daher

---

[6] Die Frequenzen für $k > K/2 = 16$ können als negative Frequenzen interpretiert werden; vgl. Diskrete Fourier-Transformation.

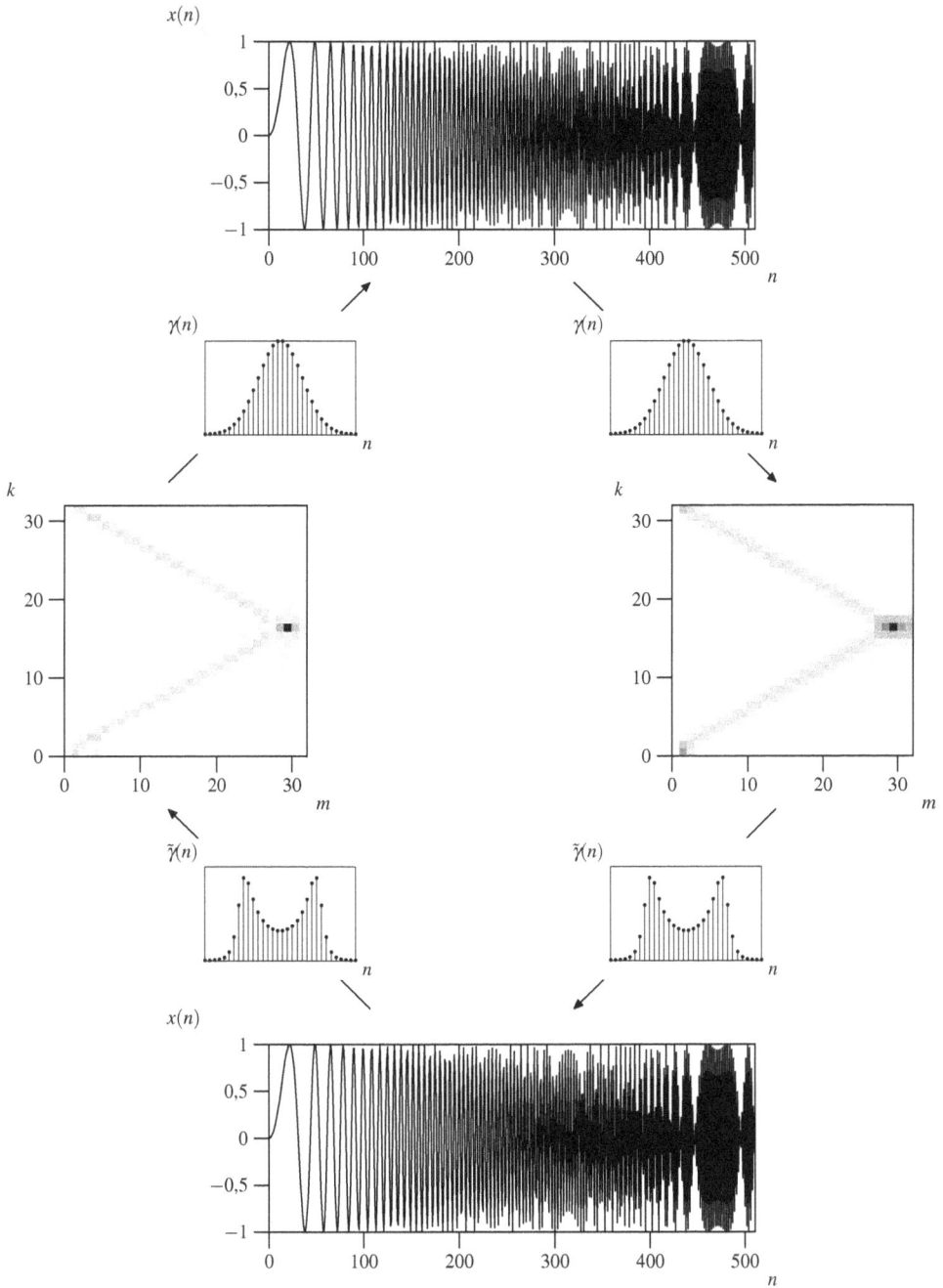

Abbildung 2.18: *Diskrete Kurzzeit-Fourier-Transformation und Rekonstruktion mit biorthogonalen Analyse- und Synthesefenstern*

ist es sinnvoll, sich bei der Definition der Kompaktheit auf den Beobachtungszeitraum und das Nyquistband zu beschränken. Die Summation in Gl. (1.314) läuft deshalb nur noch von $\Delta m = 0 \ldots M - 1$ bzw. $\Delta k = 0 \ldots K - 1$.

$$\sum_{\Delta m=0}^{M-1} \sum_{\Delta k=0}^{K-1} |\langle \gamma(n), \gamma_{\Delta m, \Delta k}(n) \rangle| \leq \alpha \cdot S(\gamma) < \infty \tag{2.141}$$

Aufgrund der Periodizität des Analysefensters im Zeitbereich bedeutet die Zeitverschiebung hierbei eine zyklische Verschiebung der Koeffizienten.

Da die Summen endlich sind, ist die Kompaktheit für zeitdiskrete Fenster stets erfüllt.

Beispiel 2.7   *Kompaktheit zeitdiskreter Fenster*

Für die Fenster in Beispiel 2.6 gilt:

$$\sum_{\Delta m=0}^{M-1} \sum_{\Delta k=0}^{K-1} |\langle \gamma(n), \gamma_{\Delta m, \Delta k}(n) \rangle| = 125{,}89 < \infty,$$

$$\sum_{\Delta m=0}^{M-1} \sum_{\Delta k=0}^{K-1} |\langle \tilde{\gamma}(n), \tilde{\gamma}_{\Delta m, \Delta k}(n) \rangle| = 1{,}1131 < \infty.$$

Dabei ist im Falle des Analysefensters (Abb. 2.17(a)) die Schranke etwa um das 100-fache größer als beim Synthesefenster (Abb. 2.17(b)), da das Analysefenster eine etwa 10-fach größere Amplitude aufweist als das Synthesefenster.

2.3.4   Filterbank-Interpretation

Tiefpass-Realisierung

Die diskrete Kurzzeit-Fourier-Transformation kann als Tiefpass-Filterbank interpretiert werden, bei der jedem Frequenzband bei $k \cdot F = k \cdot \Delta K \cdot \Delta f$ ein eigenes Filter zugeordnet wird. Die diskrete Kurzzeit-Fourier-Transformierte aus Gl. (2.117)

$$F_x^{\gamma}(m,k) = \sum_{n=0}^{N-1} x(n) \gamma^*(n - m\Delta M) \exp(-j2\pi kn/K) \tag{2.142}$$

$$= \sum_{n=0}^{N-1} (x(n) \exp(-j2\pi kn/K)) \cdot \gamma^*(-(m \cdot \Delta M - n)) \tag{2.143}$$

entsteht dabei bei konstant gehaltenem Parameter k als Ergebnis von drei Schritten:

1. Frequenzverschiebung des Signals um $(-kF)$:

$$\tilde{x}(n) = x(n) \exp(-j2\pi kn/K) \tag{2.144}$$

2. Filterung mit einem Tiefpass mit der Impulsantwort $\gamma^*(-n)$:

$$\tilde{F}_x^\gamma(\mu,k) = \tilde{x}(\mu) \underset{n}{*} \gamma^*(-\mu) \tag{2.145}$$

$$= \sum_{n=0}^{N-1} x(n)\exp(-j2\pi kn/K)\cdot\gamma^*\big(-(\mu-n)\big) \tag{2.146}$$

3. Reduzierung der Abtastfrequenz um den Faktor ΔM (Downsampling):

$$F_y^\gamma(m,k) = \tilde{F}_x^\gamma(\mu = m\Delta M,k) \tag{2.147}$$

$$= \sum_{n=0}^{N-1} x(n)\exp(-j2\pi kn/K)\cdot\gamma^*(n-m\Delta M) \tag{2.148}$$

Die Rücktransformation Gl. (2.123) kann bei konstant gehaltenem k ebenfalls als Filterbank interpretiert werden. Die Rekonstruktion des Signals erfolgt wiederum in drei Schritten:

1. Erhöhung der Abtastfrequenz um den Faktor ΔM (Upsampling); die fehlenden Zwischenwerte werden mit Nullen aufgefüllt.

$$\tilde{F}_x^\gamma(\mu,k) = \begin{cases} F_x^\gamma(\mu/\Delta M,k) & \text{falls } \mu = m\cdot\Delta M, \quad m=0,\dots,M-1 \\ 0 & \text{sonst} \end{cases}$$

$$\tag{2.149}$$

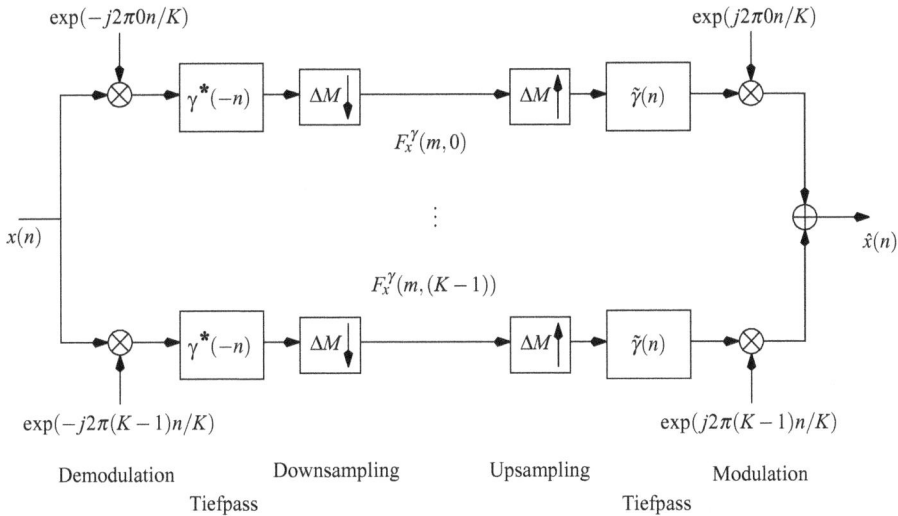

Abbildung 2.19: *Tiefpass-Realisierung der diskreten Kurzzeit-Fourier-Transformation*

2. Filterung mit einem Tiefpass mit der Impulsantwort $\tilde{\gamma}(n)$; dabei werden die Zwischenwerte interpoliert [23].

$$\tilde{F}_x^\gamma(n,k) \underset{\mu}{*} \tilde{\gamma}(n) = \sum_{\mu=0}^{N-1} \tilde{F}_x^\gamma(\mu,k)\tilde{\gamma}(n-\mu) = \sum_{m=0}^{M-1} F_x^\gamma(m,k)\tilde{\gamma}(n-m\cdot\Delta M)$$

$$(2.150)$$

3. Frequenzverschiebung um kF und Summation über die gefilterten Signale:

$$\hat{x}(n) = \sum_{k=0}^{K-1} \exp(j2\pi kn/K) \cdot \left(F_x^\gamma(n,k) \underset{\mu}{*} \tilde{\gamma}(n)\right)$$

$$(2.151)$$

Bandpass-Realisierung

Alternativ kann die Kurzzeit-Fourier-Transformation als Bandpass-Filterbank interpretiert werden. Dazu wird die diskrete Kurzzeit-Transformierte (Gl. (2.142)) in der Form

$$F_x^\gamma(m,k) = \exp(-j2\pi k \cdot m\Delta M/K)$$
$$\cdot \sum_{n=0}^{N-1} x(n)\gamma^*\left(-(m\cdot\Delta M-n)\right)\exp\left(j2\pi k(m\cdot\Delta M-n)/K\right) \qquad (2.152)$$

dargestellt. Zu dieser Darstellung gelangt man wieder in drei Schritten:

1. Bandpassfilterung mit einem Bandpass mit der Impulsantwort $\gamma^*(-n)\exp(j2\pi kn/K)$:

$$x(\mu) \underset{n}{*} \gamma^*(-\mu)\exp(j2\pi k\mu/K) = \sum_{n=0}^{N-1} x(n)\gamma^*\left(-(\mu-n)\right)\exp\left(j2\pi k(\mu-n)/K\right)$$

$$(2.153)$$

2. Reduzierung der Abtastfrequenz um den Faktor ΔM (Downsampling), d. h. das gefilterte Signal wird nur an den Stellen $\mu = m\cdot\Delta M$ betrachtet:

$$x(\mu) \underset{n}{*} \gamma^*(-\mu)\exp(j2\pi k\mu/K)\Big|_{\mu=m\cdot\Delta M}$$
$$= \sum_{n=0}^{N-1} x(n)\gamma^*\left(-(m\cdot\Delta M-n)\right)\exp\left(j2\pi k(m\cdot\Delta M-n)/K\right) \qquad (2.154)$$

3. Frequenzverschiebung um $(-kF)$:

$$F_x^\gamma(m,k) = \exp(-j2\pi k \cdot m\Delta M/K)$$
$$\cdot \sum_{n=0}^{N-1} x(n)\gamma^*\left(-(m\cdot\Delta M-n)\right)\exp\left(j2\pi k(m\cdot\Delta M-n)/K\right)$$

$$(2.155)$$

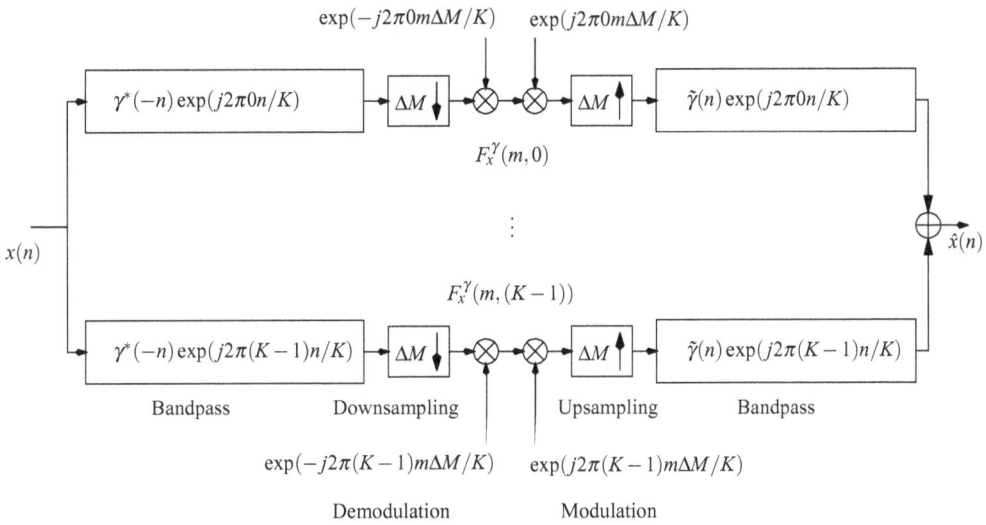

$$\exp(-j2\pi 0 m\Delta M/K) \qquad \exp(j2\pi 0 m\Delta M/K)$$

$$\gamma^*(-n)\exp(j2\pi 0n/K) \quad \Delta M\downarrow \quad \otimes \quad \otimes \quad \Delta M\uparrow \quad \tilde{\gamma}(n)\exp(j2\pi 0n/K)$$

$$F_x^\gamma(m,0)$$

$$x(n) \qquad \vdots \qquad \hat{x}(n)$$

$$F_x^\gamma(m,(K-1))$$

$$\gamma^*(-n)\exp(j2\pi(K-1)n/K) \quad \Delta M\downarrow \quad \otimes \quad \otimes \quad \Delta M\uparrow \quad \tilde{\gamma}(n)\exp(j2\pi(K-1)n/K)$$

Bandpass   Downsampling   Upsampling   Bandpass

$$\exp(-j2\pi(K-1)m\Delta M/K) \qquad \exp(j2\pi(K-1)m\Delta M/K)$$

Demodulation   Modulation

Abbildung 2.20: *Bandpass-Realisierung der diskreten Kurzzeit-Fourier-Transformation*

Die Rücktransformation Gl. (2.123) wird folgendermaßen dargestellt:

$$\hat{x}(n) = \sum_{k=0}^{K-1}\sum_{m=0}^{M-1}\left[F_x^\gamma(m,k)\exp(j2\pi k\cdot m\Delta M/K)\right]$$
$$\cdot\left[\tilde{\gamma}(n-m\cdot\Delta M)\exp\left(j2\pi k(n-m\cdot\Delta M/K)\right)\right] \qquad (2.156)$$

Zu dieser Darstellung gelangt man durch folgende Schritte:

1. Frequenzverschiebung um kF:

$$F_x^\gamma(m,k)\cdot\exp(j2\pi k\cdot m\Delta M/K)$$

2. Erhöhung der Abtastfrequenz um den Faktor ΔM (Upsampling); die fehlenden Zwischen-werte werden mit Nullen aufgefüllt (vgl. Tiefpassinterpretation).

$$\tilde{F}_x^\gamma(\mu,\gamma)\exp(j2\pi k\mu/K)$$

3. Filterung mit einem Bandpassfilter mit der Impulsantwort $\tilde{\gamma}(n)\exp(j2\pi kn/K)$; dabei werden die Zwischenwerte interpoliert.

$$\tilde{F}_x^\gamma(n,k)\exp(j2\pi kn/K) \underset{\mu}{*} \tilde{\gamma}(n)\exp(j2\pi kn/K)$$

$$= \sum_{\mu=0}^{N-1}\left[\tilde{F}_x^\gamma(\mu,k)\exp(j2\pi k\mu/K)\right]$$
$$\cdot\left[\tilde{\gamma}(n-\mu)\exp\left(j2\pi k(n-\mu)/K\right)\right]$$

$$= \sum_{m=0}^{M-1} \left[F_x^{\gamma}(m,k) \exp(j2\pi k \cdot m\Delta M/K) \right]$$
$$\cdot \left[\tilde{\gamma}(n - m\Delta M) \exp \left(j2\pi k(n - m\Delta M)/K \right) \right] \tag{2.157}$$

4. Summation über die gefilterten Signale:

$$\hat{x}(n) = \sum_{k=0}^{K-1} \tilde{F}_x^{\gamma}(n,k) \exp(j2\pi kn/K) \underset{\mu}{*} \tilde{\gamma}(n) \exp(j2\pi kn/K) \tag{2.158}$$

Die Filterbankinterpretationen der Kurzzeit-Fourier-Transformation haben nur geringe Bedeutung. Dennoch ist diese Interpretation wichtig für das Verständnis der in Kapitel 4 mit den gleichen Methoden eingeführten Multiraten-Filterbank für die Wavelet-Transformation. Auf diese Weise wird dort die schnelle Wavelet-Transformation berechnet.

3 Wavelet-Transformation

Die Wavelet-Transformation ist zu einem wichtigen Werkzeug zur Signalanalyse und -filterung geworden. Durch den Übergang von der Frequenzverschiebung zur Skalierung der Fensterfunktionen passen sich aufgrund der Skalierungs-Invarianz (Abschnitt 1.5.2) die Zeitdauer und die Bandbreite an die mittlere Zeit und die mittlere Frequenz an. Bei hohen Frequenzen erreicht man gegenüber der Kurzzeit-Fourier-Transformation eine bessere Zeitauflösung, bei niedrigen Frequenzen eine bessere Frequenzauflösung. Aufgrund dieser Eigenschaft wird die Wavelet-Transformation auch zur Datenkompression verwendet.

Für die Signalanalyse, aber auch für Filterung und Kompression, ist es wünschenswert, dass die Signalenergie in der Zeit-Frequenz-Ebene möglichst kompakt konzentriert ist. Die Wavelet-Transformation eignet sich also besonders für Signale, deren hohe Frequenzanteile vor allem von kurzzeitigen Signalabschnitten, wie Sprüngen, verursacht werden, und die ansonsten einen eher glatten Verlauf aufweisen. Die Bedeutung der Wavelet-Transformation rührt daher, dass dies für viele Signale der Fall ist. Beispielsweise sind Kanten die hochfrequenten Informationen in Bildern, während die umschlossenen Flächen meist relativ homogene Farbverläufe haben. Daher eignet sich die Wavelet-Transformation u. a. sehr gut zur Bildverarbeitung.

3.1 Kontinuierliche Signale

3.1.1 Skalierung des Analysefensters

Bei der Kurzzeit-Fourier-Transformation wurde das Fenster in der mittleren Zeit $t_w = \tau$ und in der mittleren Frequenz f_w verschoben. Aufgrund der Verschiebungs-Invarianz verändert sich die Kurvenform des Fensters während der Verschiebung nicht. Im Gegensatz dazu wird bei der Wavelet-Transformation das Fenster zeitverschoben und skaliert. Dadurch verändern sich die Zeitdauer Δ_t und die Bandbreite Δ_f in Abhängigkeit von der mittleren Verschiebungszeit t_w und -frequenz f_w, die wiederum vom Skalierungsfaktor abhängen. Damit die Skalierung eine Veränderung der mittleren Frequenz bewirken kann, muss diese ungleich Null sein, d. h. $f_w \neq 0$.

Beispiel 3.1 *Analysefenster konstanter Zeitdauer und Bandbreite*

Das zu analysierende Signal $x(t)$ bestehe aus zwei harmonischen Schwingungen mit stark unterschiedlichen, sich über der Zeit verändernden Frequenzen.

$$x(t) = A_1 \exp(j2\pi f_1(t) \cdot t) + A_2 \exp(j2\pi f_2(t) \cdot t)$$

Die zeitvarianten Frequenzen sind:

$$f_1(t) = 1\,\text{Hz} + 10^{-3}\,\text{Hz} \cdot \frac{t}{\text{s}}$$

$$f_2(t) = 1\,\text{kHz} + 10^{-3}\,\text{kHz} \cdot \frac{t}{\text{ms}}\,.$$

Sie ändern sich in einer Schwingungsperiode jeweils um 0,1 % der Anfangsfrequenz $f_1(0)$ bzw. $f_2(0)$. Für die Zeit-Frequenz-Darstellung soll als Analysefenster ein Gauß-Impuls $g(t)$ verwendet werden. Die Wahl einer festen Zeitdauer und Bandbreite des Analysefensters bereitet bei derartigen Signalen Probleme.

(a) Zeitdauer gleich zehn Perioden des niederfrequenten Signalanteils

$$\Delta_{t,1} = 10\,\text{s}\,.$$

Die Frequenz $f_1(t)$ verändert sich während der gewählten Zeitdauer lediglich um 1 %, kann also näherungsweise als konstant in diesem Intervall angesehen werden. Die Bandbreite ist dann beim Gauß-Impuls $g_1(t)$

$$\Delta_{f,1} = \frac{1}{4\pi\Delta_t} = 8\,\text{mHz}\,.$$

Bei der Faltung von $X_1(f)$ mit der Fourier-Transformierten $G_1(f)$ ist die 1 Hz-Schwingung einem nur geringen Leckeffekt unterworfen. Die Frequenz $f_2(t)$ verändert sich während der gewählten Zeitdauer aber um das 10fache der Anfangsfrequenz $f_2(0)$. Der entsprechende Signalanteil ist für die Fourier-Transformation im Intervall der Länge einiger $\Delta_{t,1}$ nicht mehr ausreichend konstant.

(b) Zeitdauer gleich zehn Perioden des hochfrequenten Signalanteils

$$\Delta_{t,2} = 10\,\text{ms}\,.$$

Die Frequenz $f_2(t)$ verändert sich während der gewählten Zeitdauer um 1 %, d. h. ausreichend wenig. Die dazu gehörige Bandbreite ist beim Gauß-Impuls $g_2(t)$

$$\Delta_{f,2} = \frac{1}{4\pi\Delta_t} = 8\,\text{Hz}\,.$$

Bei der Faltung von $X_2(f)$ mit der Fourier-Transformierten $G_2(f)$ ist die 1 kHz-Schwingung einem geringen Leckeffekt unterworfen. Die 1 Hz-Schwingung wird dagegen durch den Leckeffekt völlig verschmiert.

Mit einem Analysefenster konstanter Zeitdauer und Bandbreite kann das Signal mit mehreren unterschiedlichen, veränderlichen Frequenzen nicht sinnvoll transformiert werden. Man geht deshalb auf ein skaliertes Analysefenster über.

Beispiel 3.2 *Skaliertes Analysefenster*

Auf das Signal aus Beispiel 3.1

$$x(t) = A_1 \exp\left(j2\pi f_1(t) \cdot t\right) + A_2 \exp\left(j2\pi f_2(t) \cdot t\right)$$

wird jetzt ein skalierter modulierter Gauß-Impuls als Analysefenster angewendet. Bei einem Skalierungsfaktor $a = 1$ wird eine Zeitdauer von $\Delta_t = 10\,\mathrm{ms}$ gewählt. Die Bandbreite ist dann:

$$\Delta_f = \frac{1}{4\pi\Delta_t} = 8\,\mathrm{Hz}.$$

Mit Skalierungs-Invarianten entsprechend Gl. (1.197) und (1.198) $Q_t = Q_f = 16 \cdot 10^{-3}$ werden die mittlere Zeit t_g und die mittlere Frequenz f_g zu:

$$t_g = \frac{2}{Q_t}\Delta_t = 1{,}25\,\mathrm{s}$$

$$f_g = \frac{2}{Q_f}\Delta_f = 1\,\mathrm{kHz}.$$

Die mittlere Frequenz ist ungleich Null.

Bei einem Skalierungsfaktor von $a = 10^3$ ergibt sich entsprechend:

$$\Delta_{t,a} = a \cdot \Delta_t = 10\,\mathrm{s}$$

$$t_{g,a} = a \cdot t_g = 1250\,\mathrm{s}$$

$$\Delta_{f,a} = \frac{1}{a}\Delta_f = 8 \cdot 10^{-3}\,\mathrm{Hz}$$

$$f_{g,a} = \frac{1}{a}f_g = 1\,\mathrm{Hz}.$$

Die Form des Analysefensters passt sich bei der Skalierung an die Zeitdauern $\Delta_{t_1}, \Delta_{t_2}$ und die Bandbreiten $\Delta_{f_1}, \Delta_{f_2}$ aus Beispiel 3.1 an (siehe Abb. 3.1). Ein skaliertes Analysefenster passt deshalb auf beide Anteile des obigen Signals.

Im Folgenden sollen die unabhängigen Variablen der Zeit-Frequenz-Darstellung, die *mittlere Zeit* τ und die *mittlere Frequenz* f, durch die unabhängigen Variablen *Skalierungsfaktor* a und *mittlere Zeitverschiebung* b ersetzt werden.

3.1.2 Definition der Wavelet-Transformation

In Definition 2.2 wurde die Kurzzeit-Fourier-Transformation Gl. (2.9) als Innenprodukt des zu analysierenden Signals $x(t)$ mit einem zeit- und frequenzverschobenen Fenster $\gamma(t - \tau)\exp(j2\pi f t)$ definiert (τ und f variabel). Die Zeit- und Frequenzverschiebung wird beim Übergang auf die Wavelet-Transformation durch eine Zeitverschiebung b und eine

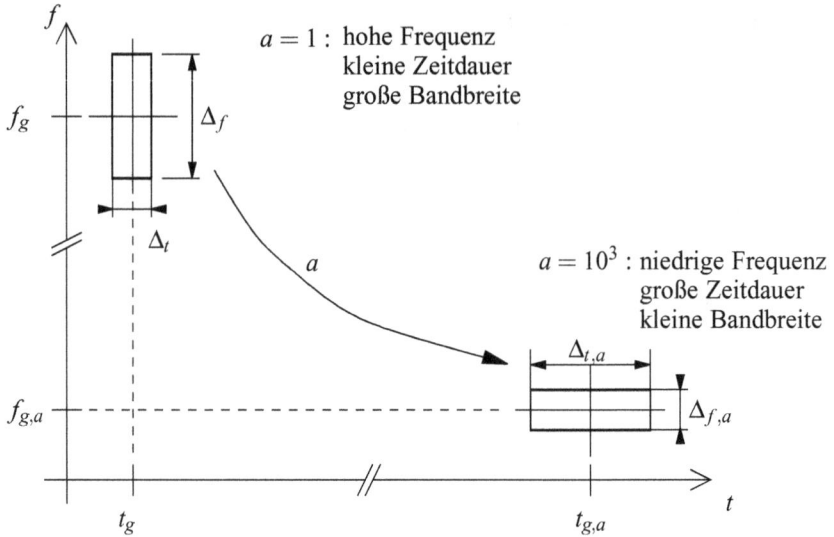

Abbildung 3.1: *Zeitdauer/Bandbreite eines skalierten Fensters*

Skalierung a ersetzt (a und b variabel). Damit die Skalierung eine Veränderung von mittlerer Frequenz und Bandbreite bewirken kann, muss die Fensterfunktion $\gamma(t)$ in eine mittelwertfreie Funktion $\psi(t)$ mit der mittleren Frequenz $f_\psi \neq 0$ überführt werden, das sogenannte *Mother-Wavelet*. Eine Möglichkeit dazu ist die Modulation des Fensters mit einer festen Frequenz f_ψ. Das Mother-Wavelet hat dann die Form

$$\psi(t) = \gamma(t) \exp(j2\pi f_\psi t). \tag{3.1}$$

Für Skalierungsfaktoren $a \geq 1$ wäre f_ψ die höchste betrachtete Frequenz.

Ein Beispiel dafür ist das Gabor-Wavelet in Abschnitt 3.3.1. Eine andere Möglichkeit zur Erzeugung eines mittelwertfreien Mother-Wavelets ist die Differenziation eines stetigen Energiesignals in Abschnitt 3.1.5. Alle Mother-Wavelets müssen die Zulässigkeitsbedingung Gl. (3.13) erfüllen.

Das Mother-Wavelet $\psi(t)$ wird skaliert (a) und zeitverschoben (b).

$$\psi_{a,b}(t) = \frac{1}{\sqrt{|a|}} \psi\left(\frac{t-b}{a}\right) \tag{3.2}$$

Der Vorfaktor $\frac{1}{\sqrt{|a|}}$ stellt sicher, dass sich die Signalenergie des Wavelets bei der Skalierung nicht ändert. Die mittlere Zeit und die skalierungsabhängige mittlere Frequenz des Wavelets lauten:

$$\tau = b \tag{3.3}$$

$$f = \frac{f_\psi}{a}. \tag{3.4}$$

Man erhält einen hyperbolischen Zusammenhang zwischen der Skalierung und der Frequenz-verschiebung, wobei f_ψ die Frequenzverschiebung für $a = 1$ ist. Die neue Variable hat den Wertebereich $-\infty \leq a \leq \infty$.

Definition 3.1 *Wavelet-Transformation*

Die Wavelet-Transformation ist die Projektion des zu analysierenden Signals $x(t)$ auf das skalierte und zeitverschobene Analyse-Wavelet $\psi_{a,b}(t)$.

$$W_x^\psi(a,b) = \langle x(t), \psi_{a,b}(t) \rangle_t \tag{3.5}$$

$$= \frac{1}{\sqrt{|a|}} \int_{-\infty}^{\infty} x(t) \psi^* \left(\frac{t-b}{a} \right) dt \tag{3.6}$$

Das Wavelet muss mittelwertfrei sein und es muss die Zulässigkeitsbedingung Gl. (3.13) erfüllen.

Die Fourier-Transformierte des Analyse-Wavelets $\psi_{a,b}(t)$ ist mit Hilfe des Zeitverschiebungs- und Modulationssatzes durch

$$\Psi_{a,b}(f) = \sqrt{|a|} \Psi(af) \exp(-j2\pi f b) \tag{3.7}$$

gegeben. Mit Hilfe des Satzes von Parseval

$$\langle x(t), \psi_{a,b}(t) \rangle_t = \langle X(f), \Psi_{a,b}(f) \rangle_f \tag{3.8}$$

ist eine weitere Definition der Wavelet-Transformation möglich.

Definition 3.2 *Wavelet-Transformation*

Die Wavelet-Transformation ist die Projektion der Fourier-Transformierten $X(f)$ des Sig-nals auf die Fourier-Transformierte des skalierten (a) und zeitverschobenen (b) Wavelets $\Psi_{a,b}(f)$

$$W_x^\psi(a,b) = \langle X(f), \Psi_{a,b}(f) \rangle_f \tag{3.9}$$

$$= \sqrt{|a|} \int_{-\infty}^{\infty} X(f) \Psi^*(af) \exp(j2\pi f b) df . \tag{3.10}$$

Dies kann als inverse Fourier-Transformation des mit $\sqrt{|a|} \Psi^*(af)$ gefensterten Spektrums $X(f)$ interpretiert werden.

$$W_x^\psi(a,b) = \mathcal{F}_f^{-1} \left\{ X(f) \sqrt{|a|} \Psi^*(af) \right\} \tag{3.11}$$

Dabei ändert sich die Signalenergie des Fensters durch die Skalierung nicht.

3.1.3   Skalogramm

Analog zum Spektrogramm wird das Skalogramm definiert.

Definition 3.3 *Skalogramm*

Das Skalogramm ist das Betragsquadrat der Wavelet-Transformierten:

$$\left| W_x^{\psi}(a,b) \right|^2 = \left| \frac{1}{\sqrt{|a|}} \int\limits_{-\infty}^{\infty} x(t)\, \psi^* \left(\frac{t-b}{a} \right) dt \right|^2 . \tag{3.12}$$

Die Phasen-Information geht beim Übergang auf das Skalogramm verloren.

Beispiel 3.3 *Frequenzsprung*

Um den Unterschied zwischen dem Spektrogramm und den Skalogramm zu verdeutlichen wird ein Signal 10 s betrachtet, das aus zwei überlagerten Sinussignalen besteht. Zum Zeitpunkt $t = 5$ s ändern sich die Frequenzen beider Teilsignale sprunghaft. Abb. 3.2 zeigt das Spektrogramm und das Skalogramm des Signals, wobei Letzteres in eine Zeit-Frequenz-Darstellung überführt wurde. Es ist deutlich zu erkennen, dass beim Spektrogramm die zeitliche und die spektrale Auflösung an jedem Punkt der Zeit-Frequenz-Ebene gleich sind. Beim Skalogramm sind die Frequenzen der niederfrequenten Sinussignale sehr scharf lokalisiert, allerdings ist der Zeitpunkt des Frequenzsprunges nicht zu erkennen. Umgekehrt ist bei den höherfrequenten Anteilen die spektrale Auflösung schlechter, dafür lässt sich der Zeitpunkt des Frequenzsprunges lokalisieren.

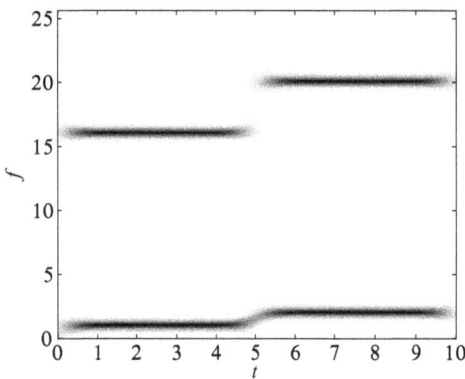

(a) Spektrogramm   *(b) Skalogramm*

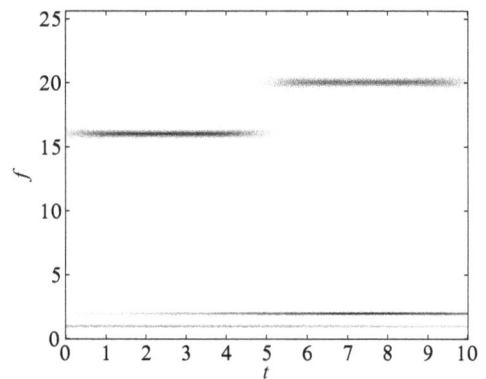

Abbildung 3.2: *Darstellung eines Frequenzsprunges im Spektrogramm und im Skalogramm*

3.1.4 Zulässigkeitsbedingung

Im Folgenden soll betrachtet werden, welche Funktionen $\psi(t)$ ein gültiges Wavelet darstellen.

Definition 3.4 *Zulässigkeitsbedingung*

Ein stückweise stetiges Energiesignal, das die Zulässigkeitsbedingung

$$C_\Psi = \int\limits_{-\infty}^{\infty} \frac{|\Psi(af)|^2}{|f|} df < \infty \tag{3.13}$$

erfüllt, ist ein gültiges Wavelet.

Die Rechtfertigung für diese Definition findet sich in Abschnitt 3.2.3. Bei Energiesignalen geht die Fourier-Transformierte $\Psi(f)$ für hohe Frequenzen gegen Null.

$$\lim_{|f| \to \infty} \Psi(f) = 0 \tag{3.14}$$

Weiterhin kann die Zulässigkeitsbedingung Gl. (3.13) nur erfüllt werden, wenn die Fourier-Transformierte $\Psi(f)$ für die Frequenz Null

$$\lim_{f \to 0} \Psi(f) = 0 = \int\limits_{-\infty}^{\infty} \psi(t) dt \tag{3.15}$$

gleich Null ist, d. h. wenn das Wavelet $\psi(t)$ mittelwertfrei ist. Das Wavelet hat Bandpass-Charakter. Daher kommt der Name „Wavelet". Die Konstante C_Ψ hängt von der Kurvenform des Wavelets ab.

Satz 3.1 *Alternative Form der Zulässigkeitsbedingung*

Die Zulässigkeitsbedingung lautet alternativ zu Gl. (3.13)

$$C_\Psi = \int\limits_{-\infty}^{\infty} \frac{|\Psi(f)|^2}{|f|} df < \infty. \tag{3.16}$$

Beweis 3.1

Es werden die beiden Fälle $a > 0$ und $a < 0$ unterschieden. Für $a = 0$ gilt wie in Gl. (3.15) $\Psi(af)|_{a=0} = 0$.

1. $a > 0$
   Es wird $f = af'$ substituiert. Man erhält

$$C_\Psi = \int_{-\infty}^{\infty} \frac{|\Psi(f)|^2}{|f|} df = \int_{-\infty}^{\infty} \frac{|\Psi(af')|^2}{|af'|} d(af') \tag{3.17}$$

$$= \int_{-\infty}^{\infty} \frac{|\Psi(af')|^2}{a|f'|} d(af') = \int_{-\infty}^{\infty} \frac{|\Psi(af')|^2}{|f'|} df' < \infty. \tag{3.18}$$

2. $a < 0$
   Es wird wiederum $f = af'$ substituiert. Dabei muss beachtet werden, dass die Integrationsgrenzen in

$$f \to +\infty, f' \to -\infty$$
$$f \to -\infty, f' \to +\infty$$

übergehen. Man erhält

$$C_\Psi = \int_{-\infty}^{\infty} \frac{|\Psi(f)|^2}{|f|} df = \int_{\infty}^{-\infty} \frac{|\Psi(af')|^2}{|af'|} d(af'), \tag{3.19}$$

und mit $|af'| = -a|f'|$ weiterhin

$$C_\Psi = \int_{\infty}^{-\infty} \frac{|\Psi(af')|^2}{-a|f'|} d(af') = \int_{-\infty}^{\infty} \frac{|\Psi(af')|^2}{|f'|} df' < \infty. \tag{3.20}$$

Eine weitere gültige Form der Zulässigkeitsbedingung lautet

$$C_\Psi = \int_{-\infty}^{\infty} \frac{|\Psi(a)|^2}{|a|} da < \infty. \tag{3.21}$$

Dazu wird einfach in Gl. (3.16) die Variable f durch a ersetzt.

3.1.5 Als Wavelet zulässige Signale

Im Folgenden werden verschiedene Kriterien untersucht, nach denen Signale zulässige Wavelets sind.

Satz 3.2 *Kompakte Energiesignale als Wavelets [39]*

Ein stückweise stetiges Energiesignal, das die folgenden drei Bedingungen

1. Normierung der Signalenergie

$$\int\limits_{-\infty}^{\infty} |\psi(t)|^2 \, dt = 1,$$ (3.22)

2. Kompaktheit des Signalverlaufs entsprechend Satz 1.2

$$\int\limits_{-\infty}^{\infty} |t \cdot \psi(t)| \, dt \le S < \infty,$$ (3.23)

3. Mittelwertfreiheit

$$\int\limits_{-\infty}^{\infty} \psi(t) \, dt = 0$$ (3.24)

erfüllt, ist ein gültiges Wavelet.

Beweis 3.2

Es muss gezeigt werden, dass das mittelwertfreie, kompakte Energiesignal die Zulässigkeitsbedingung erfüllt.

In einem ersten Schritt stellen wir fest, dass das Signal $\psi(t)$ aufgrund der gemachten Voraussetzungen absolut integrierbar ist, d. h. dass

$$\int\limits_{-\infty}^{\infty} |\psi(t)| \, dt < \infty$$ (3.25)

gilt. Dies folgt unmittelbar aus Satz 1.2. Damit sind die Fourier-Transformierte des Signals

$$|\Psi(f)| = \left| \int\limits_{-\infty}^{\infty} \psi(t) \exp\left(-j2\pi ft\right) dt \right| \le \int\limits_{-\infty}^{\infty} |\psi(t)| \, dt < \infty$$ (3.26)

und deren Ableitung

$$\frac{d\Psi(f)}{df} = \frac{d}{df} \int\limits_{-\infty}^{\infty} \psi(t) \exp\left(-j2\pi ft\right) dt = -j2\pi \int\limits_{-\infty}^{\infty} t \cdot \psi(t) \exp\left(-j2\pi ft\right) dt$$

(3.27)

$$\left| \frac{d\Psi(f)}{df} \right| = 2\pi \left| \int\limits_{-\infty}^{\infty} t \cdot \psi(t) \exp\left(-j2\pi ft\right) dt \right| \le 2\pi \underbrace{\int\limits_{-\infty}^{\infty} |t \cdot \psi(t)| \, dt}_{\text{nach Voraussetzung beschränkt}} \le S < \infty$$

(3.28)

betragsmäßig beschränkt.

In einem zweiten Schritt wenden wir den Mittelwertsatz der Integralrechnung [4] in einem abgeschlossenen Frequenzintervall $[0, f]$ an.

$$\frac{d\Psi(v)}{dv} = \frac{\Psi(f) - \Psi(0)}{f}, \qquad 0 < v < f \tag{3.29}$$

Aufgrund der Mittelwertfreiheit ist $\Psi(0) = 0$, d. h. es gilt

$$\frac{d\Psi(v)}{dv} = \frac{\Psi(f)}{f}, \qquad 0 < v < f. \tag{3.30}$$

In einem abgeschlossenen Frequenzintervall ist damit der Betrag

$$\left| \frac{\Psi(f)}{f} \right| \leq S < \infty \tag{3.31}$$

beschränkt.

In einem dritten Schritt wird die unabhängige Variable f durch entsprechende Normierung in eine dimensionslose Größe überführt. Damit kann die Zulässigkeitsbedingung in zwei Teilintegrale zerlegt werden.

$$C_\Psi = \int\limits_{-\infty}^{\infty} \frac{|\Psi(f)|^2}{|f|} df = \int\limits_{|f| \leq 1} \frac{|\Psi(f)|^2}{|f|} df + \int\limits_{|f| > 1} \frac{|\Psi(f)|^2}{|f|} df \tag{3.32}$$

$$\leq \int\limits_{|f| \leq 1} \frac{|\Psi(f)|^2}{|f|} df + \int\limits_{-\infty}^{\infty} |\Psi(f)|^2 df \tag{3.33}$$

Auf das erste Teilintegral wird Gl. (3.31) angewendet, auf das zweite Teilintegral der Satz von Parseval Gl. (1.6). Damit können wir zeigen, dass die Zulässigkeitsbedingung

$$C_\Psi \leq S \cdot \underbrace{\int\limits_{|f| \leq 1} |\Psi(f)| df}_{\text{beschränkt wegen Gl. (3.26)}} + \underbrace{\int\limits_{-\infty}^{\infty} |\psi(t)|^2 dt}_{=1} < \infty \tag{3.34}$$

für das Signal $\psi(t)$ erfüllt ist.

Satz 3.3   *Ableitungen stetiger Energiesignale als Wavelets*

Gegeben sei ein Energiesignal $\varphi(t)$, das K mal differenzierbar sei und dessen Ableitungen eine beschränkte Signalenergie besitzen.

$$0 < \int\limits_{-\infty}^{\infty} \left| \varphi^{(k)}(t) \right|^2 dt < \infty, \qquad k = 0, 1, \ldots, K \tag{3.35}$$

Dann erfüllen die normierten Ableitungen von $\varphi(t)$

$$\frac{\varphi^{(k)}(t)}{\int\limits_{-\infty}^{\infty}\left|\varphi^{(k)}(t)\right|^2 dt}, \qquad k = 1,\ldots,K \tag{3.36}$$

die Zulässigkeitsbedingung für Wavelets.

Beweis 3.3

Nach dem Differentationssatz der Fourier-Transformation gilt für die k-ten Ableitungen des Signals

$$\Gamma_k(f) = (j2\pi f)^k \cdot \Phi(f), \qquad k = 1,\ldots,K. \tag{3.37}$$

Im Folgenden soll gezeigt werden, dass die k-ten Ableitungen $\Gamma_k(f)$ die Zulässigkeitsbedingung Gl. (3.13) für Wavelets erfüllen.

$$\int\limits_{-\infty}^{\infty}\frac{|\Gamma_k(f)|^2}{|f|}df = \int\limits_{-\infty}^{\infty}|2\pi f|^{2k}\cdot\frac{|\Phi(f)|^2}{|f|}df, \qquad k = 1,\ldots,K \tag{3.38}$$

Die Frequenz wird in eine dimensionslose Größe überführt und das Zulässigkeitsintegral in zwei Teilintegrale zerlegt.

$$\int\limits_{-\infty}^{\infty}\frac{|\Gamma_k(f)|^2}{|f|}df = (2\pi)^{2k}\int\limits_{|f|\leq 1}|f|^{2k-1}\cdot|\Phi(f)|^2 df + \int\limits_{|f|>1}\frac{|2\pi f|^{2k}\cdot|\Phi(f)|^2}{|f|}df \tag{3.39}$$

$$\leq (2\pi)^{2k}\int\limits_{-\infty}^{\infty}|\Phi(f)|^2 df + \int\limits_{-\infty}^{\infty}|2\pi f|^{2k}\cdot|\Phi(f)|^2 df \tag{3.40}$$

$$\leq (2\pi)^{2k}\int\limits_{-\infty}^{\infty}|\varphi(t)|^2 dt + \int\limits_{-\infty}^{\infty}\left|\varphi^{(k)}(t)\right|^2 dt < \infty \tag{3.41}$$

Die Zulässigkeitsbedingung ist für alle Ableitungen $\varphi^{(k)}(t), k = 1,\ldots,K$ erfüllt. Ein gültiges Wavelet $\psi(t)$ erhält man schließlich durch Normierung von $\varphi^{(k)}(t)$ auf die Signalenergie 1.

$$\psi(t) = \frac{\varphi^{(k)}(t)}{\int\limits_{-\infty}^{\infty}\left|\varphi^{(k)}(t)\right|^2 dt}, \qquad k = 1,\ldots,K \tag{3.42}$$

Das Signal $\varphi(t)$ ist nach Voraussetzung ein Energiesignal, d. h. für seine Amplitude gilt

$$\lim_{|t|\to\infty}\varphi(t) = 0. \tag{3.43}$$

Damit ist bereits die erste Ableitung $\dfrac{d\varphi(t)}{dt}$ mittelwertfrei

$$\int_{-\infty}^{\infty} \frac{d\varphi(t)}{dt}\,dt = \varphi(\infty) - \varphi(-\infty) = 0\,. \tag{3.44}$$

3.2   Eigenschaften

3.2.1   Verschiebungs- und Affin-Invarianz

Die Wavelet-Transformation hat folgende zwei Eigenschaften.

Verschiebungs-Invarianz bezüglich der Zeit

Eine Verschiebung des Signals $x(t)$ um die Zeit t_s bewirkt die Verschiebung der Wavelet-Transformierten $W_x^{\psi}(a,b)$ um die gleiche Zeit t_s .

Das Signal $x_s(t)$ wird transformiert.

$$x_s(t) = x(t - t_s) \tag{3.45}$$

Man erhält:

$$W_{x_s}^{\psi}(a,b) = \frac{1}{\sqrt{|a|}} \int_{-\infty}^{\infty} x(t-t_s)\,\psi^* \left(\frac{t-b}{a} \right) dt \tag{3.46}$$

$$= \frac{1}{\sqrt{|a|}} \int_{-\infty}^{\infty} x(t')\,\psi^* \left(\frac{t'+t_s-b}{a} \right) dt' \tag{3.47}$$

$$= W_x^{\psi}(a, b - t_s)\,. \tag{3.48}$$

Dasselbe Ergebnis erhält man, wenn man die Koordinatentransformation nach Gl. (3.3) und Gl. (3.4) durchführt und damit in die Zeit-Frequenz-Ebene übergeht. Die Wavelet-Transformierte des Signals aus Gl. (3.45) ist dadurch

$$W_{x_s}^{\psi}(\tau,f) = \sqrt{\left| \frac{f}{f_{\psi}} \right|} \int_{-\infty}^{\infty} x(t-t_s) \cdot \psi^* \left(\frac{f}{f_{\psi}}(t-\tau) \right) dt\,. \tag{3.49}$$

Mit der Substitution $t' = t - t_s$ folgt:

$$W_{x_s}^{\psi}(\tau,f) = \sqrt{\left| \frac{f}{f_{\psi}} \right|} \int_{-\infty}^{\infty} x(t') \cdot \psi^* \left(\frac{f}{f_{\psi}}(t'+t_s-\tau) \right) dt' \tag{3.50}$$

$$= \sqrt{\left| \frac{f}{f_{\psi}} \right|} \int_{-\infty}^{\infty} x(t') \cdot \psi^* \left(\frac{f}{f_{\psi}}(t'-(\tau-t_s)) \right) dt' \tag{3.51}$$

$$= W_{x_s}^{\psi}(\tau - t_s, f)\,. \tag{3.52}$$

Eine Verschiebung der Zeitfunktion um t_s bewirkt also eine Verschiebung der Wavelet-Transformierten um die gleiche Zeit t_s.

Affin-Invarianz

Eine Skalierung der Funktion $x(t)$ mit dem Skalierungsfaktor s bewirkt eine Skalierung der Wavelet-Transformierten $W_x^{\psi}(a,b)$ um den gleichen Faktor s.

Das Signal $x_s(t)$ wird transformiert, wobei die Signalenergie unverändert bleiben soll.

$$x_s(t) = \frac{1}{\sqrt{|s|}} x\left(\frac{t}{s}\right) \tag{3.53}$$

Man erhält:

$$W_{x_s}^{\psi}(a,b) = \frac{1}{\sqrt{|as|}} \int_{-\infty}^{\infty} x\left(\frac{t}{s}\right) \psi^*\left(\frac{t-b}{a}\right) dt \tag{3.54}$$

$$= \frac{1}{\sqrt{|a/s|}} \int_{-\infty}^{\infty} x\left(\frac{t}{s}\right) \psi^*\left(\frac{t/s - b/s}{a/s}\right) d(t/s) \tag{3.55}$$

$$= W_x^{\psi}\left(\frac{a}{s}, \frac{b}{s}\right). \tag{3.56}$$

Dem mit s skalierten Signal im Zeitbereich entspricht eine in a- und b-Richtung mit s skalierte Wavelet-Transformierte.

Die Affin-Invarianz soll nun ebenfalls in der Zeit-Frequenz-Ebene hergeleitet werden. Die Wavelet-Transformierte des Signals aus Gl. (3.53) wird berechnet und Gl. (3.3) und Gl. (3.4) angewandt:

$$W_{x_s}^{\psi}(\tau, f) = \sqrt{\left|\frac{f}{f_{\psi}}\right|} \cdot \frac{1}{\sqrt{|s|}} \int_{-\infty}^{\infty} x\left(\frac{t}{s}\right) \cdot \psi^*\left(\frac{f}{f_{\psi}}(t-\tau)\right) dt. \tag{3.57}$$

Mit der Substitution $t' = \frac{t}{s}$ folgt:

$$W_{x_s}^{\psi}(\tau, f) = \begin{cases} \sqrt{\left|\dfrac{f}{f_{\psi}}\right|} \cdot \dfrac{1}{\sqrt{|s|}} \displaystyle\int_{-\infty}^{\infty} x(t') \cdot \psi^*\left(\dfrac{f}{f_{\psi}}(t' \cdot s - \tau)\right) s \cdot dt' & \text{falls } s > 0 \\[3ex] \sqrt{\left|\dfrac{f}{f_{\psi}}\right|} \cdot \dfrac{1}{\sqrt{|s|}} \displaystyle\int_{\infty}^{-\infty} x(t') \cdot \psi^*\left(\dfrac{f}{f_{\psi}}(t' \cdot s - \tau)\right) s \cdot dt' & \text{falls } s < 0 \end{cases} \tag{3.58}$$

$$= \begin{cases} \sqrt{\left|\dfrac{f}{f_{\psi}}\right|} \cdot \dfrac{s}{\sqrt{|s|}} \displaystyle\int_{-\infty}^{\infty} x(t') \cdot \psi^*\left(\dfrac{f}{f_{\psi}}(t' \cdot s - \tau)\right) dt' & \text{falls } s > 0 \\[3ex] \sqrt{\left|\dfrac{f}{f_{\psi}}\right|} \cdot \dfrac{-s}{\sqrt{|s|}} \displaystyle\int_{-\infty}^{\infty} x(t') \cdot \psi^*\left(\dfrac{f}{f_{\psi}}(t' \cdot s - \tau)\right) dt' & \text{falls } s < 0 \end{cases} \tag{3.59}$$

$$= \sqrt{\left| \frac{f}{f_\psi} \right|} \cdot \sqrt{|s|} \int\limits_{-\infty}^{\infty} x(t') \cdot \psi^* \left(\frac{f}{f_\psi} (t' \cdot s - \tau) \right) dt' \tag{3.60}$$

$$= \sqrt{\left| \frac{f \cdot s}{f_\psi} \right|} \int\limits_{-\infty}^{\infty} x(t') \cdot \psi^* \left(\frac{f \cdot s}{f_\psi} \left(t' - \frac{\tau}{s} \right) \right) dt' \tag{3.61}$$

$$= W_x^\psi \left(\frac{\tau}{s}, f \cdot s \right) . \tag{3.62}$$

3.2.2 Verteilung der Signalenergie

Im Folgenden betrachten wir die Verteilung der Signalenergie des transformierten Signals $x(t)$ in der a,b-Ebene. Dazu berechnen wir die Skalogramme $\left| W_x^\psi(a,b) \right|^2$ von $x(t)$ und vom mit s skalierten $x_s(t)$. Die Variablen a, b und die mit s skalierten Variablen a/s, b/s werden in der a,b-Ebene betrachtet. Durch die Skalierung mit s hat sich die Signalenergie des Signals $x(t)$ nicht verändert. Die Skalogramme von $x(t)$ und von $x_s(t)$ werden über unterschiedlichen infinitesimalen Rechteck-Bereichen der a,b-Ebene betrachtet. Man erhält damit die anteilige

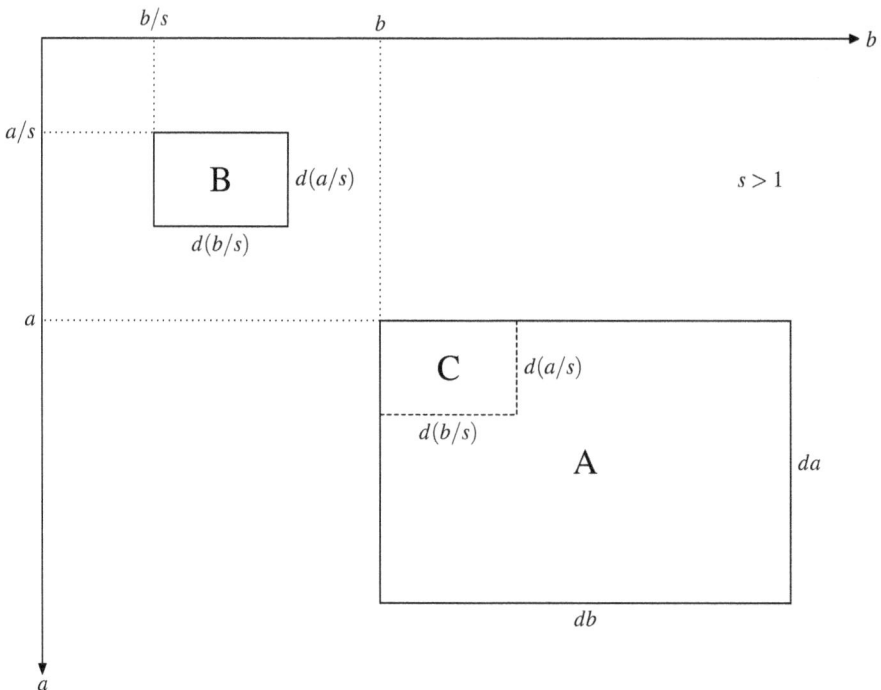

Abbildung 3.3: *Infinitesimale Rechtecke gleicher Signalenergie in der a,b-Ebene*

infinitesimale Signalenergie über diesen Bereichen.

$$\underbrace{|W_x^{\psi}(a,b)|^2\, da\, db}_{A} = \underbrace{\left|W_x^{\psi}\left(\frac{a}{s},\frac{b}{s}\right)\right|^2 d\frac{a}{s}\, d\frac{b}{s}}_{B} \geq \underbrace{|W_x^{\psi}(a,b)|^2\, d\frac{a}{s}\, d\frac{b}{s}}_{C} \qquad (3.63)$$

Dabei ist

$$x_s(t) = \frac{1}{\sqrt{|s|}}x\left(\frac{t}{s}\right) \qquad (3.64)$$

das mit s skalierte Signal.

Die Rechtecke A und B enthalten aufgrund von Gl. (3.54) und (3.56) den gleichen Anteil an der Signalenergie der Wavelet-Transformierten W_x^{ψ}, obwohl das erste Rechteck eine um s^2 größere Fläche hat. Das Rechteck C enthält einen gegenüber dem Rechteck B um s^2 geringeren Anteil an der Signalenergie von W_x^{ψ}, obwohl beide Rechtecke die gleiche Fläche besitzen. Die Skalierungsfaktoren a und s können nach der Transformation nicht mehr nach ihrer Herkunft getrennt werden. Deshalb haben gleich große Rechtecke mit wachsendem Skalierungsfaktor a einen um $1/a^2$ gewichteten Anteil an der Signalenergie. Dies muss bei der Integration der Wavelet-Transformierten W_x^{ψ} über der a,b-Ebene berücksichtigt werden, wenn die Energie des Signals erhalten bleiben soll.

3.2.3   Energieerhaltung

Bei der Fourier-Transformation bleibt bekanntlich die Signalenergie erhalten. Es gilt der Satz von Parseval. Im Folgenden wird die Eigenschaft der Energieerhaltung auch für die Wavelet-Transformation gefordert.

Satz 3.4 *Energieerhaltungssatz*

Genau dann wenn für das Wavelet $\psi(t)$ die *Zulässigkeitsbedingung*

$$\boxed{C_{\psi} = \int\limits_{-\infty}^{\infty} \frac{|\Psi(af)|^2}{|a|}\, da < \infty} \qquad (3.65)$$

erfüllt ist, gilt mit der Definition

$$\boxed{\left\langle W_x^{\psi}(a,b), W_y^{\psi}(a,b)\right\rangle = \frac{1}{C_{\psi}} \int\limits_{-\infty}^{\infty}\int\limits_{-\infty}^{\infty} W_x^{\psi}(a,b)\cdot\left(W_y^{\psi}(a,b)\right)^* \frac{da\, db}{a^2}} \qquad (3.66)$$

für das Innenprodukt der Wavelet-Transformierten die Energieerhaltung

$$\boxed{\langle x(t), y(t)\rangle_t = \left\langle W_x^{\psi}(a,b), W_y^{\psi}(a,b)\right\rangle .} \qquad (3.67)$$

Beweis 3.4

Der Satz von Parseval wird mit der Zulässigkeitsbedingung Gl. (3.21) erweitert.

$$C_\psi \int\limits_{-\infty}^{\infty} x(t)y^*(t)\,dt = \int\limits_{-\infty}^{\infty} X(f)Y^*(f)df \cdot \int\limits_{-\infty}^{\infty} \frac{|\Psi(a)|^2}{|a|}\,da \tag{3.68}$$

$$= \int\limits_{-\infty}^{\infty} \int\limits_{-\infty}^{\infty} X(f)Y^*(f)\frac{|\Psi(a)|^2}{|a|}\,da\,df \tag{3.69}$$

$$= \int\limits_{-\infty}^{\infty} \int\limits_{-\infty}^{\infty} X(f)Y^*(f)\frac{|\Psi(af)|^2}{|a|}\,da\,df \tag{3.70}$$

$$= \int\limits_{-\infty}^{\infty} \frac{1}{a^2} \int\limits_{-\infty}^{\infty} \underbrace{\left(X(f)\sqrt{|a|}\Psi^*(af)\right)}_{\mathcal{F}\{W_x^\psi(a,b)\}}$$

$$\cdot \underbrace{\left(Y(f)\sqrt{|a|}\Psi^*(af)\right)^*}_{\mathcal{F}\{W_y^\psi(a,b)\}}\,df\,da \tag{3.71}$$

Nach dem Satz von Parseval ist das Innenprodukt zweier Funktionen im Frequenzbereich gleich dem Innenprodukt der gemäß Gl. (3.11) invers Fourier-Transformierten im Zeitbereich (Variable b).

$$C_\psi \int\limits_{-\infty}^{\infty} x(t)y^*(t)dt = \int\limits_{-\infty}^{\infty} \frac{1}{a^2} \int\limits_{-\infty}^{\infty} W_x^\psi(a,b) \cdot \left(W_y^\psi(a,b)\right)^* db\,da \tag{3.72}$$

Daraus folgt unmittelbar für das Innenprodukt:

$$\langle x(t),y(t)\rangle_t = \frac{1}{C_\psi} \int\limits_{-\infty}^{\infty} \int\limits_{-\infty}^{\infty} W_x^\psi(a,b) \cdot \left(W_y^\psi(a,b)\right)^* \frac{da\,db}{a^2} \tag{3.73}$$

$$\stackrel{\text{def}}{=} \left\langle W_x^\psi(a,b), W_y^\psi(a,b)\right\rangle . \tag{3.74}$$

Bemerkung 3.1

Um die umgekehrte logische Schlussfolgerung des Satzes zu beweisen, werden die gezeigten Äquivalenzumformungen in umgekehrter Reihenfolge durchgeführt.

Die Zulässigkeitsbedingung kann auf unterschiedliche Wavelets $\psi(t)$, $\tilde{\psi}(t)$ erweitert werden.[1]

$$\boxed{C_{\psi\tilde{\psi}} = \int\limits_{-\infty}^{\infty} \frac{\Psi^*(af)\tilde{\Psi}(af)}{|a|}\,da < \infty} \tag{3.75}$$

---

[1] Dies wird für die Verwendung unterschiedlicher Analyse- und Synthese-Wavelets benötigt. Siehe Abschnitt 3.2.4.

Der Energieerhaltungssatz lautet dann:

$$\left\langle W_x^{\psi}(a,b), W_y^{\tilde{\psi}}(a,b) \right\rangle$$

$$= \frac{1}{C_{\psi\tilde{\psi}}} \int\limits_{-\infty}^{\infty} \int\limits_{-\infty}^{\infty} W_x^{\psi}(a,b) \cdot \left(W_y^{\tilde{\psi}}(a,b) \right)^* \frac{da\,db}{a^2} \tag{3.76}$$

$$= \frac{1}{C_{\psi\tilde{\psi}}} \int\limits_{-\infty}^{\infty} \frac{1}{a^2} \int\limits_{-\infty}^{\infty} \left(X(f)\sqrt{|a|}\Psi^*(af) \right) \cdot \left(Y(f)\sqrt{|a|}\tilde{\Psi}^*(af) \right)^* df\,da \tag{3.77}$$

$$= \frac{1}{C_{\psi\tilde{\psi}}} \int\limits_{-\infty}^{\infty} \int\limits_{-\infty}^{\infty} X(f)Y^*(f) \frac{\Psi^*(af)\tilde{\Psi}(af)}{|a|} da\,df \tag{3.78}$$

$$= \int\limits_{-\infty}^{\infty} X(f)Y^*(f)\,df \cdot \underbrace{\frac{1}{C_{\psi\tilde{\psi}}} \int\limits_{-\infty}^{\infty} \frac{\Psi^*(a)\tilde{\Psi}(a)}{|a|} da}_{=1} \tag{3.79}$$

$$= \langle X(f), Y(f) \rangle_f = \langle x(t), y(t) \rangle_t \tag{3.80}$$

$$\boxed{\left\langle W_x^{\psi}(a,b), W_y^{\tilde{\psi}}(a,b) \right\rangle = \langle x(t), y(t) \rangle_t} \tag{3.81}$$

Aufgrund des Gewichtungsfaktors $1/a^2$ fließen Werte der Wavelet-Transformierten für kleine Skalierungsfaktoren a mit größerem Gewicht in die Berechnung der Signalenergie ein als Werte, die zu größeren Skalierungsfaktoren gehören.

Bemerkung 3.2

Mit der Koordinatentransformation Gl. (3.3) und (3.4) gilt:

$$\frac{da\,db}{a^2} = \begin{vmatrix} \frac{\partial a}{\partial \tau} & \frac{\partial a}{\partial f} \\ \frac{\partial b}{\partial \tau} & \frac{\partial b}{\partial f} \end{vmatrix} \cdot \frac{1}{a^2} d\tau\,df = \begin{vmatrix} 0 & -\frac{f_{\psi}}{f^2} \\ 1 & \frac{f_{\psi} \cdot t_{\psi}}{f^2} \end{vmatrix} \cdot \frac{f^2}{f_{\psi}^2} d\tau\,df = \frac{df\,d\tau}{f_{\psi}}. \tag{3.82}$$

Somit gilt für die Signalenergie:

$$E_x = \frac{1}{C_{\psi}} \int\limits_{-\infty}^{\infty} \int\limits_{-\infty}^{\infty} |W_x^{\psi}(a,b)|^2 \frac{da\,db}{a^2} = \frac{1}{C_{\psi}} \cdot \frac{1}{f_{\psi}} \int\limits_{-\infty}^{\infty} \int\limits_{-\infty}^{\infty} |W_x^{\psi}(f,\tau)|^2 df\,d\tau. \tag{3.83}$$

3.2.4 Rekonstruktion des Signals im Zeitbereich

Bei der Wavelet-Transformation des Signals $x(t)$ wird das Analyse-Wavelet $\psi(t)$ verwendet, bei dessen Rekonstruktion das Synthese-Wavelet $\tilde{\psi}(t)$. Mit der Wahl eines Dirac-Impulses für das Signal $y(t)$

$$y(t') = \delta(t' - t) = \delta(t - t') \tag{3.84}$$

ergibt das Innenprodukt der Wavelet-Transformierten

$$\left\langle W_x^{\psi}(a,b), W_{\delta}^{\tilde{\psi}}(a,b) \right\rangle = \left\langle x(t'), \delta(t - t') \right\rangle_{t'} \tag{3.85}$$

$$= \int\limits_{-\infty}^{\infty} x(t') \delta(t - t') dt' = \hat{x}(t) \tag{3.86}$$

aufgrund der Energieerhaltung gerade die Rekonstruktion des Signals $x(t)$. Das Innenprodukt lautet nach Gl. (3.66)

$$\hat{x}(t) = \frac{1}{C_{\psi\tilde{\psi}}} \int\limits_{-\infty}^{\infty} \int\limits_{-\infty}^{\infty} W_x^{\psi}(a,b) \cdot \left[W_{\delta}^{\tilde{\psi}}(a,b) \right]^* \frac{da\,db}{a^2} \tag{3.87}$$

$$= \frac{1}{C_{\psi\tilde{\psi}}} \int\limits_{-\infty}^{\infty} \int\limits_{-\infty}^{\infty} W_x^{\psi}(a,b) \cdot \left[\int\limits_{-\infty}^{\infty} \delta(t - t') \frac{1}{\sqrt{|a|}} \tilde{\psi}^* \left(\frac{t' - b}{a} \right) dt' \right]^* \frac{da\,db}{a^2} \tag{3.88}$$

$$= \frac{1}{C_{\psi\tilde{\psi}}} \int\limits_{-\infty}^{\infty} \int\limits_{-\infty}^{\infty} W_x^{\psi}(a,b) \frac{1}{\sqrt{|a|}} \tilde{\psi} \left(\frac{t - b}{a} \right) \frac{da\,db}{a^2} \tag{3.89}$$

$$\boxed{\hat{x}(t) = \frac{1}{C_{\psi\tilde{\psi}}} \int\limits_{-\infty}^{\infty} \int\limits_{-\infty}^{\infty} W_x^{\psi}(a,b) \cdot \tilde{\psi}_{a,b}(t) \frac{da\,db}{a^2}.} \tag{3.90}$$

Als notwendige und hinreichende Bedingung müssen das Analyse- und Synthese-Wavelet die Zulässigkeitsbedingung

$$C_{\psi\tilde{\psi}} = \int\limits_{-\infty}^{\infty} \frac{\Psi^*(f) \cdot \tilde{\Psi}(f)}{|f|} df < \infty \tag{3.91}$$

erfüllen. Bei reellen Funktionen $x(t)$ und reellen Wavelets $\psi(t)$ ist auch die Wavelet-Transformierte $W_x^{\psi}(a,b)$ reell. In solchen Fällen ist der Rechenaufwand für die Wavelet-Transformation evtl. geringer als für die Fourier-Transformation.

3.2.5   Lokalisierungseigenschaft

Die Wavelet-Transformierte besitzt eine feine Zeitauflösung bei hohen Frequenzen f ($\hat{=}$ kleinem Skalierungsfaktor a) und eine feine Frequenzauflösung bei niedrigen Frequenzen ($\hat{=}$ großem Skalierungsfaktor a). Zur Demonstration soll der Dirac-Impuls

$$x(t) = \delta(t - t_x) = \delta(t_x - t) \tag{3.92}$$

transformiert werden, wobei als Wavelet das Haar-Wavelet

$$\psi(t) = \begin{cases} 1/T & \text{für } 0 \le t < T/2 \\ -1/T & \text{für } T/2 \le t < T \\ 0 & \text{sonst} \end{cases} \tag{3.93}$$

verwendet wird. Die Wavelet-Transformation des Dirac-Impulses wird zu einem Faltungsintegral

$$W_\delta^\psi(a,b) = \frac{1}{\sqrt{|a|}} \int_{-\infty}^{\infty} \psi\left(\frac{t-b}{a}\right) \delta(t-t_x)dt \tag{3.94}$$

$$= \frac{1}{\sqrt{|a|}} \psi\left(\frac{t_x-b}{a}\right) \tag{3.95}$$

$$= \frac{1}{\sqrt{|a|}} \psi\left(-\frac{b-t_x}{a}\right) , \tag{3.96}$$

so dass man als Wavelet-Transformierte gerade das skalierte, um t_x verschobene Wavelet $\psi(t)$ mit umgekehrter Zeitachsenrichtung erhält (siehe Abb. 3.4).

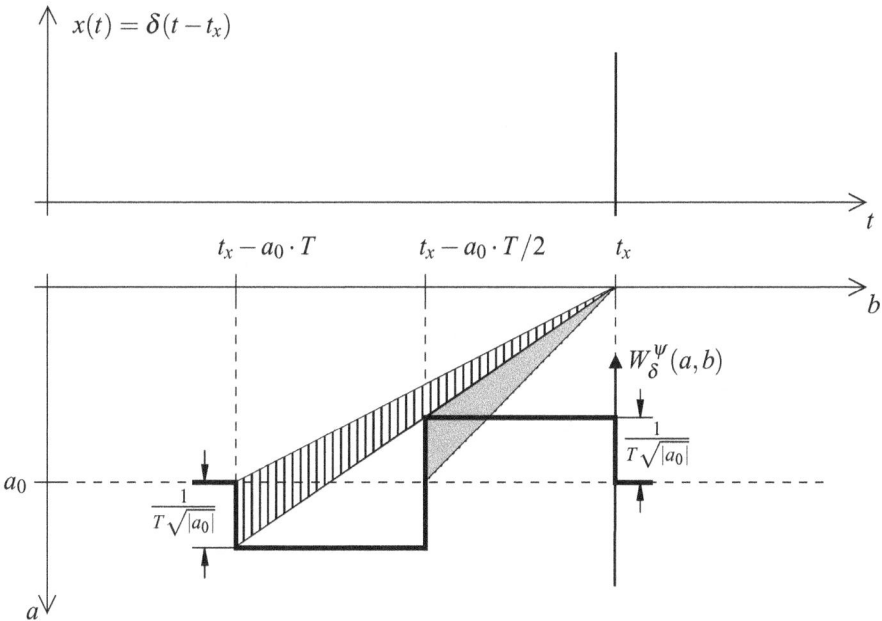

Abbildung 3.4: *Wavelet-Transformierte eines Dirac-Impulses mit dem Haar-Analyse-Wavelet*

Je kleiner der Skalierungsfaktor a, desto feiner die Zeitauflösung. Umgekehrt wird die Zeitauflösung bei großem Skalierungsfaktor gröber, dafür aber die Frequenzauflösung feiner.

3.2.6   Reproduzierender Kern

Die Wavelet-Transformation bildet das eindimensionale Signal $x(t)$ im Zeitbereich in die zweidimensionale Wavelet-Transformierte $W_x^{\psi}(a,b)$ ab. Man erhält eine redundante Darstellung in der Ebene (a,b). Betrachtet man den Raum V aller über $(da\,db)/a^2$ quadratisch integrierbaren Funktionen $F(a,b)$, so wird davon nur ein Teil $W \in V$ gültigen Wavelet-Transformierten von Signalen $x(t)$ aus $L_2(\mathbb{R})$ entsprechen. Die Frage ist, wann die zweidimensionale Funktion $F(a',b')$ zu W gehört, d. h. wann sie der Wavelet-Transformation einer Funktion $x(t)$ entspricht. Dazu muss die Reproduktionsbedingung erfüllt sein.

Gegeben sei ein gültiges Wavelet $\psi(t)$, das die Zulässigkeitsbedingung Gl. (3.91) erfüllt und das verschieden skaliert und zeitverschoben werden kann, d. h. mit a,b oder a',b'.

$$\psi_{a,b}(t) = \frac{1}{\sqrt{|a|}} \, \psi\left(\frac{t-b}{a}\right) \tag{3.97}$$

$$\psi_{a',b'}(t) = \frac{1}{\sqrt{|a'|}} \, \psi\left(\frac{t-b'}{a'}\right) \tag{3.98}$$

Definition 3.5 *Reproduzierender Kern*

Der Reproduzierende Kern ist das Innenprodukt des Wavelets mit dem gleichen Wavelet anderer Skalierung und Verschiebung

$$\langle \psi_{a',b'}(t), \psi_{a,b}(t)\rangle_t = \int\limits_{-\infty}^{\infty} \psi_{a',b'}(t) \cdot \psi_{a,b}^*(t)\,dt =: W_{\psi'}^{\psi}(a,b)\,, \tag{3.99}$$

d. h. die Wavelet-Transformierte des Wavelets $\psi_{a',b'}(t)$ unter Verwendung des gleichen Analyse-Wavelets $\psi_{a,b}(t)$.

Mit Hilfe des reproduzierenden Kerns lässt sich folgender Satz formulieren:

Satz 3.5 *Reproduktionsbedingung*

Genau dann wenn die zweidimensionale Funktion

$$F(a,b) \overset{!}{=} W_x^{\psi}(a,b) = \langle x(t), \psi_{a,b}(t)\rangle \tag{3.100}$$

die gültige Wavelet-Transformierte eines Signals $x(t)$ ist, erfüllt sie die Reproduktionsbedingung

$$\boxed{F(a',b') = \frac{1}{C_\psi} \int\limits_{-\infty}^{\infty} \int\limits_{-\infty}^{\infty} F(a,b) \cdot \left(W_{\psi'}^{\psi}(a,b)\right)^* \frac{da\,db}{a^2}\,,} \tag{3.101}$$

d. h. die Funktion $F(a,b)$ reproduziert sich in sich selbst.

Beweis 3.5 *Beweisrichtung* $\Rightarrow$

Es wird die Voraussetzung

$$F(a,b) \overset{!}{=} W_x^\psi(a,b) \tag{3.102}$$

in die Reproduktionsbedingung Gl. (3.101) eingesetzt. Man erhält $F(a',b')$ als das Innenprodukt der Wavelet-Transformierten

$$F(a',b') = \frac{1}{C_\psi} \int\limits_{-\infty}^{\infty} \int\limits_{-\infty}^{\infty} W_x^\psi(a,b) \left(W_{\psi'}^\psi(a,b) \right)^* \frac{da\,db}{a^2} = \left\langle W_x^\psi(a,b), W_{\psi'}^\psi(a,b) \right\rangle, \tag{3.103}$$

das nach dem Energieerhaltungssatz als Innenprodukt der Signale im Zeitbereich

$$F(a',b') = \left\langle x(t), \psi_{a',b'}(t) \right\rangle_t = W_x^\psi(a',b') \tag{3.104}$$

formuliert werden kann.

Wenn also die Funktion $F(a,b) = W_x^\psi(a,b)$ die gültige Wavelet-Transformierte eines Signals $x(t)$ ist, so reproduziert diese sich über den reproduzierenden Kern selbst.

Beweis 3.6 *Beweisrichtung* $\Leftarrow$

Wenn $F(a,b)$ die Reproduktionsbedingung erfüllt, ist $F(a,b)$ die gültige Wavelet-Transformierte eines Signals $x(t)$. In Gl. (3.101) wird der reproduzierende Kern nach Gl. (3.99) eingesetzt.

$$F(a',b') = \frac{1}{C_\psi} \int\limits_{-\infty}^{\infty} \int\limits_{-\infty}^{\infty} F(a,b) \cdot \left(\int\limits_{-\infty}^{\infty} \psi_{a',b'}(t) \cdot \psi_{a,b}^*(t)dt \right)^* \frac{da\,db}{a^2} \tag{3.105}$$

$$= \int\limits_{-\infty}^{\infty} \underbrace{\left(\frac{1}{C_\psi} \int\limits_{-\infty}^{\infty} \int\limits_{-\infty}^{\infty} F(a,b) \cdot \psi_{a,b}(t) \frac{da\,db}{a^2} \right)}_{\text{Rekonstruktion von } x(t)} \psi_{a',b'}^*(t)\,dt \tag{3.106}$$

Da die Reproduktionsbedingung erfüllt ist, ist die Konvergenz des Integrals gesichert, d. h. die Rekonstruktion ist möglich.

$$F(a',b') = \int\limits_{-\infty}^{\infty} x(t)\psi_{a',b'}^*(t)\,dt = W_x^\psi(a',b') \tag{3.107}$$

Wenn $F(a,b)$ die Reproduktionsbedingung erfüllt, ergibt sich die Funktion $F(a',b')$ aus der Wavelet-Transformation des Signals $x(t)$. Deshalb existiert die Rekonstruktion eines Signals im Zeitbereich

$$x(t) = \frac{1}{C_\psi} \int\limits_{-\infty}^{\infty} \int\limits_{-\infty}^{\infty} F(a,b) \cdot \psi_{a,b}(t) \frac{da\,db}{a^2} \qquad (3.108)$$

aus der zweidimensionalen Funktion $F(a,b)$.

Insgesamt ist die zweidimensionale Funktion $F(a,b)$ die gültige Wavelet-Transformierte $W_x^\psi(a,b)$ eines Signals $x(t)$ dann und nur dann, wenn sie die Reproduktionsbedingung Gl. (3.101) erfüllt.

3.3   Wavelet-Funktionen

3.3.1   Gabor-Wavelet (Morlet-Wavelet)

Eine mittelwertfreie Funktion $\psi(t)$, welche die Zulässigkeitsbedingung (3.13) erfüllt, wird Mother-Wavelet genannt. Ein bei der Wavelet-Transformation häufig angewendetes Mother-Wavelet ist das Gabor-Wavelet. Das Gabor-Wavelet ist ein mit einer Harmonischen der Frequenz f_ψ modulierter Gauß-Impuls. Die Wavelet-Transformation mittels eines Gabor-Wavelets wird auch Gabor-Wavelet-Transformation genannt.

In praktischen Anwendungen wird die Wavelet-Transformierte nur bis zu einer maximalen mittleren Frequenz betrachtet. Häufig wird f_ψ — die mittlere Frequenz für das mit $a = 1$ skalierte Wavelet — dieser maximalen mittleren Frequenz gleichgesetzt, was bedeutet, dass die Wavelet-Transformierte nur für Skalierungen $|a| \geq 1$ betrachtet wird. Das Gabor-Wavelet ist

$$\psi(t) = \left(\frac{\beta}{\pi}\right)^{\frac{1}{4}} \exp\left(-\frac{\beta}{2}t^2\right) \exp\left(j2\pi f_\psi t\right) \qquad (3.109)$$

$$\Psi(f) = \sqrt{2} \left(\frac{\pi}{\beta}\right)^{\frac{1}{4}} \exp\left(-\frac{2\pi^2 \left(f - f_\psi\right)^2}{\beta}\right). \qquad (3.110)$$

Durch die Skalierung und die zeitliche Verschiebung des Gabor-Wavelets

$$\psi_{a,b}(t) = \frac{1}{\sqrt{|a|}} \psi\left(\frac{t-b}{a}\right) \qquad (3.111)$$

$$= \frac{1}{\sqrt{|a|}} \left(\frac{\beta}{\pi}\right)^{\frac{1}{4}} \exp\left(-\frac{\beta}{2}\left(\frac{t-b}{a}\right)^2\right) \exp\left(j2\pi f_\psi\left(\frac{t-b}{a}\right)\right) \quad (3.112)$$

erhält man eine Frequenz- und Zeitverschiebung.

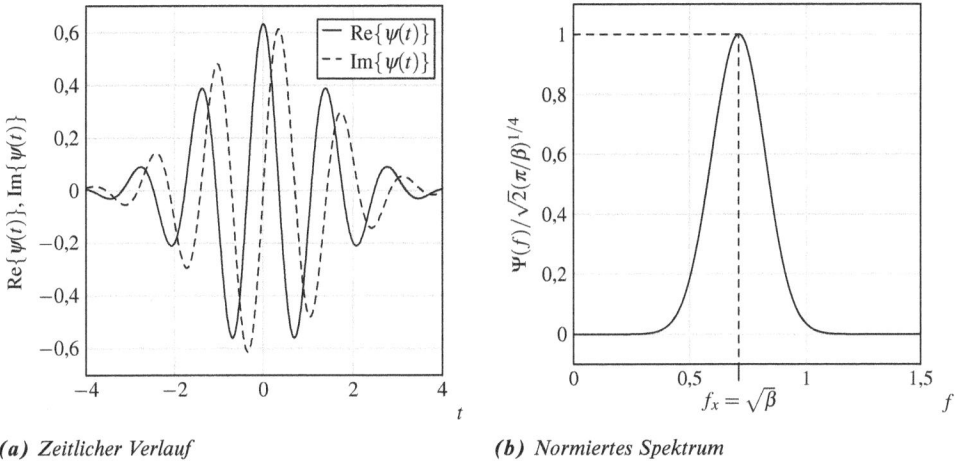

(a) Zeitlicher Verlauf   (b) Normiertes Spektrum

Abbildung 3.5: Gabor-Wavelet

Die Zulässigkeitsbedingung Gl. (3.91) wird vom Gabor-Wavelet nur näherungsweise erfüllt, weil $\Psi(0) \neq 0$ ist. Die Frequenz f_ψ bei $a = 1$ wird deshalb so gewählt, dass das Gabor-Wavelet zumindest näherungsweise zulässig ist. Wählt man eine Frequenz $f_\psi = \sqrt{\beta}$, so erhält man bei $f = 0$

$$\frac{\Psi(0)}{\sqrt{2}(\pi/\beta)^{1/4}} = e^{-2\pi^2} \approx 2,9 \cdot 10^{-9}. \tag{3.113}$$

Mit dem Parameter β wird die Breite/Höhe des Gabor-Wavelets bestimmt. Da das Gabor-Wavelet die Zulässigkeitsbedingung nicht erfüllt, gilt im Allgemeinen keine Energieerhaltung. Auch ist eine Signalrekonstruktion nicht möglich. Trotzdem ist das Gabor-Wavelet eine in Zeit und Frequenz kompakte Funktion. Die mit dessen Hilfe berechneten Wavelet-Transformierten liefern daher durchaus brauchbare Aussagen über die Verteilung der Signalenergie in der Zeit-Frequenz-Ebene zur Signalanalyse.

In Anhang B.2 wird das Innenprodukt zweier Gabor-Wavelets unterschiedlicher Skalierung und Zeitverschiebung berechnet. Dadurch bekommt man einen Eindruck von der Kompaktheit des Gabor-Wavelets.

Beispiel 3.4   *Wavelet-Transformation zweier überlagerter Chirp-Signale*

Gegeben ist wieder die Summe zweier reeller Chirp-Signale aus Abb. 2.8(a). Das Signal wird mit einem Gabor-Wavelet wavelettransformiert. Der Skalierungsfaktor a wird in diskreten Schritten von $a = 1$ bis $a = 16$ variiert. Der Zeitverschiebungsfaktor b wird jeweils um einen Abtastschritt erhöht, also von $b = 1$ bis $b = 256$. Die Waveletkoeffizienten $W_x^\psi(a, b)$ sind in Abb. 3.6(a) dargestellt. Man erkennt, dass die zeitlich am Anfang liegenden niedrigen Frequenzanteile bei einem hohen Skalierungsfaktor a besser aufgelöst werden, die hohen Frequenzanteile bei kleinerem a. Abb. 3.6(b) zeigt das zugehörige Skalogramm, bei dem der Skalierungsfaktor a über Gl. (3.4) in eine Frequenz f umgerechnet

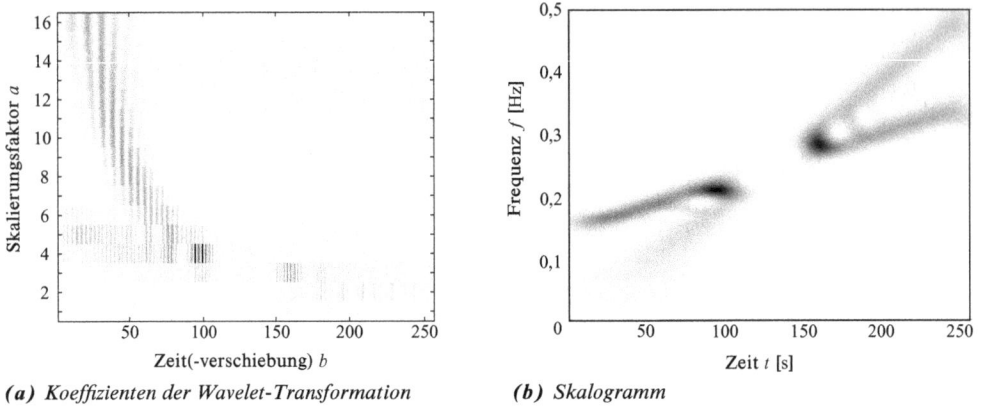

(a) *Koeffizienten der Wavelet-Transformation*   (b) *Skalogramm*

Abbildung 3.6: *Kontinuierliche Wavelet-Transformation des Chirp-Signals*

ist. Dadurch wird die ingenieurmäßige Anschauung erleichtert. Die linear ansteigenden Frequenzen sind in dieser Darstellung als Geraden zu erkennen, bei denen sich die Signalenergie konzentriert. In Abb. 3.6(a) hingegen ergeben sind aufgrund des Zusammenhangs $a = f_\psi/f$ Hyperbeln.

Beispiel 3.5 *Ultraschall Doppler-Messtechnik*

In Beispiel 2.4 wurde die Messung der Blutflussgeschwindigkeit mit dem Spektrogramm, also der Kurzzeit-Fourier-Transformation ausgewertet. Dies ist ebenfalls mit dem Skalogramm möglich. Das Skalogramm des gemessenen Ultraschall-Signals zeigt Abb. 3.7. Es ist zu erkennen, dass mit niedrigeren Frequenzen die Zeitauflösung gröber wird, die Frequenzauflösung sich hingegen verbessert.

Beispiel 3.6 *Transformation von Bildmerkmalen zur Gesichtserkennung*

In [11] werden zur Gesichtserkennung Merkmale des Gesichtes wie Augen etc. jeweils der Wavelet-Transformation unterworfen. Dazu wird ein zweidimensionales Gabor-Wavelet eingeführt.

$$\psi_{a,\varphi}(x,y) = \left(\frac{\beta}{\pi}\right)^{1/2} \exp\left(-\beta\frac{x^2+y^2}{2}\right)$$
$$\cdot \left[\exp\left(j2\pi\left(\sqrt{\beta}\cos\varphi \cdot x + \sqrt{\beta}\sin\varphi \cdot y\right)\right) - c\right], \quad \text{für} \quad a = 1.$$

Hierbei wurde der Term $c = \exp\left(-2\pi^2\right)$ subtrahiert, um den Gleichanteil des Wavelets zu entfernen. Durch ein Wavelet mit Gleichanteil würden die Wavelet-Koeffizienten von homogenen Helligkeitsänderungen der Bilder abhängen. Anstelle einer getrennten Skalierung

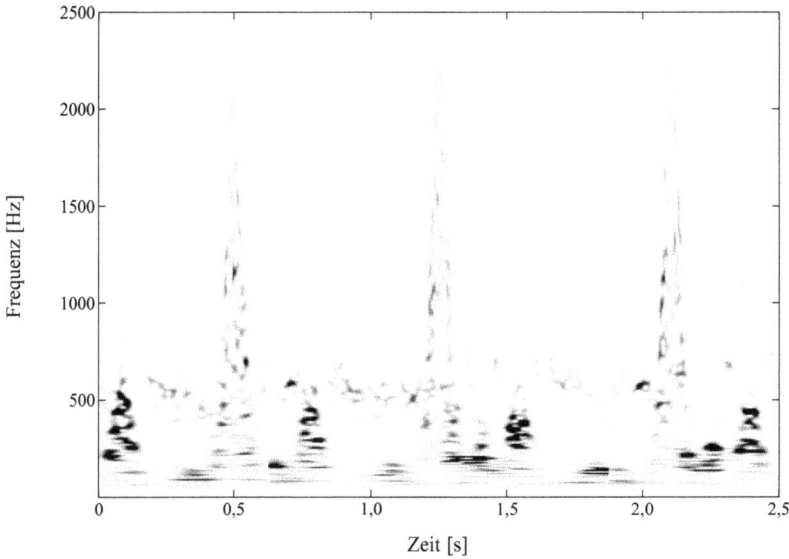

Abbildung 3.7: *Skalogramm der Ultraschall-Messung*

in x- und in y-Richtung wird eine gemeinsame Skalierung für beide Richtungen verwendet.

$$x_a = \frac{x}{a} \qquad y_a = \frac{y}{a}$$

Der Winkel φ kennzeichnet die Richtung der modulierten Schwingung. Der Term $\sqrt{\beta}$ stellt die Ortsfrequenz der Schwingung beim Skalierungsfaktor $a = 1$ dar. Daraus ergibt sich die Wellenlänge

$$\lambda = \frac{a}{\sqrt{\beta}}$$

des Wavelets, die proportional zum Skalierungsfaktor ist.

Das skalierte Gabor-Wavelet wird damit

$$\psi_{a,\varphi}(x,y) = \frac{a}{\sqrt{\pi} \cdot \lambda} \exp\left(-\frac{x^2 + y^2}{2\lambda^2}\right) \left[\exp\left(j2\pi \frac{x \cdot \cos\varphi + y \cdot \sin\varphi}{\lambda}\right) - c\right].$$

Beim Übergang von der kontinuierlichen auf die ortsdiskrete Darstellung sind die Koordinaten ganzzahlige Vielfache n_x und n_y der Pixelbreite q.

$$x = n_x \cdot q$$
$$y = n_y \cdot q$$

Die Wellenlänge λ muss bei der Skalierung $a = 1$ mit mindestens 4 Pixeln, also der vierfachen Nyquistfrequenz, abgetastet werden, damit das Abtasttheorem sicher erfüllt ist.

$$\lambda_{min} = \frac{1}{\sqrt{\beta}} \stackrel{!}{=} 4 \cdot q \quad \Rightarrow \lambda = \frac{a}{\sqrt{\beta}} = 4a \cdot q$$

Man erhält das ortsdiskrete, zweidimensionale Gabor-Wavelet

$$\psi_{a,\varphi}(n_x, n_y) = \frac{1}{4\sqrt{\pi}q} \exp\left(-\frac{n_x^2 + n_y^2}{32a^2}\right) \left[\exp\left(j2\pi \frac{n_x \cos\varphi + n_y \sin\varphi}{4a}\right) - c\right].$$

Der Skalierungsfaktor soll hier in Stufen von $\sqrt{2}$ diskretisiert werden.

$$a = 2^{k/2}$$

Das skalierte und um die beiden Ortskoordinaten m_x und m_y verschobene Gabor-Wavelet ist

$$\psi_{k,\varphi}(n_x - m_x, n_y - m_y) = \frac{1}{4\sqrt{\pi}q} \exp\left(-\frac{(n_x - m_x)^2 + (n_y - m_y)^2}{32 \cdot 2^k}\right)$$

$$\cdot \left[\exp\left(j\frac{\pi}{2} \frac{(n_x - m_x)\cos\varphi + (n_y - m_y)\sin\varphi}{2^{k/2}}\right) - c\right].$$

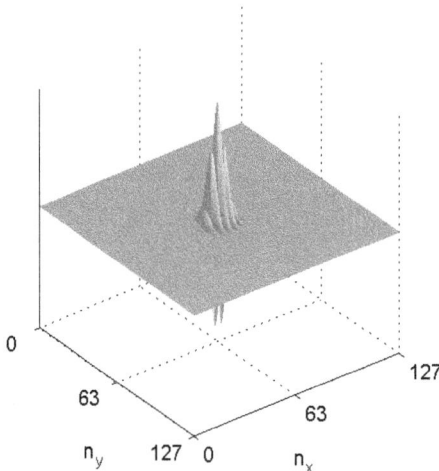

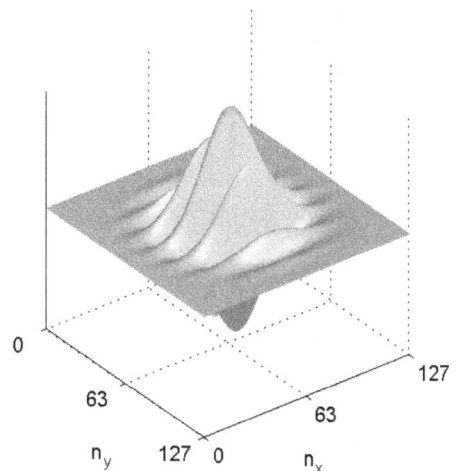

(a) $k = 0$, $\varphi = 0$ (b) $k = 4$, $\varphi = \pi/2$

Abbildung 3.8: *Zweidimensionales Gabor-Wavelet*

Das Wavelet ist in Abb. 3.8 für $k = 0$, $\varphi = 0$ bzw. $k = 4$, $\varphi = \pi/2$ an der Stelle $m_x = 64$, $m_y = 64$ dargestellt. Das Bild des gesamten Gesichtes ist in N^2 Pixeln diskretisiert mit $N = 2^8$. Die Wavelet-Transformierte eines einzelnen Gesichtsmerkmals $M_i(n_x, n_y)$ ist

$$W_{M_i}^{\psi}(k, \varphi, m_x, m_y) = \sum_{n_x=0}^{N-1} \sum_{n_y=0}^{N-1} M_i(n_x, n_y) \cdot \psi_{k,\varphi}^{*}(n_x - m_x, n_y - m_y).$$

Beim Vergleich mit Referenz-Gesichtsmerkmalen aus einer Datenbank werden lediglich die Wavelet-Transformierten

$$W_{M_i}^{\psi}(k, \varphi, m_x = n_{x_i}, m_y = n_{y_i})$$

an den Ortsmittelpunkten (n_{x_i}, n_{y_i}) der Gesichtsmerkmale herangezogen. Man nennt diese in der Gesichtserkennung auch *Jets*. Zur Berechnung der Wavelet-Transformierten in diesen Mittelpunkten werden die Skalierung von

$$k = 0, \ldots, 4$$

und der Winkel von

$$\varphi = \alpha \cdot \frac{\pi}{8}, \quad \alpha = 0, \ldots, 7$$

variiert. Für jedes Merkmal M_i erhält man so $5 \cdot 8 = 40$ Wavelet-Transformierte $W_{M_i}^{\psi}$, für $i = 6$ Gesichtsmerkmale insgesamt ca. 250 Werte. Gegenüber den $N^2 = 65\,536$ Werten der Grauwertverteilung des Gesichtes stellt dies eine ganz erhebliche Datenkompression dar. Nur damit ist ein Vergleich von Gesichtern mit Referenz-Gesichtern aus einer Datenbank in kurzen Zeiträumen möglich.

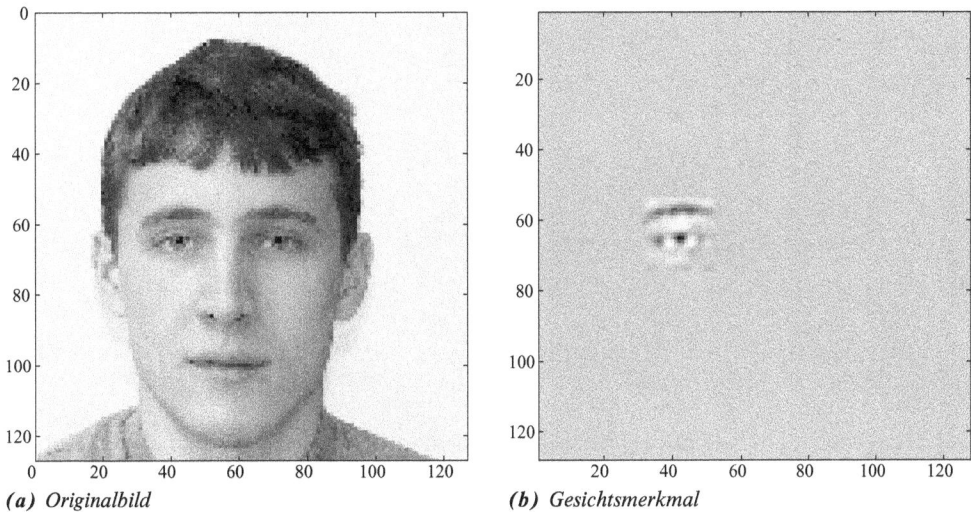

(a) Originalbild   *(b) Gesichtsmerkmal*

Abbildung 3.9: *Gesichtsmerkmal*

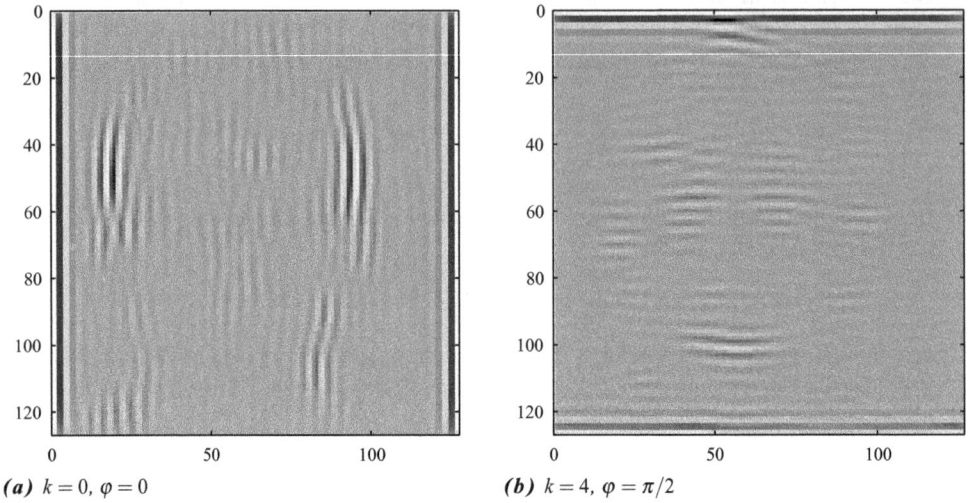

(a) $k = 0$, $\varphi = 0$ (b) $k = 4$, $\varphi = \pi/2$

Abbildung 3.10: *Transformiertes Bild*

3.3.2   Haar-Wavelet

Das Haar-Wavelet ist definiert als

$$\psi(t) = \begin{cases} 1/T & \text{für } 0 \leq t < T/2 \\ -1/T & \text{für } T/2 \leq t < T \\ 0 & \text{sonst} \end{cases} \tag{3.114}$$

$$\Psi(f) = j \cdot \exp(-j\pi f T) \cdot \frac{\sin^2(\pi f T/2)}{\pi f T/2} \tag{3.115}$$

Die Konstante ist $C_\Psi = 2 \cdot \sqrt{2\pi}\ln 2$. Skalierte und gegeneinander zeitverschobene Haar-Wavelets bilden ein orthogonales Funktionensystem.

Das Haar-Wavelet ist ein reelles Signal im Zeitbereich. Um Vielfache von T verschobene Haar-Wavelets sind orthogonal zum Mother-Wavelet. Außerdem sind alle mit $a = 2^k, k \in \mathbb{R}$ skalierten und zeitverschobenen Haar-Wavelets orthogonal zum Mother-Wavelet. Will man die Eigenschaft der Orthonormalität haben, so muß ein Vorfaktor von $1/\sqrt{T}$ gewählt werden. Bei der Zeitdiskretisierung wird die Zeit häufig dimensionslos als $T = 1$ angenommen.

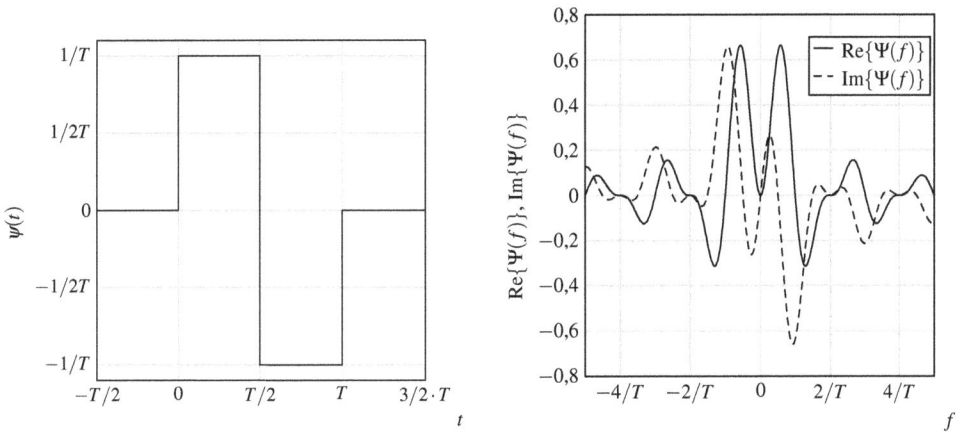

(a) *Zeitlicher Verlauf*   **(b)** *Spektrum*

Abbildung 3.11: *Haar-Wavelet*

3.3.3   Shannon-Wavelet

Das Si-Wavelet oder auch Shannon-Wavelet ist über die sinc-Funktion definiert:

$$\psi(t) = \frac{1}{T} \cdot \cos\left(\frac{3\pi}{2} \cdot \frac{t}{T}\right) \cdot \frac{\sin\left(\frac{\pi}{2} \cdot \frac{t}{T}\right)}{\frac{\pi}{2} \cdot \frac{t}{T}} \tag{3.116}$$

$$\Psi(f) = \begin{cases} 1 & \text{für } \dfrac{1}{2T} \le |f| \le \dfrac{1}{T} \\ 0 & \text{sonst.} \end{cases} \tag{3.117}$$

Die Konstante ist $C_\Psi = 2 \cdot \left(\ln\frac{1}{T} - \ln\frac{1}{2T}\right)$. Soll das Shannon-Wavelet die Signalenergie $E_\psi = 1$ haben, so muss ein Vorfaktor von $1/\sqrt{T}$ gewählt werden. Bei der Zeitdiskretisierung wird die Zeit häufig dimensionslos als $T = 1$ angenommen.

3.4   Semidiskrete, dyadische Wavelets

Im Folgenden soll der Skalierungsfaktor in Stufen in diskreten Potenzen von 2 verändert werden. Die Zeitverschiebung b bleibe weiterhin kontinuierlich.

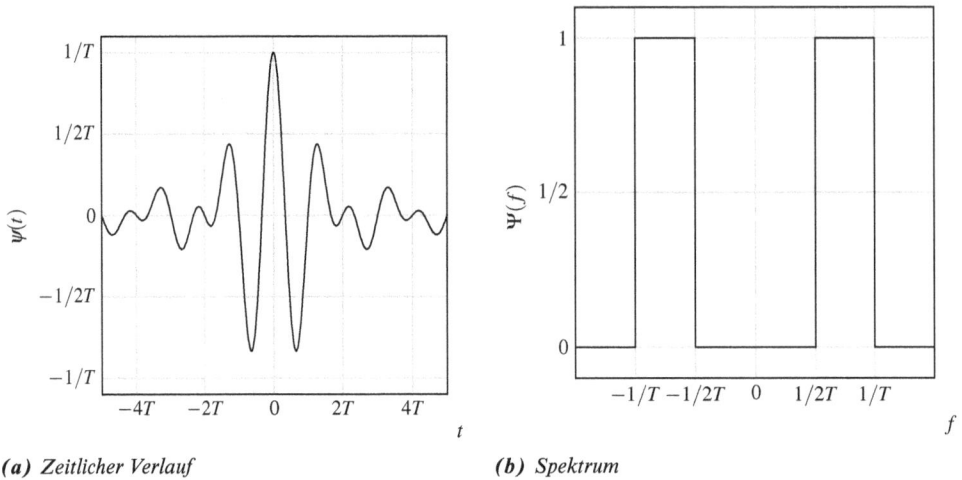

(a) Zeitlicher Verlauf   *(b) Spektrum*

Abbildung 3.12: *Shannon-Wavelet*

3.4.1   Dyadisch diskretisierter Skalierungsfaktor

Der Skalierungsfaktor a wird im Folgenden diskretisiert und dyadisch in Potenzen von 2 gestaffelt.

$$a_k = 2^k \tag{3.118}$$

Die Wavelet-Transformierte ist damit

$$W_x^{\psi}(2^k, b) = \frac{1}{2^{k/2}} \int_{-\infty}^{\infty} x(t)\, \psi^* \left(2^{-k}(t - b)\right) dt. \tag{3.119}$$

Die mittlere Frequenz des Wavelets ist bei Skalierung

$$f_{\psi,a} = \frac{f_{\psi}}{a_k} = 2^{-k} \cdot f_{\psi}, \tag{3.120}$$

die Breite der Frequenzverschiebungen entsprechend

$$F_k = \frac{F}{a_k} = 2^{-k} \cdot F. \tag{3.121}$$

Wählt man

$$f_{\psi} = \frac{3}{2} F, \tag{3.122}$$

so ergibt sich eine Einteilung der Frequenzbereiche, wie sie in Abb. 3.13 dargestellt ist. Die Intervalle der Breite F_k um die Mittenfrequenzen $f_{\psi,k}$, in denen sich der wesentliche Anteil der

Signalenergie der skalierten Wavelets konzentriert, schließen unmittelbar aneinander an. Auf diese Weise ist eine ausreichende Abtastung des Spektrums ohne allzu große Überlappung der Wavelet-Funktionen garantiert (vgl. Überlegungen in Abschnitt 2.2.2).

Die Mittenfrequenz ist dann bei Skalierung gegeben durch

$$f_{\psi,a} = 3 \cdot 2^{-(k+1)} F. \tag{3.123}$$

Die Wavelet-Transformierte für diskrete k setzt sich aus kontinuierlichen Funktionen $W_x^{\psi}(2^k, b)$ über der Zeit b zusammen. Aufgrund der dyadischen Skalierung von a_k nimmt die Breite dieser Funktionen mit wachsendem a_k ab.

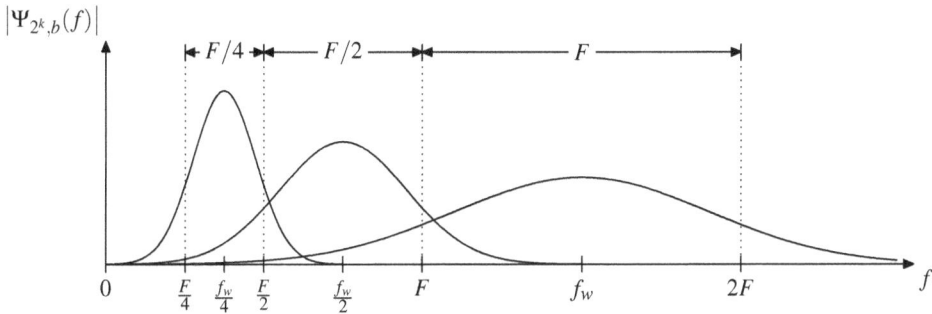

Abbildung 3.13: *Frequenzbereiche für $f_\psi = \frac{3}{2}F$*

Beispiel 3.7 *Parametrierung des Gabor-Wavelets*

Die effektive Bandbreite des Gabor-Wavelets beträgt:

$$F_{\text{eff}} = \int_{-\infty}^{\infty} \frac{|\Psi(f)|}{\Psi_{\text{max}}} \, df = \int_{-\infty}^{\infty} \exp\left(-\frac{2\pi^2(f - f_\psi)^2}{\beta}\right) df = \sqrt{\frac{\beta}{2\pi}}$$

Daraus folgt die Breite der Frequenzintervalle

$$F = \frac{2}{3} f_\psi = \frac{2}{3} \sqrt{\beta} = \frac{2}{3} \sqrt{2\pi} \cdot F_{\text{eff}} = 1{,}67 F_{\text{eff}}.$$

Die Spektren der Gabor-Wavelets, die in Abb. 3.13 eingezeichnet sind, genügen dieser Bedingung.

Beispiel 3.8 *Wavelet-Transformation eines Chirp-Signals*

Abb. 3.14 zeigt das Skalogramm eines wavelettransformierten Chirp-Signals

$$x(t) = \sin\left(k \cdot t^2\right)$$

für die diskreten Skalierungsfaktoren $a = 1, 2, 4, 8$. Für die Transformation wurde das Gabor-Wavelet verwendet. Da die Frequenz des Signals ansteigt, entstehen bei kleinen Zeitverschiebungen b Peaks bei großen Skalierungen a. Für größere Zeitverschiebungen sind entsprechend Peaks bei kleineren Skalierungen zu beobachten. Die Amplituden nehmen für große a und b ab (vgl. Abschnitt 3.2.3).

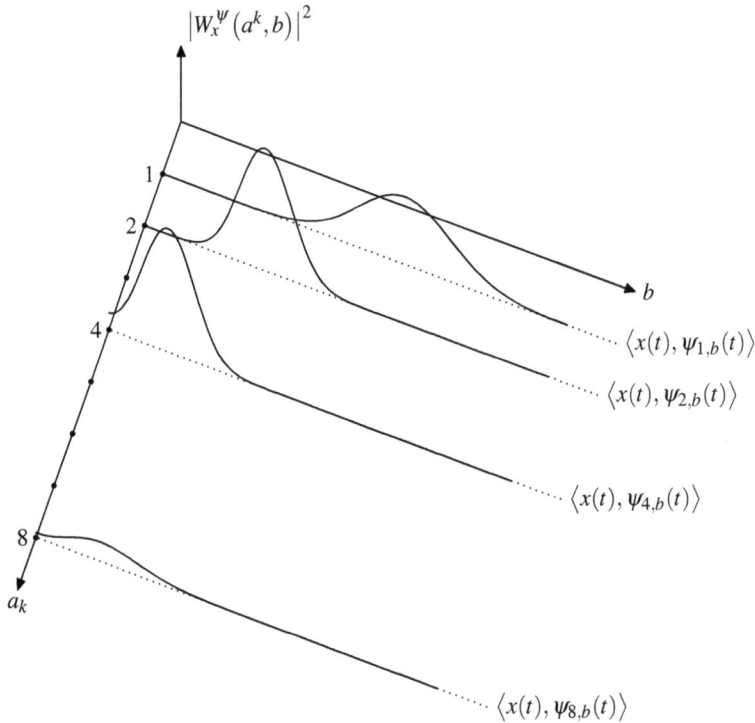

Abbildung 3.14: *Abnehmende Dichte des Wavelet-Spektrums bei dyadischer Skalierung*

3.4.2   Rekonstruktion des Signals im Zeitbereich

Bei der Rekonstruktion des Signals im Zeitbereich wird jeweils k festgehalten und lediglich über b integriert. Anschließend wird über alle k summiert. Für die Gewichtung der Signalanteile in b-Richtung wird der Faktor $1/2^k$ eingeführt. Die Gewichtung in a-Richtung ist durch die weiter entfernten Abtastpunkte bei wachsendem a berücksichtigt. Für die Rekonstruktion ergibt sich somit folgender Ansatz:

$$\hat{x}(t) = \sum_{k=-\infty}^{\infty} \int_{-\infty}^{\infty} W_x^{\psi}(2^k, b) \frac{1}{2^{k/2}} \tilde{\psi}\left(2^{-k}(t-b)\right) \cdot \frac{db}{2^k} \qquad (3.124)$$

Darauf wird der Satz von Parseval angewendet.

$$\hat{x}(t) = \sum_{k=-\infty}^{\infty} 2^{-3k/2} \Big\langle \underbrace{W_x^{\psi}(2^k, b)}_{\mathcal{F}^{-1}\{X(f)2^{k/2}\Psi^*(2^k f)\}} , \underbrace{\tilde{\psi}^* \left(2^{-k}(-(b-t))\right)}_{\mathcal{F}^{-1}\{2^k\tilde{\Psi}^*(2^k f)\exp(-j2\pi ft)\}} \Big\rangle_b \qquad (3.125)$$

Das Innenprodukt wird nach dem Satz von Parseval durch das Innenprodukt der Fourier-Transformierten ersetzt.

$$\hat{x}(t) = \sum_{k=-\infty}^{\infty} 2^{-3k/2} \Big\langle X(f)2^{k/2}\Psi^*(2^k f), 2^k\tilde{\Psi}^*(2^k f)\exp(-j2\pi ft) \Big\rangle_f \qquad (3.126)$$

$$= \sum_{k=-\infty}^{\infty} \int_{-\infty}^{\infty} X(f)\Psi^*(2^k f)\tilde{\Psi}(2^k f)\exp(j2\pi ft)df \qquad (3.127)$$

$$= \int_{-\infty}^{\infty} X(f)\exp(j2\pi ft) \cdot \underbrace{\sum_{k=-\infty}^{\infty} \Psi^*(2^k f)\tilde{\Psi}(2^k f)}_{\overset{!}{=}1} df = x(t) \qquad (3.128)$$

Die Rekonstruktionsbedingung für semidiskrete, dyadische Wavelets lautet damit

$$\boxed{\sum_{k=-\infty}^{\infty} \Psi^*(2^k f)\tilde{\Psi}(2^k f) \overset{!}{=} 1.} \qquad (3.129)$$

Bei vorgegebenem Analyse-Wavelet $\psi(t)$ folgt daraus die Berechnungsvorschrift für das Synthese-Wavelet $\tilde{\psi}(t)$

$$\tilde{\Psi}(2^k f) = \frac{\Psi(2^k f)}{\sum\limits_{k=-\infty}^{\infty} |\Psi(2^k f)|^2} . \qquad (3.130)$$

Diese Berechnungsvorschrift ist nur dann zulässig, wenn folgende Bedingung für das Analyse-Wavelet eingehalten wird

$$\boxed{0 < A \le \sum_{k=-\infty}^{\infty} \left|\Psi(2^k f)\right|^2 \le B < \infty.} \qquad (3.131)$$

Das Analyse-Wavelet wird dyadisches Wavelet genannt. Für das dazu duale dyadische Synthese-Wavelet gilt die unendliche Summe

$$\sum_{k=-\infty}^{\infty} \left|\tilde{\Psi}(2^k f)\right|^2 = \frac{\sum_{k=-\infty}^{\infty} |\Psi(2^k f)|^2}{\left[\sum_{k=-\infty}^{\infty} |\Psi(2^k f)|^2\right]^2} = \frac{1}{\sum_{k=-\infty}^{\infty} |\Psi(2^k f)|^2} . \qquad (3.132)$$

Durch Vergleich mit Gl. (3.131) erhält man die Bedingung für das Synthese-Wavelet

$$0 < \frac{1}{B} \le \sum_{k=-\infty}^{\infty} \left|\tilde{\Psi}(2^k f)\right|^2 \le \frac{1}{A} < \infty. \qquad (3.133)$$

Satz 3.6

Die Bedingung (Gl. (3.131)) für dyadische Wavelets entspricht der Zulässigkeitsbedingung Gl. (3.91) für kontinuierliche Wavelets.

Beweis 3.7

Um dies zu zeigen, wird Gl. (3.131) um df/f erweitert und von F bis $2F$ aufintegriert.

Fall a)

$f \geq 0$:

$$A \int\limits_{F}^{2F} \frac{df}{f} \leq \sum_{k=-\infty}^{\infty} \int\limits_{F}^{2F} \frac{\left|\Psi(2^k f)\right|^2}{f} df \leq B \int\limits_{F}^{2F} \frac{df}{f} \quad , f \geq 0 \tag{3.134}$$

Die Variable $v = 2^k f$ wird substituiert.

$$A \ln f \Big|_{F}^{2F} \leq \sum_{k=-\infty}^{\infty} \int\limits_{2^k F}^{2^{k+1}F} \frac{\left|\Psi(v)\right|^2}{v} dv \leq B \ln f \Big|_{F}^{2F} \quad , v \geq 0 \tag{3.135}$$

$$A \ln 2 \leq \int\limits_{0}^{\infty} \frac{\left|\Psi(v)\right|^2}{v} dv \leq B \ln 2 \tag{3.136}$$

Fall b)

$f < 0$:

Die Variable f wird zuerst durch $-f'$ ersetzt.

$$A \int\limits_{F}^{2F} \frac{-df'}{-f'} \leq \sum_{k=-\infty}^{\infty} \int\limits_{F}^{2F} \frac{\left|\Psi(-2^k f')\right|^2}{-f'} (-df') \leq B \int\limits_{F}^{2F} \frac{-df'}{-f'} \quad , f' > 0 \tag{3.137}$$

Die Variable $v = -2^k f'$ wird substituiert.

$$A \ln f \Big|_{F}^{2F} \leq \sum_{k=-\infty}^{\infty} \int\limits_{-2^{k+1}F}^{-2^k F} \frac{\left|\Psi(v)\right|^2}{-v} dv \leq B \ln f \Big|_{F}^{2F} \quad , v < 0 \tag{3.138}$$

Dabei wurden die Integralgrenzen in Gl. (3.138) vertauscht, wodurch der Nenner das negative Vorzeichen hat.

$$A \ln 2 \leq \int\limits_{-\infty}^{0} \frac{\left|\Psi(v)\right|^2}{|v|} dv \leq B \ln 2 \tag{3.139}$$

Durch Addition der beiden Gleichungen (3.136) und (3.139) erhält man:

$$0 < A \cdot 2 \cdot \ln 2 \leq \int_{-\infty}^{\infty} \frac{|\Psi(v)|^2}{|v|} dv \leq B \cdot 2 \cdot \ln 2 < \infty. \qquad (3.140)$$

Damit ist gezeigt, dass bei Einhaltung von Gl. (3.131) auch die Zulässigkeitsbedingung für das Wavelet $\psi(t)$ erfüllt ist.

In Abb. 3.15 ist die Filterbank-Interpretation für semidiskrete, dyadische Wavelets gezeigt. Die Wavelet-Transformierte (Gl. (3.119)) kann als Faltung von $x(t)$ mit dem dyadischen Wavelet interpretiert werden.

$$W_x^{\psi}(2^k, b) = x(b) \underset{t}{*} 2^{-k/2} \cdot \psi^*(-2^{-k} \cdot b), \quad k = -\infty, \ldots, +\infty \qquad (3.141)$$

Entsprechend ist das im Zeitbereich rekonstruierte Signal $\hat{x}(t)$ nach Gl. (3.124) die Faltung der Wavelet-Transformierten mit einem Rekonstruktionsfilter.

$$\hat{x}(t) = \sum_{k=-\infty}^{\infty} W_x^{\psi}(2^k, t) \underset{b}{*} 2^{-3k/2} \cdot \tilde{\psi}(2^{-k} t) \qquad (3.142)$$

Dabei sind an den Faltungssymbolen $*$ die Variablen vermerkt, über denen das Faltungsintegral als Integrationsvariable gebildet wird.

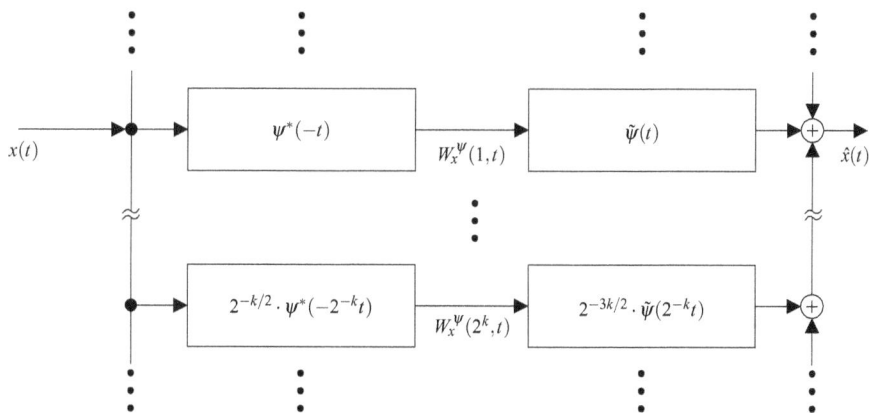

Abbildung 3.15: *Analyse- und Synthesefilterbank zur Wavelet-Transformation mit semidiskreten, dyadischen Wavelets*

4 Wavelet-Filterbänke

Datenverarbeitungssysteme wie Computer können im Allgemeinen nur diskrete Werte verarbeiten. Daher werden im Abschnitt 4.1 dyadische Wavelet-Reihen behandelt, die das Pendant zur Gabor-Reihe darstellen. Daraufhin liefert Abschnitt 4.2 eine besonders effiziente Berechnung der Wavelet-Reihen mittels Multiraten-Filterbänken, die sogenannte Diskrete Wavelet-Transformation. Für diese Filterbänke müssen die Wavelet- und Skalierungsfunktionen nicht mehr explizit bekannt sein, sondern die Tief- bzw. Bandpassfilter der Filterbänke. Wie dennoch aus diesen Filtern die Wavelet- bzw. Skalierungsfunktionen berechnet werden können, zeigt Abschnitt 4.3. Bis zu diesem Zeitpunkt werden an die Filter lediglich Bedingungen gestellt, ohne sie tatsächlich zu berechnen. Abschnitt 4.4 präsentiert mögliche Ansätze, wie Skalierungsfilter entworfen werden können, die diese Bedingungen erfüllen. Eine Verallgemeinerung der Multiraten-Filterbänke stellen die sogenannten Wavelet Packets dar, die sich adaptiv an ein Signal anpassen lassen. Diese werden in Abschnitt 4.5 vorgestellt. Das Kapitel schließt in Abschnitt 4.6 mit einer Betrachtung der Vorteile analytischer Wavelets und deren Realisierung, sowie einer entsprechenden Erweiterung zu Analytischen Wavelet Packets.

4.1 Dyadische Wavelet-Reihen

Ein Signal $x(t)$ kann in eine dyadische Wavelet-Reihe entwickelt werden, entsprechend der Entwicklung in eine Gabor-Reihe.

4.1.1 Diskretisierung von Skalierung und Zeitverschiebung

Zunächst betrachten wir zeitkontinuierliche Signale $x(t)$. Die Wavelet-Transformierte wird bezüglich der Skalierung und der Zeitverschiebung diskretisiert. Aufgrund der dyadischen Diskretisierung des Skalierungsfaktors $a_k = 2^k$ liegen die Abtastpunkte in der Zeit-Frequenz-Ebene in Zeitrichtung umso weiter auseinander, je größer der Exponent k ist (siehe Abb. 4.1). Bereiche des Spektrums mit großem k tragen nur noch wenig zur Signaldarstellung bei. Dies entspricht der in der a, b-Ebene mit $1/a^2$ abnehmenden Signalenergie des Spektrums für große a im Abschnitt 3.2.3. Die diskrete Zeitverschiebung T_k wird dyadisch mit wachsender Skalierung größer.

$$a_k = 2^k \,, \ b_{mk} = mT_k = m \cdot 2^k T \tag{4.1}$$

Das Analyse-Wavelet ist dyadisch skaliert und in dyadisch mit dem Skalierungsfaktor anwachsenden Schritten zeitverschoben.

$$\psi_{m,k}(t) = 2^{-k/2} \, \psi(2^{-k}(t - m2^k T)) \tag{4.2}$$

$$= 2^{-k/2} \, \psi(2^{-k}t - mT) \tag{4.3}$$

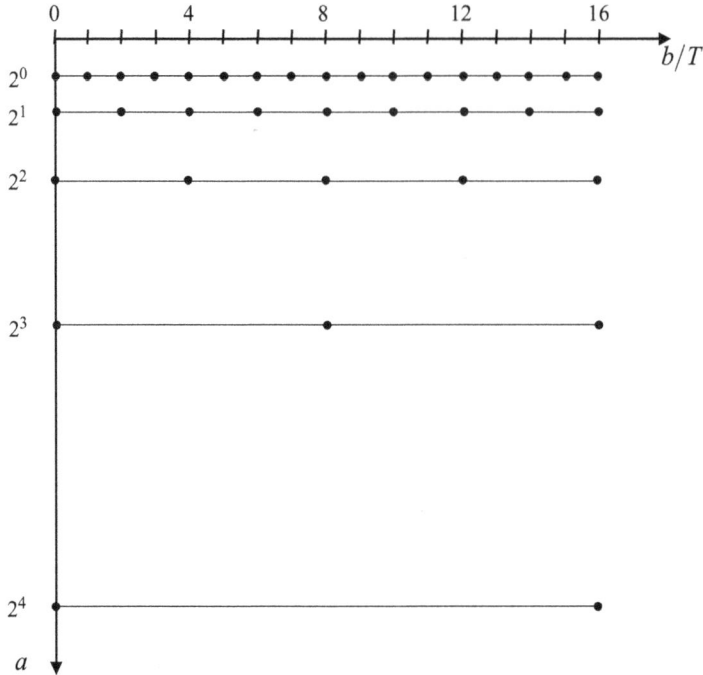

Abbildung 4.1: *Lage der Wavelet-Koeffizienten bei dyadischer Skalierung*

Das Synthese-Wavelet ist entsprechend skaliert und zeitverschoben

$$\tilde{\psi}_{m,k}(t) = 2^{-k/2}\,\tilde{\psi}(2^{-k}(t-m2^kT)) \tag{4.4}$$

$$= 2^{-k/2}\,\tilde{\psi}(2^{-k}t - mT). \tag{4.5}$$

Die Wavelet-Transformierte als Projektion des zeitkontinuierlichen Signals $x(t)$ auf das Analyse-Wavelet

$$W_x^{\psi}(m,k) = W_x^{\psi}(m2^kT, 2^k) \tag{4.6}$$

$$= \langle x(t), \psi_{m,k}(t)\rangle_t \tag{4.7}$$

$$= \int_{-\infty}^{\infty} x(t)\cdot 2^{-k/2}\psi^*(2^{-k}t - mT)\,dt \tag{4.8}$$

stellt die Koeffizienten der Wavelet-Reihe an den diskreten Punkten (m,k) dar.

Die Rekonstruktion des zeitkontinuierlichen Signals $\hat{x}(t)$ erfolgt als Reihenentwicklung in die Synthese-Wavelets.

$$\hat{x}(t) = \sum_{k=-\infty}^{\infty}\sum_{m=-\infty}^{\infty} W_x^{\psi}(m,k)\cdot\tilde{\psi}_{m,k}(t). \tag{4.9}$$

Die diskreten Frequenzverschiebungen $F_k = 2^{-k} \cdot F$ und die diskreten Zeitverschiebungen $T_k = 2^k \cdot T$ verändern aufgrund der Skalierung ihre Größe in entgegengesetzter Richtung. Damit lautet das Abtasttheorem für die Zeit-Frequenz-Verteilung wie im Fall der Gabor-Reihe:

$$T_k \cdot F_k = T \cdot F \leq 1. \tag{4.10}$$

Um eine vorgegebene Fläche A der Zeit-Frequenz-Ebene zu überdecken, sind bei kritischer Abtastung

$$\frac{A}{T_k \cdot F_k} = \frac{A}{T \cdot F} \tag{4.11}$$

diskrete Abtastpunkte in m- und k-Richtung notwendig. Dies entspricht der Anzahl benötigter Abtastpunkte bei der Entwicklung einer Gabor-Reihe.

Zur Ableitung der Rekonstruktionsbedingung wird das rekonstruierte Signal $\hat{x}(t)$ aus Gl. (4.9) in die Wavelet-Transformation Gl. (4.6) eingesetzt.

$$W_x^{\psi}(m',k') = \langle \hat{x}(t), \psi_{m',k'}(t) \rangle_t \tag{4.12}$$

$$= \sum_{k=-\infty}^{\infty} \sum_{m=-\infty}^{\infty} W_x^{\psi}(m,k) \underbrace{\langle \tilde{\psi}_{m,k}(t), \psi_{m',k'}(t) \rangle_t}_{\stackrel{!}{=} \delta(m-m') \cdot \delta(k-k')} \tag{4.13}$$

Die Rekonstruktion ist möglich, wenn die Biorthonormalitätsbedingung für die Analyse- und Synthese-Wavelets

$$2^{-(k+k')/2} \int_{-\infty}^{\infty} \tilde{\psi}(2^{-k}t - mT) \psi^*(2^{-k'}t - m'T) dt = \delta(m-m') \cdot \delta(k-k') \tag{4.14}$$

erfüllt ist.

Es ist in der praktischen Anwendung schwierig, geeignete biorthonormale zeitkontinuierliche Analyse- und Synthese-Wavelets zu finden, da Gl. (4.14) analytisch nur schwer zu lösen ist. Nehmen wir z. B. das Gabor-Wavelet als Analyse-Wavelet, so ist eine Rekonstruktion des zeitkontinuierlichen Signals aus der Wavelet-Reihe mit dem gleichen Gabor-Wavelet als Synthese-Wavelet nicht möglich. Wie man in Anhang B.2 sieht, sind skalierte und zeitverschobene Gabor-Wavelets nicht orthogonal zueinander, die Bedingung in Gl. (4.14) würde also verletzt.

4.1.2   Wavelet-Reihen zeitdiskreter Signale

Wir wollen jetzt auf zeitdiskrete Signale $x(n)$ übergehen und diese in eine Wavelet-Reihe entwickeln. Dabei stellen wir fest, dass ein Vorgehen analog zur Gabor-Reihe in Abschnitt 2.3 nicht zu befriedigenden Ergebnissen führt. Dort wurden die Zeit- und Frequenzverschiebungen als Vielfache der Abtastzeit bzw. der Beobachtungsfrequenz angesetzt (Gl. (2.102) und Gl. (2.103)).

$$T = \Delta M \cdot t_A, \qquad F = \Delta K \cdot \Delta f \qquad \text{(Gabor-Reihe)} \tag{4.15}$$

Wenn wir für den Skalierungsfaktor $a = 1$ eine Zeitverschiebung $T = \Delta M \cdot t_A$ vorgäben, so erhielten wir für die Skalierung $a_k = 2^k$ nach Gl. (4.1) eine Zeitverschiebung $T_k = 2^k \cdot \Delta M \cdot t_A$, bei der die Auflösung um 2^k mal kleiner ist. Entsprechendes gilt für die Frequenzverschiebung, die man bei der Skalierung $a = 1$ als $F = 2^K \cdot \Delta K \cdot \Delta f$ vorgeben müsste, damit nach Gl. (3.121) bei der Skalierung $a_K = 2^K$ die Frequenzauflösung $F_K = \Delta K \cdot \Delta f$ sein könnte. Man erhielte bei der Wavelet-Reihe eine wesentlich höhere Anzahl von Abtastpunkten in der Zeit-Frequenz-Ebene als bei der Gabor-Reihe. Die Vorteile der Skalierung wären damit ins Gegenteil verkehrt. Deshalb wählt man bei der Wavelet-Reihe als Zeitverschiebung z. B. $T = t_A$, d. h.

$$T_k = 2^k \cdot T = 2^k \cdot t_A, \qquad k = 0, 1, \ldots, K, \tag{4.16}$$

und als Frequenzverschiebung abweichend von Gl. (3.122) z. B. $F = \frac{f_A}{2}$, d. h.

$$F_k = 2^{-k} F \leq 2^{-k} \cdot \frac{1}{2} f_A, \qquad k = 0, 1, \ldots, K. \tag{4.17}$$

Aufgrund der Skalierung ist jetzt die Auflösung in der Zeit-Frequenz-Darstellung nur dort hoch, wo es sinnvoll ist, d. h. hohe Zeitauflösung bei kleiner Skalierung und hohe Frequenzauflösung bei großer Skalierung. Bei der Wahl der Zeit- und Frequenzverschiebungen muss auf die Einhaltung des klassischen Abtasttheorems

$$f_A \geq 2F \tag{4.18}$$

und des Abtasttheorems für Zeit-Frequenz-Darstellungen

$$T_k \cdot F_k \leq 1 \tag{4.19}$$

geachtet werden. Die Frequenz F wird dabei als die höchste im Signal vorkommende Frequenz angesehen. Die Wavelet-Koeffizienten könnten als Projektion des zeitdiskreten Signals $x(n)$ auf die zeitdiskreten Waveletfunktionen entsprechend Gl. (4.7)

$$W_x^{\psi}(m, k) = \langle x(n), \psi_{m,k}(n) \rangle_n = \sum_{n=0}^{N-1} x(n) 2^{-\frac{k}{2}} \psi^* \left(2^{-k} n - m \right) \tag{4.20}$$

berechnet werden. In der Praxis werden sie aber mit Hilfe der Multiraten-Filterbank in Abschnitt 4.2 berechnet, da diese Methode weniger aufwendig ist.

4.2 Multiraten-Filterbank

Die Darstellung der Wavelet-Transformation als Multiraten-Filterbank ermöglicht eine schnelle Berechnung der Koeffizienten einer dyadischen Wavelet-Reihe. Ähnlich wie bei der schnellen Fourier-Transformation wird durch Ausnutzung von Zwischenergebnissen eine erhebliche Anzahl an Rechenschritten eingespart. Dazu werden spezielle Anforderungen an die Wavelets gestellt, die z. B. vom Gabor-Wavelet nicht erfüllt werden. Bei der Gabor-Wavelet-Transformation wird deshalb weiterhin die Projektion (3.5) verwendet. Mit dem Haar-Wavelet Gl. (3.114) oder den Daubechies-Wavelets (Abschnitt 4.4.7) kann die Multiraten-Filterbank zur Wavelet-Transformation angewendet werden. Das Verfahren wird auch Diskrete Wavelet-Transformation (DWT) genannt. Der Algorithmus wurde zuerst von Mallat [29] vorgestellt. Im Folgenden gehen wir von gleichen Analyse- und Synthese-Wavelets

$$\tilde{\psi}_{m,k}(t) = \psi_{m,k}(t) \tag{4.21}$$

aus. Wir fordern, dass die skalierten, zeitverschobenen Wavelets ein *orthonormales Basissystem*

$$\langle \psi_{m,k}(t), \psi_{m',k'}(t) \rangle = \delta(m-m') \cdot \delta(k-k') \quad \forall\, k \tag{4.22}$$

bilden sollen. Beim Übergang auf zeitdiskrete Signale setzen wir $t = nt_A = nT$.

4.2.1 Signaldarstellung in Unterräumen

Die Wavelets $\psi_{m,k}(t)$ haben Bandpass-Charakter. Für ein festes k spannen die Wavelets $\psi_{m,k}(t)\,\forall m$ einen Funktionenunterraum im Bandpassbereich $[2^{-k} \cdot F, 2^{-k+1} \cdot F]$ auf. Die einzelnen Bandpassteilsignale $y_k(t)$ der Wavelet-Reihe in Gl. (4.9)

$$\hat{x}(t) = \sum_{k=-\infty}^{\infty} \sum_{m=-\infty}^{\infty} W_x^{\psi}(m,k) \cdot \psi_{m,k}(t) = \sum_{k=-\infty}^{\infty} y_k(t) \tag{4.23}$$

werden jeweils durch die gewichtete Summe zeitverschobener Wavelets

$$y_k(t) = \sum_{m=-\infty}^{\infty} W_x^{\psi}(m,k) \cdot \psi_{m,k}(t) \quad \forall\, k \tag{4.24}$$

repräsentiert. Die Teilsignale $y_k(t)$ stellen gerade die Projektionen des Signals $x(t)$ in die entsprechenden Bandpass-Unterräume dar.

In der Praxis beschränkt man sich auf eine maximale Frequenz F. Dies entspricht einer Tiefpassfilterung, durch die aus dem Signal $x(t)$ das Signal

$$x_0(t) = \sum_{k=1}^{\infty} y_k(t) \tag{4.25}$$

entsteht.[1] Dieses wird weiter in frequenzabhängige, zueinander komplementäre Teilsignale zerlegt, wobei jeweils

$$x_{k-1}(t) = x_k(t) + y_k(t) \tag{4.26}$$

gilt. Dabei ist $x_k(t)$ der durch Tiefpass und $y_k(t)$ der durch Bandpass gefilterte Anteil am Signal $x_{k-1}(t)$. Abb. 4.2 zeigt die Hierarchie der Teilsignale und die dazugehörigen Frequenzbereiche.

In Abb. 4.3 sind die dyadisch skalierten Fenster $F_k \times T_k$ dargestellt. Dabei ist k der Exponent der dyadischen Skalierung $a_k = 2^k$. Die Basisentwicklung

$$y_k(t) = \sum_{m=-\infty}^{\infty} W_x^{\psi}(m,k)\,\psi_{m,k}(t) \qquad k = 1, 2, \dots \tag{4.27}$$

---

[1] In der Literatur wird teilweise eine andere Konvention verwendet. Dabei erfolgt eine Beschränkung auf die maximale Frequenz $2F$, was einer Tiefpassfilterung entspricht, durch die das Signal $x_{-1}(t) = \sum_{k=0}^{\infty} y_k(t)$ entsteht.

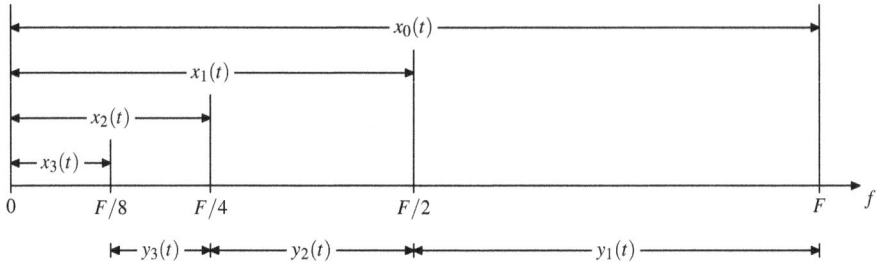

Abbildung 4.2: *Projektionen des Signals $x(t)$ auf frequenzabhängige Unterräume*

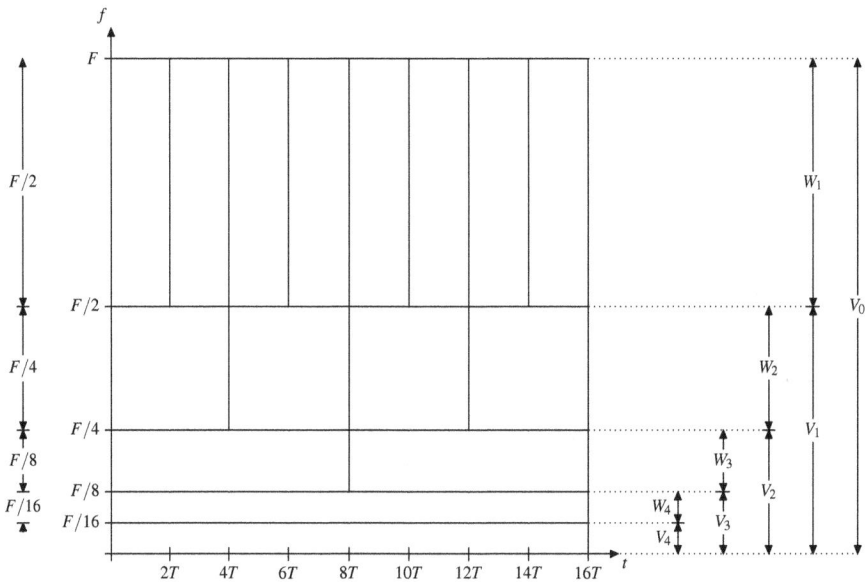

Abbildung 4.3: *Dyadisch skalierte Fenster und Funktionenräume*

beschreibt gerade den Informationsanteil des Signals $x(t)$, der durch den Frequenzbereich $\left[F \cdot 2^{-k}, F \cdot 2^{-k+1}\right]$ abgedeckt ist. Stellen wir uns das Signal $x(t)$ als ein Element im Funktionenraum

$$x(t) \in L_2(\mathbb{R}) \tag{4.28}$$

aller quadratisch integrierbaren Funktionen vor, so ist das Signal

$$y_1(t) = \sum_{m=-\infty}^{\infty} W_x^{\psi}(m,1)\, \psi_{m,1}(t) \tag{4.29}$$

$$= \underset{W_1}{\text{Proj}}\{x(t)\} \in W_1 \tag{4.30}$$

eine Projektion des Signals $x(t)$ auf den Funktionenunterraum

$$W_1 \subset L_2(\mathbb{R}), \tag{4.31}$$

der lediglich Signalanteile im oberen Frequenzbereich $[F/2, F]$ enthält. Für $k = 2$ ist die Basisentwicklung

$$y_2(t) = \sum_{m=-\infty}^{\infty} W_x^{\psi}(m, 2)\, \psi_{m,2}(t) \tag{4.32}$$

$$= \operatorname*{Proj}_{W_2}\{x(t)\} \in W_2 \tag{4.33}$$

die Projektion des Signals $x(t)$ auf den Funktionenunterraum

$$W_2 \subset L_2(\mathbb{R}), \tag{4.34}$$

der lediglich Signalanteile im darunter liegenden Frequenzbereich $[F/4, F/2]$ enthält. Mit dyadisch wachsender Skalierung k werden durch die Funktionen

$$y_k(t) = \operatorname*{Proj}_{W_k}\{x(t)\} \in W_k \tag{4.35}$$

Projektionen des Signals $x(t)$ auf Unterräume W_k dargestellt, die einen immer kleineren Frequenzbereich der Breite $2^{-k}F$ in der betrachteten Zeit-Frequenz-Ebene repräsentieren. Im Folgenden soll die Hierarchie der Unterräume W_k und deren Einbettung in $L_2(\mathbb{R})$ betrachtet werden. Dazu nehmen wir zusätzlich die Unterräume V_k zu Hilfe. Der Raum

$$V_0 \subset L_2(\mathbb{R}) \tag{4.36}$$

umfasst den gesamten in Abb. 4.3 betrachteten Frequenzbereich $[0, F]$. Es wird angenommen, dass das Signal $x(t)$ in V_0 ausreichend genau approximiert wird:

$$x(t) \approx x_0(t) = \operatorname*{Proj}_{V_0}\{x(t)\} = \sum_{m=-\infty}^{\infty} c_0(m)\, \varphi_{m,0}(t) \subset V_0 \tag{4.37}$$

Der Tiefpass-Raum V_0 soll durch zeitverschobene *orthonormale* Basisfunktionen

$$\varphi_{m,0}(t) = \varphi(t - mT) \tag{4.38}$$

aufgespannt werden. Entsprechend seien die Unterräume

$$V_k \subset V_{k-1} \tag{4.39}$$

durch orthonormale Basisfunktionen

$$\varphi_{m,k}(t) = 2^{-k/2} \cdot \varphi\left(2^{-k}t - mT\right) \tag{4.40}$$

aufgespannt, die durch Skalierung mit 2^k und durch zeitliche Verschiebung um $m2^k T$ generiert werden. Wegen dieser Eigenschaft nennt man die Basisfunktionen der Räume V_k *Skalierungsfunktionen* $\varphi_{m,k}(t)$. Sie haben Tiefpass-Charakter. Für festes k lautet die Orthonormalitätsbedingung

$$\langle \varphi_{m,k}(t), \varphi_{m',k}(t) \rangle = \delta(m - m'). \tag{4.41}$$

Man erhält die Hierarchie der Räume

$$\cdots \subset V_{k+1} \subset V_k \subset V_{k-1} \subset \cdots \subset V_1 \subset V_0 \subset \cdots . \tag{4.42}$$

Der Raum V_0 wird in die beiden Unterräume

$$V_0 = V_1 \cup W_1 \tag{4.43}$$

aufgeteilt, wobei V_1 die tiefen Frequenzen der unteren Hälfte der betrachteten Zeit-Frequenz-Ebene abdeckt, und W_1 die dazu komplementäre obere Hälfte mit den hohen Frequenzen. Iterativ gilt

$$V_{k-1} = V_k \cup W_k . \tag{4.44}$$

Die Räume V_k und W_k sollen nun orthogonal zueinander sein, d. h.

$$V_k \cap W_k = \varnothing \quad \text{bzw.} \quad V_k \perp W_k , \quad \forall k . \tag{4.45}$$

Das bedeutet, dass die diese Räume aufspannenden Skalierungsfunktionen und Wavelets ebenfalls zueinander orthonormal sein müssen.

$$\langle \psi_{m,k}(t), \varphi_{m,k}(t) \rangle = 0 , \quad \text{für } k = k' \tag{4.46}$$

Der Übergang von einem Funktionenraum V_{k-1} auf die beiden untergeordneten Räume V_k und W_k erfolgt durch Tiefpass- bzw. Bandpassfilterung. Die Impulsantworten der Tiefpässe seien mit $g_{\text{TP}}(m)$ und die der Bandpässe mit $g_{\text{BP}}(m)$ bezeichnet. Die oben aufgestellten Anforderungen an die Skalierungsfunktionen und die Wavelets werden in Abschnitt 4.3.2 auf eine axiomatische Grundlage gestellt.

4.2.2 Diskrete Wavelet-Transformation (Signalanalyse)

Das Signal $x(t)$ werde durch eine Reihenentwicklung in die orthonormalen Skalierungsfunktionen $\varphi_{m,0}(t)$ ausreichend genau approximiert, d. h. bis zu einer maximalen Frequenz F.

$$x(t) \approx x_0(t) = \sum_{m=-\infty}^{\infty} c_0(m) \cdot \varphi_{m,0}(t) \tag{4.47}$$

$$= \sum_{m=-\infty}^{\infty} c_0(m) \varphi(t - mT) \tag{4.48}$$

Die Skalierungsfunktionen $\varphi_{m,0}(t)$ spannen den Raum V_0 auf. Die Koeffizienten $c_0(m)$ berechnen sich über die Projektion von $x(t)$ auf die $\varphi_{m,0}(t)$:

$$c_0(m) = \langle x(t), \varphi_{m,0}(t) \rangle_t \tag{4.49}$$

$$= \int_{-\infty}^{\infty} x(t) \cdot \varphi^*(t - mT) \, dt \tag{4.50}$$

Dieses Innenprodukt kann auch als Faltung dargestellt werden:

$$c_0(m) = \int_{-\infty}^{\infty} x(t) \cdot \varphi^*\big(-(mT-t)\big)\, dt \qquad (4.51)$$

$$= x(mT) \underset{t}{*} \varphi^*(-mT) \qquad (4.52)$$

Interpretiert man die Funktion $\varphi^*(-t)$ als Impulsantwort eines antikausalen Tiefpassfilters, so erhält man für $k = 0$ die Koeffizienten $c_0(m)$, indem man das Signal $x(t)$ mit der Impulsantwort $\varphi^*(-t)$ faltet und anschließend in den Punkten mT abtastet.

Führt man die Faltung Gl. (4.52) für zeitdiskrete Signale $x(n)$ und Impulsantworten $\varphi^*(-n)$ aus, so können auch zeitdiskrete Signale $x(n)$ im Funktionenraum V_0 dargestellt werden, die mit $t_A = T$ abgetastet werden. Die Koeffizienten sind dann

$$c_0(m) = \sum_{n=0}^{N-1} x(n) \cdot \varphi^*(-(m-n)) = x(m) \underset{n}{*} \varphi^*(-m) \qquad (4.53)$$

und die Approximation von $x(n)$ in V_0 entsprechend $x_0(n) = \sum_m c_0(m) \varphi(n-m)$. Die Faltung wird jetzt als Faltungssumme mit der Summationsvariablen n gebildet. Ausgangspunkt der weiteren Signalzerlegungen sind also immer die Koeffizienten $c_0(m)$.

Werden im Folgenden wieder zeitkontinuierliche Signale betrachtet, ist die Approximation des Signals $x(t)$ im Unterraum V_k

$$x_k(t) = \sum_{m=-\infty}^{\infty} c_k(m) \cdot \varphi_{m,k}(t). \qquad (4.54)$$

Das Teilsignal $x_k(t)$ wird durch die Koeffizienten $c_k(m)$ eindeutig beschrieben. Dabei werden die den Unterraum V_k aufspannenden Skalierungsfunktionen $\varphi_{m,k}(t)$ durch Skalierung von $\varphi_{m,0}(t)$ mit 2^k gewonnen.

$$\varphi_{m,k}(t) = 2^{-k/2} \varphi(2^{-k}t - mT) \qquad (4.55)$$

Die Approximation des Signals $x(t)$ im Unterraum W_k ist durch die Reihenentwicklung

$$y_k(t) = \sum_{m=-\infty}^{\infty} d_k(m) \psi_{m,k}(t), \quad d_k(m) = W_x^{\psi}(m,k) \qquad (4.56)$$

gegeben. Das Teilsignal $y_k(t)$ wird durch die Koeffizienten $d_k(m)$ eindeutig beschrieben. Dabei werden skalierte, zeitverschobene Wavelets als Basisfunktionen im Unterraum W_k verwendet.

$$\psi_{m,k}(t) = 2^{-k/2} \psi(2^{-k}t - mT) \qquad (4.57)$$

Das Projektionssignal $x_k(t)$ in V_k kann in die beiden Anteile $x_{k+1}(t)$ in V_{k+1} und $y_{k+1}(t)$ in W_{k+1} aufgespalten werden.

$$x_k(t) = x_{k+1}(t) + y_{k+1}(t) \qquad (4.58)$$

Entsprechend können die Skalierungsfunktionen $\varphi_{m,k}(t)$, die den Unterraum V_k aufspannen, in die Basisfunktionen $\varphi_{l,k+1}(t)$ und $\psi_{l,k+1}(t)$ der Unterräume V_{k+1} und W_{k+1} entwickelt werden.

$$\varphi_{m,k}(t) = \sum_{l=-\infty}^{\infty} g_{TP}(2l-m)\varphi_{l,k+1}(t) + \sum_{l=-\infty}^{\infty} g_{BP}(2l-m)\psi_{l,k+1}(t) \qquad (4.59)$$

Das Argument $2l - m$ der Entwicklungskoeffizienten g_{TP} bzw. g_{BP} kommt dadurch zustande, dass die Verschiebung der Funktionen $\varphi_{l,k+1}(t)$ bzw. $\psi_{l,k+1}(t)$ bei einer Änderung von l um eins einer Verschiebung der Funktion $\varphi_{m,k}(t)$ bei einer Änderung von m um zwei entspricht. In den Unterräumen V_{k+1} und W_{k+1} werden die Signale also nur noch mit der halben Abtastfrequenz abgetastet. Entsprechend verdoppelt sich die Abtastzeit. Die Entwicklungskoeffizienten $g_{TP}(m)$ und $g_{BP}(m)$ stellen Impulsantworten eines Tiefpass- bzw. eines Bandpassfilters dar, wie im Folgenden gezeigt wird.

Satz 4.1 *Diskrete Wavelet-Transformation*

Das Verfahren zur Berechnung der Wavelet-Koeffizienten wird *Diskrete Wavelet-Transformation* (DWT) genannt. Sie erfordert lediglich die rekursive Zerlegung der Koeffizienten $c_k(m)$ in die Koeffizienten $c_{k+1}(l)$ und $d_{k+1}(l)$ durch Faltung mit den Impulsantworten des Tiefpassfilters $g_{TP}(m)$ bzw. des Bandpassfilters $g_{BP}(m)$ und anschließendem Downsampling:

$$\left. c_{k+1}(l) = c_k(m) * g_{TP}(m) \right|_{m=2l} \qquad (4.60)$$

$$\left. d_{k+1}(l) = c_k(m) * g_{BP}(m) \right|_{m=2l} \qquad (4.61)$$

Die Skalierungs- und Waveletfunktionen werden dabei nicht mehr betrachtet. Mit der Erhöhung von k auf $k+1$ (d. h. der Skalierung der Skalierungs- und Waveletfunktionen um den Faktor 2) wird die Frequenzauflösung um den Faktor 2 feiner und die Zeitauflösung um den Faktor 2 gröber. Die Abtastfrequenz wird um den Faktor 2 reduziert. Durch iteratives Wiederholen der Zerlegung erhält man die Wavelet-Transformierten als Koeffizienten der Reihenentwicklungen in den skalierten Unterräumen W_k.

$$W_x^{\psi}(m,k) = d_k(m) \qquad (4.62)$$

Die sich ergebende Multiraten-Filterbank ist in Abb. 4.4 dargestellt.

Beweis 4.1

Die Approximation des Signals im Raum V_k erhält man durch Einsetzen von Gl. (4.59) in Gl. (4.54):

$$x_k(t) = \sum_{m=-\infty}^{\infty} c_k(m) \left(\sum_{l=-\infty}^{\infty} g_{TP}(2l-m)\varphi_{l,k+1}(t) + \sum_{l=-\infty}^{\infty} g_{BP}(2l-m)\psi_{l,k+1}(t) \right)$$

$$(4.63)$$

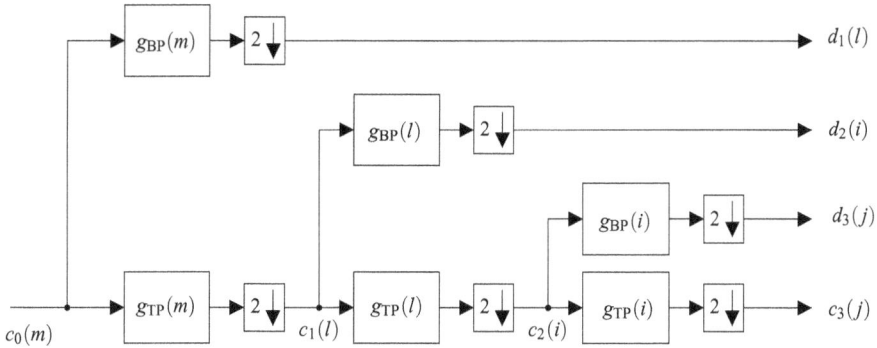

Abbildung 4.4: *Diskrete Wavelet-Transformation durch Multiraten-Filterbank (Signalanalyse)*

$$
= \sum_{l=-\infty}^{\infty} \left(\left(\sum_{m=-\infty}^{\infty} c_k(m) g_{\mathrm{TP}}(2l-m) \right) \varphi_{l,k+1}(t) \right.
$$

$$
\left. + \left(\sum_{m=-\infty}^{\infty} c_k(m) g_{\mathrm{BP}}(2l-m) \right) \psi_{l,k+1}(t) \right) \tag{4.64}
$$

Die Koeffizienten der beiden Reihenentwicklungen in den beiden Unterräumen V_{k+1} und W_{k+1} ergeben sich durch Faltung der Koeffizienten $c_k(2l)$ im Unterraum V_k mit den Impulsantworten des Tiefpass- und des Bandpassfilters.

$$
c_{k+1}(l) = c_k(m) * g_{\mathrm{TP}}(m) \Big|_{m=2l} \tag{4.65}
$$

$$
d_{k+1}(l) = c_k(m) * g_{\mathrm{BP}}(m) \Big|_{m=2l} \tag{4.66}
$$

Die Reihenentwicklung von $x_k(t)$ erfolgt damit als Summe von zwei Reihenentwicklungen in V_{k+1} und W_{k+1}.

$$
x_k(t) = x_{k+1}(t) + y_{k+1}(t) \tag{4.67}
$$

$$
= \sum_{l=-\infty}^{\infty} c_{k+1}(l) \cdot \varphi_{l,k+1}(t) + \sum_{l=-\infty}^{\infty} d_{k+1}(l) \cdot \psi_{l,k+1}(t) \tag{4.68}
$$

Weil sich aufgrund von Gl. (4.44) der Raum $L_2(\mathbb{R})$ als Vereinigung der Bandpass-Unterräume W_k

$$
L_2(\mathbb{R}) = \bigcup_{k \in \mathbb{Z}} W_k \tag{4.69}
$$

darstellen lässt, kann das Signal als Summe der dortigen Basisentwicklungen $y_k(t)$ rekonstruiert werden.

$$\hat{x}(t) = \sum_{k=-\infty}^{\infty} y_k(t) \tag{4.70}$$

$$= \sum_{k=-\infty}^{\infty} \sum_{m=-\infty}^{\infty} d_k(m)\psi_{m,k}(t) = \sum_{k=-\infty}^{\infty} \sum_{m=-\infty}^{\infty} W_x^{\psi}(m,k)\psi_{m,k}(t) \tag{4.71}$$

Um den Zusammenhang zwischen den Skalierungs- und den Waveletfunktionen einerseits, und den Tief- und Bandpassfiltern andererseits herzustellen, gehen wir von der Entwicklung der Skalierungsfunktionen in Gl. (4.59) aus.

$$\varphi_{m,k}(t) = \sum_{l=-\infty}^{\infty} g_{TP}(2l-m)\varphi_{l,k+1}(t) + \sum_{l=-\infty}^{\infty} g_{BP}(2l-m)\psi_{l,k+1}(t) \tag{4.72}$$

Von dieser wird mit $\varphi_{i,k+1}(t)$ bzw. $\psi_{i,k+1}(t)$ das Innenprodukt gebildet.

$$\left\langle \varphi_{m,k}(t), \varphi_{i,k+1}(t) \right\rangle_t = \sum_{l=-\infty}^{\infty} g_{TP}(2l-m)\underbrace{\left\langle \varphi_{l,k+1}(t), \varphi_{i,k+1}(t) \right\rangle_t}_{\delta_{l,i}}$$

$$+ \sum_{l=-\infty}^{\infty} g_{BP}(2l-m)\underbrace{\left\langle \psi_{l,k+1}(t), \varphi_{i,k+1}(t) \right\rangle}_{=0,\ da\ W_{k+1}\perp V_{k+1}} \tag{4.73}$$

$$\left\langle \varphi_{m,k}(t), \psi_{i,k+1}(t) \right\rangle_t = \sum_{l=-\infty}^{\infty} g_{TP}(2l-m)\underbrace{\left\langle \varphi_{l,k+1}(t), \psi_{i,k+1}(t) \right\rangle_t}_{=0,\ da\ W_{k+1}\perp V_{k+1}}$$

$$+ \sum_{l=-\infty}^{\infty} g_{BP}(2l-m)\underbrace{\left\langle \psi_{l,k+1}(t), \psi_{i,k+1}(t) \right\rangle}_{\delta_{l,i}} \tag{4.74}$$

Die Skalierungs- und Waveletfunktionen sind untereinander orthonormal. Aufgrund der Orthonormalität der Unterräume W_{k+1} und V_{k+1} sind die Skalierungsfunktionen auch zu den Waveletfunktionen orthonormal. Man erhält aus Gl. (4.73) und Gl. (4.74) die Impulsantworten der Tief- und Bandpässe

$$g_{TP}(2l-m) = \left\langle \varphi_{m,k}(t), \varphi_{l,k+1}(t) \right\rangle_t \tag{4.75}$$

$$g_{BP}(2l-m) = \left\langle \varphi_{m,k}(t), \psi_{l,k+1}(t) \right\rangle_t . \tag{4.76}$$

4.2.3   Inverse Diskrete Wavelet-Transformation (Signalsynthese)

Das Signal $x(t)$ im Zeitbereich kann ebenfalls mit Hilfe einer Multiraten-Filterbank aus seiner Wavelet-Transformierten rekonstruiert werden. Dies ist die Inverse Diskrete Wavelet-Transformation (IDWT). Weil die Unterräume V_{k+1}, W_{k+1} mit höherem Index entsprechend

$$V_{k+1} \subset V_k \ , \ W_{k+1} \subset V_k \tag{4.77}$$

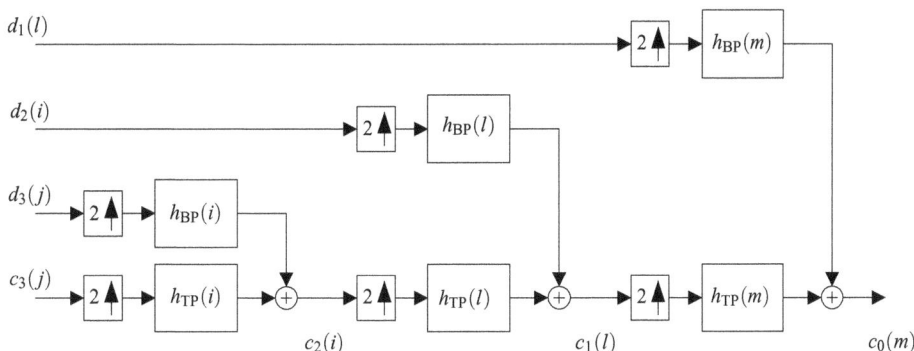

Abbildung 4.5: *Inverse Diskrete Wavelet-Transformation durch Multiraten-Filterbank (Signalsynthese)*

in V_k enthalten sind, können die Skalierungs- und Waveletfunktionen der Räume V_{k+1} und W_{k+1} in die Skalierungsfunktionen $\varphi_{m,k}(t)$ des übergeordneten Raumes V_k entwickelt werden.

$$\varphi_{l,k+1}(t) = \sum_{m=-\infty}^{\infty} h_{\text{TP}}(m-2l)\,\varphi_{m,k}(t) \tag{4.78}$$

$$\psi_{l,k+1}(t) = \sum_{m=-\infty}^{\infty} h_{\text{BP}}(m-2l)\,\varphi_{m,k}(t) \tag{4.79}$$

Die Begründung zur Wahl des Arguments $m-2l$ ist analog zu Gl. (4.59). Die Koeffizienten $h_{\text{TP}}(m)$ und $h_{\text{BP}}(m)$ stellen wieder Impulsantworten eines Tiefpass- bzw. Bandpassfilters dar.

Satz 4.2 *Inverse Diskrete Wavelet-Transformation*

Die Inverse Diskrete Wavelet-Transformation kann wie die Hin-Transformation über eine Multiraten-Filterbank realisiert werden. Diese setzt sich aus Upsampling-Gliedern und den Synthesefiltern $h_{\text{TP}}(m)$ bzw. $h_{\text{BP}}(m)$ zusammen. Die Koeffizienten einer höheren Stufe berechnen sich mit Hilfe des Upsamling-Operators $\uparrow_2$, der zwischen jeweils zwei Abtastwerte eine Null einfügt, durch

$$c_k(m) = \uparrow_2 \{c_{k+1}(m)\} * h_{\text{TP}}(m) + \uparrow_2 \{d_{k+1}(m)\} * h_{\text{BP}}(m). \tag{4.80}$$

Die Signalsynthese wird rekursiv so lange fortgesetzt, bis man die $c_0(m)$ erhält, mit denen $x_0(t)$ in die zeitverschobene Skalierungsfunktion $\varphi_{m,0}(t)$ entwickelt wurde. Die Multiraten-Filterbank ist in Abb. 4.5 gezeigt.

Beweis 4.2

Das im Raum V_k approximierte Signal $x(t)$ ist die Summe der Entwicklungen in den Räumen W_{k+1} und V_{k+1}.

$$x_k(t) = x_{k+1}(t) + y_{k+1}(t) \tag{4.81}$$

$$= \sum_{l=-\infty}^{\infty} c_{k+1}(l) \cdot \varphi_{l,k+1}(t) + \sum_{l=-\infty}^{\infty} d_{k+1}(l) \cdot \psi_{l,k+1}(t) \tag{4.82}$$

Es werden Gl. (4.78) und Gl. (4.79) eingesetzt.

$$x_k(t) = \sum_{m=-\infty}^{\infty} \left(\sum_{l=-\infty}^{\infty} c_{k+1}(l) \cdot h_{\mathrm{TP}}(m-2l) + \sum_{l=-\infty}^{\infty} d_{k+1}(l) \cdot h_{\mathrm{BP}}(m-2l) \right) \varphi_{m,k}(t) \tag{4.83}$$

$$= \sum_{m=-\infty}^{\infty} c_k(m) \varphi_{m,k}(t) \tag{4.84}$$

In Gl. (4.84) sind die Koeffizienten $c_k(m)$ folglich gegeben durch

$$c_k(m) = \sum_{l=-\infty}^{\infty} c_{k+1}(l) \cdot h_{\mathrm{TP}}(m-2l) + \sum_{l=-\infty}^{\infty} d_{k+1}(l) \cdot h_{\mathrm{BP}}(m-2l). \tag{4.85}$$

Die Koeffizienten $c_k(m)$ werden also als Summe der mit der Impulsantwort $h_{\mathrm{TP}}(m)$ gefalteten Koeffizienten $c_{k+1}(m)$ und der mit der Impulsantwort $h_{\mathrm{BP}}(m)$ gefalteten Koeffizienten $d_{k+1}(m)$ berechnet. Dabei werden die Koeffizienten $c_{k+1}(l)$ bzw. $d_{k+1}(l)$ vor der Faltung mit den Filter-Impulsantworten einer Upsampling-Operation unterzogen, also je eine Null zwischen zwei Abtastwerten eingefügt. Dies soll für die Verschiebung $m = 0$ anhand des Terms

$$\sum_{l=-\infty}^{\infty} c_{k+1}(l) \cdot h_{\mathrm{TP}}(-2l) \tag{4.86}$$

anschaulich gemacht werden. In Abb. 4.6 sind beispielhafte Koeffizienten $c_{k+1}(l)$ und die Zeitinverse $h_{\mathrm{TP}}(-l)$ einer kausalen Impulsantwort gezeigt. Die Koeffizienten $c_{k+1}(l)$ werden im Ausdruck (4.86) mit jedem zweiten Wert der Impulsantwort multipliziert. Dies wäre

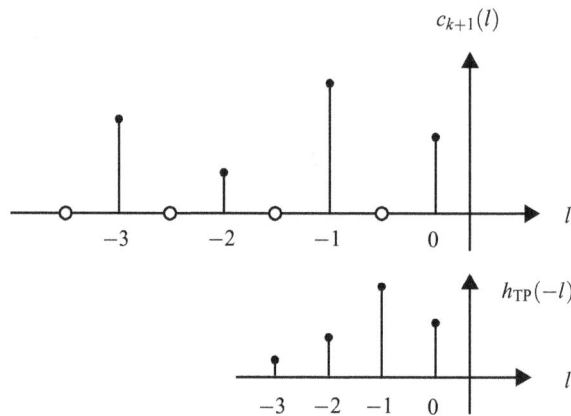

Abbildung 4.6: *Veranschaulichung des Ausdrucks (4.86)*

das gleiche, wie wenn zuerst Nullen zwischen die Abtastwerte der Koeffizienten $c_{k+1}(l)$ eingefügt (hohle Kreise in Abb. 4.6) und dann über alle Werte dieser neuen Folge und der zeitinvertierten Impulsantwort das Innenprodukt gebildet würde. Daher lässt sich Gleichung (4.85) mit Hilfe des Upsample-Operators $\uparrow_2$ auch folgendermaßen schreiben:

$$c_k(m) = \uparrow_2 \{c_{k+1}(m)\} * h_{\mathrm{TP}}(m) + \uparrow_2 \{d_{k+1}(m)\} * h_{\mathrm{BP}}(m) \qquad (4.87)$$

Satz 4.3   *Zusammenhang zwischen Analyse- und Synthesefiltern*

Die Impulsantworten $h_{\mathrm{TP}}(m)$, $h_{\mathrm{BP}}(m)$ bei der Signalsynthese hängen mit den Impulsantworten $g_{\mathrm{TP}}(m)$, $g_{\mathrm{BP}}(m)$ bei der Signalanalyse zusammen.

$$\boxed{g_{\mathrm{TP}}(m) = h_{\mathrm{TP}}^*(-m)} \qquad (4.88)$$
$$\boxed{g_{\mathrm{BP}}(m) = h_{\mathrm{BP}}^*(-m)} \qquad (4.89)$$

Bei reellen Filtern sind die Analyse- und Synthesefilter gerade zueinander gespiegelt an $m = 0$.

Beweis 4.3

Um den Zusammenhang zu zeigen, geht man von den Definitionsgleichungen (4.75) und (4.76) für Letztere aus.

$$g_{\mathrm{TP}}(2l - m) = \left\langle \varphi_{m,k}(t), \varphi_{l,k+1}(t) \right\rangle_t \qquad (4.90)$$

Es wird Gl. (4.78) in Gl. (4.75) eingesetzt, wobei in Gl. (4.78) der Index m durch i ersetzt wird. Der Faktor $h_{\mathrm{TP}}(i - 2l)$ vor dem zweiten Term $\varphi_{i,k}(t)$ wird vor das Innenprodukt gezogen. Dabei wird er konjugiert komplex [23].

$$g_{\mathrm{TP}}(2l - m) = \sum_{i=-\infty}^{\infty} h_{\mathrm{TP}}^*(i - 2l) \underbrace{\left\langle \varphi_{m,k}(t), \varphi_{i,k}(t) \right\rangle_t}_{\delta_{m,i}} = h_{\mathrm{TP}}^*(-(2l - m)) \qquad (4.91)$$

Gl. (4.76) lautete

$$g_{\mathrm{BP}}(2l - m) = \left\langle \varphi_{m,k}(t), \psi_{l,k+1}(t) \right\rangle_t . \qquad (4.92)$$

Es wird Gl. (4.79) eingesetzt, wobei wiederum m durch i ersetzt wird. Der Faktor $h_{\mathrm{BP}}(i - 2l)$ wird vor das Innenprodukt gezogen.

$$g_{\mathrm{BP}}(2l - m) = \sum_{i=-\infty}^{\infty} h_{\mathrm{BP}}^*(i - 2l) \underbrace{\left\langle \varphi_{m,k}(t), \varphi_{i,k}(t) \right\rangle_t}_{\delta_{m,i}} = h_{\mathrm{BP}}^*(-(2l - m)) \qquad (4.93)$$

Ersetzt man in den Gleichungen (4.91) und (4.93) $2l - m$ durch m', erhält man

$$g_{\mathrm{TP}}(m') = h_{\mathrm{TP}}^*(-m') \qquad (4.94)$$
$$g_{\mathrm{BP}}(m') = h_{\mathrm{BP}}^*(-m') \qquad (4.95)$$

womit der Zusammenhang zwischen Analyse- und Synthesefiltern eineindeutig hergestellt ist.

Für die Diskrete Wavelet-Transformation werden lediglich die Impulsantworten $g_{TP}(m)$, $g_{BP}(m)$ benötigt, für die Inverse Diskrete Wavelet-Transformation entsprechend $h_{TP}(m)$, $h_{BP}(m)$. Die Skalierungsfunktionen $\varphi_{m,k}(t)$ und Wavelets $\psi_{m,k}(t)$ werden explizit nicht mehr verwendet.

Wenn h_{TP}, h_{BP} die Impulsantworten kausaler Filter sind, so sind g_{TP}, g_{BP} die Impulsantworten antikausaler Filter. Bei Kenntnis der Skalierungsfunktionen $\varphi_{m,k}(t)$ und Wavelets $\psi_{m,k}(t)$ können die Impulsantworten der Filterbänke berechnet werden. Umgekehrt können bei Vorgabe geeigneter Filterfunktionen die Skalierungsfunktionen und Wavelets abgeleitet werden. Dies geschieht in den Abschnitten 4.3 und 4.4.

4.2.4   Anwendungsbeispiele zur Multiraten-Filterbank

Beispiel 4.1   *Bild-Codierung nach dem JPEG2000-Standard*

Bei der Bild-Codierung nach dem JPEG2000-Standard wird eine Wavelet-Transformation des ortsdiskreten Bildsignals $x(n)$ durchgeführt. Basierend auf dem transformierten Signal kann dann eine Datenkompression vorgenommen werden.

Die ortsdiskrete Skalierungsfunktion $\varphi(n)$ ist ein Rechteckimpuls über dem betrachteten Pixel (Abb. 4.7(a)). Der Parameter T ist der Pixelabstand. Er entspricht der Abtastzeit t_A bei zeitdiskreten Signalen.

$$\varphi(n) = \frac{1}{T}\left(\sigma(n) - \sigma(n-1)\right)$$

Als Waveletfunktionen werden ortsdiskrete Haar-Wavelets (Abb. 4.7(b)) verwendet:

$$\psi(n) = \frac{1}{T}\left(\sigma(n) - 2\sigma\left(n - \frac{1}{2}\right) + \sigma(n-1)\right)$$

Das obige Haar-Mother-Wavelet ist nicht skaliert ($a = 1$, $k = 0$). Es kann in dieser Form nicht realisiert werden, da eine diskrete Schrittweite $1/2$ nicht darstellbar ist! Dies stellt aber insofern kein Problem dar, als nur skalierte Haar-Wavelets ($a = 2^k$, $k \geq 1$) benötigt werden, um die Bandpassräume W_k, $k \geq 1$ aufzuspannen. Wird z. B. eine Skalierung von $a = 2$, $k = 1$ vorgenommen, so vergrößert sich dabei die Abtastweite um den Faktor 2 von T auf $2T$. Der erste Bandpass-Unterraum W_1 wird dann von den mit $a = 2$, $k = 1$ skalierten und zeitverschobenen Haar-Wavelets

$$\psi_{m,1}(n) = \frac{1}{\sqrt{2}T}\left(\sigma(n - 2m) - 2\sigma(n - 1 - 2m) + \sigma(n - 2 - 2m)\right) \qquad (4.96)$$

aufgespannt. Die Impulsantwort des Analyse-Tiefpassfilters (Abb. 4.7(c)) lautet

$$g_{TP}(m) = \frac{1}{\sqrt{2}}\left(\delta(m) + \delta(m+1)\right),$$

die des Analyse-Bandpassfilters (Abb. 4.7(d))

$$g_{\mathrm{BP}}(m) = \frac{1}{\sqrt{2}}\left(\delta(m) - \delta(m+1)\right).$$

Dabei ist zu beachten, dass ein diskreter Dirac-Impuls $\delta(m+1)$ gerade bei $m = -1$ den Wert 1 hat. Die Impulsantworten sind antikausal.

Mit Hilfe der z-Transformation werden die Übertragungsfunktionen von Tiefpass und Bandpass

$$G_{\mathrm{TP}}(z) = \frac{1}{\sqrt{2}}\left(1+z\right),$$

$$G_{\mathrm{BP}}(z) = \frac{1}{\sqrt{2}}\left(1-z\right)$$

und daraus mit $z = \exp(j2\pi f T)$ die Frequenzgänge

$$G_{\mathrm{TP}}(f) = \frac{1}{\sqrt{2}}\left(1+\exp(j2\pi f T)\right),$$

$$G_{\mathrm{BP}}(f) = \frac{1}{\sqrt{2}}\left(1-\exp(j2\pi f T)\right)$$

berechnet. Die Amplitudengänge

$$|G_{\mathrm{TP}}(f)| = \frac{1}{\sqrt{2}}\cdot\sqrt{(1+\cos 2\pi f T)^2 + \sin^2 2\pi f T} = \sqrt{1+\cos 2\pi f T}$$

$$|G_{\mathrm{BP}}(f)| = \frac{1}{\sqrt{2}}\cdot\sqrt{(1-\cos 2\pi f T)^2 + \sin^2 2\pi f T} = \sqrt{1-\cos 2\pi f T}$$

sind in den Abbildungen 4.7(e) und 4.7(f) dargestellt.

Zunächst wird das Bildsignal $x(n)$ in den Funktionenraum V_0 projiziert. Die Koeffizienten $c_0(m)$ der Basisentwicklung in die Skalierungsfunktionen $\varphi_{m,0}(n)$ sind nach Gl. (4.53)

$$c_0(m) = \sum_{n=0}^{N-1} x(n)\varphi^*(n-m) = \frac{1}{T}\sum_{n=0}^{N-1} x(n)\left(\sigma(n-m)-\sigma(n-m-1)\right) = \frac{1}{T}x(m)$$

gerade gleich den gewichteten Pixel-Informationen.

Die Koeffizienten der Reihenentwicklungen in den Funktionenunterräumen V_{k+1} und W_{k+1} können mit Hilfe der Gleichungen (4.60) und (4.61) rekursiv berechnet werden:

$$c_{k+1}(l) = c_k(2l) \underset{m}{*} g_{\mathrm{TP}}(2l) = \sum_{m=0}^{N-1} c_k(m)g_{\mathrm{TP}}(2l-m)$$

$$= \sum_{m=0}^{N-1} c_k(m)\cdot\frac{1}{\sqrt{2}}\left(\delta(2l-m)+\delta(2l-m+1)\right)$$

$$= \frac{1}{\sqrt{2}}\left(c_k(2l)+c_k(2l+1)\right),$$

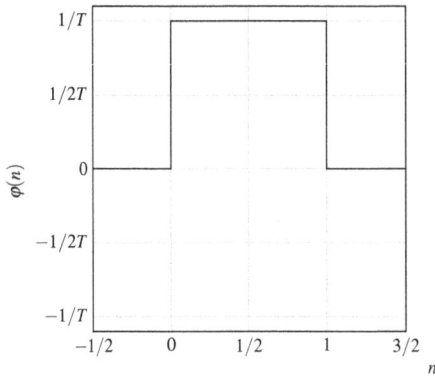

(a) *Skalierungsfunktion*

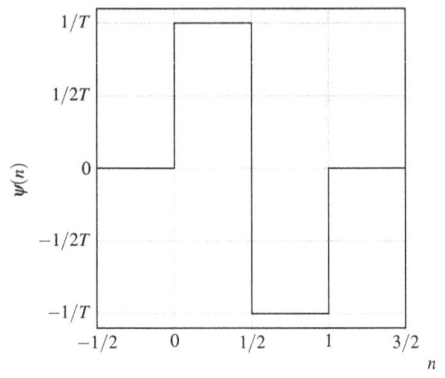

(b) *Waveletfunktion*

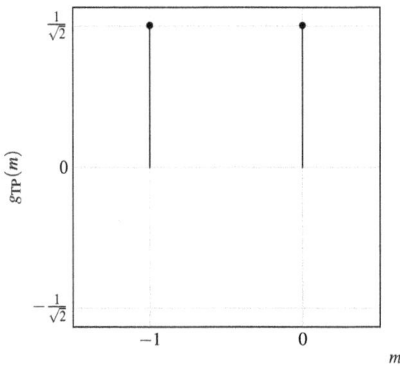

(c) *Impulsantwort des Tiefpassfilters*

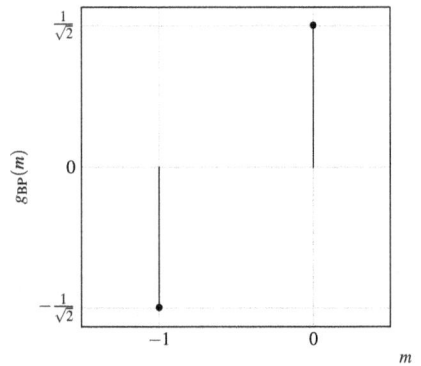

(d) *Impulsantwort des Bandpassfilters*

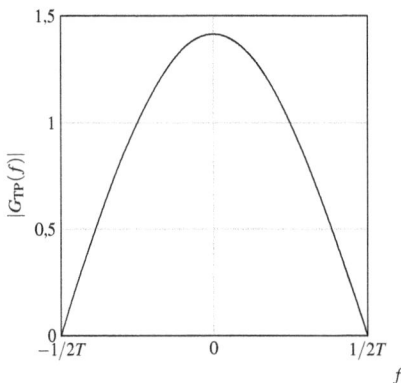

(e) *Amplitudengang des Tiefpassfilters (Nyquist-band)*

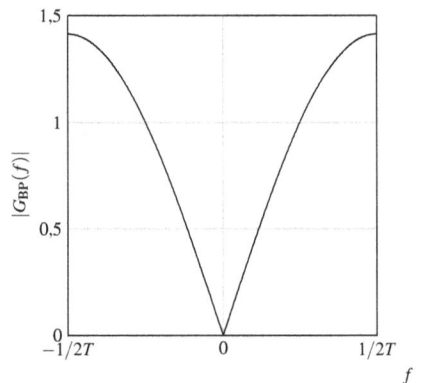

(f) *Amplitudengang des Bandpassfilters (Nyquist-band)*

Abbildung 4.7: *Funktionen für die Bild-Codierung nach dem JPEG2000-Standard*

$$d_{k+1}(l) = c_k(2l) \underset{m}{*} g_{\mathrm{BP}}(2l) = \sum_{m=0}^{N-1} c_k(m) g_{\mathrm{BP}}(2l-m)$$

$$= \sum_{m=0}^{N-1} c_k(m) \cdot \frac{1}{\sqrt{2}} \big(\delta(2l-m) - \delta(2l-m+1) \big)$$

$$= \frac{1}{\sqrt{2}} \big(c_k(2l) - c_k(2l+1) \big).$$

Die Koeffizienten $c_{k+1}(l)$ bzw. $d_{k+1}(l)$ werden also gebildet, indem die Koeffizienten c_k in benachbarte Paare $c_k(2l)$ und $c_k(2l+1)$ unterteilt werden und von jedem Paar die Summe bzw. Differenz gebildet wird. Dabei halbiert sich jeweils die Abtastrate.

Im Folgenden wird der Rechenaufwand für die Multiraten-Filterbank abgeschätzt. Gegeben ist ein Signal der Länge $N = 2^K$ Pixel. Die maximale Skalierung ist $a_K = 2^K$. Zur Berechnung der Koeffizienten der Wavelet-Reihe über die Filterbank sind

$$2^K + 2^{K-1} + \ldots + 2^1 = 2 \left(2^K - 1 \right) = 2 \cdot (N-1)$$

Summationen notwendig. Der Rechenaufwand steigt mit $O(N)$. Verglichen mit der schnellen Fourier-Transformation ist die hier vorgenommene Haar-Wavelet-Transformation mit einem deutlich geringeren Rechenaufwand verbunden, da sie ausschließlich auf der Summenbildung reeller Zahlen beruht.

Neben den über die Filterbank berechneten Koeffizienten betrachten wir zum Verständnis die klassische Wavelet-Transformation in Gl. (4.20)

$$W_x^{\psi}(m,k) = \left\langle x(n), 2^{-\frac{k}{2}} \psi \left(2^{-k} n - m \right) \right\rangle$$

$$= \sum_{n=0}^{2^{K-k}-1} x(n) 2^{-\frac{k}{2}} \psi^* \left(2^{-k} n - m \right), \quad k = 1, 2, \ldots, K,$$

die als Innenprodukt berechnet wird. Durch Einsetzen der Haar-Wavelets erhalten wir

$$W_x^{\psi}(m,k) = \frac{1}{T} \sum_{n=0}^{2^{K-k}-1} x(n) \cdot 2^{-\frac{k}{2}} \left[\sigma \left(2^{-k} n - m \right) \right.$$

$$\left. -2\sigma \left(2^{-k} n - m - \frac{1}{2} \right) + \sigma \left(2^{-k} n - m - 1 \right) \right],$$

und daraus die Wavelet-Transformierte als Differenz von Summen

$$W_x^{\psi}(m,k) = \frac{2^{-\frac{k}{2}}}{T} \left[\sum_{n=2^k m}^{2^k m + 2^{k-1} - 1} x(n) - \sum_{n=2^k m + 2^{k-1}}^{2^k m + 2^k - 1} x(n) \right],$$

$$k = 1, 2, \ldots, K, \quad m = 0, 1, \ldots, 2^{K-k} - 1.$$

Mit wachsendem k wird jeweils über 2^{k-1} Pixel gemittelt. Dies entspricht der mit 2^{-k} abnehmenden Abtastfrequenz. Der Rechenaufwand ist allerdings größer als bei der Filterbank-Methode, da Summationen mehrfach ausgeführt werden.

Der JPEG2000-Standard beschreibt ein Bildkompressionsverfahren auf der Basis der Approximations- und Detailkoeffizienten. Ein einfacher Ansatz soll im Folgenden an einem Beispiel veranschaulicht werden. Ausgangspunkt ist das Signal in Abb. 4.8. Es besteht aus 512 Abtastwerten, die im Wertebereich zwischen -1 und 1 liegen. Das Signal soll eine eindimensionale Folge von Pixeln repräsentieren, wobei die Signalwerte die Helligkeit der einzelnen Pixel darstellen: Der Wert -1 entspricht dabei einem schwarzen Pixel, 1 entspricht einem weißen Pixel.

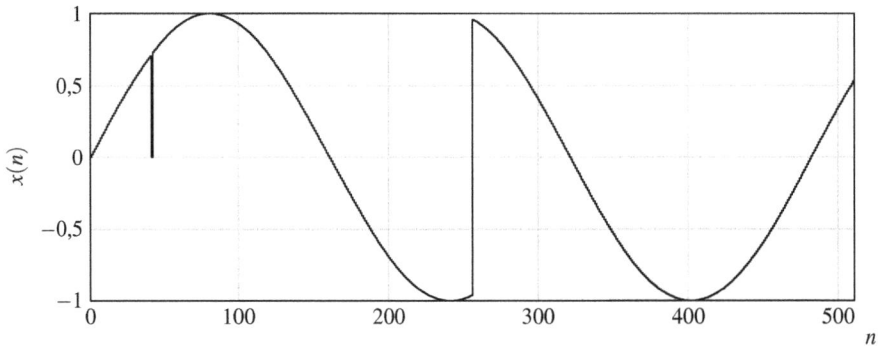

Abbildung 4.8: *Folge von Helligkeitswerten*

Das Bild wird bis zur vierten Stufe ($k = 4$) in Approximationen und Details zerlegt. Abb. 4.9 zeigt die Koeffizienten, die über die Multiraten-Filterbank berechnet wurden. Für eine Rekonstruktion des Bildes werden die Detailkoeffizienten $d_1(m)$ bis $d_4(m)$ sowie die Approximationskoeffizienten $c_4(m)$ benötigt. Fasst man alle Koeffizienten zu einem Vektor zusammen, besteht dieser wie das ursprüngliche Signal aus 512 Werten.

Es fällt auf, dass die Detailkoeffizienten an den Stellen, an denen sich das Signal nur wenig ändert, kleine Werte annehmen, während abrupte Änderungen deutlich zu erkennen sind. Diese starken Änderungen repräsentieren im Bild beispielsweise Konturen oder Begrenzungen von Flächen (vgl. Abb. 4.11(a)), die eine wesentliche Bildinformation darstellen und daher bei der Kompression möglichst unverfälscht erhalten bleiben sollen.

Grundsätzlich basieren verlustbehaftete Kompressionsverfahren darauf, dass durch Weglassen unwesentlicher Informationen möglichst viele Folgen von Nullen in einem Datensatz erzeugt werden, die dann zusammengefasst werden können. Es liegt also nahe, einen Schwellwert einzuführen und alle Detailkoeffizienten, deren Beträge unterhalb dieses Schwellwertes liegen, zu Null zu setzen. Für dieses Beispiel wurde als Schwellwert 30 % des betragsmäßig größten Detailkoeffizienten gewählt. Dadurch werden 86 % der Koeffizienten zu Null, d. h. es wird eine Komprimierung um etwa 86 % erreicht. Abb. 4.10 zeigt das rekonstruierte Signal, Abb. 4.11(b) das rekonstruierte Bild. Die Verluste der Bildqualität sind kaum zu erkennen, lediglich die Bereiche, in denen „Farbverläufe" auftreten, sind etwas gröber abgestuft.

Betrachtet man abschließend die Detailkoeffizienten $d_4(m)$ in Abb. 4.9 so fällt auf, dass diese größere Beträge aufweisen als die Detailkoeffizienten $d_1(m)$ bis $d_3(m)$. Bei diesen

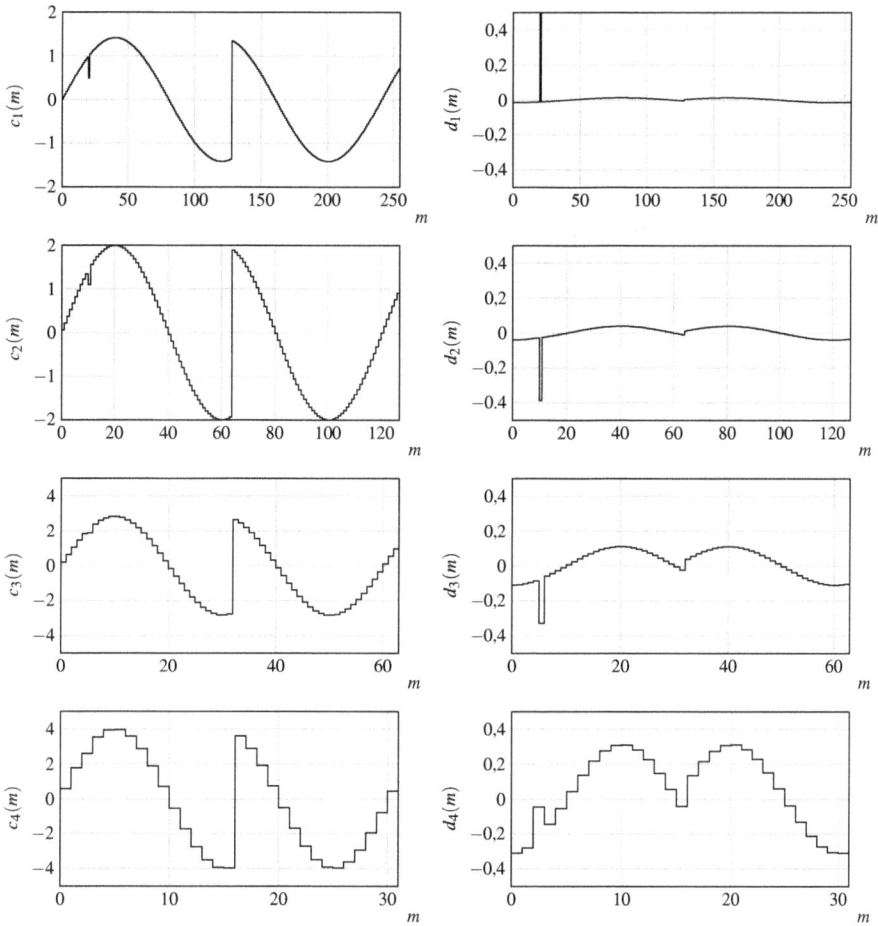

Abbildung 4.9: *Koeffizienten der Approximationen und Details*

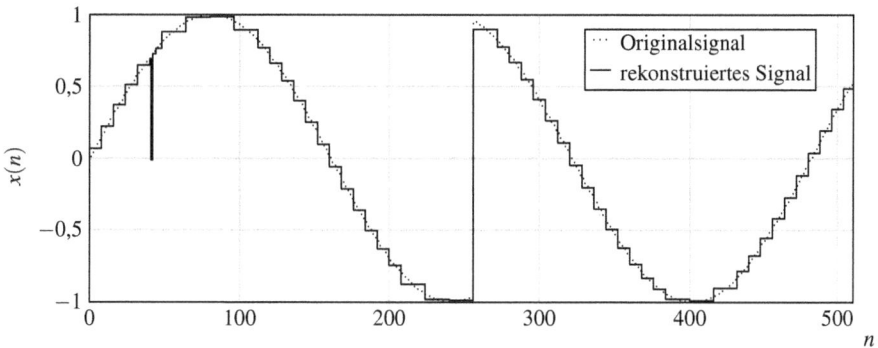

Abbildung 4.10: *Vergleich des Signals vor und nach der Kompression*

Detailkoeffizienten können kaum noch Nullen generiert werden. Daher ist es in diesem Beispiel sinnvoll, die Zerlegung in Approximationen und Details bei dieser Stufe abzubrechen.

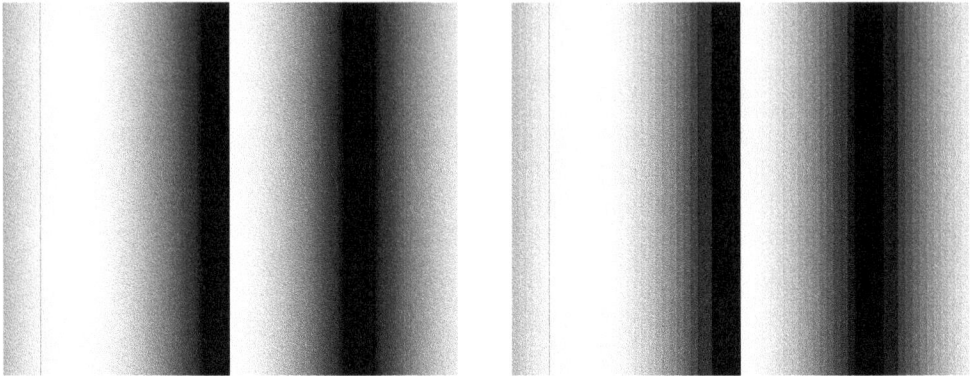

(a) Ursprüngliches Bild   *(b) Aus komprimierten Daten rekonstruiertes Bild*

Abbildung 4.11: *Vergleich des Bildes vor und nach der Kompression*

4.2.5   Praktische Anwendung der Multiraten-Filterbänke

Anwender der Multiraten-Filterbänke müssen folgende Punkte beachten.

1. Welche Filter sollen verwendet werden? (Was für ein Wavelet soll zugrunde liegen?)

   In den vergangenen Jahren wurden viele Filter entworfen, die die geforderten Kriterien erfüllen und somit eine gültige Multiraten-Filterbank beschreiben. Die Filter legen dabei auch die entsprechenden Wavelets fest, auch wenn diese nicht explizit berechnet werden. Um die Filteroperationen im Zeitbereich realisieren zu können, werden normalerweise Filter mit Impulsantworten endlicher Länge (FIR-Filter, Finite Impulse Response) eingesetzt. Die Auswahl der Filter hängt immer von der jeweiligen Anwendung ab, daher kann nicht pauschal von einem besten Filter gesprochen werden. Allgemein sehr gut sind die Daubechies-Filter (s. Abschnitt 4.4.5), die für eine gegebene Länge der Impulsantwort die schärfste Trennung im Frequenzbereich bieten. Sie besitzen also die beste Zeit-Frequenz-Schärfe für FIR-Filter und werden daher sehr gerne verwendet. Die Daubechies-Wavelets sind allerdings sehr unsymmetrisch. Ist dies für die jeweilige Anwendung sehr nachteilig, können z. B. Symmlets, eine Abwandlung der Daubechies-Wavelets, eingesetzt werden. Andere Filter sind z. B. Beylkin-Filter, Coifman-Filter (Coiflets), Vaidyanathan-Filter oder das Battle-Lemarie-Filter, siehe auch [28]. In vielen Anwendungen ist allerdings die Auswahl des Filtertyps von untergeordneter Bedeutung.

2. Filterlänge/Frequenzauflösung

   Die meisten Filtertypen können mit verschiedenen Längen der Impulsantworten entworfen werden. Damit kann die Zeit-Frequenz-Auflösung voreingestellt werden, ähnlich wie bei der Wahl der Fensterbreite bei der STFT. Ist die Impulsantwort länger, so werden die

Wavelet- bzw. Skalierungskoeffizienten Informationen über einen größeren Zeitbereich beinhalten, die Zeitschärfe wird also schlechter. Umgekehrt wird allerdings die Hochpass-Tiefpass-Trennung im Frequenzbereich schärfer, die Frequenzauflösung also besser. Die optimale Filterlänge kann schwierig pauschal festgelegt werden und muss für jede Anwendung speziell betrachtet werden. Man sollte dabei auch berücksichtigen, dass eine längere Impulsantwort mehr Rechenzeit bei der Faltung in Anspruch nimmt.

3. Abtastwerte $x(n)$ als Eingangskoeffizienten $c_0(m)$

In der digitalen Signalverarbeitung stehen nur diskrete Signale zur Verfügung. Nach Gleichung (4.53) können die Skalierungskoeffizienten $c_0(m)$ als Faltung des zeitdiskreten Signals $x(m)$ mit der invertierten, konjugiert komplexen zeitdiskreten Skalierungsfunktion $\varphi^*(-m)$ berechnet werden. Dies sind dann die Entwicklungskoeffizienten gemäß

$$x(n) \approx x_0(n) = \sum_m c_0(m)\,\varphi(n-m)\,. \tag{4.97}$$

In der Praxis möchte man allerdings nicht mit den Skalierungsfunktionen rechnen. Daher werden die Werte des zeitdiskreten Signals direkt als Skalierungskoeffizienten $c_0(m)$ verwendet.

$$c_0(m) = x(m) \tag{4.98}$$

Dies entspricht einer Verwendung zeitdiskreter Dirac-Impulse als Basisfunktionen des Raumes V_0.

$$x(n) = \sum_m c_0(m)\,\varphi(n-m) = \sum_m c_0(m)\,\delta(n-m)\,. \tag{4.99}$$

Bei der Signalsynthese stellen dann die Koeffizienten $c_0(m)$ unmittelbar das synthetisierte, zeitdiskrete Signal $\hat{x}(n)$ dar.

4.3   Herleitung der Wavelet- und Skalierungsfunktionen

4.3.1   Konzept

Das Ziel dieses Abschnitts ist die analytische Herleitung von Waveletfunktionen $\psi_{m,k}(t)$ aus der vorgegebenen Impulsantwort eines Synthese-Tiefpassfilters $h_{\mathrm{TP}}(m)$, das die verschiedenen Unterräume unterteilt. Das Synthese-Tiefpassfilter $h_{\mathrm{TP}}(m)$ wird auch Skalierungsfilter genannt. Man geht davon aus, dass das zu rekonstruierende Signal $x(t) \in L_2(\mathbb{R})$ durch Reihenentwicklung in die mit den diskreten Waveletkoeffizienten $W_x^\psi(m,k)$ gewichteten Wavelet-Basisfunktionen $\psi_{m,k}(t)$ dargestellt wird. Der Funktionenraum $L_2(\mathbb{R})$ erstreckt sich über die unendlich ausgedehnte Zeit-Frequenz-Ebene. Verwendet man nur einen Teil dieser Ebene, so entspricht das der Projektion $x_k(t)$ des Signals $x(t)$ auf einen Funktionenunterraum V_k. Das Signal $x_k(t)$ enthält Signalanteile lediglich in den Frequenzbereichen, die der Unterraum V_k repräsentiert.

Die Unterräume werden dyadisch angeordnet. Dabei entsteht eine Skalierung mit $a = 2^k$. Der Unterraum V_k wird durch die zeitverschobenen Skalierungsfunktionen $\varphi_{m,k}(t)$ als Basisfunktionen aufgespannt.

$$\varphi_{m,k}(t) = 2^{-k/2} \varphi(2^{-k}t - mT) \qquad (4.100)$$

Das Ziel ist es, beim Übergang auf den nächsten, untergeordneten Unterraum V_{k+1} die gleichen, lediglich um den Faktor 2 skalierten Skalierungsfunktionen als Basisfunktionen zu verwenden. Der Hierarchie der Unterräume in Potenzen von 2 entspricht eine Hierarchie der Auflösung (Mehrfach-Auflösungsanalyse, Multi-Resolution-Analysis).

4.3.2 Definition der Unterräume

Die skalierten Skalierungsfunktionen $\varphi_{m,k}(t)$ spannen eine Folge eingebetteter, abgeschlossener Unterräume V_k auf.

$$\cdots \subset V_{k+1} \subset V_k \subset \cdots \subset V_2 \subset V_1 \subset V_0 \subset V_{-1} \subset \cdots \qquad (4.101)$$

Der Raum V_k kann jeweils in zwei zueinander orthogonale Unterräume

$$V_k = V_{k+1} \cup W_{k+1}, \quad V_{k+1} \perp W_{k+1} \qquad (4.102)$$

zerlegt werden. Im Abschnitt 4.2 wurden die Multiraten-Filterbänke eingeführt, und dabei verschiedene Eigenschaften der Skalierungs- und Waveletfunktionen sowie der Unterräume V_k und W_k verwendet. Diese Eigenschaften sollen nun auf ein mathematisches Fundament gestellt werden. Dazu werden die folgenden *Axiome* für die Unterräume eingeführt.

A1: Aufwärtsvollständigkeit

Die Vereinigung aller Unterräume V_k ist der Funktionenraum $L_2(\mathbb{R})$, in dem das zu untersuchende Signal $x(t)$ im Zeitbereich dargestellt wird.

$$\bigcup_{k \in \mathbb{Z}} V_k = L_2(\mathbb{R}) \qquad (4.103)$$

Bildet man durch Projektion von $x(t) \in L_2(\mathbb{R})$ auf die Unterräume V_k eine Folge von Teilsignalen

$$x_k(t) = \operatorname*{Proj}_{V_k} \{x(t)\}, \qquad (4.104)$$

so konvergiert diese Folge gegen $x(t)$.

$$x(t) = \lim_{k \to -\infty} x_k(t) \ , \ x(t) \in L_2(\mathbb{R}) \ , \ x_k(t) \in V_k \qquad (4.105)$$

Das Signal $x(t)$ kann damit beliebig genau approximiert werden.

A2: Abwärtsvollständigkeit

Der Durchschnitt aller Unterräume V_k ist das Nullsignal.

$$\bigcap_{k \in \mathbb{Z}} V_k = \varnothing \qquad (4.106)$$

A3: Skalierungs-Invarianz

Das Signal $s(t)$ sei ein Element des Raumes V_0. Dann sei das um $a = 2^k$ skalierte Signal $s(t/a)$ ein Element des untergeordneten Unterraums V_k.

$$s\left(\frac{t}{2^k}\right) \in V_k \quad \Leftrightarrow \quad s(t) \in V_0 \tag{4.107}$$

Die Unterräume V_k sind mit 2^k skalierte Versionen des Unterraums V_0. Sie werden durch die skalierten Basisfunktionen aufgespannt.

$$V_k = \text{Basis}\left\{2^{-k/2}\varphi(2^{-k}t - mT)\,,\ m \in \mathbb{Z}\right\}\,,\ k \in \mathbb{Z} \tag{4.108}$$

Die aus der Projektion von $x(t)$ auf V_k resultierenden Signale $x_k(t)$ lassen sich als gewichtete Linearkombination der zeitverschobenen Basisfunktionen $\varphi_{m,k}(t)$ darstellen.

$$x_k(t) = \sum_{m=-\infty}^{\infty} c_k(m)\varphi_{m,k}(t) \tag{4.109}$$

$$= \sum_{m=-\infty}^{\infty} c_k(m)2^{-k/2}\varphi(2^{-k}t - mT) \tag{4.110}$$

A4: Verschiebungs-Invarianz

Das zeitverschobene Signal $s(t - mT)$ ist ein Element des gleichen Unterraums wie das Signal $s(t)$.

$$s(t) \in V_k \quad \Rightarrow \quad s(t - mT) \in V_k\,,\ \forall m \in \mathbb{Z} \tag{4.111}$$

A5: Skalierungsfunktion

Es existiert eine Skalierungsfunktion $\varphi(t) \in V_0$, deren zeitverschobene Versionen eine orthonormale Basis von V_0 darstellen.

$$V_0 = \text{Basis}\left\{\varphi(t - mT)\,,\ m \in \mathbb{Z}\right\} \tag{4.112}$$

Die Orthonormalitätsbedingung bezüglich der diskreten Zeitverschiebung mT lautet:

$$\langle \varphi(t), \varphi(t - mT)\rangle_t = \int_{-\infty}^{\infty} \varphi(t)\varphi^*(t - mT)dt = \delta(m)\,,\ m \in \mathbb{Z} \tag{4.113}$$

Das Integral in Gl. (4.113) entspricht formell einer in der Zeitverschiebung mT diskretisierten Autokorrelationsfunktion $r_{\varphi\varphi}^E(mT)$. Die Diskretisierung der Verschiebung τ wird als Multiplikation von $r_{\varphi\varphi}^E(\tau)$ mit einer Impulsreihe dargestellt.

$$r_{\varphi\varphi}^E(mT) = r_{\varphi\varphi}^E(\tau) \cdot \sum_{m=-\infty}^{\infty} \delta(\tau - mT) = \delta(m)\,,\ m \in \mathbb{Z} \tag{4.114}$$

Die dazugehörige Energiedichte ist in $1/T$ periodisch.

$$\mathcal{F}\left\{r_{\varphi\varphi}^{E}(mT)\right\} = S_{\varphi\varphi}^{E}(f) * \frac{1}{T}\sum_{k=-\infty}^{\infty}\delta(f+k/T) = 1 \qquad (4.115)$$

$$= \frac{1}{T}\sum_{k=-\infty}^{\infty} S_{\varphi\varphi}^{E}(f+k/T) = 1 \qquad (4.116)$$

Mit $S_{\varphi\varphi}^{E}(f) = \varphi(f)\cdot\varphi^{*}(f)$ erhält man die Orthonormalitätsbedingung der Skalierungs-funktionen im Frequenzbereich.

$$\frac{1}{T}\sum_{k=-\infty}^{\infty}|\varphi(f+k/T)|^{2} = 1 \,, \forall f \qquad (4.117)$$

4.3.3   Berechnung der Skalierungsfunktion

Die skalierten Unterräume V_{k+1} werden durch skalierte Tiefpassfilter $h_{\mathrm{TP}}(mT)$ von den jeweils übergeordneten Räumen V_{k} abgegrenzt. Die Impulsantwort $h_{\mathrm{TP}}(mT)$ des Skalierungsfilters sei vorgegeben. Auf der Basis der obigen Axiome soll nun die Skalierungsfunktion $\varphi(t)$ rekursiv berechnet werden. Die mit $a = 2^{1}$ skalierte Skalierungsfunktion ist ein Element des Unterraums V_{1} $(k = 1)$.

$$\frac{1}{\sqrt{2}}\varphi\left(\frac{t}{2}\right) \in V_{1} \qquad (4.118)$$

Sie wird in die Basisfunktionen des übergeordneten Unterraumes V_{0} entwickelt, was wegen $V_{1} \subset V_{0}$ möglich ist. Man erhält die so genannte Rekursionsbeziehung für die Skalierungsfunk-tionen (vgl. Gl. (4.78))

$$\frac{1}{\sqrt{2}}\varphi\left(\frac{t}{2}\right) = \sum_{m=-\infty}^{\infty} h_{\mathrm{TP}}(m)\cdot\varphi(t-mT)\,. \qquad (4.119)$$

Dies entspricht gerade Gl. (4.78) für $l = 0$ und $k = 0$. Die Koeffizienten $h_{\mathrm{TP}}(m)$ der Basis-entwicklung sind gerade die zeitdiskrete Impulsantwort des vorgegebenen Skalierungsfilters $H_{\mathrm{TP}}(f)$. Es ist aufgrund der Zeitdiskretisierung periodisch in $1/T$. Die Fourier-Transformierte der skalierten Skalierungsfunktion ist unter Berücksichtigung folgender Substitutionen

$$\frac{t}{2} = t' \rightarrow t = 2t' \rightarrow dt = 2dt' \,; t'' = t - mT \rightarrow t = t'' + mT \qquad (4.120)$$

$$\underbrace{\sqrt{2}\int_{-\infty}^{\infty}\varphi(t')\exp(-j4\pi ft')dt'}_{\Phi(2f)}$$

$$= \underbrace{\sum_{m=-\infty}^{\infty} h_{\mathrm{TP}}(m)\exp(-j2\pi fmT)}_{H_{\mathrm{TP}}(f)}\cdot\underbrace{\int_{-\infty}^{\infty}\varphi(t'')\exp(-j2\pi ft'')dt''}_{\Phi(f)} \qquad (4.121)$$

Aus der Faltungssumme in Gl. (4.119) wird das Produkt der Fourier-Transformierten. Damit erhält man die Rekursionsbeziehung im Frequenzbereich

$$\Phi(f) = \frac{1}{\sqrt{2}} H_{\text{TP}} \left(\frac{f}{2} \right) \cdot \Phi \left(\frac{f}{2} \right) .$$

(4.122)

Bei der Frequenz $f = 0$ ist die Skalierungsfunktion auf

$$\Phi(0) = \int\limits_{-\infty}^{\infty} \varphi(t) dt = 1$$

(4.123)

normiert. Für das Skalierungsfilter gilt deshalb

$$H_{\text{TP}}(0) = \sum\limits_{m=-\infty}^{\infty} h_{\text{TP}}(mT) = \sqrt{2} .$$

(4.124)

Das Skalierungsfilter ist ein Tiefpassfilter.

Bemerkung 4.1 *Zeitdiskrete Skalierungsfunktion*

Die zeitdiskrete Skalierungsfunktion ist über einem Fenster $n = 0, \ldots, N-1$ gegeben. Damit wird die Normierung analog zu Gl. (4.123)

$$\sum\limits_{n=0}^{N-1} \varphi(n) = 1 .$$

(4.125)

Aus

$$H_{\text{TP}}(f) = \sum\limits_{m=0}^{N-1} h_{\text{TP}}(m) \exp\left(-j2\pi f mT \right)$$

(4.126)

erhält man mit Gl. (4.124) für die Impulsantwort

$$H_{\text{TP}}(0) = \sum\limits_{m=0}^{N-1} h_{\text{TP}}(m) = \sqrt{2} .$$

(4.127)

Die Grenzen des Laufindexes m werden in Abschnitt 4.4.1 bestimmt. Das Skalierungsfilter ist bei zeitdiskreter Skalierungsfunktion ein kausales FIR-Filter.

Rekursives Einsetzen von Gl. (4.122) in sich selbst ergibt mit wachsender Skalierung

$$\Phi(f) = \frac{1}{\sqrt{2}} H_{\text{TP}} \left(\frac{f}{2} \right) \cdot \Phi \left(\frac{f}{2} \right)$$

(4.128)

$$= \frac{1}{\sqrt{2}} H_{\text{TP}} \left(\frac{f}{2} \right) \cdot \frac{1}{\sqrt{2}} H_{\text{TP}} \left(\frac{f}{4} \right) \Phi \left(\frac{f}{4} \right)$$

(4.129)

$$\vdots$$

$$= \prod\limits_{k=1}^{\infty} \left(\frac{1}{\sqrt{2}} H_{\text{TP}} \left(\frac{f}{2^k} \right) \right) \cdot \underbrace{\Phi(0)}_{=1}$$

(4.130)

$$\boxed{\Phi(f) = \prod_{k=1}^{\infty} \left(\frac{1}{\sqrt{2}} H_{\text{TP}} \left(\frac{f}{2^k} \right) \right).}$$ (4.131)

Aufgrund der Orthonormalitätsbedingung für die Skalierungsfunktionen ergeben sich Einschränkungen bei der Wahl geeigneter Filterfunktionen $H_{\text{TP}}(f)$. Die Rekursionsbeziehung Gl. (4.122) wird in die Orthonormalitätsbedingung Gl. (4.117) eingesetzt.

$$\frac{1}{T} \sum_{k=-\infty}^{\infty} \left| \frac{1}{\sqrt{2}} H_{\text{TP}} \left(\frac{f+k/T}{2} \right) \Phi \left(\frac{f+k/T}{2} \right) \right|^2 = 1 \quad \forall f$$ (4.132)

Der ganzzahlige Zählindex k wird in gerade Zahlen $2r$ und ungerade Zahlen $(2r+1)$ aufgespalten. Die Summation lautet damit

$$\frac{1}{T} \sum_{r=-\infty}^{\infty} \left| H_{\text{TP}} \left(\frac{f}{2} + \frac{2r}{2T} \right) \Phi \left(\frac{f}{2} + \frac{2r}{2T} \right) \right|^2$$

$$+ \frac{1}{T} \sum_{r=-\infty}^{\infty} \left| H_{\text{TP}} \left(\frac{f}{2} + \frac{2r+1}{2T} \right) \Phi \left(\frac{f}{2} + \frac{2r+1}{2T} \right) \right|^2 = 2.$$ (4.133)

Das zeitdiskrete Filter $h_{\text{TP}}(mT)$ mit der Abtastzeit T ist im Frequenzbereich in $\frac{1}{T}$ periodisch.

$$H_{\text{TP}}(f) = H_{\text{TP}}(f + r/T), \; \forall r.$$ (4.134)

Damit wird die Summe unter Berücksichtigung der Orthonormalitätsbedingung Gl. (4.117)

$$\left| H_{\text{TP}} \left(\frac{f}{2} \right) \right|^2 \cdot \underbrace{\frac{1}{T} \sum_{r=-\infty}^{\infty} \left| \Phi \left(\frac{f}{2} + \frac{r}{T} \right) \right|^2}_{=1}$$

$$+ \left| H_{\text{TP}} \left(\frac{f}{2} + \frac{1}{2T} \right) \right|^2 \cdot \underbrace{\frac{1}{T} \sum_{r=-\infty}^{\infty} \left| \Phi \left(\frac{f}{2} + \frac{1}{2T} + \frac{r}{T} \right) \right|^2}_{=1} = 2,$$ (4.135)

$$\left| H_{\text{TP}} \left(\frac{f}{2} \right) \right|^2 + \left| H_{\text{TP}} \left(\frac{f}{2} + \frac{1}{2T} \right) \right|^2 = 2.$$ (4.136)

Wegen Gl. (4.124) gilt $|H_{\text{TP}}(0)|^2 = 2$. Daher ist der Betrag der Filterfunktion an der Nyquistfrequenz $f = 1/2T$ gleich

$$\left| H_{\text{TP}} \left(\frac{1}{2T} \right) \right|^2 = 0,$$ (4.137)

d. h. $H_{\text{TP}}(f)$ hat Tiefpass-Charakteristik.

4.3.4 Berechnung der Wavelet-Funktion

Bei der Rekonstruktion des Signals $x(t) \in L_2(\mathbb{R})$ wird dieses in eine Reihe orthonormaler Wavelet-Basisfunktionen entwickelt.

$$\hat{x}(t) = \sum_{m=-\infty}^{\infty} \sum_{k=-\infty}^{\infty} W_x^{\psi}(m,k) 2^{-k/2} \psi(2^{-k}t - mT) \tag{4.138}$$

Die Wavelets spannen damit den Funktionenraum $L_2(\mathbb{R})$ auf.

$$L_2(\mathbb{R}) = \text{Basis}\left\{2^{-k/2}\psi(2^{-k}t - mT)\,,\, m \in \mathbb{Z}\,, k \in \mathbb{Z}\right\} \tag{4.139}$$

Für ein vorgegebenes k stellen die mit mT zeitverschobenen Wavelets die Basisfunktionen des Unterraumes $W_k \subset V_{k-1}$ dar, der das orthonormale Komplement zu $V_k \subset V_{k-1}$ ist.

$$V_{k-1} = V_k \cup W_k \,,\, V_k \cap W_k = \varnothing \tag{4.140}$$

Durch iteratives Einsetzen erhält man aufgrund von A1

$$V_{k-1} = W_k \cup W_{k+1} \cup W_{k+2} \cup \cdots \tag{4.141}$$

bzw.

$$L_2(\mathbb{R}) = \lim_{k \to -\infty} V_k = \bigcup_{k \in \mathbb{Z}} W_k. \tag{4.142}$$

Das Signal $x(t)$ wird durch Projektion $y_k(t)$ im Unterraum W_k approximiert.

$$y_k(t) = \underset{W_k}{\text{Proj}}\{x(t)\} \tag{4.143}$$

$$= \sum_{m=-\infty}^{\infty} d_k(m)\psi_{m,k}(t) = \sum_{m=-\infty}^{\infty} d_k(m) 2^{-k/2}\psi(2^{-k}t - mT) \tag{4.144}$$

Jedes Signal $x(t) \in L_2(\mathbb{R})$ kann in eindeutiger Weise durch die Summe aller Teilsignale $y_k(t)$ dargestellt werden.

$$x(t) = \sum_{k=-\infty}^{\infty} y_k(t)\,,\, y_k(t) \in W_k \tag{4.145}$$

Aus $V_{k-1} = V_k \cup W_k$ folgt:

$$x_{k-1}(t) = x_k(t) + y_k(t) \tag{4.146}$$

Ein Signal $x_i(t)$ kann damit durch sukzessive Abspaltung in Bandpasssignale $y_{i+1}(t)$ und Tiefpasssignale $x_{i+1}(t)$ zerlegt werden (siehe Abschnitt 4.2.2).

Die Skalierungs-Invarianz A3 der Unterräume V_k gilt auch für die Unterräume W_k.

$$s\left(\frac{t}{a}\right) \in W_k \Leftrightarrow s(t) \in W_0\,,\, a = 2^k \tag{4.147}$$

Die zeitverschobenen Wavelets $\psi(t - mT)$, $m \in \mathbb{Z}$ bilden eine orthonormale Basis für den Unterraum W_0. Aufgrund der orthonormalen Komplementarität von W_0 zu $V_0 \subset V_{-1}$ entsprechend Gl. (4.140) sind die Wavelets zu den Skalierungsfunktionen orthonormal.

$$\int_{-\infty}^{\infty} \psi(t)\varphi^*(t - mT)dt = 0 \ , \ \forall\, m \in \mathbb{Z} \tag{4.148}$$

Die Beziehung wird in ähnlicher Weise wie die Orthonormalitätsbedingung Gl. (4.117) in den Frequenzbereich überführt:

$$\frac{1}{T} \sum_{k=-\infty}^{\infty} \Psi(f + k/T)\Phi^*(f + k/T) = 0 \tag{4.149}$$

Das mit $a = 2^1$ skalierte Wavelet $\psi_{0,1}(t)$ aus dem Unterraum W_1 wird in die Basisfunktionen $\varphi_{m,0}(t)$ des übergeordneten Unterraums V_0 entwickelt.

$$\frac{1}{\sqrt{2}} \psi\left(\frac{t}{2}\right) = \sum_{m=-\infty}^{\infty} h_{\mathrm{BP}}(m) \cdot \varphi(t - mT) \tag{4.150}$$

Dies entspricht gerade Gl. (4.79) für $l = 0$ und $k = 0$. Die Koeffizienten $h_{\mathrm{BP}}(m)$ der Basisentwicklung sind die zeitdiskrete Impulsantwort eines Bandpassfilters $H_{\mathrm{BP}}(f)$. Aufgrund der Zeitdiskretisierung von $h_{\mathrm{BP}}(m)$ ist die Übertragungsfunktion $H_{\mathrm{BP}}(f)$ in $1/T$ periodisch. Damit kann der Zusammenhang zwischen Tief- und Bandpassfiltern gezeigt werden.

Satz 4.4 *Zusammenhang zwischen Tiefpass- und Bandpassfilter*

$$H_{\mathrm{BP}}(f) = -H_{\mathrm{TP}}^*\left(f + \frac{1}{2T}\right)\exp\left(-j2\pi fT\right) \tag{4.151}$$

$$h_{\mathrm{BP}}(m) = (-1)^m \cdot h_{\mathrm{TP}}^*(1 - m) \tag{4.152}$$

Beweis 4.4

Durch Fourier-Transformation von Gl. (4.150) erhält man entsprechend Gl. (4.122) die Rekursionsbeziehung

$$\Psi(f) = \frac{1}{\sqrt{2}} H_{\mathrm{BP}}\left(\frac{f}{2}\right) \cdot \Phi\left(\frac{f}{2}\right) , \tag{4.153}$$

die zusammen mit Gl. (4.122)

$$\Phi(f) = \frac{1}{\sqrt{2}} H_{\mathrm{TP}}\left(\frac{f}{2}\right) \cdot \Phi\left(\frac{f}{2}\right) \tag{4.154}$$

in die Orthonormalitätsbedingung Gl. (4.149) eingesetzt wird:

$$\frac{1}{2T}\sum_{k=-\infty}^{\infty} H_{\text{BP}}\left(\frac{f}{2}+\frac{k}{2T}\right)\Phi\left(\frac{f}{2}+\frac{k}{2T}\right)H_{\text{TP}}^*\left(\frac{f}{2}+\frac{k}{2T}\right)\Phi^*\left(\frac{f}{2}+\frac{k}{2T}\right)=0$$

(4.155)

$$\Leftrightarrow \frac{1}{2T}\sum_{k=-\infty}^{\infty} H_{\text{BP}}\left(\frac{f}{2}+\frac{k}{2T}\right)H_{\text{TP}}^*\left(\frac{f}{2}+\frac{k}{2T}\right)\left|\Phi\left(\frac{f}{2}+\frac{k}{2T}\right)\right|^2=0$$

(4.156)

Es werden wieder gerade Zählindizes $2r$ und ungerade Zählindizes $(2r+1)$ eingeführt:

$$\frac{1}{2T}\sum_{r=-\infty}^{\infty} \underbrace{H_{\text{BP}}\left(\frac{f}{2}+\frac{r}{T}\right)}_{H_{\text{BP}}(f/2)}\underbrace{H_{\text{TP}}^*\left(\frac{f}{2}+\frac{r}{T}\right)}_{H_{\text{TP}}^*(f/2)}\left|\Phi\left(\frac{f}{2}+\frac{r}{T}\right)\right|^2$$

$$+\frac{1}{2T}\sum_{r=-\infty}^{\infty} \underbrace{H_{\text{BP}}\left(\frac{f}{2}+\frac{2r+1}{2T}\right)}_{H_{\text{BP}}(f/2+1/2T)}\underbrace{H_{\text{TP}}^*\left(\frac{f}{2}+\frac{2r+1}{2T}\right)}_{H_{\text{TP}}^*(f/2+1/2T)}\left|\Phi\left(\frac{f}{2}+\frac{2r+1}{2T}\right)\right|^2=0$$

(4.157)

Die verbleibenden Summen über die Skalierungsfunktionen sind aufgrund der Orthonormalität Gl. (4.117) gleich 1.

$$H_{\text{BP}}\left(\frac{f}{2}\right)H_{\text{TP}}^*\left(\frac{f}{2}\right)\cdot\underbrace{\frac{1}{T}\sum_{r=-\infty}^{\infty}\left|\Phi\left(\frac{f}{2}+\frac{r}{T}\right)\right|^2}_{=1}$$

$$+H_{\text{BP}}\left(\frac{f}{2}+\frac{1}{2T}\right)H_{\text{TP}}^*\left(\frac{f}{2}+\frac{1}{2T}\right)\underbrace{\frac{1}{T}\sum_{r=-\infty}^{\infty}\left|\Phi\left(\frac{f}{2}+\frac{1}{2T}+\frac{r}{T}\right)\right|^2}_{=1}=0$$

(4.158)

Mit dem Übergang von der Frequenz $f/2$ auf die Frequenz f erhält man eine Beziehung, mit der das Bandpassfilter $H_{\text{BP}}(f)$ aus dem vorgegebenen Tiefpassfilter $H_{\text{TP}}(f)$ berechnet werden kann.

$$H_{\text{BP}}\left(f\right)H_{\text{TP}}^*\left(f\right)+H_{\text{BP}}\left(f+\frac{1}{2T}\right)H_{\text{TP}}^*\left(f+\frac{1}{2T}\right)=0$$

(4.159)

Die Gleichung wird durch folgenden Ansatz

$$H_{\text{BP}}(f)=-\exp\left(-j2\pi fT\right)\cdot H_{\text{TP}}^*\left(f+\frac{1}{2T}\right)$$

(4.160)

gelöst. Durch Einsetzen in Gl. (4.159) wird der Ansatz verifiziert.

$$-\exp\left(-j2\pi fT\right)H_{\mathrm{TP}}^{*}\left(f+\frac{1}{2T}\right)H_{\mathrm{TP}}^{*}(f)$$

$$-\exp\left(-j2\pi fT-j2\pi\frac{1}{2T}T\right)\underbrace{H_{\mathrm{TP}}^{*}\left(f+\frac{2}{2T}\right)}_{=H_{\mathrm{TP}}^{*}(f)}H_{\mathrm{TP}}^{*}\left(f+\frac{1}{2T}\right)=0 \qquad (4.161)$$

$$H_{\mathrm{TP}}^{*}(f)H_{\mathrm{TP}}^{*}\left(f+\frac{1}{2T}\right)\exp\left(-j2\pi fT\right)\cdot\left(1+\underbrace{\exp(-j\pi)}_{=-1}\right)=0 \qquad (4.162)$$

Damit ist die Gültigkeit des Ansatzes in Gl. (4.160) nachgewiesen. Durch Inverse Fourier-Transformation erhält man aus Gl. (4.160) die Impulsantwort des Bandpassfilters.

$$H_{\mathrm{BP}}(f)=-H_{\mathrm{TP}}^{*}\left(f+\frac{1}{2T}\right)\exp\left(-j2\pi fT\right)$$

$$\substack{\bullet\\\circ}$$

$$h_{\mathrm{BP}}(m)=(-1)^{m}\cdot h_{\mathrm{TP}}^{*}(1-m)$$

Bemerkung 4.2

Bei der Berechnung der Bandpassfilter-Impulsantwort $h_{\mathrm{BP}}(m)$ nach Gleichung (4.152) ist zusätzlich eine Verschiebung um eine gerade Anzahl an Abtastschritten erlaubt:

$$h_{\mathrm{BP}}(m)=(-1)^{m}\cdot h_{\mathrm{TP}}^{*}(1-m+2l) \quad ,l\in\mathbb{Z} \qquad (4.163)$$

Die Verschiebung des Synthese-Bandpassfilters $h_{\mathrm{BP}}(m)$ um $2l$ bewirkt eine Verschiebung des Analyse-Bandpassfilters $g_{\mathrm{BP}}(m)$ um $-2l$. Somit hebt sich der Effekt der Verschiebung insgesamt auf. Damit kann die Impulsantwort des Bandpassfilters so verschoben werden, dass sie im selben Zeitintervall von null verschiedene Werte hat wie das zugehörige Tiefpassfilter. Dies hat den Vorteil, dass die Tiefpass- und Bandpasskoeffizienten eine Aussage über das gleiche Zeitintervall machen, was für viele Signalverarbeitungsaufgaben sinnvoll ist.

Die Wavelets können schließlich aus Gl. (4.150) berechnet werden.

$$\boxed{\psi(t)=\sum_{m=-\infty}^{\infty}(-1)^{m}h_{\mathrm{TP}}^{*}(1-m)\sqrt{2}\varphi(2t-mT)} \qquad (4.164)$$

4.3.5   Zusammenfassung der Vorgehensweise

Um eine Waveletfunktion $\psi_{m,k}(t)$ aus der vorgegebenen Impulsantwort $h_{TP}(m)$ eines zeitdiskreten Skalierungsfilters zu bestimmen, ist zunächst zu beachten, dass das Filter die Bedingungen

$$H_{TP}(0) = \sqrt{2} \qquad (4.165)$$

und

$$\left| H_{TP}\left(\frac{f}{2}\right) \right|^2 + \left| H_{TP}\left(\frac{f}{2} + \frac{1}{2T}\right) \right|^2 = 2 \qquad (4.166)$$

erfüllen muss. Dabei garantiert Gl. (4.165) die Normierung der Skalierungsfunktion $\varphi(t)$ auf $\Phi(0) = 1$ in Gl. (4.123) und Gl. (4.166) die Orthonormalität zeitverschobener Skalierungsfunktionen in Gl. (4.117).

Sind diese Voraussetzungen erfüllt, berechnet sich die Skalierungsfunktion im Frequenzbereich rekursiv über die Gleichung (4.131):

$$\Phi(f) = \prod_{k=1}^{\infty} \frac{1}{\sqrt{2}} H_{TP}\left(\frac{f}{2^k}\right) . \qquad (4.167)$$

Die Impulsantwort des Bandpassfilters lautet

$$h_{BP}(mT) = (-1)^m \cdot h_{TP}^*((1-m)T)$$

$$H_{BP}(f) = -H_{TP}^*\left(f + \frac{1}{2T}\right) \exp\left(-j2\pi fT\right) . \qquad (4.168)$$

Damit kann schließlich die Waveletfunktion berechnet werden:

$$\psi(t) = \sqrt{2} \sum_{m=-\infty}^{\infty} h_{BP}(mT) \cdot \varphi(2t - mT) \qquad (4.169)$$

Beispiel 4.2   *Herleitung des Haar-Wavelets*

Aus einer vorgegeben Tiefpassfilterfunktion soll das zugehörige Wavelet berechnet werden. Gegeben ist der Frequenzgang des Skalierungsfilters

$$H_{TP}(f) = \frac{1}{\sqrt{2}}\left(1 + \exp\left(-j2\pi fT\right)\right) .$$

Zunächst wird überprüft, ob die gegebene Filterfunktion den notwendigen periodischen Tiefpasscharakter aufweist.

$$H_{TP}(0) = \frac{2}{\sqrt{2}} = \sqrt{2}$$

$$H_{\mathrm{TP}}\left(\frac{1}{2T}\right) = \frac{1}{\sqrt{2}}\left(1 + \underbrace{\exp\left(-j\pi\right)}_{=-1}\right) = 0$$

Die Fourier-Transformierte der Skalierungsfunktion lautet damit

$$\Phi(f) = \prod_{k=1}^{\infty} \frac{1}{\sqrt{2}} H_{\mathrm{TP}}\left(\frac{f}{2^k}\right)$$

$$= \prod_{k=1}^{\infty} \frac{1}{2}\left(1 + \exp\left(-j2\pi\frac{f}{2^k}T\right)\right).$$

Durch Erweitern des Bruchs im Argument der Exponentialfunktion mit 2 erhält man

$$\Phi(f) = \prod_{k=1}^{\infty} \frac{1}{2}\left(1 + \exp\left(-j2\pi\frac{2f}{2^{k+1}}T\right)\right)$$

$$= \prod_{k=1}^{\infty} \frac{1}{2}\left(1 + \exp\left(-j2\pi\frac{f}{2^{k+1}}T\right)\cdot\exp\left(-j2\pi\frac{f}{2^{k+1}}T\right)\right),$$

und durch Ausklammern ergibt sich

$$\Phi(f) = \prod_{k=1}^{\infty} \exp\left(-j2\pi\frac{f}{2^{k+1}}T\right)\underbrace{\frac{1}{2}\left(\exp\left(j2\pi\frac{f}{2^{k+1}}T\right) + \exp\left(-j2\pi\frac{f}{2^{k+1}}T\right)\right)}_{=\cos\left(\frac{2\pi fT}{2^{k+1}}\right)}.$$

Das Produkt der Exponentialfunktionen wird in die Summation der Exponenten überführt

$$\Phi(f) = \exp\left(-j2\pi fT \underbrace{\sum_{k=1}^{\infty}\frac{1}{2^{k+1}}}_{=\frac{1}{2}}\right)\underbrace{\prod_{k=1}^{\infty}\cos\left(\frac{2\pi fT}{2^{k+1}}\right)}_{=\frac{\sin(\pi fT)}{\pi fT}},$$

und daraus die Skalierungsfunktion

$$\Phi(f) = \exp\left(-j\pi fT\right)\frac{\sin(\pi fT)}{\pi fT} \quad\bullet\!\!-\!\!\circ\quad \varphi(t) = \frac{1}{T}\left(\sigma(t) - \sigma(t-T)\right).$$

berechnet. Mit dem Ansatz (4.151) wird der Frequenzgang des Bandpassfilters $H_{\mathrm{BP}}(f)$

$$H_{\mathrm{BP}}(f) = -H_{\mathrm{TP}}^*\left(f + \frac{1}{2T}\right)\exp\left(-j2\pi fT\right)$$

$$= -\frac{1}{\sqrt{2}}\left(1 + \exp\left(j2\pi(f + \frac{1}{2T})T\right)\right)\exp\left(-j2\pi fT\right)$$

$$= -\frac{1}{\sqrt{2}}\left(\exp\left(-j2\pi fT\right) + \underbrace{\exp\left(j\pi\right)}_{=-1}\right)$$

$$= \frac{1}{\sqrt{2}}\left(1 - \exp(-j2\pi fT)\right).$$

Es gilt $H_{BP}(0) = 0$ und $H_{BP}(1/2T) = \sqrt{2}$. $H_{BP}(f)$ hat also tatsächlich Bandpasscharakter. Nun kann die Fourier-Transformierte des Wavelets nach Gl. (4.153) berechnet werden

$$
\begin{aligned}
\Psi(f) &= \frac{1}{\sqrt{2}} H_{BP}(f/2)\Phi(f/2) \\
&= \frac{1}{2}\left(1 - \exp(-j\pi f T)\right)\exp\left(-j\pi f \frac{T}{2}\right)\frac{\sin(\pi f \frac{T}{2})}{\pi f \frac{T}{2}} \\
&= \frac{1}{2}\underbrace{\left(\exp\left(j\pi f \frac{T}{2}\right) - \exp\left(-j\pi f \frac{T}{2}\right)\right)}_{j\cdot\sin\left(\pi f \frac{T}{2}\right)}\exp(-j\pi f T)\frac{\sin(\pi f \frac{T}{2})}{\pi f \frac{T}{2}} \\
&= j\cdot\exp(-j\pi f T)\frac{\sin^2\left(\pi f \frac{T}{2}\right)}{\pi f \frac{T}{2}}
\end{aligned}
$$

Als Fourier-Rücktransformierte von $\Psi(f)$ ergibt sich das Haar-Wavelet (siehe Abb. 3.11)

$$
\psi(t) = \begin{cases}
\dfrac{1}{T} & 0 \le t < \dfrac{T}{2} \\[2mm]
-\dfrac{1}{T} & \dfrac{T}{2} \le t < T \\[2mm]
0 & \text{sonst}
\end{cases}
$$

4.4 Skalierungsfilter

Bei der Diskreten Wavelet-Transformation werden die Koeffizienten $c_0(m)$ der Reihenentwicklung des zu analysierenden Signals $x(t)$ mit Hilfe der Filterbank in die Koeffizienten $c_k(m)$, $d_k(m)$ der Reihenentwicklungen in den Tiefpass- und Bandpass-Unterräumen umgerechnet. Dazu benötigt man die Impulsantworten der beiden Analysefilter $g_{TP}(m)$, $g_{BP}(m)$. Bei der Inversen Diskreten Wavelet-Transformation werden umgekehrt die Koeffizienten $c_0(m)$ aus den Koeffizienten $c_k(m)$, $d_k(m)$ berechnet. Dazu benötigt man die Impulsantworten der beiden Synthesefilter $h_{TP}(m)$, $h_{BP}(m)$. Zur eindeutigen Bestimmung der beiden Multiraten-Filterbänke muss lediglich das Skalierungsfilter $h_{TP}(m)$ vorgegeben werden. Aus diesem ergibt sich $h_{BP}(m)$ mittels Gl. (4.151). Weiterhin können $g_{TP}(m)$ aus $h_{TP}(m)$ mittels Gl. (4.90) und $g_{BP}(m)$ aus $h_{BP}(m)$ mittels Gl. (4.93) bestimmt werden. Das Skalierungsfilter hat deshalb für die Wavelet-Transformation eine zentrale Bedeutung.

Im Folgenden sollen zuerst die Eigenschaften der Skalierungsfilter (Synthese-Tiefpassfilter) $h_{TP}(m)$ betrachtet werden, welche die hierarchischen Unterräume abgrenzen. Danach werden mögliche Ansätze betrachtet, mit denen Skalierungsfilter entworfen werden können. Aus dem gefundenen Skalierungsfilter $h_{TP}(m)$ wird anschließend die dazugehörige Skalierungsfunktion $\varphi(n)$ und das Wavelet $\psi(n)$ berechnet.

4.4.1   Länge der Impulsantwort

Die Rekursionsbedingung (4.119) für die Skalierungsfunktion lautete

$$\varphi(t) = \sum_{m=-\infty}^{\infty} h_{\text{TP}}(m)\sqrt{2}\varphi(2t - mT). \tag{4.170}$$

Bei Zeitdiskretisierung $t = nT$ erhält man daraus die zeitdiskrete Rekursionsbedingung

$$\varphi(n) = \sum_{m=M_1}^{M_2} h_{\text{TP}}(m)\sqrt{2}\varphi(2n - m), \qquad M_1 < M_2. \tag{4.171}$$

Die Grenzen M_1 und M_2 des Laufindex m sollen bestimmt werden. In Bemerkung 4.1 wurden $M_1 = 0$ und $M_2 = N - 1$ gesetzt. Dies soll im Folgenden überprüft werden. Die zeitdiskrete Skalierungsfunktion $\varphi(n)$ besitzt für einen Laufindex $n = 0,\dots,N-1$ von null abweichende Werte. Entsprechend ist auch

$$\varphi(2n - m) \neq 0 \quad \text{für} \quad 2n - m = 0,\dots,N-1. \tag{4.172}$$

Daraus erhält man einen Laufbereich

$$n = \frac{m}{2},\dots,\frac{m}{2} + \frac{N-1}{2}, \tag{4.173}$$

mit den Grenzen $M_1 \leq m \leq M_2$

$$n = \frac{M_1}{2},\dots,\frac{M_2}{2} + \frac{N-1}{2}. \tag{4.174}$$

Die Grenzen des Laufindex n für $\varphi(n)$ müssen auf beiden Seiten der Gleichung (4.171) gleich sein, d. h. $n = 0,\dots,N-1$. Damit erhält man $M_1 = 0$, $M_2 = N - 1$. Die Impulsantwort $h_{\text{TP}}(m)$ hat damit eine endliche Länge $m = 0,\dots,N-1$. Das Skalierungsfilter ist ein kausales FIR-Filter der Länge N. N wird als gerade angenommen.

4.4.2   Orthonormalität der Skalierungsfunktion

Die Skalierungsfunktionen bilden nach Gl. (4.113) ein orthonormales Basissystem, d. h.

$$\int_{-\infty}^{\infty} \varphi(t)\varphi^*(t - kT)\,dt = \delta(k). \tag{4.175}$$

Daraus soll die Orthonormalitätsbedingung für die Impulsantwort $h_{\text{TP}}(m)$ des Skalierungsfilters abgeleitet werden. Dazu wird die Rekursionsbeziehung (Gl. (4.170)) in Gl. (4.113) eingesetzt.

$$\int_{-\infty}^{\infty} \left(\sum_{m=0}^{N-1} h_{\text{TP}}(m)\sqrt{2}\varphi\left(2t - mT\right) \right)$$

$$\cdot \left(\sum_{m'=0}^{N-1} h_{\text{TP}}(m')\sqrt{2}\varphi\left(2t - m'T - 2kT\right) \right)^* dt = \delta(k) \tag{4.176}$$

$$\sum_{m=0}^{N-1}\sum_{m'=0}^{N-1} h_{\mathrm{TP}}(m)h_{\mathrm{TP}}^*(m') \underbrace{\int_{-\infty}^{\infty} \varphi(2t-mT)\cdot\varphi^*(2t-m'T-2kT)2dt}_{\delta(m'-(m-2k))} = \delta(k) \quad (4.177)$$

Aufgrund der Orthonormalität der Skalierungsfunktionen ist das Integral gleich $\delta(m'-(m-2k))$. Bildet man die Faltungssumme über m', so lautet die Orthonormalitätsbedingung für die Impulsantwort des Skalierungsfilters $h_{\mathrm{TP}}(m)$

$$\boxed{\sum_{m=0}^{N-1} h_{\mathrm{TP}}(m)h_{\mathrm{TP}}^*(m-2k) = \delta(k), \quad k=0,\dots,\frac{N}{2}-1, \quad N \text{ gerade}.} \qquad (4.178)$$

Für $k=0$ ergibt sich, dass die zeitdiskrete Impulsantwort $h_{\mathrm{TP}}(m)$ auf die Koeffizientenenergie 1 normiert ist.

$$\sum_{m=0}^{N-1} |h_{\mathrm{TP}}(m)|^2 = 1. \qquad (4.179)$$

Bei Summation über alle k erhält man aus Gl. (4.178) die Beziehung

$$\sum_{k=0}^{\frac{N}{2}-1}\sum_{m=0}^{N-1} h_{\mathrm{TP}}(m)h_{\mathrm{TP}}^*(m-2k) = 1. \qquad (4.180)$$

4.4.3 Teilsummen der Impulsantwort

In Gl. (4.127) ergab sich aufgrund der Normierung der Skalierungsfunktion eine Summe der Filterkoeffizienten von $\sqrt{2}$.

$$\sum_{m=0}^{N-1} h_{\mathrm{TP}}(m) = \sqrt{2}. \qquad (4.181)$$

Diese Summe kann aufgeteilt werden.

Satz 4.5 *Teilsummen der Impulsantwort des Skalierungsfilters*

Die Summe in Gl. (4.127) wird in Terme mit geraden und ungeraden Indizes aufgeteilt. Es gilt dann für die Teilsummen der Koeffizienten des Skalierungsfilters

$$\sum_{m'=0}^{\frac{N}{2}-1} h_{\mathrm{TP}}(2m') = S_g = \frac{1}{\sqrt{2}}, \qquad \sum_{m'=0}^{\frac{N}{2}-1} h_{\mathrm{TP}}(2m'+1) = S_u = \frac{1}{\sqrt{2}}. \qquad (4.182)$$

Beweis 4.5

Aus Gl. (4.127)

$$\sum_{m=0}^{N-1} h_{\text{TP}}(m) = \underbrace{\sum_{m'=0}^{\frac{N}{2}-1} h_{\text{TP}}(2m')}_{S_g} + \underbrace{\sum_{m'=0}^{\frac{N}{2}-1} h_{\text{TP}}(2m'+1)}_{S_u} = \sqrt{2} \qquad (4.183)$$

erhält man

$$S_g + S_u = \sqrt{2}, \qquad S_u = \sqrt{2} - S_g. \qquad (4.184)$$

Die Beziehung Gl. (4.180) wird mit Hilfe von Gl. (4.183) in Teilsummen mit geraden und ungeraden Indizes aufgeteilt.

$$\sum_{k=0}^{\frac{N}{2}-1} \left(\sum_{m'=0}^{\frac{N}{2}-1} h_{\text{TP}}(2m')h_{\text{TP}}^*(2m'-2k) + \sum_{m'=0}^{\frac{N}{2}-1} h_{\text{TP}}(2m'+1)h_{\text{TP}}^*(2m'+1-2k) \right) = 1$$

$$(4.185)$$

$$\sum_{m'=0}^{\frac{N}{2}-1} h_{\text{TP}}(2m') \sum_{k=0}^{\frac{N}{2}-1} h_{\text{TP}}^*(2m'-2k) + \sum_{m'=0}^{\frac{N}{2}-1} h_{\text{TP}}(2m'+1) \sum_{k=0}^{\frac{N}{2}-1} h_{\text{TP}}^*(2m'+1-2k) = 1$$

$$(4.186)$$

Denkt man sich die Impulsantwort über den Definitionsbereich $0, \ldots, N-1$ periodisch fortgesetzt, so wird

$$\sum_{k=0}^{\frac{N}{2}-1} h_{\text{TP}}^*(2m'-2k) = \sum_{k=0}^{\frac{N}{2}-1} h_{\text{TP}}^*(2k), \qquad (4.187)$$

$$\sum_{k=0}^{\frac{N}{2}-1} h_{\text{TP}}^*(2m'+1-2k) = \sum_{k=0}^{\frac{N}{2}-1} h_{\text{TP}}^*(2k+1). \qquad (4.188)$$

Damit erhält man aus Gl. (4.186)

$$\left| S_g \right|^2 + \left| S_u \right|^2 = 1. \qquad (4.189)$$

Einsetzen von Gl. (4.184) ergibt

$$\left| S_g \right|^2 + \left| \sqrt{2} - S_g \right|^2 = 1, \qquad (4.190)$$

und daraus die Lösungen

$$S_g = \frac{1}{\sqrt{2}} \qquad (4.191)$$

und entsprechend

$$S_u = \frac{1}{\sqrt{2}}.$$ (4.192)

Die Teilsummen über die Impulsantwort mit geraden und ungeraden Koeffizienten sind gleich.

$$\boxed{\sum_{m'=0}^{\frac{N}{2}-1} h_{TP}(2m') = \sum_{m'=0}^{\frac{N}{2}-1} h_{TP}(2m'+1) = \frac{1}{\sqrt{2}}}$$ (4.193)

4.4.4   Skalierungskoeffizienten

Im Folgenden soll die Impulsantwort $h_{TP}(m)$ des Skalierungsfilters für unterschiedliche Längen N betrachtet werden. Die einzelnen Werte der Impulsantwort $h_{TP}(m)$ sind die Skalierungskoeffizienten. Sie sollen im Folgenden reellwertig sein. Aus ihnen werden über die Rekursionsbeziehung (4.171)

$$\varphi(n) = \sum_{m=0}^{N-1} h_{TP}(m)\sqrt{2}\varphi(2n-m)$$ (4.194)

die Skalierungsfunktion $\varphi(n)$ und das Wavelet $\psi(n)$ berechnet. Die reellwertigen Skalierungskoeffizienten müssen die folgenden beiden Bedingungen (Gl. (4.127) und Gl. (4.178)) erfüllen.

$$\text{I.} \quad \sum_{m=0}^{N-1} h_{TP}(m) = \sqrt{2}$$ (4.195)

$$\text{II.} \quad \sum_{m=0}^{N-1} h_{TP}(m)h_{TP}(m-2k) = \delta(k), \quad k=0,\ldots,\frac{N}{2}-1, \; N \text{ gerade}$$ (4.196)

Die erste und letzte Gleichung der zeitdiskreten Rekursionsbeziehung Gl. (4.171) lauten für $n,m=0$ und $n,m=N-1$

$$\sqrt{2}\cdot h_{TP}(0)\cdot\varphi(0) = \varphi(0), \quad \sqrt{2}\cdot h_{TP}(N-1)\cdot\varphi(N-1) = \varphi(N-1).$$ (4.197)

Für die Filterlänge $N=2$ folgt daraus mit Gl. (4.193) und der Bedingung $\varphi(0) \neq 0$, $\varphi(N-1) \neq 0$

$$h_{TP}(0) = \frac{1}{\sqrt{2}}, \quad h_{TP}(1) = \frac{1}{\sqrt{2}}.$$ (4.198)

Die Skalierungskoeffizienten sind durch die Randbedingungen vollständig bestimmt. Für Filterlängen $N > 2$ wäre bei gleichem Vorgehen die Summe des ersten und letzten Skalierungskoeffizienten ebenfalls $h_{TP}(0) + h_{TP}(N-1) = \sqrt{2}$, und alle weiteren Koeffizienten laut Bedingung I gleich Null. Das ergäbe keine sinnvollen Impulsantworten. Deshalb wird für Filterlängen $N > 2$ gefordert, dass $\varphi(0) = \varphi(N-1) = 0$ sind. Die Bedingung I liefert eine Randbedingung, die Bedingung II liefert weitere $\frac{N}{2}$ Randbedingungen für die Impulsantwort. Bei der Bestimmung der N Koeffizienten des Skalierungsfilters $h_{TP}(m)$ bleiben dann noch $\frac{N}{2}-1$ Freiheitsgrade übrig.

Filterlänge $N = 2$:

Die Bedingungen lauten

$$\text{I.} \quad h_{\text{TP}}(0) + h_{\text{TP}}(1) = \sqrt{2}, \tag{4.199}$$

$$\text{II.} \quad h_{\text{TP}}^2(0) + h_{\text{TP}}^2(1) = 1, \quad k = 0. \tag{4.200}$$

Es bleiben keine Freiheitsgrade bei der Berechnung der Koeffizienten übrig, wir erhalten

$$\underline{h}_{D2} = [h_{\text{TP}}(0), h_{\text{TP}}(1)]^{\text{T}} = \left[\frac{1}{\sqrt{2}}, \frac{1}{\sqrt{2}}\right]^{\text{T}}. \tag{4.201}$$

Dies sind gerade die Haar-Skalierungskoeffizienten und auch die Daubechies-Skalierungskoeffizienten der Filterlänge $N = 2$.

Filterlänge $N = 4$:

Die Bedingungen lauten

$$\text{I.} \quad h_{\text{TP}}(0) + h_{\text{TP}}(1) + h_{\text{TP}}(2) + h_{\text{TP}}(3) = \sqrt{2}, \tag{4.202}$$

$$\text{II.} \quad h_{\text{TP}}^2(0) + h_{\text{TP}}^2(1) + h_{\text{TP}}^2(2) + h_{\text{TP}}^2(3) = 1, \quad k = 0, \tag{4.203}$$

$$h_{\text{TP}}(0) \cdot h_{\text{TP}}(2) + h_{\text{TP}}(1) \cdot h_{\text{TP}}(3) = 0, \quad k = 1. \tag{4.204}$$

Es bleibt ein Freiheitsgrad übrig, der durch den Parameter α repräsentiert wird. Die Koeffizienten können damit geschlossen als

$$h_{\text{TP}}(0) = \frac{(1 - \cos\alpha + \sin\alpha)}{2\sqrt{2}}, \tag{4.205}$$

$$h_{\text{TP}}(1) = \frac{(1 + \cos\alpha + \sin\alpha)}{2\sqrt{2}}, \tag{4.206}$$

$$h_{\text{TP}}(2) = \frac{(1 + \cos\alpha - \sin\alpha)}{2\sqrt{2}}, \tag{4.207}$$

$$h_{\text{TP}}(3) = \frac{(1 - \cos\alpha - \sin\alpha)}{2\sqrt{2}} \tag{4.208}$$

angegeben werden.

Für $\alpha = \frac{\pi}{2}$ erhält man die Haar-Koeffizienten der Länge $N = 2$, für $\alpha = \pi, \frac{3\pi}{2}$ nicht sinnvolle Erweiterungen auf $N = 4$, bei denen die mittleren bzw. die ersten beiden Koeffizienten Null sind. Für $\alpha = \frac{\pi}{3}$ erhält man die Daubechies-Koeffizienten der Filterlänge $N = 4$

$$\underline{h}_{D4} = \left[\frac{1 + \sqrt{3}}{4\sqrt{2}}, \frac{3 + \sqrt{3}}{4\sqrt{2}}, \frac{3 - \sqrt{3}}{4\sqrt{2}}, \frac{1 - \sqrt{3}}{4\sqrt{2}}\right]^{\text{T}}. \tag{4.209}$$

Filterlänge $N = 6$:

Hier bleiben zwei Freiheitsgrade für die Skalierungs-Koeffizienten übrig, die durch die Parameter α und β repräsentiert werden. Die Koeffizienten sind auch hier noch geschlossen analytisch angebbar.

$$h_{\text{TP}}(0) = \frac{((1 + \cos\alpha + \sin\alpha) \cdot (1 - \cos\beta - \sin\beta) + 2\sin\beta\cos\alpha)}{4\sqrt{2}}, \tag{4.210}$$

$$h_{\text{TP}}(1) = \frac{((1 - \cos\alpha + \sin\alpha) \cdot (1 + \cos\beta - \sin\beta) - 2\sin\beta\cos\alpha)}{4\sqrt{2}}, \tag{4.211}$$

$$h_{\text{TP}}(2) = \frac{(1 + \cos(\alpha - \beta) + \sin(\alpha - \beta))}{2\sqrt{2}}, \tag{4.212}$$

$$h_{\text{TP}}(3) = \frac{(1 + \cos(\alpha - \beta) - \sin(\alpha - \beta))}{2\sqrt{2}}, \tag{4.213}$$

$$h_{\text{TP}}(4) = \frac{1}{\sqrt{2}} - h_{\text{TP}}(0) - h_{\text{TP}}(2), \tag{4.214}$$

$$h_{\text{TP}}(5) = \frac{1}{\sqrt{2}} - h_{\text{TP}}(1) - h_{\text{TP}}(3). \tag{4.215}$$

Für $\beta = 0$ und α als freiem Parameter erhält man die Parameter der Filterlänge $N = 4$, wobei $h_{\text{TP}}(0)$ und $h_{\text{TP}}(5)$ gleich Null werden. Zum Beispiel erhält man die Daubechies-Koeffizienten der Filterlänge $N = 4$ für $\alpha = \frac{\pi}{3}$ und $\beta = 0$. Die Daubechies-Koeffizienten der Filterlänge $N = 6$ erhält man für

$$\alpha = 1,35980373244182$$
$$\beta = -0,78210638474440.$$

Umgekehrt kann man die Parameter α und β aus den Koeffizienten der Impulsantwort berechnen.

$$\alpha = \arctan\left(\frac{2\left(h_{\text{TP}}^2(0) + h_{\text{TP}}^2(1)\right) - 1 + \frac{h_{\text{TP}}(2) + h_{\text{TP}}(3)}{\sqrt{2}}}{2\left(h_{\text{TP}}(1)h_{\text{TP}}(2) - h_{\text{TP}}(0)h_{\text{TP}}(3)\right) + \sqrt{2}\left(h_{\text{TP}}(0) - h_{\text{TP}}(1)\right)}\right) \tag{4.216}$$

$$\beta = \alpha - \arctan\left(\frac{h_{\text{TP}}(2) - h_{\text{TP}}(3)}{h_{\text{TP}}(2) + h_{\text{TP}}(3) - \frac{1}{\sqrt{2}}}\right) \tag{4.217}$$

4.4.5 Daubechies-Filter

Für Filterlängen $N > 6$ ist eine geschlossene analytische Formulierung der Koeffizienten $h_{\text{TP}}(m)$ schwierig. Zur Wahrnehmung der Freiheitsgrade wird deshalb ein zusätzliches Entwurfskriterium für das Skalierungsfilter eingeführt. Die Fourier-Transformierte der Skalierungsfunktion wurde aus dem Skalierungsfilter über die Rekursionsbeziehung Gl. (4.130)

$$\Phi(f) = \left(\prod_{k=1}^{\infty}\left(\frac{1}{\sqrt{2}}H_{\text{TP}}\left(\frac{f}{2^k}\right)\right)\right)\Phi(0) \tag{4.218}$$

berechnet. Man sieht, dass die Nullstellen der FIR-Filter $H_{\mathrm{TP}}(f), H_{\mathrm{TP}}(\frac{f}{2}), \ldots, H_{\mathrm{TP}}(\frac{f}{2^k})$ auch die Nullstellen von $\Phi(f)$ sind. Zur optimalen Abgrenzung der Unterräume sollte das Skalierungsfilter $H_{\mathrm{TP}}(f)$ ab $f = 0$ einen möglichst konstanten Amplitudengang haben (minimale Dämpfung), um dann an der Nyquistfrequenz für $f \to \frac{1}{2T}$ möglichst gut gegen $H_{\mathrm{TP}}(\frac{1}{2T}) = 0$ zu konvergieren.

Der Ansatz von Daubechies zur Bestimmung des Skalierungsfilters fordert deshalb eine Nullstelle höchstmöglicher Ordnung von $H_{\mathrm{TP}}(f)$ an der Nyquistfrequenz. Das Daubechies-Skalierungsfilter ist $\frac{N}{2}$-regulär.

Definition 4.1 *Regularität des Skalierungsfilters*

Ein unitäres Skalierungsfilter $h_{\mathrm{TP}}(m)$ ist K-regulär, wenn seine z-Transformierte $H_{\mathrm{TP}}(z)$ an der Nyquistgrenze $z = -1$ eine K-fache Nullstelle besitzt. Die Systemfunktion eines K-regulären, unitären Skalierungsfilters kann deshalb als

$$\frac{1}{\sqrt{2}} \cdot H_{\mathrm{TP}}(z) = \left(\frac{1+z}{2}\right)^K Q(z) \qquad (4.219)$$

formuliert werden. Das Skalierungsfilter besitzt aufgrund der Orthogonalitäts- und Existenzbedingungen $\frac{N}{2} - 1$ Freiheitsgrade bei der Dimensionierung. Diese werden im Folgenden für die Regularität des Filters verwendet. Weiterhin muss die Fourier-Transformierte immer mindestens eine Nullstelle erster Ordnung an der Nyquistfrequenz haben (Abtasttheorem). Insgesamt kann man also eine $\frac{N}{2}$-fache Nullstelle an der Nyquistfrequenz fordern ($K = \frac{N}{2}$). Dies ist der Ansatz von Daubechies. [9]

Im Folgenden soll der Entwurf eines Daubechies-Skalierungsfilters der Ordnung N mit $K = \frac{N}{2}$ betrachtet werden. Dazu muss die Restfunktion $Q(z)$ aus Gl. (4.219) so bestimmt werden, dass die Orthogonalität zeitverschobener Skalierungsfunktionen erfüllt ist und die Skalierungsfunktionen auf $\Phi(0) = 1$ normiert sind. Die entsprechenden Bedingungen an den Amplitudengang des Tiefpassfilters lauten (vgl. Abschnitt 4.3.5):

$$|H_{\mathrm{TP}}(f)|^2 + \left|H_{\mathrm{TP}}\left(f + \frac{1}{2T}\right)\right|^2 = 2 \qquad (4.220)$$

$$H_{\mathrm{TP}}(0) = \sqrt{2} \qquad (4.221)$$

Die Bedingungen werden auf die z-Ebene übertragen. Es gilt:

$$z = \exp(sT) = \exp((\delta + j2\pi f)T) \qquad (4.222)$$

Für die Stelle $f' = f + \frac{1}{2T}$ folgt:

$$z' = \exp\left(\left(\delta + j2\pi\left(f + \frac{1}{2T}\right)\right)T\right) = \exp((\delta + j2\pi f)T) \cdot \exp(j\pi) = -z$$

$$(4.223)$$

Damit folgen die Bedingungen:

$$|H_{\mathrm{TP}}(z)|^2 + |H_{\mathrm{TP}}(-z)|^2 = 2 \tag{4.224}$$

$$H_{\mathrm{TP}}(z=1) = \sqrt{2} \tag{4.225}$$

Das Betragsquadrat der z-Übertragungsfunktion lautet nach Gl. (4.219):

$$|H_{\mathrm{TP}}(z)|^2 = H_{\mathrm{TP}}(z) \cdot H_{\mathrm{TP}}(z^{-1}) \tag{4.226}$$

$$= 2 \cdot \left(\frac{1+z}{2}\right)^K \cdot \left(\frac{1+z^{-1}}{2}\right)^K \cdot |Q(z)|^2 \tag{4.227}$$

$$= 2 \cdot \frac{1}{4^K} \left(z + z^{-1} + 2\right)^K \cdot |Q(z)|^2 \tag{4.228}$$

Im Folgenden wird die Restfunktion $Q(z)$ betrachtet. Da die Impulsantwort des FIR-Tiefpass-filters die Länge N besitzt, ist $H_{\mathrm{TP}}(z)$ ein Polynom der Ordnung $N-1 = 2K-1$. Folglich ist $Q(z)$ ein Polynom in z der Ordnung $K-1$:

$$Q(z) = K_z \prod_{\mu=1}^{K-1} (z - z_\mu) \tag{4.229}$$

Für das Betragsquadrat ergibt sich somit:

$$|Q(z)|^2 = Q(z) \cdot Q(z^{-1}) = K_z^2 \prod_{\mu=1}^{K-1} (z - z_\mu)(z^{-1} - z_\mu) \tag{4.230}$$

Die $2(K-1)$ Nullstellen von $|Q(z)|^2$ liegen bei z_μ und z_μ^{-1}, $\mu = 1, \ldots, K-1$. Die Klammern werden ausmultipliziert und neu zusammengefasst:

$$|Q(z)|^2 = K_z^2 \prod_{\mu=1}^{K-1} (1 - z \cdot z_\mu - z^{-1} z_\mu + z_\mu^2) \tag{4.231}$$

$$= K_z^2 \prod_{\mu=1}^{K-1} (-z_\mu) \cdot \left((z + z^{-1}) - (z_\mu + z_\mu^{-1})\right) \tag{4.232}$$

$$= \underbrace{\left(K_z^2 \prod_{\mu=1}^{K-1} (-z_\mu)\right)}_{=: K_\zeta} \cdot \prod_{\mu=1}^{K-1} \left(\underbrace{(z + z^{-1})}_{=: \zeta} - \underbrace{(z_\mu + z_\mu^{-1})}_{=: \zeta_\mu}\right) \tag{4.233}$$

$$|Q(\zeta)|^2 = K_\zeta \prod_{\mu=1}^{K-1} (\zeta - \zeta_\mu) \tag{4.234}$$

Somit ist $Q(\zeta)$ ein Polynom in $\zeta = z + z^{-1}$ der Ordnung $K-1$. Zu jeder Nullstelle ζ_μ in der ζ-Ebene gehören zwei Nullstellen z_μ und z_μ^{-1} in der z-Ebene, von denen jeweils eine Nullstelle innerhalb und eine außerhalb des Einheitskreises liegt.

Das Betragsquadrat der Übertragungsfunktion des Tiefpassfilters aus Gl. (4.228) lautet in der ζ-Ebene:

$$|H_{TP}(\zeta)|^2 = 2 \cdot \frac{1}{4^K}(\zeta + 2)^K \cdot K_\zeta \prod_{\mu=1}^{K-1} (\zeta - \zeta_\mu) \tag{4.235}$$

Für die weitere Herleitung ist eine weitere Koordinatentransformation zweckmäßig:

$$y = \frac{1}{2}\left(1 - \frac{\zeta}{2}\right) \quad \Leftrightarrow \quad \zeta = 2 - 4y \tag{4.236}$$

Bei dieser Transformation gilt die Zuordnung:

$$\zeta' = -\zeta \quad \Leftrightarrow \quad y' = 1 - y \tag{4.237}$$

Da die Transformation linear ist, ist das Betragsquadrat der Restfunktion auch in den neuen Koordinaten ein Polynom der Ordnung $K - 1$:

$$|Q(y)|^2 = K_y \prod_{\mu=1}^{K-1} (y - y_\mu) = P(y) \tag{4.238}$$

Die Schreibweise $P(y)$ soll hier ein „Polynom in y" bezeichnen. Das Betragsquadrat der gesamten Übertragungsfunktion lautet damit:

$$|H_{TP}(y)|^2 = 2 \cdot \frac{1}{4^K}(4 - 4y)^K \cdot P(y) = 2 \cdot (1 - y)^K \cdot P(y) \tag{4.239}$$

Mithilfe von Gl. (4.237) sowie des Zusammenhangs

$$z' = -z \quad \Leftrightarrow \quad \zeta' = -\zeta \tag{4.240}$$

wird die Orthogonalitätsbedingung (4.224) in die y-Ebene übertragen:

$$|H_{TP}(y)|^2 + |H_{TP}(1 - y)|^2 = 2 \tag{4.241}$$

Gl. (4.239) wird eingesetzt:

$$2(1 - y)^K \cdot P(y) + 2y^K \cdot P(1 - y) = 2 \tag{4.242}$$

Mit Hilfe des Theorems von Bezout erhält man zu dieser Gleichung ein Lösungspolynom

$$P(y) = P_0 \cdot \sum_{k=0}^{K-1} \binom{K+k-1}{k} y^k, \quad K = \frac{N}{2}, \tag{4.243}$$

Durch Faktorisieren ergeben sich die gesuchten Nullstellen y_μ:

$$P(y) = K_y \cdot \prod_{\mu=1}^{K-1} (y - y_\mu) . \tag{4.244}$$

Im nächsten Schritt werden die Nullstellen in der z-Ebene berechnet. Jeder Nullstelle y_μ sind zwei Nullstellen z_μ und z_μ^{-1} zugeordnet.

Zuerst werden die Nullstellen in die ζ-Ebene transformiert:

$$\zeta_\mu = 2 - 4y_\mu \qquad (4.245)$$

Um nun die beiden Nullstellen in der z-Ebene zu berechnen, wird die Gleichung $\zeta = z + z^{-1}$ einmal nach z und einmal nach z^{-1} aufgelöst:

$$\zeta z = z^2 + 1 \qquad\qquad \zeta z^{-1} = 1 + \left(\zeta^{-1}\right)^2 \qquad (4.246)$$

$$z^2 - \zeta z + 1 = 0 \qquad\qquad \left(z^{-1}\right)^2 - \zeta z^{-1} + 1 = 0 \qquad (4.247)$$

$$z = \frac{\zeta}{2} \pm \sqrt{\frac{\zeta^2}{4} - 1} \qquad\qquad z^{-1} = \frac{\zeta}{2} \pm \sqrt{\frac{\zeta^2}{4} - 1} \qquad (4.248)$$

In beiden Fällen erhält man die gleichen Lösungen für die quadratische Gleichung. Die beiden gesuchten Nullstellen lauten somit:

$$z_{\mu\,1,2} = \frac{\zeta_\mu}{2} \pm \sqrt{\frac{\zeta_\mu^2}{4} - 1} = 1 - 2y_\mu \pm 2\sqrt{y_\mu^2 - y_\mu} \qquad (4.249)$$

Dabei gilt: $z_{\mu\,1} = z_{\mu\,2}^{-1}$, wie mithilfe der dritten Binomischen Formel leicht überprüft werden kann:

$$z_{\mu\,1} \cdot z_{\mu\,2} = \left(\frac{\zeta_\mu}{2} + \sqrt{\frac{\zeta_\mu^2}{4} - 1}\right) \cdot \left(\frac{\zeta_\mu}{2} - \sqrt{\frac{\zeta_\mu^2}{4} - 1}\right) = \frac{\zeta_\mu^2}{4} - \frac{\zeta_\mu^2}{4} + 1 = 1 \quad (4.250)$$

Für das Daubechies-Filter wird in den meisten Anwendungen Minimalphasigkeit gefordert. Daher werden von den Nullstellenpaaren diejenigen Nullstellen ausgewählt, die innerhalb des Einheitskreises liegen. Damit ist $Q(z)$ bis auf den Vorfaktor K_z in Gl. (4.229) bestimmt. Dieser Faktor wird nun so gewählt, dass die Bedingung (4.225)

$$H_{\mathrm{TP}}(z = 1) = \sqrt{2} \cdot Q(z = 1) \overset{!}{=} \sqrt{2} \qquad (4.251)$$

erfüllt wird. Daraus folgt:

$$Q(z = 1) = K_z \prod_{\mu=1}^{K-1} (1 - z_\mu) \overset{!}{=} 1 \qquad (4.252)$$

Bemerkung 4.3

Durch Gleichung (4.220) wird lediglich der Amplitudengang des Skalierungsfilters bestimmt. Neben der Forderung der Minimalphasigkeit gibt es andere Möglichkeiten, $H_{\mathrm{TP}}(z)$

zu bestimmen. Wenn man z. B. durch Probieren Nullstellen im Einheitskreis und außerhalb des Einheitskreises kombiniert, lassen sich näherungsweise Filter mit linearer Phase erzeugen.

Beispiele für Daubechies-Filter, Daubechies-Wavelets und Daubechies-Skalierungsfunktionen finden sich in den Beispielen 4.5 und 4.6.

4.4.6   Verschwindende k-te Momente des Wavelets

Satz 4.6   *Verschwindende k-te Momente*

Wenn das Skalierungsfilter $H_{\mathrm{TP}}(f)$ an der Nyquistfrequenz eine K-fache Nullstelle hat, d. h. wenn das Skalierungsfilter K-regulär ist, dann sind die k-ten Momente des Wavelets null,

$$\int_{-\infty}^{\infty} t^k \psi(t)\,dt = 0, \qquad k = 0,1,\ldots,K. \tag{4.253}$$

Beweis 4.6

Das Tiefpassfilter $H_{\mathrm{TP}}(f)$ hat an der Nyquistfrequenz $f = \frac{1}{2T}$ gemäß Voraussetzung eine K-fache Nullstelle. Dann gilt für die Ableitungen

$$\left.\frac{d^k H_{\mathrm{TP}}(f)}{df^k}\right|_{f=\frac{1}{2T}} = 0, \quad k = 0,1,\ldots,K. \tag{4.254}$$

Die Nullstellen des Tiefpassfilters bei $f = \frac{1}{2T}$ werden in die Nullstellen des Bandpassfilters bei $f = 0$ überführt. Nach Gl. (4.160) ist die Ableitung des Bandpassfilters

$$\left.\frac{dH_{\mathrm{BP}}(f)}{df}\right|_{f=0} = \underbrace{-\exp(-j2\pi fT)\Big|_{f=0}}_{=1} \cdot \left.\frac{dH_{\mathrm{TP}}^{*}\left(f+\frac{1}{2T}\right)}{df}\right|_{f=0}$$

$$+ j2\pi T \cdot \exp(-j2\pi fT)\Big|_{f=0} \cdot \underbrace{H_{\mathrm{TP}}^{*}\left(f+\frac{1}{2T}\right)\Big|_{f=0}}_{=0} \tag{4.255}$$

$$= -\left.\frac{dH_{\mathrm{TP}}^{*}(f)}{df}\right|_{f=\frac{1}{2T}} = 0. \tag{4.256}$$

Entsprechend haben die k-ten Ableitungen des Bandpassfilters

$$\left.\frac{d^k H_{\mathrm{BP}}(f)}{df^k}\right|_{f=0} = (-1)^k \left.\frac{d^k H_{\mathrm{TP}}(f)}{df^k}\right|_{f=\frac{1}{2T}} = 0, \quad k = 0,1,\ldots,K. \tag{4.257}$$

bei $f = 0$ eine k-fache Nullstelle. Nach Gl. (4.153) ist die Fourier-Transformierte des Wavelets

$$\Psi(f) = \frac{1}{\sqrt{2}} H_{\mathrm{BP}}\left(\frac{f}{2}\right) \cdot \Phi\left(\frac{f}{2}\right). \tag{4.258}$$

Die Ableitung des Wavelets bei $f = 0$

$$\frac{d\Psi(f)}{df}\bigg|_{f=0}$$

$$= \frac{1}{\sqrt{2}} \left(\frac{1}{2} \cdot \frac{dH_{\mathrm{BP}}\left(\frac{f}{2}\right)}{df}\bigg|_{f=0} \cdot \underbrace{\Phi(0)}_{=1} + \frac{1}{2} \cdot \underbrace{H_{\mathrm{BP}}\left(\frac{f}{2}\right)\bigg|_{f=0}}_{=0} \cdot \frac{d\Phi\left(\frac{f}{2}\right)}{df}\bigg|_{f=0} \right)$$

$$\quad (4.259)$$

$$= \frac{1}{\sqrt{2}} \cdot \frac{1}{2} \cdot \frac{dH_{\mathrm{BP}}(f)}{df}\bigg|_{f=0} = 0 \quad (4.260)$$

ist dann ebenfalls Null. Dies gilt entsprechend für die k-ten Ableitungen des Wavelets bei $f = 0$:

$$\frac{d^k\Psi(f)}{df^k}\bigg|_{f=0} = \frac{1}{\sqrt{2}} \cdot 2^{-k} \cdot \frac{d^k H_{\mathrm{BP}}(f)}{df^k}\bigg|_{f=0} = 0, \quad k = 0, 1, \ldots, K \quad (4.261)$$

Aus der Fourier-Transformierten des Wavelets

$$\Psi(f) = \int_{-\infty}^{\infty} \psi(t) \exp(-j2\pi ft)\, dt \quad (4.262)$$

erhalten wir für dessen k-te Ableitungen bei $f = 0$:

$$\frac{d^k\Psi(f)}{df^k}\bigg|_{f=0} = (-j2\pi)^k \int_{-\infty}^{\infty} t^k \psi(t) \exp(-j2\pi ft)\, dt \bigg|_{f=0} = 0 \quad (4.263)$$

Damit ist gezeigt, dass die k-ten Momente des Wavelets gleich Null sind:

$$\int_{-\infty}^{\infty} t^k \psi(t)\, dt = 0, \quad k = 0, 1, \ldots, K. \quad (4.264)$$

Nach dem Riemann-Lebesgue-Lemma [23] konvergiert das Wavelet $\psi(t)$ im Zeitbereich umso besser, je mehr beschränkte, stückweise stetige Ableitungen $d^k\Psi(f)/df^k$ dessen Fourier-Transformierte im Frequenzbereich besitzt. Die K-Regularität des Skalierungsfilters $H_{\mathrm{TP}}(f)$ ist damit auch ein gewisses Maß für die Kompaktheit bzw. die Lokalisierungseigenschaften des daraus abgeleiteten Wavelets $\psi(t)$.

4.4.7 Berechnung von Skalierungsfunktion und Wavelet

Das Skalierungsfilter $H_{\mathrm{TP}}(f)$ bzw. dessen Impulsantwort $h_{\mathrm{TP}}(m)$ wurden in den Abschnitten 4.4.4 und 4.4.5 bestimmt. Daraus sollen nun die Skalierungsfunktion $\varphi(n)$ und das Wavelet $\psi(n)$ abgeleitet werden. Dazu gibt es mehrere Methoden, die im Folgenden vorgestellt werden.

Methode I:

Definition 4.2 *Kaskaden-Algorithmus*

Es wird die Länge N der Impulsantwort $h_{TP}(m)$ und ein Anfangsverlauf $\varphi^{(0)}(n)$ für die Skalierungsfunktion vorgegeben. Die Skalierungsfunktion wird dann aus der Rekursionsbeziehung (4.171)

$$\varphi^{(r+1)}(n) = \sqrt{2} \sum_{m=0}^{N-1} h_{TP}(m) \cdot \varphi^{(r)}(2n-m) \tag{4.265}$$

berechnet. Das Endergebnis hängt nicht von Anfangswerten $\varphi^{(0)}(n)$, sondern von deren Summe

$$\Phi^{(0)}(f=0) = \sum_{n=0}^{N-1} \varphi^{(0)}(n) \tag{4.266}$$

ab.

Beispiel 4.3 *Daubechies-Skalierungsfunktion für $N = 4$, $K = 2$*

Die Impulsantwort des Daubechies-Skalierungsfilters lautet für $N = 4$ nach Gl. (4.209):

$$\underline{h}_{D4} = \begin{bmatrix} 0{,}483 & 0{,}837 & 0{,}224 & -0{,}129 \end{bmatrix}^T$$

Als Anfangsverlauf der Skalierungsfunktion wird

$$\underline{\varphi}^{(0)} = \begin{bmatrix} 0{,}25 & 0{,}25 & 0{,}25 & 0{,}25 \end{bmatrix}^T$$

angenommen, wobei Gl. (4.125) erfüllt ist. Die Rekursionsbeziehungen Gl. (4.265) lauten (Schritt von r auf $r+1$):

$$\varphi^{(r+1)}(0) = \sqrt{2} \cdot 0{,}483 \cdot \varphi^{(r)}(0)$$
$$\varphi^{(r+1)}(1) = \sqrt{2} \left(0{,}483 \cdot \varphi^{(r)}(2) + 0{,}837 \cdot \varphi^{(r)}(1) + 0{,}224 \cdot \varphi^{(r)}(0) \right)$$
$$\varphi^{(r+1)}(2) = \sqrt{2} \left(0{,}837 \cdot \varphi^{(r)}(3) + 0{,}224 \cdot \varphi^{(r)}(2) - 0{,}129 \cdot \varphi^{(r)}(1) \right)$$
$$\varphi^{(r+1)}(3) = -\sqrt{2} \cdot 0{,}129 \cdot \varphi^{(r)}(3) .$$

Die Rundung während der Iteration wird so vorgenommen, dass jeweils Gl. (4.125) erfüllt ist. Man erhält die Iterationen

$$\underline{\varphi}^{(1)} = \begin{bmatrix} 0{,}171 & 0{,}545 & 0{,}330 & -0{,}046 \end{bmatrix}^T$$
$$\underline{\varphi}^{(2)} = \begin{bmatrix} 0{,}117 & 0{,}924 & -0{,}049 & 0{,}008 \end{bmatrix}^T$$
$$\underline{\varphi}^{(3)} = \begin{bmatrix} 0{,}080 & 1{,}096 & -0{,}175 & -0{,}001 \end{bmatrix}^T ,$$

die im Weiteren gegen

$$\lim_{r\to\infty} \underline{\varphi}^{(r)} = \begin{bmatrix} 0 & 1{,}366 & -0{,}366 & 0 \end{bmatrix}^T$$

konvergieren. Eine zeitdiskrete Skalierungsfunktion der Länge $N = 4$ (d. h. mit nur 4 Abtastwerten) ist allerdings nur in wenigen Anwendungen sinnvoll. Deshalb werden Zwischenwerte mit Hilfe der Verfeinerungsmatrix berechnet, siehe Beispiel 4.4.

Methode II:

Definition 4.3 *Rekursion im Frequenzbereich*

Es wird $\Phi^{(0)}(f)$ mit $\Phi^{(0)}(0) = 1$ vorgegeben und die Fourier-Transformierte der Skalierungsfunktion rekursiv gemäß

$$\Phi^{(r+1)}(f) = \frac{1}{\sqrt{2}} H_{TP}\left(\frac{f}{2}\right) \Phi^{(r)}\left(\frac{f}{2}\right) \tag{4.267}$$

verfeinert.

In Beispiel 4.2 wurden die Haar-Skalierungsfunktion und das Haar-Wavelet durch Rekursion im Frequenzbereich abgeleitet.

Methode III:

Ein weiteres Verfahren verwendet die Rekursionsmatrix $\underline{M}_0$. Wir gehen aus von der Rekursionsbeziehung (4.170) bzw. (4.171)

$$\varphi(t) = \sum_{m=-\infty}^{\infty} h_{TP}(m) \sqrt{2} \varphi(2t - mT)$$

$$\varphi(n) = \sum_{m=0}^{N-1} h_{TP}(m) \sqrt{2} \varphi(2n - m) \quad , \varphi(n) \neq 0 \quad \text{für} \quad 0 < n < N-1, \quad N > 2.$$

Damit soll die Skalierungsfunktion $\varphi(n)$ aus der vorgegebenen Impulsantwort $h_{TP}(m)$ des Skalierungsfilters berechnet werden.

Für $N = 6$ gilt:

$$\varphi(0) = \sqrt{2}\left(h_{TP}(0)\varphi(0)\right)$$

$$\varphi(1) = \sqrt{2}\left(h_{TP}(0)\varphi(2) + h_{TP}(1)\varphi(1) + h_{TP}(2)\varphi(0)\right)$$

$$\varphi(2) = \sqrt{2}\left(h_{TP}(0)\varphi(4) + h_{TP}(1)\varphi(3) + h_{TP}(2)\varphi(2) + h_{TP}(3)\varphi(1) + h_{TP}(4)\varphi(0)\right)$$

$$\varphi(3) = \sqrt{2}\left(h_{TP}(1)\varphi(5) + h_{TP}(2)\varphi(4) + h_{TP}(3)\varphi(3) + h_{TP}(4)\varphi(2) + h_{TP}(5)\varphi(1)\right)$$

$$\varphi(4) = \sqrt{2}\left(h_{TP}(3)\varphi(5) + h_{TP}(4)\varphi(4) + h_{TP}(5)\varphi(3)\right)$$

$$\varphi(5) = \sqrt{2}\left(h_{TP}(5)\varphi(5)\right)$$

Definition 4.4 *Rekursionsmatrix*

Durch den Übergang auf Matrix-Schreibweise erhält man die Rekursionsmatrix

$$\underline{M}_0 = \sqrt{2} \cdot \begin{bmatrix} h_{\text{TP}}(0) & 0 & 0 & 0 & 0 & 0 \\ h_{\text{TP}}(2) & h_{\text{TP}}(1) & h_{\text{TP}}(0) & 0 & 0 & 0 \\ h_{\text{TP}}(4) & h_{\text{TP}}(3) & h_{\text{TP}}(2) & h_{\text{TP}}(1) & h_{\text{TP}}(0) & 0 \\ 0 & h_{\text{TP}}(5) & h_{\text{TP}}(4) & h_{\text{TP}}(3) & h_{\text{TP}}(2) & h_{\text{TP}}(1) \\ 0 & 0 & 0 & h_{\text{TP}}(5) & h_{\text{TP}}(4) & h_{\text{TP}}(3) \\ 0 & 0 & 0 & 0 & 0 & h_{\text{TP}}(5) \end{bmatrix} \qquad (4.268)$$

und die Skalierungsfunktion als Vektor

$$\underline{\varphi} = [\varphi_0, \varphi_1, \ldots, \varphi_{N-1}]^{\text{T}}. \qquad (4.269)$$

Die Rekursionsbeziehung wird damit

$$\underline{M}_0 \cdot \underline{\varphi} = \underline{\varphi}. \qquad (4.270)$$

Die gesuchte zeitdiskrete Skalierungsfunktion $\underline{\varphi}$ ist gerade der zum Eigenwert 1 hinzugehörige rechtsseitige Eigenvektor der Matrix $\underline{M}_0$. Die Rekursionsmatrix liefert das gleiche Ergebnis wie der Kaskadenalgorithmus, da beide auf der Rekursionsbeziehung Gl (4.171) aufbauen.

Der Eigenvektor wird aus der Gleichung

$$[\underline{M}_0 - \underline{I}]\,\underline{\varphi} = \underline{0} \qquad (4.271)$$

bestimmt. Um diese Gleichung im nichttrivialen Fall $\underline{\varphi} \neq \underline{0}$ zu erfüllen, muss die Matrix $[\underline{M}_0 - \underline{I}]$ singulär sein. Daher sind die Zeilen der Matrix $[\underline{M}_0 - \underline{I}]$ linear abhängig. Die letzte Zeile wird deshalb entfernt. Falls die restlichen Zeilen jetzt linear unabhängig sind, können die $\varphi(n)$ bestimmt werden. Als fehlende Gleichung kann (4.125)

$$\sum_{n=0}^{N-1} \varphi(n) = 1 \qquad (4.272)$$

herangezogen werden. Falls die restlichen Zeilen immer noch nicht voneinander linear unabhängig sein sollten, wird eine weitere Zeile entfernt. Dieses Gleichungssystem wird nach $\varphi(n)$ aufgelöst. Wir erhalten $\varphi(n)$, $n = 0, \ldots, N-1$ an den ganzzahligen diskreten Zeitpunkten n mit einer Länge von N.

Satz 4.7 *Eigenwert der Rekursionsmatrix $\underline{M}_0$*

Die Rekursionsmatrix $\underline{M}_0$ hat immer einen Eigenwert bei 1.

Beweis 4.7

Die Eigenwerte werden mit der Gleichung

$$|z\underline{I} - \underline{M}_0| = 0 \tag{4.273}$$

bestimmt. In der Determinante werden zur ersten Zeile alle übrigen Zeilen hinzuaddiert. Dann stehen in der ersten Zeile abwechselnd die Elemente

$$z - \sqrt{2}\underbrace{\left(\sum_{m'=0}^{\frac{N}{2}-1} h_{\mathrm{TP}}(2m')\right)}_{=1,\,\text{nach Gl. (4.193)}} \quad \text{oder} \quad z - \sqrt{2}\underbrace{\left(\sum_{m'=0}^{\frac{N}{2}-1} h_{\mathrm{TP}}(2m'-1)\right)}_{=1} , \tag{4.274}$$

die alle $(z-1)$ ergeben. Bei Entwicklung der Determinante nach der ersten Zeile in Unterdeterminanten kann deshalb der gemeinsame Faktor $(z-1)$ ausgeklammert werden. Daher ist $(z-1)$ eine Lösung der Eigenwertgleichung, w.z.b.w.

Methode IV:

Wollen wir die Werte der Skalierungsfunktion auch an nicht ganzzahligen Zwischenzeitpunkten berechnen, so benötigen wir die Rekursionsbedingung (4.171) in der modifizierten Form

$$\varphi\left(\frac{n}{2}\right) = \sum_{m=0}^{N-1} h_{\mathrm{TP}}(m)\sqrt{2}\varphi(n-m). \tag{4.275}$$

Definition 4.5 *Verfeinerungsmatrix*

Die Rekursionsbedingung Gl. (4.275) in Matrix-Schreibweise kann mit Hilfe der Verfeinerungsmatrix $\underline{M}_1$ als

$$\underline{M}_1 \cdot \underline{\varphi} = \underline{\varphi}_2 \tag{4.276}$$

beschrieben werden. Dabei können die erste und die letzte Spalte sowie die letzte Zeile weggelassen werden, da für $N > 2$ die Werte der Skalierungsfunktion

$$\varphi_0 = \varphi_{N-1} = \varphi_{N-\frac{1}{2}} = 0 \quad , N > 2 \tag{4.277}$$

sind.

Für $N = 6$ erhält man die Verfeinerungsmatrix und den Vektor der Zwischenwerte der Skalierungsfunktion zu

$$\underline{M}_1 = \sqrt{2} \cdot \begin{bmatrix} h_{\mathrm{TP}}(1) & h_{\mathrm{TP}}(0) & 0 & 0 & 0 & 0 \\ h_{\mathrm{TP}}(3) & h_{\mathrm{TP}}(2) & h_{\mathrm{TP}}(1) & h_{\mathrm{TP}}(0) & 0 & 0 \\ h_{\mathrm{TP}}(5) & h_{\mathrm{TP}}(4) & h_{\mathrm{TP}}(3) & h_{\mathrm{TP}}(2) & h_{\mathrm{TP}}(1) & h_{\mathrm{TP}}(0) \\ 0 & 0 & h_{\mathrm{TP}}(5) & h_{\mathrm{TP}}(4) & h_{\mathrm{TP}}(3) & h_{\mathrm{TP}}(2) \\ 0 & 0 & 0 & 0 & h_{\mathrm{TP}}(5) & h_{\mathrm{TP}}(4) \\ 0 & 0 & 0 & 0 & 0 & 0 \end{bmatrix} , \underline{\varphi}_2 = \begin{bmatrix} \varphi_{1/2} \\ \varphi_{3/2} \\ \varphi_{5/2} \\ \varphi_{7/2} \\ \varphi_{9/2} \\ \varphi_{11/2} \end{bmatrix}$$

Die rekursive Anwendung der Verfeinerungsbeziehung ergibt immer weitere Werte der Skalierungsfunktion $\varphi\left(\frac{n}{2^r}\right)$. Die Abtastzeit nimmt bei jedem Rekursionsschritt um den Faktor 2 ab.

Beispiel 4.4   *Quasikontinuierliches Daubechies-2-Wavelet*

Im Folgenden werden anhand des Daubechies-2-Wavelets ($K = 2$, $N = 4$) noch einmal alle Schritte verdeutlicht, die vom vorgegebenen Skalierungsfilter der Länge $N = 4$ in Beispiel 4.3 zum quasikontinuierlichen Wavelet $\psi(n)$ führen.

Der Ansatz für die z-Übertragungsfunktion des Skalierungsfilters lautet für Daubechies-Wavelets:

$$H_{\mathrm{TP}}(z) = \sqrt{2} \cdot \left(\frac{1+z}{2}\right)^2 \cdot Q(z)$$

Zur Berechnung der Restfunktion $Q(z)$ muss gemäß Abschnitt 4.4.5 zunächst die Nullstelle des Polynoms

$$P(y) = P_0 \cdot \sum_{k=0}^{K-1} \binom{K+k-1}{k} y^k = P_0 \cdot (2y+1)$$

berechnet werden. Für die Ordnung $K = 2$ lautet sie $y_\mu = -\frac{1}{2}$ (vgl. Abb. 4.12(a)). In der z-Ebene ergeben sich daraus die beiden Nullstellen in Abb. 4.13(a)

$$z_{\mu\,1,2} = 1 - 2y_\mu \pm 2\sqrt{y_\mu^2 - y_\mu} = 2 \pm \sqrt{3}.$$

Für $Q(z)$ wird die Nullstelle ausgewählt, die innerhalb des Einheitskreises liegt (Minimalphasigkeit). Damit lautet die Restfunktion

$$Q(z) = K_z \cdot \left(z - \left(2 - \sqrt{3}\right)\right).$$

Nach Gl. (4.252) muss als weitere Bedingung $Q(1) = 1$ erfüllt sein. Daraus ergibt sich der Faktor

$$K_z = \frac{1}{2}\left(1 + \sqrt{3}\right).$$

Die Übertragungsfunktion des Skalierungsfilters lautet damit

$$H_{\mathrm{TP}}(z) = \sqrt{2} \cdot \left(\frac{1+z}{2}\right)^2 \cdot \left(1 + \sqrt{3}\right) \cdot \left(z - \left(2 - \sqrt{3}\right)\right).$$

Ausmultiplizieren ergibt das akausale Filter

$$H_{\mathrm{TP}}(z) = \frac{1+\sqrt{3}}{4\sqrt{2}} z^3 + \frac{3+\sqrt{3}}{4\sqrt{2}} z^2 + \frac{3-\sqrt{3}}{4\sqrt{2}} z + \frac{1-\sqrt{3}}{4\sqrt{2}}.$$

Daraus folgen die Koeffizienten für ein *kausales* FIR-Skalierungsfilter (vgl. Gl. (4.209), siehe Abb. 4.14(a))

$$\underline{h}_{\text{TP}} = \left[\frac{1+\sqrt{3}}{4\sqrt{2}} \quad \frac{3+\sqrt{3}}{4\sqrt{2}} \quad \frac{3-\sqrt{3}}{4\sqrt{2}} \quad \frac{1-\sqrt{3}}{4\sqrt{2}} \right]^{\text{T}}.$$

Für die Bandpasskoeffizienten gilt nach Gl. (4.163)

$$h_{\text{BP}}(m) = (-1)^m \cdot h_{\text{TP}}^*(1-m+2l) \quad , l \in \mathbb{Z},$$

wobei hier $l = 1$ gewählt werden kann, um auch für die Bandpasskoeffizienten ein *kausales* FIR-Filter zu erhalten (vgl. Abb. 4.15(a))

$$\underline{h}_{\text{BP}} = \left[\frac{1-\sqrt{3}}{4\sqrt{2}} \quad \frac{-3+\sqrt{3}}{4\sqrt{2}} \quad \frac{3+\sqrt{3}}{4\sqrt{2}} \quad \frac{-1-\sqrt{3}}{4\sqrt{2}} \right]^{\text{T}}.$$

Als nächster Schritt wird mithilfe des Kaskaden-Algorithmus (Def. 4.2) die Skalierungsfunktion hergeleitet.

$$\varphi^{(r+1)}(n) = \sqrt{2} \sum_{m=0}^{N-1} h_{\text{TP}}(m) \cdot \varphi^{(r)}(2n-m)$$

Die Rekursion wurde in Bsp. 4.3 durchgeführt. Mithilfe der Bedingung

$$\varphi^{(\infty)}(n) = \sqrt{2} \sum_{m=0}^{N-1} h_{\text{TP}}(m) \cdot \varphi^{(\infty)}(2n-m)$$

lässt sich überprüfen, dass die exakte Lösung

$$\underline{\varphi} = \underline{\varphi}^{(\infty)} = \left[0 \quad \frac{1}{2}(1+\sqrt{3}) \quad \frac{1}{2}(1-\sqrt{3}) \quad 0 \right]$$

lautet. Um daraus eine quasikontinuierliche Funktion mit besserer Zeitauflösung zu erhalten, kann mithilfe der Verfeinerungsbeziehung Gl. (4.275) eine beliebige Anzahl Zwischenwerte berechnet werden. Im r-ten Rekursionsschritt lautet die Beziehung:

$$\varphi\left(\frac{n}{2^r}\right) = \sqrt{2} \sum_{m=0}^{N-1} h_{\text{TP}}(m) \cdot \varphi\left(\frac{n}{2^{r-1}} - m\right)$$

Nach insgesamt R Rekursionsschritten hat der Skalierungsvektor die Länge $2^R \cdot N$. Abbildung 4.16(a) zeigt die ursprünglichen vier Koeffizienten der Skalierungsfunktion, sowie das Ergebnis nach einem Verfeinerungsschritt bzw. nach einer größeren Anzahl an Verfeinerungsschritten.

Aus dem verfeinerten Skalierungsvektor wird schließlich das Wavelet berechnet. Im zeitkontinuierlichen Fall kann Gl. (4.169) angewandt werden:

$$\psi(t) = \sqrt{2} \sum_{m=-\infty}^{\infty} h_{\text{BP}}(m) \cdot \varphi(2t-mT)$$

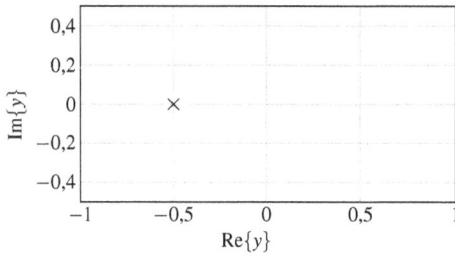

(a) Daubechies-2   (b) Daubechies-11

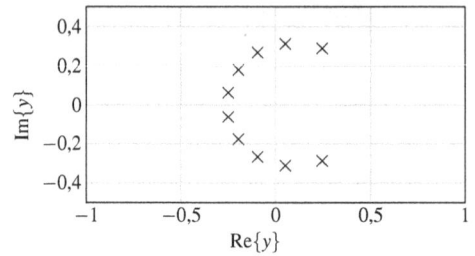

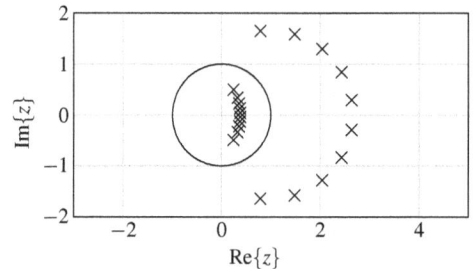

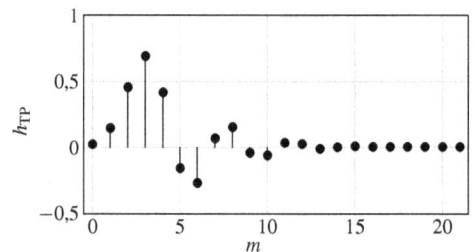

Abbildung 4.12: Nullstellen in der y-Ebene

Im zeitdiskreten Fall gilt nach R Verfeinerungsschritten: $T = 2^R \cdot t_A$, wobei die Abtastzeit t_A in Schritten von 2 kleiner wird. Das zeitdiskrete Wavelet kann daher wie folgt berechnet werden:

$$\psi(n) = \sqrt{2} \sum_{m=0}^{N-1} h_{\mathrm{BP}}(m) \cdot \varphi(2n - 2^R m)$$

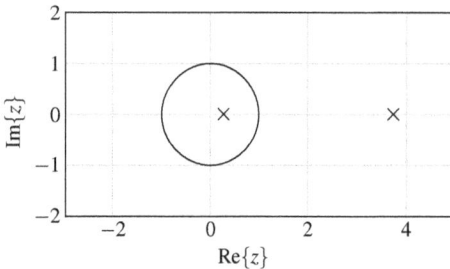

(a) Daubechies-2   (b) Daubechies-11

Abbildung 4.13: Nullstellen in der z-Ebene

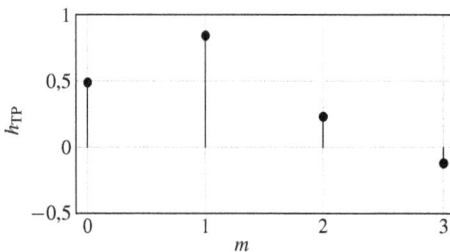

(a) Daubechies-2   (b) Daubechies-11

Abbildung 4.14: Tiefpass-Impulsantwort

Das Ergebnis zeigt Abb. 4.17(a).

Beispiel 4.5 *Quasikontinuierliches Daubechies-11-Wavelet*

Die Herleitung des quasikontinuierlichen Daubechies-11-Wavelets verläuft analog zu Beispiel 4.4. In Abb. 4.12(b) bis 4.17(b) werden die einzelnen Schritte veranschaulicht.

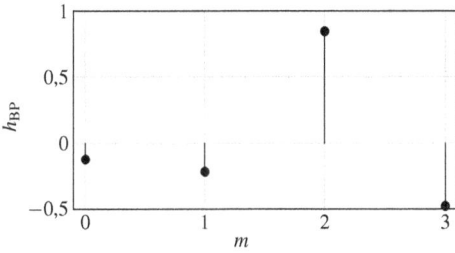

(a) Daubechies-2

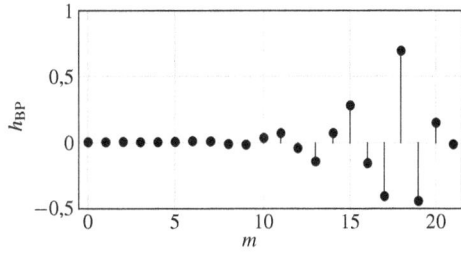

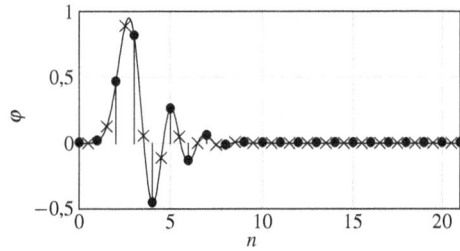

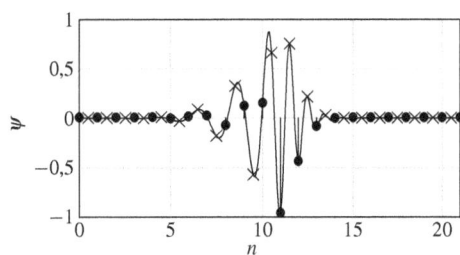

(b) Daubechies-11

Abbildung 4.15: *Bandpass-Impulsantwort*

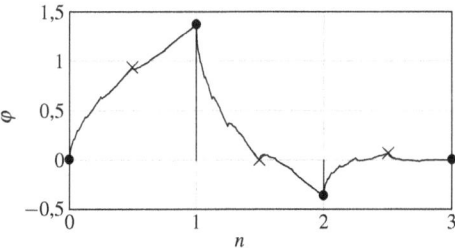

(a) Daubechies-2

(b) Daubechies-11

Abbildung 4.16: *Skalierungsfunktion (Grundkoeffizienten: •; 1. Verfeinerung: ×; quasikontinuierlich)*

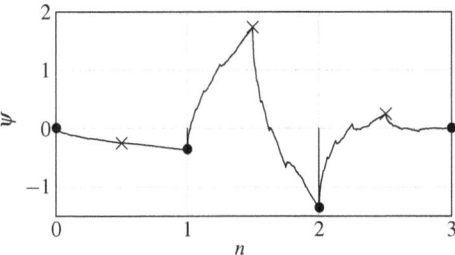

(a) Daubechies-2

(b) Daubechies-11

Abbildung 4.17: *Waveletfunktion (Grundkoeffizienten: •; 1. Verfeinerung: ×; quasikontinuierlich)*

Beispiel 4.6   *Übersicht Daubechies-Wavelets*

Abb. 4.18 zeigt die Daubechies-Wavelets für $K = 1$ bis 5 sowie die zugehörigen Skalierungsfunktionen und Filterkoeffizienten im Überblick. Das aus dem Skalierungsfilter der Länge $N = 2$ gewonnene Daubechies-1-Wavelet ist identisch mit dem Haar-Wavelet.

Modifiziert man die Anforderungen an das Skalierungsfilter gegenüber Def. 4.1, so erhält man andere Wavelets, z. B. Coiflets [28] oder Symlets [28].

Filterung von EKG-Signalen

In heutigen Anwendungen der Medizintechnik spielt die automatisierte Auswertung von EKG-Signalen eine immer größer werdende Rolle. Grundlage dieser Auswertung ist ein Signal, das ganz bestimmten Anforderungen und nur sehr geringen Verfälschungen unterliegt. Hierzu ist es notwendig das Signal vorab zu filtern.

Dies kann einerseits mit herkömmlichen Filtern wie z. B. einem Butterworthfilter geschehen oder aber auf Grundlage von Wavelets.

Im Folgenden werden die Vorzüge der waveletbasierten Filterung bei den im EKG-Signal üblichen Verfälschungen, dem *Baseline Wander* und dem *hochfrequenten Rauschen*, gezeigt, wie sie in [21] präsentiert werden.

Beispiel 4.7   *Baseline Wander*

Unter Baseline Wander versteht man die niederfrequente Änderung der Baseline im Frequenzbereich unter 1,0 Hz.

Wird nun eine Wavelet-Transformation (Daubechies-11 als Mother-Wavelet) mit dem EKG-Signal durchgeführt, erkennt man den Einfluss dieses Effekts an den Approximationskoeffizienten höherer Ordnung. Da das hier verwendete Signal mit einer Abtastrate von 1 kHz aufgezeichnet wurde, entsprechen die Koeffizienten der 9. Ordnung genau dem Teilsignal im gesuchten Frequenzbereich von 0,5–1,0 Hz ($F = 500$ Hz). Um nun die Baseline-Störung auszulöschen, werden alle Approximationskoeffizienten der 9. Ordnung ($k = 9$) zu Null gesetzt und anschließend das Signal aus den restlichen unveränderten Koeffizienten mittels IDWT zurückgewonnen (Signalsynthese). Die einzelnen Koeffizienten sowie das Resultat der so erzeugten Filterung des Baseline Wander sind in Abb. 4.19 und Abb. 4.20 dargestellt.

Bemerkung 4.4

Ein vergleichbares Ergebnis ließe sich theoretisch auch durch eine konventionelle Hochpassfilterung erzielen. Allerdings wäre die Realisierung schwierig, da der Sperrbereich von ca. 1 Hz sehr schmal im Verhältnis zum gesamten Frequenzbereich von ca. 500 Hz ist.

(a) Daubechies-1

(b) Daubechies-2

(c) Daubechies-3

(d) Daubechies-4

(e) Daubechies-5

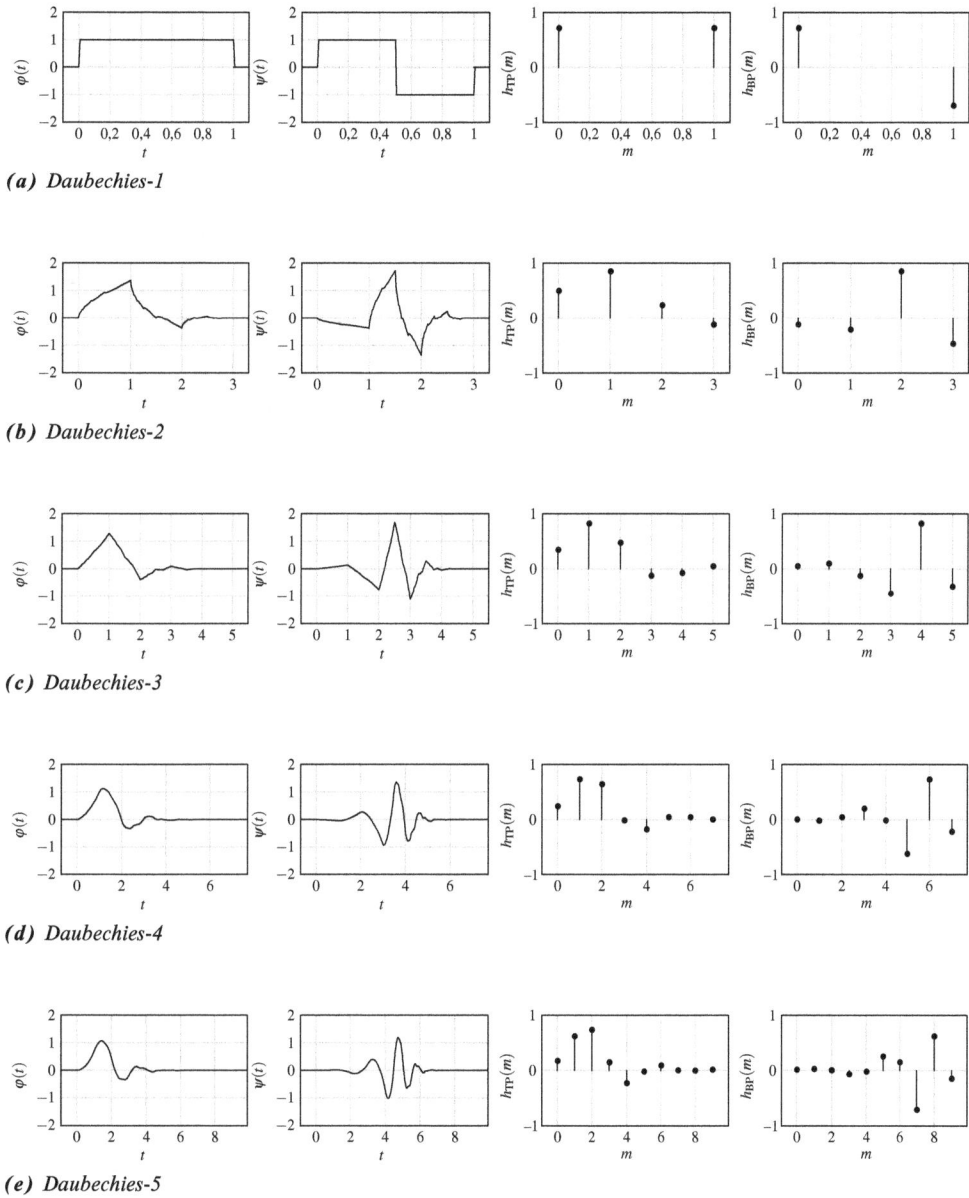

Abbildung 4.18: *Daubechies-Skalierungsfunktionen, Daubechies-Wavelets, Tief- und Hochpassfilter*

Original Coefficients   Selected Coefficients

A9
D9
D8
D7
D6
D5
D4
D3
D2
D1

A9
D9
D8
D7
D6
D5
D4
D3
D2
D1

1000 2000 3000 4000 5000 6000 7000   1000 2000 3000 4000 5000 6000 7000

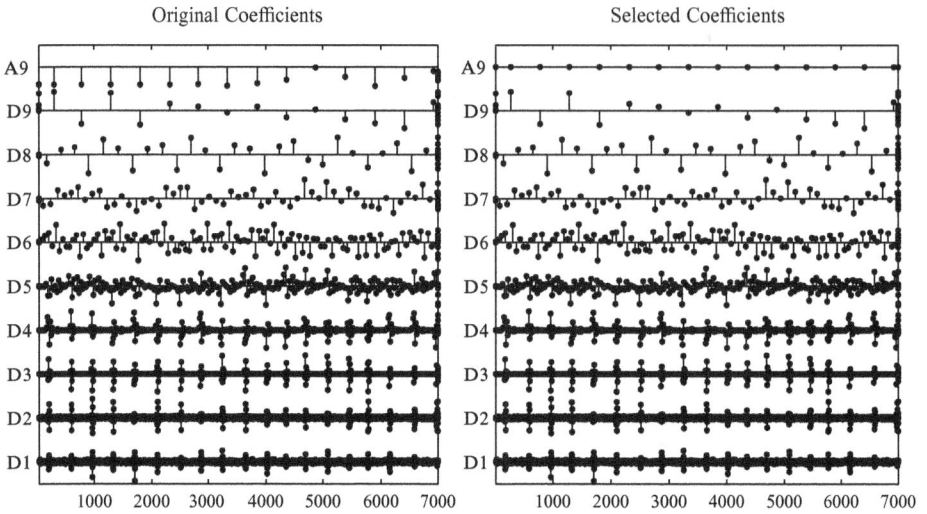

Abbildung 4.19: *Übersicht der Detail- und Approximationskoeffizienten*

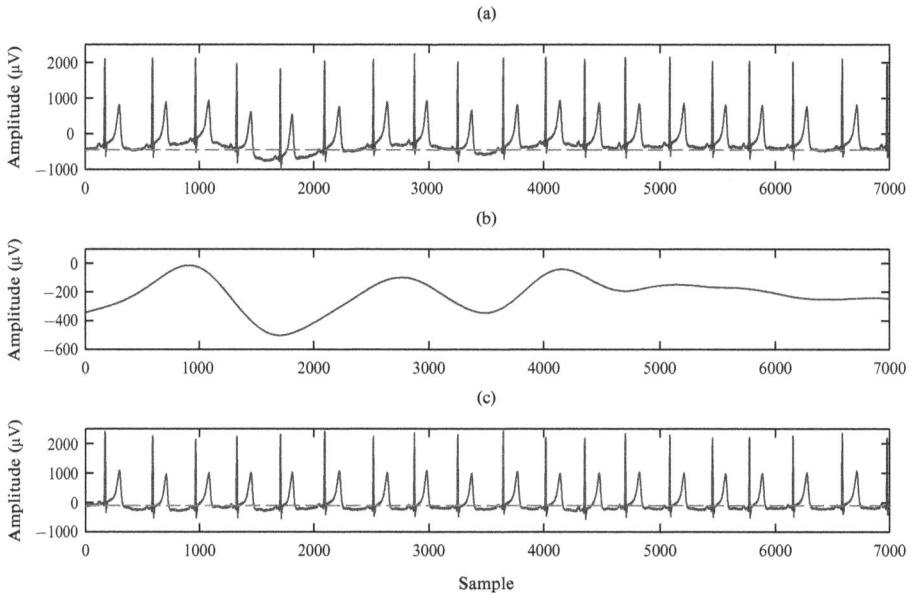

(a)

(b)

(c)

Sample

Abbildung 4.20: *Resultat der Baseline-Korrektur basierend auf Wavelet-Filterung: (a) Originalsignal mit überlagertem Baseline Wander, (b) extrahierter Baseline Wander, (c) das gefilterte EKG-Signal*

Beispiel 4.8 *EKG-Signal-Denoising*

Jedem EKG-Signal ist ein hochfrequentes Rauschen überlagert, das eine automatisierte Auswertung der Daten erheblich erschwert. Hier wird nun die Vorgehensweise einer waveletbasierten Filterung vorgestellt. Dabei wird das Signal auf der Basis von Coiflet2-Wavelets über die Analysefilterbank in seine Koeffizienten zerlegt. In der ersten Zerlegungsebene ($k = 1$) befinden sich die hochfrequenten Signalanteile. Die Koeffizienten unterhalb eines festgelegten Schwellwertes (Threshold) werden zu Null gesetzt. Daher bleiben die großen Signalspitzen unverfälscht erhalten, und nur die kleinen Störungen entfallen. Demgegenüber würden bei einer konventionellen Tiefpassfilterung gerade die für das EKG-Signal wichtigen Spitzen stark gedämpft werden.

Im Folgenden wird die Amplitudenfilterung genauer erläutert. Diese kann über so genanntes *Hard* oder *Soft Thresholding* realisiert werden.

Beim Hard Thresholding werden die Detailkoeffizienten nach folgender Vorschrift verändert:

$$\tilde{d}_k = \begin{cases} d_k & \text{falls } |d_k| \geq T_r \\ 0 & \text{falls } |d_k| < T_r \end{cases}$$

Im Gegensatz hierzu fließt beim Soft Thresholding zusätzlich die Distanz zwischen der Schwelle T_r und den Koeffizienten d_k in die neuen Werte $\tilde{d}_k$ mit ein.

$$\tilde{d}_k = \begin{cases} \text{sign}(d_k)(|d_k| - T_r) & \text{falls } |d_k| \geq T_r \\ 0 & \text{falls } |d_k| < T_r \end{cases}$$

Das Ergebnis der Rauschfilterung mit Soft Thresholding ist in Abb. 4.21 zu sehen.

In diesem Abschnitt wurden die Skalierungsfilter und ihre Eigenschaften betrachtet. Die Bedingungen Gl. (4.193) und Gl. (4.194) stellen sicher, dass die aus den Skalierungsfiltern abgeleiteten Skalierungsfunktionen und Wavelets all die in Abschnitt 4.3.2 formulierten Anforderungen erfüllen. Daneben gibt es ab einer Länge der Impulsantwort $N \geq 4$ ($K \geq 2$) weitere Freiheitsgrade beim Entwurf. Das K-reguläre Filter von Daubechies ist eine Möglichkeit, diese Freiheitsgrade zu nutzen.

4.5   Wavelet Packets

Für viele praktischen Anwendungen, wie Datenkompression oder Filterung, ist es wünschenswert, dass die Energie eines Nutzsignals in möglichst wenigen Koeffizienten der Transformierten konzentriert ist.

Dass die klassische Wavelet-Transformation dies nicht für alle Signale leisten kann, soll das folgende Beispiel zeigen.

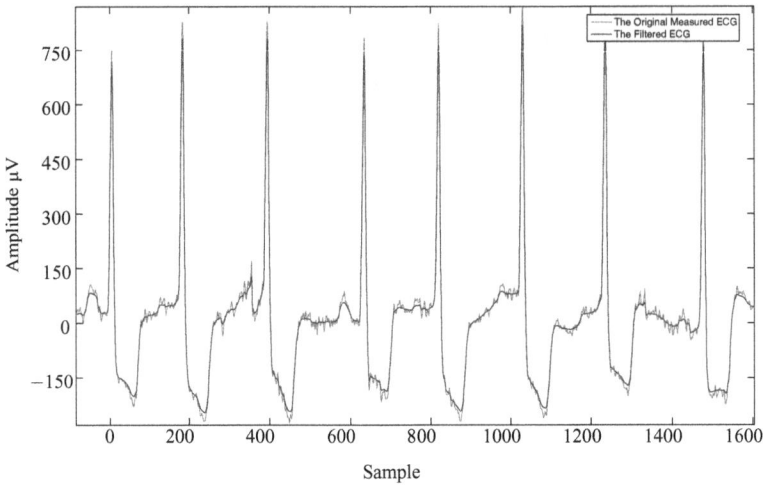

Abbildung 4.21: *Filterung hochfrequenter Störungen basierend auf einem coiflet2-Wavelet*

Beispiel 4.9   *Wavelet-Transformation mit schlechter Frequenzauflösung*

Eine Sinusschwingung der festen Frequenz f_0

$$x(t) = \sin(2\pi f_0 t)$$

werde mit der Abtastfrequenz f_A abgetastet. Die Frequenz der Schwingung betrage $f_0 = \frac{3}{8} f_A$. Das Signal wird also hinreichend schnell abgetastet, um das Abtasttheorem zu erfüllen. Die Schwingfrequenz liegt innerhalb des höchstfrequenten Signalraums W_1 (s. Abb. 4.22). Führt man eine Diskrete Wavelet-Transformation (DWT) mittels einer Multiraten-Filterbank durch, so erhält man die Energieverteilung der Koeffizienten in Abb. 4.22 (je dunkler ein Feld in der Abbildung, desto größer ist die Energie des entsprechenden Koeffizienten). Die Frequenz der Sinus-Schwingung liegt in der oberen Hälfte des Frequenzraumes ($\frac{1}{2}F < f_0 < F$). Für hohe Frequenzen besitzt die (diskrete) Wavelet-Transformation eine hohe Zeitauflösung und eine *geringe Frequenzauflösung*. Für die Analyse der gegebenen Sinus-Schwingung wäre aber genau das Gegenteil notwendig, da die Sinus-Schwingung maximal scharf in der Frequenz ist, sich aber zeitlich nicht ändert. Wie man aus Abb. 4.22 erkennt, verteilt sich damit die Signalenergie auf sehr viele Koeffizienten der Wavelet-Transformierten.

Hierdurch erkennt man die Grenzen der Darstellung eines Signals durch die Wavelet-Transformation. Da die Wavelet-Transformation eine hohe Zeitschärfe bei hohen Frequenzen und eine hohe Frequenzschärfe bei niedrigen Frequenzen besitzt, eignet sie sich vor allem für Signale, die einen möglichst glatten Verlauf aufweisen (niedrige Frequenzen) und deren hohe Frequenzanteile nur von kurzzeitigen Signalverläufen, wie Sprüngen oder Impulsen, verursacht werden. Dies erfüllt beispielsweise das in Abb. 4.8 gezeigte Signal. Die Signalenergie kann

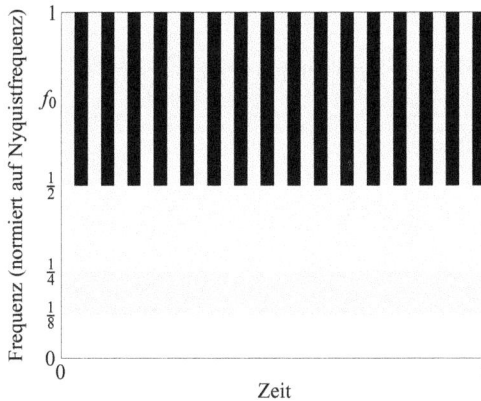

Abbildung 4.22: *Koeffizienten-Energieverteilung in der Zeit-Frequenz-Ebene für eine Sinus-Schwingung der Frequenz f_0 durch Diskrete Wavelet-Transformation*

in solchen Fällen durch die Wavelet-Transformation in wenigen, betragsmäßig großen Koeffizienten repräsentiert werden. Damit ist eine effiziente Kompression (Filterung, Kodierung etc.) möglich. Beispiel 4.9 zeigt jedoch, dass eine effiziente Darstellung des Signals durch die Wavelet-Koeffizienten nicht immer möglich ist.

Die Lösung dieses Problems sind *Wavelet Packets*, eine einfache aber mächtige Erweiterung der Multiraten-Filterbänke.

4.5.1 Erweiterung der Multiraten-Filterbänke

Wie man aus Beispiel 4.9 sehen kann, muss eine hohe Zeitauflösung für hohe Frequenzen nicht für jedes Signal optimal sein. Für das gegebene Beispiel ist deutlich, dass eine möglichst hohe Frequenzauflösung in diesem Frequenzbereich besser wäre. Die Implementierung der diskreten Wavelet-Transformation (DWT) durch eine erweiterte Multiraten-Filterbank liefert eine sehr einfache Möglichkeit, um die Frequenzauflösung im Raum W_1 zu erhöhen: Die Koeffizienten $c_{1,1}(m) = d_1(m)$ dieses Raumes werden beim Übergang auf Wavelet Packets ebenfalls mit Hilfe der Hoch- und Tiefpassfilter g_{TP} und g_{BP} weiter aufgespalten bzw. mit h_{TP} und h_{BP} rekonstruiert. Führt man dies mit allen Hochpassfilterkoeffizienten $c_{k,i}(m)$ aus, erhält man eine Filterbank (Abb. 4.23), die sich als binärer Baum (Abb. 4.24) darstellen lässt. Die Koeffizienten dieser Filterbank werden nun mit

$$c_{k,i}(m), \quad 0 \leq k \leq K, \quad 0 \leq i \leq 2^k - 1$$

bezeichnet. Die Variable k ist die Tiefe des entsprechenden Knotens im Baum (Abb. 4.24) und i bezeichnet den Index des Knotens innerhalb dieser Tiefe. Die maximale Tiefe K des Baums entspricht der Anzahl an Filterbank-Schritten. Man kann sagen, dass mit zunehmender Tiefe k eines Knotens die Zeitauflösung der zugehörigen Koeffizienten schlechter wird (aufgrund des Downsamplings jeder Filterbankstufe). Umgekehrt wird die Frequenzauflösung mit zunehmender Tiefe besser. Desweiteren repräsentiert ein Knoten ein umso höheres Frequenzband, je weiter rechts (höhere Indizes i) er sich in seiner Tiefe befindet.

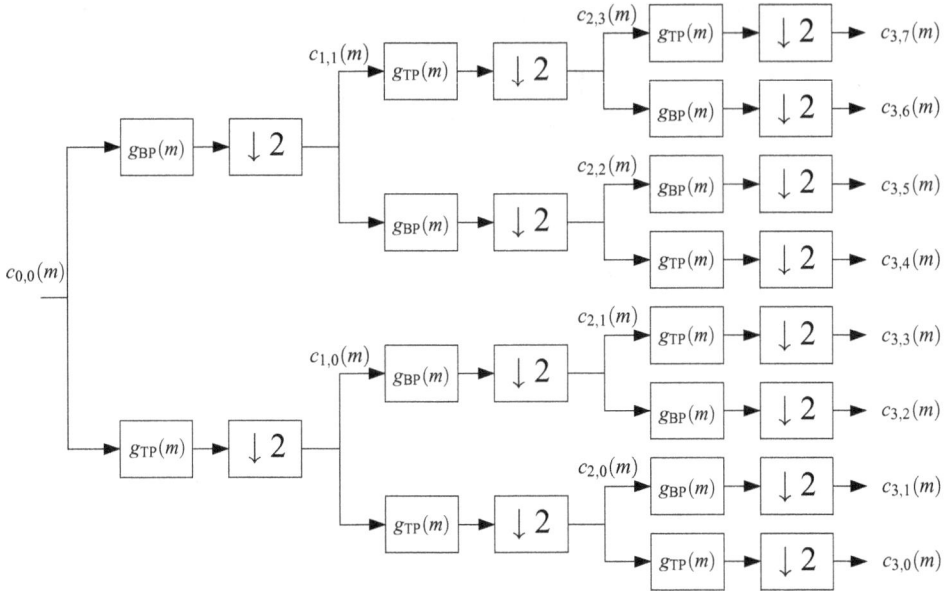

Abbildung 4.23: *Dreistufige Wavelet-Packet-Filterbank*

Bei Betrachtung der Filterbank in Abb. 4.23 fällt auf, dass bei der Zerlegung einer Koeffizientenfolge $c_{k,i}(m)$, die die hohen Frequenzen des übergeordneten Raumes repräsentiert, Tiefpassund Bandpassfilterung miteinander vertauscht werden. Beispielsweise stellen die Koeffizien

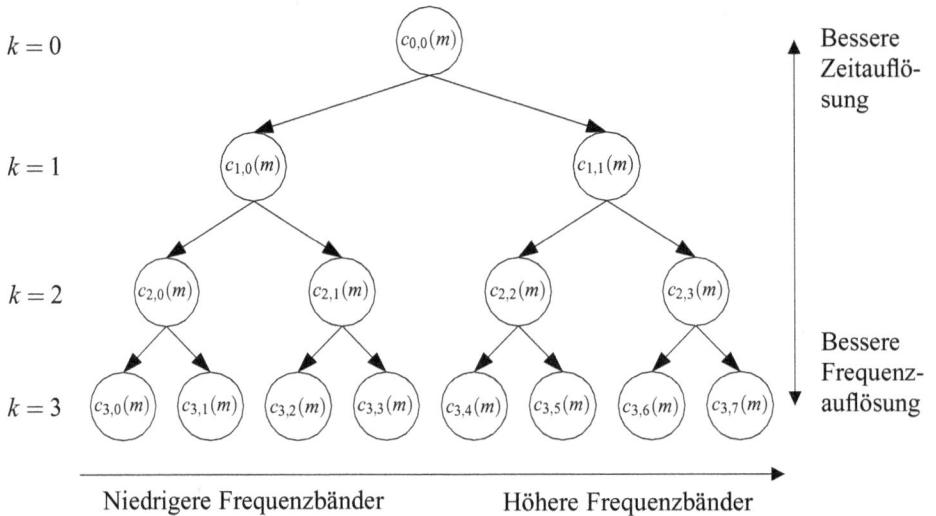

Abbildung 4.24: *Wavelet-Packet-Baum*

$C_{0,0}(f)$

$H \qquad T \mid T \qquad H$

$-f_N \qquad\qquad f_N \qquad f$

(a) *Spektrum der Koeffizienten* $c_{0,0}(m)$

$G_{\mathrm{BP}}(f) \cdot C_{0,0}(f)$

$H \quad T \qquad\qquad T \quad H$

$-f_N \qquad\qquad f_N \qquad f$

(b) *Spektrum nach Bandpassfilterung*

$C_{1,1}(f)$

$H \quad T \mid T \quad H \mid H \quad T \mid T \quad H$

$-\tilde{f}_N \qquad \tilde{f}_N \qquad f$

(c) *Spektrum nach Bandpassfilterung und Downsampling*

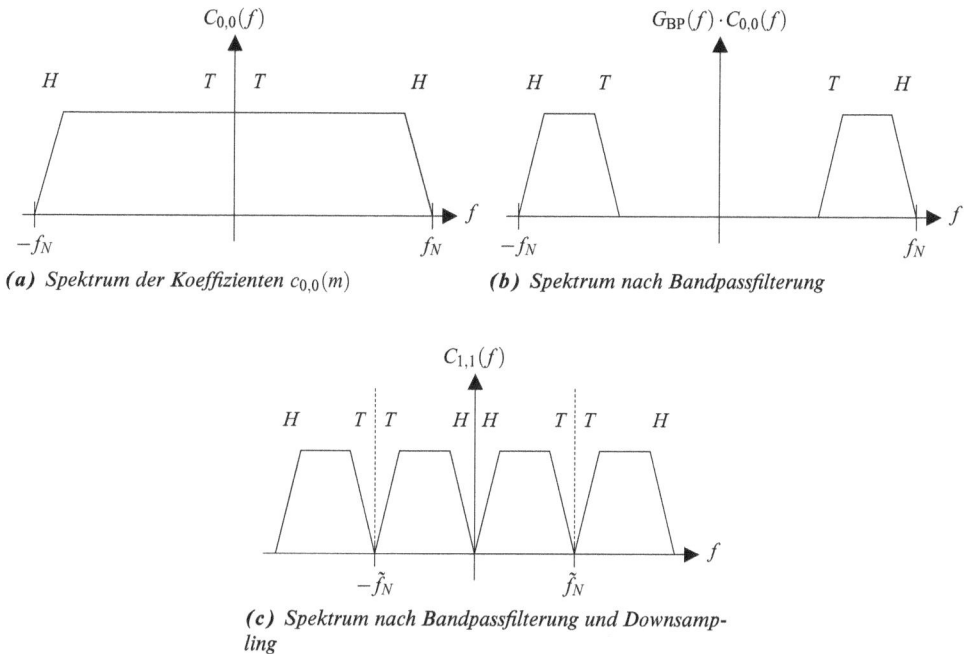

Abbildung 4.25: *Schematische Anschauung der TP/BP-Vertauschung bei Hochpasssignalen*

ten $c_{1,1}$ die hohen Frequenzen von $c_{0,0}$ dar. Wird diese Koeffizientenfolge zerlegt, so wird das Ergebnis der *Bandpass*filterung den *tieffrequenten* Koeffizienten $c_{2,2}$ und das Ergebnis der *Tiefpass*filterung den *hochfrequenten* Koeffizienten $c_{2,3}$ zugewiesen. Warum dies nötig ist, soll Abb. 4.25 deutlich machen. Gegeben sei ein Signal in Form der Koeffizienten $c_{0,0}(m)$. Der Betrag der Fourier-Transformierten $C_{0,0}(f) = \mathcal{F}\{c_{0,0}(m)\}$ ist schematisch in Abb. 4.25(a) dargestellt. Die hohen Frequenzanteile sind mit H, die tiefen mit T gekennzeichnet. Die Bandpassfilterung liefere das schematische Spektrum in Abb. 4.25(b). Durch das folgende Downsampling wird die Abtastfrequenz um den Faktor zwei herunter gesetzt und damit die Periode der Wiederholungen des Spektrums halbiert. Das Ergebnis und die zugehörige neue Nyquist-frequenz $\tilde{f}_N$ sind in Abb. 4.25(c) zu sehen. Man erkennt, dass die hohen Frequenzanteile des ursprünglichen Signals durch die Bandpassfilterung und das Downsampling in den Tiefpassbereich projiziert werden, während die tiefen Frequenzen des ursprünglichen Signals in den neuen Bandpassbereich (bezüglich $\tilde{f}_N$) übergehen. Führt man also eine Tiefpass- und Bandpassfilterung der Koeffizienten $c_{1,1}(m)$ durch, so liefert die Tiefpassfilterung die höheren Frequenzanteile bezüglich $c_{0,0}(m)$, die Hochpassfilterung die tieferen.

Beispiel 4.10 *Chirp-Signal*

Als Beispiel wurde ein lineares Chirp-Signal mit der Filterbank in Abb. 4.23 zerlegt. Ein lineares Chirp-Signal ist eine Schwingung, deren Frequenz linear mit der Zeit zunimmt. Abb. 4.26 zeigt die Wavelet-Packet-Koeffizienten nach der dritten Stufe. Es ist deutlich zu erkennen, wie sich die Energie des Chirp-Signals mit der Zeitverschiebung m in immer höhere Frequenzbänder (Knoten i des Baums weiter rechts) verlagert. Es ist also korrekt, dass für eine gegebene Baumtiefe k Knoten mit größerem Index i mit höheren Frequenzbändern korrespondieren.

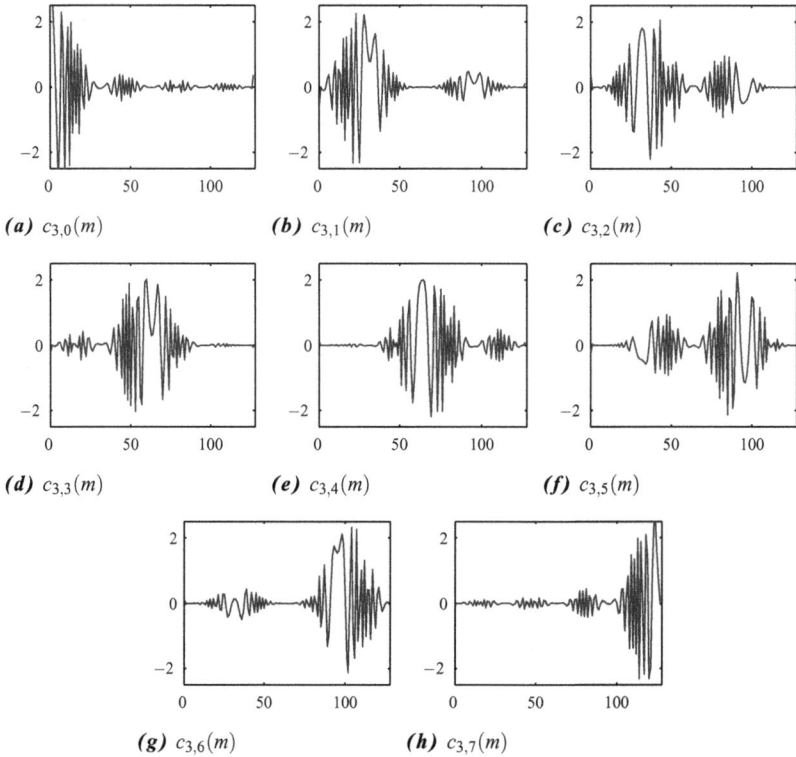

(a) $c_{3,0}(m)$ **(b)** $c_{3,1}(m)$ **(c)** $c_{3,2}(m)$

(d) $c_{3,3}(m)$ **(e)** $c_{3,4}(m)$ **(f)** $c_{3,5}(m)$

(g) $c_{3,6}(m)$ **(h)** $c_{3,7}(m)$

Abbildung 4.26: *Wavelet-Packet-Koeffizienten eines Chirp-Signals nach der dritten Stufe*

Anzumerken ist noch, dass die Basisfunktionen der Wavelet-Packet-Transformation nicht mehr wie bei der DWT durch Skalierung einer Wavelet- und Skalierungsfunktion hervorgehen. Die jeweilige Basisfunktion für ein bestimmtes Frequenzband könnte durch die Verkettung der entsprechenden Bandpass-/Tiefpass-Filterstufen berechnet werden. Da die Wavelet-Packet-Transformation allerdings durch die Multiraten-Filterbank berechnet wird, ist eine explizite Berechnung der Basisfunktionen nicht nötig.

4.5.2 Redundanz des Wavelet-Packet-Baumes

Betrachtet man einen Wavelet-Packet-Baum (im Folgenden WP-Baum abgekürzt) der maximalen Tiefe K, so wäre aus den Koeffizienten $c_{k,i}(m)$ jeder einzelnen Baumtiefe k das Signal $x(t)$ rekonstruierbar. Aufgrund der Energieerhaltung enthalten die Koeffizienten jeder Baumtiefe $0 \leq k \leq K$ gerade die gesamte Signalenergie E_x. Die Koeffizienten des gesamten WP-Baumes enthalten damit $K + 1$ mal die Signalenergie. Man spricht daher bei Wavelet Packets auch von einem $(K + 1)$-fach redundanten Tight Frame.

Diese Redundanz kostet zwar mehr Rechenzeit, bringt aber die Vorteile der Wavelet Packets gegenüber der orthonormalen diskreten Wavelet-Transformation (DWT). Aus dem redundanten Tight Frame der Wavelet Packets können unterschiedliche orthonormale Basen durch Auswählen von Knoten des WP-Baumes erzeugt werden. Die gewählte Basis entspricht einer nicht redundanten Anzahl von Knoten des WP-Baumes, in die ein Signal zerlegt oder aus denen es rekonstruiert wird. Die Wahl einer speziellen Basis korrespondiert auch immer mit einer bestimmten Aufteilung der Zeit-Frequenz-Ebene.

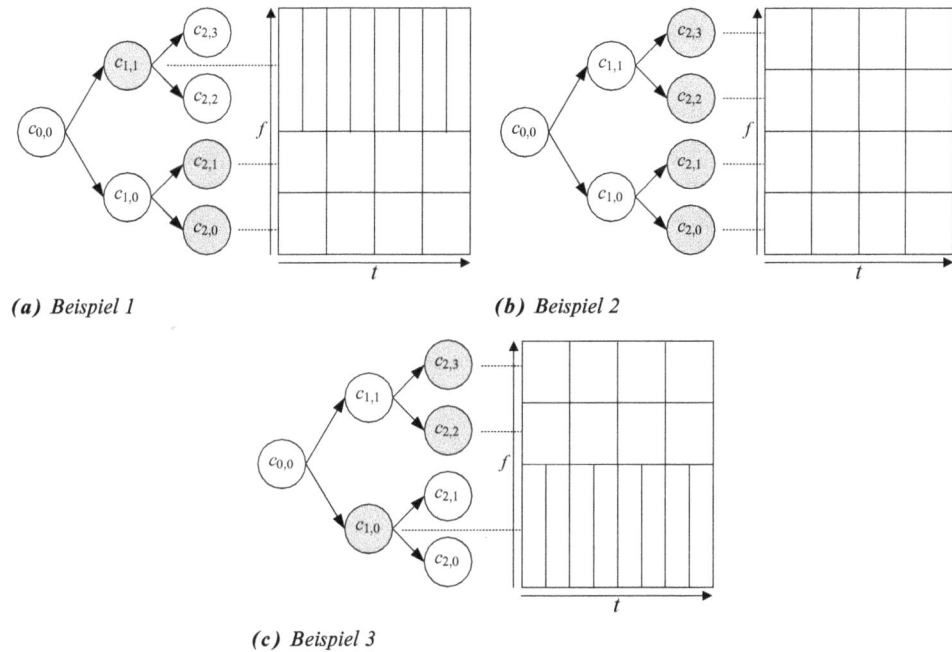

(a) Beispiel 1   *(b) Beispiel 2*

(c) Beispiel 3

Abbildung 4.27: *Beispiele für mögliche Zeit-Frequenz-Aufteilungen einer zweistufigen WP-Filterbank*

In Abb. 4.27 sind drei Beispiele für mögliche Aufteilungen der Zeit-Frequenz-Ebene (ZF-Ebene) durch eine zweistufige Wavelet-Packet-Filterbank gezeigt. Wird die Basis gewählt, die den Knoten $c_{2,0}$, $c_{2,1}$ und $c_{1,1}$ entspricht, so ergibt dies eine Aufteilung der ZF-Ebene gemäß Abb. 4.27(a). Dies ist die gleiche Basiswahl wie bei der DWT, da nur die Tiefpassknoten (in diesem Fall nur $c_{1,0}$) aufgespalten werden. Für hohe Frequenzen ergibt sich damit eine gute Zeitauflösung, für niedrige Frequenzen eine bessere Frequenzauflösung.

In Abb. 4.27(b) werden die tiefsten Knoten des Baumes gewählt. Da nur Knoten gleicher Tiefe verwendet werden, ist die Zeit-Frequenz-Auflösung überall in der ZF-Ebene gleich. Da die tiefsten Knoten gewählt wurden, erhält man die maximale Frequenzauflösung, die mit einer zweistufigen Filterbank erreichbar ist.

In Beispiel 3 (Abb. 4.27(c)) werden im Gegensatz die Knoten $c_{1,0}$, $c_{2,2}$ und $c_{2,3}$ gewählt. Dies ergibt folglich umgekehrt zur Wavelet-Basis eine gute Zeitauflösung bei tiefen Frequenzen und eine bessere Frequenzauflösung bei höheren Frequenzen.

Dies sind nur beispielhaft drei Zeit-Frequenz-Aufteilungen, die bereits mit einer zweistufigen Filterbank möglich sind. Bei mehrstufigen Filterbänken wächst die Zahl möglicher Aufteilungen stark an. Wie bereits am Anfang des Abschnitts 4.5 erläutert wurde, ist es für viele Anwendungen wie Datenkompression und Filterung sehr wünschenswert, ein Signal mit möglichst wenigen Koeffizienten gut repräsentieren zu können. Mit Wavelet Packets kann man eine Basis wählen, die ein gegebenes Signal $x(t)$ mit wenigen, großen Koeffizienten gut repräsentiert.

4.5.3   Suchen einer Besten Basis

Definition 4.6 *Beste Basis*

Die Menge D von Basissystemen bilde einen redundanten Frame. Der Approximationsfehler einer Basis λ (als Untermenge des Frames) für die größten M Koeffizienten ist nach der Besselschen Ungleichung

$$\varepsilon^\lambda(M) = \|x(t)\|^2 - \sum_{m \in I_M^\lambda} \left| \left\langle x(t), \varphi_m^\lambda(t) \right\rangle \right|^2 \quad . \tag{4.278}$$

Dabei sind $\varphi_m^\lambda(t)$ die Basisfunktionen der Basis λ und I_M^λ ist die Menge der Indizes der größten M Koeffizienten.

Die Beste Basis in λ ist diejenige Basis, deren Fehler $\varepsilon^\lambda(M)$ für $M \geq 1$ am kleinsten ist.

Im Folgenden wird ein Algorithmus präsentiert, mit dem nach einer erfolgten WP-Analyse die Beste Basis eines Signals gefunden werden soll. Nach [28] lässt sich die Beste Basis finden, indem das Gütemaß

$$J(x(t), \lambda) = \sum_{m=0}^{N-1} \Phi \left(\frac{\left| \left\langle x(t), \varphi_m^\lambda(t) \right\rangle \right|^2}{\|x(t)\|^2} \right) \tag{4.279}$$

minimiert wird. Die Funktion $\Phi(z)$ muss dabei eine konkave Funktion sein (siehe z. B. Abb. 4.28). Durch die Normierung der Koeffizienten auf die Signalenergie in Gleichung (4.279) liegt das Argument der Funktion $\Phi(z)$ immer zwischen null und eins. Dadurch werden Koeffizienten, die betragsmäßig weiter auseinander liegen (näher bei null bzw. bei der Signalenergie), geringer gewichtet und resultieren somit in einem kleineren (besseren) Gütemaß. Ein Beispiel für eine solche konkave Funktion ist die Entropie

$$\Phi(z) = -z \ln z \qquad , 0 < z \leq 1 \quad ,$$

siehe Abb. 4.28. Damit wird das Gütemaß

$$J(x(t), \lambda) = -\sum_{m=0}^{N-1} \frac{\left| \left\langle x(t), \varphi_m^\lambda(t) \right\rangle \right|^2}{\|x(t)\|^2} \ln \left(\frac{\left| \left\langle x(t), \varphi_m^\lambda(t) \right\rangle \right|^2}{\|x(t)\|^2} \right) . \tag{4.280}$$

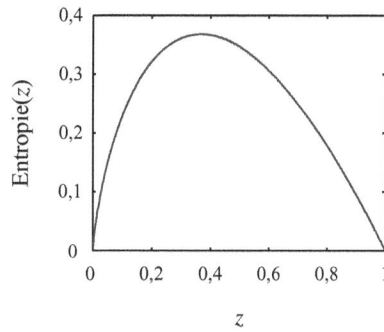

Abbildung 4.28: *Entropie als Beispiel für eine konkave Gütefunktion*

Man könnte nun für ein Signal $x(t)$ alle möglichen Basissysteme eines Wavelet Packets (d. h. alle möglichen Kombinationen von Knoten) auswählen und das Gütemaß (4.280) berechnen, um anschließend die Basis mit dem kleinsten Gütemaß zu wählen. Dies würde allerdings viel Rechenaufwand bedeuten. Einfacher geht es nach dem Verfahren von Coifman und Wickerhauser [8]. Hierbei wird mittels des Prinzips der Dynamischen Programmierung bei jedem Knoten des Baumes "von unten nach oben" überprüft, ob es günstiger ist, diesen Knoten in seine beiden Folgeknoten der nächst tieferen Ebene aufzuspalten oder nicht. Dieses Vorgehen soll später an Abb. 4.29 verdeutlicht werden.

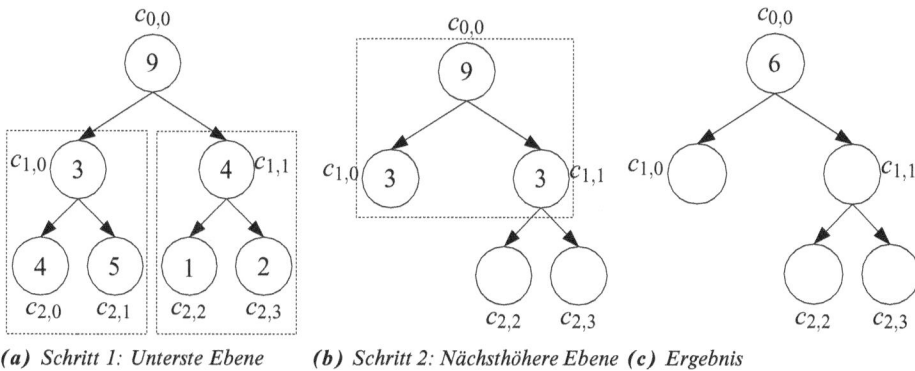

(a) Schritt 1: Unterste Ebene   (b) Schritt 2: Nächsthöhere Ebene (c) Ergebnis

Abbildung 4.29: *Beispiel zur Beste-Basis-Wahl; in den Knoten sind die jeweiligen Kosten (kumulierte Entropien) angegeben*

Für ein Signal $x(t)$ werden die Koeffizienten $c_{k,i}(m)$ des Wavelet Packets berechnet. Dann werden die Kosten für jeden einzelnen Knoten als die Entropie der normierten Koeffizientenenergie durch

$$C_{k,i}(x(t)) = -\sum_m \frac{|c_{k,i}(m)|^2}{E_x} \, \log_e \left(\frac{|c_{k,i}(m)|^2}{E_x} \right) \tag{4.281}$$

berechnet. Die optimalen Kosten der Knoten der untersten Stufe, $O_{K,i}$, sind ihre eigenen Kosten $C_{K,i}$, da diese Knoten keine Folgeknoten besitzen. Es wird nun ab der vorletzten Ebene geprüft, ob die Kosten eines Knotens größer sind als die Summe seiner direkten Nachfolge-Knoten. Sind die Kosten des betreffenden Knotens kleiner (also besser) als die Summe der Kosten seiner Nachfolgeknoten, so werden diese eliminiert. Die optimalen Kosten $O_{k,i}$ des Knotens (k,i) sind dann gerade seine eigenen Kosten $C_{k,i}$. Sind umgekehrt die Kosten des Knotens (k,i) größer (also schlechter) als die Summe der Kosten seiner Nachfolgeknoten, so werden diese nicht zusammengefasst. Die optimalen Kosten des Knotens (k,i) sind in diesem Fall die Summe der optimalen Kosten der Nachfolgeknoten

$$O_{k,i} = O_{k+1,2i} + O_{k+1,2i+1} \, .$$

Zusammengefasst erhält man damit die Berechnungsvorschrift

$$O_{k,i} = \begin{cases} C_{k,i} & \text{,falls } C_{k,i} \leq O_{k+1,2i} + O_{k+1,2i+1} \\ O_{k+1,2i} + O_{k+1,2i+1} & \text{,falls } C_{k,i} > O_{k+1,2i} + O_{k+1,2i+1} \end{cases} \tag{4.282}$$

für die optimalen Kosten eines Knotens, anhand derer die Beste Basis gewählt werden kann. Dieses Vorgehen wird nun anhand eines Beispiels in Abb. 4.29 gezeigt.

Beispiel 4.11 *Wahl der Besten Basis*

Ausgegangen wird von einem WP-Baum der maximalen Tiefe $K = 2$. Zuerst werden für jeden Knoten die Kosten nach Gleichung (4.281) berechnet. Diese sind in Abb. 4.29(a) als Zahlen in den Knoten angegeben. In dieser Abbildung werden zunächst die Knoten der vorletzten Ebene und deren Nachfolgeknoten betrachtet, jeweils markiert durch ein gestricheltes Rechteck. Für die Knoten $(1,0)$, $(2,0)$ und $(2,1)$ innerhalb des linken Rechtecks gilt, dass die Summe der Kosten der Nachfolgeknoten

$$C_{2,0} + C_{2,1} = 4 + 5 = 9$$

größer ist als die Kosten des betrachteten Knoten selbst ($C_{1,0} = 3$). Daher werden die Nachfolgeknoten aus dem Baum eliminiert und die optimalen Kosten des Knotens $(1,0)$ sind $O_{1,0} = C_{1,0} = 3$, siehe Abb. 4.29(b). Für die Knoten innerhalb des rechten Rechtecks ergibt sich, dass es besser ist die Nachfolgeknoten nicht zu eliminieren, da

$$C_{2,2} + C_{2,3} = 1 + 2 = 3 < 4 = C_{1,1}$$

gilt. Die optimalen Kosten des Knotens $(1,1)$ sind also die Summe der Kosten der Folgeknoten:

$$O_{1,1} = C_{2,2} + C_{2,3} = 1 + 2 = 3 \, .$$

In Abb. 4.29(b) wird diese Prozedur für die nächsthöhere Ebene des Wavelet Packets angewandt. Das Endergebnis der Basissuche ist in Abb. 4.29(c) zu sehen, mit den minimalen Kosten dieser Basiswahl in der Wurzel des Baumes. Die optimale Zerlegung des Signals $x(t)$ erfolgt in die Koeffizienten $c_{1,0}$, $c_{2,2}$, $c_{2,3}$.

Durch dieses Verfahren kann für ein gegebenes Signal $x(t)$ eine Beste Basis innerhalb des berechneten Wavelet Packets gefunden werden. Diese Basis ist wieder orthonormal (wie die DWT). Wavelet Packets haben gegenüber der DWT oder DFT den Vorteil, dass aus einer Menge an Basen die beste gewählt werden kann. Abschließend soll das einführende Beispiel 4.9 nochmals aufgegriffen werden.

Beispiel 4.12 *Sinus bei Wavelet Packets*

Eine Sinusschwingung

$$x(t) = \sin(2\pi f_0 t)$$

werde mit der Abtastfrequenz f_A abgetastet. Die Frequenz der Schwingung betrage $f_0 = \frac{3}{8} f_A$. Die Analyse des Signals mittels der Diskreten Wavelet-Transformation in Beispiel 4.9 ergab eine sehr unbefriedigende Darstellung der Koeffizientenenergie in der Zeit-Frequenz-Ebene, siehe Abb. 4.30(a). Wird hingegen das Signal $x(t)$ mit einer vierstufigen Wavelet-Packet-Filterbank analysiert und die Beste Basis gewählt, erhält man die Koeffizientenenergieverteilung in Abb. 4.30(b). Man erkennt nun deutlich die stationäre Sinusschwingung. In Abb. 4.31 sind die Beträge der Koeffizienten für beide Analysearten aufgetragen. Würde man das Sinus-Signal komprimieren wollen, müsste man bei der DWT die größten 32 DWT-Koeffizienten speichern, um über 95 % der Signalenergie zu erfassen. Mit den Wavelet-Packet-Koeffizienten werden dafür nur die größten sechs Koeffizienten benötigt, eine Reduktion der Koeffizientenzahl gegenüber der DWT um ca. 80 %.

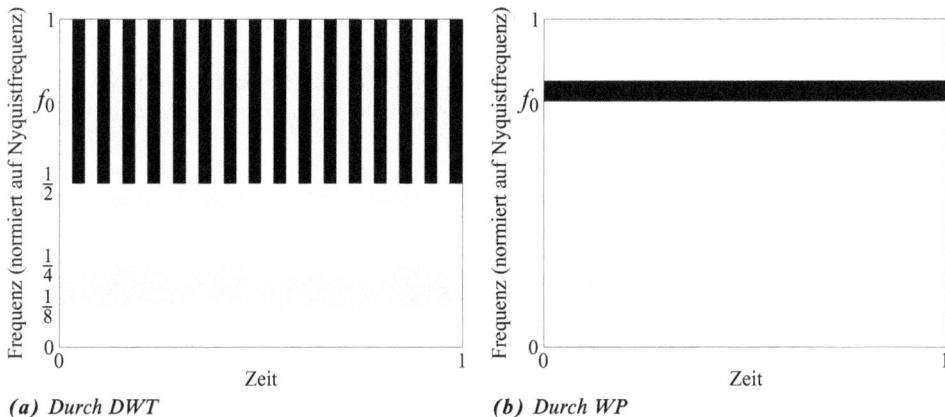

(a) Durch DWT   (b) Durch WP

Abbildung 4.30: *Koeffizienten-Energieverteilung in der Zeit-Frequenz-Ebene für eine Sinus-Schwingung*

4.6 Analytische Wavelets und Wavelet Packets

Bisher wurden für die Multiraten-Filterbänke als Wavelets lediglich reelle Funktionen verwendet. Dies verringert den numerischen Aufwand, da bei reellen Wavelet-Funktionen auch

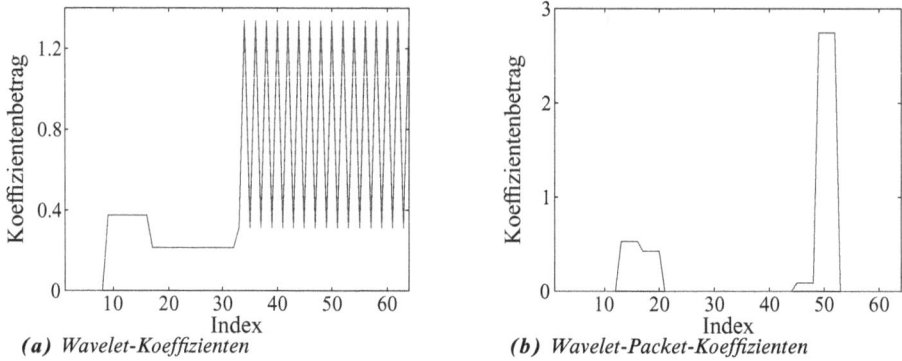

(a) Wavelet-Koeffizienten   (b) Wavelet-Packet-Koeffizienten

Abbildung 4.31: Betrag der Koeffizienten bei Analyse des Sinus-Signals

die Koeffizienten der Multiraten-Filterbänke reell sind, und bei der Implementierung keine komplexe Arithmetik nötig ist. In Abschnitt 4.6.1 werden allerdings einige Schwächen reeller Wavelets (oder allgemeiner: reeller Basisfunktionen) aufgezeigt. Abschnitt 4.6.2 stellt den bekannten Übergang auf analytische Signale dar. Daraufhin stellt Abschnitt 4.6.3 die so genannte Dual-Tree Complex Wavelet Transform (DTCWT) von Kingsbury [37] vor, deren Wavelet-Funktionen nahezu analytisch sind und die somit die zuvor erwähnten Schwächen sehr gut überwinden. Schließlich wird das Prinzip der DTCWT in Abschnitt 4.6.4 zu analytischen Wavelet Packets erweitert.

4.6.1   Schwächen reeller Wavelets

Im Folgenden werden die für die Praxis relevanten Multiraten-Filterbänke zur Wavelet-Transformation betrachtet (Abschnitt 4.2). Sind die zugrunde liegenden Basisfunktionen reell, so ergeben sich für die praktische Anwendung folgende Nachteile:

1. Verschiebungs-Varianz der Koeffizienten

2. Schlechte Konvergenz der Koeffizientenverläufe

Diese Schwächen sollen nun kurz erklärt werden.

Verschiebungs-Varianz

Im Gegensatz zur verschiebungsinvarianten zeitkontinuierlichen Wavelet-Transformation (Abschnitt 3.2.1) sind die mit Hilfe der Multiraten-Filterbank realisierten diskreten Wavelet-Reihen *verschiebungsvariant*. Dies wird durch die Downsampling-Operationen verursacht. Die in der Abtastrate reduzierten Koeffizientenverläufe behalten lediglich die Folgenwerte entweder mit geradem oder mit ungeradem Index. Wird die Folge $c_0(m)$ um beispielsweise einen einzigen Abtastschritt verschoben, so behalten die Folgen $c_1(m)$ und $d_1(m)$ nach dem Hoch- bzw. Tiefpassfilter genau diejenigen Werte, die beim unverschobenen Signal mit der halbierten Abtastrate entfallen. Die Koeffizienten des verschobenen Signals unterscheiden sich von den Koeffizienten des unverschobenen Signals. Daher sind Multiraten-Filterbänke im Allgemeinen nicht verschiebungsinvariant. Dies erschwert die Signalanalyse in der Praxis. Möchte

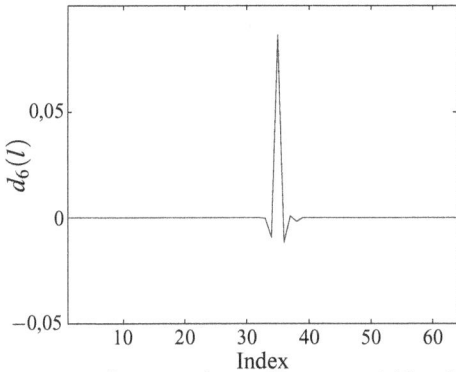

(a) *Reelle Wavelet-Koeffizienten $d_6(l)$ für* $x(n) = \delta(n-2248)$

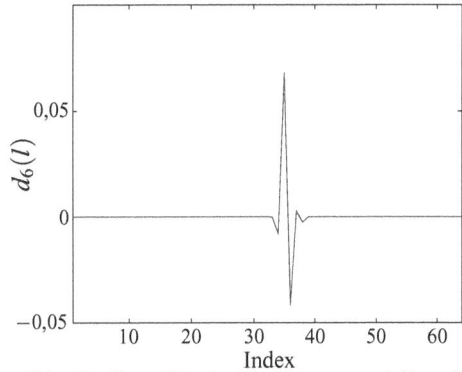

(b) *Reelle Wavelet-Koeffizienten $d_6(l)$ für* $x(n) = \delta(n-2251)$

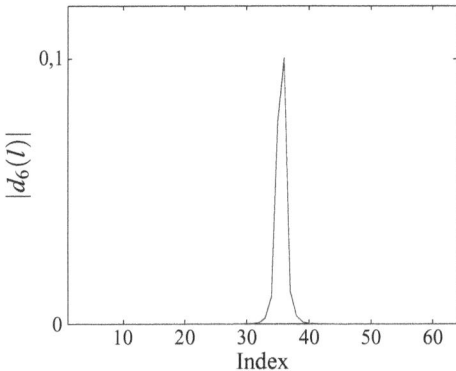

(c) *Beträge der komplexen Wavelet-Koeffizienten* $|d_6(l)|$ *für* $x(n) = \delta(n-2248)$

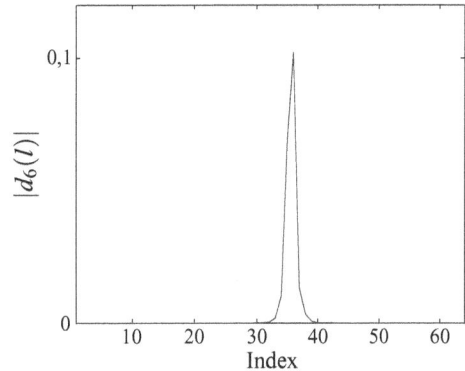

(d) *Beträge der komplexen Wavelet-Koeffizienten* $|d_6(l)|$ *für* $x(n) = \delta(n-2251)$

Abbildung 4.32: *Demonstration der Verschiebungs-Varianz der reellen Diskreten Wavelet-Transformation bzw. der nahezu Verschiebungs-Invarianz der Beträge der komplexen Koeffizienten für die beiden Testsignale $x(n) = \delta(n-2248)$ und $x(n) = \delta(n-2251)$*

man beispielsweise ein bestimmtes Muster in der Zeit-Frequenz-Ebene finden, so können die Wavelet-Koeffizienten des gleichen aber geringfügig verschobenen Signals sehr verschieden aussehen, abhängig davon, zu welchem Zeitpunkt das zu detektierende Ereignis auftritt.

Ein Beispiel für die Verschiebungs-Varianz ist in Abb. 4.32 zu sehen. Die oberen beiden Bilder (a) und (b) zeigen die Koeffizienten der reellen Wavelet-Reihen für zwei Dirac-Impulse an unterschiedlichen Zeitpunkten. Obwohl die Dirac-Impulse nur gering zueinander verschoben sind, ergeben sich deutlich abweichende Formen der Wavelet-Koeffizienten, hier beispielsweise der Koeffizienten $d_6(l)$. Vorgreifend auf Abschnitt 4.6.3 sind darunter die Beträge der entsprechenden komplexen Wavelet-Koeffizienten gezeigt. Man erkennt, dass sich diese kaum unterscheiden.

Konvergenz der Koeffizientenverläufe

Wavelets sind Bandpass-Funktionen. Sind sie reell, oszilliert die reelle Amplitude. Bei komplexen analytischen Wavelets oszillieren der Real- und der Imaginärteil, normalerweise aber nicht der Betrag. Bei reellen Wavelets beobachtet man, dass die Koeffizienten schwingen und schlechter konvergieren. Zum Beispiel weisen die Wavelet-Koeffizienten (Details) bei Unstetigkeiten des Signals, wie Sprüngen oder Impulsen, solche Oszillationen auf, siehe Abb. 4.32(a) und (b). Damit gilt nicht mehr, dass die Detailkoeffizienten umso größer sein sollten, je näher man sie an der Unstetigkeitsstelle betrachtet. Wenn die Koeffizienten oszillieren, können sie sogar nahe der Unstetigkeit null werden. Diese Welligkeit der Koeffizienten erweist sich daher als nachteilig für viele Analyseaufgaben, da sie die Interpretierbarkeit der Ergebnisse verschlechtert.

Beispiel 4.13   *Signalanalyse mit reellen Basisfunktionen*

In diesem Beispiel werden zwei Sinussignale gleicher Frequenz aber unterschiedlicher Amplitude analysiert, siehe Abb. 4.33(a). In Abb. 4.33(b) wird der Koeffizientenverlauf betrachtet, der zu dem Frequenzband gehört, in das die meiste Energie der Sinussignale fällt. Da die beiden Signalabschnitte jeweils eine konstante Amplitude aufweisen, sollten auch die Koeffizientenenergien für die entsprechenden Zeitindizes einen konstanten Verlauf haben. Wie man allerdings erkennen kann, ist der Verlauf der Koeffizientenenergie sehr ungleichmäßig. Es ist aus Abb. 4.33(b) nicht mehr erkennbar, dass es sich um zwei Signalabschnitte handelt und auch nicht, dass diese jeweils eine konstante Energie in diesem Frequenzband aufweisen oder dass die Amplitude des zweiten Sinusabschnitts genau halb so groß wie die des ersten ist.

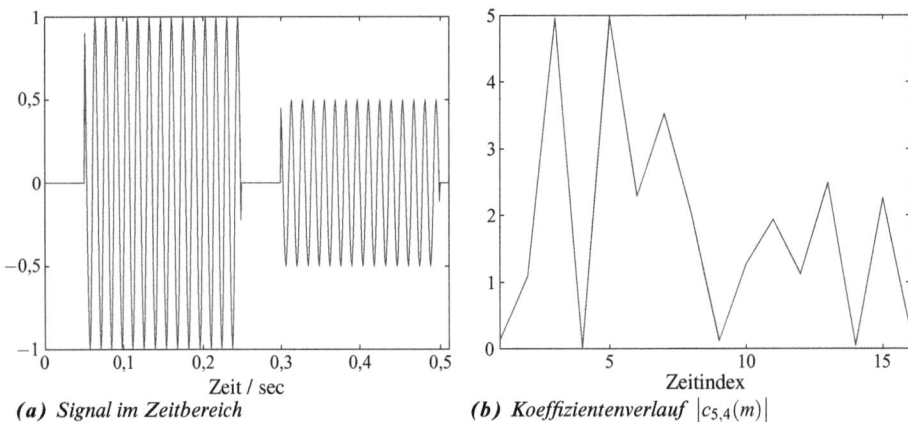

(a) *Signal im Zeitbereich*   *(b)* *Koeffizientenverlauf* $|c_{5,4}(m)|$

Abbildung 4.33: *Signalanalyse mit reellen Basisfunktionen*

4.6.2   Analytische Basisfunktionen

Um das Problem der Verschiebungs-Varianz zu lösen, wurden mehrere Lösungsansätze entwickelt. Beispielsweise können die für die Verschiebungs-Varianz verantwortlichen Downsampler entfernt werden [27], was allerdings zu einer exponentiell anwachsenden Redundanz und damit zu einem extrem großen Rechen- und Speicheraufwand führt. Als eine weitere Möglichkeit können auch verschobene Varianten der ursprünglichen Basisfunktionen mit in den Frame aufgenommen werden, und damit die Verschiebungs-Invarianz erreicht werden [6]. Auch dies ist mit deutlich höherem Rechenaufwand verbunden und löst nicht das Problem der oszillierenden Koeffizienten.

Im Folgenden gehen wir deshalb auf analytische Wavelets über, um die gewünschte Verschiebungs-Invarianz zu erreichen. Ein analytisches Signal kann mit Hilfe der Hilbert-Transformation erzeugt werden. Diese ist im Frequenzbereich durch das Quadraturfilter

$$G_Q(f) = \begin{cases} -j & , f > 0 \\ 0 & , f = 0 \\ j & , f < 0 \end{cases}$$
(4.283)

definiert. Durchläuft ein reelles Signal $x(t)$ ein solches Filter, bezeichnet man das Ausgangssignal als die Hilbert-Transformierte $\check{x}(t)$ des Eingangssignals. Nach [23] lässt sich das zu einem gegebenen reellen Signal $x(t)$ zugehörige analytische Signal $z(t)$ durch die Summe

$$z(t) = x(t) + j\check{x}(t)$$
(4.284)

berechnen. Man spricht bei $x(t)$ und $\check{x}(t)$ auch von einem Hilbert-Paar. Z. B. sind die Kernfunktionen der Fourier-Transformation

$$e^{j2\pi ft} = \cos(2\pi ft) + j\sin(2\pi ft)$$
(4.285)

analytisch, da $\cos(2\pi ft)$ und $\sin(2\pi ft)$ ein Hilbert-Paar bilden. Im Folgenden soll mittels der Hilbert-Transformation auch ein analytisches Wavelet berechnet werden. Diese Überlegungen sind die Grundlage für den folgenden Abschnitt.

4.6.3 Dual-Tree Complex Wavelet Transform (DTCWT)

Zur Umgehung der in Abschnitt 4.6.1 erläuterten Probleme werden analytische Wavelets der Form

$$\psi_{m,k}^{\mathbb{C}}(t) = \psi_{m,k}^{\mathfrak{Re}}(t) + j\,\psi_{m,k}^{\mathfrak{Im}}(t)\,,$$
(4.286)

verwendet. Die reellen und imaginären Anteile sollen dabei ein Hilbert-Paar bilden. Dieser Ansatz führt zur Dual-Tree Complex Wavelet Transform [25, 37]. Die Verwendung komplexer Wavelets liefert komplexe Koeffizienten

$$d_k^{\mathbb{C}}(m) = d_k^{\mathfrak{Re}}(m) + j\,d_k^{\mathfrak{Im}}(m)\,,$$
(4.287)

die ebenfalls in Realteil $d_k^{\mathfrak{Re}}(m)$ und Imaginärteil $d_k^{\mathfrak{Im}}(m)$ aufgeteilt werden können. Da die Multiplikation mit j und die Addition der beiden Anteile lineare Operationen sind, können auch beide Anteile getrennt in zwei separaten Multiraten-Filterbänken berechnet werden, siehe Abb. 4.34. Man spricht auch von zwei Filterbank-„Bäumen", woher sich der englische Name ableitet. In [37] und [38] wurde gezeigt, welche Bedingungen für die Filter gelten müssen, damit die Wavelets nach Gl. (4.286) ein Hilbert-Paar bilden, und wie man diese Filter entwirft.

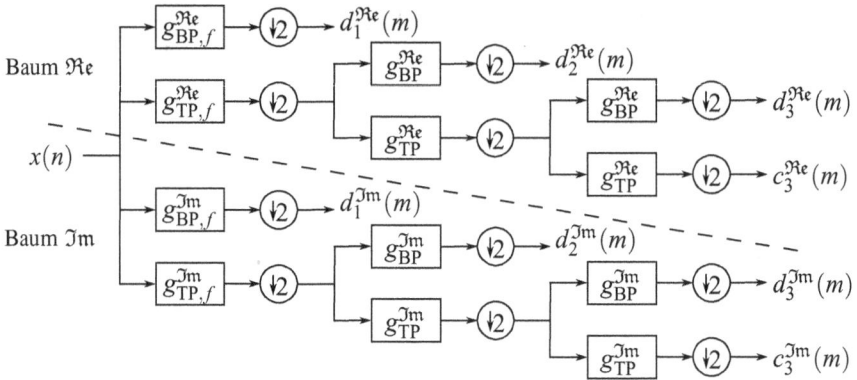

Abbildung 4.34: *Dual-Tree Complex Wavelet Transform*

Bemerkung 4.5

Das Quadraturfilter $G_Q(f)$ besitzt eine zeitlich unbeschränkte Impulsantwort. Damit können die Wavelets von Realteil $\psi_{m,k}^{\Re}(t)$ und Imaginärteil $\psi_{m,k}^{\Im}(t)$ nicht beide gleichzeitig auf ein endliches Zeitintervall beschränkt sein, da $\psi_{m,k}^{\Im}(t)$ aus der Faltung von $\psi_{m,k}^{\Re}(t)$ mit der zeitlich unbeschränkten Impulsantwort des Hilbert-Transformators hervorgeht. Daher sind mit FIR-Filterbänken nur näherungsweise analytische Wavelets realisierbar. Im Folgenden werden die Basisfunktionen und Koeffizienten der Einfachheit halber analytisch genannt, auch wenn sie nur näherungsweise analytisch sind.

Inverse Dual-Tree Complex Wavelet Transform (IDTCWT)

Die IDTCWT lässt sich ebenfalls einfach mit zwei getrennten Filterbänken berechnen, siehe Abb. 4.35. Dabei ist die obere Filterbank die inverse Filterbank des Baums $\Re$, die untere die des Baums $\Im$. Falls die Wavelet-Koeffizienten nach der Analyse nicht verändert wurden, rekonstruieren beide Synthese-Filterbänke bereits für sich das ursprüngliche Signal im Zeitbe-

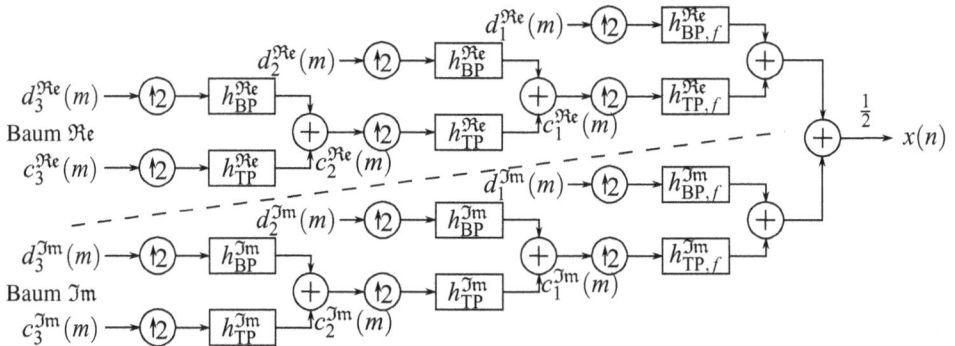

Abbildung 4.35: *Inverse DTCWT Filterbank*

reich, so dass ihre Ausgänge vor der Addition mit dem Faktor $1/2$ multipliziert werden könnten. Wenn man stattdessen alle Impulsantworten der Filter durch $\sqrt{2}$ teilt, erhalten die komplexen Koeffizienten (4.287) insgesamt die Energie des Eingangssignals, so dass die Ausgänge der beiden Filterbänke einfach addiert werden können.

Anforderungen an Filterbänke für analytische Wavelets

Für die Filterbänke wird die Bedingung dafür hergeleitet, dass die Wavelet-Funktionen $\psi_{m,k}^{\mathfrak{Re}}(t)$ und $\psi_{m,k}^{\mathfrak{Im}}(t)$ ein Hilbert-Paar bilden. Im Anhang B.3 wird bewiesen, dass aus

$$\psi_{m,k}^{\mathfrak{Im}}(t) = \mathcal{H}\left\{\psi_{m,k}^{\mathfrak{Re}}(t)\right\} \tag{4.288}$$

die so genannte Half-Sample-Delay-Bedingung [38]

$$h_{\mathrm{TP}}^{\mathfrak{Im}}(n) = h_{\mathrm{TP}}^{\mathfrak{Re}}(n - 0{,}5) \tag{4.289}$$

folgt. Diese Folgerung gilt aber nur asymptotisch, d. h. wenn unendlich viele Filterbankstufen verwendet werden. Dies liegt daran, dass zum Beweis die Gleichung (4.131)

$$\Phi^{\mathfrak{Re}}(\Omega) = \prod_{k=1}^{\infty}\left(\frac{1}{\sqrt{2}}H_{\mathrm{TP}}^{\mathfrak{Re}}\left(\frac{\Omega}{2^k}\right)\right) \tag{4.290}$$

verwendet wurde, die das Spektrum der Skalierungsfunktion durch die Verkettung unendlich vieler Tiefpassfilter berechnet. Hierbei ist Ω die auf die Abtastfrequenz normierte Kreisfrequenz $2\pi f/f_A$.

Die Gl. (4.289) ist im Zeitbereich wenig anschaulich. Wir formulieren sie deshalb im Frequenzbereich in eine Amplituden- und Phasenbedingung um:

$$\left|H_{\mathrm{TP}}^{\mathfrak{Im}}(\Omega)\right| = \left|H_{\mathrm{TP}}^{\mathfrak{Re}}(\Omega)\right| \tag{4.291}$$

$$\angle H_{\mathrm{TP}}^{\mathfrak{Im}}(\Omega) = \angle H_{\mathrm{TP}}^{\mathfrak{Re}}(\Omega) - 0{,}5\,\Omega \qquad . \tag{4.292}$$

Die Koeffizienten können auch mit endlich vielen Filterbankstufen analytisch gemacht werden, wenn die Filter der obersten Stufe ($k = 1$) anders gewählt werden, siehe Abb. 4.35. Die abweichenden Impulsantworten werden mit $h_{\mathrm{TP},f}^{\mathfrak{Re}}$, $h_{\mathrm{TP},f}^{\mathfrak{Im}}$, $h_{\mathrm{BP},f}^{\mathfrak{Re}}$ und $h_{\mathrm{BP},f}^{\mathfrak{Im}}$ bezeichnet und im Englischen Top-Level- oder First-Stage-Filter genannt. Später wird gezeigt, dass die Verschiebung zwischen den Realteil-Filtern und den Imaginärteil-Filtern hierbei genau doppelt so groß sein muss wie bei den übrigen, also einen ganzen Abtastschritt anstatt eines halben. Dies ist einfacher zu realisieren. Damit sind alle orthogonalen Perfect-Reconstruction-Filter (Daubechies, Symmlets etc.) für die oberste Stufe geeignet, solange die Filter des $\mathfrak{Im}$-Baumes gegenüber denen des $\mathfrak{Re}$-Baumes um genau einen Abtastschritt verschoben sind.

Werden diese Bedingungen für die Filter eingehalten, sind die resultierenden Koeffizienten nahezu analytisch.

Satz 4.8 *Dual-Tree Complex Wavelet Transform (DTCWT)*

Die komplexen Koeffizienten $d_k^{\mathbb{C}}(m)$, die aus der DTCWT nach Abb. 4.34 durch

$$d_k^{\mathbb{C}}(m) = d_k^{\mathfrak{Re}}(m) + j d_k^{\mathfrak{Im}}(m) \tag{4.293}$$

gewonnen werden, sind nahezu analytisch, falls für die Filter der obersten Stufe ($k = 1$)

$$h_{\mathrm{TP},f}^{\mathfrak{Im}}(n) = h_{\mathrm{TP},f}^{\mathfrak{Re}}(n-1) \tag{4.294}$$

und für alle Filter der weiteren Stufen $k > 1$

$$\left| H_{\mathrm{TP}}^{\mathfrak{Im}}(\Omega) \right| = \left| H_{\mathrm{TP}}^{\mathfrak{Re}}(\Omega) \right| \tag{4.295}$$

$$\angle H_{\mathrm{TP}}^{\mathfrak{Im}}(\Omega) - \angle H_{\mathrm{TP}}^{\mathfrak{Re}}(\Omega) = -0{,}5\,\Omega \tag{4.296}$$

gilt. Bei der Ableitung der Bedingungen (4.294), (4.295) und (4.296) wurde davon ausgegangen, dass die Wavelet-Anteile ein Hilbert-Paar bilden (Gl. (4.288)). Sie gelten deshalb nicht für die Skalierungskoeffizienten $c_k^{\mathbb{C}}(m)$ und die Waveletkoeffizienten der ersten Stufe $d_1^{\mathbb{C}}(m)$, wie später veranschaulicht wird.

Es wurden in der Literatur verschiedene Filter entwickelt, die die Bedingungen (4.295) und (4.296) möglichst gut erfüllen. Drei davon sind in [37] vorgestellt. Die im Weiteren verwendeten sogenannten Q-Shift-Filter sind in Tabelle 4.1 angegeben. Die entsprechenden Analysefilter erhält man gemäß den Gleichungen (4.88) und (4.89) durch Zeitumkehrung.

m	$h_{\mathrm{TP}}^{\mathfrak{Re}}$	$h_{\mathrm{BP}}^{\mathfrak{Re}}$	$h_{\mathrm{TP}}^{\mathfrak{Im}}$	$h_{\mathrm{BP}}^{\mathfrak{Im}}$
0	0,00325314	0,00455690	−0,00455690	−0,00325314
1	−0,00388321	−0,00543948	−0,00543948	−0,00388321
2	0,03466035	−0,01702522	0,01702522	−0,03466035
3	−0,03887280	0,02382538	0,02382538	−0,03887280
4	−0,11720389	0,10671180	−0,10671180	0,11720389
5	0,27529538	0,01186609	0,01186609	0,27529538
6	0,75614564	−0,56881042	0,56881042	−0,75614564
7	0,56881042	0,75614564	0,75614564	0,56881042
8	0,01186609	−0,27529538	0,27529538	−0,01186609
9	−0,10671180	−0,11720389	−0,11720389	−0,10671180
10	0,02382538	0,03887280	−0,03887280	−0,02382538
11	0,01702522	0,03466035	0,03466035	0,01702522
12	−0,00543948	0,00388321	−0,00388321	0,00543948
13	−0,00455690	0,00325314	0,00325314	−0,00455690

Tabelle 4.1: Q-shift-Filter der Länge 14 (Synthesefilter)

Im Folgenden soll anschaulich gemacht werden, wieso die Half-Sample-Delay-Bedingung für analytische Basisfunktionen sorgt. Dies ist später für die Erweiterung auf Analytische Wavelet Packets wichtig.

Schrittweise Veranschaulichung der DTCWT

Der Real- und Imaginärteil der Waveletfunktionen müssen ein Hilbert-Paar bilden, um gemeinsam eine analytische Funktion darzustellen. Ist dies der Fall, gilt im Frequenzbereich

$$\left|\psi^{\mathfrak{Im}}(\Omega)\right| = \left|\psi^{\mathfrak{Re}}(\Omega)\right| \tag{4.297}$$

$$\angle\psi^{\mathfrak{Im}}(\Omega) - \angle\psi^{\mathfrak{Re}}(\Omega) = \begin{cases} \frac{1}{2}\pi + 2\pi m & \Omega < 0 \\ 0 & \Omega = 0 \\ \frac{3}{2}\pi + 2\pi m & \Omega > 0 \end{cases} \tag{4.298}$$

mit $m \in \mathbb{Z}$. Für die Filterbänke bedeutet dies, dass die Amplitudengänge der Bäume $\mathfrak{Re}$ und $\mathfrak{Im}$ identisch sein müssen, während die Phasendifferenz der beiden Bäume einen Phasensprung um π bei $\Omega = 0$ aufweisen muss. Die für die folgenden Simulationen verwendeten Q-Shift-Filter aus Tabelle 4.1 halten die Bedingung für den Amplitudengang exakt ein, die geforderte Phasendifferenz wird dagegen lediglich angenähert. Die Frequenzgänge der Synthese-Q-Shift-Filter der inversen DTCWT sind in Abb. 4.36 zu sehen. Die Amplitudengänge der Tiefpässe und Bandpässe liegen exakt übereinander.

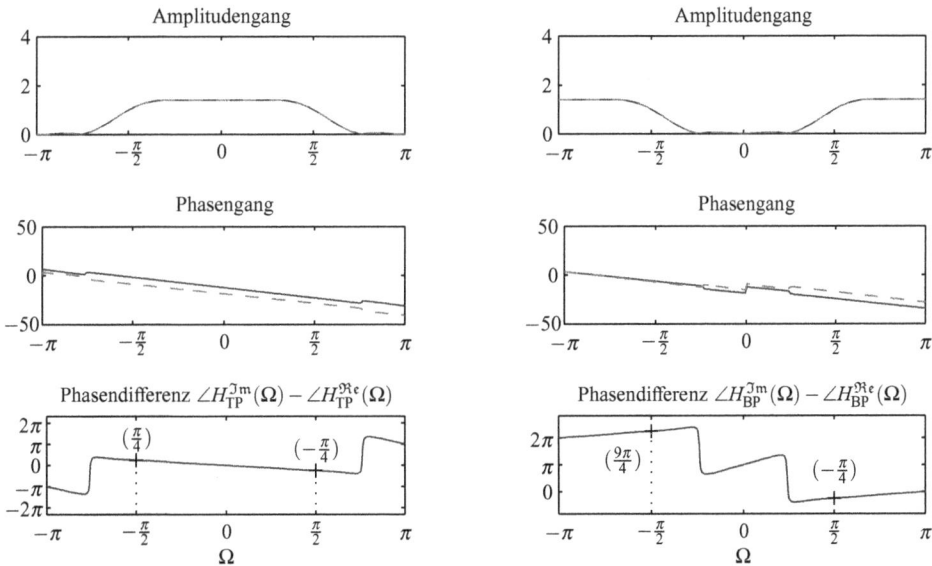

(a) Tiefpass-Frequenzgänge

(b) Bandpass-Frequenzgänge

Abbildung 4.36: Frequenzgänge von Q-Shift-Filtern (Länge 14) der inversen DTCWT; gestrichelt: Baum $\mathfrak{Re}$, durchgehend: Baum $\mathfrak{Im}$

Im Durchlassbereich gilt für die Differenz der Phasengänge von Real- und Imaginärteil-Tiefpassfiltern

$$\angle H_{\mathrm{TP}}^{\mathfrak{Im}}(\Omega) - \angle H_{\mathrm{TP}}^{\mathfrak{Re}}(\Omega) = -0{,}5\,\Omega. \tag{4.299}$$

Die Steigung der Phasendifferenzkurve der Tiefpässe beträgt also $-0{,}5$. Die Bandpassfilter gehen aus den Tiefpassfiltern nach Gleichung (4.151) u. a. durch Spiegelung hervor, wodurch die Steigung der Phasendifferenz invertiert wird. Die Steigung der Phasendifferenzkurve der Bandpässe ist daher $+0{,}5$. Beides wird von den Q-Shift-Filtern lediglich in den jeweiligen Durchlassbereichen eingehalten, wie man in Abb. 4.36 sieht. Außerhalb des Durchlassbereiches interessiert der Phasengang nicht.

Es soll nun in Abb. 4.37 schrittweise veranschaulicht werden, wie die DTCWT analytische Koeffizienten erzeugt. Dazu wird je einer der Detailkoeffizienten $d_3^{\Re e}(m)$ bzw. $d_3^{\Im m}(m)$ zu eins gesetzt, alle anderen zu null. Aus diesen beiden Koeffizienten wird das Signal durch die inverse DTCWT rekonstruiert. Dabei werden der Amplitudengang und die Phasendifferenz nach jeder Erhöhung der Abtastrate und nach jeder Tiefpass- und Bandpassfilterung betrachtet. Nach Durchlauf aller Filterstufen werden gerade der Real- und Imaginärteil des analytischen Wavelets rekonstruiert.

Wird ein einzelner Koeffizient der Skalierung k' und Verschiebung m' zu eins gesetzt, entspricht $d_{k'}^{\Re e}(m)$ bzw. $d_{k'}^{\Im m}(m)$ einem Dirac-Impuls. Dieser durchläuft zunächst einen Upsampler, der an dem Impuls nichts verändert. Anschließend durchlaufen die Waveletkoeffizienten die Bandpassfilter $h_{\mathrm{BP}}^{\Re e}$ bzw. $h_{\mathrm{BP}}^{\Im m}$. Ein Dirac-Impuls gefaltet mit den Impulsantworten der Filter ergibt gerade diese Impulsantworten. Damit sind die Amplitude und die Phasendifferenz der Koeffizienten $c_2^{\Re e}(m)$ bzw. $c_2^{\Im m}(m)$ nach der ersten Filterung im Frequenzbereich in Abb. 4.37(a) gerade der Frequenzgang des Bandpassfilters aus Abb. 4.36(b). Die Amplitudengänge der Filter beider Bäume liegen exakt aufeinander, da die verwendeten Filter den gleichen Amplitudengang besitzen. In den Diagrammen der Phasendifferenz ist gestrichelt der Phasengang der Hilbert-Transformation eingezeichnet, nämlich ein Phasensprung von $\pi/2$ nach $-\pi/2$ bei $\Omega = 0$, siehe Gleichung (4.298). Dieser wird nach der ersten Filterung nur angenähert, da die Phasendifferenz im Durchlassbereich nicht flach ist, sondern eine Steigung von $1/2$ aufweist. Die Mitte dieses Bereichs hat eine Phasendifferenz von 0 anstatt $\pm\pi/2$. Allerdings ist nach dieser Stufe die Rekonstruktion des Wavelets auch noch nicht vollständig.

Nach der beschriebenen Bandpassfilterung durchlaufen die Koeffizienten wiederum einen Upsampler. Nach [23] S. 238 bleibt das Spektrum eines Signals bzgl. der absoluten Frequenz f nach Upsampling identisch, jedoch wird die Abtastfrequenz verdoppelt. Diese Verdopplung der Abtastfrequenz bedeutet für das Spektrum bzgl. der normierten Kreisfrequenz, dass das Spektrum um den Faktor zwei in Ω-Richtung gestaucht wird, siehe Abb. 4.37(b). Damit verdoppelt sich die Steigung des Phasengangs auf $+1$. Nach der anschließenden Tiefpassfilterung erhalten wir das Spektrum in Abb. 4.37(c). Da die Steigung der Phasendifferenz der Tiefpassfilter $-0{,}5$ ist, erhält man insgesamt eine Steigung von $1 - 0{,}5 = 0{,}5$. Der Abstand der Phasendifferenz in der Mitte des Durchlassbereichs zur angestrebten Phasendifferenz (gestrichelte Linie) halbiert sich auf $\frac{\pi}{4}$. Die Stufe $k = 2$ stellt in diesem Beispiel bereits die vorletzte Ebene der Filterbank dar. Wären bis zur obersten Ebene der Filterbank noch weitere Stufen von Upsamplern und Tiefpassfiltern zu durchlaufen, so würden die Upsampler die Steigung der Phasendifferenz auf $+1$ verdoppeln und die Tiefpassfilter sie auf $+0{,}5$ wieder vermindern. Die Steigung ändert sich immer zwischen diesen beiden Werten, wird aber vor der letzten Filterbankstufe niemals null. Außerdem halbiert sich immer die Entfernung der Phasendifferenz im Durchlassbereich zum gewünschten Wert, konvergiert also gegen diesen, ohne ihn jemals ganz zu erreichen. Aus diesem Grunde werden nun in der obersten Stufe abweichende Filter eingesetzt, die nicht mehr die Half-Sample-Delay-Bedingung nach Satz 4.8 erfüllen, sondern bei denen die Imaginärfilter

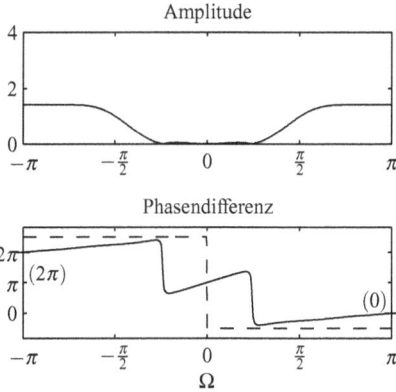

(a) Nach einem Bandpassfilter

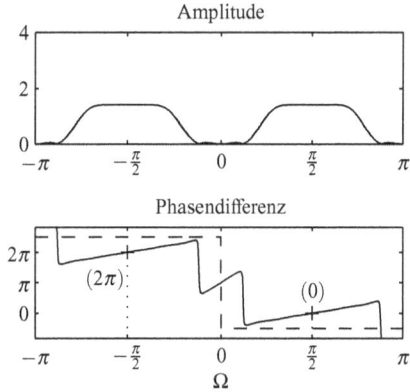

(b) Nach einem Bandpassfilter und Upsampling

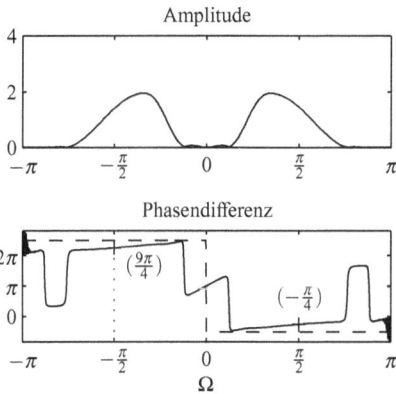

(c) Nach einem Bandpassfilter, Upsampling und einem Tiefpassfilter

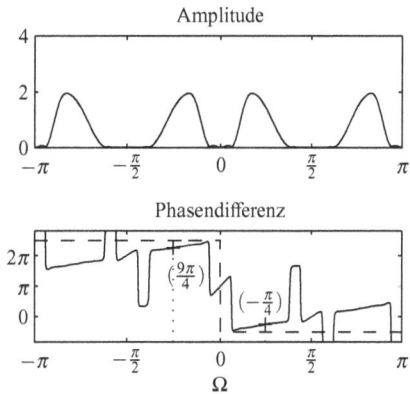

(d) Nach einem Bandpassfilter, Upsampling, einem
Tiefpassfilter und Upsampling

Abbildung 4.37: *Frequenzgangsvergleich zwischen den Bäumen* $\mathfrak{Im}$ *und* $\mathfrak{Re}$ *bei der inversen DTCWT nach verschiedenen Operationen; gestrichelt: Ziel-Phasendifferenz der Hilbert-Transformation s. Gleichung (4.298), gepunktet: Mittenfrequenz des Durchlassbereichs der Filterbank bis zur entsprechenden Stufe*

um einen ganzen Abtastschritt gegenüber den Realfiltern verschoben sind (Gl. (4.294)). Damit wird die Steigung der Phasendifferenz zwischen Real- und Imaginärfiltern -1 für die Tiefpass- und $+1$ für die Bandpassfilter, siehe Abb. 4.38. Da nach den Upsamplern die Steigung der Phasendifferenz immer $+1$ war, korrigieren die abweichenden Filter der obersten Stufe die Phasendifferenz genau auf den gewünschten Wert (gestrichelte Linie), siehe Abb. 4.39(a). Berechnet man nun die komplexen Koeffzienten durch Summation der für sich einzelnen reellen Anteile

$$c_0^{\mathbb{C}}(m) = c_0^{\mathfrak{Re}}(m) + j\,c_0^{\mathfrak{Im}}(m) \tag{4.300}$$

Amplitudengang

4

2

0

$-\pi$ $-\frac{\pi}{2}$ 0 $\frac{\pi}{2}$ π

Amplitudengang

4

2

0

$-\pi$ $-\frac{\pi}{2}$ 0 $\frac{\pi}{2}$ π

Phasengang

50

0

-50

$-\pi$ $-\frac{\pi}{2}$ 0 $\frac{\pi}{2}$ π

Phasengang

50

0

-50

$-\pi$ $-\frac{\pi}{2}$ 0 $\frac{\pi}{2}$ π

Phasendifferenz $\angle H_{TP,f}^{\mathfrak{Im}}(\Omega) - \angle H_{TP,f}^{\mathfrak{Re}}(\Omega)$

2π
π
0
$-\pi$
-2π

$\left(\frac{\pi}{2}\right)$ $\left(-\frac{\pi}{2}\right)$

$-\pi$ $-\frac{\pi}{2}$ 0 $\frac{\pi}{2}$ π
Ω

Phasendifferenz $\angle H_{BP,f}^{\mathfrak{Im}}(\Omega) - \angle H_{BP,f}^{\mathfrak{Re}}(\Omega)$

2π
π
0
$-\pi$
-2π

$\left(\frac{\pi}{2}\right)$ $\left(-\frac{\pi}{2}\right)$

$-\pi$ $-\frac{\pi}{2}$ 0 $\frac{\pi}{2}$ π
Ω

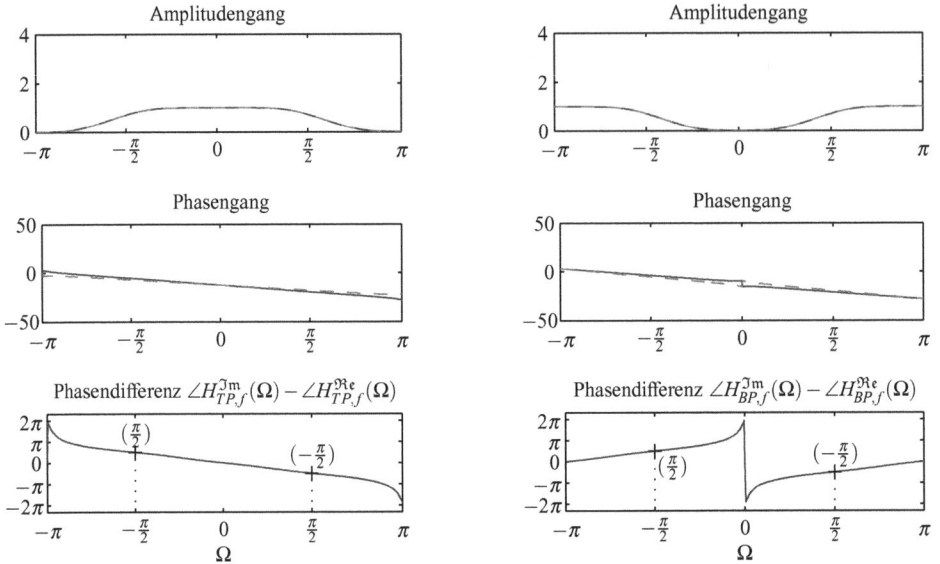

(a) Tiefpass-Frequenzgänge der obersten Stufe   *(b) Bandpass-Frequenzgänge der obersten Stufe*

Abbildung 4.38: *Frequenzgänge von Filtern der obersten Stufe (Länge 10) bei der inversen DTCWT; gestrichelt: Baum $\mathfrak{Re}$, durchgehend: Baum $\mathfrak{Im}$*

der Ausgänge der beiden Filterbänke $c_0^{\mathfrak{Re}}(m)$ und $c_0^{\mathfrak{Im}}(m)$, so erhält man nahezu analytische Koeffizienten, wie in Abb. 4.39(b) zu sehen ist. Dies erkennt man daran, dass fast nur Spektralanteile positiver Frequenz vorkommen.

In Abb. 4.40 sind auf gleiche Weise die Frequenzgänge verschiedener Pfade der Filterbank untersucht. Wie gerade Schritt für Schritt gezeigt wurde, ist das Spektrum der zu den Koeffizienten $d_3^{\mathbb{C}}$ zugehörigen Basisfunktionen $|\Psi_{m,3}(\omega)|$ analytisch. Das gleiche Beispiel kann man auch für $d_2^{\mathbb{C}}$ und $d_4^{\mathbb{C}}$ betrachten, und dabei schrittweise das entsprechende analytische Ausgangssignal rekonstruieren. Aufgrund der Linearitätseigenschaft der Filterbank ergibt auch die Summe der von Null abweichenden Koeffizienten $d_2^{\mathbb{C}}(m) = \delta(m)$, $d_3^{\mathbb{C}}(m) = \delta(m)$, $d_4^{\mathbb{C}}(m) = \delta(m)$ ... ein näherungsweise analytisches Ausgangssignal. Weitere Koeffizienten können bei anderen Zeitverschiebungen m hinzugefügt werden, z. B. $d_3^{\mathbb{C}}(m) = \delta(m) + \delta(m-1)$. Lediglich die Koeffizienten $c_4^{\mathbb{C}}(m)$ und $d_1^{\mathbb{C}}(m)$ liefern einen nicht analytischen Beitrag zum Ausgangssignal. Dies wurde in Satz 4.8 bereits erwähnt. Dies liegt daran, dass die Koeffizientenverläufe $c_4^{\mathbb{C}}(m)$ kein Bandpassfilter durchlaufen, während die Koeffizientenverläufe $d_1^{\mathbb{C}}(m)$ von keinem Tiefpassfilter verarbeitet werden. Die Approximation der Hilbert-Transformation, insbesondere die stückweise flache Phasendifferenz, lässt sich aber nur durch eine Kombination aus Tief- und Bandpassfiltern erreichen. Unabhängig von der Tiefe der Filterbank werden daher die Koeffizientenverläufe $c_4^{\mathbb{C}}(m)$ und $d_1^{\mathbb{C}}(m)$ nie analytisch sein, während alle anderen nahezu analytisch sind.

Amplitude

Amplitude $|\Psi_{m,3}(\Omega)|$

Phasendifferenz

$\left(\frac{5\pi}{2}\right)$

$\left(-\frac{\pi}{2}\right)$

Phase $\angle\Psi_{m,3}(\Omega)$

Ω

Ω

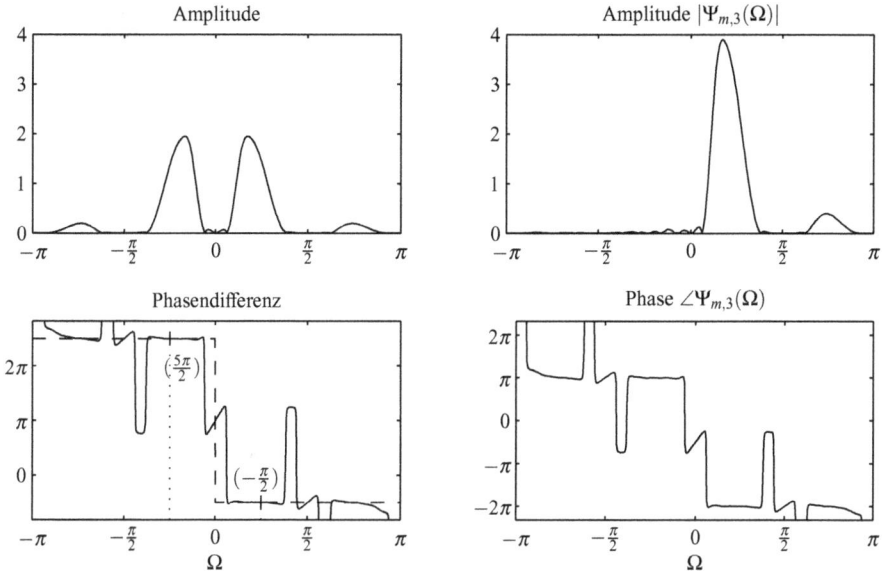

(a) *Frequenzgänge nach Bandpassfilter, Upsampling, Tiefpassfilter, Upsampling und einem Top-Level-Tiefpassfilter*

(b) *Spektrum der analytischen Basisfunktion*

Abbildung 4.39: *Frequenzgänge der Bäume $\Im\mathfrak{m}$ und $\Re\mathfrak{e}$ der inversen DTCWT nach einer Reihe von Operationen und das Spektrum der resultierenden analytischen Basisfunktion*

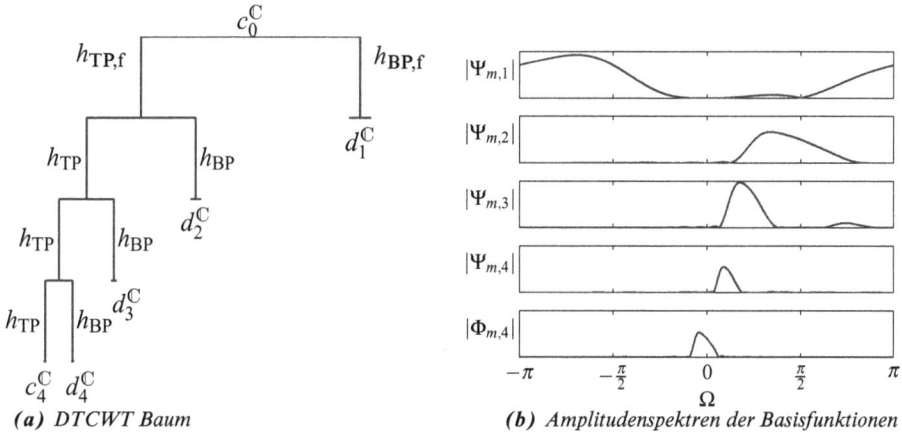

$c_0^{\mathbb{C}}$

$h_{\text{TP,f}}$ $h_{\text{BP,f}}$

h_{TP} h_{BP}

$d_1^{\mathbb{C}}$

h_{TP} h_{BP}

$d_2^{\mathbb{C}}$

h_{TP} h_{BP}

$d_3^{\mathbb{C}}$

$c_4^{\mathbb{C}}$ $d_4^{\mathbb{C}}$

$|\Psi_{m,1}|$

$|\Psi_{m,2}|$

$|\Psi_{m,3}|$

$|\Psi_{m,4}|$

$|\Phi_{m,4}|$

Ω

(a) *DTCWT Baum*

(b) *Amplitudenspektren der Basisfunktionen*

Abbildung 4.40: *Analytische Basisfunktionen der DTCWT*

Wie am Anfang dieses Abschnitts erklärt, bieten analytische Wavelets deutliche Vorteile in praktischen Anwendungen, insbesondere bei der Signalanalyse und -filterung. Es sei auf die Abb. 4.32 verwiesen. Für eine Datenkompression eignen sich analytische Wavelets weniger, da die doppelte Menge an Koeffizienten (Real- und Imaginärteil) gespeichert werden muss, und dieser Mehraufwand meistens nicht durch die Verwendung analytischer Wavelets eingespart werden kann.

4.6.4   Analytische Wavelet Packets (AWP)

Es liegt nun nahe, die DTCWT auch auf Wavelet Packets zu übertragen, um die Eigenschaften der analytischen Wavelets mit der Flexibilität und Anpassungsfähigkeit der Wavelet Packets zu kombinieren. Ein einfacher Ansatz wäre, in den Filterbänken in Abb. 4.34 auch die Bandpasskoeffizienten aufzuspalten. Für eine Beispielkonfiguration (Basiswahl) eines dreistufigen Wavelet Packets erhält man aber als Ergebnis, dass die Koeffizienten dann nicht mehr analytisch sind, siehe Abb. 4.41. Die zu den Koeffizienten $c_{k,i}^{\mathbb{C}}(m)$ zugehörigen Amplitudenspektren sind mit $|\Psi_{k,i}|$ bezeichnet. Die einzeln rekonstruierten Basisfunktionen besitzen beträchtliche Spektralanteile bei negativen Frequenzen.

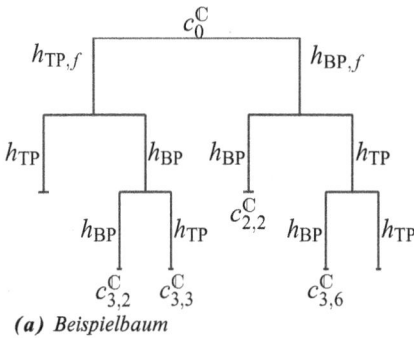

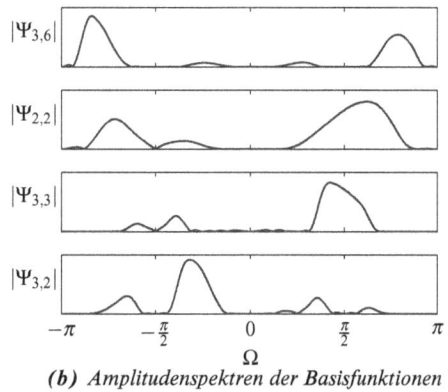

(a) *Beispielbaum*

(b) *Amplitudenspektren der Basisfunktionen*

Abbildung 4.41: *Nicht-analytische Basisfunktionen der Wavelet Packets des direkten Ansatzes*

Betrachtung der DTCWT

Um dieses Problem zu verstehen, wollen wir betrachten, wie bei der inversen DTCWT analytische Koeffizientenverläufe entstehen. Es wurde im Abschnitt 4.6.3 veranschaulicht, dass in der DTCWT nur diejenigen Koeffizientenverläufe näherungsweise analytisch sind, die durch einen einzigen Bandpass, eine Reihe von Tiefpässen und schließlich durch den anders angelegten Top-Level-Tiefpass laufen. Von den untersuchten Koeffizientenverläufen des Wavelet-Packet-Baums in Abb. 4.41 ist dagegen kein einziger analytisch, da die Filterreihenfolge von der oben genannten abweicht. Analytische Wavelet Packets erhält man, wenn man die Bedingungen für die Filter anders formuliert.

Das $(\mathfrak{Re}, \mathfrak{Im})$-Filterpaar der untersten Ebene $(k = K)$, das von den Koeffizienten durchlaufen wird, liefere eine Phasendifferenz der Steigung α. Die Upsampling-Operatoren verdoppeln diese Steigung auf 2α. Die folgenden $(\Re, \Im)$-Filterpaare müssen deshalb jeweils eine Phasendifferenz von $-\alpha$ beitragen, damit ein Wechsel von α auf 2α und zurück stattfindet. Die oberste $(\Re, \Im)$-Filterstufe ($k = 1$) muss abweichend davon die doppelte Phasendifferenz -2α aufweisen. Dies sorgt dafür, dass die Phasendifferenz am Ausgang flach sein wird. Diese Bedingungen allein sind nicht hinreichend aber notwendig für analytische Koeffizientenverläufe.

Des Weiteren kann man sich zunutze machen, dass die Phasendifferenz eines Filterpaares $(\Re, \Im)$ invertiert wird, wenn die Filter zwischen dem $\Re$-Baum und dem $\Im$-Baum vertauscht werden. Ein $(\Im, \Re)$-Filterpaar hat z. B. eine Phasendifferenz mit der Steigung $-\alpha$, wenn das unvertauschte $(\Re, \Im)$-Filterpaar zuvor eine Phasendifferenz mit der Steigung α aufweist.

Von der DTCWT zu Analytischen Wavelet Packets

In Abb. 4.42 ist ein vollständiger analytischer Wavelet-Packet-Baum dargestellt. Dieser besteht, analog zu Abb. 4.34, nun aus zwei Filterbänken, der $\Re$- und der $\Im$-Filterbank. Im Folgenden wird zwischen der linken und der rechten Hälfte der Bäume unterschieden, die jeweils durch die strichpunktierte Linie geteilt werden. Die linke Hälfte der Bäume besteht zum Teil aus den bisherigen Filterstufen der DTCWT, die durch die durchgezogenen Linien gekennzeichnet sind und $(\Re, \Im)$-Filterpaare aufweisen. Alle durchgezogenen Pfade erzeugen von ihren Enden bis zum Ausgang $c_0^{\mathbb{C}}$ die korrekte Phasendifferenz, die analytische Koeffizientenverläufe erzeugt. Sollen die bereits analytischen Bandpass-Koeffizientenverläufe weiter zerlegt werden (punktierte Linie), dann dürfen die weiteren Filterbankstufen keine weitere Phasendifferenz hinzufügen. Dies bedeutet, dass die gepunkteten Pfade der linken Baumhälfte in beiden Bäumen $\Re$ und $\Im$ die *gleichen* Filter $(\Re, \Re)$ oder $(\Im, \Im)$ aufweisen müssen. Wird wie in Abschnitt 4.6.3 ein einzelner komplexer Koeffizient $c_k(m) = \delta(m)$ in den Bäumen mittels der inversen Wavelet-Packet-Transformation zurücktransformiert, so tragen die gepunkteten Filterstufen keine Phasendifferenz bei. Die durchgezogenen Pfade sorgen wie bisher für den korrekten Phasenverlauf zur Annäherung der Hilbert-Transformation.

Als nächstes wird die rechte Hälfte der Bäume betrachtet. Es fällt auf, dass sie genau spiegelsymmetrisch zur linken Hälfte ist, mit Ausnahme der obersten Filterbankstufe ($k = 1$). In der linken Hälfte befindet sich ein Tiefpassfilter $h_{\text{TP},f}$, in der rechten Hälfte dagegen ein Bandpassfilter $h_{\text{BP},f}$. Die gestrichelten Pfade sind exakt gespiegelt zu den durchgezogenen Pfaden der linken Seite. Die durchgezogenen DTCWT-Pfade erzeugen analytische Koeffizienten, indem die Filterstufen eine Phasendifferenz bestimmter Steigung erzeugen, nämlich $+1$ für $h_{\text{TP},f}$, $0,5$ für jedes h_{TP}-Filter und $-0,5$ für das h_{BP}-Filter. Der Unterschied der gestrichelten Pfade im rechten Teil besteht lediglich im Filter der obersten Stufe, $h_{\text{BP},f}$. Da dieses eine Phasendifferenz der Steigung -1 erzeugt, müssen die Filter h_{TP} der gestrichelten Pfade eine Phasendifferenz der Steigung $-0,5$ und die Filter h_{BP} der gestrichelten Pfade eine Steigung $+0,5$ erzeugen. Dies kann dadurch erreicht werden, dass für diese Filterstufen einfach die beiden Filter zwischen den Bäumen $\Re$ und $\Im$ vertauscht werden. Die gestrichelten Pfade erzeugen dann ebenfalls die korrekte Phasendifferenz und damit analytische Koeffizientenverläufe.

Schließlich gilt für die gepunkteten Pfade der rechten Hälfte das gleiche wie für die gepunkteten Pfade in der linken Hälfte. Da die gestrichelten Pfade die korrekte Phasendifferenz erzeugen, müssen und dürfen die gepunkteten Pfade keine weitere Phasendifferenz hinzufügen, was durch gleiche Filter in beiden Bäumen erreicht wird.

Nun wird das gleiche Beispiel wie in Abb. 4.41 betrachtet. In Abb. 4.43(a) wurden die nötigen Filtervertauschungen in den gestrichelten Pfaden vorgenommen, bzw. identische für die

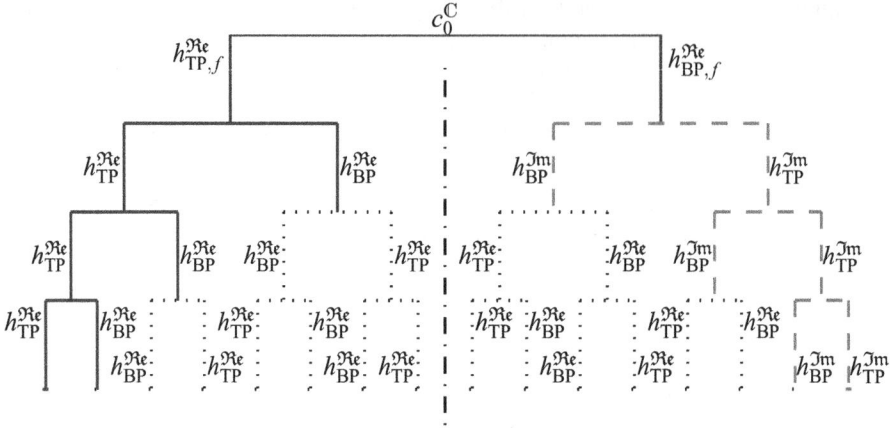

(a) Baum $\mathfrak{Re}$

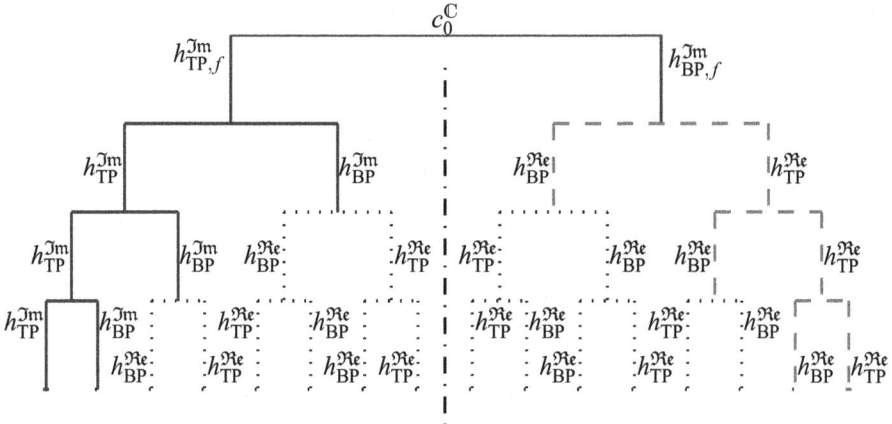

(b) Baum $\mathfrak{Im}$

Abbildung 4.42: *Analytischer Wavelet-Packet-Baum; durchgehend: normale Filterpaare ($\mathfrak{Re}$, $\mathfrak{Im}$), gestrichelt: vertauschte Filterpaare ($\mathfrak{Im}$, $\mathfrak{Re}$), gepunktet: identische Filter ($\mathfrak{Re}$, $\mathfrak{Re}$)*

gepunkteten Stufen verwendet. Die resultierenden Basisfunktionen sind nun tatsächlich analytisch, wie in Abb. 4.43(b) zu sehen ist. Nach wie vor werden allerdings all die Koeffizienten nicht-analytisch sein, die im äußerst linken oder im äußerst rechten Pfad des Wavelet Packets in Abb. 4.42 verarbeitet werden, da alle Filter entlang dieser Pfade eine Phasendifferenz gleicher Steigung aufweisen und so die resultierende Phasendifferenz nicht flach werden kann.

Abbildung 4.44 zeigt die zu Abb. 4.43 zugehörigen Basisfunktionen im Zeitbereich. Links sind die Basisfunktionen des nicht-analytischen Wavelet Packets mittels des direkten Ansatzes gezeigt, rechts die gleichen Basisfunktionen des analytischen Wavelet Packets nach dem Schema aus Abb. 4.42. Es ist deutlich zu erkennen, dass die Beträge der komplexen Basisfunktionen

c_0^C

$h_{TP,f}$ $h_{1,f}$

h_{TP} h_{BP} h_{BP} h_{TP}

h_{BP} h_{TP} $c_{2,2}^C$ h_{BP} h_{TP}

$c_{3,2}^C$ $c_{3,3}^C$ $c_{3,6}^C$

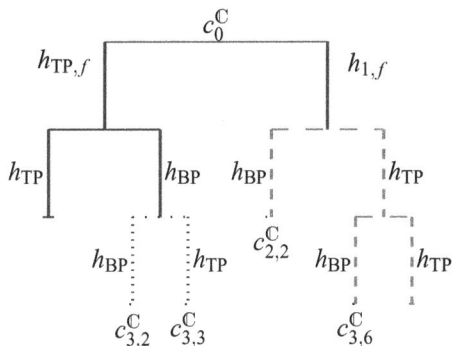

(a) Beispielbaum

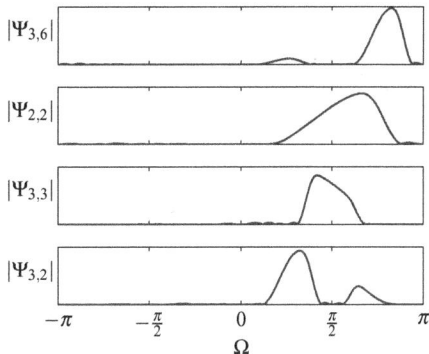

$|\Psi_{3,6}|$

$|\Psi_{2,2}|$

$|\Psi_{3,3}|$

$|\Psi_{3,2}|$

$-\pi$ $-\frac{\pi}{2}$ 0 $\frac{\pi}{2}$ π

Ω

(b) Amplitudenspektren der Basisfunktionen

Abbildung 4.43: *AWP-Basisfunktionen*

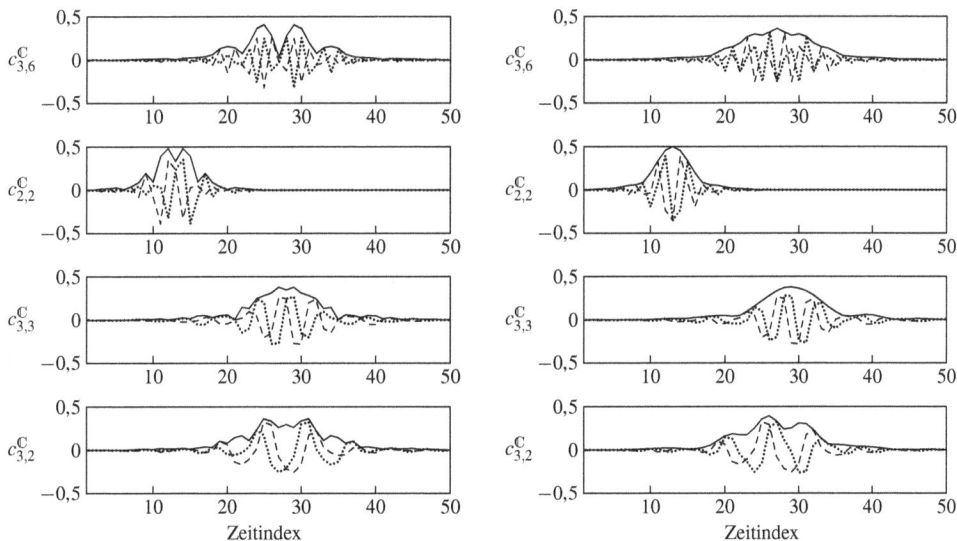

$c_{3,6}^C$

$c_{2,2}^C$

$c_{3,3}^C$

$c_{3,2}^C$

Zeitindex

(a) Nicht-analytisches Wavelet Packet (direkter Ansatz)

(b) Analytisches Wavelet Packet

Abbildung 4.44: *Vergleich einiger Basisfunktionen im Zeitbereich bei analytischem und nicht-analytischem Wavelet Packet; gestrichelt: Realteil, gepunktet: Imaginärteil, durchgehend: Betrag*

bei den nahezu analytischen Wavelet Packets viel glatter sind. Dies war die gewünschte Eigenschaft gegenüber reellen Wavelets aus Abschnitt 4.6.1.

Beispiel 4.14 *Vergleich analytischer und reeller Wavelet Packets*

Es wurde wieder das gleiche Signal wie in Beispiel 4.13 analysiert, das aus zwei Sinussignalen mit unterschiedlicher Amplitude besteht. Die betrachteten Verläufe der Koeffizienten-

energie durch Analyse mit analytischen Wavelet Packets ist in Abb. 4.45(a) zu sehen. Man
erkennt nun deutlich, dass die Signalenergie für die beiden Abschnitte jeweils konstant ist.
Man erkennt ebenfalls, dass die Amplitude des zweiten Signalanteils nur halb so groß wie
die des ersten ist. Auch die kurze Pause zwischen beiden Abschnitten ist erkennbar. Zum
Vergleich ist in Abb. 4.45(b) nochmals der Energieverlauf der reellen Koeffizienten gezeigt,
der aufgrund seiner Oszillationen die genannten Merkmale des Signals nicht erkennen lässt.

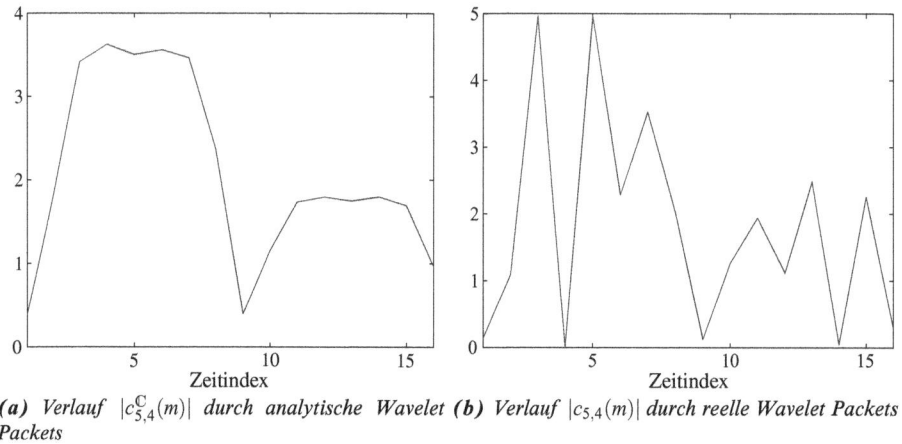

(a) Verlauf $|c_{5,4}^{C}(m)|$ durch analytische Wavelet *(b) Verlauf $|c_{5,4}(m)|$ durch reelle Wavelet Packets*
Packets

Abbildung 4.45: *Vergleich der Koeffizientenenergieverläufe bei analytischen und reellen Wavelet Packets*

4.6.5   Stochastische Eigenschaften

Um den Vorteil der glatteren Koeffizientenenergien analytischer Wavelets auch mathematisch
zu erfassen, sollen die stochastischen Eigenschaften der Koeffizientenenergien betrachtet werden. Dazu werde ein weißes, Gaußsches Rauschen mit reellen und analytischen Wavelet Packets
analysiert. Im Folgenden soll gezeigt werden, dass der Erwartungswert für beide Koeffizientenenergien gleich der Signalenergie ist (Energieerhaltung gilt). Jedoch ist die Varianz der
Koeffizientenenergie analytischer Wavelet Packets kleiner als die der Koeffizientenenergie reeller Wavelets Packets.

Energien reeller Koeffizienten

Analysiert werde ein weißes, Gaußsches, mittelwertfreies Rauschen $n(t)$ mit der Varianz σ^2.
Es gilt also

$$E\{n(t_1)n(t_2)\} = \sigma^2 \delta(t_1 - t_2). \tag{4.301}$$

Für orthonormale Basissysteme gilt folgender Satz:

Satz 4.9 *Weißes, Gaußsches Rauschen in reellen, orthonormalen Basissystemen*

Wird ein weißes, Gaußsches Rauschen $n(t)$ mit $E\{n(t)\} = 0$ und $\text{Var}\{n(t)\} = \sigma^2$ (man nennt dies $\mathcal{N}(0;\sigma^2)$-Verteilung) durch ein reelles, orthonormales Basissystem $\varphi_i(t), i = 0,\ldots,N-1$ gemäß

$$n(t) = \sum_{i=0}^{N-1} a_i\varphi_i(t) \quad, \quad a_i = \langle n(t),\varphi_i(t)\rangle = \int\limits_{-\infty}^{\infty} n(t)\varphi_i(t)dt \tag{4.302}$$

dargestellt, so bilden die Koeffizienten a_i ebenfalls ein weißes, Gaußsches Rauschen mit der Varianz σ^2.

Beweis 4.8

$$E\{a_ia_j\} \overset{(4.302)}{=} \int\limits_{-\infty}^{\infty}\int\limits_{-\infty}^{\infty} E\{n(t)n(\tau)\}\varphi_i(t)\varphi_j(\tau)dtd\tau \tag{4.303}$$

$$\overset{(4.301)}{=} \sigma^2 \int\limits_{-\infty}^{\infty}\int\limits_{-\infty}^{\infty} \varphi_i(t)\varphi_j(\tau)\delta(t-\tau)dtd\tau \tag{4.304}$$

$$= \sigma^2 \int\limits_{-\infty}^{\infty} \varphi_i(\tau)\varphi_j(\tau)d\tau \tag{4.305}$$

$$\overset{(1.211)}{=} \sigma^2\delta_{ij} \tag{4.306}$$

Da Wavelets und Wavelet Packets orthonormale Basissysteme darstellen, sind auch die Koeffizienten reeller Wavelet Packets weiß und normalverteilt mit Varianz σ^2, wenn ein weißes, Gaußsches Rauschen mit Varianz σ^2 analysiert wird. Als nächstes soll die Dichtefunktion für die zugehörigen Koeffizientenenergien berechnet werden. Dazu bezeichne X eine $\mathcal{N}(0;\sigma^2)$-verteilte Zufallsvariable, die die Wavelet-Packet-Koeffizienten modelliert. Berechnet werden soll die Dichte von $Y = X^2$. Die Verteilungsfunktion ergibt sich zu

$$F_Y(y) = P(Y \le y) = P(X^2 \le y) = P(-\sqrt{y} \le X \le \sqrt{y}) \tag{4.307}$$

$$= \begin{cases} F_X(\sqrt{y}) - F_X(-\sqrt{y}) &, y > 0 \\ 0 &, \text{sonst} \end{cases}. \tag{4.308}$$

Durch Ableitung nach der Variablen y erhält man die gesuchte Dichtefunktion:

$$f_Y(y) = \begin{cases} \frac{1}{2\sqrt{y}}\left(f_X(\sqrt{y}) + f_X(-\sqrt{y})\right) &, y > 0 \\ 0 &, \text{sonst} \end{cases}. \tag{4.309}$$

Da die Zufallsvariable X $\mathcal{N}(0;\sigma^2)$-verteilt sein soll, lautet die zugehörige Dichte:

$$f_X(x) = \frac{1}{\sqrt{2\pi}\,\sigma}\exp\left(-\frac{x^2}{2\sigma^2}\right).$$ (4.310)

Damit folgt für die Dichte der Koeffizientenenergien

$$f_Y(y) = \frac{1}{2\sqrt{y}}\left[\frac{1}{\sqrt{2\pi}\,\sigma}\exp\left(-\frac{y}{2\sigma^2}\right) + \frac{1}{\sqrt{2\pi}\sigma}\exp\left(-\frac{y}{2\sigma^2}\right)\right]$$ (4.311)

$$= \frac{1}{\sqrt{2\pi y}\,\sigma}\exp\left(-\frac{y}{2\sigma^2}\right) \qquad , y > 0.$$ (4.312)

Damit lassen sich einfach der Erwartungswert und die Varianz der reellen Koeffizientenenergien berechnen:

$$E\{y\} = \sigma^2 \qquad\qquad\qquad \text{Var}\{y\} = 2\sigma^4$$ (4.313)

Die mittlere Koeffizientenenergie ist also gerade σ^2 (es gilt also Energieerhaltung), bei einer Varianz von $2\sigma^4$.

Energien komplexer Koeffizienten

Es gilt nun zu zeigen, dass die Energien der komplexen Koeffizienten zwar den selben Erwartungswert haben, also auch Energieerhaltung gilt, dass allerdings die Varianz kleiner ist. Dazu werden drei Zufallsvariable eingeführt: Z sei die Energie der komplexen Koeffizienten, X die Energie der Realteilkoeffizienten und Y, im Gegensatz zu bisher, die Energie der Imaginärteilkoeffizienten. Es gilt damit:

$$Z = |c_{k,i}^{\mathbb{C}}(m)|^2 = |c_{k,i}^{\mathfrak{Re}}(m)|^2 + |c_{k,i}^{\mathfrak{Im}}(m)|^2 = X + Y.$$ (4.314)

Nach [19] lässt sich die Dichte einer Summe zweier Zufallsvariablen durch

$$f_Z(z) = \int\limits_{-\infty}^{\infty} f(x, z-x)dx = \int\limits_{-\infty}^{\infty} f(x,y)|_{y=z-x}dx$$ (4.315)

berechnen. Hierbei ist $f(x,y)$ die gemeinsame Verbunddichte von X und Y, die sich durch

$$f(x,y) = f_Y(y|X=x)\cdot f_X(x)$$ (4.316)

berechnen lässt. Die Randdichte von X

$$f_X(x) = \int\limits_{-\infty}^{\infty} f(x,y)dy$$ (4.317)

ist leicht zu ermitteln. Die Realteilkoeffizienten werden durch eine gewöhnliche Multiraten-Filterbank berechnet, wobei jedoch aus Gründen der Energieerhaltung noch ein Faktor

$1/\sqrt{2}$ hinzutritt, siehe Abschnitt 4.6.3. Dadurch sind die Realteilkoeffizienten $c_{k,i}^{\Re\mathrm{e}}(m)$ $\mathcal{N}\left(0;\frac{\sigma^2}{2}\right)$-verteilt, wodurch sich für die zugehörigen Energien die Dichte

$$f_X(x) = \frac{1}{\sqrt{\pi x}\,\sigma}\exp\left(-\frac{x}{\sigma^2}\right)\quad ,x>0 \tag{4.318}$$

ergibt. Gleiches gilt für die Energie der Imaginärteilkoeffizienten $c_{k,i}^{\Im\mathrm{m}}(m)$.

$$f_Y(y) = \frac{1}{\sqrt{\pi y}\,\sigma}\exp\left(-\frac{y}{\sigma^2}\right)\quad ,y>0 \tag{4.319}$$

Der Erwartungswert ergibt sich zu $E\{x\} = E\{y\} = \sigma^2/2$ und die Varianz zu $\mathrm{Var}\{x\} = \mathrm{Var}\{y\} = \sigma^4/2$.

Damit bleibt nur noch die bedingte Dichte $f_Y(y|X=x)$ zu bestimmen, um gemäß Gleichung (4.316) die Verbunddichte zu berechnen. Eine vereinfachende Annahme ist, dass Realteil- und Imaginärteil unabhängig voneinander sind, da dann

$$f(x,y) = f_X(x)\cdot f_Y(y) \tag{4.320}$$

gilt und alle Dichten bekannt wären. Diese Annahme scheint allerdings zunächst nicht zu gelten, da aus gegebenen Realteilkoeffizienten $c_{k,i}^{\Re\mathrm{e}}(m)$ das Signal im Zeitbereich und damit auch die Imaginärteilkoeffizienten $c_{k,i}^{\Im\mathrm{m}}(m)$ eindeutig berechnet werden können. Betrachtet man die Koeffizienten als stochastische Prozesse, so kann der Prozess der Realteilkoeffizienten und der Prozess der Imaginärteilkoeffizienten nicht unabhängig sein, sondern sie sind durch die Hilbert-Transformation miteinander verknüpft. Bisher wurden einzelne Koeffizienten betrachtet und als Zufallsvariablen modelliert. Die Hilbert-Transformation kann allerdings nur auf Signale bzw. Funktionen angewendet werden, nicht auf einzelne Werte. Es muss also eine andere Vorgehensweise gefunden werden.

Die Imaginärteilkoeffizienten der Dual-Tree-Filterbank lassen sich auch als die interpolierten Werte zwischen den eigentlichen diskreten Wavelet-Positionen interpretieren [37].

$$c_{k,i}^{\Im\mathrm{m}}(m) = c_{k,i}^{\Re\mathrm{e}}\left(m+\frac{1}{2}\right) \tag{4.321}$$

Da hier ein weißes Rauschen untersucht wird und daher benachbarte Werte unabhängig sind, können in Gleichung (4.316) Real- und Imaginärteilenergie als unabhängig angenommen werden.

Diese Annahme wird auch durch numerische Simulationen bestätigt. In Abbildung 4.46 wurde ein weißes, Gaußsches Rauschen mit 2^{16} Werten mittels analytischer Wavelet Packets analysiert und die Histogramme der Energien der Imaginärteilkoeffizienten, der Imaginärteilkoeffizienten für Realteilenergien zwischen 0 und 0,2, sowie der Imaginärteilkoeffizienten für Realteilenergien zwischen 1 und 1,2 betrachtet. Das Histogramm für die Randdichte des Imaginärteils $f_Y(y)$ in Abb. 4.46(a) folgt sehr gut der berechneten Dichte (4.319). Die sich ergebenden Momente sind $E\{y\} = 0{,}503$ und $\mathrm{Var}\{y\} = 0{,}508$. Diese stimmen mit den symbolisch berechneten Momenten überein. Die geringen Abweichung erklären sich dadurch, dass nur endlich viele Werte

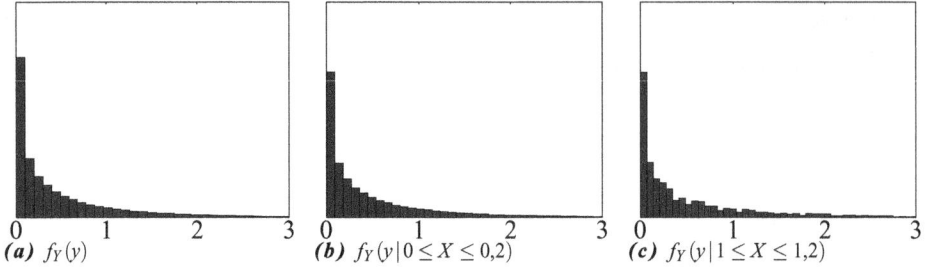

Abbildung 4.46: *Histogramme zur numerischen Approximation der Dichten* $f_Y(y)$, $f_Y(y\,|\,0 \le X \le 0{,}2)$ *und* $f_Y(y\,|\,1 \le X \le 1{,}2)$ *bei* $\sigma^2 = 1$

zur Berechnung der Momente herangezogen werden konnten. In den Abbildungen 4.46(b) und (c) wurden die Verteilungen der Imaginärteilenergie bei bestimmten Realteilenergien betrachtet. Man erkennt, dass unabhäng davon, ob die Realteilenergie sehr klein (Abb. 4.46(b)) oder groß (Abb. 4.46(c)) ist, die Verteilung immer nahezu identisch mit der Randdichte $f_Y(y)$ ist.

Aus den theoretischen Überlegungen zu Gleichung (4.321) sowie den numerischen Simulationen können Real- und Imaginärteil als unabhängig angenommen werden. Damit ergibt sich aus Gleichung (4.315) unter Berücksichtigung von $x > 0$, $y > 0$ und $z > 0$:

$$f_Z(z) = \int_0^z f_Y(z-x)f_X(x)dx \tag{4.322}$$

$$= \int_0^z \frac{1}{\sqrt{\pi(z-x)}\,\sigma} \exp\left(-\frac{z-x}{\sigma^2}\right) \frac{1}{\sqrt{\pi x}\,\sigma} \exp\left(-\frac{x}{\sigma^2}\right) dx \tag{4.323}$$

$$= \frac{1}{\pi\sigma^2} \exp\left(-\frac{z}{\sigma^2}\right) \int_0^z \frac{1}{\sqrt{zx-x^2}}dx \tag{4.324}$$

$$= \frac{1}{\pi\sigma^2} \exp\left(-\frac{z}{\sigma^2}\right) \cdot \left[-\arcsin\left(\frac{-2x+z}{\sqrt{z^2}}\right)\right]_0^z \tag{4.325}$$

$$= \frac{1}{\pi\sigma^2} \exp\left(-\frac{z}{\sigma^2}\right) (-\underbrace{\arcsin(-1)}_{-\pi/2} + \underbrace{\arcsin(1)}_{\pi/2}) \tag{4.326}$$

$$= \frac{1}{\sigma^2} \exp\left(-\frac{z}{\sigma^2}\right) \tag{4.327}$$

Dies ist eine gewöhnliche Exponentialverteilung mit

$$E\{z\} = \sigma^2 \qquad\qquad \mathrm{Var}\{z\} = \sigma^4. \tag{4.328}$$

Die mittlere Energie der komplexen Koeffizienten ist also wiederum σ^2 und es gilt Energieerhaltung. Die Varianz der komplexen Koeffizienten ist allerdings lediglich σ^4 im Gegensatz zu $2\sigma^4$ bei den Energien reeller Koeffizienten. Die Energien komplexer Koeffizienten liegen damit näher am Energiemittelwert, was gerade dem in Abschnitt 4.6.1 beschriebenen glatteren Verlauf entspricht und die genannten Vorteile mit sich bringt.

Dieses Ergebnis liefert darüber hinaus noch eine wichtige Aussage für die Filterung mittels Wavelet Packets. Möchte man weißes Rauschen aus einem Signal herausfiltern, so unterdrückt man alle Koeffizienten, deren Energie unter einem gewissen Schwellwert τ liegt. Dieser Schwellwert muss größer als die mittlere Koeffizientenenergie σ^2 gewählt werden und beträgt normalerweise ein Vielfaches davon, um auch noch Koeffizienten mit größeren Energien zu unterdrücken. Durch die kleinere Varianz der komplexen Koeffizientenenergien streuen diese weniger um den Energiemittelwert. Betrachtet man Koeffizienten, die kein Nutzsignal, sondern lediglich das Rauschen enthalten, liegen dadurch bei einem bestimmten Schwellwert $\tau > \sigma^2$ mehr Koeffizientenenergien unter diesem Schwellwert, wodurch mehr Anteile des Rauschens herausgefiltert werden. Anders betrachtet liegt der optimale Schwellwert bei komplexen Wavelet Packets niedriger als bei reellen Wavelet Packets, womit weniger Energie des Nutzsignals herausgefiltert wird.

5 Wigner-Ville-Verteilung

Die Wigner-Ville-Verteilung ist eine quadratische Integraltransformation. Bei ihr wird anders als bei der Kurzzeit-Fourier-Transformation und der Wavelet-Transformation nicht mit Fensterfunktionen bzw. Wavelets gearbeitet. Deshalb gibt es keinen Leckeffekt. Die Wigner-Ville-Verteilung hat deshalb die beste Spektralauflösung aller Zeit-Frequenz-Darstellungen. Allerdings können im Spektrum Kreuzterme auftreten. Es werden verschiedene Ansätze zur Unterdrückung dieser Kreuzterme präsentiert.

5.1 Definition

Zur Ableitung der Wigner-Ville-Verteilung wird der Umweg über die Ambiguitätsfunktion beschritten.

5.1.1 Ambiguitätsfunktion

Die Distanz zweier Signale $x(t), y(t) \in L_2(\mathbb{R})$ ist über die Norm der Differenz gegeben.

$$d^2(y(t), x(t)) = \|y(t) - x(t)\|^2 \tag{5.1}$$

$$= \langle y(t), y(t) \rangle - \underbrace{\langle y(t), x(t) \rangle}_{= \langle x(t), y(t) \rangle^*} - \langle x(t), y(t) \rangle + \langle x(t), x(t) \rangle \tag{5.2}$$

$$= \underbrace{\|x(t)\|^2 + \|y(t)\|^2}_{\text{Signalenergie} \geq 0} - 2 \cdot \underbrace{\text{Re}\{\langle x(t), y(t) \rangle\}}_{\text{Ähnlichkeit}} \tag{5.3}$$

Die Distanz und die Ähnlichkeit verlaufen gegenläufig. Für

$$\text{Re}\{\langle x(t), y(t) \rangle\} = \frac{1}{2}\left(\|x(t)\|^2 + \|y(t)\|^2\right) \tag{5.4}$$

ist die Distanz der beiden Signale Null, d. h. die Signale sind identisch (größtmögliche Ähnlichkeit). Die Berechnung der Ähnlichkeit erfolgt über das Innenprodukt der beiden betrachteten Signale. Ist eines der beiden Signale zeitverschoben, so erhält man die Korrelation.

Beispiel 5.1 *Ähnlichkeit zeitverschobener Signale*

$$y(t) = x(t + \tau)$$

$$\langle x(t+\tau), x(t)\rangle_t = \int_{-\infty}^{\infty} x(t+\tau) \cdot x^*(t)dt = r_{xx}^E(\tau)$$

Das Innenprodukt ist die Autokorrelation. Man verwendet sie zum Beispiel für die Entfernungsmessung über die Laufzeit τ. Die Autokorrelation ist die inverse Fourier-Transformierte der Energiedichte $S_{xx}^E(f)$. Nach dem Satz von Parseval (A.2) gilt

$$r_{xx}^E(\tau) = \int_{-\infty}^{\infty} X(f) \exp(j2\pi f\tau) X^*(f)df = \mathcal{F}_f^{-1}\left\{S_{xx}^E(f)\right\}.$$

Alternativ kann die Ähnlichkeit zweier Signale berechnet werden, bei der eines frequenzverschoben ist. Der Frequenzverschiebung entspricht im Zeitbereich ein Modulationsfaktor. Das Innenprodukt ist eine Art Korrelation im Frequenzbereich.

Beispiel 5.2   *Ähnlichkeit frequenzverschobener Signale*

$$y(t) = x(t) \cdot \exp(j2\pi \vartheta t)$$

Nach dem Modulationssatz der Fourier-Transformation ist das Spektrum von $x(t)$ um die Differenzfrequenz ϑ verschoben.

$$\langle x(t)\exp(j2\pi\vartheta t), x(t)\rangle_t = \int_{-\infty}^{\infty} x(t)\exp(j2\pi\vartheta t)x^*(t)dt$$

$$= \int_{-\infty}^{\infty} X(f-\vartheta)X^*(f)df = \rho_{xx}^E(\vartheta)$$

Das Innenprodukt ist eine Art Autokorrelation der Fourier-Transformierten. Man verwendet sie zum Beispiel zur Geschwindigkeitsmessung über die Doppler-Verschiebung ϑ. Sie kann als inverse Fourier-Transformierte der Energiedichte $s_{xx}^E(t)$ interpretiert werden:

$$\rho_{xx}^E(\vartheta) = \int_{-\infty}^{\infty} x(t)x^*(t)\exp(j2\pi\vartheta t)\,dt = \mathcal{F}_t^{-1}\left\{s_{xx}^E(t)\right\}$$

Wenn man ein Maß für die Ähnlichkeit eines gleichzeitig zeit- und frequenzverschobenen Signals zum ursprünglichen Signal definieren will, so teilt man zweckmäßigerweise die Verschiebungen jeweils symmetrisch in der Zeit $\tau/2$ und der Frequenz $\vartheta/2$ auf.

$$A_{xx}(\tau, \vartheta) = \left\langle x\left(t+\frac{\tau}{2}\right)\exp\left(j2\pi\frac{\vartheta}{2}t\right), x\left(t-\frac{\tau}{2}\right)\exp\left(-j2\pi\frac{\vartheta}{2}t\right)\right\rangle_t \qquad (5.5)$$

$$= \int\limits_{-\infty}^{\infty} x\left(t+\frac{\tau}{2}\right) \exp\left(j2\pi\frac{\vartheta}{2}t\right) \cdot x^*\left(t-\frac{\tau}{2}\right) \exp\left(j2\pi\frac{\vartheta}{2}t\right) dt \qquad (5.6)$$

$$= \left\langle X\left(f-\frac{\vartheta}{2}\right) \exp\left(j2\pi\frac{\tau}{2}f\right), X\left(f+\frac{\vartheta}{2}\right) \exp\left(-j2\pi\frac{\tau}{2}f\right)\right\rangle_f$$
$$\qquad (5.7)$$

$$= \int\limits_{-\infty}^{\infty} X\left(f-\frac{\vartheta}{2}\right) \exp\left(j2\pi\frac{\tau}{2}f\right) \cdot X^*\left(f+\frac{\vartheta}{2}\right) \exp\left(j2\pi\frac{\tau}{2}f\right) df$$
$$\qquad (5.8)$$

Definition 5.1 *Ambiguitätsfunktion*

Diese Zeit-Frequenz-Autokorrelation nennen wir Ambiguitätsfunktion:

$$A_{xx}(\tau, \vartheta) = \int\limits_{-\infty}^{\infty} x\left(t+\frac{\tau}{2}\right) x^*\left(t-\frac{\tau}{2}\right) \exp\left(j2\pi\vartheta t\right) dt \qquad (5.9)$$

$$= \int\limits_{-\infty}^{\infty} X\left(f-\frac{\vartheta}{2}\right) X^*\left(f+\frac{\vartheta}{2}\right) \exp\left(j2\pi f\tau\right) df \qquad (5.10)$$

Der englische Name *Ambiguity Function* bedeutet soviel wie Zweideutigkeitsfunktion. Die Autokorrelationsfunktion kann als Spezialfall der Ambiguitätsfunktion für $\vartheta = 0$ betrachtet werden.

$$r_{xx}^E(\tau) = A_{xx}(\tau, 0) \qquad (5.11)$$

Entsprechend gilt für $\tau = 0$

$$\rho_{xx}^E(\vartheta) = A_{xx}(0, \vartheta). \qquad (5.12)$$

Die Ambiguitätsfunktion hat folgende Eigenschaften.

(a) Zeitverschiebung

Das zeitverschobene Signal

$$x'(t) = x(t - t_x) \quad \Rightarrow \quad A_{x'x'}(\tau, \vartheta) = A_{xx}(\tau, \vartheta) \exp(j2\pi\vartheta t_x) \qquad (5.13)$$

führt zu einer Modulation der Ambiguitätsfunktion bezüglich der Frequenzverschiebung ϑ.

(b) Frequenzverschiebung

Das frequenzverschobene Signal

$$x'(t) = x(t) \exp(j2\pi f_x t) \quad \Rightarrow \quad A_{x'x'}(\tau, \vartheta) = A_{xx}(\tau, \vartheta) \exp(j2\pi f_x \tau) \qquad (5.14)$$

führt zu einer Modulation der Ambiguitätsfunktion bezüglich der Zeitverschiebung τ.

(c) Signalenergie

Die Ambiguitätsfunktion hat ihr Maximum im Ursprung. Das Maximum ist die Signalenergie.

$$E_x = A_{xx}(0,0) \tag{5.15}$$

In Analogie zur Kreuzkorrelation kann man eine Kreuz-Ambiguitätsfunktion definieren.

$$A_{xy}(\tau, \vartheta) = \int\limits_{-\infty}^{\infty} x(t + \frac{\tau}{2})y^*(t - \frac{\tau}{2}) \exp(j2\pi\vartheta t)\, dt \tag{5.16}$$

$$= \int\limits_{-\infty}^{\infty} X(f - \frac{\vartheta}{2})Y^*(f + \frac{\vartheta}{2}) \exp(j2\pi f\tau)\, df \tag{5.17}$$

5.1.2   Wigner-Ville-Verteilung

Definition 5.2   *Wigner-Ville-Verteilung*

Die zweidimensionale Fourier-Transformation der Ambiguitätsfunktion bezüglich der Zeit- und Frequenzverschiebung ist die Wigner-Ville-Verteilung. Sie entspricht damit einem zeit- und frequenzabhängigen Energiedichtespektrum.

$$W_{xx}(t,f) = \int\limits_{-\infty}^{\infty} \underbrace{\int\limits_{-\infty}^{\infty} A_{xx}(\tau, \vartheta) \exp(-j2\pi\vartheta t)\, d\vartheta}_{=x(t+\frac{\tau}{2})x^*(t-\frac{\tau}{2})} \exp(-j2\pi f\tau)\, d\tau \tag{5.18}$$

Das innere Integral entspricht nach Gl. (5.9) einer Fourier-Transformation der Ambiguitätsfunktion, was gerade die temporäre „Autokorrelationsfunktion" $x(t + \frac{\tau}{2})x^*(t - \frac{\tau}{2})$ ergibt. Damit ist die Wigner-Ville-Verteilung

$$W_{xx}(t,f) = \int\limits_{-\infty}^{\infty} x(t + \frac{\tau}{2})x^*(t - \frac{\tau}{2}) \exp(-j2\pi f\tau) d\tau \tag{5.19}$$

$$= \mathcal{F}_\tau\left\{ x(t + \frac{\tau}{2})x^*(t - \frac{\tau}{2}) \right\} \tag{5.20}$$

die Fourier-Transformierte der temporären „Autokorrelationsfunktion" bezüglich der Zeit-verschiebung τ. Entsprechend kann die Wigner-Ville-Verteilung nach Gl. (5.10) auch als Fourier-Transformierte der temporären „Autokorrelation" des Spektrums bezüglich der Frequenzverschiebung ϑ interpretiert werden.

$$W_{xx}(t,f) = \int\limits_{-\infty}^{\infty} \underbrace{\int\limits_{-\infty}^{\infty} A_{xx}(\tau, \vartheta) \exp(-j2\pi f\tau)\, d\tau}_{=X(f-\frac{\vartheta}{2})X^*(f+\frac{\vartheta}{2})} \exp(-j2\pi\vartheta t)\, d\vartheta \tag{5.21}$$

$$= \int\limits_{-\infty}^{\infty} X(f - \frac{\vartheta}{2})X^*(f + \frac{\vartheta}{2})\exp(-j2\pi\vartheta t)\,d\vartheta \tag{5.22}$$

$$= \mathcal{F}_\vartheta \left\{ X(f - \frac{\vartheta}{2})X^*(f + \frac{\vartheta}{2}) \right\} \tag{5.23}$$

Abbildung 5.1 zeigt den Zusammenhang zwischen der Ambiguitätsfunktion, der Wigner-Ville-Verteilung und den temporären „Autokorrelationsfunktionen" im Zeit- und Spektralbereich. Der Index am Fourier-Operator $\mathcal{F}$ legt fest, bezüglich welcher Integrationsvariablen das Fourier-Integral berechnet wird.

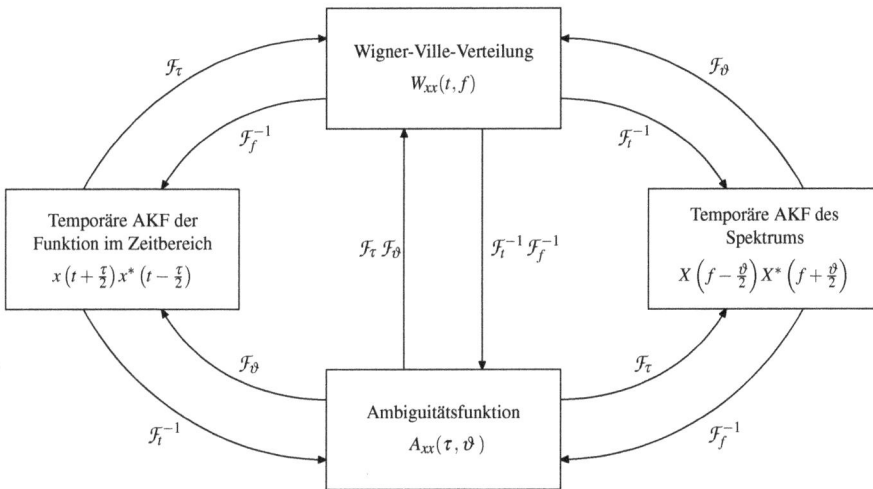

Abbildung 5.1: *Zusammenhang zwischen Wigner-Ville-Verteilung und Ambiguitätsfunktion*

5.1.3 Kreuz-Wigner-Ville-Verteilung

In Anlehnung an die Kreuz-Ambiguitätsfunktion in Gl. (5.16) und (5.17) kann man eine Kreuz-Wigner-Ville-Verteilung definieren.

$$W_{xy}(t,f) = \int\limits_{-\infty}^{\infty} x(t + \frac{\tau}{2})y^*(t - \frac{\tau}{2})\exp(-j2\pi f\tau)d\tau \tag{5.24}$$

$$= \int\limits_{-\infty}^{\infty} X(f - \frac{\vartheta}{2})Y^*(f + \frac{\vartheta}{2})\exp(-j2\pi\vartheta t)d\vartheta \tag{5.25}$$

Die Kreuz-Wigner-Ville-Verteilung ist *nicht* unbedingt reell. Es gilt

$$W_{yx}(t,f) = W_{xy}^*(t,f). \tag{5.26}$$

5.2   Eigenschaften der Wigner-Ville-Verteilung

5.2.1   Allgemeine Eigenschaften

Die Wigner-Ville-Verteilung hat die folgenden Eigenschaften.

(a) Frequenz-Marginalbedingung
Die Wigner-Ville-Verteilung wird über der Zeit integriert.

$$S_{xx}^E(f) = \int_{-\infty}^{\infty} W_{xx}(t,f)\, dt \tag{5.27}$$

$$= \int_{-\infty}^{\infty} \int_{-\infty}^{\infty} x(t+\frac{\tau}{2})x^*(t-\frac{\tau}{2}) \exp(-j2\pi f\tau)\, d\tau\, dt \tag{5.28}$$

$$= \int_{-\infty}^{\infty} \left(\int_{-\infty}^{\infty} x(t'+\tau)x^*(t')\, dt' \right) \exp(-j2\pi f\tau)\, d\tau \tag{5.29}$$

$$= \int_{-\infty}^{\infty} r_{xx}^E(\tau) \exp(-j2\pi f\tau)\, d\tau = |X(f)|^2 \tag{5.30}$$

Die Integration der Wigner-Ville-Verteilung über der Zeit ergibt das Energiedichtespektrum $S_{xx}^E(f)$ über der Frequenz.

(b) Zeit-Marginalbedingung
Die Wigner-Ville-Verteilung wird über der Frequenz integriert.

$$s_{xx}^E(t) = \int_{-\infty}^{\infty} W_{xx}(t,f)\, df \tag{5.31}$$

$$= \int_{-\infty}^{\infty} \int_{-\infty}^{\infty} X(f-\frac{\vartheta}{2})X^*(f+\frac{\vartheta}{2}) \exp(-j2\pi\vartheta t)\, d\vartheta\, df \tag{5.32}$$

$$= \int_{-\infty}^{\infty} \left(\int_{-\infty}^{\infty} X(f'-\vartheta)X^*(f')\, df' \right) \exp(-j2\pi\vartheta t)\, d\vartheta \tag{5.33}$$

$$= \int_{-\infty}^{\infty} \rho_{xx}^E(\vartheta) \exp(-j2\pi\vartheta t)\, d\vartheta = |x(t)|^2 \tag{5.34}$$

Die Integration der Wigner-Ville-Verteilung über der Frequenz ergibt die Energiedichte $s_{xx}(t)$ über der Zeit.

(c) Integration über Zeit und Frequenz

$$E_x = \int_{-\infty}^{\infty} \int_{-\infty}^{\infty} W_{xx}(t,f)\, dt\, df = \int_{-\infty}^{\infty} S_{xx}^E(f)\, df = \int_{-\infty}^{\infty} s_{xx}^E(t)\, dt \tag{5.35}$$

Die Integration der Wigner-Ville-Verteilung über der Zeit und der Frequenz ergibt die Signalenergie.

(d) Zeitverschiebungs-Invarianz
Die Wigner-Ville-Verteilung eines zeitverschobenen Signals $x'(t) = x(t - t_x)$ ist die zeit-verschobene Wigner-Ville-Verteilung

$$W_{x'x'}(t,f) = \int_{-\infty}^{\infty} x\left(t - t_x + \frac{\tau}{2}\right) x^*\left(t - t_x - \frac{\tau}{2}\right) \exp(-j2\pi f\tau)\, d\tau$$

$$= W_{xx}(t - t_x, f). \tag{5.36}$$

(e) Frequenzverschiebungs-Invarianz
Die Wigner-Ville-Verteilung eines modulierten Signals $x'(t) = x(t)\exp(j2\pi f_x t)$ ist die frequenzverschobene Wigner-Ville-Verteilung

$$W_{x'x'}(t,f) = \int_{-\infty}^{\infty} x\left(t + \frac{\tau}{2}\right) \exp\left(j2\pi f_x\left(t + \frac{\tau}{2}\right)\right)$$

$$\cdot x^*\left(t - \frac{\tau}{2}\right) \exp\left(-j2\pi f_x\left(t - \frac{\tau}{2}\right)\right) \exp(-j2\pi f\tau)\, d\tau \tag{5.37}$$

$$= \int_{-\infty}^{\infty} x\left(t + \frac{\tau}{2}\right) x^*\left(t - \frac{\tau}{2}\right) \exp(-j2\pi(f - f_x)\tau)d\tau \tag{5.38}$$

$$= W_{xx}(t, f - f_x). \tag{5.39}$$

(f) Gleichzeitige Zeit- und Frequenzverschiebung
Die Wigner-Ville-Verteilung des zeitverschobenen und modulierten Signals

$$x'(t) = x(t - t_x) \cdot \exp(j2\pi f_x t) \tag{5.40}$$

ist:

$$W_{x'x'}(t,f) = \int_{-\infty}^{\infty} x\left(t - t_x + \frac{\tau}{2}\right) \exp\left(j2\pi f_x\left(t + \frac{\tau}{2}\right)\right)$$

$$\cdot x^*\left(t - t_x - \frac{\tau}{2}\right) \exp\left(-j2\pi f_x\left(t - \frac{\tau}{2}\right)\right) \exp(-j2\pi f\tau)\, d\tau$$

$$\tag{5.41}$$

$$= \int_{-\infty}^{\infty} x\left(t - t_x + \frac{\tau}{2}\right) x^*\left(t - t_x - \frac{\tau}{2}\right) \exp(-j2\pi(f - f_x)\tau)d\tau$$

$$\tag{5.42}$$

$$= W_{xx}(t - t_x, f - f_x) \tag{5.43}$$

(g) Die Auto-Wigner-Ville-Verteilung ist reell

$$W_{xx}^*(t,f) = \int\limits_{-\infty}^{\infty} x^*\left(t+\frac{\tau}{2}\right) x\left(t-\frac{\tau}{2}\right) \exp(j2\pi f\tau)\,d\tau, \quad \tau' = -\tau \qquad (5.44)$$

$$= \int\limits_{-\infty}^{\infty} x^*\left(t-\frac{\tau'}{2}\right) x\left(t+\frac{\tau'}{2}\right) \exp(-j2\pi f\tau')\,d\tau' = W_{xx}(t,f)$$

$$(5.45)$$

Die Verteilung kann auch negative Werte annehmen.

(h) Reelle symmetrische Signale
Das reelle Signal $\gamma(t)$ sei im Zeitbereich symmetrisch.

$$\gamma(t) = \gamma(-t), \quad \gamma \text{ reell}$$

Diese Eigenschaft gilt beispielsweise für Fensterfunktionen, siehe Definition 1.5. Dann ist die Wigner-Ville-Verteilung aufgrund der Symmetrie des Fensters

$$W_{\gamma\gamma}(t,f) = \int\limits_{-\infty}^{\infty} \gamma\left(-t-\frac{\tau}{2}\right) \gamma^*\left(-t+\frac{\tau}{2}\right) \exp\left(-j2\pi f\tau\right)\,d\tau \qquad (5.46)$$

und aufgrund seiner Reellwertigkeit $\gamma(t) = \gamma^*(t)$

$$W_{\gamma\gamma}(t,f) = \int\limits_{-\infty}^{\infty} \gamma\left(-t+\frac{\tau}{2}\right) \gamma^*\left(-t-\frac{\tau}{2}\right) \exp\left(-j2\pi f\tau\right)\,d\tau = W_{\gamma\gamma}(-t,f)$$

$$(5.47)$$

ebenfalls symmetrisch bezüglich der Zeit. Bei reellen Signalen gilt für deren Fourier-Transformierte

$$\Gamma^*(f) = \Gamma(-f). \qquad (5.48)$$

Damit wird die Wigner-Ville-Verteilung reeller Signale $\gamma(t)$

$$W_{\gamma\gamma}(t,f) = \int\limits_{-\infty}^{\infty} \Gamma\left(f-\frac{\vartheta}{2}\right) \Gamma^*\left(f+\frac{\vartheta}{2}\right) \exp(-j2\pi\vartheta t)\,d\vartheta \qquad (5.49)$$

$$= \int\limits_{-\infty}^{\infty} \Gamma^*\left(-f+\frac{\vartheta}{2}\right) \Gamma\left(-f-\frac{\vartheta}{2}\right) \exp(-j2\pi\vartheta t)\,d\vartheta \qquad (5.50)$$

$$= \int\limits_{-\infty}^{\infty} \Gamma\left(-f-\frac{\vartheta}{2}\right) \Gamma^*\left(-f+\frac{\vartheta}{2}\right) \exp(-j2\pi\vartheta t)\,d\vartheta \qquad (5.51)$$

$$= W_{\gamma\gamma}(t,-f) \qquad (5.52)$$

auch symmetrisch bezüglich der Frequenz. Insgesamt ist die Wigner-Ville-Verteilung reeller, im Zeitbereich symmetrischer Signale $\gamma(t)$ sowohl in Zeit- als auch in Frequenzrichtung symmetrisch.

$$\gamma(t) = \gamma(-t), \quad \gamma \text{ reell} \quad \Leftrightarrow \quad W_{\gamma\gamma}(t,f) = W_{\gamma\gamma}(-t,-f) \tag{5.53}$$

(i) Skalierung

Die Wigner-Ville-Verteilung des im Zeitbereich skalierten Signals

$$x_a(t) = \frac{1}{\sqrt{|a|}} x\left(\frac{t}{a}\right) \tag{5.54}$$

ist

$$W_{x_a x_a}(t,f) = \frac{1}{a} \int_{-\infty}^{\infty} x\left(\frac{t}{a} + \frac{\tau}{2a}\right) x^*\left(\frac{t}{a} - \frac{\tau}{2a}\right) \exp(-j2\pi f\tau) d\tau \tag{5.55}$$

$$= \int_{-\infty}^{\infty} x\left(\frac{t}{a} + \frac{\tau}{2a}\right) x^*\left(\frac{t}{a} - \frac{\tau}{2a}\right) \exp\left(-j2\pi af\frac{\tau}{a}\right) d\left(\frac{\tau}{a}\right) \tag{5.56}$$

$$= W_{xx}\left(\frac{t}{a}, af\right). \tag{5.57}$$

Das Signal und dessen Wigner-Ville-Verteilung werden in Zeitrichtung gestreckt und in Frequenzrichtung gestaucht ($a > 1$).

(j) Momente

Das n-te Zeitmoment der Wigner-Ville-Verteilung $W_{xx}(t,f)$ über Zeit und Frequenz

$$\int_{-\infty}^{\infty} \int_{-\infty}^{\infty} t^n \cdot W_{xx}(t,f) dt\, df$$

$$= \int_{-\infty}^{\infty} \int_{-\infty}^{\infty} t^n \int_{-\infty}^{\infty} x\left(t + \frac{\tau}{2}\right) x^*\left(t - \frac{\tau}{2}\right) \exp(-j2\pi f\tau) d\tau\, dt\, df \tag{5.58}$$

$$= \int_{-\infty}^{\infty} t^n \int_{-\infty}^{\infty} x\left(t + \frac{\tau}{2}\right) x^*\left(t - \frac{\tau}{2}\right) \int_{-\infty}^{\infty} \exp(-j2\pi f\tau) df\, d\tau\, dt \tag{5.59}$$

$$= \int_{-\infty}^{\infty} t^n \int_{-\infty}^{\infty} x\left(t + \frac{\tau}{2}\right) x^*\left(t - \frac{\tau}{2}\right) \delta(\tau) d\tau\, dt \tag{5.60}$$

$$= \int_{-\infty}^{\infty} t^n |x(t)|^2 dt \tag{5.61}$$

ist gleich dem n-ten Zeitmoment der Energiedichte $s_{xx}^E(t)$, und das n-te Frequenzmoment der Wigner-Ville-Verteilung $W_{xx}(t,f)$ über Zeit und Frequenz

$$\int_{-\infty}^{\infty} \int_{-\infty}^{\infty} f^n \cdot W_{xx}(t,f) dt\, df$$

$$= \int\limits_{-\infty}^{\infty} \int\limits_{-\infty}^{\infty} f^n \int\limits_{-\infty}^{\infty} X\left(f-\frac{\vartheta}{2}\right) X^*\left(f+\frac{\vartheta}{2}\right) \exp(-j2\pi\vartheta t)\, d\vartheta\, dt\, df$$

(5.62)

$$= \int\limits_{-\infty}^{\infty} f^n \int\limits_{-\infty}^{\infty} X\left(f-\frac{\vartheta}{2}\right) X^*\left(f+\frac{\vartheta}{2}\right) \int\limits_{-\infty}^{\infty} \exp(-j2\pi\vartheta t)\, dt\, d\vartheta\, df$$

(5.63)

$$= \int\limits_{-\infty}^{\infty} f^n \int\limits_{-\infty}^{\infty} X\left(f-\frac{\vartheta}{2}\right) X^*\left(f+\frac{\vartheta}{2}\right) \delta(\vartheta)\, d\vartheta\, df$$

(5.64)

$$= \int\limits_{-\infty}^{\infty} f^n |X(f)|^2\, df\,.$$

(5.65)

ist gleich dem n-ten Frequenzmoment der Energiedichte $S_{xx}^E(f)$.

5.2.2   Momentanfrequenz und Gruppenlaufzeit

Wir nehmen ein Energiesignal $x(t)$ an, das in Betrag und Phase zerlegt wird.

$$x(t) = A(t)\exp(j\varphi(t))$$

(5.66)

Satz 5.1 *Momentanfrequenz*

Das erste Moment der normierten Wigner-Ville-Verteilung über der Frequenz

$$f_x(t) = \frac{\int\limits_{-\infty}^{\infty} f \cdot W_{xx}(t,f)\, df}{\int\limits_{-\infty}^{\infty} W_{xx}(t,f)\, df}$$

(5.67)

ist gleich der Momentanfrequenz $f_x(t)$, d. h. der Ableitung der Phase $\dot{\varphi}(t)$ nach der Zeit.

$$f_x(t) = \dot{\varphi}(t)/2\pi$$

(5.68)

Die Wigner-Ville-Verteilung hat damit die gleiche Eigenschaft bezüglich der Momentanfrequenz wie die Fourier-Transformation bezüglich der mittleren Frequenz (Gl. (1.64)).

Beweis 5.1

Das erste Moment der normierten Wigner-Ville-Verteilung ist

$$f_x(t) = \frac{\int\limits_{-\infty}^{\infty} f \cdot W_{xx}(t,f)\, df}{\int\limits_{-\infty}^{\infty} W_{xx}(t,f)\, df} = \frac{1}{|x(t)|^2}\int\limits_{-\infty}^{\infty} f \cdot W_{xx}(t,f)\, df\,.$$

(5.69)

Es wird die Wigner-Ville-Verteilung Gl. (5.23) eingesetzt.

$$W_{xx}(t,f) = \int\limits_{-\infty}^{\infty} X\left(f - \frac{\vartheta}{2}\right) X^*\left(f + \frac{\vartheta}{2}\right) \exp(-j2\pi\vartheta t)\, d\vartheta \qquad (5.70)$$

Daraus folgt:

$$f_x(t) = \frac{1}{|x(t)|^2} \int\limits_{-\infty}^{\infty} \exp\left(-j2\pi\vartheta t\right) \int\limits_{-\infty}^{\infty} f \cdot X\left(f - \frac{\vartheta}{2}\right) X^*\left(f + \frac{\vartheta}{2}\right) df\, d\vartheta \quad (5.71)$$

Das zweite Integral wird mit Hilfe des Satzes von Parseval umgeformt.

$$f_x(t) = \frac{1}{|x(t)|^2} \int\limits_{-\infty}^{\infty} \exp\left(-j2\pi\vartheta t\right)$$

$$\cdot \int\limits_{-\infty}^{\infty} \left(-\frac{j}{2\pi}\right) \frac{d}{dt'} \left[x(t')\exp\left(j\pi\vartheta t'\right)\right] \cdot x^*(t')\exp\left(j\pi\vartheta t'\right) dt'\, d\vartheta \quad (5.72)$$

$$= \frac{1}{2\pi|x(t)|^2} \int\limits_{-\infty}^{\infty} \exp\left(-j2\pi\vartheta t\right) \int\limits_{-\infty}^{\infty} \left(-j\frac{dx(t')}{dt'}\exp\left(j\pi\vartheta t'\right)\right.$$

$$\left. + x(t')\pi\vartheta\exp\left(j\pi\vartheta t'\right)\right) \cdot x^*(t')\exp\left(j\pi\vartheta t'\right) dt'\, d\vartheta \qquad (5.73)$$

$$f_x(t) = \underbrace{\frac{1}{2|x(t)|^2} \int\limits_{-\infty}^{\infty} \vartheta \exp\left(-j2\pi\vartheta t\right) \int\limits_{-\infty}^{\infty} |x(t')|^2 \exp\left(j2\pi\vartheta t'\right) dt'\, d\vartheta}_{①}$$

$$\underbrace{- \frac{j}{2\pi|x(t)|^2} \int\limits_{-\infty}^{\infty} \exp(-j2\pi\vartheta t) \int\limits_{-\infty}^{\infty} \frac{dx(t')}{dt'} x^*(t')\exp(j2\pi\vartheta t')\, dt'\, d\vartheta}_{②}$$

$$(5.74)$$

Die beiden Terme werden getrennt umgeformt.

Umformung von ①:

Im ersten Term wird $\vartheta' = -\vartheta$ substituiert:

$$① = -\frac{1}{2\,|x(t)|^2} \int\limits_{-\infty}^{\infty} \vartheta' \exp\left(j2\pi\vartheta't\right) \int\limits_{-\infty}^{\infty} |x(t')|^2 \exp\left(-j2\pi\vartheta't'\right) dt'\,d\vartheta' \qquad (5.75)$$

Das innere Integral ist die Fourier-Transformierte von $|x(t')|^2$. Sie kann als Faltung im Frequenzbereich dargestellt werden:

$$\int\limits_{-\infty}^{\infty} |x(t')|^2 \exp\left(-j2\pi\vartheta't'\right) dt'$$

$$= \mathcal{F}\left\{|x(t')|^2\right\} = X(\vartheta') * X^*(-\vartheta') = \int\limits_{-\infty}^{\infty} X(\beta)X^*(\beta - \vartheta')\,d\beta \qquad (5.76)$$

Einsetzen in Gl. (5.75) bei gleichzeitiger Umbenennung $\vartheta := \vartheta'$ ergibt:

$$① = -\frac{1}{2\,|x(t)|^2} \int\limits_{-\infty}^{\infty} \vartheta \exp\left(j2\pi\vartheta t\right) \int\limits_{-\infty}^{\infty} X(\beta)X^*(\beta - \vartheta)\,d\beta\,d\vartheta \qquad (5.77)$$

$$= -\frac{1}{2\,|x(t)|^2} \int\limits_{-\infty}^{\infty} X(\beta) \int\limits_{-\infty}^{\infty} \vartheta X^*(\beta - \vartheta) \exp(j2\pi\vartheta t)\,d\vartheta\,d\beta \qquad (5.78)$$

Das Integral über ϑ wird als inverse Fourier-Transformation interpretiert:

$$① = -\frac{1}{2\,|x(t)|^2} \int\limits_{-\infty}^{\infty} X(\beta)\, \mathcal{F}_\vartheta^{-1}\left\{\vartheta X^*\left(-(\vartheta - \beta)\right)\right\}\,d\beta \qquad (5.79)$$

$$= -\frac{1}{2\,|x(t)|^2} \int\limits_{-\infty}^{\infty} X(\beta) \left(-\frac{j}{2\pi}\frac{d}{dt}\left[x^*(t)\exp(j2\pi\beta t)\right]\right) d\beta \qquad (5.80)$$

$$= \frac{j}{4\pi\,|x(t)|^2} \int\limits_{-\infty}^{\infty} X(\beta) \left(\frac{dx^*(t)}{dt} + j2\pi\beta \cdot x^*(t)\right) \exp(j2\pi\beta t)\,d\beta \qquad (5.81)$$

Auch das Integral über β wird als inverse Fourier-Transformation interpretiert:

$$① = \frac{j}{4\pi\,|x(t)|^2}\, \mathcal{F}_\beta^{-1}\left\{X(\beta) \left(\frac{dx^*(t)}{dt} + j2\pi\beta \cdot x^*(t)\right)\right\} \qquad (5.82)$$

$$= \frac{j}{4\pi\,|x(t)|^2} \left(x(t)\frac{dx^*(t)}{dt} + \frac{dx(t)}{dt}x^*(t)\right) \qquad (5.83)$$

Umformung von ②:

In Ausdruck ② werden die Integrale vertauscht:

$$② = -\frac{j}{2\pi \left|x(t)\right|^2} \int\limits_{-\infty}^{\infty} \frac{dx(t')}{dt'} x^*(t') \int\limits_{-\infty}^{\infty} \exp\left(-j2\pi\vartheta(t-t')\right) d\vartheta \, dt' \tag{5.84}$$

$$= -\frac{j}{2\pi \left|x(t)\right|^2} \int\limits_{-\infty}^{\infty} \frac{dx(t')}{dt'} x^*(t')\delta(t-t') \, dt' \tag{5.85}$$

$$= -\frac{j}{2\pi \left|x(t)\right|^2} \frac{dx(t)}{dt} x^*(t) \tag{5.86}$$

Nun werden die umgeformten Ausdrücke Gl. (5.83) und Gl. (5.86) in Gl. (5.74) eingesetzt:

$$f_x(t) = \frac{j}{4\pi \left|x(t)\right|^2}\left(x(t)\frac{dx^*(t)}{dt} + \frac{dx(t)}{dt}x^*(t)\right) - \frac{j}{2\pi \left|x(t)\right|^2}\frac{dx(t)}{dt}x^*(t) \tag{5.87}$$

$$= \frac{j}{4\pi \left|x(t)\right|^2}\left(x(t)\frac{dx^*(t)}{dt} - \frac{dx(t)}{dt}x^*(t)\right) \tag{5.88}$$

Es wird nun das Signal in Betrag und Phase zerlegt

$$x(t) = A(t)\exp\left(j\varphi(t)\right) \tag{5.89}$$

und zusammen mit der Ableitung

$$\frac{dx(t)}{dt} = \dot{A}(t)e^{j\varphi(t)} + j\dot{\varphi}(t)A(t)e^{j\varphi(t)} = \left[\dot{A}(t) + j\dot{\varphi}(t)A(t)\right]e^{j\varphi(t)} \tag{5.90}$$

in Gl. (5.88) eingesetzt. Damit erhält man für die Momentanfrequenz

$$f_x(t) = \frac{j}{4\pi A^2(t)}\left(A(t)e^{j\varphi(t)} \cdot \left[\dot{A}(t) - j\dot{\varphi}(t)A(t)\right]e^{-j\varphi(t)}\right.$$

$$\left. - \left[\dot{A}(t) + j\dot{\varphi}(t)A(t)\right]e^{j\varphi(t)} \cdot A(t)e^{-j\varphi(t)}\right) \tag{5.91}$$

$$= \frac{j}{4\pi A^2(t)} \cdot A(t)(-2j)\dot{\varphi}(t)A(t) = \frac{1}{2\pi}\dot{\varphi}(t) \tag{5.92}$$

$$\boxed{f_x(t) = \frac{1}{2\pi}\dot{\varphi}(t) = \frac{1}{2\pi}\frac{d}{dt}\left(\arg\left(x(t)\right)\right).} \tag{5.93}$$

Der Unterschied der Wigner-Ville-Verteilung zur Fourier-Transformation ist der, dass bei der Wigner-Ville-Verteilung in Gl. (5.69) nur über der Frequenz integriert wird, und somit die Abhängigkeit von der Zeit erhalten bleibt. Deshalb ergibt sich bei der Fourier-Transformation als erstes Moment die mittlere Frequenz f_x, bei der Wigner-Ville-Verteilung hingegen die Momentanfrequenz $f_x(t)$. Weder das Spektrogramm $\left|F_x^\gamma(t,f)\right|^2$ noch das Skalogramm $\left|W_x^\gamma(a,b)\right|^2$ haben diese Eigenschaft.

Satz 5.2 *Gruppenlaufzeit*

Entsprechend ist das erste Moment der normierten Wigner-Ville-Verteilung über der Zeit

$$t_x(f) = \frac{\int\limits_{-\infty}^{\infty} t \cdot W_{xx}(t,f)dt}{\int\limits_{-\infty}^{\infty} W_{xx}(t,f)dt} \tag{5.94}$$

gleich der Gruppenlaufzeit $t_x(f)$, d. h. der Ableitung der Phase $d\psi(f)/df$ von $X(f)$ nach der Frequenz.

$$\boxed{t_x(f) = -\frac{1}{2\pi}\frac{d\psi(f)}{df} = -\frac{1}{2\pi}\frac{d}{df}\left(\arg\left(X(f)\right)\right)} \tag{5.95}$$

Eine positive Gruppenlaufzeit entspricht einer Signalverzögerung. Die Wigner-Ville-Verteilung hat damit die gleiche Eigenschaft bezüglich der Gruppenlaufzeit wie die Fourier-Transformation bezüglich der mittleren Zeit (Gl. (1.63)).

Der Beweis erfolgt in ähnlicher Weise wie für die Momentanfrequenz. Hier wird in Gl. (5.94) nur über der Zeit integriert, so dass die Abhängigkeit von der Frequenz erhalten bleibt. Bei der Fourier-Transformation ergibt sich deshalb als erstes Moment die mittlere Zeit t_x, bei der Wigner-Ville-Verteilung hingegen die Gruppenlaufzeit $t_x(f)$.

5.2.3 Produkt bzw. Faltung zweier Signale

Die Wigner-Ville-Verteilung des Produkts zweier Signale im Zeitbereich ist die Faltung von deren einzelnen Wigner-Ville-Verteilungen, wobei das Faltungsintegral über der Frequenz gebildet wird.

$$y(t) = x(t) \cdot h(t) \;\circ\!\!-\!\!\bullet\; W_{yy}(t,f) = W_{xx}(t,f) \underset{f'}{*} W_{hh}(t,f) \tag{5.96}$$

$$W_{yy}(t,f) = \int\limits_{-\infty}^{\infty} x(t+\tfrac{\tau}{2})x^*(t-\tfrac{\tau}{2})h(t+\tfrac{\tau}{2})h^*(t-\tfrac{\tau}{2})\exp(-j2\pi f\tau)d\tau \tag{5.97}$$

$$= \mathcal{F}_\tau\left\{\left[x(t+\tfrac{\tau}{2})x^*(t-\tfrac{\tau}{2})\right]\cdot\left[h(t+\tfrac{\tau}{2})h^*(t-\tfrac{\tau}{2})\right]\right\} \tag{5.98}$$

$$= \mathcal{F}_\tau\left\{x(t+\tfrac{\tau}{2})x^*(t-\tfrac{\tau}{2})\right\}\underset{f'}{*}\mathcal{F}_\tau\left\{h(t+\tfrac{\tau}{2})h^*(t-\tfrac{\tau}{2})\right\} \tag{5.99}$$

$$= W_{xx}(t,f)\underset{f'}{*}W_{hh}(t,f) \tag{5.100}$$

$$= \int\limits_{-\infty}^{\infty} W_{xx}(t,f')\cdot W_{hh}(t,f-f')df' \tag{5.101}$$

Die Wigner-Ville-Verteilung der Faltung zweier Signale im Zeitbereich ist die Faltung von deren einzelnen Wigner-Ville-Verteilungen, wobei das Faltungsintegral über der Zeit gebildet wird.

$$y(t) = x(t) * h(t) \quad \circ\!\!-\!\!\bullet \quad W_{yy}(t,f) = W_{xx}(t,f) \underset{t'}{*} W_{hh}(t,f) \tag{5.102}$$

Der Faltung im Zeitbereich entspricht das Produkt im Frequenzbereich.

$$Y(f) = X(f) \cdot H(f) \tag{5.103}$$

$$W_{yy}(t,f) = \int_{-\infty}^{\infty} X(f - \frac{\vartheta}{2})X^*(f + \frac{\vartheta}{2})H(f - \frac{\vartheta}{2})H^*(f + \frac{\vartheta}{2}) \exp(-j2\pi\vartheta t)d\vartheta \tag{5.104}$$

$$= \mathcal{F}_\vartheta \left\{ \left[X(f - \frac{\vartheta}{2})X^*(f + \frac{\vartheta}{2}) \right] \cdot \left[H(f - \frac{\vartheta}{2})H^*(f + \frac{\vartheta}{2}) \right] \right\} \tag{5.105}$$

$$= \mathcal{F}_\vartheta \left\{ X(f - \frac{\vartheta}{2})X^*(f + \frac{\vartheta}{2}) \right\} \underset{t'}{*} \mathcal{F}_\vartheta \left\{ H(f - \frac{\vartheta}{2})H^*(f + \frac{\vartheta}{2}) \right\} \tag{5.106}$$

$$= W_{xx}(t,f) \underset{t'}{*} W_{hh}(t,f) \tag{5.107}$$

$$= \int_{-\infty}^{\infty} W_{xx}(t',f) \cdot W_{hh}(t - t',f)dt' \tag{5.108}$$

Beispiel 5.3 *Faltung eines Signals mit einem harmonischen Chirp-Signal*

$$\tilde{x}(t) = x(t) * \frac{1}{T} \cdot \exp\left(j2\pi \frac{1}{2} \frac{t^2}{T^2} \right)$$

$$W_{\tilde{x}\tilde{x}}(t,f) = W_{xx}(t - f \cdot T^2, f)$$

$$A_{\tilde{x}\tilde{x}}(\tau, \vartheta) = A_{xx}(\tau - \vartheta \cdot T^2, \vartheta)$$

Beispiel 5.4 *Multiplikation eines Signals mit einem harmonischen Chirp-Signal*

$$\tilde{x}(t) = x(t) \cdot \exp\left(j2\pi \frac{1}{2} \frac{t^2}{T^2} \right)$$

$$W_{\tilde{x}\tilde{x}}(t,f) = W_{xx}(t, f - \frac{t}{T^2})$$

$$A_{\tilde{x}\tilde{x}}(\tau, \vartheta) = A_{xx}(\tau, \vartheta - \frac{\tau}{T^2})$$

5.2.4   Moyals Formel

Satz 5.3 *Moyals Formel*

Das Produkt zweier Innenprodukte der Signale $x_1(t)$, $y_1(t)$ und $x_2(t)$, $y_2(t)$ im Zeitbereich ist gleich dem Innenprodukt der Kreuz-Wigner-Ville-Verteilungen.

$$\langle x_1(t), y_1(t)\rangle_t \, \langle x_2(t), y_2(t)\rangle_t^* = \left\langle W_{x_1 x_2}(t,f), W_{y_1 y_2}(t,f)\right\rangle_{t,f} \tag{5.109}$$

$$= \int\limits_{-\infty}^{\infty}\int\limits_{-\infty}^{\infty} W_{x_1 x_2}(t,f) W_{y_1 y_2}^*(t,f)\,dt\,df \tag{5.110}$$

Beweis 5.2

$$\langle x_1(t), y_1(t)\rangle_t \cdot \langle x_2(t), y_2(t)\rangle_t^* = \int\limits_{-\infty}^{\infty} x_1(t_1) y_1^*(t_1)\,dt_1 \cdot \int\limits_{-\infty}^{\infty} x_2^*(t_2) y_2(t_2)\,dt_2 \tag{5.111}$$

Die Zeitvariablen t_1, t_2 werden durch t, τ substituiert.

$$t_1 - t_2 = \tau, \quad t_1 = t + \frac{\tau}{2}, \quad t_2 = t - \frac{\tau}{2}. \tag{5.112}$$

Das Produkt der Differentiale wird mit Hilfe der Determinante der Jakobi-Matrix umgerechnet.

$$dt_1 dt_2 = |J|\,d\tau dt = \begin{vmatrix} \frac{\partial t_1}{\partial \tau} & \frac{\partial t_1}{\partial t} \\ \frac{\partial t_2}{\partial \tau} & \frac{\partial t_2}{\partial t} \end{vmatrix} d\tau dt = \begin{vmatrix} \frac{1}{2} & 1 \\ -\frac{1}{2} & 1 \end{vmatrix} d\tau dt = d\tau dt \tag{5.113}$$

Daraus folgt für das Produkt der beiden Innenprodukte

$$\langle x_1(t), y_1(t)\rangle_t \cdot \langle x_2(t), y_2(t)\rangle_t^*$$

$$= \int\limits_{-\infty}^{\infty}\int\limits_{-\infty}^{\infty} x_1\left(t + \frac{\tau}{2}\right) y_1^*\left(t + \frac{\tau}{2}\right) x_2^*\left(t - \frac{\tau}{2}\right) y_2\left(t - \frac{\tau}{2}\right) d\tau dt \tag{5.114}$$

$$= \int\limits_{-\infty}^{\infty}\int\limits_{-\infty}^{\infty} x_1\left(t + \frac{\tau}{2}\right) x_2^*\left(t - \frac{\tau}{2}\right) \exp(-j2\pi f'\tau)$$

$$\cdot y_1^*\left(t + \frac{\tau}{2}\right) y_2\left(t - \frac{\tau}{2}\right) \exp(j2\pi f'\tau)\,d\tau dt \tag{5.115}$$

$$= \int\limits_{-\infty}^{\infty}\int\limits_{-\infty}^{\infty} x_1\left(t + \frac{\tau}{2}\right) x_2^*\left(t - \frac{\tau}{2}\right) \exp\left(-j2\pi f'\tau\right)$$

$$\cdot \int\limits_{-\infty}^{\infty} y_1^*\left(t + \frac{v}{2}\right) y_2\left(t - \frac{v}{2}\right) \exp\left(j2\pi f'v\right) \underbrace{\delta(\tau - v)}_{\int\limits_{-\infty}^{\infty} \exp(-j2\pi\vartheta(\tau - v))d\vartheta}\,dv\,d\tau dt \tag{5.116}$$

$$= \int\limits_{-\infty}^{\infty} \int\limits_{-\infty}^{\infty} \int\limits_{-\infty}^{\infty} \int\limits_{-\infty}^{\infty} x_1 \left(t + \frac{\tau}{2} \right) x_2^* \left(t - \frac{\tau}{2} \right) \exp\left(-j2\pi(f' + \vartheta)\tau \right)$$

$$y_1^* \left(t + \frac{v}{2} \right) y_2 \left(t - \frac{v}{2} \right) \exp\left(j2\pi(f' + \vartheta)v \right) dv \, d\tau \, dt \, d\vartheta. \tag{5.117}$$

Mit der Substitution $f' + \vartheta = f$ und $d\vartheta = df$ folgt

$$= \int\limits_{-\infty}^{\infty} \int\limits_{-\infty}^{\infty} \left[\int\limits_{-\infty}^{\infty} x_1 \left(t + \frac{\tau}{2} \right) x_2^* \left(t - \frac{\tau}{2} \right) \exp\left(-j2\pi f\tau \right) d\tau \right.$$

$$\left. \cdot \left[\int\limits_{-\infty}^{\infty} y_1 \left(t + \frac{v}{2} \right) y_2^* \left(t - \frac{v}{2} \right) \exp\left(-j2\pi fv \right) dv \right]^* dt \, df \tag{5.118}$$

$$= \int\limits_{-\infty}^{\infty} \int\limits_{-\infty}^{\infty} W_{x_1 x_2}(t,f) W_{y_1 y_2}^*(t,f) dt \, df. \tag{5.119}$$

Für $x_1(t) = x_2(t)$, $y_1(t) = y_2(t)$ erhält man

$$|\langle x(t), y(t) \rangle_t|^2 = \langle W_{xx}(t,f), W_{yy}(t,f) \rangle_{t,f}. \tag{5.120}$$

Satz 5.4 *Innenprodukt im Zeit- und Spektralbereich*

Das Betragsquadrat des Innenprodukts zweier Signale ist gleich dem Innenprodukt ihrer Wigner-Ville-Verteilungen.

$$|\langle x(t), y(t) \rangle_t|^2 = \langle W_{xx}(t,f), W_{yy}(t,f) \rangle_{t,f} = \int\limits_{-\infty}^{\infty} \int\limits_{-\infty}^{\infty} W_{xx}(t,f) W_{yy}(t,f) dt \, df \tag{5.121}$$

Der Beweis folgt unmittelbar aus Moyals Formel Gl. (5.109) durch Gleichsetzen von $x_1(t) = x_2(t)$ und $y_1(t) = y_2(t)$.

5.2.5   Spektrogramm und Skalogramm

Im Folgenden soll das Spektrogramm in Bezug mit der Wigner-Ville-Verteilung gebracht werden. Die Kurzzeit-Fourier-Transformierte ist als Innenprodukt des Signals $x(t')$ mit dem zeit- und frequenzverschobenen Fenster $\gamma(t')$ zu interpretieren (Gl. (2.4)). Dabei wird als Zeitverschiebung $\tau = t$ gesetzt und die Integrationsvariable mit t' bezeichnet.

$$F_x^\gamma(t,f) = \int\limits_{-\infty}^{\infty} x(t') \gamma^*(t' - t) \exp(-j2\pi f t') dt' \tag{5.122}$$

$$= \langle x(t'), \gamma(t' - t) \exp(j2\pi f t') \rangle_{t'} \tag{5.123}$$

Das Spektrogramm ist das Betragsquadrat der Kurzzeit-Fourier-Transformation.

$$S_x^\gamma(t,f) = |F_x^\gamma(t,f)|^2 \tag{5.124}$$

$$= |\langle x(t'), \gamma(t'-t)\exp(j2\pi f t')\rangle_{t'}|^2 \tag{5.125}$$

Mit Moyals Formel ergibt dies das Innenprodukt der Wigner-Ville-Verteilungen

$$S_x^\gamma(t,f) = \langle W_{xx}(t',f'), W_{\gamma\gamma}(t'-t,f'-f)\rangle_{t',f'} \tag{5.126}$$

$$= \int\limits_{-\infty}^{\infty}\int\limits_{-\infty}^{\infty} W_{xx}(t',f')W_{\gamma\gamma}(t'-t,f'-f)\,dt'\,df'. \tag{5.127}$$

Bei reellen, symmetrischen Fenstern $\gamma(t)$ ist die dazugehörige Wigner-Ville-Verteilung nach Kapitel 5.2.1 (h) bezüglich der Zeit und der Frequenz symmetrisch. Damit ist das Spektrogramm

$$S_x^\gamma(t,f) = \int\limits_{-\infty}^{\infty}\int\limits_{-\infty}^{\infty} W_{xx}(t',f')\cdot W_{\gamma\gamma}(t-t',f-f')\,dt'\,df'$$

$$= W_{xx}(t,f)\; \underset{t',f'}{\overset{*}{*}}\; W_{\gamma\gamma}(t,f) \tag{5.128}$$

gleich der Faltung der Wigner-Ville-Verteilungen von Signal und Fenster. Die Faltung bewirkt einen Leckeffekt. Deshalb hat das Spektrogramm $S_x^\gamma(t,f)$ grundsätzlich eine schlechtere Auflösung als die entsprechende Wigner-Ville-Verteilung $W_{xx}(t,f)$ des Signals.

Das Skalogramm ist das Betragsquadrat der Wavelet-Transformierten.

$$W_x^\psi(a,b) = \int\limits_{-\infty}^{\infty} x(t)\frac{1}{\sqrt{|a|}}\psi^*\!\left(\frac{t-b}{a}\right)dt \tag{5.129}$$

$$= \left\langle x(t), \frac{1}{\sqrt{|a|}}\psi\!\left(\frac{t-b}{a}\right)\right\rangle_t \tag{5.130}$$

Das Skalogramm kann mit Hilfe von Moyals Formel als Wigner-Ville-Verteilung dargestellt werden.

$$|W_x^\psi(a,b)|^2 = \left|\left\langle x(t), \frac{1}{\sqrt{|a|}}\psi\!\left(\frac{t-b}{a}\right)\right\rangle_t\right|^2 \tag{5.131}$$

$$= \left\langle W_{xx}(t,f), W_{\psi\psi}\!\left(\frac{t-b}{a},af\right)\right\rangle_{t,f} \tag{5.132}$$

$$= \int\limits_{-\infty}^{\infty}\int\limits_{-\infty}^{\infty} W_{xx}(t,f)W_{\psi\psi}\!\left(\frac{t-b}{a},af\right)dt\,df \tag{5.133}$$

Auch das Skalogramm hat eine schlechtere Auflösung als die Wigner-Ville-Verteilung.

5.2.6 Rekonstruktion des Signals im Zeitbereich

Unterscheiden sich zwei Signale $x(t)$ und $x'(t)$ nur um eine Phasenverschiebung φ, entsprechend einem konstanten Faktor $\exp(j\varphi)$, $\varphi \in \mathbb{R}$, sind ihre Wigner-Ville-Verteilungen identisch:

$$x'(t) = \exp(j\varphi) \cdot x(t) \tag{5.134}$$

$$\Rightarrow \quad W_{x'x'}(t,f) = \int\limits_{-\infty}^{\infty} \exp(j\varphi) x\left(t + \frac{\tau}{2}\right) \tag{5.135}$$

$$\cdot \exp(-j\varphi) x^*\left(t - \frac{\tau}{2}\right) \exp(-j2\pi f\tau)\, d\tau = W_{xx}(t,f) \tag{5.136}$$

Die Phaseninformation geht verloren. Folglich kann ein Signal aus seiner Wigner-Ville-Verteilung nur bis auf die Phase rekonstruiert werden.

Aus Gl. (5.20) erhält man durch inverse Fourier-Transformation $\mathcal{F}_f^{-1}$ die temporäre Autokorrelationsfunktion

$$x\left(t + \frac{\tau}{2}\right) x^*\left(t - \frac{\tau}{2}\right) = \int\limits_{-\infty}^{\infty} W_{xx}(t,f) \exp(j2\pi f\tau)\, df\,. \tag{5.137}$$

Für $t = \frac{\tau}{2}$ ergibt sich

$$\tilde{x}(\tau) := x(\tau) x^*(0) = \int\limits_{-\infty}^{\infty} W_{xx}\left(\frac{\tau}{2}, f\right) \exp(j2\pi f\tau)\, df\,. \tag{5.138}$$

Das Signal $\tilde{x}(t)$ stimmt bis auf einen unbekannten Faktor $x^*(0)$ mit dem Signal $x(t)$ überein.

Für $\tau = 0$ erhält man einen Spezialfall der Zeit-Marginalbedingung:

$$|x(0)|^2 = \int\limits_{-\infty}^{\infty} W_{xx}(0,f)\, df \tag{5.139}$$

Das Signal

$$\hat{x}(\tau) = \frac{\tilde{x}(\tau)}{|x(0)|} \tag{5.140}$$

unterscheidet sich von $x(t)$ höchstens um den Phasenfaktor $\exp(j\varphi)$ und stellt damit die bestmögliche Rekonstruktion des Signals dar. Die Rekonstruktionsvorschrift lautet somit:

$$\boxed{\hat{x}(t) = \frac{\int\limits_{-\infty}^{\infty} W_{xx}\left(\frac{t}{2}, f\right) \exp(j2\pi ft)\, df}{\sqrt{\int\limits_{-\infty}^{\infty} W_{xx}(0,f)\, df}}} \tag{5.141}$$

Entsprechendes gilt für die inverse Fourier-Transformierte $\mathcal{F}_t^{-1}$

$$X(f-\frac{\vartheta}{2})X^*(f+\frac{\vartheta}{2}) = \int\limits_{-\infty}^{\infty} W_{xx}(t,f)\exp(j2\pi\vartheta t)\,dt, \tag{5.142}$$

bzw. mit $f = \frac{\vartheta}{2}$

$$\tilde{X}^*(\vartheta) = X(0)X^*(\vartheta) = \int\limits_{-\infty}^{\infty} W_{xx}\left(t,\frac{\vartheta}{2}\right)\exp(j2\pi\vartheta t)\,dt. \tag{5.143}$$

Da die Auto-Wigner-Ville-Verteilung reell ist, gilt:

$$\tilde{X}(\vartheta) = \int\limits_{-\infty}^{\infty} W_{xx}\left(t,\frac{\vartheta}{2}\right)\exp(-j2\pi\vartheta t)\,dt \tag{5.144}$$

Mit der Frequenz-Marginalbedingung

$$|X(0)|^2 = \int\limits_{-\infty}^{\infty} W_{xx}(t,0)\,dt \tag{5.145}$$

folgt die Rekonstruktionsvorschrift:

$$\boxed{\hat{X}(f) = \frac{\int\limits_{-\infty}^{\infty} W_{xx}\left(t,\frac{f}{2}\right)\exp(-j2\pi ft)\,dt}{\sqrt{\int\limits_{-\infty}^{\infty} W_{xx}(t,0)\,dt}}} \tag{5.146}$$

Das Spektrum $\hat{X}(f)$ unterscheidet sich von $X(f)$ ebenfalls höchstens um den Phasenfaktor $\exp(j\varphi)$.

5.2.7   Pseudo-Wigner-Ville-Verteilung

Die Pseudo-Wigner-Ville-Verteilung entsteht durch die Fourier-Transformation einer gefensterten temporären Autokorrelationsfunktion:

$$W_{xx}^{(\mathrm{PW})}(t,f) = \int\limits_{-\infty}^{\infty} h(\tau)x\left(t+\frac{\tau}{2}\right)x^*\left(t-\frac{\tau}{2}\right)\exp(-j2\pi f\tau)\,d\tau \tag{5.147}$$

Einen Sonderfall stellt hierbei das Rechteckfenster dar: $h(\tau) = r_T(\tau)$. Die Pseudo-Wigner-Ville-Verteilung entspricht dann einer Wigner-Ville-Verteilung mit beschränktem Integrationsintervall:

$$W_{xx}^{(\mathrm{PW})}(t,f) = \int\limits_{-T/2}^{T/2} x\left(t+\frac{\tau}{2}\right)x^*\left(t-\frac{\tau}{2}\right)\exp(-j2\pi f\tau)\,d\tau \tag{5.148}$$

In Abschnitt 5.3.3 wird die Pseudo-Wigner-Ville-Verteilung näher betrachtet. Dabei wird gezeigt, dass die Verteilung auch als Faltung der Wigner-Ville-Verteilung mit dem Spektrum der Fensterfunktion gedeutet werden kann:

$$W_{xx}^{(PW)}(t,f) = W_{xx}(t,f) \underset{f'}{*} H(f) = \int_{-\infty}^{\infty} W_{xx}(t,f')H(f-f')\,df' \tag{5.149}$$

Diese Faltung führt zu einem Leckeffekt in Frequenzrichtung.

5.2.8 Smoothed Pseudo-Wigner-Ville-Verteilung

Die Smoothed Pseudo-Wigner-Ville-Verteilung entsteht aus der Pseudo-Wigner-Ville-Verteilung durch die Faltung mit einem Glättungsfenster $g(t)$:

$$W_{xx}^{(SPW)}(t,f) = W_{xx}^{(PW)}(t,f) \underset{t'}{*} g(t) \tag{5.150}$$

$$= \int_{-\infty}^{\infty} g(t-t')W_{xx}^{(PW)}(t',f)\,dt' \tag{5.151}$$

$$= \int_{-\infty}^{\infty} g(t-t') \int_{-\infty}^{\infty} h(\tau)x\left(t'+\frac{\tau}{2}\right)x^*\left(t'-\frac{\tau}{2}\right)\exp(-j2\pi f\tau)\,d\tau\,dt' \tag{5.152}$$

Durch die Glättung werden Kreuzterme unterdrückt, allerdings entsteht ein zusätzlicher Leckeffekt in Zeitrichtung. Auch die Smoothed Pseudo-Wigner-Ville-Verteilung wird in Abschnitt 5.3.3 näher betrachtet.

5.3 Kreuzterme bei der Wigner-Ville-Verteilung

5.3.1 Wigner-Ville-Verteilung einer Summe von Signalen

Aufgrund der Interpretation der Wigner-Ville-Verteilung als zeitvariantes Energiedichtespektrum werden Signale in quadratischer Form dargestellt. Bei der Superposition von Signalen im Zeitbereich

$$x(t) = \sum_{i=1}^{n} c_i x_i(t) \tag{5.153}$$

erhält man deshalb eine Summe gewichteter Kreuz-Wigner-Ville-Verteilungen.

$$W_{xx}(t,f) = \sum_{i=1}^{n}\sum_{j=1}^{n} c_i c_j^* W_{x_i x_j}(t,f) \tag{5.154}$$

Die für $i \neq j$ entstehenden Kreuzterme werden auch Interferenzterme genannt. Für zwei Summanden erhält man

$$W_{xx}(t,f) = \int\limits_{-\infty}^{\infty} x(t+\frac{\tau}{2})x^*(t-\frac{\tau}{2})\exp(-j2\pi f\tau)d\tau \qquad (5.155)$$

$$= \int\limits_{-\infty}^{\infty} \left[c_1 x_1(t+\frac{\tau}{2}) + c_2 x_2(t+\frac{\tau}{2}) \right]$$

$$\cdot \left[c_1^* x_1^*(t-\frac{\tau}{2}) + c_2^* x_2^*(t-\frac{\tau}{2}) \right] \exp(-j2\pi f\tau)d\tau \qquad (5.156)$$

$$= |c_1|^2 \int\limits_{-\infty}^{\infty} x_1(t+\frac{\tau}{2})x_1^*(t-\frac{\tau}{2})\exp(-j2\pi f\tau)d\tau$$

$$+ |c_2|^2 \int\limits_{-\infty}^{\infty} x_2(t+\frac{\tau}{2})x_2^*(t-\frac{\tau}{2})\exp(-j2\pi f\tau)d\tau$$

$$+ c_1 c_2^* \int\limits_{-\infty}^{\infty} x_1(t+\frac{\tau}{2})x_2^*(t-\frac{\tau}{2})\exp(-j2\pi f\tau)d\tau$$

$$+ c_2 c_1^* \int\limits_{-\infty}^{\infty} x_2(t+\frac{\tau}{2})x_1^*(t-\frac{\tau}{2})\exp(-j2\pi f\tau)d\tau \qquad (5.157)$$

$$= |c_1|^2 W_{x_1 x_1}(t,f) + |c_2|^2 W_{x_2 x_2}(t,f) + 2\mathrm{Re}\left\{ c_1 c_2^* W_{x_1 x_2}(t,f) \right\}. \qquad (5.158)$$

Dabei wird $W_{x_2 x_1}^*(t,f) = W_{x_1 x_2}(t,f)$ verwendet (Gl. (5.26)).

Beispiel 5.5   *Wigner-Ville-Verteilung der Summe zweier komplexer Schwingungen*

$$x_1(t) = A_1 \cdot \exp\left(j2\pi f_1 t \right),$$
$$x_2(t) = A_2 \cdot \exp\left(j2\pi f_2 t \right),$$
$$x(t) = x_1(t) + x_2(t)$$

Die Wigner-Ville-Verteilung ist

$$W_{xx}(t,f) = \int\limits_{-\infty}^{\infty} A_1^2 \exp\left(j2\pi f_1 \left(t+\frac{\tau}{2} \right) \right) \exp\left(-j2\pi f_1 \left(t-\frac{\tau}{2} \right) \right)$$

$$\cdot \exp\left(-j2\pi f\tau \right) d\tau$$

$$+ \int\limits_{-\infty}^{\infty} A_2^2 \exp\left(j2\pi f_2 \left(t+\frac{\tau}{2} \right) \right) \exp\left(-j2\pi f_2 \left(t-\frac{\tau}{2} \right) \right)$$

$$\cdot \exp\left(-j2\pi f\tau \right) d\tau$$

$$+ \int_{-\infty}^{\infty} A_1 A_2 \left[\exp\left(j2\pi f_1 \left(t + \frac{\tau}{2} \right) \right) \exp\left(-j2\pi f_2 \left(t - \frac{\tau}{2} \right) \right) \right.$$

$$\left. + \exp\left(j2\pi f_2 \left(t + \frac{\tau}{2} \right) \right) \exp\left(-j2\pi f_1 \left(t - \frac{\tau}{2} \right) \right) \right]$$

$$\cdot \exp\left(-j2\pi f\tau \right) d\tau$$

$$W_{xx}(t,f) = \int_{-\infty}^{\infty} \left[A_1^2 \exp(j2\pi f_1\tau) + A_2^2 \exp(j2\pi f_2\tau) \right] \exp(-j2\pi f\tau) d\tau$$

$$+ \int_{-\infty}^{\infty} A_1 A_2 \left[\exp(j2\pi \underbrace{(f_1 - f_2)}_{\Delta f} t) + \exp(-j2\pi \underbrace{(f_1 - f_2)}_{\Delta f} t) \right]$$

$$\underbrace{\phantom{\int_{-\infty}^{\infty} A_1 A_2 \left[\exp(j2\pi (f_1 - f_2) t) + \exp(-j2\pi (f_1 - f_2) t) \right]}}_{= 2\cos(2\pi\Delta f t)}$$

$$\cdot \exp(j2\pi \underbrace{(f_1 + f_2)}_{= 2f_\mu} \frac{\tau}{2}) \exp(-j2\pi f\tau) d\tau$$

$$W_{xx}(t,f) = A_1^2 \cdot \delta(f - f_1) + A_2^2 \cdot \delta(f - f_2) + 2A_1 A_2 \cos(2\pi\Delta f t) \cdot \delta(f - f_\mu)$$

Dabei sind: $\quad \Delta f = f_1 - f_2 \qquad$ Differenzfrequenz
$\qquad\qquad \Delta t = t_1 - t_2 \qquad$ Differenzzeit
$\qquad\qquad f_\mu = (f_1 + f_2)/2 \qquad$ mittlere Frequenz
$\qquad\qquad t_\mu = (t_1 + t_2)/2 \qquad$ mittlere Zeit

Es ergibt sich die in Abb. 5.2 dargestellte Wigner-Ville-Verteilung. Die beiden Autoterme ergeben aufgrund der konstanten Frequenzen f_1 und f_2 über der Zeit konstante Dirac-Impuls-Linien bei den Frequenzen f_1 und f_2. Der Kreuzterm ist eine Schwingung mit der Differenzfrequenz Δf und der doppelten Amplitude $2A_1 A_2$, die in der Mitte der beiden Nutzterme bei der mittleren Frequenz f_μ liegt. Da in diesem Beispiel nur die Kreuzterme oszillieren, könnten sie mit einem MA-Filter geglättet werden, das in Zeitrichtung wirkt.

Die Ambiguitätsfunktion der Summe zweier Signale weist ebenfalls Kreuzterme auf.

$$x(t) = c_1 x_1(t) + c_2 x_2(t) \tag{5.159}$$

$$A_{xx}(\tau, \vartheta) = |c_1|^2 A_{x_1 x_1}(\tau, \vartheta) + |c_2|^2 A_{x_2 x_2}(\tau, \vartheta)$$
$$+ c_1 c_2^* A_{x_1 x_2}(\tau, \vartheta) + c_2 c_1^* A_{x_2 x_1}(\tau, \vartheta) \tag{5.160}$$

Beispiel 5.6 *Ambiguitätsfunktion der Summe zweier komplexer Schwingungen*

$$x_1(t) = A_1 \cdot \exp\left(j2\pi f_1 t \right), \quad x_1(t) = A_2 \cdot \exp\left(j2\pi f_2 t \right), \quad x(t) = x_1(t) + x_2(t)$$

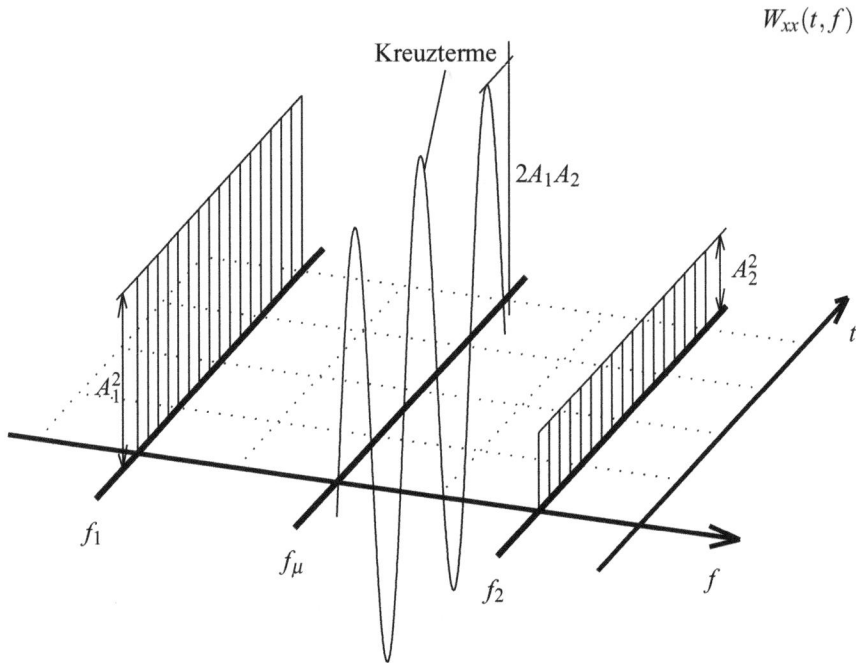

Abbildung 5.2: *Wigner-Ville-Verteilung der Summe zweier harmonischer Schwingungen*

$$A_{xx}(\tau,\vartheta) = \int\limits_{-\infty}^{\infty} \left[A_1^2 \exp\left(j2\pi f_1 \tau\right) + A_2^2 \exp\left(j2\pi f_2 \tau\right) \right.$$

$$\left. + 2A_1A_2 \cos\left(2\pi\Delta f t\right) \exp\left(j2\pi f_\mu \tau\right) \right] \exp\left(j2\pi\vartheta t\right) dt$$

$$= \left[A_1^2 \exp\left(j2\pi f_1 \tau\right) + A_2^2 \exp\left(j2\pi f_2 \tau\right) \right] \delta(\vartheta)$$

$$+ A_1A_2 \exp\left(j2\pi f_\mu \tau\right) \cdot \left(\delta(\vartheta+\Delta f) + \delta(\vartheta-\Delta f)\right)$$

Das Nutzsignal ist im Ursprung von ϑ konzentriert, die Kreuzterme liegen außen bei Δf und $-\Delta f$ (siehe Abb. 5.3). Deshalb können die Kreuzterme der Ambiguitätsfunktion mit einem Tiefpass geglättet werden.

Beispiel 5.7   *Summe zweier frequenzmodulierter Gauß-Impulse*

$$x_i(t) = \left(\frac{\alpha}{\pi}\right)^{1/4} \exp\left(-\frac{\alpha}{2}(t-t_i)^2 + j2\pi f_i t\right), \quad i = 1,2$$
$$x(t) = x_1(t) + x_2(t)$$

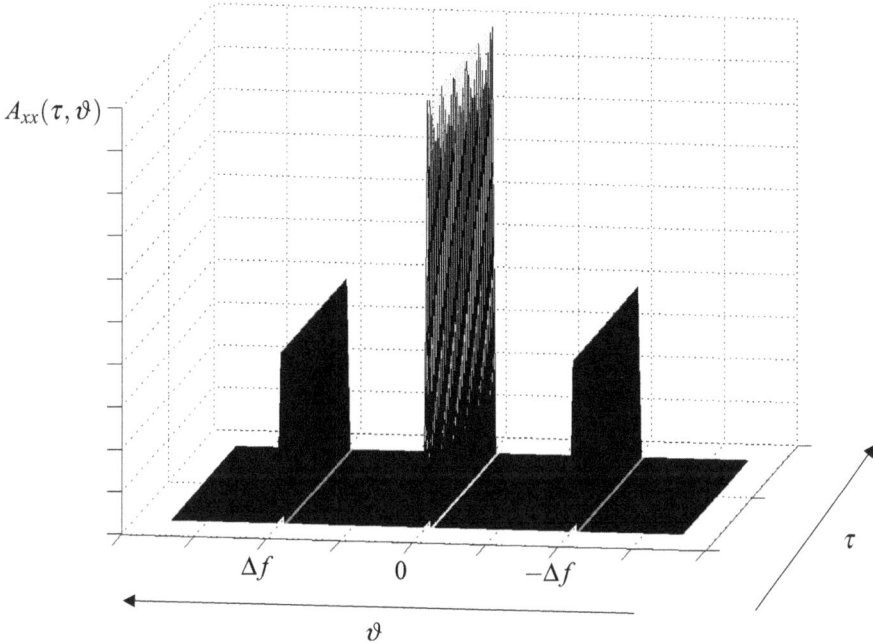

Abbildung 5.3: *Ambiguitätsfunktion der Summe zweier komplexer Schwingungen*

$$W_{xx}(t,f) = 2 \cdot \exp\left(-\alpha(t-t_1)^2 - \frac{4\pi^2}{\alpha}(f-f_1)^2\right)$$

$$+ 2 \cdot \exp\left(-\alpha(t-t_2)^2 - \frac{4\pi^2}{\alpha}(f-f_2)^2\right)$$

$$+ 4 \cdot \exp\left(-\alpha(t-t_\mu)^2 - \frac{4\pi^2}{\alpha}(f-f_\mu)^2\right)$$

$$\cdot \cos\left(2\pi\left((f-f_\mu)\Delta t + \Delta f(t-t_\mu) + \Delta f \cdot t_\mu\right)\right)$$

Dabei sind:

$\Delta f = f_1 - f_2$ Differenzfrequenz
$\Delta t = t_1 - t_2$ Differenzzeit
$f_\mu = (f_1 + f_2)/2$ mittlere Frequenz
$t_\mu = (t_1 + t_2)/2$ mittlere Zeit

Es ergibt sich die in Abb. 5.4 dargestellte Wigner-Ville-Verteilung. Es ergeben sich zwei konstante, zweidimensionale Gauß-Impulse bei t_1, f_1 und t_2, f_2. Der Kreuzterm liegt bei t_μ, f_μ. Er oszilliert sowohl in Zeit- als auch in Frequenzrichtung.

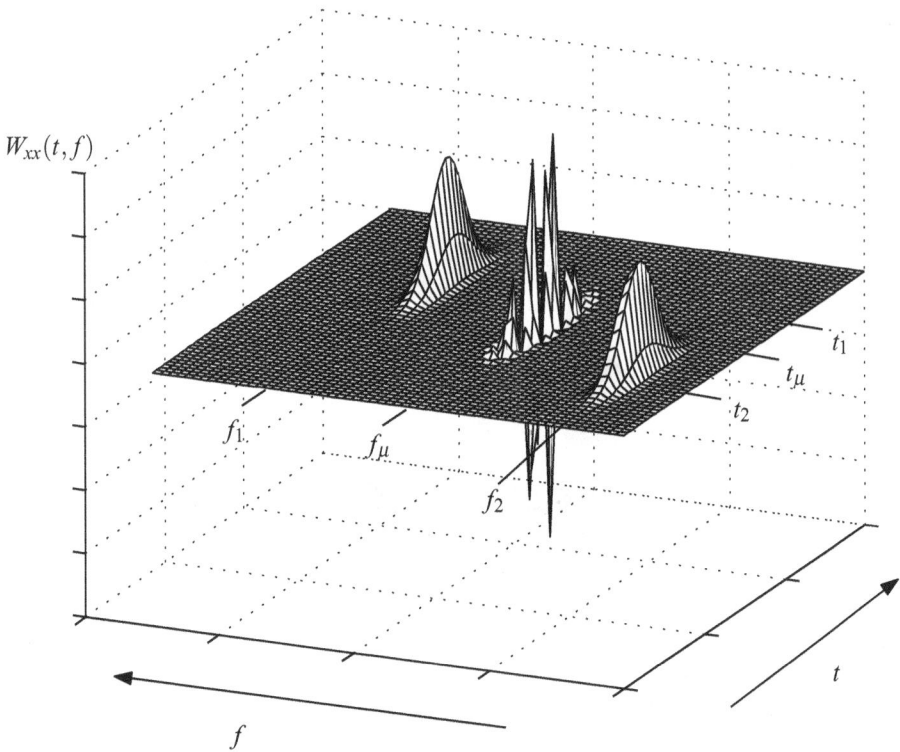

Abbildung 5.4: *Wigner-Ville-Verteilung der Summe zweier frequenzmodulierter Gauß-Impulse*

Die Ambiguitätsfunktion ist

$$A_{xx}(\tau, \vartheta) = \int_{-\infty}^{\infty} x(t + \frac{\tau}{2})x^*(t - \frac{\tau}{2}) \exp(j2\pi\vartheta t)dt$$

$$= \exp\left(-\left(\frac{\pi^2}{\alpha}\vartheta^2 + \frac{\alpha}{4}\tau^2\right)\right) \cdot \left(\exp\left(j2\pi\left(f_1\tau + \vartheta t_1\right)\right) + \exp\left(j2\pi\left(f_2\tau + \vartheta t_2\right)\right)\right)$$

$$+ \exp\left(-\left(\frac{\pi^2}{\alpha}(\vartheta - \Delta f)^2 + \frac{\alpha}{4}(\tau - \Delta t)^2\right)\right)$$

$$\cdot \exp\left(j2\pi\left(f_\mu\tau - \vartheta t_\mu + f_\mu t_\mu\right)\right)$$

$$+ \exp\left(-\left(\frac{\pi^2}{\alpha}(\vartheta + \Delta f)^2 + \frac{\alpha}{4}(\tau + \Delta t)^2\right)\right)$$

$$\cdot \exp\left(j2\pi\left(-f_\mu\tau + \vartheta t_\mu + f_\mu t_\mu\right)\right).$$

Die Kreuzterme liegen bei der Ambiguitätsfunktion außen, während der Autoterm im Ursprung liegt (siehe Abb. 5.5).

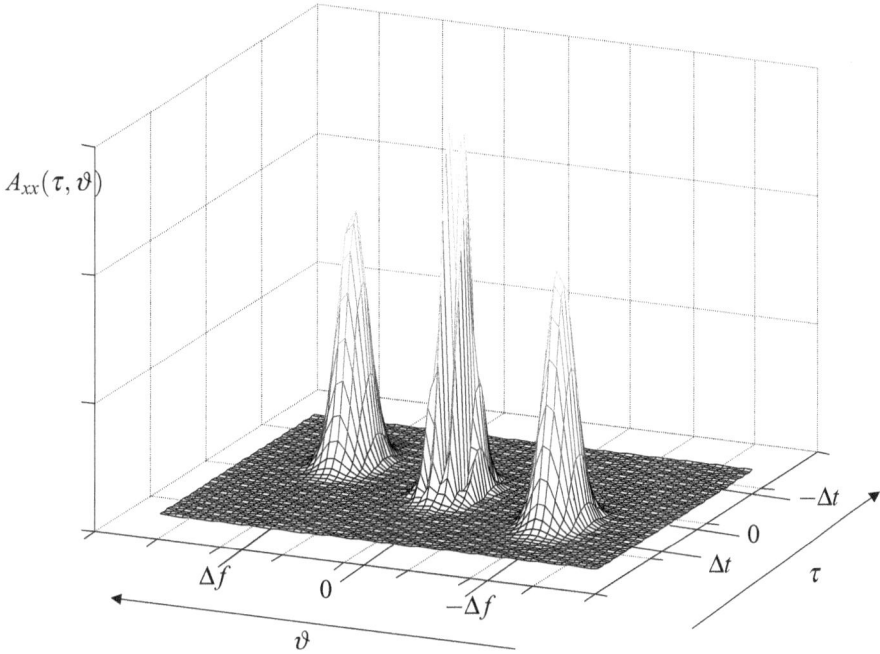

Abbildung 5.5: *Ambiguitätsfunktion der Summe zweier frequenzmodulierter Gauß-Impulse*

5.3.2   Wigner-Ville-Verteilung des analytischen Signals

In vielen Anwendungen können die Kreuzterme verringert werden, wenn man die Wigner-Ville-Verteilung nicht vom reellen Signal $x(t)$, sondern von dessen analytischem Signal

$$z(t) := x(t) + j \cdot \mathcal{H}\{x(t)\} \tag{5.161}$$

berechnet. Das analytische Signal hat nur Spektralanteile bei positiven Frequenzen. Die Kreuzterme zwischen den Spektralanteilen des reellen Signals bei positiven und negativen Frequenzen entfallen damit.

Beispiel 5.8 *Wigner-Ville-Verteilung zweier überlagerter Chirp-Signale*

Gegeben ist wiederum die Summe $x(t)$ zweier reeller Chirp-Signale aus Abb. 2.8(a). Die Wigner-Ville-Verteilung des reellen Signals ist in Abb. 5.6(a) dargestellt. Die Auflösung in der Zeit-Frequenz-Ebene ist sehr gut. Neben dem Frequenzverlauf der beiden Chirp-Signale sind jedoch deutlich die Kreuzterme im Bereich um die Frequenz Null zu erkennen. Um die Kreuzterme der Wigner-Ville-Verteilung teilweise zu eliminieren, wird mit Hilfe der Hilbert-Transformation das analytische Signal von $x(t)$ gebildet. Die Wigner-Ville-Verteilung des analytischen Signals ist in Abb. 5.6(b) zu sehen. Kreuzterme entstehen sowohl zwischen zeitverschobenen als auch zwischen frequenzverschobenen Signalanteilen sowie zwischen gleichzeitig zeit- und frequenzverschobenen Anteilen. Dies erklärt, warum auch außerhalb der beiden Chirp-Linien Kreuzterme auftreten.

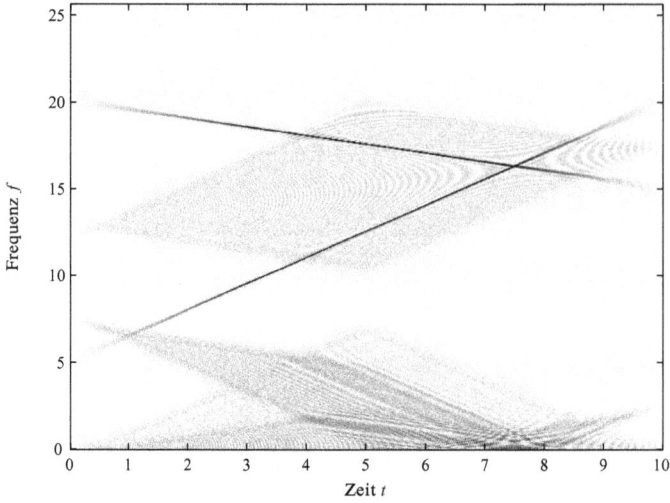

(a) *Wigner-Ville-Verteilung zweier reeller Chirp-Signale*

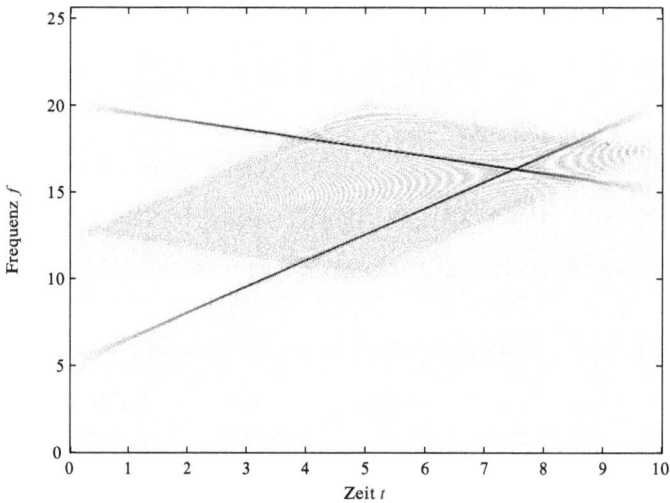

(b) *Wigner-Ville-Verteilung des analytischen Signals*

Abbildung 5.6: *Wigner-Ville-Verteilung des überlagerten Chirp-Signals*

5.3.3 Cohen-Klasse (Fensterung der Ambiguitätsfunktion)

Mit einer kompakten zweidimensionalen *Kernfunktion* $\Phi(\tau, \vartheta)$ können die außerhalb des Ursprungs liegenden Kreuzterme der Ambiguitätsfunktion gedämpft werden. Die gefensterte Ambiguitätsfunktion ist dann das Produkt

$$A_{xx}(\tau, \vartheta) \cdot \Phi(\tau, \vartheta). \tag{5.162}$$

Durch zweifache Fourier-Transformation erhält man die *Cohen-Klasse*:

$$C_{xx}(t,f) = \mathcal{F}_\tau\left\{\mathcal{F}_\vartheta\left\{A_{xx}(\tau,\vartheta)\cdot\Phi(\tau,\vartheta)\right\}\right\} \tag{5.163}$$

$$= \mathcal{F}_\tau\left\{\mathcal{F}_\vartheta\left\{A_{xx}(\tau,\vartheta)\right\}\right\} \underset{t',f'}{\overset{*}{*}} \mathcal{F}_\tau\left\{\mathcal{F}_\vartheta\left\{\Phi(\tau,\vartheta)\right\}\right\} \tag{5.164}$$

$$= W_{xx}(t,f) \underset{t',f'}{\overset{*}{*}} \Pi(t,f) \tag{5.165}$$

$$= \int\limits_{-\infty}^{\infty}\int\limits_{-\infty}^{\infty} W_{xx}(t',f')\Pi(t-t',f-f')\,dt'\,df' \tag{5.166}$$

Dabei ist die *Glättungsfunktion* $\Pi(t,f)$ die zweifach Fourier-Transformierte der Kernfunktion $\Phi(\tau,\vartheta)$. Aufgrund der Faltung entsteht ein Leckeffekt, der die Auflösung der Cohen-Klasse gegenüber der Wigner-Ville-Verteilung verschlechtert.

Die Zeit- und Frequenz-Marginalbedingungen sind bei der Cohen-Klasse nicht in jedem Fall erfüllt. Dies liegt daran, dass die Energie der ursprünglichen Wigner-Ville-Verteilung $W_{xx}(t,f)$ durch die Fensterung verändert wird. Die Zeit-Marginalbedingung ist nur erfüllt, wenn $\Phi(0,\vartheta) = 1$ gilt; die Frequenz-Marginalbedingung ist nur erfüllt, wenn $\Phi(\tau,0) = 1$ gilt. Eine reelle Verteilung erhält man, wenn die Kernfunktion die Bedingung $\Phi(\tau,\vartheta) = \Phi^*(-\tau,-\vartheta)$ erfüllt.

Im Folgenden werden verschiedene Repräsentanten der Cohen-Klasse betrachtet. Dazu werden zwei weitere Darstellungen der Cohen-Klasse benötigt:

$$C_{xx}(t,f) = \mathcal{F}_\tau\left\{x\left(t+\frac{\tau}{2}\right)x^*\left(t-\frac{\tau}{2}\right) \underset{t'}{*} \mathcal{F}_\vartheta\left\{\Phi(\tau,\vartheta)\right\}\right\} \tag{5.167}$$

$$= \mathcal{F}_\vartheta\left\{X\left(f-\frac{\vartheta}{2}\right)X^*\left(f+\frac{\vartheta}{2}\right) \underset{f'}{*} \mathcal{F}_\tau\left\{\Phi(\tau,\vartheta)\right\}\right\} \tag{5.168}$$

Spektrogramm

Als Kernfunktion wird die Ambiguitätsfunktion eines Fensters

$$\gamma^\sharp(t) := \gamma^*(-t) \tag{5.169}$$

eingesetzt:

$$\Phi(\tau,\vartheta) = A_{\gamma^\sharp\gamma^\sharp}(\tau,\vartheta) \tag{5.170}$$

Die Glättungsfunktion ist entsprechend die Wigner-Ville-Verteilung von $\gamma^\sharp(t)$:

$$\Pi(t,f) = W_{\gamma^\sharp\gamma^\sharp}(t,f) = W_{\gamma\gamma}(-t,-f) \tag{5.171}$$

Dabei wurde Eigenschaft (h) der Wigner-Ville-Verteilung aus Abschnitt 5.2.1 berücksichtigt. Eingesetzt in Gl. (5.166) ergibt dies:

$$C_{xx}(t,f) = \int\limits_{-\infty}^{\infty}\int\limits_{-\infty}^{\infty} W_{xx}(t',f')W_{\gamma\gamma}(t'-t,f'-f)\,dt'\,df' = S_x^\gamma(t,f) \tag{5.172}$$

Dies entspricht nach Gl. (5.127) dem Spektrogramm $S_x^\gamma(t,f)$. Daraus folgt, dass die Cohen-Klasse identisch mit dem Spektrogramm ist, wenn die Kernfunktion $\Phi(\tau,\vartheta)$ die Ambiguitäts-funktion einer Fensterfunktion ist. In diesem Fall ist die Cohen-Klasse nicht-negativ.

Die beiden temporären AKFs $\gamma\left(t+\frac{\tau}{2}\right)\gamma^*\left(t-\frac{\tau}{2}\right)$ und $\Gamma\left(f-\frac{\vartheta}{2}\right)\Gamma^*\left(f+\frac{\vartheta}{2}\right)$ sind bei kompak-ten Fenstern auf die Bereiche

$$-\frac{T_{\text{eff}}}{2} < \tau < \frac{T_{\text{eff}}}{2} \tag{5.173}$$

$$-\frac{F_{\text{eff}}}{2} < \vartheta < \frac{F_{\text{eff}}}{2} \tag{5.174}$$

konzentriert. Die Ambiguitätsfunktion $A_{\gamma\gamma}(\tau,\vartheta)$ (und damit auch $A_{\gamma^\sharp\gamma^\sharp}(\tau,\vartheta)$) eines kompakten Fensters $\gamma(t)$ hat deshalb die Form eines zweidimensionalen Tiefpasses.

Bemerkung 5.1

Für symmetrische, reelle Fensterfunktionen gilt $\gamma^\sharp(t) = \gamma(t)$.

Choi-Williams-Verteilung

Als Kernfunktion wird ein zweidimensionaler Gauß-Impuls über der Zeit- und Frequenzver-schiebung gewählt.

$$\Phi(\tau,\vartheta) = \exp(-\alpha\vartheta^2\tau^2)$$

Die Kernfunktion hat die Eigenschaften $\Phi(\tau,0) = 1$ und $\Phi(0,\vartheta) = 1$. Je größer der Faktor α, desto stärker werden die Kreuzterme unterdrückt. Die Fourier-Transformierte der Kernfunktion bezüglich ϑ lautet:

$$\mathcal{F}_\vartheta\{\Phi(\tau,\vartheta)\} = \sqrt{\frac{\pi}{\alpha\tau^2}}\exp\left(-\frac{\pi^2 t^2}{\alpha\tau^2}\right).$$

Mit Gl. (5.167) folgt die Darstellung:

$$C_{xx}(t,f) = \int\limits_{-\infty}^{\infty}\int\limits_{-\infty}^{\infty} x\left(t'+\frac{\tau}{2}\right)x^*\left(t'-\frac{\tau}{2}\right)$$

$$\cdot\sqrt{\frac{\pi}{\alpha\tau^2}}\exp\left(-\frac{\pi^2(t-t')^2}{\alpha\tau^2}\right)\exp\left(-j2\pi f\tau\right)dt'\,d\tau = \text{CW}_{xx}(t,f)$$

Smoothed Pseudo-Wigner-Ville-Verteilung

Die Smoothed Pseudo-Wigner-Ville-Verteilung entsteht durch die Wahl einer separierbaren Kern- bzw. Glättungsfunktion:

$$\Phi(\tau,\vartheta) = G(-\vartheta)\cdot h(\tau) \qquad \Pi(t,f) = g(t)\cdot H(f) \tag{5.175}$$

Mit Gl. (5.167) ergibt sich:

$$C_{xx}(t,f) = \mathcal{F}_\tau \left\{ x\left(t+\frac{\tau}{2}\right) x^*\left(t-\frac{\tau}{2}\right) \underset{t'}{*} g(t) \cdot h(\tau) \right\} \tag{5.176}$$

$$= \int\limits_{-\infty}^{\infty} g(t-t') \int\limits_{-\infty}^{\infty} h(\tau) x\left(t'+\frac{\tau}{2}\right) x^*\left(t'-\frac{\tau}{2}\right) \exp(-j2\pi f\tau)\,d\tau\,dt' \tag{5.177}$$

$$= W_{xx}^{(\mathrm{SPW})}(t,f) \tag{5.178}$$

Dies entspricht Gl. (5.152) für die Smoothed Pseudo-Wigner-Ville-Verteilung.

Bemerkung 5.2

Als Sonderfälle ergeben sich die Pseudo-Wigner-Ville-Verteilung mit

$$\Phi(\tau,\vartheta) = h(\tau) \qquad \Pi(t,f) = \delta(t)\cdot H(f) \tag{5.179}$$

bzw. die Wigner-Ville-Verteilung selbst mit

$$\Phi(\tau,\vartheta) = 1 \qquad \Pi(t,f) = \delta(t)\cdot\delta(f). \tag{5.180}$$

Eine weitere Darstellung erhält man mit Gl. (5.168):

$$C_{xx}(t,f) = \mathcal{F}_\vartheta \left\{ X\left(f-\frac{\vartheta}{2}\right) X^*\left(f+\frac{\vartheta}{2}\right) \underset{f'}{*} G(-\vartheta)\cdot H(f) \right\} \tag{5.181}$$

$$= \int\limits_{-\infty}^{\infty} H(f-f') \int\limits_{-\infty}^{\infty} G(-\vartheta) X\left(f'-\frac{\vartheta}{2}\right) X^*\left(f'+\frac{\vartheta}{2}\right) \exp(-j2\pi\vartheta t)\,d\vartheta\,df' \tag{5.182}$$

Um zu verstehen, warum durch die Filterung Kreuzterme unterdrückt werden, werden als Fensterfunktionen Rechteckfunktionen angesetzt.

$$h(\tau) = r_{T_{\mathrm{eff}}}(\tau) \qquad G(-\vartheta) = r_{F_{\mathrm{eff}}}(\vartheta) \tag{5.183}$$

In den Gleichungen (5.177) und (5.182) werden damit die Integrationsintervalle beschränkt:

$$C_{xx}(t,f) = \int\limits_{-\infty}^{\infty} g(t-t') \int\limits_{\tau=-T_{\mathrm{eff}}/2}^{T_{\mathrm{eff}}/2} x\left(t'+\frac{\tau}{2}\right) x^*\left(t'-\frac{\tau}{2}\right) \exp(-j2\pi f\tau)\,d\tau\,dt' \tag{5.184}$$

$$= \int\limits_{-\infty}^{\infty} H(f-f') \int\limits_{\vartheta=-F_{\mathrm{eff}}/2}^{F_{\mathrm{eff}}/2} X\left(f'-\frac{\vartheta}{2}\right) X^*\left(f'+\frac{\vartheta}{2}\right) \exp(-j2\pi\vartheta t)\,d\vartheta\,df' \tag{5.185}$$

In dieser Darstellung wird deutlich, dass bei der Berechnung der zeitlichen bzw. spektralen temporären Autokorrelationsfunktion die Signale maximal um T_{eff} bzw. F_{eff} gegeneinander verschoben werden. Signalanteile, die weiter voneinander entfernt liegen, können folglich keine Kreuzterme verursachen. Je schmaler die Funktionen $h(\tau)$ und $G(-\vartheta)$ gewählt werden, desto wirkungsvoller werden die Kreuzterme unterdrückt. Gleichzeitig werden jedoch die Funktionen $H(f)$ und $g(t)$ breiter, so dass der Leckeffekt verstärkt wird.

Die Überlegungen treffen näherungsweise auch auf andere kompakte Fensterfunktionen $h(\tau)$ und $G(-\vartheta)$ zu, deren Signalenergie sich im Wesentlichen auf das Intervall $[-T_{\text{eff}}/2,\ T_{\text{eff}}/2]$ bzw. $[-F_{\text{eff}}/2,\ F_{\text{eff}}/2]$ erstreckt. Ebenso können diese Überlegungen für nicht separierbare Kernfunktionen verallgemeinert werden. Die Breite des Analysefensters für das Spektrogramm oder der Parameter α bei der Choi-Williams-Verteilung haben eine vergleichbare Wirkung.

Beispiel 5.9   *Unterdrückung von Kreuztermen*

Zur Verdeutlichung wird ein Signal betrachtet, das aus drei Gauß-Impulsen besteht:

$$x(t) = \underbrace{\exp\left(-\alpha t^2\right)}_{=x_1(t)} + \underbrace{\exp\left(-\alpha (t-t_0)^2\right)}_{=x_2(t)} + \underbrace{\exp\left(-\alpha t^2\right)\cdot \exp(j2\pi f_0 t)}_{=x_3(t)}, \qquad \alpha > 0$$

Dabei ist der Impuls $x_2(t)$ gegenüber $x_1(t)$ um die Zeit t_0 verschoben, $x_3(t)$ ist gegenüber $x_1(t)$ um die Frequenz f_0 verschoben. Abb. 5.7(a) zeigt das Spektrogramm des Signals.

Aus dem analytischen Signal von $x(t)$ wird nacheinander die Wigner-Ville-Verteilung, die Pseudo-Wigner-Ville-Verteilung und die Smoothed Pseudo-Wigner-Ville-Verteilung berechnet. Abb. 5.7(b) zeigt, dass bei der Wigner-Ville-Verteilung Kreuzterme zwischen allen drei Signalanteilen entstehen. Bei der Pseudo-Wigner-Ville-Verteilung wird ein Fenster $h(\tau)$ mit $T_{\text{eff}} < t_0$ verwendet. Dadurch wird bei der Berechnung der zeitlichen temporären AKF das Signal $x_2(t)$ nicht mehr mit den Signalen $x_1(t)$ und $x_3(t)$ verglichen. Die Kreuzterme zwischen diesen Signalanteilen werden dadurch eliminiert (Abb. 5.7(c)). Durch das zusätzliche Fenster $G(-\vartheta)$ bei der Smoothed Pseudo-Wigner-Ville-Verteilung mit $F_{\text{eff}} < f_0$ werden schließlich auch die Kreuzterme zwischen den frequenzverschobenen Signalanteilen unterdrückt (Abb. 5.7(d)). Aufgrund des Leckeffekts verschlechtert sich allerdings die Auflösung bei der Smoothed Pseudo-Wigner-Ville-Verteilung.

Verwandtschaft von Vertretern der Cohen-Klasse

Aus dem vorhergehenden Abschnitt ergibt sich, dass Vertreter der Cohen-Klasse, bei denen eine Glättung in Zeit- und Frequenzrichtung durchgeführt wird, ähnliche Eigenschaften besitzen: Einerseits werden Kreuzterme in beide Richtungen unterdrückt, andererseits tritt in beiden Richtungen eine Unschärfe auf. Um diese Verwandtschaft zu verdeutlichen, wird im Folgenden die Beziehung zwischen der Smoothed Pseudo-Wigner-Ville-Verteilung und dem Spektrogramm hergeleitet.

Die Smoothed Pseudo-Wigner-Ville-Verteilung besitzt eine separierbare Glättungsfunktion der Form

$$\Pi(t,f) = g(t)\cdot H(f)\,. \tag{5.186}$$

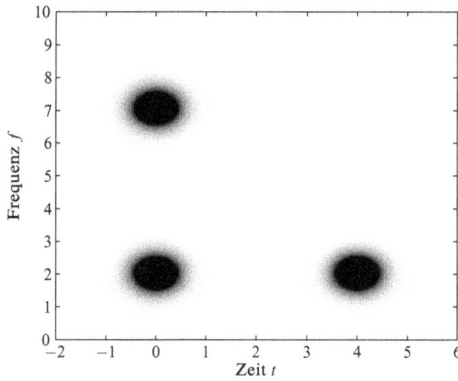

(a) Spektrogramm

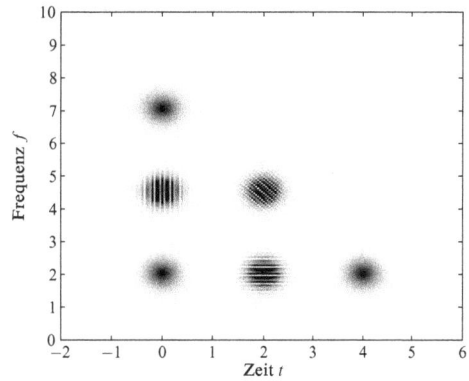

(b) Wigner-Ville-Verteilung

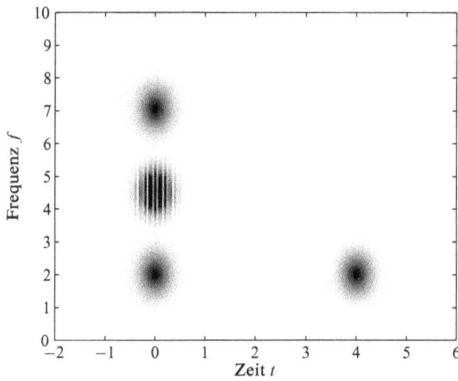

(c) Pseudo Wigner-Ville-Verteilung

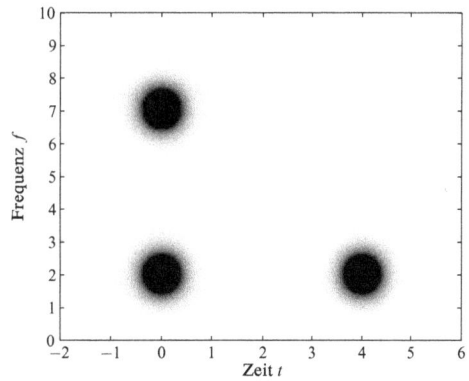

(d) Smoothed Pseudo-Wigner-Ville-Verteilung

Abbildung 5.7: *Zeit-Frequenz-Darstellungen von zeit- und frequenzverschobenen Gauß-Impulsen*

Handelt es sich bei der Glättungsfunktion gleichzeitig um eine Wigner-Ville-Verteilung

$$\Pi(t,f) = W_{\gamma\gamma}(-t,-f) \quad \Leftrightarrow \quad \Pi(-t,-f) = W_{\gamma\gamma}(t,f),$$

dann ist die Smoothed Pseudo-Wigner-Ville-Verteilung gleichzeitig ein Spektrogramm. Um dies zu überprüfen, wird die Funktion $\Pi(-t,-f) = g(-t) \cdot H(-f)$ in die Rekonstruktionsgleichung (5.141) der Wigner-Ville-Verteilung eingesetzt:

$$\hat{\gamma}(t) = \frac{\int\limits_{-\infty}^{\infty} g\left(-\frac{t}{2}\right) \cdot H(-f) \exp(j2\pi ft)\,df}{\sqrt{\int\limits_{-\infty}^{\infty} g(0) \cdot H(-f)\,df}}, \quad f' = -f \tag{5.187}$$

$$= \frac{g\left(-\frac{t}{2}\right) \int\limits_{-\infty}^{\infty} H(f') \exp(j2\pi f'(-t)) \, df'}{\sqrt{g(0) \int\limits_{-\infty}^{\infty} H(f') \, df'}} \tag{5.188}$$

$$\hat{\gamma}(t) = \frac{g\left(-\frac{t}{2}\right) \cdot h(-t)}{\sqrt{g(0) \cdot h(0)}} \tag{5.189}$$

Eine Smoothed Pseudo-Wigner-Ville-Verteilung ist also gleichzeitig ein Spektrogramm, wenn eine Fourier-Rücktransformation zu $H(f)$ existiert und

$$g(0) \cdot h(0) = g(0) \cdot \int\limits_{-\infty}^{\infty} H(f) \, df < \infty \tag{5.190}$$

gilt. Da für $g(t)$ und $H(f)$ sinnvollerweise kompakte Funktionen gewählt werden, sind diese Forderungen stets erfüllt, so dass die Smoothed Pseudo-Wigner-Ville-Verteilung als Untermenge des Spektrogramms interpretiert werden kann. Für Pseudo-Wigner-Ville-Verteilungen sowie die Wigner-Ville-Verteilung selbst wird die Forderung dagegen nicht erfüllt, sie sind also grundsätzlich keine Spektrogramme.

Weiterhin kann gezeigt werden, dass auch die Choi-Williams-Verteilung kein Spektrogramm ist, da sich die Kernfunktion der Choi-Williams-Verteilung nicht als Ambiguitätsfunktion interpretieren lässt.

Beispiel 5.10   *Ultraschall Doppler-Messtechnik*

Die Messung der Blutflussgeschwindigkeit aus Beispiel 2.4 soll nun anhand der Wigner-Ville-Verteilung ausgewertet werden. Die verschiedenen Wigner-Ville-Verteilungen des gemessenen Ultraschall-Signals zeigt Abb. 5.8. Im Gegensatz zu Beispiel 5.9 können die Kreuzterme bei diesem Signal nicht identifiziert werden. Die Pseudo-Wigner-Ville-Verteilung stellt in diesem Beispiel den besten Kompromiss zwischen einer scharfen Auflösung des Spektrums und einer Dämpfung der Kreuzterme dar. Weiterhin fällt die nach den vorhergehenden Überlegungen zu erwartende Ähnlichkeit zwischen dem Spektrogramm aus Beispiel 2.4 und der Smoothed Pseudo-Wigner-Ville-Verteilung auf.

Beispiel 5.11   *Cohen-Klasse*

In diesem Beispiel soll untersucht werden, welche Gestalt ein periodisches Signal bei verschiedenen Zeit-Frequenz-Darstellungen annimmt. Dazu wird ein allgemeines periodisches Signal $y(t)$ der Periodendauer $T_0 = 1/f_0$ in eine Fourier-Reihe entwickelt:

$$y(t) = \sum_{k=-\infty}^{\infty} Y_k e^{j2\pi k f_0 t}.$$

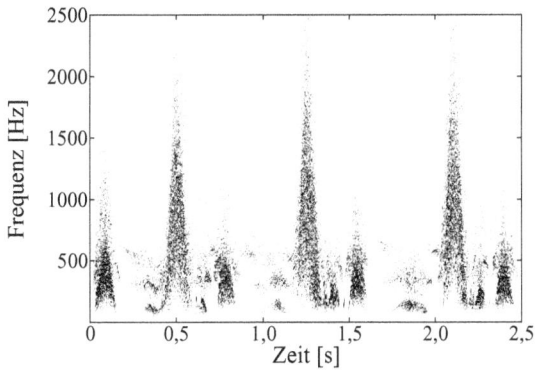

(a) *Wigner-Ville-Verteilung des analytischen Signals der Ultraschall-Messung*

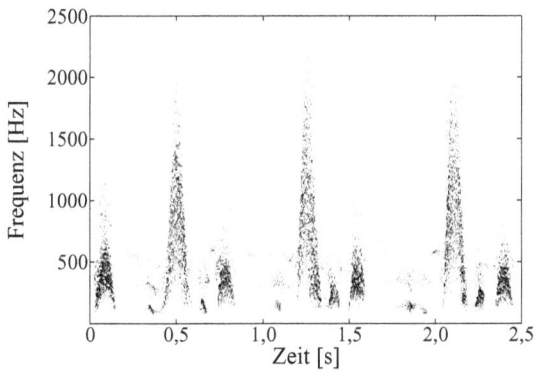

(b) *Pseudo-Wigner-Ville-Verteilung des Ultraschall-Messsignals*

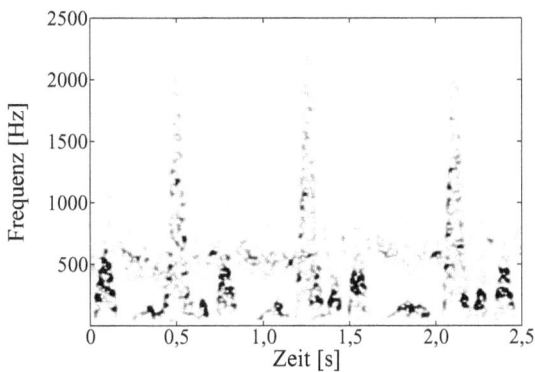

(c) *Smoothed Pseudo-Wigner-Ville-Verteilung des Ultraschall-Messsignals*

Abbildung 5.8: *Wigner-Ville-Verteilungen der Ultraschall-Messung*

Zunächst wird die *Wigner-Ville-Verteilung* von $y(t)$ berechnet. Mit der Definition $x_k(t) = e^{j2\pi k f_0 t}$ lautet die Wigner-Ville-Verteilung des Signals $y(t)$:

$$W_{yy}(t,f) = \sum_{k=-\infty}^{\infty} \sum_{\ell=-\infty}^{\infty} Y_k Y_\ell^* W_{x_k x_\ell}(t,f).$$

Als erster Schritt wird $W_{x_k x_\ell}(t,f)$ berechnet:

$$W_{x_k x_\ell}(t,f) = \int_{-\infty}^{\infty} x_k\left(t+\frac{\tau}{2}\right) x_\ell^*\left(t-\frac{\tau}{2}\right) e^{-j2\pi f\tau} d\tau$$

$$= \int_{-\infty}^{\infty} \exp\left(j2\pi k f_0\left(t+\frac{\tau}{2}\right)\right) \exp\left(-j2\pi \ell f_0\left(t-\frac{\tau}{2}\right)\right) e^{-j2\pi f\tau} d\tau$$

$$= \int_{-\infty}^{\infty} e^{j2\pi(k-\ell)f_0 t} \exp\left(j2\pi\frac{k+\ell}{2} f_0\tau\right) e^{-j2\pi f\tau} d\tau$$

$$= e^{j2\pi(k-\ell)f_0 t} \cdot \mathcal{F}_\tau\left\{\exp\left(j2\pi\frac{k+\ell}{2} f_0\tau\right)\right\}$$

$$= e^{j2\pi(k-\ell)f_0 t} \cdot \delta\left(f-\frac{k+\ell}{2} f_0\right).$$

Daraus folgt:

$$W_{yy}(t,f) = \sum_{k=-\infty}^{\infty} \sum_{\ell=-\infty}^{\infty} Y_k Y_\ell^* e^{j2\pi(k-\ell)f_0 t} \cdot \delta\left(f-\frac{k+\ell}{2} f_0\right).$$

Mit Hilfe von Moyals Formel wird das *Spektrogramm* berechnet. Als Analysefenster soll der Gauß-Impuls

$$\gamma(t) = \left(\frac{\beta}{\pi}\right)^{\frac{1}{4}} \exp\left(-\frac{\beta}{2}t^2\right)$$

verwendet werden. Zur Anwendung von Moyals Formel muss zunächst die Wigner-Ville-Verteilung des Analysefensters berechnet werden:

$$W_{\gamma\gamma}(t,f) = \int_{-\infty}^{\infty} \gamma\left(t+\frac{\tau}{2}\right) \gamma^*\left(t-\frac{\tau}{2}\right) e^{-j2\pi f\tau} d\tau$$

$$= \sqrt{\frac{\beta}{\pi}} \int_{-\infty}^{\infty} \exp\left(-\frac{\beta}{2}\left(t^2+\tau+\frac{\tau^2}{4}\right)\right) \exp\left(-\frac{\beta}{2}\left(t^2-\tau+\frac{\tau^2}{4}\right)\right)$$

$$\cdot e^{-j2\pi f\tau} d\tau$$

$$= \sqrt{\frac{\beta}{\pi}} e^{-\beta t^2} \int_{-\infty}^{\infty} \exp\left(-\frac{\beta}{4}\tau^2\right) e^{-j2\pi f\tau} d\tau$$

$$
= \sqrt{\frac{\beta}{\pi}} e^{-\beta t^2} \cdot \mathcal{F}\left\{ \exp\left(-\frac{\beta}{4}\tau^2\right) \right\}
$$

$$
= \sqrt{\frac{\beta}{\pi}} e^{-\beta t^2} \sqrt{\frac{4\pi}{\beta}} \exp\left(-4\frac{\pi^2 f^2}{\beta}\right)
$$

$$
= 2e^{-\beta t^2} \exp\left(-4\frac{\pi^2 f^2}{\beta}\right) = 2\exp\left(-\left(\beta t^2 + \frac{4\pi^2}{\beta}f^2\right)\right) \ .
$$

Bei der Berechnung des Spektrogramms wird die Wigner-Ville-Verteilung des Analysefensters als Glättungsfunktion eingesetzt. Dabei handelt es sich um einen zweidimensionalen Gauß-Impuls, der sich in einen zeit- und frequenzabhängigen Anteil separieren lässt. Ein Spektrogramm, das mithilfe eines Gauß-Impulses berechnet wird, ist somit gleichzeitig eine Smoothed Pseudo-Wigner-Ville-Verteilung. Die allgemeine Darstellung ergibt sich nach einiger Rechnung:

$$
S_y^\gamma(t,f) = \int\limits_{-\infty}^{\infty} \int\limits_{-\infty}^{\infty} W_{yy}(t',f') W_{\gamma\gamma}(t'-t, f'-f)\, dt'\, df'
$$

$$
= 2\sqrt{\frac{\pi}{\beta}} \sum_{k=-\infty}^{\infty} \sum_{\ell=-\infty}^{\infty} Y_k Y_\ell^* e^{j2\pi(k-\ell)f_0 t}
$$

$$
\cdot \exp\left(-\frac{4\pi^2}{\beta}\left(\frac{k^2+\ell^2}{2}f_0^2 - (k+\ell)f_0 f + f^2\right)\right)
$$

Mit Hilfe von Moyals Formel kann auch das *Skalogramm* $\left|W_y^\psi(a,b)\right|^2$ bestimmt werden. Dieses gehört zur Affinen Klasse, die in Abschnitt 5.3.4 vorgestellt wird. Als Analyse-Wavelet soll das Gabor-Wavelet

$$
\psi(t) = \left(\frac{\beta}{\pi}\right)^{\frac{1}{4}} \exp\left(-\frac{\beta}{2}t^2\right) \cdot e^{j2\pi f_\psi t}
$$

verwendet werden. Dieses entspricht einem frequenzverschobenen Gauß-Impuls. Daher kann seine Wigner-Ville-Verteilung unter Beachtung der Verschiebungsinvarianz direkt angegeben werden:

$$
\psi(t) = \gamma(t) \cdot e^{j2\pi f_\psi t} \quad \Rightarrow \quad W_{\psi\psi}(t,f) = W_{\gamma\gamma}(t, f-f_\psi)
$$

$$
= 2e^{-\beta t^2} \exp\left(-4\frac{\pi^2(f-f_\psi)^2}{\beta}\right)
$$

Auch diese Glättungsfunktion ist separierbar, weshalb ein Skalogramm, das mithilfe des Gabor-Wavelets berechnet wird, gleichzeitig eine Affine Smoothed Pseudo-Wigner-Ville-Verteilung (vgl. Abschnitt 5.3.4) ist. Die allgemeine Darstellung des Skalogramms ergibt sich wiederum nach längerer Rechnung:

$$\left|W_y^{\psi}(a,b)\right|^2 = \int\limits_{-\infty}^{\infty} \int\limits_{-\infty}^{\infty} W_{yy}(t,f) W_{\psi\psi}\left(\frac{t-b}{a}, af\right) df\, dt$$

$$= 2|a| \sqrt{\frac{\pi}{\beta}} \sum_{k=-\infty}^{\infty} \sum_{\ell=-\infty}^{\infty} Y_k Y_\ell^* e^{j2\pi(k-\ell)f_0 b}$$

$$\cdot \exp\left(-\frac{4\pi^2}{\beta}\left(\frac{k^2+\ell^2}{2} a^2 f_0^2 - (k+\ell) a f_0 f_\psi + f_\psi^2\right)\right)$$

Wie in Kapitel 3 gezeigt, ergibt sich mit den Substitutionen $t = b$ und $f = f_\psi/a$ die zugehörige Zeit-Frequenz-Darstellung:

$$\left|W_y^{\psi}(t,f)\right|^2 = 2\left|\frac{f_\psi}{f}\right| \sqrt{\frac{\pi}{\beta}} \sum_{k=-\infty}^{\infty} \sum_{\ell=-\infty}^{\infty} Y_k Y_\ell^* e^{j2\pi(k-\ell)f_0 t}$$

$$\cdot \exp\left(-\frac{4\pi^2}{\beta}\left(\frac{k^2+\ell^2}{2} \cdot \frac{f_\psi^2 f_0^2}{f^2} - (k+\ell) \cdot \frac{f_0 f_\psi^2}{f} + f_\psi^2\right)\right)$$

Die hergeleiteten Ausdrücke sollen nun zur Veranschaulichung für konkrete Koeffizienten Y_k berechnet werden. Abb. 5.9 zeigt ein periodisches Signal $y(t)$ sowie die zugehörigen Fourier-Koeffizienten $Y(f)$. Außerdem ist das Analysefenster der STFT $\gamma(t)$ für verschiedene Parameter β im Zeit- und Frequenzbereich abgebildet. Die Abbildungen 5.10(a) und (b) geben die Spektrogramme für verschiedene Parameter β wieder. Bei $\beta = 4$ sind die Signalfrequenzen deutlich erkennbar, jedoch keine zeitliche Information. Für $\beta = 8$ ist eine Zeitvarianz zu erkennen, allerdings ist die Frequenzauflösung schlechter. Das Skalogramm (Abb. 5.11) wurde für $\beta = 8$ und die Mittenfrequenz $f_0 = 3$ bei der Skalierung $a = 1$ berechnet. Hier sind die Peaks der niedrigen Frequenzanteile stark ausgeprägt, die hohen Frequenzanteile werden dagegen in Zeitrichtung besser aufgelöst.

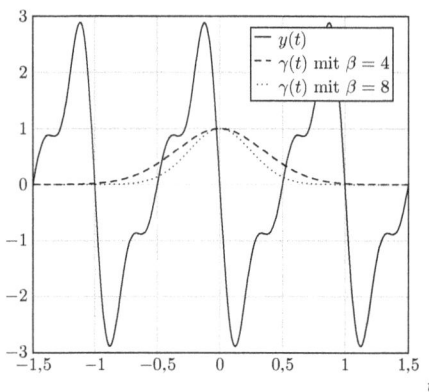

(a) Zeitbereich   (b) Spektren

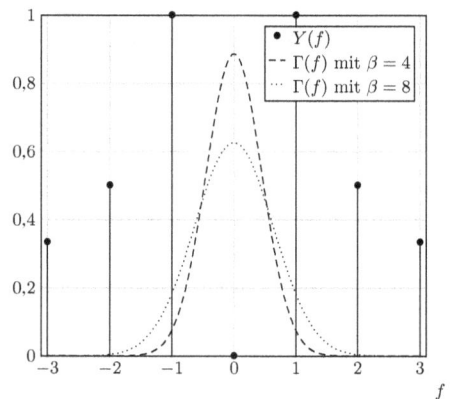

Abbildung 5.9: Signal und Analysefenster

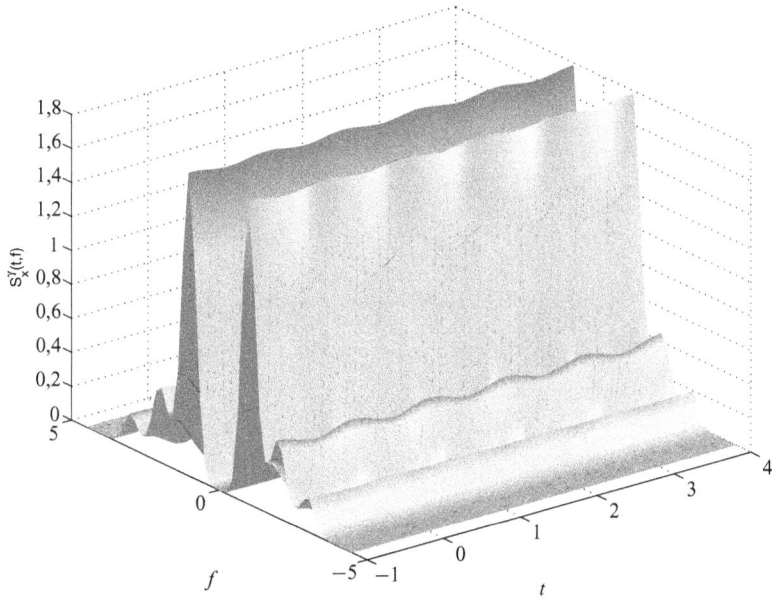

(a) $\beta = 4$

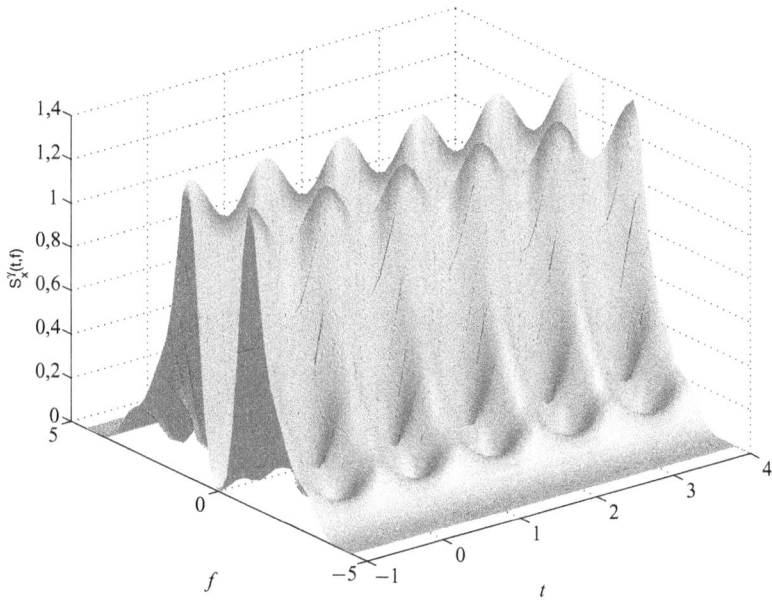

(b) $\beta = 8$

Abbildung 5.10: *Spektrogramme*

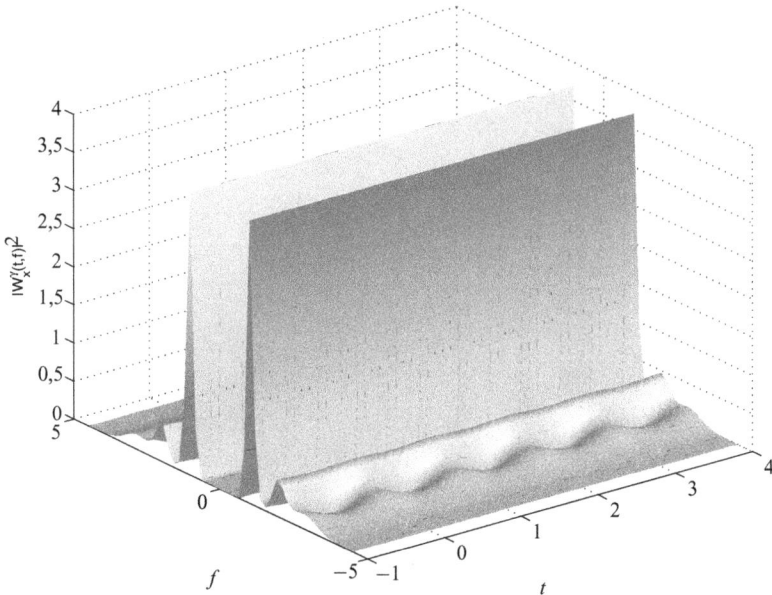

Abbildung 5.11: *Skalogramm für $\beta = 8$, $f_\psi = 3$*

Insgesamt wird deutlich, dass ein periodisches Signal unterschiedlich interpretiert werden kann. Eine Sichtweise besteht darin, dass ein periodisches Signal aus diskreten Frequenzen besteht und sich der Frequenzgehalt über der Zeit nicht ändert. Untersucht man das Signal jedoch innerhalb kurzer Zeitspannen, die unterhalb der Periodendauer liegen, wird die Änderung des Frequenzgehaltes innerhalb einer Periode deutlich, in der beispielsweise langsamveränderliche Teile und Sprünge liegen können. Ein besonders drastisches Beispiel stellt ein periodisches Rechtecksignal dar, das sich aus konstanten Anteilen und Sprüngen zusammensetzt.

5.3.4   Affine Klasse (Fensterung der Ambiguitätsfunktion)

In Analogie zur Definition der Cohen-Klasse Gl. (5.166) wird die *Affine Klasse* definiert:

$$\Omega_{xx}(a,b) = \int\limits_{-\infty}^{\infty} \int\limits_{-\infty}^{\infty} \Pi\left(\frac{t-b}{a}, af\right) \cdot W_{xx}(t,f)\, dt\, df \tag{5.191}$$

Zu den Vertretern dieser Klasse gehören folgende Zeit-Frequenz-Verteilungen:

Skalogramm

Wird als Glättungsfunktion die Wigner-Ville-Verteilung des Wavelets $\psi(t)$ eingesetzt

$$\Pi(t,f) = W_{\psi\psi}(t,f), \tag{5.192}$$

ist die Affine Klasse identisch mit dem Skalogramm (vgl. (5.133)):

$$\Omega_{xx}(a,b) = \int\limits_{-\infty}^{\infty} \int\limits_{-\infty}^{\infty} W_{\psi\psi}\left(\frac{t-b}{a}, af\right) \cdot W_{xx}(t,f)\,dt\,df = |W_x^{\psi}(a,b)|^2 \qquad (5.193)$$

Wigner-Ville-Verteilung

Die Wigner-Ville-Verteilung erhält man mit der Glättungsfunktion

$$\Pi(t,f) = \delta(t) \cdot \delta(f - f_0). \qquad (5.194)$$

Die Affine Klasse lautet dann:

$$\Omega_{xx}(a,b) = \int\limits_{-\infty}^{\infty} \int\limits_{-\infty}^{\infty} \delta\left(\frac{t-b}{a}\right) \delta(af - f_0) \cdot W_{xx}(t,f)\,dt\,df = W_{xx}\left(\frac{f_0}{a}, b\right) \quad (5.195)$$

Mit den Umrechnungsgleichungen in die Zeit-Frequenz-Ebene (3.3) und (3.4) ergibt sich für $t_\psi = 0$ und $f_\psi = f_0$

$$\Omega_{xx}(t,f) = W_{xx}(t,f) \qquad (5.196)$$

Affine Smoothed Pseudo-Wigner-Ville-Verteilung

Analog zur Smoothed Pseudo-Wigner-Ville-Verteilung lässt sich die Affine Smoothed Pseudo-Wigner-Ville-Verteilung definieren. Dazu wird eine separierbare Glättungsfunktion angesetzt:

$$\Pi(t,f) = g(t) \cdot H(f) \qquad (5.197)$$

Die Definitionsgleichung lautet damit:

$$\Omega_{xx}(a,b) = \int\limits_{-\infty}^{\infty} \int\limits_{-\infty}^{\infty} g\left(\frac{t-b}{a}\right) H(af) \cdot W_{xx}(t,f)\,dt\,df = W_{xx}^{(ASPW)}(a,b) \qquad (5.198)$$

5.3.5 Reassignment-Methode

Die Reassignment-Methode (Neuzuordnungsmethode) hat zum Ziel, Zeit-Frequenz-Verteilungen der Cohen-Klasse so umzuformen, dass gleichzeitig Kreuzterme unterdrückt werden und eine große Schärfe der Darstellung erzielt wird.

Die Berechnungsvorschrift für die Cohen-Klasse

$$C_{xx}(t,f) = \int\limits_{-\infty}^{\infty} \int\limits_{-\infty}^{\infty} W_{xx}(t',f')\Pi(t-t', f-f')\,dt'\,df' \qquad (5.199)$$

kann so gedeutet werden, dass jeweils in einer Umgebung um einen Punkt (t, f) der Glättungsfunktion $\Pi(t,f)$ herum eine gewichtete Summe der einzelnen Werte der Wigner-Ville-Verteilung $W_{xx}(t',f')$ gebildet wird, wobei die Glättungsfunktion als Gewichtungsfaktor dient. Diese gewichtete Summenbildung kann wie folgt veranschaulicht werden: Für ein festes t und f ist der Ausdruck

$$S(t',f') := W_{xx}(t',f')\Pi(t-t',f-f') \tag{5.200}$$

eine Funktion in t' und f'. Es wird über die (t',f')-Ebene integriert und das Ergebnis wird dem Punkt (t,f) zugeordnet. Die Idee der Reassignment-Methode besteht nun darin, dass das Ergebnis der Integration nicht dem Punkt (t,f) sondern statt dessen dem Massenschwerpunkt $(\hat{t},\hat{f})$ von $S(t',f')$ zugeordnet wird:

$$C_{xx}(\hat{t},\hat{f}) = \int\limits_{-\infty}^{\infty} \int\limits_{-\infty}^{\infty} W_{xx}(t',f')\Pi(t-t',f-f')\,dt'\,df' \tag{5.201}$$

Interpretiert man die Funktion $S(t',f')$ als Massenverteilung, ergibt sich als Schwerpunkt:

$$\hat{t}(t,f) = \frac{\int\limits_{-\infty}^{\infty}\int\limits_{-\infty}^{\infty} t'\cdot S(t',f')\,dt'\,df'}{\int\limits_{-\infty}^{\infty}\int\limits_{-\infty}^{\infty} S(t',f')\,dt'\,df'} \qquad \hat{f}(t,f) = \frac{\int\limits_{-\infty}^{\infty}\int\limits_{-\infty}^{\infty} f'\cdot S(t',f')\,dt'\,df'}{\int\limits_{-\infty}^{\infty}\int\limits_{-\infty}^{\infty} S(t',f')\,dt'\,df'}$$

$$\tag{5.202}$$

In Beispiel 5.12 am Ende von Abschnitt 5.3.6 wird ein Reassigned Spektrogramm gezeigt.

Bemerkung 5.3

Die Reassignment-Methode lässt sich in modifizierter Form auch auf Elemente der Affinen Klasse anwenden.

5.3.6   Signalabhängige Filterung der Wigner-Ville-Verteilung

Bei der Filterung der Ambiguitätsfunktion durch Multiplikation mit einem fest vorgegebenen Tiefpass $\Phi(\tau,\vartheta)$ entsteht ein Leckeffekt bei der Wigner-Ville-Verteilung, der ihren wesentlichen Vorteil der guten Auflösung verringert. Ein weiteres Problem stellt die Wahl einer geeigneten Tiefpass-Funktion dar. Um die Kreuzterme wirksam zu unterdrücken, wird deshalb im Folgenden alternativ eine signalabhängige Filterung der Wigner-Ville-Verteilung vorgestellt.

Die Filterfunktion wird dabei für jedes Signal $x(t)$ individuell berechnet. Als Filter eignet sich insbesondere das Spektrogramm $S_x^\gamma(t,f)$, das die gleiche Struktur wie die Wigner-Ville-Verteilung besitzt, allerdings ohne deren Kreuzterme. Nach Abschnitt 5.2.5 sind die Linien des Spektrogramms wegen des Leckeffekts breiter als die der Wigner-Ville-Verteilung, so dass deren Autoterme vergleichsweise wenig gedämpft werden. Die gefilterte Wigner-Ville-Verteilung eines Signals $x(t)$ ist

$$\begin{aligned} W_{xx}^F(t,f) &= (W_{xx}(t,f)\cdot S_x^\gamma(t,f))^{1/2} \\ &= \left(W_{xx}(t,f)\cdot \left(W_{xx}(t,f) \underset{t',f'}{\overset{*}{*}} W_{\gamma\gamma}(t,f) \right) \right)^{1/2}. \end{aligned} \tag{5.203}$$

Durch die Multiplikation der Spektren entsteht kein Leckeffekt, so dass die gute Auflösung der Wigner-Ville-Verteilung erhalten bleibt. Allerdings werden nicht nur die Kreuzterme gefiltert, sondern auch die Autoterme gedämpft. Die Zeit- und Frequenz-Marginalbedingungen werden deshalb nicht mehr erfüllt. Ein wesentlicher Nachteil der signalabhängigen Filterung ist der zusätzliche Aufwand zur Berechnung des Spektrogramms.

Beispiel 5.12   *Signalabhängige Filterung zweier Chirp-Signale*

Abb. 5.12(a) zeigt die Wigner-Ville-Verteilung zweier überlagerter Chirp-Signale. In Abb. 5.12(b) wurde das Spektrogramm berechnet. Abb. 5.12(c) zeigt das Produkt der beiden Transformationen. Sie kann einerseits so interpretiert werden, dass das Spektrogramm als Filter für die Wigner-Ville-Verteilung dient, um die Kreuzterme auszublenden, andererseits kann auch die Wigner-Ville-Verteilung als Filter interpretiert werden, das die unscharfen Anteile des Spektrogrammes ausblendet.

Zum Vergleich ist in Abb. 5.12(d) das Reassigned Spektrogramm abgebildet.

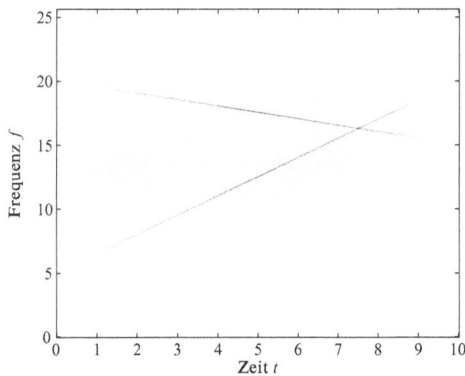

(a) Wigner-Ville-Verteilung

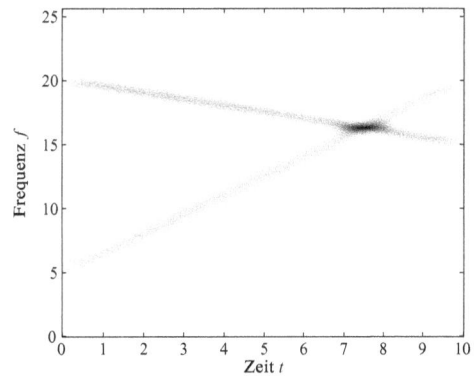

(b) Spektrogramm

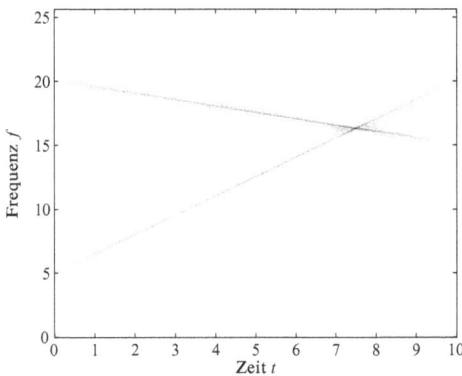

(c) Signalabhängige Filterung

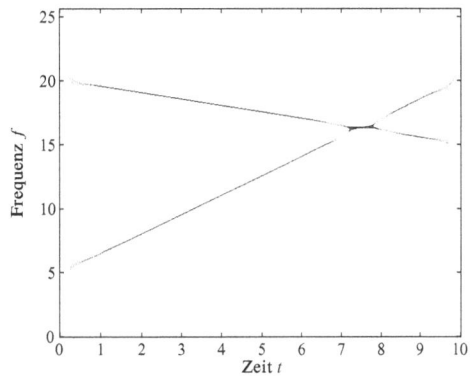

(d) Reassigned Spektrogramm

Abbildung 5.12: *Signalabhängige Filterung zweier Chirp-Signale*

5.3.7   Zeit-Frequenz-Verteilungsreihe

Im Folgenden wird eine weitere Methode vorgestellt, mit der die Kreuzterme der Wigner-Ville-Verteilung verringert werden sollen. Der Rechenaufwand dafür ist allerdings sehr hoch.

Das Signal $x(t)$ werde zuerst in eine Gabor-Reihe entwickelt.

$$x(t) = \sum_{m=-\infty}^{\infty} \sum_{k=-\infty}^{\infty} F_x^\gamma(m,k)\,\tilde{\gamma}_{mk}(t) \tag{5.204}$$

Als Funktionensystem werden zeit- und frequenzverschobene Gauß-Impulse verwendet.

$$\tilde{\gamma}_{mk}(t) = \left(\frac{\alpha}{\pi}\right)^{\frac{1}{4}} \exp\left(-\frac{\alpha}{2}(t-mT)^2 + j2\pi kFt\right) \tag{5.205}$$

Die Koeffizienten der Gabor-Reihe berechnen sich über die Kurzzeit-Fourier-Transformation nach Gl. (2.52).

$$F_x^\gamma(m,k) = \int_{-\infty}^{\infty} x(t)\gamma^*(t-mT)\exp(-j2\pi kFt)dt \tag{5.206}$$

In einem weiteren Schritt wird aus der Gabor-Reihe deren Wigner-Ville-Verteilung berechnet. Dabei treten Kreuzterme zwischen unterschiedlich verschobenen Gauß-Impulsen $\tilde{\gamma}_{mk}(t)$ und $\tilde{\gamma}_{m',k'}(t)$ auf.

$$W_{\tilde{\gamma}_{mk}\tilde{\gamma}_{m'k'}}(t,f)$$

$$= 2\exp\left(-\alpha(t-t_\mu)^2 - \frac{4\pi^2}{\alpha}(f-f_\mu)^2\right)\exp\left(j2\pi\left((f-f_\mu)\Delta t + \Delta ft\right)\right) \tag{5.207}$$

$$= 2\exp\left(-\alpha(t-t_\mu)^2 - \frac{4\pi^2}{\alpha}(f-f_\mu)^2\right)\exp\left(-j2\pi f_\mu\Delta t\right)$$

$$\cdot \exp\left(j2\pi\left(\Delta tf + \Delta ft\right)\right) \tag{5.208}$$

Mit folgender Diskretisierung

$$t_\mu = \frac{m+m'}{2}T$$

$$f_\mu = \frac{k+k'}{2}F$$

$$\Delta t = (m-m')T$$

$$\Delta f = (k-k')F \qquad\qquad m,m',k,k' \in \mathbb{Z}$$

erhält man die Kreuz-Wigner-Ville-Verteilungen der Gauß-Impulse als

$$W_{\tilde{\gamma}_{mk}\tilde{\gamma}_{m'k'}}(t,f)$$

$$= 2\exp\left(-\alpha\left(t-\frac{m+m'}{2}T\right)^2 - \frac{4\pi^2}{\alpha}\left(f-\frac{k+k'}{2}F\right)^2\right)$$

$$\cdot \exp\left(-j2\pi\frac{k+k'}{2}F(m-m')T\right)\exp\left(j2\pi\left((m-m')Tf + (k-k')Ft\right)\right). \tag{5.209}$$

Die Wigner-Ville-Verteilung des Signals $x(t)$ ist damit eine mit den Kurzzeit-Fourier-Koeffizienten gewichtete Reihe von Auto- und Kreuz-Wigner-Ville-Verteilungen der Gauß-Impulse.

$$W_{xx}(t,f) = \int_{-\infty}^{\infty} x\left(t+\frac{\tau}{2}\right) x^*\left(t-\frac{\tau}{2}\right) \exp(-j2\pi f\tau)\,d\tau \tag{5.210}$$

$$= \int_{-\infty}^{\infty} \sum_{m=-\infty}^{\infty} \sum_{k=-\infty}^{\infty} F_x^\gamma(m,k)\,\tilde{\gamma}_{mk}\left(t+\frac{\tau}{2}\right)$$

$$\cdot \sum_{m'=-\infty}^{\infty} \sum_{k'=-\infty}^{\infty} \left(F_x^\gamma(m',k')\right)^* \tilde{\gamma}_{m'k'}^*\left(t-\frac{\tau}{2}\right) \exp(-j2\pi f\tau)\,d\tau \tag{5.211}$$

$$= \sum_{m=-\infty}^{\infty} \sum_{k=-\infty}^{\infty} \sum_{m'=-\infty}^{\infty} \sum_{k'=-\infty}^{\infty} F_x^\gamma(m,k)\left(F_x^\gamma(m',k')\right)^*$$

$$\cdot \int_{-\infty}^{\infty} \tilde{\gamma}_{mk}\left(t+\frac{\tau}{2}\right)\tilde{\gamma}_{m'k'}^*\left(t-\frac{\tau}{2}\right)\exp(-j2\pi f\tau)\,d\tau \tag{5.212}$$

$$= \sum_{m=-\infty}^{\infty} \sum_{k=-\infty}^{\infty} \sum_{m'=-\infty}^{\infty} \sum_{k'=-\infty}^{\infty} F_x^\gamma(m,k)\left(F_x^\gamma(m',k')\right)^* \cdot W_{\tilde{\gamma}_{mk}\tilde{\gamma}_{m'k'}}(t,f) \tag{5.213}$$

Die Summation über alle m' und k' wird so durchgeführt, dass die Manhattan-Distanz d jeweils konstant ist:

$$d = |m-m'| + |k-k'| \tag{5.214}$$

Bei Summation über unendlich viele Distanzen $D = \infty$ erhält man die Rekonstruktion der Wigner-Ville-Verteilung des Signals $x(t)$ über die Zeit-Frequenz-Verteilungsreihe. In ihr sind auch die hochfrequenten Kreuzterme (große d) enthalten.

$$\text{TFD}_{xx}(t,f)\Big|_{D=\infty} = W_{xx}(t,f) \tag{5.215}$$

$$= \sum_{m=-\infty}^{\infty} \sum_{k=-\infty}^{\infty} \sum_{d=0}^{\infty} \sum_{|m-m'|+|k-k'|=d} F_x^\gamma(m,k)\left(F_x^\gamma(m',k')\right)^* W_{\tilde{\gamma}_{mk}\tilde{\gamma}_{m'k'}}(t,f) \tag{5.216}$$

Bei Beschränkung der Distanz auf $D = 0$ gibt es dagegen keine Kreuzterme. Die Zeit-Frequenz-Verteilungsreihe

$$\text{TFD}_{xx}(t,f)\Big|_{D=0} = \sum_{m=-\infty}^{\infty} \sum_{k=-\infty}^{\infty} F_x^\gamma(m,k)\left(F_x^\gamma(m,k)\right)^* W_{\tilde{\gamma}_{mk}\tilde{\gamma}_{mk}}(t,f) \tag{5.217}$$

$$= \sum_{m=-\infty}^{\infty} \sum_{k=-\infty}^{\infty} S_x^\gamma(m,k) W_{\tilde{\gamma}_{mk}\tilde{\gamma}_{mk}}(t,f) \tag{5.218}$$

$$= 2 \sum_{m=-\infty}^{\infty} \sum_{k=-\infty}^{\infty} S_x^\gamma(m,k) \exp\left(-\alpha(t-mT)^2 - \frac{4\pi^2}{\alpha}(f-kF)^2\right) \tag{5.219}$$

kann für $D = 0$ als Interpolationsfilter interpretiert werden. Mit Hilfe von Gauß-Impulsen wird das kontinuierliche Spektrogramm $S_x^\gamma(t,f)$ aus dem diskreten Spektrogramm $S_x^\gamma(m,k)$ rekonstruiert.

$$\left. \mathrm{TFD}_{xx}(t,f) \right|_{D=0} \approx S_x^\gamma(t,f) \tag{5.220}$$

Um einerseits eine bessere Auflösung der Zeit-Frequenz-Verteilung zu bekommen als mit dem Spektrogramm $S_x^\gamma(t,f)$, und um andererseits die Kreuzterme der Wigner-Ville-Verteilung $W_{xx}(t,f)$ zu reduzieren, wählt man als Kompromiss ein endliches D, zum Beispiel $D = 3$.

5.4   Diskrete Wigner-Ville-Verteilung

Zur Herleitung der diskreten Wigner-Ville-Verteilung wird zunächst in der Definitionsgleichung der Wigner-Ville-Verteilung die Variable τ durch $\tau' = \tau/2$ substituiert:

$$W_{xx}(t,f) = \int_{-\infty}^{\infty} x\left(t + \frac{\tau}{2}\right) x^*\left(t - \frac{\tau}{2}\right) \exp(-j2\pi f\tau)\, d\tau \tag{5.221}$$

$$= \int_{-\infty}^{\infty} x(t+\tau') x^*(t-\tau') \exp(-j4\pi f\tau')\, d(2\tau') \tag{5.222}$$

Die temporäre AKF wird nun bezüglich τ' mit der Abtastzeit t_A abgetastet:

$$W_{xx}(t,f) = 2 \cdot \int_{-\infty}^{\infty} \sum_{m=-\infty}^{\infty} x(t+\tau') x^*(t-\tau') \delta(\tau' - mt_A) \exp(-j4\pi f\tau')\, d\tau' \tag{5.223}$$

$$= 2 \cdot \sum_{m=-\infty}^{\infty} x(t+mt_A) x^*(t-mt_A) \exp(-j4\pi f m t_A) \tag{5.224}$$

Schließlich werden die Zeit t und die Frequenz f diskretisiert. Für ein Signal der Länge N folgt:

$$t = nt_A \qquad f = \frac{kf_A}{N} \tag{5.225}$$

Damit lautet die diskrete Wigner-Ville-Verteilung

$$\boxed{W_{xx}(n,k) = 2 \cdot \sum_{m=-(N-1)}^{N-1} x(n+m) x^*(n-m) \exp(-j4\pi km/N)} \tag{5.226}$$

Die Verteilung ist periodisch in $f_A/2$. Dies zeigt sich, wenn $k' = k + i \cdot N/2$ eingesetzt wird:

$$W_{xx}(n, k + i \cdot N/2)$$

$$= 2 \cdot \sum_{m=-(N-1)}^{N-1} x(n+m)x^*(n-m) \exp\left(-j4\pi \frac{(k+i \cdot N/2)m}{N}\right) \tag{5.227}$$

$$= 2 \cdot \sum_{m=-(N-1)}^{N-1} x(n+m)x^*(n-m) \exp\left(-j4\pi \frac{km}{N}\right) \cdot \underbrace{\exp(-j2\pi im)}_{=1} \tag{5.228}$$

$$= W_{xx}(n,k) \tag{5.229}$$

Um Aliasing (spektrale Überlappung) zu vermeiden, muss das Signal daher bandbegrenzt sein mit der maximalen Signalfrequenz

$$\boxed{f_g < f_A/4} \tag{5.230}$$

Erfüllt ein Signal lediglich das klassische Abtasttheorem $f_g < f_A/2$, kann durch Upsampling Abhilfe geschaffen werden. Dazu werden zwischen die einzelnen Signalwerte zunächst Nullen eingefügt. Durch diese Maßnahme wird die Abtastfrequenz auf $f_A' = 2f_A$ erhöht und damit das Nyquistband entsprechend verbreitert, ohne das Spektrum zu verändern. Mit Hilfe eines idealen Tiefpassfilters mit der Eckfrequenz $f_A'/4 = f_A/2$ werden die hochfrequenten Anteile entfernt. Auf diese Weise entsteht im Zeitbereich ein interpoliertes Signal mit der doppelten Abtastfrequenz (vgl. [23]).

Bemerkung 5.4

Erfüllt ein reelles Signal das klassische Abtasttheorem $f_g < f_A/2$ und wird vor der Transformation in ein analytisches Signal überführt, erstrecken sich die Signalfrequenzen nur noch über das Frequenzband $[0, f_A/2)$. Die Periodizität der Wigner-Ville-Verteilung in $f_A/2$ führt in diesem Fall nicht zu Aliasing.

Ebenso wie die kontinuierliche Auto-Wigner-Ville-Verteilung ist auch die diskrete Auto-Wigner-Ville-Verteilung reellwertig. Um dies zu zeigen, wird die Summe aufgeteilt:

$$W_{xx}(n,k)$$

$$= 2 \sum_{m=-(N-1)}^{0} x(n+m)x^*(n-m)\exp(-j4\pi km/N) \tag{5.231}$$

$$+ 2 \sum_{m=0}^{N-1} x(n+m)x^*(n-m)\exp(-j4\pi km/N)$$

$$- 2x(n)x^*(n)$$

$$= 4\operatorname{Re}\left\{\sum_{m=0}^{N-1} x(n+m)x^*(n-m)\exp(-j4\pi km/N)\right\} - 2x(n)x^*(n) \quad \in \mathbb{R}. \tag{5.232}$$

6 Eigenwert-Verfahren

Im Folgenden werden die Eigenwerte der Autokorrelationsmatrix dazu verwendet, um eine signalabhängige Transformation zu erzeugen (Kapitel 6.1), sowie ein Filter mit optimalem Signal-Störverhältnis zu entwerfen (Kapitel 6.2)

6.1 Karhunen-Loève-Transformation (KLT)

6.1.1 Definition und Eigenschaften

Ziel der Karhunen-Loève-Transformation ist es, Signale zu approximieren, die als stochastischer Prozess modelliert werden. Anwendungen sind die Beschreibung von gestörten Messsignalverläufen und die effektive Signalkodierung bei der Datenübertragung [32]. Obwohl die Signale in der Praxis einen konkreten deterministischen Informationsgehalt haben, erlaubt diese Modellierung ein allgemeines Vorgehen für verschiedene Anwendungen.

Gegeben ist ein reeller, zeitkontinuierlicher, stochastischer Prozess $x(t)$, für den eine im statistischen Mittel konvergierende Reihenentwicklung

$$x(t) = \operatorname*{l.i.m}_{N \to \infty} \sum_{i=1}^{N} b_i \varphi_i(t) \tag{6.1}$$

in eine zunächst unbekannte (deterministische) orthonormale Basis $\varphi_i(t)$ gesucht wird. Eine einzige Musterfunktion des stochastischen Prozesses ist nicht darstellbar. Deshalb verwendet man den Grenzwert im Mittel l. i. m. Die Koeffizienten

$$b_i = \langle x(t), \varphi_i(t) \rangle = \int_a^b x(t) \varphi_i^*(t) dt \tag{6.2}$$

sollen unkorreliert sein, d. h.

$$E\{b_i b_j^*\} = E\left\{ \langle x(t), \varphi_i(t) \rangle \langle x(t), \varphi_j(t) \rangle^* \right\} \stackrel{!}{=} \lambda_j \cdot \delta_{ij}. \tag{6.3}$$

Die Orthonormalitätsbedingung für die Basisfunktionen ist

$$\int_a^b \varphi_i(t) \varphi_j^*(t) dt = \delta_{ij}. \tag{6.4}$$

Aus der Bedingung (6.3) für die Unkorreliertheit der Koeffizienten erhält man durch Einsetzen von Gl. (6.2)

$$E\left\{\left(\int\limits_a^b x(t)\varphi_i^*(t)dt\right)\cdot\left(\int\limits_a^b x(t')\varphi_j^*(t')dt'\right)^*\right\}$$

$$=E\left\{\int\limits_a^b \varphi_i^*(t)\int\limits_a^b x(t)x^*(t')\varphi_j(t')dt'dt\right\} \qquad (6.5)$$

$$=\int\limits_a^b \varphi_i^*(t)\int\limits_a^b \underbrace{E\left\{x(t)x^*(t')\right\}}_{=r_{xx}(t,t')}\varphi_j(t')dt'dt \qquad (6.6)$$

$$=\int\limits_a^b \varphi_i^*(t)\underbrace{\int\limits_a^b r_{xx}(t,t')\varphi_j(t')dt'}_{\overset{!}{=}\lambda_j\varphi_j(t)}dt=\lambda_j\cdot\delta_{ij}. \qquad (6.7)$$

Der Kern der Integraldarstellung ist die Autokorrelationsfunktion (AKF) des stochastischen Prozesses

$$r_{xx}(t,t')=E\left\{x(t)x^*(t')\right\}. \qquad (6.8)$$

Mit der Bedingung

$$\int\limits_a^b r_{xx}(t,t')\varphi_j(t')dt'=\lambda_j\varphi_j(t) \qquad (6.9)$$

wird gerade die Unkorreliertheit der Koeffizienten erfüllt. Die gesuchten Basisfunktionen $\varphi_j(t)$ ergeben sich durch die Lösung der Integralgleichung (6.9). Sie heißen Eigenfunktionen des Integraloperators, die λ_j sind die dazu gehörigen Eigenwerte. Falls der Kern $r_{xx}(t,t')$ positiv definit ist, d. h. wenn

$$\int\limits_a^b \int\limits_a^b r_{xx}(t,t')x(t)x^*(t')\,dt\,dt'>0, \quad \forall x(t)\in L_2(a,b), \qquad (6.10)$$

dann bilden die Eigenfunktionen $\varphi_j(t)$ eine vollständige orthonormale Basis des Raumes $L_2(a,b)$.

Der Erwartungswert der Signalenergie von $x(t)$ ist aufgrund von Gl. (6.3) gleich der Summe über alle Eigenwerte λ_i:

$$E\left\{\int_a^b |x(t)|^2 \, dt\right\} = E\left\{\int_a^b \left(\underset{N\to\infty}{\text{l.i.m}} \sum_{i=1}^N b_i \varphi_i(t)\right) \cdot \left(\underset{N\to\infty}{\text{l.i.m}} \sum_{j=1}^N b_j \varphi_j(t)\right)^* dt\right\}$$

(6.11)

$$= \lim_{N\to\infty} \sum_{i=1}^N \sum_{j=1}^N E\left\{b_i b_j^*\right\} \underbrace{\int_a^b \varphi_i(t) \varphi_j^*(t) dt}_{=\delta_{ij}}$$

(6.12)

$$= \lim_{N\to\infty} \sum_{i=1}^N E\left\{|b_i|^2\right\}$$

(6.13)

$$= \lim_{N\to\infty} \sum_{i=1}^N \lambda_i$$

(6.14)

Lässt man in der Summation kleine Eigenwerte weg, so verändert sich die Signalenergie im Mittel nur wenig.

Eine gute Approximation des stochastischen Prozesses $x(t)$ ist also dann möglich, wenn bei der Reihenentwicklung nur die Eigenfunktionen $\varphi_i(t)$ mit den großen Eigenwerten λ_i berücksichtigt werden.

In der praktischen Anwendung stellt die Lösung der Integralgleichung zur Bestimmung der Eigenfunktionen $\varphi_i(t)$ ein großes Problem dar. Sinnvoll ist dies überhaupt nur bei stationären stochastischen Prozessen $x(t)$, d. h. bei zeitinvarianten stochastischen Eigenschaften. Die Integralgleichung muss für ein Anwendungsproblem dann nur einmal gelöst werden. Damit kann der stochastische Prozess $x(t)$ durch unkorrelierte Koeffizienten b_i dargestellt werden. Schätzprobleme lassen sich für Vektoren mit unkorrelierten Komponenten b_i lösen und die Ergebnisse auf zeitkontinuierliche Prozesse $x(t)$ übertragen.

6.1.2 Zeitdiskrete Karhunen-Loève-Transformation

Im Folgenden gehen wir auf zeitdiskrete Signale über. Der stochastische Prozess ist nun der Vektor der Abtastwerte

$$\underline{x} = [x_1, x_2, ..., x_n]^\mathrm{T},$$

(6.15)

der sich mit der orthonormalen Basis

$$\underline{\Phi} = [\underline{\varphi}_1, \underline{\varphi}_2, ..., \underline{\varphi}_n]$$

(6.16)

$$\left\langle \underline{\varphi}_i, \underline{\varphi}_j \right\rangle = \delta_{ij}, \quad \underline{\Phi}^{\mathrm{T}} \underline{\Phi}^* = \underline{I} \tag{6.17}$$

in

$$\underline{x} = \underline{\Phi} \cdot \underline{b} \tag{6.18}$$

abbilden lässt.

Die Koeffizienten b_i berechnen sich über das Innenprodukt

$$b_i = \left\langle \underline{x}, \underline{\varphi}_i \right\rangle = \underline{x}^{\mathrm{T}} \underline{\varphi}_i^* = \underline{\varphi}_i^{\mathrm{H}} \underline{x} \quad \Rightarrow \quad \underline{b} = \underline{\Phi}^{\mathrm{H}} \cdot \underline{x}. \tag{6.19}$$

Hierbei steht $\underline{\Phi}^{\mathrm{H}}$ für $\underline{\Phi}^{\mathrm{T}*}$. Bei der Karhunen-Loève-Transformation sollen die Koeffizienten b_i unkorreliert sein

$$E\left\{ b_i b_j^* \right\} = \lambda_j \, \delta_{ij}. \tag{6.20}$$

Einsetzen von Gl. (6.19) ergibt

$$E\left\{ \underline{\varphi}_i^{\mathrm{H}} \underline{x} \underline{x}^{\mathrm{H}} \underline{\varphi}_j \right\} = \lambda_j \, \delta_{ij} \tag{6.21}$$

$$\underline{\varphi}_i^{\mathrm{H}} \underline{R}_{xx} \, \underline{\varphi}_j = \lambda_j \, \delta_{ij}. \tag{6.22}$$

Diese Gleichung wird gerade für

$$\underline{R}_{xx} \underline{\varphi}_j = \lambda_j \, \underline{\varphi}_j \tag{6.23}$$

erfüllt, d. h. für die Eigenwertgleichung der Autokorrelationsmatrix. Dies kann gezeigt werden, indem Gl. (6.23) von links mit dem Basisvektor $\underline{\varphi}_i^{\mathrm{H}}$ multipliziert wird:

$$\underline{\varphi}_i^{\mathrm{H}} \underline{R}_{xx} \underline{\varphi}_j = \lambda_j \, \underline{\varphi}_i^{\mathrm{H}} \, \underline{\varphi}_j = \lambda_j \left(\underline{\varphi}_i^{\mathrm{T}} \, \underline{\varphi}_j^* \right)^* = \lambda_j \, \delta_{ij} \tag{6.24}$$

$\underline{R}_{xx}$ ist symmetrisch. Es existieren nur reelle, nicht-negative Eigenwerte $\lambda_j \geq 0$. $\underline{R}_{xx}$ ist positiv definit oder positiv semidefinit. Bei m-fachen Eigenwerten kann man die dazugehörigen m linear unabhängigen Eigenvektoren in eine orthonormale Basis überführen. Insgesamt gibt es damit n Eigenvektoren, die orthonormal zueinander sind: Basis $\underline{\varphi}_i$, $i = 1, \ldots, n$.

Der stochastische Prozess soll nun im Mittel durch $m < n$ Basisvektoren $\underline{\varphi}_i$ approximiert werden. Die Signalenergie ist

$$E\left\{ \|\underline{x}\|^2 \right\} = E\left\{ \left\| \sum_{i=1}^{n} b_i \underline{\varphi}_i \right\|^2 \right\} \tag{6.25}$$

$$= E\left\{ \sum_{i=1}^{n} \sum_{j=1}^{n} b_i b_j^* \underline{\varphi}_i^{\mathrm{T}} \underline{\varphi}_j^* \right\} = \sum_{i=1}^{n} E\left\{ |b_i|^2 \right\} = \sum_{i=1}^{n} \lambda_i. \tag{6.26}$$

Zieht man für die Approximation lediglich die m Eigenvektoren $\underline{\varphi}_i$ heran, die zu den größten Eigenwerten λ_i gehören, so ist der Signalenergie-Fehler minimal. Die Distanz ist mit

$$E\left\{\|\underline{x}-\hat{\underline{x}}\|^2\right\} = E\left\{\left\|\sum_{i=m+1}^{n} b_i\underline{\varphi}_i\right\|^2\right\} = \sum_{i=m+1}^{n} \lambda_i \tag{6.27}$$

minimal, da die Eigenwerte λ_i, $i = m+1,\ldots,n$ die kleinsten sind.

Beispiel 6.1 *Zweidimensionaler stochastischer Prozess $\underline{x} = [x_1,x_2]^{\mathrm{T}}$ mit Normalverteilung*

Der zum Eigenvektor $\underline{\varphi}_1$ gehörende Eigenwert λ_1 in Hauptachsenrichtung ist größer als λ_2 (siehe Abb. 6.1).

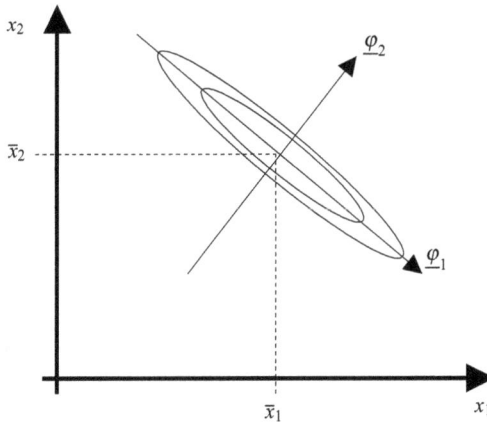

Abbildung 6.1: Zweidimensionaler stochastischer Prozess

Die Autokorrelationsmatrix des Koeffizientenvektors ist wegen der Unkorreliertheit der Koeffizienten eine Diagonalmatrix.

$$E\left\{\underline{b}\,\underline{b}^{\mathrm{H}}\right\} = E\left\{\underline{\Phi}^{\mathrm{H}}\underline{x}\,\underline{x}^{\mathrm{H}}\underline{\Phi}\right\} = \underline{\Phi}^{\mathrm{H}}\underline{R}_{xx}\underline{\Phi} \tag{6.28}$$

$$= \begin{bmatrix} \lambda_1 & & \underline{0} \\ & \ddots & \\ \underline{0} & & \lambda_n \end{bmatrix} = \underline{\Lambda} \tag{6.29}$$

$$\underline{R}_{xx} = \underline{\Phi}\,\underline{\Lambda}\,\underline{\Phi}^{\mathrm{H}} \tag{6.30}$$

Die unitäre Matrix $\underline{\Phi}$ bewirkt eine unitäre Ähnlichkeitstransformation der Autokorrelationsmatrix $\underline{R}_{xx}$ in die Diagonalmatrix $\underline{\Lambda}$ ihrer Eigenwerte.

Beispiel 6.2   *Erkennung von Ausreißern bei der automatisierten EKG-Auswertung [21]*

Eine wichtige Anwendung in der Medizintechnik stellt die automatisierte Auswertung von EKG-Daten dar. Dabei ist die Bestimmung des sogenannten QRS-Komplexes ein wichtiger Aspekt. Durch Störeinflüsse kommt es gelegentlich zu Falschmessungen. Diese Ausreißer gilt es zu erkennen, um sie dadurch nicht in der Beurteilung der EKG-Daten zu berücksichtigen. In Bild 6.2 sind QRS-Komplexe dargestellt, die durch eine sogenannte Signal-Extraktions-Matrix (SEM) mathematisch erfasst werden können. Sowohl korrekte QRS-Komplexe, als auch einige Ausreißer sind zu erkennen.

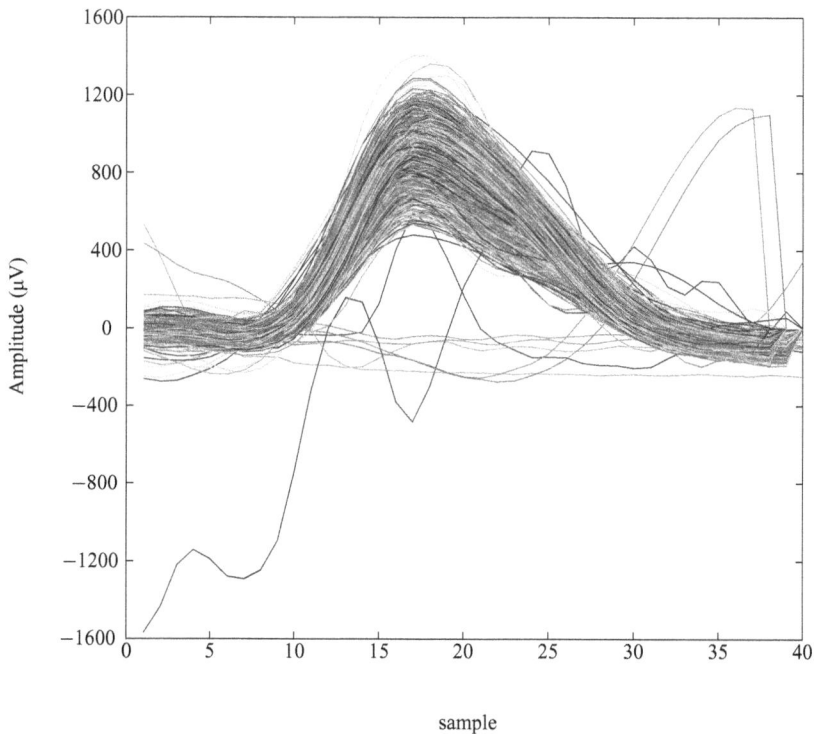

Abbildung 6.2: QRS-Komplexe

Neue Ansätze nutzen hierfür die sogenannte *Principal Component Analysis (PCA)*, die vor allem in der Bildverarbeitung auch unter dem Namen (zeitdiskrete) Karhunen-Loève-Transformation bekannt ist, um Ausreißer zu detektieren und zu eliminieren.

Nachfolgend wird diese Methode vorgestellt:

Es werden M EKG-Signale der Länge N aufgezeichnet. Ein einzelnes Signal entspricht dem Vektor

$$\underline{x}_m = [x_{1m}, \ldots, x_{Nm}]^{\mathrm{T}}, \quad m = 1, \ldots, M.$$

Für M Signale werden die Spaltenvektoren $\underline{x}_m$ zu einer Matrix $\underline{X}$ zusammengefasst, welche die Dimension $N \times M$ hat.

$$\underline{X} = [\underline{x}_1, \ldots, \underline{x}_M] = \begin{bmatrix} x_{11} & \cdots & x_{1M} \\ \vdots & \ddots & \vdots \\ x_{N1} & \cdots & x_{NM} \end{bmatrix}$$

Für jedes EKG-Signal $\underline{x}_m$ wird der Mittelwert

$$\hat{x}_m = \frac{1}{N} \sum_{n=1}^{N} x_{nm}$$

gebildet, und dann von allen Elementen des Vektors $\underline{x}_m$ subtrahiert. Man erhält damit mittelwertfreie EKG-Signalvektoren

$$\underline{z}_m = [x_{1m} - \hat{x}_m, \ldots, x_{Nm} - \hat{x}_m]^T,$$

die zur Matrix

$$\underline{Z} = [\underline{z}_1, \ldots, \underline{z}_M]$$

zusammengefasst werden. Die Matrix $\underline{Z}$ unterscheidet sich von der Matrix $\underline{X}$ dadurch, dass in $\underline{Z}$ alle Spaltenvektoren mittelwertfrei sind. Damit kann die Kovarianzmatrix $\underline{C}_{zz}$ der EKG-Signale als

$$\underline{C}_{zz} = E\left\{\underline{Z}\underline{Z}^H\right\} \approx \frac{1}{N} \underline{Z}\underline{Z}^H$$

berechnet werden. Die Eigenwertmatrix $\underline{\Lambda}_{zz}$ und die Eigenvektormatrix $\underline{\Phi}$ werden berechnet und durch Permutation der Spalten und Zeilen nach fallenden Eigenwerten λ_n sortiert.

$$\lambda_{n'} \leq \lambda_n \quad n' > n$$

Mit Hilfe der Eigenvektormatrix $\underline{\Phi}$ wird die Kovarianzmatrix $\underline{C}_{zz}$ in eine Diagonalmatrix $\underline{\Lambda}_{zz}$ mit gleichen Eigenwerten λ_n abgebildet.

$$\underline{\Lambda}_{zz} = \underline{\Phi}^H \underline{C}_{zz} \underline{\Phi} \approx \underline{\Phi}^H \frac{1}{N} \underline{Z}\underline{Z}^H \cdot \underline{\Phi} = E\left\{\underline{B}\underline{B}^H\right\}$$

Dem entspricht die Karhunen-Loève-Transformation der mittelwertfreien EKG-Signale $\underline{z}_m$ in $\underline{b}_m$.

$$\begin{aligned} \underline{B} = \underline{\Phi}^H \cdot \underline{Z} &= [\underline{b}_1, \ldots, \underline{b}_M] \\ &= \begin{bmatrix} b_{11} & \cdots & b_{1M} \\ \vdots & \ddots & \vdots \\ b_{N1} & \cdots & b_{NM} \end{bmatrix} \end{aligned}$$

Liegen die EKG-Signalverläufe im Schema der Mehrheit aller Verläufe, so konvergieren die Elemente b_{nm} der transformierten Signalvektoren $\underline{b}_m$ mit wachsendem n, da die entsprechenden Energieanteile am Signal mit fallenden Eigenwerten

$$\lambda_n = E\left\{|b_{nm}|^2\right\}$$

abnehmen. Ausreißer-Signale gehorchen dagegen nicht der Statistik der Mehrheit der Verläufe. Bei ihnen werden die Elemente b_{nm} mit wachsendem n nicht konvergieren. Zur Eliminierung der Vorzeichen werden die Elemente quadriert und durch die Eigenwerte geteilt. Damit gelangt man zum Hotelling-T^2-Maß

$$T_m^2 = \sum_{n=1}^{N} \frac{b_{nm}^2}{\lambda_n},$$

bei dem die Summanden b^2 aufgrund der Division durch die λ_n überhöht werden. Das Maß T_m^2 ist bei Ausreißer-Signalen $\underline{b}_m$ größer, da die Elemente b_{nm} nicht konvergieren. Der Hotelling-T^2-Vektor ist dann für alle EKG-Signale

$$\underline{T}^2 = [T_1^2, \dots, T_M^2]^{\mathrm{T}}.$$

Liegen die Maße T_m^2 über einem Schwellwert, so werden die entsprechenden Signalverläufe $\underline{x}_m$ als Ausreißer angesehen und aus dem Datensatz entfernt. Für die Resultate dieses Beispiels setzt sich der Schwellwert aus dem Mittelwert

$$\hat{T}^2 = \frac{1}{M} \sum_{m=1}^{M} T_m^2$$

addiert um die Standardabweichung

$$\sigma_{T^2} = \sqrt{\frac{1}{M-1} \sum_{m=1}^{M} \left(T_m^2 - \hat{T}^2\right)^2}$$

zusammen. Die Bilder 6.3 und 6.4 zeigen den Hotelling-T^2-Vektor und das Ergebnis des Verfahrens für die verwendeten Testdaten. Im Vergleich zu Bild 6.2 erkennt man hier deutlich das Fehlen der fehlerhaften Signalverläufe.

6.1.3   Approximation durch Cosinus-Transformation

Für stark korrelierte Markov-Prozesse $x(n)$ kann die Karhunen-Loève-Transformation durch eine signalunabhängige Transformation approximiert werden.

Das lineare, zeitdiskrete System 1. Ordnung wird von weißem Rauschen $w(n)$ angeregt.

$$x(n) = a \cdot x(n-1) + w(n) \tag{6.31}$$

Das Ausgangssignal $x(n)$ ist dann ein Markov-Prozess (Abschnitt 7.2.4), mit dem der stochastische Prozess modelliert werden soll. Durch iteratives Einsetzen erhält man

$$x(n) = \sum_{i=0}^{N-1} a^i w(n-i). \tag{6.32}$$

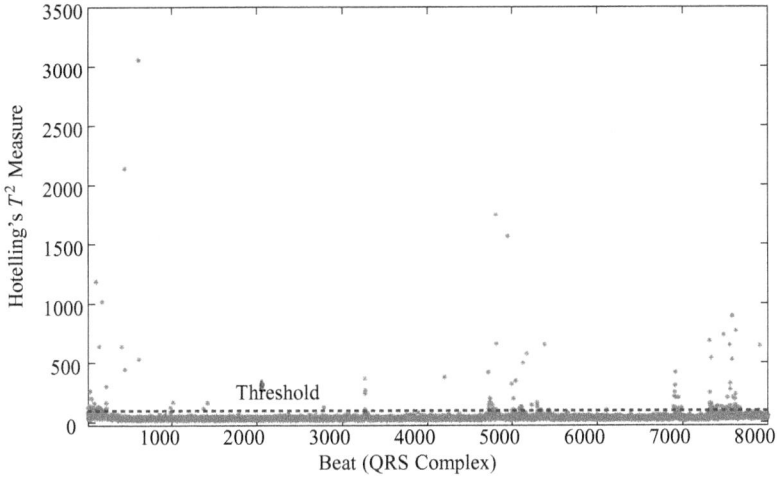

Abbildung 6.3: Schwellwerte

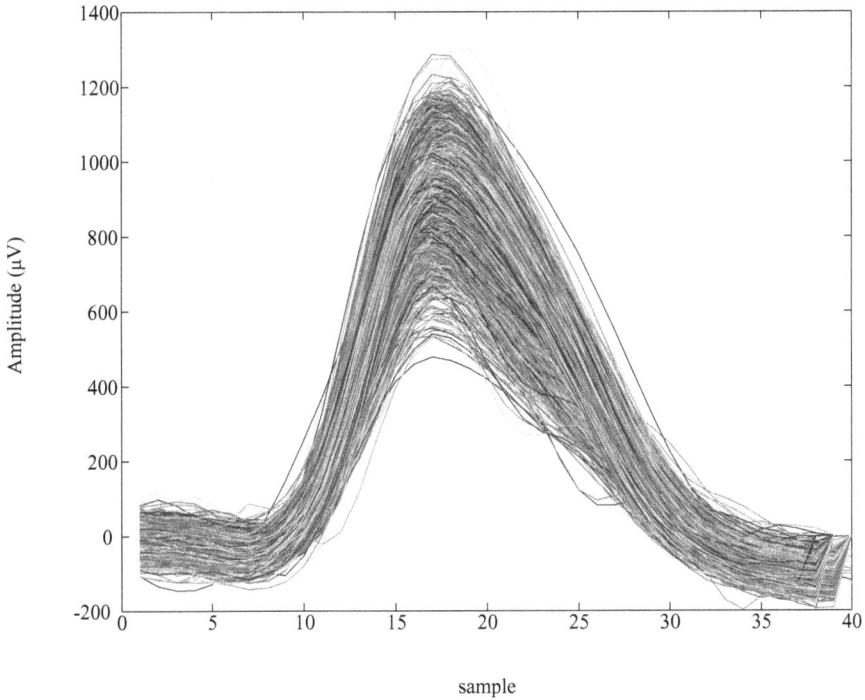

sample

Abbildung 6.4: QRS-Komplexe bereinigt

Bei Mittelwertfreiheit von $x(n)$ ist dessen Autokovarianzmatrix nach Gl. (7.61)

$$\underline{C}_{xx} = \sigma_x^2 \begin{bmatrix} 1 & a & a^2 & \cdots & a^{N-1} \\ a & 1 & a & \cdots & a^{N-2} \\ \vdots & & \ddots & & \vdots \\ a^{N-1} & a^{N-2} & & & 1 \end{bmatrix}, \tag{6.33}$$

welche die Eigenwerte

$$\lambda_i = \frac{1}{1 - 2a \cdot \cos\alpha_i + a^2}, \quad i = 0, \ldots, N-1 \tag{6.34}$$

besitzt, wobei die α_i die reellen, positiven Wurzeln von

$$\tan(N\alpha_i) = -\frac{(1-a^2)\sin\alpha_i}{\cos\alpha_i - 2a + a \cdot \cos\alpha_i} \tag{6.35}$$

sind. Die Komponenten der Eigenvektoren der Karhunen-Loève-Transformation

$$\underline{\varphi}_i = \left[\varphi_i(0) \ \ldots \ \varphi_i(N-1) \right]^{\mathrm{T}} \tag{6.36}$$

sind die Eigenvektoren der Autokovarianzmatrix des Markov-Prozesses

$$\varphi_i(m) = \frac{2}{N + \lambda_i} \cdot \sin\left[\alpha_i\left(m - \frac{N-1}{2}\right) + (i+1)\frac{\pi}{2} \right], \quad i, m = 0, \ldots, N-1. \tag{6.37}$$

Im Folgenden soll die Karhunen-Loève-Transformation durch die diskrete Cosinus-Transformation approximiert werden, um die aufwendige Berechnung der Basisvektoren zu ersparen. Dabei wird vorausgesetzt, dass der stochastische Prozess $x(n)$ stark korreliert, d. h. bei dem als Modell verwendeten Markov-Prozess $0,9 < a < 1$ gilt. Die orthonormalen Basisvektoren der signalunabhängigen Cosinus-Transformation

$$\varphi_i(m) = \sqrt{\frac{2}{N}} \gamma_i \cdot \cos\left((m+1/2)\pi i/N\right) \qquad i, m = 0, 1, \ldots, N-1 \tag{6.38}$$

$$\gamma_i = \begin{cases} 1/\sqrt{2} & \text{für } i = 0, N \\ 1 & \text{sonst} \end{cases}$$

sind die Eigenvektoren von Matrizen der Form

$$\underline{Q} = \begin{bmatrix} (1-b) & -b & & & \underline{0} \\ -b & 1 & \ddots & & \\ & \ddots & \ddots & -b \\ \underline{0} & & & (1-b) \end{bmatrix}. \tag{6.39}$$

Formt man die inverse Autokovarianzmatrix des Markov-Prozesses 1. Ordnung

$$\underline{C}_{xx}^{-1} = \frac{1}{\sigma_x^2(1-a^2)} \cdot \begin{bmatrix} 1 & -a & & & \underline{0} \\ -a & 1+a^2 & \ddots & & \\ & \ddots & \ddots & -a \\ \underline{0} & & -a & 1 \end{bmatrix} \tag{6.40}$$

um in

$$C_{xx}^{-1} = \frac{1+a^2}{\sigma_x^2(1-a^2)} \cdot \begin{bmatrix} \left(1 - \frac{a^2}{1+a^2}\right) & \frac{-a}{1+a^2} & & & \underline{0} \\ \frac{-a}{1+a^2} & 1 & \ddots & & \\ & \ddots & \ddots & & \frac{-a}{1+a^2} \\ \underline{0} & & & \frac{-a}{1+a^2} & \left(1 - \frac{a^2}{1+a^2}\right) \end{bmatrix}, \tag{6.41}$$

dann gilt für $0,9 < a < 1$ näherungsweise

$$b = \frac{a}{1+a^2} \approx \frac{a^2}{1+a^2} \tag{6.42}$$

und damit die Ähnlichkeit der Matrix $\underline{Q}$ und der inversen Autokovarianzmatrix des stochastischen Prozesses $x(n)$

$$C_{xx}^{-1} \approx \underline{Q} \cdot \frac{1+a^2}{1-a^2}. \tag{6.43}$$

Es gelten folgende Zusammenhänge:

1. Eine Matrix und ihre Inverse haben dieselben Eigenvektoren.

2. Die Multiplikation einer Matrix mit einem konstanten Faktor ändert ihre Eigenvektoren nicht.

Beweis 6.1

Die Eigenwertgleichung der Matrix $\underline{A}$ lautet:

$$\underline{A} \cdot \underline{v}_i = \lambda_i \cdot \underline{v}_i \tag{6.44}$$

1. Gl. (6.44) wird von links mit $\underline{A}^{-1} \cdot \lambda_i^{-1}$ multipliziert:

$$\lambda_i^{-1} \cdot \underline{v}_i = \underline{A}^{-1} \cdot \underline{v}_i \tag{6.45}$$

Dies ist die Eigenwertgleichung der inversen Matrix $\underline{A}^{-1}$. Sie wird für dieselben Eigenvektoren $\underline{v}_i$ erfüllt. Die Eigenwerte von $\underline{A}^{-1}$ sind die Kehrwerte der Eigenwerte von $\underline{A}$.

2. Gl. (6.44) wird mit $s \in \mathbb{R} \setminus \{0\}$ multipliziert:

$$s\underline{A} \cdot \underline{v}_i = s\lambda_i \cdot \underline{v}_i \tag{6.46}$$

Dies ist die Eigenwertgleichung der Matrix $s\underline{A}$. Sie wird für dieselben Eigenvektoren $\underline{v}_i$ erfüllt. Die Eigenwerte von $s\underline{A}$ unterscheiden sich von den Eigenwerten von $\underline{A}$ um den Faktor s.

Somit haben die Autokovarianzmatrix des stochastischen Prozesses $\underline{C}_{xx}$, deren Inverse $\underline{C}_{xx}^{-1}$ und die Matrix $\underline{Q}$ für $0{,}9 < a < 1$ dieselben Eigenvektoren. Daher können die Basisvektoren der Karhunen-Loève-Transformation in diesem Fall durch die Basisvektoren der Cosinus-Transformation approximiert werden. Der zu transformierende stochastische Prozess $x(n)$ muss dabei wegen $0{,}9 < a < 1$ eine hohe Korrelation der aufeinanderfolgenden Abtastwerte aufweisen. Dies ist zum Beispiel in der Bild-Codierung gegeben. Die Cosinus-Transformation ist damit eine signalunabhängige Approximation der Karhunen-Loève-Transformation.

Beispiel 6.3 *Bild-Codierung*

Zur Bildübertragung wird das Bild in $N \times N$ große Blöcke unterteilt (siehe Abb. 6.5), die jeder für sich transformiert werden. Die Amplitude

$$x(n,m), \quad n,m = 0, \ldots, N-1$$

gibt den Grauwert der Pixel in einem Block an. Die zweidimensionale Cosinus-Transformation ist

$$y(i,j) = \sum_{n=0}^{N-1}\sum_{m=0}^{N-1} x(n,m)\,\underline{\varphi}_i^*(n)\,\underline{\varphi}_j^{\mathrm{H}}(m)\,.$$

Der zweidimensionale Transformationskern wird als Produkt der eindimensionalen Basisvektoren der Cosinus-Transformation gebildet. Das Spektrum $y(i,j)$ (Repräsentant) wird quantisiert und kodiert. Dazu benutzt man meist so genannte Quantisierungstafeln $q(i,j)$, die hohe Frequenzanteile mehr oder weniger stark unterdrücken.

$$y_q(i,j) = \left\lfloor \frac{y(i,j)}{q(i,j)} \right\rfloor$$

Die Quantisierungstafel q sollte dabei in die Empfindlichkeit der menschlichen Wahrnehmung der entsprechenden Ortsfrequenzen beeinflussen. Da die menschliche Wahrnehmung für grobe Strukturen (kleine Ortsfrequenzen) empfindsamer ist, sollte die Quantisierung für größere Ortsfrequenzen gröber werden. Die Rekonstruktion des Bildes erfolgt mittels einer Requantisierung

$$y_r(i,j) = y_q(i,j) \cdot q(i,j)$$

und einer inversen DCT.

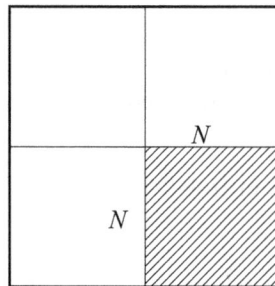

Abbildung 6.5: Blockeinteilung bei der Bildübertragung

In Abb. 6.6 sieht man, dass nach der Transformation und der Quantisierung das Spektrum viele Nullelemente enthält. Eine solche Matrix kann z. B. mit einem Huffman-Code gut komprimiert werden. Bei der Übertragung oder Speicherung der Spektralwerte kann man sich auf die $y_q(i,j)$ beschränken, bei denen die Eigenwerte λ_i oder λ_j groß sind. Das Signal wird dadurch nur wenig verfälscht. Bei der Rekonstruktion wird entsprechend nur über die Basisfunktionen $\varphi_i(n)$ bzw. $\varphi_j(m)$ mit großen Eigenwerten λ_i bzw. λ_j summiert.

$$x(n,m) = \sum_{\substack{i=0 \\ \lambda_i > \lambda_g}}^{N-1} \sum_{\substack{j=0 \\ \lambda_j > \lambda_g}}^{N-1} y_q(i,j)\,\underline{\varphi}_i(n)\,\underline{\varphi}_j^{\mathrm{T}}(m)$$

Abb. 6.6 zeigt außerdem das mittels der inversen DCT aus dieser Matrix rekonstruierte Bild.

Das beschriebene Verfahren ist die Basis für die Datenkompressionsverfahren JPEG und MPEG. Die Zerlegung des Bildes in kleine Unterbilder führt zu der für JPEG-Bilder charakteristischen Kachelstruktur bei hohen Kompressionsraten. Scharfe Kanten werden deutlich weichgezeichnet.

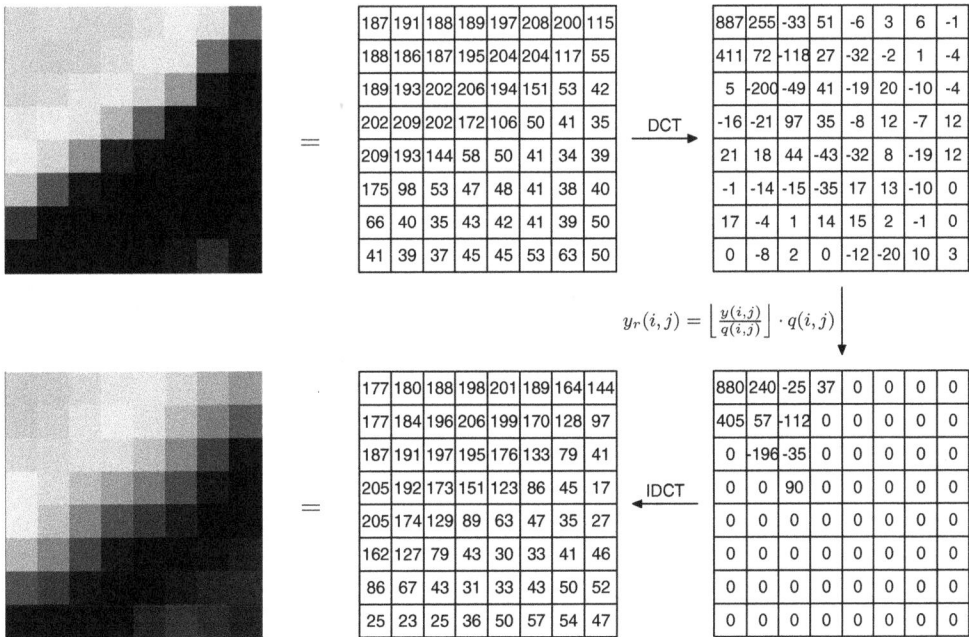

Eingangs-Teilbild:

187	191	188	189	197	208	200	115
188	186	187	195	204	204	117	55
189	193	202	206	194	151	53	42
202	209	202	172	106	50	41	35
209	193	144	58	50	41	34	39
175	98	53	47	48	41	38	40
66	40	35	43	42	41	39	50
41	39	37	45	45	53	63	50

$\xrightarrow{\text{DCT}}$

887	255	-33	51	-6	3	6	-1
411	72	-118	27	-32	-2	1	-4
5	-200	-49	41	-19	20	-10	-4
-16	-21	97	35	-8	12	-7	12
21	18	44	-43	-32	8	-19	12
-1	-14	-15	-35	17	13	-10	0
17	-4	1	14	15	2	-1	0
0	-8	2	0	-12	-20	10	3

$$y_r(i,j) = \left\lfloor \frac{y(i,j)}{q(i,j)} \right\rfloor \cdot q(i,j)$$

177	180	188	198	201	189	164	144
177	184	196	206	199	170	128	97
187	191	197	195	176	133	79	41
205	192	173	151	123	86	45	17
205	174	129	89	63	47	35	27
162	127	79	43	30	33	41	46
86	67	43	31	33	43	50	52
25	23	25	36	50	57	54	47

$\xleftarrow{\text{IDCT}}$

880	240	-25	37	0	0	0	0
405	57	-112	0	0	0	0	0
0	-196	-35	0	0	0	0	0
0	0	90	0	0	0	0	0
0	0	0	0	0	0	0	0
0	0	0	0	0	0	0	0
0	0	0	0	0	0	0	0
0	0	0	0	0	0	0	0

Abbildung 6.6: *JPEG-Transformation eines 8×8-Teilbildes*

6.2   Matched Filter

Das Matched Filter bewirkt ein maximales Signal-zu-Störverhältnis. Dazu wird die Autokorrelationsmatrix des Eingangssignals bestimmt. Der zum größten Eigenwert gehörige Eigenvektor ist die gesuchte Impulsantwort des Filters.

6.2.1   Maximierung des Signal-Störverhältnisses

Ein Signal $x(n)$ sei von Störungen $e(n)$ additiv überlagert. Die Impulsantwort g des Matched Filters soll so bestimmt werden, dass das Verhältnis von Signal- zu Rauschleistung in $\hat{y}(n)$ maximal sein soll (siehe Bild 6.7). Die Vektoren des zeitdiskreten Eingangssignals, Störsignals

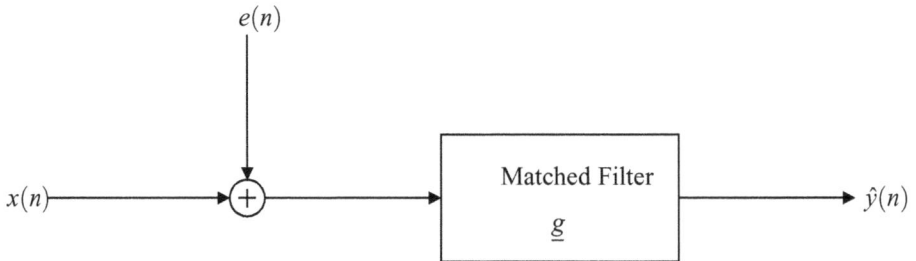

Abbildung 6.7: *Matched Filter*

und der gesuchten Impulsantwort sind

$$\underline{x}(n) = \left[x(n)\ x(n-1)\ \ldots\ x(n-K+1) \right]^{\mathrm{T}} \tag{6.47}$$

$$\underline{e}(n) = \left[e(n)\ e(n-1)\ \ldots\ e(n-K+1) \right]^{\mathrm{T}} \tag{6.48}$$

$$\underline{g} = \left[g(0)\ g(1)\ g(2)\ \ldots\ g(K-1) \right]^{\mathrm{T}}. \tag{6.49}$$

Das Ausgangssignal berechnet sich aus der Faltung der Impulsantwort mit dem Eingangssignal. Dies wird für N diskrete Zeitpunkte notiert.

$$\hat{y}(n) = \underline{x}^{\mathrm{T}}(n) \cdot \underline{g} + \underline{e}^{\mathrm{T}}(n) \cdot \underline{g} \tag{6.50}$$

$$\vdots$$

$$\hat{y}(n-N+1) = \underline{x}^{\mathrm{T}}(n-N+1) \cdot \underline{g} + \underline{e}^{\mathrm{T}}(n-N+1) \cdot \underline{g} \tag{6.51}$$

Damit laufen die Indizes des Eingangssignals $x(n-k)$ und des Fehlers $e(n-k)$ in Gegenrichtung zum Index der Impulsantwort $g(k)$. Insgesamt gilt

$$\underline{\hat{y}}(n) = \underline{X}(n) \cdot \underline{g} + \underline{E}(n) \cdot \underline{g}. \tag{6.52}$$

Dabei sind die beiden Matrizen

$$\underline{X}(n) = \begin{bmatrix} x(n) & \cdots & x(n-K+1) \\ \vdots & & \vdots \\ x(n-N+1) & \cdots & x(n-N-K+2) \end{bmatrix} \tag{6.53}$$

$$\underline{E}(n) = \begin{bmatrix} e(n) & \cdots & e(n-K+1) \\ \vdots & & \vdots \\ e(n-N+1) & \cdots & e(n-N-K+2) \end{bmatrix}.$$ (6.54)

Die Leistung des Ausgangssignals $\hat{y}(n)$ ergibt sich aus der Signalenergie geteilt durch das Zeitfenster N.

$$P_y = P_x + P_e = \frac{1}{N}\hat{\underline{y}}^T(n)\hat{\underline{y}}(n) = \frac{1}{N}\underline{g}^T\underline{X}^T(n)\underline{X}(n)\underline{g} + \frac{1}{N}\underline{g}^T\underline{E}^T(n)\underline{E}(n)\underline{g}$$ (6.55)

Das Matrizenprodukt

$$\frac{1}{N}\underline{X}^T(n)\underline{X}(n)$$

$$= \frac{1}{N}\begin{bmatrix} x(n) & \cdots & x(n-N+1) \\ \vdots & & \vdots \\ x(n-K+1) & \cdots & x(n-K-N+2) \end{bmatrix}$$

$$\cdot \begin{bmatrix} x(n) & \cdots & x(n-K+1) \\ \vdots & & \vdots \\ x(n-N+1) & \cdots & x(n-N-K+2) \end{bmatrix}$$ (6.56)

ist gerade die Schätzung der Autokorrelationsmatrix $\hat{\underline{R}}_{xx}$ des Eingangssignals. Dabei ist ein Element die Autokorrelation für die zeitdiskrete Verschiebung i

$$\hat{r}_{xx}(i) = \frac{1}{N}\sum_{j=0}^{N-1} x(n-j)x(n-i-j)$$ (6.57)

und

$$\hat{\underline{R}}_{xx} = \frac{1}{N}\underline{X}^T(n)\underline{X}(n).$$ (6.58)

Entsprechend ist die Schätzung der Autokovarianzmatrix der Störung

$$\hat{\underline{C}}_{ee} = \frac{1}{N}\underline{E}^T(n)\underline{E}(n),$$ (6.59)

wobei das Signal $x(n)$ und die Störung $e(n)$ unkorreliert sein sollen. Deshalb treten in Gleichung (6.55) keine Kreuzterme auf. Zum Beispiel ist

$$\hat{r}_{xe}(i) = \frac{1}{N}\sum_{j=0}^{N-1} x(n-j)e(n-i-j) \approx 0.$$ (6.60)

Das Rauschen sei weiß, das heißt es gilt

$$\underline{C}_{ee} = \sigma_e^2\underline{I}.$$ (6.61)

Das Verhältnis von Signal- zu Störleistung (SNR $\hat{=}$ Signal to Noise Ratio) im gefilterten Signal $\hat{y}(n)$ ist

$$\text{SNR} = \frac{g^T \hat{\underline{R}}_{xx} \underline{g}}{\sigma_e^2 \underline{g}^T \underline{g}} \,. \tag{6.62}$$

In der Matrizenrechnung ist dieser Ausdruck als Rayleigh-Koeffizient bekannt. Die Norm $\underline{g}^T \underline{g}$ der gesuchten Impulsantwort $\underline{g}$ steht im Zähler und im Nenner. Sie geht deshalb nicht in das SNR ein und kann auf die Signalenergie 1 normiert werden.

$$\|\underline{g}\|^2 = \underline{g}^T \underline{g} = 1 \quad \text{bzw.} \quad \left(\underline{g}^T \underline{g} - 1\right) = 0 \tag{6.63}$$

Der Maximalwert des SNR wird über die Differentiation nach der gesuchten Impulsantwort $\underline{g}$ berechnet, wobei die Nebenbedingung Gl. (6.63) mit dem Lagrange-Faktor λ eingeführt wird.

$$\frac{1}{\sigma_e^2} \left(\underline{g}^T \hat{\underline{R}}_{xx} \underline{g} - \lambda \left(\underline{g}^T \underline{g} - 1\right)\right) \quad \rightarrow \quad \max \tag{6.64}$$

Die Ableitung nach $\underline{g}$ ist

$$\hat{\underline{R}}_{xx} \underline{g} - \lambda \underline{g} = \underline{0} \,. \tag{6.65}$$

Aus dem Optimierungsproblem ist ein Eigenwertproblem geworden. Der Lagrange-Faktor λ entspricht den Eigenwerten der Autokorrelationsmatrix $\hat{\underline{R}}_{xx}$, und die gesuchte Impulsantwort ist der dazugehörige Eigenvektor. Multipliziert man die Gleichung von links mit $\underline{g}^T$, so erhält man für den größten Eigenwert λ_{max}

$$\underline{g}_{max}^T \hat{\underline{R}}_{xx} \underline{g}_{max} = \lambda_{max} \underbrace{\underline{g}_{max}^T \underline{g}_{max}}_{=1} = \text{SNR}_{max} \cdot \sigma_e^2 \,. \tag{6.66}$$

Das größte Signal-Störleistungsverhältnis erhält man für den größten Eigenwert $\lambda_{max} = \max_i \{\lambda_i\}$ der Autokorrelationsmatrix. Die gesuchte Impulsantwort $\underline{g}_{max}$ ist der zu λ_{max} gehörende Eigenvektor.

6.2.2 Korrelations-Empfänger

Im Folgenden soll nur ein einzelner Ausgangswert $\hat{y}(n)$ des Matched Filters betrachtet werden. Dieser soll genau dann maximal sein, wenn das bekannte Eingangssignal $\underline{x}(n)$ empfangen wird. Eine Anwendung dafür ist ein Radarsystem, das ein bekanntes Signal $\underline{x}(n)$ aussendet und nach einer Laufzeit das reflektierte und stark gedämpfte Signal $a \cdot \underline{x}(n)$ empfängt. Dazu soll das Signal-Störverhältnis maximal sein. Der Ausgangswert ist

$$\hat{y}(n) = a \cdot \underline{x}^T(n) \cdot \underline{g} \,. \tag{6.67}$$

Dies entspricht der Faltungssumme

$$\hat{y}(n) = a \cdot \sum_{k=0}^{K-1} x(n-k)g(k) = a \cdot \langle \underline{g}, \underline{x}(n) \rangle \,. \tag{6.68}$$

Nach der Schwarzschen Ungleichung (Anhang A.4) ist das Innenprodukt

$$|\langle \underline{g},\underline{x}\rangle|^2 \le \|\underline{g}\|^2 \cdot \|\underline{x}\|^2 \tag{6.69}$$

maximal, wenn $\underline{g} = c\underline{x}$ gilt, d. h. wenn die Impulsantwort gerade proportional zum Eingangssignal ist.

Die Impulsantwort $\underline{g}$ wird auf die Signalenergie 1 normiert:

$$E_g = \underline{g}^{\mathrm{T}}\underline{g} = c^2\underline{x}(n)^{\mathrm{T}}\underline{x}(n) = c^2 E_x \overset{!}{=} 1 \quad \Rightarrow \quad c = \sqrt{\frac{1}{E_x}} \tag{6.70}$$

Aus der Proportionalität

$$\underline{g} = \sqrt{\frac{1}{E_x}} \cdot \underline{x}(n) \tag{6.71}$$

folgt

$$\left[g(0)\ g(1)\ \cdots\ g(K-1)\right]^{\mathrm{T}} = \sqrt{\frac{1}{E_x}} \cdot \left[x(n)\ x(n-1)\ \cdots\ x(n-K+1)\right]^{\mathrm{T}}. \tag{6.72}$$

Die Impulsantwort $\underline{g}$ des gesuchten Matched-Filters ist gerade gleich dem zu empfangenden Nutzsignal $\underline{x}(n)$, wobei die Richtung des Zeitindex vertauscht ist. Man sendet z. B. bei einem Radarsystem zum Zeitpunkt $n = 0$ einen bekannten charakteristischen Signalverlauf $\underline{x}(0)$ aus. Nach der diskreten Laufzeit m kehrt das reflektierte Signal $a \cdot \underline{x}(n-m)$ zum Empfänger zurück. Die gesuchte Impulsantwort $\underline{g}$ ist nach Gl. (6.72) gleich dem Sendesignal. Lediglich die Reihenfolge k der Werte ist vertauscht.

$$g(k) = \sqrt{\frac{1}{E_x}} \cdot x(-k) \tag{6.73}$$

Das reflektierte Signal $a \cdot \underline{x}(n-m)$ wird stark gedämpft empfangen. Die Filterung mit dem Matched Filter $\underline{g}$ entspricht der Autokorrelation des Sendesignals $\underline{x}(0)$ mit dem Empfangssignal $a \cdot \underline{x}(n-m)$.

Das Ausgangssignal des Matched Filters ist die Faltung des Empfangssignals mit der Impulsantwort

$$\hat{y}(n) = a \sum_{k=0}^{K-1} x(n-m-k)g(k), \tag{6.74}$$

in die Gl. (6.73) eingesetzt wird

$$\hat{y}(n) = a \cdot \sqrt{\frac{1}{E_x}} \cdot \sum_{k=0}^{K-1} x(n-m-k)x(-k). \tag{6.75}$$

Man erhält als Ausgangssignal die Autokorrelation des Sendesignals

$$\hat{y}(n) = a \cdot \sqrt{\frac{1}{E_x}} \cdot r_{xx}(n-m), \tag{6.76}$$

die gerade für $n = m$ ihr Maximum aufweist. Das Sendesignal $x(n)$ wird so gewählt, dass seine Autokorrelation $r_{xx}^E(k)$ ein ausgeprägtes Maximum im Ursprung $k = 0$ besitzt. Im Empfangszeitpunkt $n = m$ springt $\hat{y}(n)$ auf dieses Maximum. Damit wird der Empfang nach der diskreten Laufzeit m über das nach dort verschobene Maximum der Autokorrelationsfunktion erkannt. Aus der Laufzeit kann mit Hilfe der Lichtgeschwindigkeit die Entfernung des Objektes berechnet werden, das das Signal reflektiert hat.

Beispiel 6.4 *Barker-Code*

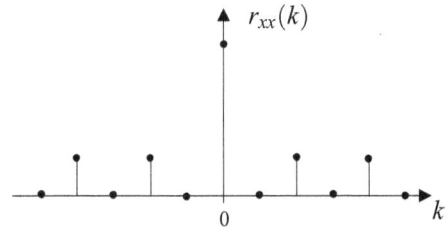

Für die Radartechnik sind binäre Signale mit den normierten Amplituden ± 1 entwickelt worden, deren Autokorrelationsfunktion $r_{xx}^E(k)$ für $k = 0$ möglichst groß sein soll, und die im Übrigen mit möglichst kleinen Nebenmaxima für $k \to \pm\infty$ schnell gegen Null gehen soll. Man spricht von Pulskompression. Der Amplitudengang $|X_N(f)|$ des Barker-Codes ist im Nyquistband $f < \frac{f_A}{2}$ dem des weißen Rauschens ähnlich. Abb. 6.8 zeigt den Barker-Code $x_N(t)$ der Länge $N = 5$ und seine Autokorrelation $r_{xx}(k)$.

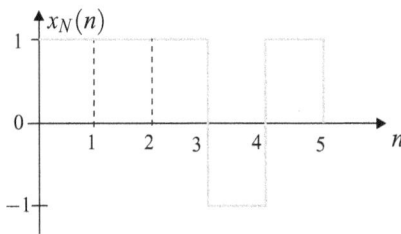

Barker-Code $x_N(t)$ Autokorrelation $r_{xx}(k)$ des Barker-Codes

Abbildung 6.8: Barker-Code der Länge $N = 5$

6.2.3 Orthogonale Regression

Ziel dieses Abschnittes ist es, den Zusammenhang zwischen dem Matched Filter und der Minimierung der Fehlerquadrate aufzuzeigen. Im Gegensatz zum Matched Filter soll bei der orthogonalen Regression das Eingangssignal $x(n)$ möglichst gut unterdrückt werden. Das Ausgangssignal ist wiederum die Faltung der Impulsantwort mit dem Eingangssignal

$$\hat{y}(n) = \underline{x}^T(n)\underline{g} + \underline{e}^T(n)\underline{g} = r(n) + \underline{e}^T(n)\underline{g}. \tag{6.77}$$

Die aus dem Eingangssignal herrührenden Restwerte $r(n)$ sollen möglichst klein sein. Mehrere Ausgangswerte werden zu einem Vektor zusammengefasst, der Werte $y(n-i)$ enthält $(i = 0,\ldots,N-1)$.

$$\underline{\hat{y}}(n) = \underline{X}(n)\underline{g} + \underline{E}(n)\underline{g} = \underline{r}(n) + \underline{E}(n)\underline{g} \tag{6.78}$$

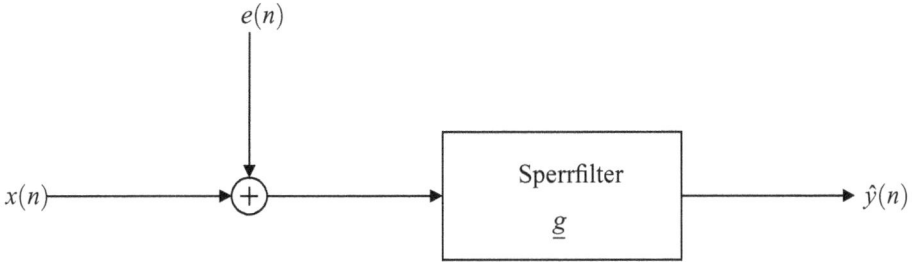

Abbildung 6.9: *Sperrfilter*

Die Leistung des Ausgangssignals ist nach Gl. (6.55)

$$P_y = \frac{1}{N}\hat{\underline{y}}^T(n)\hat{\underline{y}}(n) = \underline{g}^T\frac{1}{N}\underline{X}^T(n)\underline{X}(n)\underline{g} + \underline{g}^T\frac{1}{N}\underline{E}^T(n)\underline{E}(n)\underline{g} \tag{6.79}$$

$$= \underline{g}^T\hat{\underline{R}}_{xx}\underline{g} + \underline{g}^T\hat{\underline{C}}_{ee}\underline{g} \qquad \text{mit } \hat{\underline{C}}_{ee} = \sigma_e^2\underline{I}, \underline{g}^T\underline{g} = 1 \tag{6.80}$$

$$= \frac{1}{N}\underline{r}^T(n)\underline{r}(n) + \sigma_e^2 = P_x + P_e. \tag{6.81}$$

Die gewünschte minimale Eingangssignalleistung P_x im Ausgangssignal erhält man für

$$\frac{1}{N}\underline{r}^T(n)\underline{r}(n) = \underline{g}^T\hat{\underline{R}}_{xx}\underline{g} \quad \rightarrow \quad \min. \tag{6.82}$$

Für den kleinsten Eigenwert von $\hat{\underline{R}}_{xx}$

$$\lambda_{\min} = \min_i\{\lambda_i\} = \underline{g}_{\min}^T\hat{\underline{R}}_{xx}\underline{g}_{\min} \tag{6.83}$$

ist entsprechend Gl. (6.66) das SNR minimal. Die gesuchte Impulsantwort $\underline{g}_{\min}$ des Sperrfilters ist der dazugehörige Eigenvektor. In Abb. 6.10 ist dies grafisch dargestellt. Die Innenprodukte in Gl. (6.78)

$$\underline{x}^T(n-i) \cdot \underline{g} = r(n-i) \tag{6.84}$$

sind die Projektionen von $\underline{x}(n-i)$ auf g. Die Summe der Quadrate über alle i ist

$$\frac{1}{N}\underline{r}^T(n)\underline{r}(n) = \frac{1}{N}\sum_{i=0}^{N-1}r^2(n-i) \tag{6.85}$$

$$= \frac{1}{N}\sum_{i=0}^{N-1}\underline{g}^T\underline{x}(n-i)\underline{x}^T(n-i)\underline{g} \tag{6.86}$$

$$= \underline{g}^T\left[\frac{1}{N}\sum_{i=0}^{N-1}\underline{x}(n-i)\underline{x}^T(n-i)\right]\underline{g} = \underline{g}^T\hat{\underline{R}}_{xx}\underline{g}. \tag{6.87}$$

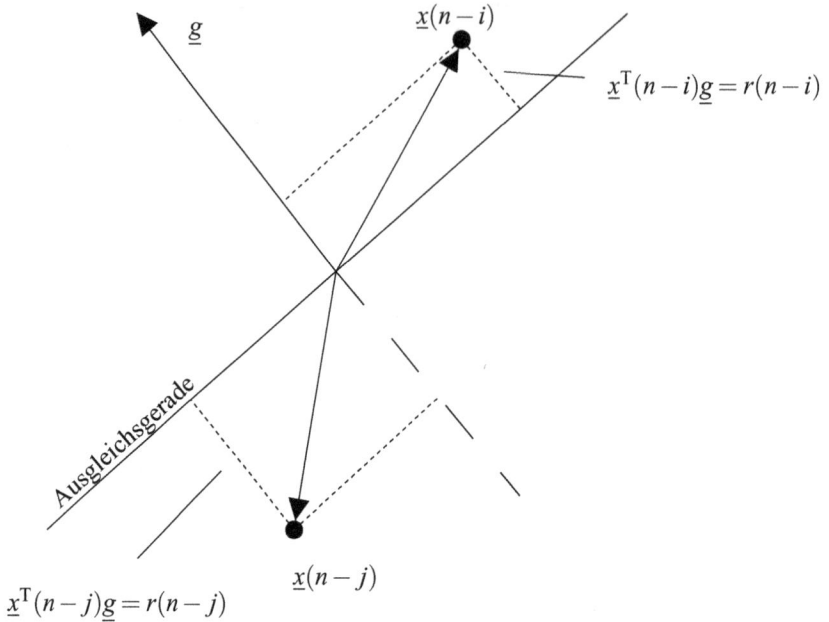

Abbildung 6.10: *Projektion des Eingangssignals auf die Impulsantwort (K = 2)*

Dabei wird die Autokorrelationsmatrix über N Abtastwerte approximiert.

$$\hat{\underline{R}}_{xx} = \frac{1}{N} \begin{bmatrix} \sum_{i=0}^{N-1} x(n-i)x(n-i) & \cdots & \sum_{i=0}^{N-1} x(n-i)x(n-i-K+1) \\ \vdots & & \vdots \\ \sum_{i=0}^{N-1} x(n-i-K+1)x(n-i) & \cdots & \sum_{i=0}^{N-1} x(n-i-K+1)x(n-i-K+1) \end{bmatrix}$$ (6.88)

$$= \begin{bmatrix} \hat{r}_{xx}(0) & \cdots & \hat{r}_{xx}(K-1) \\ \vdots & & \vdots \\ \hat{r}_{xx}(-K+1) & \cdots & \hat{r}_{xx}(0) \end{bmatrix}$$ (6.89)

Die Minimierung der Summe der Quadrate

$$\sum_{i=0}^{N-1} r^2(n-i) \quad \rightarrow \quad \min$$ (6.90)

entspricht dem Eigenwertproblem

$$\underline{g}^T \hat{\underline{R}}_{xx} \underline{g} \quad \rightarrow \quad \min.$$ (6.91)

Die am Ausgang des Sperrfilters erscheinenden Restwerte $r(n-i)$ des Eingangssignals $x(n)$ sind in der Quadratsumme minimal. Da die $r(n-i)$ auf $\underline{g}$ projiziert werden und $\underline{g}$ senkrecht auf der Ausgleichsgeraden steht, nennt man das Verfahren „orthogonale Regression". Man erkennt die Ähnlichkeit zur Minimierung der Fehlerquadrate beim Least-Squares-Schätzer (Abschnitt 8.1).

7   Begriffe der Schätztheorie

Jeder Signalverarbeitung geht zunächst die Messung der zu betrachtenden physikalischen Größe voraus. In Abbildung 7.1(a) ist ein allgemeines Messsystem dargestellt, Abbildung 7.1(b) zeigt den häufig auftretenden (bzw. angenommenen) Sonderfall einer additiv überlagerten Störung $e(t)$. Hierbei ist $u(t)$ die zu messende Größe, $y(t)$ ist das Messergebnis, das zur Verfügung steht. Dieses weicht bei realen Messsystemen selbst dann von $u(t)$ ab, wenn keine äußeren Störungen $e(t)$ auftreten.

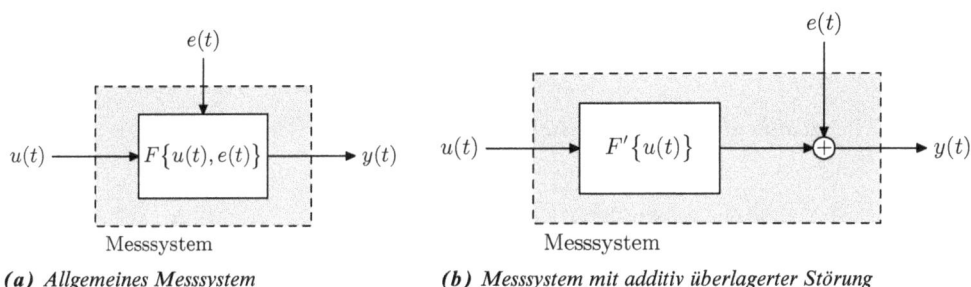

(a) *Allgemeines Messsystem*   (b) *Messsystem mit additiv überlagerter Störung*

Abbildung 7.1: *Messung einer physikalischen Größe*

Das Ziel einer guten Signalverarbeitung ist es, zunächst aus den gemessenen Größen $y(t)$ die wahre physikalische Größe $u(t)$ mithilfe von Schätzalgorithmen so gut wie möglich zu rekonstruieren. Um dabei möglichst gute Ergebnisse erzielen zu können, sollte unbedingt das *gesamte* Wissen verwendet und in Form eines *Modells* formuliert werden:

- Wissen über den erwarteten Signalverlauf (z. B. konstant, linear, sinusförmig)
- Wissen über Verfälschungen durch das Messsystem
- Wissen über externe Fehlereinflüsse

Im Folgenden sollen zuerst die Unterschiede zwischen Kompensation, Filterung und Schätzung erläutert werden. Bei der Schätzung benötigt man Signal- und Fehlermodelle, die in Abschnitt 7.2 vorgestellt werden. Abschließend werden in Abschnitt 7.3 Kriterien zur Beurteilung der Güte von Schätzalgorithmen vorgestellt, mit denen unterschiedliche Schätzer verglichen werden können.

7.1   Unterdrückung von Störgrößen

Zur Unterdrückung von Störgrößen gibt es unterschiedliche Ansätze.

7.1.1   Störgrößen-Kompensation

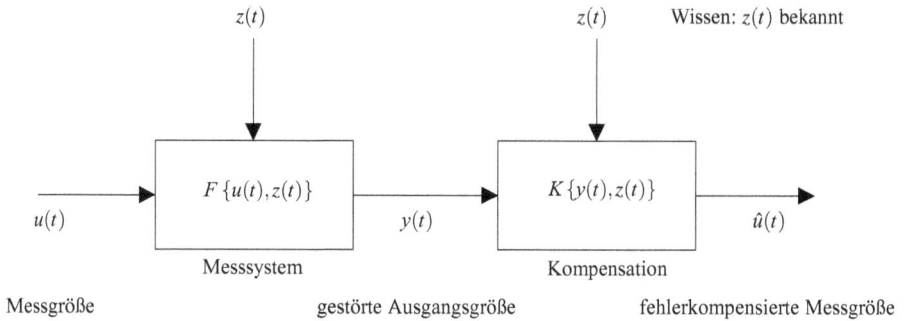

Abbildung 7.2: *Kompensation einer Störung*

Wenn die Störgröße $z(t)$ systematisch ist, kann man sie durch eine Kompensation herausfiltern. Dazu muss $z(t)$ bekannt sein.

Beispiel 7.1   *Additiv überlagerte Sinusschwingung*

$$y(t) = u(t) + z_0 \cdot \sin(2\pi f t + \varphi)$$

Die Störgröße sei systematisch, d. h. durch längere Beobachtung hat man z_0, f, φ eindeutig bestimmt. Die Kompensation könnte dann durch weitere Überlagerung einer um π phasenverschobenen Sinusschwingung gleicher Amplitude z_0, Frequenz f und Grundphase φ erfolgen. Das fehlerkompensierte Signal ist damit

$$\hat{u}(t) = y(t) + z_0 \cdot \sin(2\pi f t + \varphi + \pi)$$
$$= u(t) + z_0 \cdot \sin(2\pi f t + \varphi) + z_0 \cdot \underbrace{\sin(2\pi f t + \varphi + \pi)}_{=-\sin(2\pi f t + \varphi)} = u(t)$$

Eine praktische Anwendung ist die Geräuschkompensation im Flugzeug: Messen des Störgeräusches, Kompensation durch Abstrahlen eines um $180°$ phasenverschobenen Geräusches in den Kopfhörern der Piloten.

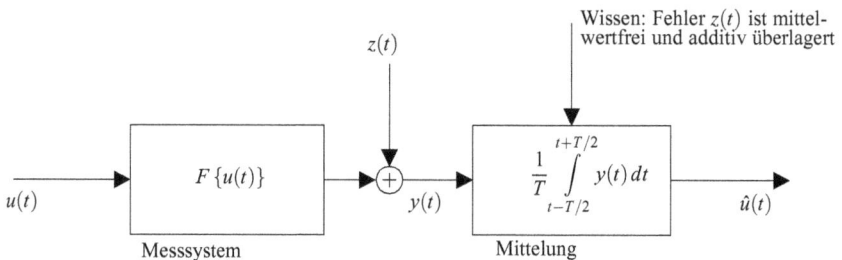

Abbildung 7.3: *Mittelwertbildung zur Beseitigung einer Störung*

7.1.2 Mittelwertbildung

Bei additiv überlagerten, mittelwertfreien Störgrößen können diese durch eine Mittelwertbildung unterdrückt werden.

Beispiel 7.2 *Additiv überlagerte Cosinusschwingung*

$$y(t) = u(t) + z_0 \cdot \cos(2\pi f t + \varphi)$$

Es sei lediglich bekannt, dass $z(t)$ mittelwertfrei und additiv überlagert sei. z_0, f und φ seien unbekannt. Die Mittelwertbildung ergibt

$$\hat{u}(t) = \frac{1}{T} \int\limits_{t-T/2}^{t+T/2} u(t)dt + \frac{z_0}{T} \int\limits_{t-T/2}^{t+T/2} \cos(2\pi f t + \varphi)dt$$

$$= r_T(t) * u(t) + z_0 \underbrace{\frac{\sin(\pi f T)}{\pi f T}}_{\approx 0 \text{ für } \pi f T \gg 1} \cos(2\pi f t + \varphi)$$

Die Mittelwertbildung kann akzeptiert werden, wenn $u(t)$ im Wesentlichen Frequenzbestandteile enthält, die kleiner als $1/(2T)$ sind.

7.1.3 Schätzung

Bei der Schätzung ist noch weniger Vorwissen über die Störung verfügbar. Man setzt ein Modell für das Signal $y(t)$ und für die Störung $e(t)$ an.

Zum Entwurf eines Schätzfilters mit der Impulsantwort $g(t)$ benötigt man eine ausreichend genaue Beschreibung über

- die Anzeigegröße $y(t)$ ohne Störung,
- die Eigenschaften des Fehlers $e(t)$.

Diese Beschreibung heißt Modell. Es ist die Basis für die Schätzverfahren in den Kapiteln 8 und 9. Das Schätzergebnis hängt entscheidend von der Gültigkeit des Modells ab.

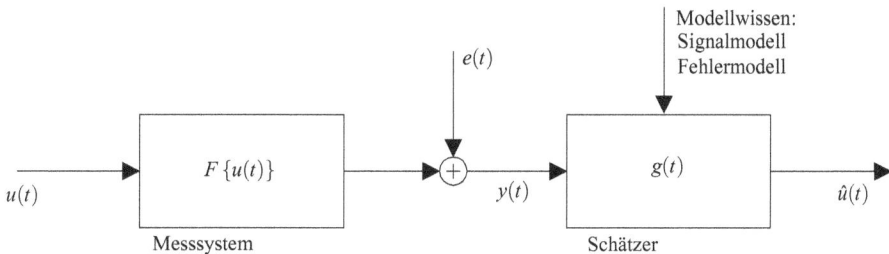

Abbildung 7.4: Schätzung der Eingangsgröße

7.2   Modellbildung

Ein Modell ist eine analytische Beschreibung eines Signalverlaufs oder des Verhaltens eines Systems. Die Beschreibung stellt eine Näherung dar.

7.2.1   Fehlermodell

Der Fehler $e(t)$ wird als dem Signal $x(t)$ additiv überlagert angenommen.

$$y(t) = x(t) + e(t) \tag{7.1}$$

Wenn *kein* weiteres Vorwissen über den Fehler vorliegt, dann wird $e(t)$ als weißes Rauschen angenommen. Der Fehler ist dann mittelwertfrei.

$$E\{e(t)\} = 0 \tag{7.2}$$

Die Autokorrelationsfunktion des weißen Rauschens ist

$$r_{ee}(\tau) = E\{e(t+\tau)e(t)\} = \sigma_e^2 \cdot \delta(\tau). \tag{7.3}$$

Beim Übergang auf N zeitdiskrete Messwerte erhält man einen Fehlervektor

$$\underline{e}(n) = \left[e(n)\ e(n-1)\ \ldots\ e(n-N+1)\right]^{\mathrm{T}}. \tag{7.4}$$

Die Autokorrelationsmatrix ist der Erwartungswert des dyadischen Produkts

$$\underline{R}_{ee} = E\left\{\underline{e}(n)\underline{e}^{\mathrm{T}}(n)\right\} \tag{7.5}$$

$$= E\left\{\begin{bmatrix} e(n)e(n) & e(n)e(n-1) & \cdots & e(n)e(n-N+1) \\ e(n-1)e(n) & e(n-1)e(n-1) & \cdots & e(n-1)e(n-N+1) \\ \vdots & & \ddots & \vdots \\ e(n-N+1)e(n) & \cdots & \cdots & e(n-N+1)e(n-N+1) \end{bmatrix}\right\}. \tag{7.6}$$

Wegen der Unkorreliertheit einzelner Fehler zu unterschiedlichen Zeiten

$$E\{e(n-i)e(n-j)\} = \sigma_e^2 \cdot \delta_{ij} \tag{7.7}$$

folgt:

$$\underline{R}_{ee} = E\left\{\underline{e}(n)\underline{e}^{\mathrm{T}}(n)\right\} = \sigma_e^2 \cdot \underline{I}. \tag{7.8}$$

Für mittelwertfreie Fehler

$$E\{\underline{e}(n)\} = \underline{0} \tag{7.9}$$

ist die Autokorrelation gleich der Autokovarianz

$$\underline{C}_{ee} = \sigma_e^2 \cdot \underline{I}. \tag{7.10}$$

7.2.2 Lineares Signalmodell durch Zerlegung in Basisfunktionen

Das Signal $y(t)$ wird als Basisentwicklung dargestellt.

$$y(t) = \sum_{k=0}^{K-1} b_k F_k\big(u(t)\big) + e(t) \tag{7.11}$$

$$= \sum_{k=0}^{K-1} b_k \Phi_k(t) + e(t) \tag{7.12}$$

Der Parametervektor hat die Ordnung K.

$$\underline{b} = \begin{bmatrix} b_0 & b_1 & \cdots & b_{K-1} \end{bmatrix}^{\mathrm{T}} \tag{7.13}$$

Verändert sich das Signal $y(t)$ bei wiederholter Betrachtung nicht, so sind die Parameter konstant. Für N Messwerte wird die Modellgleichung (7.12) in N unterschiedlichen Abtastzeitpunkten wiederholt.

$$y(t) = b_0 \cdot \Phi_0(t) + \cdots + b_{K-1} \cdot \Phi_{K-1}(t) + e(t) \tag{7.14}$$

$$y(t - t_A) = b_0 \cdot \Phi_0(t - t_A) + \cdots + b_{K-1} \cdot \Phi_{K-1}(t - t_A) + e(t - t_A) \tag{7.15}$$

$$\vdots$$

$$y(t - (N-1)t_A) = b_0 \cdot \Phi_0(t - (N-1)t_A) + \cdots$$
$$+ b_{K-1} \cdot \Phi_{K-1}(t - (N-1)t_A) + e(t - (N-1)t_A) \tag{7.16}$$

Mit dem Messvektor

$$\underline{y}(t) = \begin{bmatrix} y(t) & y(t - t_A) & \cdots & y(t - (N-1)t_A) \end{bmatrix}^{\mathrm{T}}, \tag{7.17}$$

dem Fehlervektor

$$\underline{e}(t) = \begin{bmatrix} e(t) & e(t - t_A) & \cdots & e(t - (N-1)t_A) \end{bmatrix}^{\mathrm{T}} \tag{7.18}$$

und der Beobachtungsmatrix

$$\underline{\Psi}(t) = \begin{bmatrix} \Phi_0(t) & \cdots & \Phi_{K-1}(t) \\ \Phi_0(t - t_A) & \cdots & \Phi_{K-1}(t - t_A) \\ \vdots & \ddots & \vdots \\ \Phi_0(t - (N-1)t_A) & & \Phi_{K-1}(t - (N-1)t_A) \end{bmatrix} \tag{7.19}$$

erhält man das Signalmodell in Vektorschreibweise

$$\underline{y}(t) = \underline{\Psi}(t) \cdot \underline{b} + \underline{e}(t). \tag{7.20}$$

Die Regressionsvektoren

$$\underline{\Phi}^{\mathrm{T}}(t - mt_A) = \begin{bmatrix} \Phi_0(t - mt_A) & \cdots & \Phi_{K-1}(t - mt_A) \end{bmatrix} \tag{7.21}$$

sind die Zeilenvektoren der Beobachtungsmatrix $\underline{\Psi}(t)$. Sie enthalten die Basisfunktionen Φ_0 bis Φ_{K-1} zum gleichen Zeitpunkt $(t - mt_A)$, d. h. diese sind einer Messung $y(t - mt_A)$ bzw. einem Versuch zugeordnet.

Die Basisvektoren

$$\underline{\Phi}_k(t) = \begin{bmatrix} \Phi_k(t) & \Phi_k(t - t_A) & \cdots & \Phi_k(t - (N-1)t_A) \end{bmatrix}^{\mathrm{T}} \tag{7.22}$$

sind die Spaltenvektoren der Beobachtungsmatrix $\underline{\Psi}(t)$. Sie enthalten die gleiche Basisfunktion Φ_k zu allen Messzeitpunkten t bis $(t - (N-1)t_A)$, d. h. diese ist einem Parameter b_k zugeordnet.

Die Beobachtungsmatrix setzt sich zusammen aus Regressionsvektoren oder Basisvektoren.

$$\underline{\Psi}(t) = \begin{bmatrix} \underline{\Phi}^{\mathrm{T}}(t) \\ \underline{\Phi}^{\mathrm{T}}(t - t_A) \\ \vdots \\ \underline{\Phi}^{\mathrm{T}}(t - (N-1)t_A) \end{bmatrix} = \begin{bmatrix} \underline{\Phi}_0(t) & \underline{\Phi}_1(t) & \cdots & \underline{\Phi}_{K-1}(t) \end{bmatrix} \tag{7.23}$$

Der Messvektor ist als Linearkombination der Basisvektoren modelliert.

$$y(t) = \sum_{k=0}^{K-1} b_k \underline{\Phi}_k(t) + e(t) \tag{7.24}$$

Beispiel 7.3 *Lineares Signalmodell*

Die Messwerte im Beobachtungszeitraum werden als Potenzen der Zeit angenommen.

$$y(t) = b_0 + b_1 \cdot t + b_2 \cdot t^2 + e(t)$$

Die Basisfunktionen sind die Potenzen der Zeit

$$\Phi_k(t) = t^k.$$

Dann ist der Parameter b_0 der stationäre Anteil, und die Parameter b_1 sowie b_2 die lineare bzw. quadratische zeitliche Änderung des Signals.

Als nächstes wird die Zeit $t = nt_A$ diskretisiert. Die Signale werden als Vektoren der Abtastwerte dargestellt:

- Messvektor:

$$\underline{y}(n) = \left[y(n)\ y(n-1)\ \cdots\ y(n-N+1)\right]^{\mathrm{T}} \tag{7.25}$$

- Fehlervektor:

$$\underline{e}(n) = \left[e(n)\ e(n-1)\ \cdots\ e(n-N+1)\right]^{\mathrm{T}} \tag{7.26}$$

- Beobachtungsmatrix:

$$\underline{\Psi}(n) = \begin{bmatrix} \Phi_0(n) & \cdots & \Phi_{K-1}(n) \\ \vdots & \ddots & \vdots \\ \Phi_0(n-N+1) & \cdots & \Phi_{K-1}(n-N+1) \end{bmatrix} \tag{7.27}$$

- Regressionsvektor zur Zeit $n - m$:

$$\underline{\Phi}^{\mathrm{T}}(n-m) = \left[\Phi_0(n-m)\ \cdots\ \Phi_{K-1}(n-m)\right] \tag{7.28}$$

- Basisvektor beim Parameter b_k:

$$\underline{\Phi}_k(n) = \left[\Phi_k(n)\ \cdots\ \Phi_k(n-N+1)\right]^{\mathrm{T}} \tag{7.29}$$

Das zeitdiskretisierte Signalmodell ist damit

$$\underline{y}(n) = \underline{\Psi}(n)\cdot\underline{b} + \underline{e}(n) \tag{7.30}$$

$$= \sum_{k=0}^{K-1} b_k \underline{\Phi}_k(n) + \underline{e}(n). \tag{7.31}$$

Die Parameter werden zum diskreten Zeitpunkt n mit dem bislang noch nicht bekannten Schätzfilter $\underline{G}(n)$ bestimmt.

$$\hat{\underline{b}}(n) = \underline{G}(n)\cdot\underline{y}(n) = \begin{bmatrix} \underline{g}_0^{\mathrm{T}} \\ \vdots \\ \underline{g}_{K-1}^{\mathrm{T}} \end{bmatrix}\cdot\underline{y}(n) \tag{7.32}$$

Ein einzelner Parameter $\hat{b}_k(n)$ ergibt sich als Faltung aus der Impulsantwort $\underline{g}_k^{\mathrm{T}}$ mit dem Messvektor $\underline{y}(n)$.

$$\hat{b}_k(n) = \underline{g}_k^{\mathrm{T}}\underline{y}(n) = \sum_{m=0}^{N-1} g_k(m)y(n-m) = g_k(n)\underset{m}{*}y(n) \tag{7.33}$$

7.2.3   AR-Signalmodell

Das Signal $y(n)$ sei das Ausgangssignal eines autoregressiven Systems $G(z)$, das mit weißem Rauschen $w(n)$ angeregt werde. Dieser Ansatz hat den Vorteil, zu einem linearen Schätzer zu führen (siehe Abschnitt 8.5). Dem Ausgangssignal ist eine zufällige Störung $e(n)$ additiv überlagert.

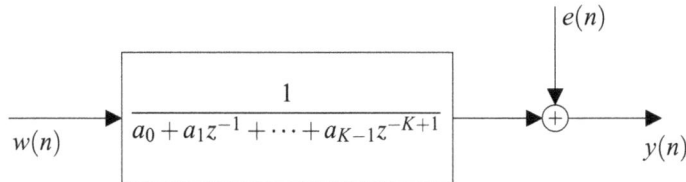

Abbildung 7.5: *Autoregressives Signalmodell*

Das autoregressive System hat eine gebrochen rationale Übertragungsfunktion, die nur ein Nennerpolynom $A(z)$ enthält.

$$G(z) = \frac{1}{A(z)} = \frac{1}{\sum\limits_{k=0}^{K-1} a_k \cdot z^{-k}} \quad , a_{K-1} \neq 0 \tag{7.34}$$

Die Autokorrelationsfunktion des weißen Rauschens ist ein Dirac-Impuls. Die Leistungsdichte des Ausgangssignals $y(n)$ ist

$$S_{yy}(z) = |G(z)|^2 S_{ww}(z) + G(z) \underbrace{S_{we}(z)}_{=0} + G(z^{-1}) \underbrace{S_{ew}(z)}_{=0} + S_{ee}(z). \tag{7.35}$$

Bemerkung 7.1

Betrachtet man mit $z = \exp(j2\pi f t_A)$ den Frequenzgang, so gilt bei reellwertigen Impulsantworten $G^*(z) = G(z^*) = G(z^{-1})|_{z=\exp(j2\pi f t_A)}$.

Bei Unkorreliertheit von $w(n)$ und $e(n)$ erhält man

$$S_{yy}(z) = |G(z)|^2 \cdot S_{ww}(z) + S_{ee}(z). \tag{7.36}$$

Die Leistungsdichte des weißen Rauschens ist

$$S_{ww}(z) = \sigma_w^2. \tag{7.37}$$

Damit ist die Leistungsdichte des Signals $y(t)$

$$S_{yy}(z) = |G(z)|^2 \cdot \sigma_w^2 + S_{ee}(z) = \frac{\sigma_w^2}{A(z) \cdot A(z^{-1})} + S_{ee}(z) \tag{7.38}$$

und die Autokorrelation

$$r_{yy}(m) = r_{gg}(m) \cdot \sigma_w^2 + r_{ee}(m). \tag{7.39}$$

Die Koeffizienten a_k des AR-Signalmodells müssen so bestimmt werden, dass das Ausgangssignal des Systems den Signalverlauf möglichst gut annähert.

7.2.4 Markov-Prozess

Ein Markov-Prozess ist ein stochastischer Prozess, der als Ausgangssignal eines linearen zeitinvarianten Systems erster Ordnung interpretiert wird, das mit weißem Rauschen angeregt wird.

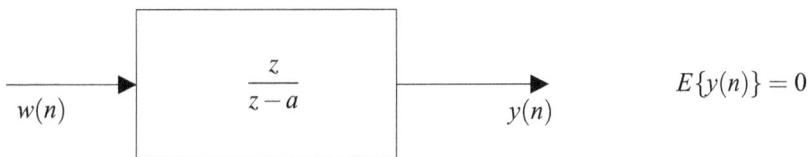

Abbildung 7.6: Markov-Prozess

Der Zustand $y(n)$ hängt nur vom Vorzustand $y(n-1)$ und vom Eingang $w(n)$ ab.

$$y(n) = a \cdot y(n-1) + w(n) \quad \circ\!\!-\!\!\bullet \quad Y(z) = a \cdot z^{-1}Y(z) + W(z) \tag{7.40}$$

Durch wiederholtes Einsetzen erhält man

$$y(n) = \sum_{i=0}^{\infty} a^i w(n-i) \quad \text{mit} \quad 0 < a < 1. \tag{7.41}$$

Dies ist eine Faltungssumme der Anregung $w(n)$ mit der Impulsantwort des Systems. Aus Gleichung (7.40) folgt

$$Y(z) = \frac{z}{z-a} W(z) = G(z) \cdot W(z). \tag{7.42}$$

Die Übertragungsfunktion des Markov-Prozesses ist

$$G(z) = \frac{z}{z-a}. \tag{7.43}$$

Die dazugehörige Impulsantwort ist

$$g(n) = a^n \cdot \sigma(n). \tag{7.44}$$

Das Ausgangssignal kann nach Gl. (7.41) gerade als Faltung

$$y(n) = \sum_{i=0}^{\infty} a^i \cdot w(n-i) \tag{7.45}$$

der Impulsantwort mit dem weißen Rauschen dargestellt werden. Das Ausgangssignal $y(n)$ nennt man „farbiges" Rauschen. Es kann mit dem Markov-Prozess einfach modelliert werden. Die Autoleistungsdichte von weißem Rauschen ist

$$S_{ww}(z) = \sigma_w^2 \;\bullet\!\!-\!\!\circ\; r_{ww}(k) = E\{w(n+k)w(n)\} = \sigma_w^2 \cdot \delta(k). \tag{7.46}$$

Die Autoleistungsdichte des farbigen Rauschsignals ist dann

$$S_{yy}(z) = |G(z)|^2 \cdot S_{ww}(z) \tag{7.47}$$

$$= \frac{z}{z-a} \cdot \frac{z^{-1}}{z^{-1}-a} \cdot \sigma_w^2 = \frac{\sigma_w^2}{1+a^2-az-az^{-1}} \tag{7.48}$$

$$= \frac{\sigma_w^2}{1-a^2} \cdot \frac{a-a^{-1}}{z+z^{-1}-(a+a^{-1})}. \tag{7.49}$$

Mit

$$\sigma_y^2 = \frac{\sigma_w^2}{1-a^2} \tag{7.50}$$

erhält man die Autoleistungsdichte des Ausgangssignals als

$$S_{yy}(z) = \sigma_y^2 \cdot \frac{a-a^{-1}}{z+z^{-1}-(a+a^{-1})}. \tag{7.51}$$

Der Übertragungsfunktion des Markov-Prozesses

$$G(z) = \frac{z}{z-a} \tag{7.52}$$

entspricht die Impulsantwort

$$g(n) = a^n \cdot \sigma(n). \tag{7.53}$$

Die Autokorrelation der Impulsantwort ist

$$r_{gg}^E(k) = \sum_{n=-\infty}^{\infty} a^{(n+k)} \cdot \sigma(n+k) \cdot a^n \cdot \sigma(n) = a^k \cdot \sum_{n=\max\{-k,0\}}^{\infty} a^{2n}. \tag{7.54}$$

Die Sprungfunktion $\sigma(n)$ setzt alle Terme für $n < 0$ gleich Null, $\sigma(n+k)$ alle Terme für $n < -k$.

$k \geq 0$: Für $n \geq 0$ treten von Null abweichende Summanden auf.

$$r_{gg}^E(k) = a^k \cdot \sum_{n=0}^{\infty} a^{2n} = \frac{a^k}{1-a^2} \tag{7.55}$$

$k < 0$: Für $n \geq |k|$ treten von Null abweichende Summanden auf.

$$r_{gg}^E(k) = a^{-|k|} \cdot \sum_{n=|k|}^{\infty} a^{2n} = a^{-|k|} \cdot \sum_{m=0}^{\infty} a^{2(m+|k|)} \qquad (7.56)$$

$$= a^{|k|} \cdot \sum_{m=0}^{\infty} a^{2m} = \frac{a^{|k|}}{1-a^2} \qquad (7.57)$$

Insgesamt erhält man die Autokorrelation der Impulsantwort

$$r_{gg}^E(k) = \frac{a^{|k|}}{1-a^2} \cdot \qquad (7.58)$$

Wegen

$$S_{yy}(z) = |G(z)|^2 \cdot S_{ww}(z) = \sigma_w^2 |G(z)|^2 = \sigma_w^2 \cdot S_{gg}^E(z) \qquad (7.59)$$

ist die Autokorrelation des Ausgangssignals

$$r_{yy}(k) = \sigma_w^2 \cdot r_{gg}^E(k) = \frac{\sigma_w^2}{1-a^2} \cdot a^{|k|} \qquad (7.60)$$

$$= \sigma_y^2 \cdot a^{|k|} . \qquad (7.61)$$

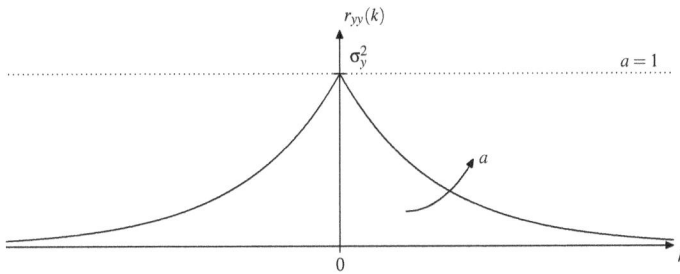

Abbildung 7.7: *Autokorrelation des Ausgangssignals*

Mit dem Parameter a wird die Charakteristik des farbigen Rauschens eingestellt, d. h. ob aufeinanderfolgende Werte $y(n)$ wenig oder stark korreliert sind. Für $a \to 0$ ist $y(n)$ ein weißer Rauschprozess.

Bei Übergang von einem einzigen Ausgangswert $y(n)$ auf einen Messvektor

$$\underline{y}(n) = \begin{bmatrix} y(n) & y(n-1) & \ldots & y(n-N+1) \end{bmatrix}^T \qquad (7.62)$$

erhält man anstelle der diskreten Autokorrelationsfunktion $r_{yy}(k)$ eine Autokorrelationsmatrix $\underline{R}_{yy}$. Ist $\underline{y}(n)$ mittelwertfrei, so handelt es sich um eine Autokovarianzmatrix $\underline{C}_{yy}$.

$$\underline{C}_{yy} = \begin{bmatrix} r_{yy}(0) & r_{yy}(1) & r_{yy}(2) & \dots & r_{yy}(N-1) \\ r_{yy}(-1) & r_{yy}(0) & r_{yy}(1) & \dots & r_{yy}(N-2) \\ \vdots & \vdots & \vdots & \ddots & \vdots \\ r_{yy}(-N+1) & r_{yy}(-N+2) & r_{yy}(-N+3) & \dots & r_{yy}(0) \end{bmatrix} \tag{7.63}$$

Diese Matrix hat eine Töplitz-Struktur. Aufgrund der Symmetrieeigenschaft der Autokorrelationsfunktion in Gl. (7.61)

$$r_{yy}(k) = r_{yy}(-k) \tag{7.64}$$

gilt:

$$\underline{C}_{yy} = \frac{\sigma_w^2}{1-a^2} \begin{bmatrix} 1 & a & a^2 & \dots & a^{N-1} \\ a & 1 & a & \dots & a^{N-2} \\ \vdots & & \ddots & & \vdots \\ a^{N-1} & & & & 1 \end{bmatrix} \tag{7.65}$$

Die inverse Autokovarianzmatrix kann geschlossen berechnet werden.

$$\underline{C}_{yy}^{-1} = \frac{1}{\sigma_w^2} \begin{bmatrix} 1 & -a & & & \underline{0} \\ -a & 1+a^2 & \ddots & & \\ & \ddots & \ddots & -a & \\ & & -a & 1+a^2 & -a \\ \underline{0} & & & -a & 1 \end{bmatrix} \tag{7.66}$$

Dies ist der Grund, weshalb farbige Rauschsignale häufig mit Hilfe des Markov-Prozesses modelliert werden.

7.3 Beurteilungskriterien von Schätzfiltern

Zur Beurteilung verschiedener Schätzfilter sind Kriterien erforderlich. Damit kann man die Schätzfehlerkovarianz der geschätzten Parameter vergleichen oder prüfen, ob der Erwartungswert der geschätzten Parameter gegen den wahren Wert geht. Grundlage für die Schätzung ist ein Modell mit zu schätzenden Modellparametern.

7.3.1   Erwartungstreue

Definition 7.1 *Erwartungstreue*

Bei mehreren aufeinander folgenden Schätzungen erhält man unterschiedliche Parametervektoren $\underline{\hat{b}}(n)$. N ist dabei der jeweilige Stichprobenumfang der Messwerte und n der diskrete Zeitpunkt für eine Schätzung. Der Parametervektor $\underline{\hat{b}}(n)$ ist eine Zufallsvariable, weil bei jeder neuen Schätzung ein anderes Schätzergebnis erzielt wird. Bei einem erwartungstreuen Schätzer ist der Erwartungswert des geschätzten Parametervektors $\underline{\hat{b}}(n)$ gleich dem wahren Parametervektor $\underline{b}$.

$$E\{\underline{\hat{b}}(n)\} = \underline{b}$$

$f_{\hat{b}}\left(\hat{b}(n)\right)$

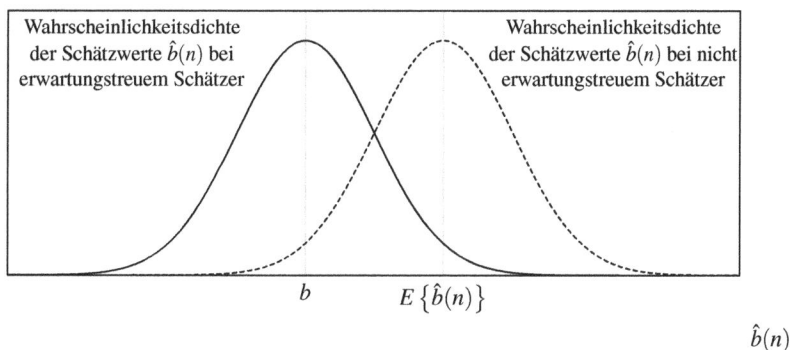

Abbildung 7.8: Erwartungstreue

Für einen einzelnen Schätzvorgang erhält man das Ergebnis $\hat{b}$ mit der Wahrscheinlichkeit

$$P\left\{\hat{b} \le b \le \hat{b} + d\hat{b}\right\} = \int\limits_{\hat{b}}^{\hat{b}+d\hat{b}} f_{\hat{b}}(\hat{b})d\hat{b}. \tag{7.67}$$

Definition 7.2 *Asymptotische Erwartungstreue*

Die Eigenschaft

$$\lim_{N\to\infty} E\left\{\underline{\hat{b}}(n)\right\} = \underline{b} \tag{7.68}$$

wird als asymptotische Erwartungstreue bezeichnet. Jeder erwartungstreue Schätzer ist auch asymptotisch erwartungstreu, aber nicht umgekehrt.

Bemerkung 7.2

Die Erwartungstreue ist eine wünschenswerte Eigenschaft. Allerdings kann es je nach Problemstellung Schätzer geben, die nicht erwartungstreu sind (wohl aber konsistent), jedoch bessere Konvergenzeigenschaften aufweisen als jeder erwartungstreue Schätzer, d. h. der quadratische Schätzfehler geht mit Zunahme der verfügbaren Messwerte schneller gegen Null.

7.3.2   Konsistenz

Definition 7.3 *Konsistenz*

Bei einem konsistenten Schätzfilter geht die Schätzfehlerkovarianz mit wachsendem Stichprobenumfang $N \to \infty$ gegen Null. Für $N \to \infty$ nähert sich der Schätzwert $\underline{\hat{b}}(n)$ einer einzelnen Schätzung dem wahren Wert $\underline{b}$ an.

$$\lim_{N\to\infty} E\left\{\underline{\hat{b}}(n)\right\} = \underline{b}$$

$$\lim_{N\to\infty} \underline{C}_{\tilde{b}\tilde{b}}(n) = \underline{0} \quad \text{mit } \underline{\tilde{b}} = \underline{b} - \underline{\hat{b}}(n)$$

$f_{\hat{b}}\left(\hat{b}(n)\right)$

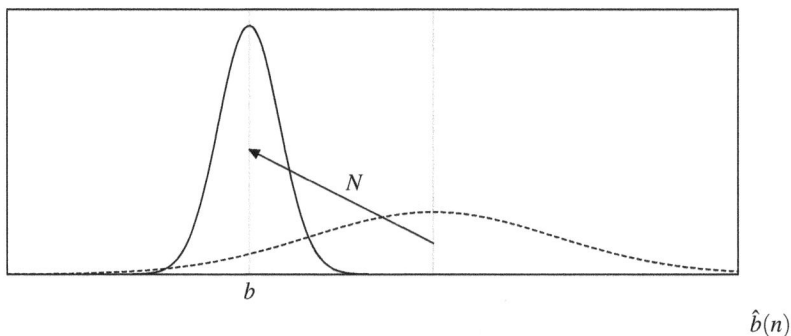

Abbildung 7.9: Konsistenz

Das bedeutet, dass eine Erhöhung der Anzahl der Messwerte N für eine Schätzung das Ergebnis der Schätzung verbessert.

Bemerkung 7.3

Zur Konsistenz können folgende Aussagen gemacht werden:

• Jeder konsistente Schätzer ist zumindest asymptotisch erwartungstreu.

- Es gibt Schätzer, die erwartungstreu, aber nicht konsistent sind. Diese können für eine kleine Anzahl an Messwerten gute Ergebnisse liefern; ist eine größere Anzahl an Messwerten verfügbar, ist ein konsistenter Schätzer vorzuziehen, sofern ein solcher existiert.

Beispiel 7.4 *Erwartungstreuer Schätzer mit linearem Signalmodell*

Der Parametervektor $\hat{\underline{b}}(n)$ wird entsprechend Gl. (7.32) mit dem Schätzfilter $\underline{G}(n)$ berechnet. Dabei sind die Zeilenvektoren der Matrix $\underline{G}(n)$ gerade die Impulsantworten $\underline{g}_k^{\mathrm{T}}$ des Schätzfilters zur Schätzung der Parameter b_k.

$$\hat{\underline{b}}(n) = \underline{G}(n)\underline{y}(n)$$

Einsetzen des Signalmodells aus Gl. (7.30)

$$\underline{y}(n) = \underline{\Psi}(n)\underline{b} + \underline{e}(n)$$

in die Schätzgleichung ergibt

$$\hat{\underline{b}}(n) = \underline{G}(n)\,\underline{\Psi}(n)\underline{b} + \underline{G}(n)\underline{e}(n)\,,$$

und nach der Erwartungswert-Bildung

$$E\left\{\hat{\underline{b}}(n)\right\} = \underline{G}(n)\,\underline{\Psi}(n)\,\underline{b} + \underline{G}(n)\,E\left\{\underline{e}(n)\right\}\,.$$

Damit die Bedingung für Erwartungstreue $E\left\{\hat{\underline{b}}(n)\right\} = \underline{b}$ erfüllt ist, muss

$$\underline{G}(n)\,\underline{\Psi}(n) \overset{!}{=} \underline{I}\,, \quad E\{\underline{e}(n)\} \overset{!}{=} \underline{0}$$

gelten. Die Schätzfehlerkovarianz ist

$$\underline{C}_{\tilde{b}\tilde{b}}(n) = E\left\{(\underline{b}-\hat{\underline{b}}(n))(\underline{b}-\hat{\underline{b}}(n))^{\mathrm{T}}\right\}$$

$$= E\left\{(\underline{b}-\underline{G}(n)\,\underline{\Psi}(n)\underline{b}-\underline{G}(n)\underline{e}(n))(\underline{b}-\underline{G}(n)\,\underline{\Psi}(n)\,\underline{b}-\underline{G}(n)\underline{e}(n))^{\mathrm{T}}\right\}\,.$$

Bei statistischer Unabhängigkeit des Fehlers von den anderen Variablen fallen die Kreuzterme weg und man erhält

$$\underline{C}_{\tilde{b}\tilde{b}}(n) = (\underline{I}-\underline{G}(n)\,\underline{\Psi}(n))\cdot\underbrace{E\{\underline{b}\,\underline{b}^{\mathrm{T}}\}}_{=\underline{R}_{bb}}\cdot(\underline{I}-\underline{G}(n)\,\underline{\Psi}(n))^{\mathrm{T}}$$

$$+\underline{G}(n)\,\underbrace{E\left\{\underline{e}(n)\underline{e}^{\mathrm{T}}(n)\right\}}_{=\underline{C}_{ee}}\cdot\underline{G}^{\mathrm{T}}(n)$$

$$= (\underline{I}-\underline{G}(n)\,\underline{\Psi}(n))\cdot\underline{R}_{bb}\cdot(\underline{I}-\underline{G}(n)\,\underline{\Psi}(n))^{\mathrm{T}}+\underline{G}(n)\cdot\underline{C}_{ee}\cdot\underline{G}^{\mathrm{T}}(n)\,.$$

Im Falle der Erwartungstreue ist die Schätzfehlerkovarianz lediglich von der Messfehlerkovarianz abhängig.

$$\underline{C}_{\tilde{b}\tilde{b}}(n) = \underline{G}(n)\cdot\underline{C}_{ee}\cdot\underline{G}^{\mathrm{T}}(n)$$

7.3.3 Effizienz

Definition 7.4 *Effizienz, Wirksamkeit*

Die Schätzfehlerkovarianz ist bei einem effizienten Schätzfilter für ein vorgegebenes Prozessmodell und einen vorgegebenen Stichprobenumfang N minimal, d. h. es gibt kein anderes Schätzfilter mit einer kleineren Schätzfehlerkovarianz unter diesen Bedingungen.

$$\underline{C}_{\tilde{b}\tilde{b}}(n) = E\left\{(\underline{b} - \hat{\underline{b}}(n))(\underline{b} - \hat{\underline{b}}(n))^{\mathrm{T}}\right\} \to \min \tag{7.69}$$

Dabei ist $\tilde{\underline{b}} = \underline{b} - \hat{\underline{b}}$ der Schätzfehler.

Bemerkung 7.4

Bei erwartungstreuen Schätzern gilt die Cramér-Rao-Grenze (siehe Abschnitt 8.6.4) als theoretische Untergrenze für die Schätzfehlerkovarianz. Ein Schätzer, der diese Grenze erreicht, ist effizient. Zu einem gegebenen Problem existiert jedoch nicht zwangsläufig ein Schätzer, der diese Bedingung erfüllt.

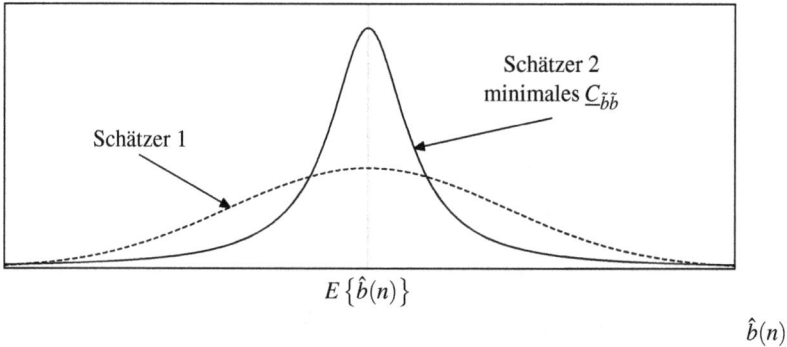

Abbildung 7.10: *Effizienz*

Beispiel 7.5 *Effizienz*

Schätzer 2 in Abb. 7.10 ist effizienter als Schätzer 1.

8   Parameterschätzung

Im Folgenden werden die wichtigsten Parameterschätzverfahren vorgestellt. Am häufigsten wird in der Signalverarbeitung der Least-Squares-Schätzer verwendet, von dem bei besserer Kenntnis der Statistik von Messfehlern und Schätzparametern die Varianten Gauß-Markov-Schätzer und Minimum-Varianz-Schätzer existieren. Besonders wichtig ist der rekursive Least-Squares-Schätzer. Bei der Spektralschätzung und der Prädikation wird gerne der Autoregressive Schätzer eingesetzt. Zum Abschluss wird die allgemeine Bayes-Schätzung dargestellt, bei der allgemeine Verteilungen für Parameter und Messfehler verwendet werden können, nicht nur Normalverteilungen. Allerdings hat davon nur der Maximum-Likelihood-Schätzer praktische Bedeutung.

8.1   Least-Squares-Schätzer

8.1.1   Parameterschätzung für ein lineares Signalmodell

Für die Schätzung der Parameter $\underline{b}$ des linearen Signalmodells nach Abschnitt 7.2.2 wird folgendes Kriterium formuliert:

Der Messvektor $\underline{y}(n)$ soll „möglichst" gut durch den geschätzten Messvektor $\hat{\underline{y}}(n)$ approximiert werden. Das Kriterium dafür ist die Minimierung der quadratischen Norm (Least-Squares).

$$\left\| \underline{y}(n) - \hat{\underline{y}}(n) \right\|^2 \to \min \tag{8.1}$$

Nach dem Projektionstheorem ist bei einer optimalen Schätzung (Minimierung der quadratischen Norm) der Fehlervektor orthogonal zum Schätzvektor, siehe Gl. (1.227),

$$\left\langle \underline{y}(n) - \hat{\underline{y}}(n), \hat{\underline{y}}(n) \right\rangle = 0. \tag{8.2}$$

Für den geschätzten Messvektor $\hat{\underline{y}}(n)$ wird das Signalmodell Gl. (7.24) als Linearkombination der Basisvektoren angesetzt, mit den zu schätzenden Parametern als Gewichtsfaktoren.

$$\hat{\underline{y}}(n) = \sum_{k=0}^{K-1} \hat{b}_k(n) \underline{\Phi}_k(n) \tag{8.3}$$

Die Schätzung liefert nur dann gute Ergebnisse, wenn das Signalmodell ausreichende Gültigkeit besitzt. Damit wird das Innenprodukt Gl. (8.2)

$$\left\langle \underline{y}(n) - \hat{\underline{y}}(n), \sum_{k=0}^{K-1} \hat{b}_k(n) \underline{\Phi}_k(n) \right\rangle = \sum_{k=0}^{K-1} \hat{b}_k^*(n) \left\langle \underline{y}(n) - \hat{\underline{y}}(n), \underline{\Phi}_k(n) \right\rangle = 0. \tag{8.4}$$

Der Fehlervektor $\underline{y}(n) - \hat{\underline{y}}(n)$ ist auch zu allen Basisvektoren $\underline{\Phi}_k$ orthogonal, die einen Unterraum K-ter Ordnung zur Approximation des Messvektors aufspannen. Aus

$$\langle \underline{y}(n) - \hat{\underline{y}}(n), \underline{\Phi}_k(n) \rangle = 0 \tag{8.5}$$

erhält man die Normalengleichung

$$\underline{\Phi}_k^{\mathrm{T}}(n)\underline{y}(n) = \underline{\Phi}_k^{\mathrm{T}}(n)\hat{\underline{y}}(n). \tag{8.6}$$

Diese wird für $k = 0, \ldots, K-1$ wiederholt, wobei durch die Zusammenfassung der K transponierten Basisvektoren gerade die transponierte Beobachtungsmatrix

$$\underline{\Psi}^{\mathrm{T}}(n) = \begin{bmatrix} \underline{\Phi}_0^{\mathrm{T}}(n) \\ \vdots \\ \underline{\Phi}_{K-1}^{\mathrm{T}}(n) \end{bmatrix} \tag{8.7}$$

entsteht. Aus der Normalengleichung (8.6) wird

$$\underline{\Psi}^{\mathrm{T}}(n)\underline{y}(n) = \underline{\Psi}^{\mathrm{T}}(n)\hat{\underline{y}}(n). \tag{8.8}$$

Einsetzen von Gl. (8.3)

$$\hat{\underline{y}}(n) = \sum_{k=0}^{K-1} \hat{b}_k(n)\underline{\Phi}_k(n) = \underline{\Psi}(n)\hat{\underline{b}}(n) \tag{8.9}$$

ergibt

$$\underline{\Psi}^{\mathrm{T}}(n)\underline{y}(n) = \underline{\Psi}^{\mathrm{T}}(n)\underline{\Psi}(n)\hat{\underline{b}}(n). \tag{8.10}$$

Durch Invertierung der quadratischen $K \times K$-Matrix vor $\hat{\underline{b}}(n)$ erhält man den geschätzten Parametervektor

$$\hat{\underline{b}}(n) = \underbrace{\left(\underline{\Psi}^{\mathrm{T}}(n)\underline{\Psi}(n)\right)^{-1}\underline{\Psi}^{\mathrm{T}}(n)}_{\text{Pseudoinverse}} \underline{y}(n) = \underline{G}(n)\underline{y}(n). \tag{8.11}$$

Das lineare Signalmodell hat eine niedrige Ordnung K. Die Zahl der Messungen N ist dagegen sehr groß, $N \gg K$. Der Least-Squares-Schätzer stellt die Lösung eines überbestimmten Gleichungssystems dar, wobei die Summe der Fehlerquadrate minimiert wird [22]. Die Matrix vor $\underline{y}(n)$ in Gl. (8.11) nennen wir Pseudoinverse. Durch die große Anzahl der Messungen N werden zufällige Messfehler $e(n)$ stark reduziert. Der Least-Squares-Schätzer ist erwartungstreu.

$$E\left\{\hat{\underline{b}}(n)\right\} = \underline{G}(n)\underline{\Psi}(n)\underline{b} + \underline{G}(n) \cdot \underbrace{E\{\underline{e}\}}_{=\underline{0}} \tag{8.12}$$

Die Bedingung für Erwartungstreue (vergleiche Beispiel 7.4) wird erfüllt.

$$\underline{G}(n)\underline{\Psi}(n) = \left(\underline{\Psi}^{\mathrm{T}}(n)\underline{\Psi}(n)\right)^{-1}\underline{\Psi}^{\mathrm{T}}(n)\underline{\Psi}(n) = \underline{I} \tag{8.13}$$

Bemerkung 8.1

Gl. (8.10) kann mit Hilfe der Basisvektoren $\underline{\Phi}_k$ in Form von Innenprodukten geschrieben werden:

$$\begin{bmatrix} \langle \underline{\Phi}_0, \underline{y} \rangle \\ \vdots \\ \langle \underline{\Phi}_{K-1}, \underline{y} \rangle \end{bmatrix} = \underbrace{\begin{bmatrix} \langle \underline{\Phi}_0, \underline{\Phi}_0 \rangle & \cdots & \langle \underline{\Phi}_0, \underline{\Phi}_{K-1} \rangle \\ \vdots & \ddots & \vdots \\ \langle \underline{\Phi}_{K-1}, \underline{\Phi}_0 \rangle & \cdots & \langle \underline{\Phi}_{K-1}, \underline{\Phi}_{K-1} \rangle \end{bmatrix}}_{\text{Gramsche Matrix}} \begin{bmatrix} \hat{b}_0 \\ \vdots \\ \hat{b}_{K-1} \end{bmatrix} \tag{8.14}$$

Dies entspricht Gl. (1.206). Die optimale Bestimmung der Koeffizienten einer Basisentwicklung entspricht also gerade der Minimierung der Fehlerquadrate.

Beispiel 8.1 *LS-Schätzer für ein lineares Signalmodell*

Für eine Messung wird das Signalmodell

$$x(t) = b_0 + b_1 \cdot t$$

angesetzt. Dem gemessenen Signal $x(t)$ ist ein mittelwertfreies weißes Rauschen $e(t)$ überlagert. Es werden N äquidistante Messwerte aufgenommen, die mit wachsenden Zeitindizes angeordnet werden.

Als Signalmodell ergibt sich in Matrizenschreibweise

$$\underbrace{\begin{bmatrix} y(0T) \\ y(1T) \\ \vdots \\ y((N-1)T) \end{bmatrix}}_{\underline{y}} = \underbrace{\begin{bmatrix} 1 & 0T \\ 1 & 1T \\ \vdots & \vdots \\ 1 & (N-1)T \end{bmatrix}}_{\underline{\Psi}} \cdot \underbrace{\begin{bmatrix} b_0 \\ b_1 \end{bmatrix}}_{\underline{b}} + \begin{bmatrix} e(0T) \\ e(1T) \\ \vdots \\ e((N-1)T) \end{bmatrix}.$$

Der gesuchte Parametervektor

$$\hat{\underline{b}} = \left(\underline{\Psi}^T \underline{\Psi} \right)^{-1} \underline{\Psi}^T \cdot \underline{y}$$

ergibt sich mit dem Zwischenschritt

$$\underline{\Psi}^T \underline{\Psi} = \begin{bmatrix} 1 & \cdots & 1 \\ 0T & \cdots & (N-1)T \end{bmatrix} \cdot \begin{bmatrix} 1 & 0T \\ \vdots & \vdots \\ 1 & (N-1)T \end{bmatrix}$$

$$= \begin{bmatrix} N & \sum_{n=0}^{N-1} nT \\ \sum_{n=0}^{N-1} nT & \sum_{n=0}^{N-1} (nT)^2 \end{bmatrix} = \begin{bmatrix} N & \frac{N(N-1)}{2}T \\ \frac{N(N-1)}{2}T & \frac{N(N-1)(2N-1)}{6}T^2 \end{bmatrix}$$

zu

$$\hat{\underline{b}} = \begin{bmatrix} 2\frac{(N-1)(2N-1)}{N(N^2-1)} \sum_{n=0}^{N-1} y(n) - 6\frac{N-1}{N(N^2-1)T} \sum_{n=0}^{N-1} nTy(n) \\ \frac{12}{N(N^2-1)T^2} \sum_{n=0}^{N-1} nTy(n) - 6\frac{N-1}{N(N^2-1)T} \sum_{n=0}^{N-1} y(n) \end{bmatrix}.$$

Beispiel 8.2

Die Strahlungsintensität $K(t)$

$$K(t) = K_0 e^{-\alpha t}, \quad \alpha > 0$$

eines radioaktiven Materials ändert sich exponentiell. Sie wird entsprechend folgender Messgleichung erfasst:

$$y(n) = K(n) + e(n), \quad n = 0, \ldots, N - 1.$$

Aus dieser Messung soll der Anfangswert K_0 der Strahlung bestimmt werden. Die Störung $e(n)$ wird als weißes Rauschen mit der Varianz σ_e^2 angenommen.

Zunächst soll der *Least-Squares-Schätzer* für $\hat{K}_0$ bestimmt werden. Die Messgleichung ist gegeben durch

$$y(n) = K_0 e^{-\alpha n T} + e(n).$$

Das Signalmodell ist

$$\begin{bmatrix} y(0) \\ y(1) \\ \ldots \\ y(N-1) \end{bmatrix} = \underbrace{\begin{bmatrix} e^{-\alpha 0 T} \\ e^{-\alpha 1 T} \\ \vdots \\ e^{-\alpha(N-1)T} \end{bmatrix}}_{\underline{\Psi}} \cdot K_0 + \begin{bmatrix} e(0) \\ e(1) \\ \ldots \\ e(N-1) \end{bmatrix}.$$

Daraus berechnet sich der LS-Schätzer wie folgt:

$$\underline{\Psi}^T \underline{\Psi} = \begin{bmatrix} e^{-\alpha 0 T} & \ldots & e^{-\alpha(N-1)T} \end{bmatrix} \begin{bmatrix} e^{-\alpha 0 T} \\ \vdots \\ e^{-\alpha(N-1)T} \end{bmatrix}$$

$$= \sum_{n=0}^{N-1} e^{-2\alpha n T} = \frac{1 - e^{-2\alpha N T}}{1 - e^{-2\alpha T}}.$$

Dabei wurde die endliche geometrische Reihe $\sum_{n=0}^{N-1} q^n = \frac{1-q^N}{1-q}$, $q \neq 1$ verwendet. Die Inversion ergibt sich unmittelbar zu

$$\left(\underline{\Psi}^T \underline{\Psi} \right)^{-1} = \frac{1 - e^{-2\alpha T}}{1 - e^{-2\alpha N T}}.$$

Das Produkt aus Beobachtungsmatrix und Messvektor ergibt

$$\underline{\Psi}^T \underline{y} = \sum_{n=0}^{N-1} e^{-\alpha n T} y(n).$$

Nun kann der LS-Schätzwert

$$\hat{K}_0 = \frac{1 - e^{-2\alpha T}}{1 - e^{-2\alpha N T}} \sum_{n=0}^{N-1} e^{-\alpha n T} y(n)$$

bestimmt werden.

Der Least-Squares-Schätzer soll im Folgenden mit einem *Mittelwertschätzer* verglichen werden. Bei diesem wird K_0 aus jedem einzelnen Messwert geschätzt und anschließend der Mittelwert $\bar{K}_0$ über die einzelnen Schätzwerte gebildet:

$$\bar{K}_0 = \frac{1}{N} \sum_{n=0}^{N-1} y(n) \cdot e^{\alpha n T}.$$

Die Schätzfehler berechnen sich wie folgt:

- **Mittelwertschätzer:**

$$\bar{K}_0 - K_0 = \frac{1}{N} \sum_{n=0}^{N-1} e^{\alpha n T} y(n) - K_0$$

$$= \frac{1}{N} \sum_{n=0}^{N-1} \left(e^{\alpha n T} K_0 e^{-\alpha n T} + e^{\alpha n T} e(n) \right) - K_0$$

$$= \frac{1}{N} K_0 \cdot \underbrace{\sum_{n=0}^{N-1} 1}_{=K_0} + \frac{1}{N} \sum_{n=0}^{N-1} e^{\alpha n T} e(n) - K_0$$

$$= \frac{1}{N} \sum_{n=0}^{N-1} e^{\alpha n T} e(n)$$

- **LS-Schätzer:**

$$\hat{K}_0 - K_0 = \frac{1 - e^{-2\alpha T}}{1 - e^{-2\alpha N T}} \sum_{n=0}^{N-1} e^{-\alpha n T} y(n) - K_0$$

$$= \frac{1 - e^{-2\alpha T}}{1 - e^{-2\alpha N T}} \sum_{n=0}^{N-1} \left(e^{-\alpha n T} K_0 e^{-\alpha n T} + e^{-\alpha n T} e(n) \right) - K_0$$

$$= \underbrace{\frac{1 - e^{-2\alpha T}}{1 - e^{-2\alpha N T}} K_0 \cdot \sum_{n=0}^{N-1} e^{-2\alpha N T}}_{=K_0}$$

$$+ \frac{1 - e^{-2\alpha T}}{1 - e^{-2\alpha N T}} \sum_{n=0}^{N-1} e^{-\alpha n T} e(n) - K_0$$

$$= \frac{1 - e^{-2\alpha T}}{1 - e^{-2\alpha N T}} \sum_{n=0}^{N-1} e^{-\alpha n T} e(n)$$

Daraus folgt unmittelbar, dass beide Schätzer erwartungstreu sind:

$$E\left\{ \bar{K}_0 - K_0 \right\} = \frac{1}{N} \sum_{n=0}^{N-1} e^{\alpha n T} E\left\{ e(n) \right\} = 0$$

$$E\left\{ \hat{K}_0 - K_0 \right\} = \frac{1 - e^{-2\alpha T}}{1 - e^{-2\alpha N T}} \sum_{n=0}^{N-1} e^{-\alpha n T} E\left\{ e(n) \right\} = 0$$

Da beide Schätzer erwartungstreu sind, kann die Varianz des Schätzfehlers als Erwartungswert des quadrierten Fehlers berechnet werden:

- **Mittelwertschätzer:**

$$\sigma_{\text{MW}}^2(N) = E\left\{ \left(\bar{K}_0 - K_0\right)^2 \right\}$$

$$= \frac{1}{N^2} \sum_{n=0}^{N-1} \sum_{n'=0}^{N-1} e^{\alpha nT} \underbrace{E\left\{e(n)e(n')\right\}}_{=\sigma_e^2 \delta_{nn'}} e^{\alpha n'T}$$

$$= \frac{1}{N^2} \sum_{n=0}^{N-1} e^{2\alpha nT} \sigma_e^2$$

$$= \frac{1}{N^2} \cdot \frac{1 - e^{2\alpha NT}}{1 - e^{2\alpha T}} \cdot \sigma_e^2 \xrightarrow[\infty]{N} \infty$$

- **LS-Schätzer:**

$$\sigma_{\text{LS}}^2(N) = E\left\{ \left(\hat{K}_0 - K_0\right)^2 \right\}$$

$$= \left(\frac{1 - e^{-2\alpha T}}{1 - e^{-2\alpha NT}}\right)^2 \cdot \sum_{n=0}^{N-1} \sum_{n'=0}^{N-1} e^{-\alpha nT} \underbrace{E\left\{e(n)e(n')\right\}}_{=\sigma_e^2 \delta_{nn'}} e^{-\alpha n'T}$$

$$= \left(\frac{1 - e^{-2\alpha T}}{1 - e^{-2\alpha NT}}\right)^2 \cdot \sum_{n=0}^{N-1} e^{-2\alpha nT} \sigma_e^2$$

$$= \frac{1 - e^{-2\alpha T}}{1 - e^{-2\alpha NT}} \cdot \sigma_e^2 \xrightarrow[\infty]{N} \left(1 - e^{-2\alpha T}\right) \sigma_e^2$$

Beide Schätzer sind nicht konsistent. Beim MW-Schätzer existiert ein optimales N, für das die geringste Schätzfehlervarianz erzielt wird. Bei Hinzunahme weiterer Messwerte verschlechtert sich das Ergebnis. Dagegen nimmt beim LS-Schätzer die Varianz des Schätzfehlers bei Hinzunahme von Messwerten monoton ab und konvergiert gegen einen endlichen Wert.

Die Ursache für diesen Unterschied liegt darin, dass der Betrag des Messsignals für wachsende n monoton abnimmt, während das Rauschen konstant bleibt, d. h. das SNR des Messsignals wird immer schlechter. Die Messwerte für große n (also mit schlechtem SNR) werden beim MW-Schätzer sehr hoch, beim LS-Schätzer jedoch gering gewichtet.

8.1.2   Filterbank-Methode

Die Schätzung in Gl. (8.11) entspricht einer Filterbank, bei der für jeden Parameter $\hat{b}_k$ die Impulsantwort $\underline{g}_k$ eines zeitdiskreten Filters mit dem Messvektor gefaltet wird.

$$\hat{\underline{b}}(n) = \underline{G}(n)\underline{y}(n) \tag{8.15}$$

$$\hat{b}_k(n) = \underline{g}_k^T \underline{y}(n) = \sum_{m=0}^{N-1} g_k(m) y(n-m) \tag{8.16}$$

Es gibt Anwendungen, in denen zwar ein Modell der Ordnung K angesetzt werden muss, um eine ausreichend genaue Beschreibung des Signals zu gewährleisten, in denen man sich aber nur für einige wenige Parameter $\hat{b}_k(n)$ interessiert. Dann kann man die Schätzung auf wenige Filterbänke $\underline{g}_k^T$ beschränken, ohne auf die Genauigkeit der Modellierung zu verzichten. Es wird im Folgenden ein einzelner Schätzvorgang mit N Messwerten betrachtet. Der diskrete Zeitparameter n wird deshalb weggelassen.

Für die inverse Matrix wird der Ansatz

$$\left(\underline{\Psi}^T \underline{\Psi}\right)^{-1} = \begin{bmatrix} \alpha_{0,0} & \cdots & \alpha_{0,K-1} \\ \vdots & & \vdots \\ \alpha_{K-1,0} & \cdots & \alpha_{K-1,K-1} \end{bmatrix} \tag{8.17}$$

gemacht. Die α_{kj} sind vorläufig unbekannt. Der Least-Squares-Schätzer (Gl. (8.11)) wird damit

$$\begin{bmatrix} \hat{b}_0 \\ \vdots \\ \hat{b}_{K-1} \end{bmatrix} = \begin{bmatrix} \alpha_{0,0} & \cdots & \alpha_{0,K-1} \\ \vdots & & \vdots \\ \alpha_{K-1,0} & \cdots & \alpha_{K-1,K-1} \end{bmatrix} \cdot \begin{bmatrix} \underline{\Phi}_0^T \\ \vdots \\ \underline{\Phi}_{K-1}^T \end{bmatrix} \cdot \underline{y} = \begin{bmatrix} \underline{g}_0^T \\ \vdots \\ \underline{g}_{K-1}^T \end{bmatrix} \cdot \underline{y}. \tag{8.18}$$

Ein einzelner zu schätzender Parameter ist

$$\hat{b}_k = \underbrace{\sum_{j=0}^{K-1} \alpha_{kj} \underline{\Phi}_j^T}_{=\underline{g}_k^T} \underline{y} = \underline{g}_k^T \cdot \underline{y}. \tag{8.19}$$

Aus dem Vergleich erhält man die k-te Filterbank

$$\underline{g}_k = \sum_{j=0}^{K-1} \alpha_{kj} \underline{\Phi}_j, \tag{8.20}$$

zu deren Berechnung die α_{kj} ermittelt werden müssen. Aus Gl. (8.13)

$$\underline{G}\underline{\Psi} = \underline{I} \tag{8.21}$$

wird

$$\begin{bmatrix} \underline{g}_0^T \\ \vdots \\ \underline{g}_{K-1}^T \end{bmatrix} \cdot \begin{bmatrix} \underline{\Phi}_0 & \cdots & \underline{\Phi}_{K-1} \end{bmatrix} = \begin{bmatrix} 1 & & 0 \\ & \ddots & \\ 0 & & 1 \end{bmatrix} \tag{8.22}$$

und damit ein einzelnes Innenprodukt

$$\underline{g}_k^{\mathrm{T}} \underline{\Phi}_i = \delta_{ki} = \begin{cases} 1 & i = k \\ 0 & i \neq k \end{cases}.$$ (8.23)

Durch Einsetzen von $\underline{g}_k^{\mathrm{T}}$ aus Gl. (8.20) in Gl. (8.23) erhält man die Bestimmungsgleichungen für die gesuchten α_{kj}

$$\sum_{j=0}^{K-1} \alpha_{kj} \underline{\Phi}_j^{\mathrm{T}} \underline{\Phi}_i = \delta_{ki}.$$ (8.24)

Durch Variation $i = 0, \ldots, K-1$ und $k = 0, \ldots, K-1$ erhält man K^2 Gleichungen für die α_{kj}. Ist man lediglich an einem einzigen Filter $\underline{g}_k$ interessiert, so benötigt man K Elemente α_{kj}.

Das Innenprodukt der Basisvektoren in Gl. (8.24)

$$\underline{\Phi}_j^{\mathrm{T}} \underline{\Phi}_i = \langle \underline{\Phi}_j, \underline{\Phi}_i \rangle$$ (8.25)

wurde für zeitdiskrete Funktionen angesetzt. Bei zeitkontinuierlichen Basisfunktionen $\Phi_i(t), \Phi_j(t)$ lässt sich deren Innenprodukt als Integral über das Beobachtungsfenster T_0 berechnen.

$$\langle \Phi_j(t), \Phi_i(t) \rangle = \int_0^{T_0} \Phi_j(t) \Phi_i(t)\, dt$$ (8.26)

Das zeitkontinuierliche Beobachtungsfenster T_0 entspricht dem zeitdiskreten Beobachtungsfenster der Länge $N \cdot t_a$.

Nach Gl. (8.23) sind die Impulsantworten des Schätzfilters $g_k(t)$, $k = 0, \ldots, K-1$ und die Basisfunktionen $\Phi_i(t)$, $i = 0, \ldots, K-1$ biorthogonal:

$$\langle g_k(t), \Phi_i(t) \rangle = \delta_{ki}.$$ (8.27)

Die Bestimmungsgleichungen (8.24) für die α_{kj} sind damit im zeitkontinuierlichen Fall

$$\sum_{j=0}^{K-1} \alpha_{kj} \left(\int_0^{T_0} \Phi_j(t) \Phi_i(t)\, dt \right) = \delta_{ki}.$$ (8.28)

Die Impulsantwort des Schätzfilters für den k-ten Parameter $\hat{b}_k$ wird mit Gl. (8.20)

$$\underline{g}_k = \sum_{j=0}^{K-1} \alpha_{kj} \underline{\Phi}_j \qquad \text{bzw.} \qquad g_k(t) = \sum_{j=0}^{K-1} \alpha_{kj} \Phi_j(t), \quad 0 \leq t \leq T_0.$$ (8.29)

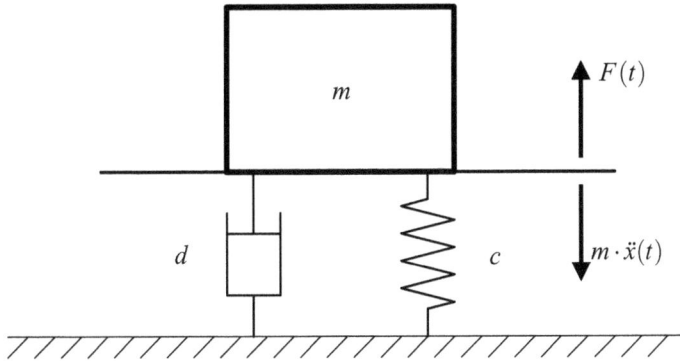

Abbildung 8.1: *Aufbau der Wiegeeinrichtung*

Beispiel 8.3 *Schnelle Wiegeeinrichtung*

An einer Federwaage wird die Beschleunigung $\ddot{x}(t)$ gemessen, um daraus die Masse m bereits vor dem Abklingen des Einschwingvorgangs zu schätzen. Die Schätzung soll vorliegen, lange bevor der stationäre Endzustand erreicht ist. Dadurch kann die Zahl der Wiegevorgänge pro Zeit stark erhöht werden. Diese Technik wird z. B. bei Verpackungsmaschinen angewandt.
Die Differentialgleichung ergibt sich aus der Kräftebilanz:

$$m \cdot \ddot{x}(t) + d \cdot \dot{x}(t) + c \cdot x(t) + F(t) = 0 \tag{8.30}$$

Mithilfe der Laplace-Transformation[1]

$$\left(m + d \cdot \frac{1}{s} + c \cdot \frac{1}{s^2} \right) \cdot \ddot{X}(s) = -F(s) \tag{8.31}$$

erhält man die Übertragungsfunktion der Wiegeeinrichtung, die den Zusammenhang zwischen äußerer Kraft und Beschleunigung wiedergibt:

$$\ddot{X}(s) = -\frac{s^2}{m \cdot s^2 + d \cdot s + c} \cdot F(s) \tag{8.32}$$

Bei $t = 0$ wird die Masse m auf die Waage gelegt (d. h. Anfangsgeschwindigkeit Null). Für die Kraft $F(t)$ gilt deshalb:

$$F(t) = \begin{cases} 0 & , t < 0 \\ -m \cdot g & , t > 0 \end{cases} \tag{8.33}$$

$$= -m \cdot g \cdot \sigma(t) \quad \circ\!\!-\!\!\bullet \quad F(s) = -m \cdot g \cdot \frac{1}{s} \tag{8.34}$$

---

[1] Im Folgenden bezeichnet $\ddot{X}(s)$ die Laplace-Transformierte der Beschleunigung $\ddot{x}(t)$.

Die Sprungantwort der gemessenen Beschleunigung ist damit:

$$\ddot{X}(s) = g \cdot \frac{s}{s^2 + \dfrac{d}{m} \cdot s + \dfrac{c}{m}} = g \cdot \frac{s}{\left(s + \underbrace{\dfrac{d}{2m}}_{\alpha}\right)^2 + \underbrace{\dfrac{c}{m} - \dfrac{d^2}{4m^2}}_{\beta^2}} \tag{8.35}$$

Mit den Abkürzungen

$$\alpha = \frac{d}{2m} \quad , \quad \beta^2 = \frac{c}{m} - \frac{d^2}{4m^2} \quad , \quad \alpha^2 + \beta^2 = \frac{c}{m} \tag{8.36}$$

$$\ddot{X}(s) = g \cdot \frac{s}{(s+\alpha)^2 + \beta^2} \tag{8.37}$$

ergibt sich für die Sprungantwort der gemessenen Beschleunigung im Zeitbereich:

$$\ddot{x}(t) = g \cdot \exp(-\alpha t) \cdot \left[\cos(\beta t) - \frac{\alpha}{\beta} \cdot \sin(\beta t)\right] \quad , \quad t \geq 0 \tag{8.38}$$

Das benötigte Signalmodell Gl. (7.24) muss linear sein. Es werden deshalb die Näherungen

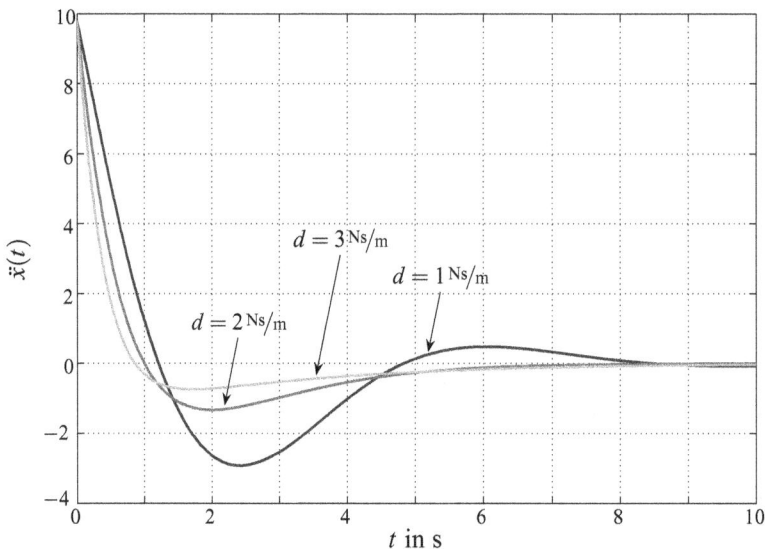

Abbildung 8.2: *Sprungantwort der gemessenen Beschleunigung $\ddot{x}(t)$. Geschätzt wird eine Masse $m = 1\,\text{kg}$. Es gilt hier: $c = 1\,\text{N/m}$.*

für die Exponentialfunktion und die trigonometrischen Funktionen

$$\exp(-\alpha t) \approx 1 - \alpha t + \frac{\alpha^2}{2}t^2 - \frac{\alpha^3}{6}t^3 \tag{8.39}$$

$$\cos(\beta t) \approx 1 - \frac{\beta^2}{2}t^2 \tag{8.40}$$

$$\frac{\alpha}{\beta} \cdot \sin(\beta t) \approx \frac{\alpha}{\beta} \cdot \left(\beta t - \frac{1}{6}\beta^3 t^3 \right) = \alpha t - \frac{\alpha \beta^2}{6}t^3 \tag{8.41}$$

eingesetzt, die nur für kleine t gültig sind. Daraus resultiert das folgende lineare Signalmodell (Abschnitt 7.2.2) für den Einschwingvorgang der Beschleunigung:

$$\ddot{x}(t) = g \cdot \left[1 - 2\alpha t + \frac{1}{2}(3\alpha^2 - \beta^2)t^2 + \frac{2}{3}(\alpha\beta^2 - \alpha^3)t^3 \right]$$

$$= g \cdot \left[1 - \frac{d}{m}t + \frac{1}{2}\left(\frac{d^2}{m^2} - \frac{c}{m} \right)t^2 + \frac{1}{3}\left(\frac{dc}{m^2} - \frac{d^3}{2m^3} \right)t^3 \right] \tag{8.42}$$

$$= g \cdot \left[b_0 + b_1 \cdot t + b_2 \cdot t^2 + b_3 \cdot t^3 \right] \tag{8.43}$$

$$= g \cdot \left[b_0 \cdot \Phi_0(t) + b_1 \cdot \Phi_1(t) + b_2 \cdot \Phi_2(t) + b_3 \cdot \Phi_3(t) \right] \quad , \quad t \geq 0 \tag{8.44}$$

Die Dämpfung d und die Federkonstante c seien bekannt. Zur Bestimmung der Masse m reicht es aus, nur den Parameter b_1 zu schätzen:

$$m = -\frac{d}{b_1} \tag{8.45}$$

Dennoch hat das Signalmodell die Ordnung $K = 4$, um den Beschleunigungsverlauf während der Anfangsphase ausreichend genau zu beschreiben.

Wird an die Sprungantwort $\ddot{x}(t)$ eine Tangente in $t = 0$ angelegt, so schneidet diese die Zeitachse an der Stelle $t = \frac{m}{d}$ (vgl. Abb. 8.3). Dieser Wert kann als Anhaltspunkt für ein Zeitfenster dienen, in dem die Approximation der Exponentialfunktion und der trigonometrischen Funktionen eine ausreichende Näherung liefert. Soll die Messeinrichtung für einen Messbereich $m \in [m_{\min}, m_{\max}]$ gute Schätzungen liefern, sollte daher das Beobachtungsfenster maximal die Länge $T_0 = \frac{m_{\min}}{d}$ besitzen. Andererseits sollte das Beobachtungsfenster nicht noch kürzer gewählt werden, da sonst das beobachtete Messsignal zu wenig Information enthält. Die Schätzung erfolgt also über das Beobachtungsfenster

$$T_0 = \frac{m_{min}}{d} \tag{8.46}$$

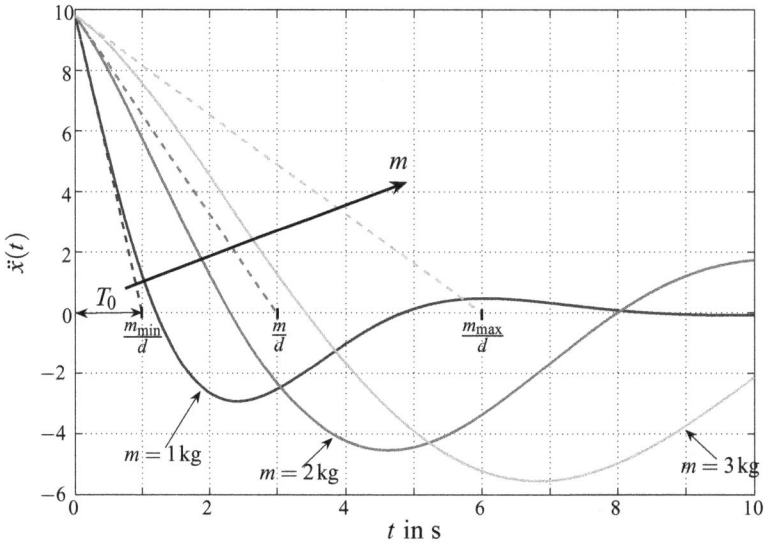

Abbildung 8.3: *Verlauf der Tangente an die Sprungantwort in $t = 0$ für verschiedene Massen m. Es gilt hier: $c = 1\,\mathrm{N/m}$ und $d = 1\,\mathrm{Ns/m}$*

Zur Ermittlung der Gewichtungsfaktoren α_{kj} wird Gl. (8.24) in Matrixform verwendet:

$$\begin{bmatrix} \langle\Phi_0(t),\Phi_0(t)\rangle & \langle\Phi_1(t),\Phi_0(t)\rangle & \langle\Phi_2(t),\Phi_0(t)\rangle & \langle\Phi_3(t),\Phi_0(t)\rangle \\ \langle\Phi_0(t),\Phi_1(t)\rangle & \langle\Phi_1(t),\Phi_1(t)\rangle & \langle\Phi_2(t),\Phi_1(t)\rangle & \langle\Phi_3(t),\Phi_1(t)\rangle \\ \langle\Phi_0(t),\Phi_2(t)\rangle & \langle\Phi_1(t),\Phi_2(t)\rangle & \langle\Phi_2(t),\Phi_2(t)\rangle & \langle\Phi_3(t),\Phi_2(t)\rangle \\ \langle\Phi_0(t),\Phi_3(t)\rangle & \langle\Phi_1(t),\Phi_3(t)\rangle & \langle\Phi_2(t),\Phi_3(t)\rangle & \langle\Phi_3(t),\Phi_3(t)\rangle \end{bmatrix} \cdot \begin{bmatrix} \alpha_{k0} \\ \alpha_{k1} \\ \alpha_{k2} \\ \alpha_{k3} \end{bmatrix} = \begin{bmatrix} \delta_{k0} \\ \delta_{k1} \\ \delta_{k2} \\ \delta_{k3} \end{bmatrix}$$

$$(8.47)$$

Die Innenprodukte der Basisvektoren werden nach Gl. (8.26) bestimmt.

$$\langle\Phi_i(t),\Phi_j(t)\rangle = \int_0^{T_0} \Phi_i(t)\cdot\Phi_j(t)\,dt \qquad\qquad (8.48)$$

Nach Auswertung aller Innenprodukte ergeben sich für $k = 1$ (Schätzung nur des Parameters b_1)

$$\begin{bmatrix} T_0 & \frac{T_0^2}{2} & \frac{T_0^3}{3} & \frac{T_0^4}{4} \\[4pt] \frac{T_0^2}{2} & \frac{T_0^3}{3} & \frac{T_0^4}{4} & \frac{T_0^5}{5} \\[4pt] \frac{T_0^3}{3} & \frac{T_0^4}{4} & \frac{T_0^5}{5} & \frac{T_0^6}{6} \\[4pt] \frac{T_0^4}{4} & \frac{T_0^5}{5} & \frac{T_0^6}{6} & \frac{T_0^7}{7} \end{bmatrix} \cdot \begin{bmatrix} \alpha_{10} \\[4pt] \alpha_{11} \\[4pt] \alpha_{12} \\[4pt] \alpha_{13} \end{bmatrix} = \begin{bmatrix} 0 \\[4pt] 1 \\[4pt] 0 \\[4pt] 0 \end{bmatrix} \tag{8.49}$$

die folgenden Gewichtungsfaktoren:

$$\begin{bmatrix} \alpha_{10} \\[4pt] \alpha_{11} \\[4pt] \alpha_{12} \\[4pt] \alpha_{13} \end{bmatrix} = \begin{bmatrix} -\frac{120}{T_0^2} \\[6pt] \frac{1200}{T_0^3} \\[6pt] -\frac{2700}{T_0^4} \\[6pt] \frac{1680}{T_0^5} \end{bmatrix} \tag{8.50}$$

Zur Bestimmung der Impulsantwort $g_1(t)$ des Schätzfilters für den Parameter b_1 wird Gl. (8.29) herangezogen:

$$g_1(t) = \alpha_{10} \cdot \Phi_0(t) + \alpha_{11} \cdot \Phi_1(t) + \alpha_{12} \cdot \Phi_2(t) + \alpha_{13} \cdot \Phi_3(t) \tag{8.51}$$

$$= -\frac{120}{T_0^2} + \frac{1200}{T_0^3} \cdot t - \frac{2700}{T_0^4} \cdot t^2 + \frac{1680}{T_0^5} \cdot t^3 \quad , \quad 0 \le t \le T_0 \tag{8.52}$$

Nach Gl. (8.16) lässt sich der Parameter $\hat{b}_1$ aus dem Innenprodukt aus Impulsantwort $g_1(t)$ und dem gemessenen Verlauf der Beschleunigung $\ddot{x}(t)$ berechnen:

$$\hat{b}_1 = \langle g_1(t), \ddot{x}(t) \rangle = \int_0^{T_0} g_1(t) \cdot \ddot{x}(t) \, dt \tag{8.53}$$

$\hat{b}_1$ stellt dabei die Schätzung des Parameters b_1 dar. Die Schätzung der Masse $\hat{m}$ erfolgt durch Einsetzen von Gl. (8.53) in Gl. (8.45):

$$\hat{m} = -\frac{d}{\hat{b}_1} \tag{8.54}$$

In Abb. 8.4 ist die Abhängigkeit von $\hat{m}$ vom Beobachtungsfenster T_0 dargestellt. Es wird eine Masse $m = 1$ kg geschätzt. $\ddot{x}(t)$ nach Gl. (8.38) stellt hier die ideale Messgröße dar. In Abb. 8.4 und Abb. 8.5 ist deutlich zu sehen, dass ein $T_0 > \left(\frac{m_{\min}}{d}\right)$ unbefriedigende Ergebnisse liefert, weil das linearisierte Signalmodell für größere Zeiten den Einschwingvorgang nicht mehr ausreichend genau beschreibt.

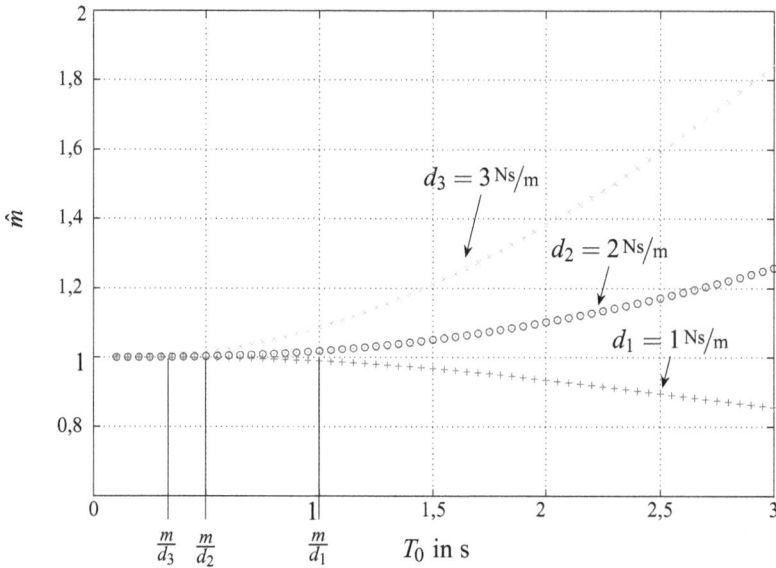

Abbildung 8.4: *Ergebnis der Schätzung einer Masse $m = 1\,\mathrm{kg}$ für verschiedene T_0. Es gilt hier: $c = 1\,\mathrm{N/m}$*

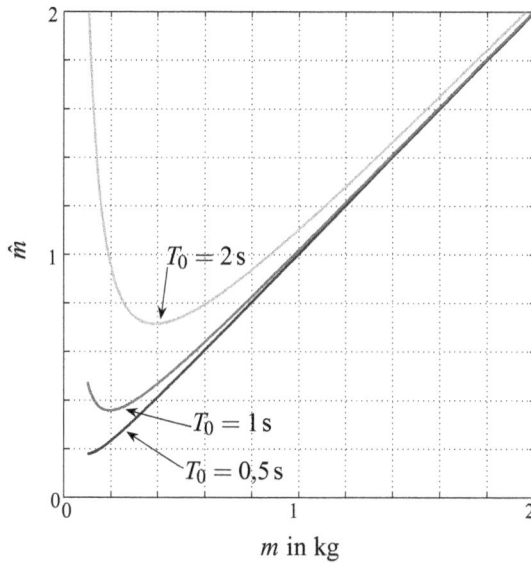

Abbildung 8.5: *Einfluss der Größe des Beobachtungsfensters T_0 auf die Güte der Schätzung. Die Masse m wird variiert. Es gilt hier: $c = 1\,\mathrm{N/m}$, $d = 2\,\mathrm{Ns/m}$.*

Bemerkung 8.2

Verwendet man statt der Messgröße $\ddot{x}(t)$, $0 < t < T_0$ die im Beobachtungsfenster zeitlich gespiegelte Messgröße

$$\breve{\ddot{x}}(t^*) = \ddot{x}(t - t^*)\big|_{t=T_0} \,, \tag{8.55}$$

so kann man Gl. (8.53) als Faltung interpretieren:

$$\hat{b}_1(t) = g_1(t) * \breve{\ddot{x}}(t) = \int\limits_0^{T_0} g_1(\tau) \cdot \underbrace{\breve{\ddot{x}}(t - \tau)}_{\ddot{x}(\tau)} \, d\tau \tag{8.56}$$

Gl. (8.56) ist damit äquivalent zu Gl. (8.16) im zeitdiskreten Fall. Dies wird verständlich, wenn man die zeitliche Folge der einzelnen Messwerte in Gl. (7.25) betrachtet.

8.1.3 Identifikation von Systemfunktionen

Die Least-Squares-Schätzung kann auch zur Identifikation unbekannter Systemparameter von LTI-Systemen verwendet werden. Dazu müssen die Systemordnung K und die Totzeit d als bekannt vorausgesetzt werden. Ein lineares, zeitdiskretes System ist durch seine Systemfunktion $G(z)$

$$G(z) = \frac{X(z)}{U(z)} = \frac{B(z^{-1})}{A(z^{-1})} z^{-d} = \frac{b_0 + b_1 z^{-1} + \ldots + b_K z^{-K}}{1 + a_1 z^{-1} + \ldots + a_K z^{-K}} z^{-d} \tag{8.57}$$

charakterisiert. Dabei sei d das ganzzahlige Verhältnis seiner Totzeit zur Abtastzeit.

$$d = \frac{T_t}{t_A} \tag{8.58}$$

Die Systemordnung K und das Verhältnis d seien vorab bekannt. Die Parameter $b_0 \ldots b_K$ und $a_1 \ldots a_K$ sollen geschätzt werden. Das Anregungssignal $u(n)$ sei ein Wechselsignal ohne Gleichanteil.

$$E\{u(n)\} = 0 \tag{8.59}$$

Notfalls muss der Gleichanteil vorab subtrahiert werden, um die Bedingung (8.59) einzuhalten.

Bei der Schätzung soll der Gleichungsfehler (Residuum) $\mathrm{res}(n)$ minimiert werden. Die Differenzengleichung des zeitdiskreten Systems lautet

$$\begin{aligned} y(n) + a_1 y(n-1) + \ldots + a_K y(n-K) = b_0 u(n-d) + \ldots \\ + b_K u(n-d-K) + \mathrm{res}(n) \,. \end{aligned} \tag{8.60}$$

Daraus erhält man die Schätzgleichung

$$\begin{aligned} y(n) &= -a_1 y(n-1) - \ldots - a_K y(n-K) + b_0 u(n-d) \\ &\quad + \ldots + b_K u(n-d-K) + \mathrm{res}(n) \tag{8.61} \\ &= \underline{\Phi}^{\mathrm{T}}(n) \cdot \underline{b} + \mathrm{res}(n) \,. \tag{8.62} \end{aligned}$$

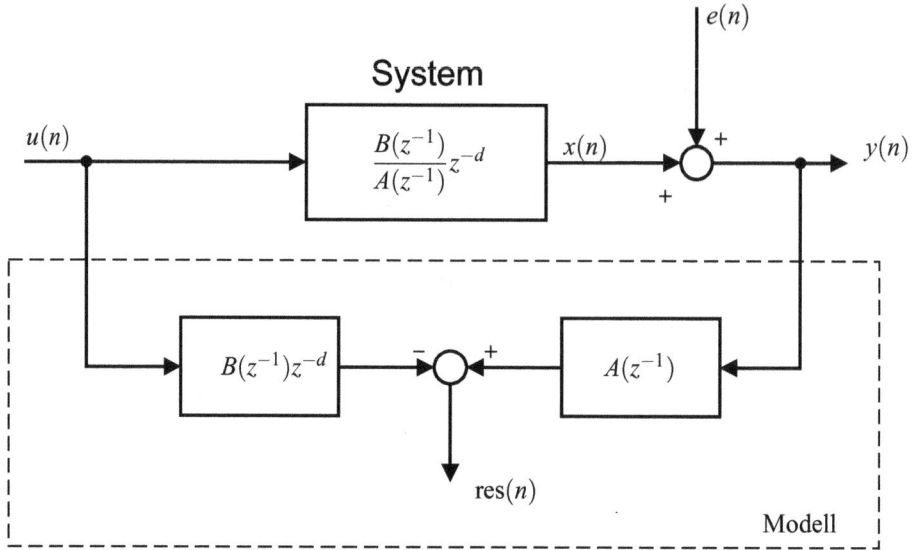

Abbildung 8.6: *Identifikation der Systemfunktion*

Dabei sind der Regressionsvektor $\underline{\Phi}^{\mathrm{T}}(n)$ und der gesuchte Parametervektor $\underline{b}(n-1)$ wie folgt gegeben:

$$\underline{\Phi}^{\mathrm{T}}(n) = \begin{bmatrix} -y(n-1) & \ldots & -y(n-K) & u(n-d) & \ldots & u(n-d-K) \end{bmatrix} \qquad (8.63)$$

$$\underline{b} = \begin{bmatrix} a_1 & \ldots & a_K & b_0 & \ldots & b_K \end{bmatrix}^{\mathrm{T}} \qquad (8.64)$$

Der Regressionsvektor wird nun nicht mehr wie in Abschnitt 8.1.1 von den Basisfunktionen des linearen Signalmodells bestimmt, sondern durch die Ein- und Ausgangswerte des Systems. Man spricht deshalb von einem exogenen Modell.

Gl. (8.62) wird für $N \geqslant 2K+1$ Messungen wiederholt:

$$\underline{y}(n) = \underline{\Psi}(n) \cdot \underline{b} + \underline{\mathrm{res}}(n) \qquad (8.65)$$

Der Ausgangsvektor $\underline{y}(n)$, der Residuenvektor $\underline{\mathrm{res}}(n)$ sowie die Beobachtungsmatrix $\underline{\Psi}(n)$ sind dabei

$$\underline{y}(n) = \begin{bmatrix} y(n) & y(n-1) & \ldots & y(n-N+1) \end{bmatrix}^{\mathrm{T}} \qquad (8.66)$$

$$\underline{\mathrm{res}}(n) = \begin{bmatrix} \mathrm{res}(n) & \mathrm{res}(n-1) & \ldots & \mathrm{res}(n-N+1) \end{bmatrix}^{\mathrm{T}} \qquad (8.67)$$

$$\underline{\Psi}(n) = \begin{bmatrix} \underline{\Phi}^{\mathrm{T}}(n) \\ \vdots \\ \underline{\Phi}^{\mathrm{T}}(n-N+1) \end{bmatrix} . \qquad (8.68)$$

Daraus folgt, wie in Abschnitt 8.1.1 gezeigt, die Gleichung für den zu schätzenden Parametervektor:

$$\hat{\underline{b}}(n) = \left(\underline{\Psi}^{\mathrm{T}}(n)\underline{\Psi}(n)\right)^{-1}\underline{\Psi}^{\mathrm{T}}(n)\underline{y}(n) \tag{8.69}$$

Die Voraussetzung für die Invertierung ist, dass die Determinante $\det\left(\underline{\Psi}^{\mathrm{T}}(n)\underline{\Psi}(n)\right) \neq 0$ ist. Dazu muss das zu identifizierende System am Eingang ausreichend stark angeregt werden. Dann unterscheiden sich die Regressionsvektoren $\underline{\Phi}^{\mathrm{T}}(n)$ nach Gl. (8.63) wesentlich voneinander, so dass die aus ihnen zusammengesetzte Beobachtungsmatrix $\underline{\Psi}(n)$ gut konditioniert ist. Für ein Minimum des Gleichungsfehlers muss

$$\det\left(\underline{\Psi}^{\mathrm{T}}(n)\underline{\Psi}(n)\right) > 0 \tag{8.70}$$

gelten, d. h. $\underline{\Psi}^{\mathrm{T}}(n)\underline{\Psi}(n)$ muss positiv definit sein.

Für große N kann die Schätzgleichung (8.69) näherungsweise mit Hilfe von Korrelationsfunktionen dargestellt werden [17]:

$$\frac{1}{N}\underline{\Psi}^{\mathrm{T}}\underline{\Psi}$$

$$= \left[\begin{array}{cccc|cccc} r_{yy}(0) & r_{yy}(1) & \ldots & r_{yy}(K{-}1) & -r_{uy}(d) & -r_{uy}(d{+}1) & \ldots & -r_{uy}(d{+}K{-}1) \\ \vdots & r_{yy}(0) & \ldots & r_{yy}(K{-}2) & \vdots & -r_{uy}(d) & \ldots & -r_{uy}(d{+}K{-}2) \\ \vdots & & \ddots & \vdots & & & \ddots & \vdots \\ & & & r_{yy}(0) & & & & -r_{uy}(d) \\ \hline -r_{uy}(d) & -r_{uy}(d{+}1) & \ldots & -r_{uy}(d{+}K{-}1) & r_{uu}(0) & r_{uu}(1) & \ldots & r_{uu}(K{-}1) \\ \vdots & -r_{uy}(d) & \ldots & -r_{uy}(d{+}K{-}2) & \vdots & r_{uu}(0) & \ldots & r_{uu}(K{-}2) \\ \vdots & & \ddots & \vdots & & & \ddots & \vdots \\ & & & -r_{uy}(d) & & & & r_{uu}(0) \end{array}\right] \tag{8.71}$$

$$\frac{1}{N}\underline{\Psi}^{\mathrm{T}}\underline{y} = \left[\begin{array}{c} -r_{yy}(1) \\ -r_{yy}(2) \\ \vdots \\ -r_{yy}(K) \\ \hline r_{uy}(d{+}1) \\ r_{uy}(d{+}2) \\ \vdots \\ r_{uy}(d{+}K) \end{array}\right] \tag{8.72}$$

Damit lautet die Schätzgleichung für die Parameter des zeitdiskreten Systems

$$\hat{\underline{b}}(n) = \left(\frac{1}{N}\underline{\Psi}^{\mathrm{T}}\underline{\Psi}\right)^{-1}\cdot\frac{1}{N}\underline{\Psi}^{\mathrm{T}}\underline{y}. \tag{8.73}$$

Mit dem geschätzten Parameter $\hat{\underline{b}}$ lautet die Einschritt-Prädiktion des Ausgangswertes:

$$\hat{y}(n) = \underline{\Phi}^{\mathrm{T}}(n)\hat{\underline{b}}(n-1) \tag{8.74}$$

Im Folgenden wird die Schätzung auf Erwartungstreue untersucht. Der Erwartungswert des Schätzfehlers lautet:

$$E\left\{\hat{\underline{b}}-\underline{b}\right\} = E\left\{(\underline{\Psi}^T\underline{\Psi})^{-1}\underline{\Psi}^T\underline{y}-\underline{b}\right\} \tag{8.75}$$

$$= E\left\{(\underline{\Psi}^T\underline{\Psi})^{-1}\underline{\Psi}^T(\underline{\Psi}\underline{b}+\underline{\mathrm{res}})-\underline{b}\right\} \tag{8.76}$$

$$= E\left\{\underbrace{(\underline{\Psi}^T\underline{\Psi})^{-1}\underline{\Psi}^T\underline{\Psi}}_{=\underline{I}}\underline{b}-\underline{b}+(\underline{\Psi}^T\underline{\Psi})^{-1}\underline{\Psi}^T\underline{\mathrm{res}}\right\} \tag{8.77}$$

$$= E\left\{(\underline{\Psi}^T\underline{\Psi})^{-1}\underline{\Psi}^T\underline{\mathrm{res}}\right\} \tag{8.78}$$

Im Allgemeinen ist die Schätzung nicht erwartungstreu. Unter der Voraussetzung, dass die Regressionsvektoren nicht mit dem Residuum korreliert sind, gilt:

$$E\left\{\hat{\underline{b}}-\underline{b}\right\} = (\underline{\Psi}^T\underline{\Psi})^{-1}\underline{\Psi}^T\underbrace{E\left\{\underline{\mathrm{res}}\right\}}_{=\underline{0}} = \underline{0} \tag{8.79}$$

Dies ist genau dann erfüllt, wenn die Störung $e(n)$ ein autoregressiver Prozess ist, der durch Filterung eines weißen Rauschprozesses mit der Übertragungsfunktion $1/A(z)$ entstanden ist [17], wovon allgemein nicht ausgegangen werden kann.

Beispiel 8.4 *Identifikation eines Systems 2. Ordnung*

Als Beispiel sollen die Parameter eines zeitdiskreten Systems 2. Ordnung geschätzt werden:

$$G(z) = \frac{b_0+b_1z^{-1}}{1+a_1z^{-1}+a_2z^{-2}}$$

Aus der Systemgleichung

$$Y(z) = G(z)\cdot U(z)+E(z)$$

kann die Differenzengleichung des Systems abgeleitet werden:

$$\left(1+a_1z^{-1}+a_2z^{-2}\right)Y(z) = \left(b_0+b_1z^{-1}\right)U(z)+\underbrace{\left(1+a_1z^{-1}+a_2z^{-2}\right)E(z)}_{=\,\mathrm{Res}(z)}$$

$$\begin{array}{c}\bullet\\[-2pt]\circ\end{array}$$

$$y(n) = -a_1y(n-1)-a_2y(n-2)+b_0u(n)+b_1u(n-1)+\mathrm{res}(n)$$

Für $N+2$ Messwerte ergibt sich:

$$\begin{bmatrix} y(n) \\ \vdots \\ y(n-N+1) \end{bmatrix} = \begin{bmatrix} -y(n-1) & -y(n-2) & u(n) & u(n-1) \\ \vdots & \vdots & \vdots & \vdots \\ -y(n-N) & -y(n-N-1) & u(n-N+1) & u(n-N) \end{bmatrix} \begin{bmatrix} a_1 \\ a_2 \\ b_0 \\ b_1 \end{bmatrix}$$

$$+ \begin{bmatrix} \mathrm{res}(n) \\ \vdots \\ \mathrm{res}(n-N+1) \end{bmatrix}$$

Um eine breitbandige Anregung zu gewährleisten, wird als Eingangssignal ein Pseudo-Rauschsignal gewählt. Das Verhältnis zwischen der Rauschleistung des Eingangssignals $u(n)$ und der Störung $e(n)$ beträgt 20 dB.

Es werden die Parameter

$$a_1 = \frac{1}{2}\sqrt{2} \approx 0{,}707 \qquad a_2 = 0{,}25 \qquad b_0 = 0{,}5 \qquad b_1 = 1$$

vorgegeben. Es zeigt sich, dass für $N = 10$ die Parameter

$$\hat{a}_1 = 0{,}684 \qquad \hat{a}_2 = 0{,}236 \qquad \hat{b}_0 = 0{,}602 \qquad \hat{b}_1 = 1{,}057$$

geschätzt werden. Die Genauigkeit der Schätzung wird bei Hinzunahme weiterer Messwerte nicht erhöht: Für $N = 1000$ ergeben sich nahezu dieselben Schätzwerte. Bei einer Erhöhung der Rauschleistung der Störung vergrößert sich der Bias.

Bemerkung 8.3

In der Praxis wird entweder aufgrund einer theoretischen (z. B. physikalischen) Modellierung des betrachteten Prozesses auf die Systemordnung geschlossen oder es wird zunächst eine möglichst kleine Ordnung angesetzt, die dann so lange erhöht wird, bis eine ausreichende Genauigkeit erzielt wird.

8.2 Gauß-Markov-Schätzer (Minimum Mean Square Error, MMSE)

Die einzelnen Parameter $\hat{b}_k(n)$ des linearen Signalmodells können im Falle mehrerer, aufeinander folgender Schätzungen als Zufallsvariable interpretiert werden. Die Approximation einer Funktion $y(n)$ im Funktionenraum wird dann durch die Approximation der stochastischen Variablen b_k im Vektorraum stochastischer Variabler ersetzt. Es muss die quadratische Norm

$$\left\| b_k - \hat{b}_k(n) \right\|^2 \to \min, \quad E\left\{ (\underline{b} - \hat{\underline{b}}(n)) \cdot (\underline{b} - \hat{\underline{b}}(n))^{\mathrm{T}} \right\} \to \min \tag{8.80}$$

minimiert werden, die als Erwartungswert definiert ist. Für den optimalen Schätzparameter $\hat{b}_k(n)$ gilt das Projektionstheorem Gl. (1.227)

$$\left\langle b_k - \hat{b}_k(n), \hat{b}_k(n) \right\rangle = 0, \quad \forall\, k. \tag{8.81}$$

Für $\hat{b}_k(n)$ kann die zeitdiskrete Faltung des Messvektors $\underline{y}(n)$ mit der Filterbank $\underline{g}(n)$ des Schätzers nach Gl. (8.16) eingesetzt werden.

$$\left\langle b_k - \hat{b}_k(n), \sum_{m=0}^{N-1} g_k(m) \cdot y(n-m) \right\rangle = \sum_{m=0}^{N-1} g_k^*(m) \cdot \langle b_k - \hat{b}_k(n), y(n-m) \rangle = 0, \quad \forall\, k \tag{8.82}$$

Das Innenprodukt ist im Raum stochastischer Variabler als Erwartungswert definiert.

$$\left\langle b_k - \hat{b}_k(n), y(n-m) \right\rangle = E\left\{ (b_k - \hat{b}_k(n)) \cdot y(n-m) \right\} = 0, \quad \forall\, m, k \tag{8.83}$$

Für $k = 0, \ldots, K-1$, $m = 0, \ldots, N-1$ erhält man $K \times N$ Gleichungen

$$\begin{bmatrix} E\left\{ (b_0 - \hat{b}_0(n)) \cdot y(n) \right\} & \cdots & E\left\{ (b_0 - \hat{b}_0(n)) \cdot y(n-N+1) \right\} \\ \vdots & & \vdots \\ E\left\{ (b_{K-1} - \hat{b}_{K-1}(n)) \cdot y(n) \right\} & \cdots & E\left\{ (b_K - \hat{b}_K(n)) \cdot y(n-N+1) \right\} \end{bmatrix} = \underline{0},$$

$$\tag{8.84}$$

die als dyadisches Produkt

$$E\left\{ (\underline{b} - \hat{\underline{b}}(n)) \cdot \underline{y}^{\mathrm{T}}(n) \right\} = \underline{0} \tag{8.85}$$

zusammengefasst werden können. Die Normalengleichung wird damit

$$E\left\{ \underline{b} \cdot \underline{y}^{\mathrm{T}}(n) \right\} = E\left\{ \hat{\underline{b}}(n) \cdot \underline{y}^{\mathrm{T}}(n) \right\}. \tag{8.86}$$

In diese Beziehung wird der Ansatz für das Schätzfilter Gl. (8.11) eingesetzt.

$$\hat{\underline{b}}(n) = \underline{G}(n) \cdot \underline{y}(n) \tag{8.87}$$

$$E\left\{ \underline{b} \cdot \underline{y}^{\mathrm{T}}(n) \right\} = \underline{G}(n) \cdot E\left\{ \underline{y}(n) \cdot \underline{y}^{\mathrm{T}}(n) \right\} = \underline{G}(n) \cdot \underline{R}_{yy} \tag{8.88}$$

Bei der Ableitung des Gauß-Markov-Schätzers müssen die folgenden Voraussetzungen gelten.

1. Der Fehler aus dem Signalmodell sei mittelwertfrei.

$$E\left\{ \underline{e}(n) \right\} = \underline{0} \tag{8.89}$$

2. Der gesuchte Parametervektor $\underline{b}$ sei statistisch unabhängig vom Fehlervektor $\underline{e}(n)$.

$$E\left\{ \underline{b} \cdot \underline{e}^{\mathrm{T}} \right\} = E\left\{ \underline{b} \right\} \cdot E\left\{ \underline{e}^{\mathrm{T}} \right\} \tag{8.90}$$

$$E\left\{ \underline{e} \cdot \underline{b}^{\mathrm{T}} \right\} = E\left\{ \underline{e} \right\} \cdot E\left\{ \underline{b}^{\mathrm{T}} \right\} \tag{8.91}$$

3. Die Autokorrelationsmatrix $\underline{R}_{bb}$ des Parametervektors $\underline{b}$ und die Autokovarianzmatrix $\underline{C}_{ee}$ des Fehlervektors $\underline{e}(n)$ seien bekannt.

Das Signalmodell aus Gl. (7.30)

$$\underline{y}(n) = \underline{\Psi}(n) \cdot \underline{b} + \underline{e}(n) \tag{8.92}$$

wird in die Autokorrelationsmatrix eingesetzt.

$$\underline{R}_{yy} = E\left\{\underline{y}(n) \cdot \underline{y}^{\mathrm{T}}(n)\right\} \tag{8.93}$$

$$= E\left\{\underline{\Psi}(n) \cdot \underline{b} \cdot \underline{b}^{\mathrm{T}} \underline{\Psi}^{\mathrm{T}}(n) + \underbrace{\underline{\Psi}(n) \cdot \underline{b} \cdot \underline{e}^{\mathrm{T}}(n)}_{=0}\right.$$

$$\left. + \underbrace{\underline{e}(n) \cdot \underline{b}^{\mathrm{T}} \cdot \underline{\Psi}^{\mathrm{T}}(n)}_{=0} + \underline{e}(n) \cdot \underline{e}^{\mathrm{T}}(n)\right\} \tag{8.94}$$

$$= \underline{\Psi}(n) \cdot \underline{R}_{bb} \cdot \underline{\Psi}^{\mathrm{T}}(n) + \underline{C}_{ee} \tag{8.95}$$

Entsprechend wird

$$E\left\{\underline{b} \cdot \underline{y}^{\mathrm{T}}(n)\right\} = E\left\{\underline{b} \cdot \underline{b}^{\mathrm{T}} \cdot \underline{\Psi}^{\mathrm{T}}(n) + \underbrace{\underline{b} \cdot \underline{e}^{\mathrm{T}}(n)}_{=0}\right\} = \underline{R}_{bb} \cdot \underline{\Psi}^{\mathrm{T}}(n). \tag{8.96}$$

Insgesamt erhält man aus Gleichung (8.88) mit den Gleichungen (8.95) und (8.96)

$$\underline{R}_{bb} \cdot \underline{\Psi}^{\mathrm{T}}(n) = \underline{G}(n) \cdot \left(\underline{\Psi}(n) \cdot \underline{R}_{bb} \cdot \underline{\Psi}^{\mathrm{T}}(n) + \underline{C}_{ee}\right) \tag{8.97}$$

und daraus den Gauß-Markov-Schätzer

$$\underline{G}_{\mathrm{GM}}(n) = \underline{R}_{bb} \cdot \underline{\Psi}^{\mathrm{T}}(n) \cdot \underbrace{\left(\underline{\Psi}(n) \cdot \underline{R}_{bb} \cdot \underline{\Psi}^{\mathrm{T}}(n) + \underline{C}_{ee}\right)^{-1}}_{N \times N\text{-Matrix, aufwendig zu invertieren}} . \tag{8.98}$$

Die $N \times N$-Matrix in der Klammer ist aufwendig zu invertieren. Für die praktische Berechnung wird dieser Ausdruck deshalb mit Hilfe des Matrix-Inversions-Lemmas

$$\underline{A} \cdot \underline{B}^{-1} = \underline{C}^{-1} \cdot \underline{D} \tag{8.99}$$

umgewandelt, mit den Zuordnungen

$$\underline{A} = \underline{R}_{bb} \cdot \underline{\Psi}^{\mathrm{T}}(n) \tag{8.100}$$

$$\underline{B} = \left(\underline{\Psi}(n) \cdot \underline{R}_{bb} \cdot \underline{\Psi}^{\mathrm{T}}(n) + \underline{C}_{ee}\right). \tag{8.101}$$

Durch Einsetzen in

$$\underline{C} \cdot \underline{A} = \underline{D} \cdot \underline{B} \tag{8.102}$$

$$\underline{C} \cdot \underline{R}_{bb} \cdot \underline{\Psi}^{\mathrm{T}}(n) = \underline{D} \cdot \underline{\Psi}(n) \cdot \underline{R}_{bb} \cdot \underline{\Psi}^{\mathrm{T}}(n) + \underline{D} \cdot \underline{C}_{ee} \tag{8.103}$$

erhält man

$$\underline{C} = \underline{\Psi}^{\mathrm{T}}(n) \cdot \underline{C}_{ee}^{-1} \cdot \underline{\Psi}(n) + \underline{R}_{bb}^{-1} \tag{8.104}$$

$$\underline{D} = \underline{\Psi}^{\mathrm{T}}(n) \cdot \underline{C}_{ee}^{-1} \tag{8.105}$$

und den Gauß-Markov-Schätzer in der Form

$$\boxed{\underline{G}_{\mathrm{GM}}(n) = \left(\underline{\Psi}^{\mathrm{T}}(n) \cdot \underline{C}_{ee}^{-1} \cdot \underline{\Psi}(n) + \underline{R}_{bb}^{-1}\right)^{-1} \cdot \underline{\Psi}^{\mathrm{T}}(n) \cdot \underline{C}_{ee}^{-1}}. \tag{8.106}$$

Die zu invertierende Matrix hat jetzt nur noch die Ordnung $K \times K$. Zur Schätzung müssen die Autokorrelationsmatrix $\underline{R}_{bb}$ des Parametervektors $\underline{b}$ und die Autokovarianzmatrix $\underline{C}_{ee}$ des Fehlers $\underline{e}(n)$ bekannt sein.

Der Gauß-Markov-Schätzer ist *nicht* erwartungstreu, d. h.

$$\underline{G}_{\mathrm{GM}}(n) \cdot \underline{\Psi}(n) \neq \underline{I}. \tag{8.107}$$

Ist die Statistik des Parametervektors nicht bekannt, geht man von einer Gleichverteilung über einem unendlich großen Intervall aus, d. h. die Varianzen des Parametervektors gehen gegen unendlich, woraus folgt: $\underline{R}_{bb}^{-1} = \underline{0}$. Auf diese Weise erhält man den Minimum-Varianz-Schätzer (BLUE: **b**est **l**inear **u**nbiased **e**stimate):

$$\boxed{\underline{G}_{\mathrm{MV}}(n) = \left(\underline{\Psi}^{\mathrm{T}}(n) \cdot \underline{C}_{ee}^{-1} \cdot \underline{\Psi}(n) \right)^{-1} \cdot \underline{\Psi}^{\mathrm{T}}(n) \cdot \underline{C}_{ee}^{-1}} \tag{8.108}$$

Der Minimum-Varianz-Schätzer ist erwartungstreu.

$$\underline{G}_{\mathrm{MV}}(n) \cdot \underline{\Psi}(n) = \underline{I} \tag{8.109}$$

Die Schätzfehlerkovarianz ist nach Beispiel 7.4 gegeben durch

$$\underline{C}_{\tilde{b}\tilde{b}}(n) = (\underline{I} - \underline{G}(n) \cdot \underline{\Psi}(n)) \cdot \underline{R}_{bb} \cdot (\underline{I} - \underline{G}(n) \cdot \underline{\Psi}(n))^{\mathrm{T}} + \underline{G}(n) \cdot \underline{C}_{ee} \cdot \underline{G}^{\mathrm{T}}(n) \tag{8.110}$$

$$= \underline{R}_{bb} - \underline{R}_{bb}\underline{\Psi}^{\mathrm{T}}(n)\underline{G}^{\mathrm{T}}(n) - \underline{G}(n)\underline{\Psi}(n)\underline{R}_{bb}$$
$$+ \underline{G}(n)\underline{\Psi}(n)\underline{R}_{bb}\underline{\Psi}^{\mathrm{T}}(n)\underline{G}^{\mathrm{T}}(n) + \underline{G}\underline{C}_{ee}\underline{G}^{\mathrm{T}}(n) \tag{8.111}$$

$$= \underline{R}_{bb} - \underline{R}_{bb}\underline{\Psi}^{\mathrm{T}}(n)\underline{G}^{\mathrm{T}}(n) - \underline{G}(n)\underline{\Psi}(n)\underline{R}_{bb}$$
$$+ \underline{G}(n) \underbrace{\left(\underline{\Psi}(n) \cdot \underline{R}_{bb} \cdot \underline{\Psi}^{\mathrm{T}}(n) + \underline{C}_{ee} \right)}_{= \underline{R}_{bb} \cdot \underline{\Psi}^{\mathrm{T}}(n) \text{ nach Gl. (8.97)}} \underline{G}^{\mathrm{T}}(n) \tag{8.112}$$

$$= (\underline{I} - \underline{G}(n) \cdot \underline{\Psi}(n)) \cdot \underline{R}_{bb} - \underline{R}_{bb} \cdot \underline{\Psi}^{\mathrm{T}}(n) \cdot \underline{G}^{\mathrm{T}}(n) + \underline{R}_{bb} \cdot \underline{\Psi}^{\mathrm{T}}(n) \cdot \underline{G}^{\mathrm{T}}(n) \tag{8.113}$$

$$= (\underline{I} - \underline{G}(n) \cdot \underline{\Psi}(n)) \cdot \underline{R}_{bb}. \tag{8.114}$$

Es wird der Gauß-Markov-Schätzer Gl. (8.106) eingesetzt, wobei die innere Klammer erweitert wird.

$$\underline{C}_{\tilde{b}\tilde{b}}(n) = \Bigg[\underline{I} -$$
$$\underbrace{\left(\left(\underline{\Psi}^{\mathrm{T}}(n)\underline{C}_{ee}^{-1}\underline{\Psi}(n) + \underline{R}_{bb}^{-1} \right)^{-1} \underline{\Psi}^{\mathrm{T}}(n)\underline{C}_{ee}^{-1}\underline{\Psi}(n) + \left(\underline{\Psi}^{\mathrm{T}}(n)\underline{C}_{ee}^{-1}\underline{\Psi}(n) + \underline{R}_{bb}^{-1} \right)^{-1} \underline{R}_{bb}^{-1} \right)}_{= \underline{I}}$$
$$- \left(\underline{\Psi}^{\mathrm{T}}(n) \cdot \underline{C}_{ee}^{-1} \cdot \underline{\Psi}(n) + \underline{R}_{bb}^{-1} \right)^{-1} \cdot \underline{R}_{bb}^{-1} \Bigg) \Bigg] \cdot \underline{R}_{bb} \tag{8.115}$$

Daraus folgt die Schätzfehlerkovarianz des GM-Schätzers

$$\underline{C}_{\tilde{b}\tilde{b}}(n) = \left(\underline{\Psi}^{\mathrm{T}}(n) \cdot \underline{C}_{ee}^{-1} \cdot \underline{\Psi}(n) + \underline{R}_{bb}^{-1} \right)^{-1}. \tag{8.116}$$

Für $\underline{R}_{bb}^{-1} \to 0$ erhält man die Schätzfehlerkovarianz des Minimum-Varianz-Schätzers.

$$\underline{C}_{\tilde{b}\tilde{b}}(n) = \left(\underline{\Psi}^{\mathrm{T}}(n) \cdot \underline{C}_{ee}^{-1} \cdot \underline{\Psi}(n)\right)^{-1} \tag{8.117}$$

Kennt man die Autokovarianzmatrix des Messfehlers $\underline{C}_{ee}$ nicht, so wird $\underline{e}(n)$ als weißes Rauschen angesetzt.

$$\underline{C}_{ee} = E\left\{\underline{e}(n) \cdot \underline{e}^{\mathrm{T}}(n)\right\} = \sigma_e^2 \cdot \underline{I} \tag{8.118}$$

Damit wird aus dem Minimum-Varianz-Schätzer der Least-Squares-Schätzer.

$$\underline{G}_{LS}(n) = \left(\underline{\Psi}^{\mathrm{T}}(n) \cdot \underline{\Psi}(n)\right)^{-1} \cdot \underline{\Psi}^{\mathrm{T}}(n) \tag{8.119}$$

$$\underline{C}_{\tilde{b}\tilde{b}}(n) = \sigma_e^2 \cdot \left(\underline{\Psi}^{\mathrm{T}}(n) \cdot \underline{\Psi}(n)\right)^{-1} \tag{8.120}$$

8.3 Möglichkeiten zur Verbesserung der Schätzung

Im Folgenden soll untersucht werden, ob die Least-Squares-Schätzung durch

- Lineare Transformation der Messwerte
- Erhöhung des Stichprobenumfangs des Messvektors
- Vorabmittelung der Messwerte vor der Schätzung

verbessert werden kann.

8.3.1 Lineare Transformation der Messwerte vor der Schätzung

Mit der Karhunen-Loève-Transformation des Messvektors auf die Eigenvektoren der Autokorrelationsmatrix kann der Aufwand zur Darstellung der wesentlichen Signalanteile deutlich reduziert werden (vgl. Abschnitt 6.1). Im Folgenden soll deshalb untersucht werden, ob man die Schätzung durch eine lineare Transformation des Messvektors verbessern kann.

Der Messvektor $\underline{y}(n)$ wird dazu durch die Matrix $\underline{A}$ in einen Vektor $\underline{z}(n)$ transformiert.

$$\underline{z}(n) = \underline{A} \cdot \underline{y}(n) \tag{8.121}$$

Die Ordnung N der Stichprobe, d. h. die Ordnung der Vektoren $\underline{y}(n)$ und $\underline{z}(n)$ bleibt dabei gleich. Die Transformationsmatrix $\underline{A}$ sei regulär, d. h. invertierbar. Das Signalmodell ist nach der Transformation:

$$\underline{z}(n) = \underline{A} \cdot \underline{y}(n) = \underline{A} \cdot \underline{\Psi}(n) \cdot \underline{b} + \underline{A} \cdot \underline{e}(n) \tag{8.122}$$

Die Messfehlerkovarianz wird damit zu

$$\underline{C}_{ee,A} = E\left\{\left(\underline{A} \cdot \underline{e}(n)\right)\left(\underline{A} \cdot \underline{e}(n)\right)^{\mathrm{T}}\right\} = \underline{A} \cdot E\left\{\underline{e}(n) \cdot \underline{e}^{\mathrm{T}}(n)\right\} \cdot \underline{A}^{\mathrm{T}} \tag{8.123}$$

$$= \underline{A} \cdot \underline{C}_{ee} \cdot \underline{A}^{\mathrm{T}}. \tag{8.124}$$

Die Schätzfehlerkovarianz des Minimum-Varianz-Schätzers ist nach der Transformation unverändert und unabhängig von der Matrix $\underline{A}$.

$$\underline{C}_{\tilde{b}\tilde{b},A}(n) = \left((\underline{A} \cdot \underline{\Psi}(n))^{\mathrm{T}} \cdot \underline{C}_{ee,A}^{-1} \cdot (\underline{A} \cdot \underline{\Psi}(n)) \right)^{-1} \tag{8.125}$$

$$= \left(\underline{\Psi}^{\mathrm{T}}(n) \cdot \underline{A}^{\mathrm{T}} \cdot \left(\underline{A}^{\mathrm{T}} \right)^{-1} \cdot \underline{C}_{ee}^{-1} \cdot \underline{A}^{-1} \cdot \underline{A} \cdot \underline{\Psi}(n) \right)^{-1} = \underline{C}_{\tilde{b}\tilde{b}}(n) \tag{8.126}$$

Bei konstantem Stichprobenumfang ändern sich die Eigenschaften des Schätzers durch eine Koordinatentransformation nicht. Die Transformation ist deshalb keine sinnvolle Maßnahme.

8.3.2 Erhöhung des Stichprobenumfangs

Für die LS-Schätzung soll der Stichprobenumfang N erhöht werden, um die Schätzung zu verbessern. Die Schätzfehlerkovarianzmatrix ist

$$\underline{C}_{\tilde{b}\tilde{b}}(n) = \sigma_e^2 \left(\underline{\Psi}^{\mathrm{T}}(n) \underline{\Psi}(n) \right)^{-1}. \tag{8.127}$$

Die Beobachtungsmatrix

$$\underline{\Psi}(n) = \left[\underline{\Phi}_0(n) \ \ldots \ \underline{\Phi}_{K-1}(n) \right] \tag{8.128}$$

setzt sich aus den Basisvektoren

$$\underline{\Phi}_k(n) = \left[\Phi_k(n) \ \Phi_k(n-1) \ \ldots \ \Phi_k(n-N+1) \right]^{\mathrm{T}} \tag{8.129}$$

zusammen. Das Produkt ist damit die $K \times K$-Matrix

$$\underline{\Psi}^{\mathrm{T}}(n) \underline{\Psi}(n)$$

$$= N \cdot \begin{bmatrix} \frac{1}{N} \sum\limits_{m=0}^{N-1} \Phi_0(n-m)\Phi_0(n-m) & \cdots & \frac{1}{N} \sum\limits_{m=0}^{N-1} \Phi_0(n-m)\Phi_{K-1}(n-m) \\ \vdots & \ddots & \vdots \\ \frac{1}{N} \sum\limits_{m=0}^{N-1} \Phi_{K-1}(n-m)\Phi_0(n-m) & \cdots & \frac{1}{N} \sum\limits_{m=0}^{N-1} \Phi_{K-1}(n-m)\Phi_{K-1}(n-m) \end{bmatrix} \tag{8.130}$$

$$= N \cdot \underline{S}. \tag{8.131}$$

Bei unabhängigen Messwerten sind die $\Phi_k(n-m)$ unterschiedlich. Die Schätzfehlerkovarianz

$$\underline{C}_{\tilde{b}\tilde{b}}(n) = \frac{\sigma_e^2}{N} \cdot \underline{S}^{-1} \tag{8.132}$$

wird dann mit wachsendem N kleiner. Der LS-Schätzer ist bei unabhängigen Messwerten konsistent.

$$\lim_{N \to \infty} \underline{C}_{\tilde{b}\tilde{b}}(n) = \underline{0} \tag{8.133}$$

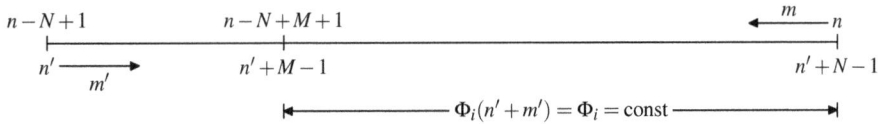

Abbildung 8.7: Konstante Parametervektoren für $m' \geq M$

Ein anderes Ergebnis erhalten wir, wenn die Messwerte ab einem $n' \geq M$ voneinander abhängig sind, d. h. sich nicht mehr verändern (siehe Abb. 8.7). Dann sind auch die Elemente der Regressionsvektoren für $n' \geq M$ konstant, d. h.

$$\Phi_i(n' + m') = \Phi_i = \text{const}, \quad \text{für } m' \geq M. \tag{8.134}$$

Zusätzliche Messungen beinhalten dann keine weitere Information. Im Folgenden nehmen wir $M \ll N$ an. Dann sind die Elemente der $K \times K$-Matrix in Gl. (8.130)

$$\frac{1}{N}\sum_{m'=0}^{N-1}\Phi_i(n'+m')\Phi_j(n'+m') = \frac{1}{N}\sum_{m'=0}^{M-1}\Phi_i(n'+m')\Phi_j(n'+m') + \frac{N-M}{N}\cdot\Phi_i\Phi_j.$$
$$\tag{8.135}$$

Für $N \gg 1$ und $M \ll N$ kann der erste Summenterm vernachlässigt werden. Der Faktor

$$\frac{N-M}{N} \approx 1 \tag{8.136}$$

geht gegen Eins. Die resultierende Matrix

$$\underline{S} = \begin{bmatrix} \Phi_0\Phi_0 & \cdots & \Phi_0\Phi_{K-1} \\ \vdots & \ddots & \vdots \\ \Phi_{K-1}\Phi_0 & \cdots & \Phi_{K-1}\Phi_{K-1} \end{bmatrix} \tag{8.137}$$

erhält dann ausschließlich zueinander proportionale Zeilen- bzw. Spaltenvektoren. Die Matrix $\underline{S}$ wird singulär

$$\det \underline{S} = 0, \tag{8.138}$$

weshalb eine Inverse nicht existiert. Die Schätzfehlerkovarianz geht für große N nicht gegen Null. Voraussetzung für die Konsistenzeigenschaft des LS-Schätzers sind deshalb voneinander unabhängige Messwerte.

8.3.3 Vorabmittelung der Messwerte

Es seien voneinander unabhängige Messwerte vorausgesetzt. Statt jeweils einem werden jetzt L Messwerte aufgenommen und vor der eigentlichen Schätzung der Mittelwert

$$y(n-m) = \frac{1}{L}\sum_{l=0}^{L-1} y_l(n-m) \tag{8.139}$$

gebildet. Nach der Mittelung reduziert sich die Ordnung des Messvektors wieder von $L \cdot N$ auf N. Die Mittelwertbildung kann als Multiplikation des Messvektors

$$\underline{y}_L(n) = \left[y_0(n) \; \dots \; y_{L-1}(n) \; \dots \; y_0(n-N+1) \; \dots \; y_{L-1}(n-N+1) \right]^T \qquad (8.140)$$

der Ordnung $L \cdot N$ mit einer Matrix

$$\underline{B} = \frac{1}{L} \cdot \begin{bmatrix} 1 \dots 1 & & \underline{0} \\ & \ddots & \\ \underline{0} & & \underbrace{1 \dots 1}_{L} \end{bmatrix} \qquad (8.141)$$

beschrieben werden. Mit dem Signalmodell Gl. (7.30)

$$\underline{y}_L(n) = \underline{\Psi}_L(n)\underline{b} + \underline{e}_L(n) \qquad (8.142)$$

folgt:

$$\underline{y}(n) = \underline{B} \cdot \underline{y}_L(n) = \underline{B} \cdot \underline{\Psi}_L(n) \cdot \underline{b} + \underline{B} \cdot \underline{e}_L(n). \qquad (8.143)$$

Es gilt

$$\underline{B} \cdot \underline{B}^T = \frac{1}{L} \cdot \underline{I}. \qquad (8.144)$$

Die Messfehlerkovarianzmatrix ist um den Faktor L niedriger, d. h.

$$\underline{C}_{ee}(n) = E\left\{ \underline{B}\underline{e}_L(n)\underline{e}_L^T(n)\underline{B}^T \right\} \qquad (8.145)$$

$$= \underline{B} \cdot \underline{C}_{ee,L}(n) \cdot \underline{B}^T \qquad (8.146)$$

$$= \sigma_e^2 \cdot \underline{B}\underline{B}^T \qquad (8.147)$$

$$= \frac{\sigma_e^2}{L} \cdot \underline{I}. \qquad (8.148)$$

Die Schätzfehlerkovarianzmatrix verringert sich um den gleichen Faktor L.

$$\underline{C}_{\tilde{b}\tilde{b}}(n) = \frac{\sigma_e^2}{L} \left(\underline{\Psi}^T(n) \underline{\Psi}(n) \right)^{-1} \qquad (8.149)$$

Bei stark gestörten Messwerten wird man zur Verbesserung der Schätzung die Ordnung N des LS-Schätzers nicht zu groß wählen. Statt dessen verringert man den Einfluss der Störung durch eine Vorabmittelung über jeweils L Messwerte.

8.4   Rekursiver Least-Squares-Schätzer (RLS)

Anstelle der Schätzung in einem Schritt soll im Folgenden die Schätzung rekursiv durch Hinzunahme neuer Messwerte verbessert werden. Dabei wächst die Anzahl der Messwerte proportional zur diskreten Zeit n an.

Diskrete Zeit: $n-1 \quad \rightarrow \quad n$
Stichprobenumfang: $N \quad \rightarrow \quad N+1$

8.4.1   Ableitung aus dem Least-Squares-Schätzer

Der Least-Squares-Schätzer in Abschnitt 8.1.1 wurde für N Messungen abgeleitet. Durch Erweiterung des Messumfangs auf $N+1$ Messungen soll die Schätzung verbessert werden. Dazu wird der Übergang vom diskreten Zeitpunkt $(n-1)$ auf n betrachtet. Der Schätzwert $\underline{\hat{b}}(n-1)$ zum diskreten Zeitpunkt $(n-1)$ wurde aus den N Messwerten

$$\underline{y}(n-1) = \left[y(n-1) \ \dots \ y(n-N) \right]^{\mathrm{T}} \tag{8.150}$$

berechnet. Durch Hinzunahme eines neuen Messwertes $y(n)$ soll die Schätzung im nächsten Zeitpunkt n auf $\underline{\hat{b}}(n)$ verbessert werden. Der bisherige Schätzwert ist nach Gl. (8.11)

$$\underline{\hat{b}}(n-1) = \underline{G}(n-1) \cdot \underline{y}(n-1) = \left(\underline{\Psi}^{\mathrm{T}}(n-1) \cdot \underline{\Psi}(n-1) \right)^{-1} \cdot \underline{\Psi}^{\mathrm{T}}(n-1) \cdot \underline{y}(n-1), \tag{8.151}$$

wobei die Beobachtungsmatrix

$$\underline{\Psi}(n-1) = \begin{bmatrix} \underline{\Phi}^{\mathrm{T}}(n-1) \\ \vdots \\ \underline{\Phi}^{\mathrm{T}}(n-N) \end{bmatrix} \tag{8.152}$$

die Regressionsvektoren $\underline{\Phi}^{\mathrm{T}}(n-m)$ für $m = 1, \dots, N$ enthält. Die Schätzfehlerkovarianz (Gl. (8.120)) wird im Folgenden auf die Varianz σ_e^2 des Messfehlers bezogen. Die bezogene Schätzfehlerkovarianzmatrix lautet dann

$$\underline{P}(n-1) = \frac{\underline{C}_{\tilde{b}\tilde{b}}(n-1)}{\sigma_e^2} = \left(\underline{\Psi}^{\mathrm{T}}(n-1) \cdot \underline{\Psi}(n-1) \right)^{-1}. \tag{8.153}$$

Durch Hinzunahme des neuen Messwertes $y(n)$ erhöht sich die Ordnung des Messvektors auf $N+1$. Das Signalmodell ist damit

$$\begin{bmatrix} y(n) \\ \underline{y}(n-1) \end{bmatrix} = \begin{bmatrix} \underline{\Phi}^{\mathrm{T}}(n) \\ \underline{\Psi}(n-1) \end{bmatrix} \cdot \underline{b}(n) + \begin{bmatrix} e(n) \\ \underline{e}(n-1) \end{bmatrix} \tag{8.154}$$

oder

$$\underline{y}(n) = \underline{\Psi}(n) \cdot \underline{b}(n) + \underline{e}(n). \tag{8.155}$$

Die bezogene Schätzfehlerkovarianz

$$\underline{P}(n) = \left(\underline{\Psi}^{\mathrm{T}}(n) \cdot \underline{\Psi}(n) \right)^{-1} \tag{8.156}$$

$$= \left(\left[\underline{\Phi}(n) \ \underline{\Psi}^{\mathrm{T}}(n-1) \right] \cdot \begin{bmatrix} \underline{\Phi}^{\mathrm{T}}(n) \\ \underline{\Psi}(n-1) \end{bmatrix} \right)^{-1} \tag{8.157}$$

$$= \left(\underline{\Phi}(n)\underline{\Phi}^{\mathrm{T}}(n) + \underline{\Psi}^{\mathrm{T}}(n-1)\underline{\Psi}(n-1) \right)^{-1} \tag{8.158}$$

$$= \left(\underline{\Phi}(n)\underline{\Phi}^{\mathrm{T}}(n) + \underline{P}^{-1}(n-1) \right)^{-1} \le \underline{P}(n-1) \tag{8.159}$$

wird mit steigender Ordnung n kleiner, da der LS-Schätzer konsistent ist.

Der Klammerausdruck in Gl. (8.159) wird mit Hilfe des Matrix-Inversions-Lemmas

$$\left(\underline{A}+\underline{B}\cdot\underline{C}^{\mathrm{T}}\right)^{-1}=\underline{A}^{-1}-\underline{A}^{-1}\cdot\underline{B}\cdot\left(\underline{I}+\underline{C}^{\mathrm{T}}\cdot\underline{A}^{-1}\cdot\underline{B}\right)^{-1}\underline{C}^{\mathrm{T}}\cdot\underline{A}^{-1} \tag{8.160}$$

aufgelöst. Mit der Matrix

$$\underline{A}=\underline{P}^{-1}(n-1) \tag{8.161}$$

und dem Regressionsvektor

$$\underline{B}=\underline{C}=\underline{\Phi}(n) \tag{8.162}$$

erhält man anstelle von Gl. (8.159) die Rekursionsbeziehung

$$\underline{P}(n)=\underline{P}(n-1)-\underbrace{\underline{P}(n-1)\cdot\underline{\Phi}(n)\left(1+\underline{\Phi}^{\mathrm{T}}(n)\cdot\underline{P}(n-1)\cdot\underline{\Phi}(n)\right)^{-1}}_{=\underline{k}(n)}\cdot$$

$$\underline{\Phi}^{\mathrm{T}}(n)\cdot\underline{P}(n-1). \tag{8.163}$$

Da $\underline{\Phi}(n)$ ein Vektor und keine Matrix ist, wird der Klammerausdruck ein Skalar. Definiert man einen Gewichtungsvektor

$$\boxed{\underline{k}(n)=\underline{P}(n-1)\cdot\underline{\Phi}(n)\left[1+\underline{\Phi}^{\mathrm{T}}(n)\cdot\underline{P}(n-1)\cdot\underline{\Phi}(n)\right]^{-1}}, \tag{8.164}$$

so ist die Rekursionsbeziehung für die Schätzfehlerkovarianz

$$\boxed{\underline{P}(n)=\underline{P}(n-1)-\underline{k}(n)\cdot\underline{\Phi}^{\mathrm{T}}(n)\cdot\underline{P}(n-1)}. \tag{8.165}$$

Der Parametervektor ist

$$\hat{\underline{b}}(n)=\left(\underline{\Psi}^{\mathrm{T}}(n)\cdot\underline{\Psi}(n)\right)^{-1}\underline{\Psi}^{\mathrm{T}}(n)\cdot\underline{y}(n) \tag{8.166}$$

$$=\underline{P}(n)\cdot\left[\underline{\Phi}(n)\ \underline{\Psi}^{\mathrm{T}}(n-1)\right]\cdot\begin{bmatrix}y(n)\\\underline{y}(n-1)\end{bmatrix}. \tag{8.167}$$

Einsetzen von Gl. (8.165) und Ausmultiplizieren ergibt

$$\hat{\underline{b}}(n)=\left(\underline{P}(n-1)-\underline{k}(n)\underline{\Phi}^{\mathrm{T}}(n)\underline{P}(n-1)\right)\cdot\left(\underline{\Phi}(n)y(n)+\underline{\Psi}^{\mathrm{T}}(n-1)\underline{y}(n-1)\right)$$

$$\tag{8.168}$$

$$=\underbrace{\underline{P}(n-1)\underline{\Phi}(n)y(n)+\underline{P}(n-1)\underline{\Psi}^{\mathrm{T}}(n-1)\underline{y}(n-1)}_{=\hat{\underline{b}}(n-1)} \tag{8.169}$$

$$-\underline{k}(n)\underline{\Phi}^{\mathrm{T}}(n)\underline{P}(n-1)\underline{\Phi}(n)y(n)-\underline{k}(n)\underline{\Phi}^{\mathrm{T}}(n)\underbrace{\underline{P}(n-1)\underline{\Psi}^{\mathrm{T}}(n-1)\underline{y}(n-1)}_{=\hat{\underline{b}}(n-1)}.$$

Der erste Summand in Gleichung (8.169) wird um zwei sich aufhebende Klammerausdrücke erweitert.

$$\underline{\hat{b}}(n) = \underline{\hat{b}}(n-1) + \underbrace{\underline{P}(n-1)\underline{\Phi}(n)\left(1 + \underline{\Phi}^T(n)\underline{P}(n-1)\underline{\Phi}(n)\right)^{-1}}_{=\underline{k}(n)}$$

$$\cdot \left(1 + \underline{\Phi}^T(n)\underline{P}(n-1)\underline{\Phi}(n)\right)y(n) - \underline{k}(n)\underline{\Phi}^T(n)\underline{\hat{b}}(n-1)$$

$$- \underline{k}(n)\underline{\Phi}^T(n)\underline{P}(n-1)\underline{\Phi}(n)y(n) \tag{8.170}$$

$$= \underline{\hat{b}}(n-1) + \underline{k}(n)y(n) + \underline{k}(n)\underline{\Phi}^T(n)\underline{P}(n-1)\underline{\Phi}(n)y(n)$$

$$- \underline{k}(n)\underline{\Phi}^T(n)\underline{\hat{b}}(n-1) - \underline{k}(n)\underline{\Phi}^T(n)\underline{P}(n-1)\underline{\Phi}(n)y(n)$$

Die rekursive Schätzung des Parametervektors lautet

$$\boxed{\underline{\hat{b}}(n) = \underline{\hat{b}}(n-1) + \underline{k}(n) \cdot \left[y(n) - \underline{\Phi}^T(n) \cdot \underline{\hat{b}}(n-1)\right]}. \tag{8.171}$$

Der geschätzte neu hinzu gekommene Messwert ist dabei

$$\hat{y}(n) = \underline{\Phi}^T(n) \cdot \underline{\hat{b}}(n-1). \tag{8.172}$$

Der neue Parametervektor $\underline{\hat{b}}(n)$ berechnet sich aus der Differenz des neuen Messwertes $y(n)$ und des geschätzten Messwertes $\hat{y}(n)$, gewichtet mit dem Vektor $\underline{k}(n)$. Als Startmatrix für die Rekursion der Schätzfehlerkovarianz hat sich

$$\underline{P}(0) = c \cdot \underline{I}, \quad 10^3 \leq c \leq 10^6 \tag{8.173}$$

bewährt. Aufgrund der Konsistenz-Eigenschaft

$$\lim_{n \to \infty} \underline{P}(n) = \underline{0}, \quad \lim_{n \to \infty} \underline{k}(n) = \underline{0} \tag{8.174}$$

konvergiert der Schätzer mit wachsendem Messumfang $n = N + 1$ gegen einen festen Parametervektor.

Beispiel 8.5 *Gestörte harmonische Schwingung*

Die Amplitude A und die Phase φ der durch den Fehler $e(t)$ gestörten harmonischen Schwingung

$$y(t) = A\sin(2\pi f_0 t + \varphi) + e(t)$$

sollen geschätzt werden. Die Frequenz f_0 kann vorab dadurch bestimmt werden, dass aus den Messwerten $y(t)$ die Autoleistungsdichte $S_{yy}(f)$ berechnet wird, die aufgrund der Periodizität des Signals bei der Frequenz f_0 eine deutlich sichtbare Spitze aufweist (siehe Abb. 8.8). Damit man ein lineares Signalmodell nach Abschnitt 7.2.2 erhält, geht man auf die Darstellung

$$y(t) = b_1\sin(2\pi f_0 t) + b_2\cos(2\pi f_0 t) + e(t)$$

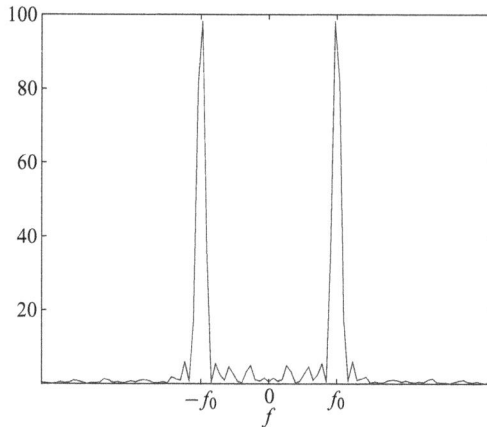

Abbildung 8.8: *Leistungsdichtespektrum $S_{yy}(f)$*

über. Die Amplitude A und die Phase φ ergeben sich darin jeweils zu

$$A = \sqrt{b_1^2 + b_2^2}, \quad \varphi = \arctan\frac{b_2}{b_1}.$$

Der Regressionsvektor in zeitdiskreter Form und der Parametervektor sind

$$\underline{\Phi}^{\mathrm{T}}(n) = \begin{bmatrix} \sin(2\pi f_0 t_A n) & \cos(2\pi f_0 t_A n) \end{bmatrix}$$

$$\underline{b}^{\mathrm{T}}(n) = \begin{bmatrix} b_1(n) & b_2(n) \end{bmatrix}.$$

Für mehrere Messungen erhält man damit

$$\underline{y}(n) = \underline{\Psi}(n) \cdot \underline{b}(n) + \underline{e}(n).$$

Der Anfangswert bei $n = 0$ ist

$$y(0) = \hat{b}_1(0)\sin(0) + \hat{b}_2(0)\cos(0),$$

woraus

$$\hat{b}_2(0) = y(0)$$

gewählt wird. Der zweite Parameter wird willkürlich als

$$\hat{b}_1(0) = 0$$

gewählt. Der Anfangswert der Schätzfehlerkovarianzmatrix sei

$$\underline{P}(0) = c \cdot \underline{I}, \quad c = 10^3, \dots, 10^6.$$

Mit der Rekursion für den Gewichtungsvektor nach Gl. (8.164)

$$\underline{k}(1) = \underline{P}(0) \cdot \underline{\Phi}(1) \left[1 + \underline{\Phi}^{\mathrm{T}}(1) \cdot \underline{P}(0) \cdot \underline{\Phi}(1) \right]^{-1}$$

und für die Schätzfehlerkovarianzmatrix nach Gl. (8.165)

$$\underline{P}(1) = \underline{P}(0) - \underline{k}(1) \cdot \underline{\Phi}^{T}(1) \cdot \underline{P}(0)$$

erhält man für $n = 1$ nach Gl. (8.171) den verbesserten Schätzwert

$$\underline{\hat{b}}(1) = \underline{\hat{b}}(0) + \underline{k}(1) \cdot \left(y(1) - \underline{\Phi}^{T}(1) \cdot \underline{\hat{b}}(0) \right).$$

Die letzten drei Gleichungen müssen nun in jedem Iterationsschritt gelöst werden, also für $n = 2$

$$\underline{k}(2) = \underline{P}(1) \cdot \underline{\Phi}(2) \left[1 + \underline{\Phi}^{T}(2) \cdot \underline{P}(1) \cdot \underline{\Phi}(2) \right]^{-1}$$
$$\underline{P}(2) = \underline{P}(1) - \underline{k}(2) \cdot \underline{\Phi}^{T}(2) \cdot \underline{P}(1)$$
$$\underline{\hat{b}}(2) = \underline{\hat{b}}(1) + \underline{k}(2) \cdot \left(y(2) - \underline{\Phi}^{T}(2) \cdot \underline{\hat{b}}(1) \right).$$

Der Schätzwert $\underline{\hat{b}}(n)$ nähert sich dabei mit zunehmendem n dem wahren Wert $\underline{b}$ an. Abb. 8.9(b) zeigt den Verlauf der geschätzten Parameter $\hat{b}_1$ und $\hat{b}_2$ für $N = 200$ Messwerte und einer Abtastzeit $t_A = 0,01\,\text{s}$. Die wahren Parameterwerte liegen bei $b_1 = 2$ und $b_2 = 1$. Dies entspricht einer Signalamplitude und einer Phase von

$$A = 2,23$$
$$\varphi = 0,46.$$

Die geschätzten Parameter haben am Ende der Schätzung die Werte $\hat{b}_1 = 1,94$ und $\hat{b}_2 = 0,99$, was

$$\hat{A} = 2,18$$
$$\hat{\varphi} = 0,47$$

entspricht. Abb. 8.9(a) zeigt das verrauschte gemessene Signal und das mit den geschätzten Parametern $\hat{A}$ und $\hat{\varphi}$ rekonstruierte Signal.

8.4.2 Rekursiver LS-Schätzer für zeitvariante Signale

Aufgrund der rekursiven Berechnung können auch Signalmodelle mit zeitvarianten Parametern identifiziert werden. Dabei stört allerdings die Konsistenz-Eigenschaft des Schätzalgorithmus. Mit fortlaufender Rekursion wächst die Zahl der Messwerte N. Ein neu hinzu kommender Messwert hat dann kaum noch Einfluss auf das Schätzergebnis. Deshalb müssen die alten Messwerte „vergessen" werden. Es gibt dazu folgende heuristische Ansätze.

1. Exponentielle Gewichtung
   Das bisherige Gütekriterium

$$J(n) = \sum_i \left(y(n-i) - \hat{y}(n-i) \right)^2 \qquad (8.175)$$

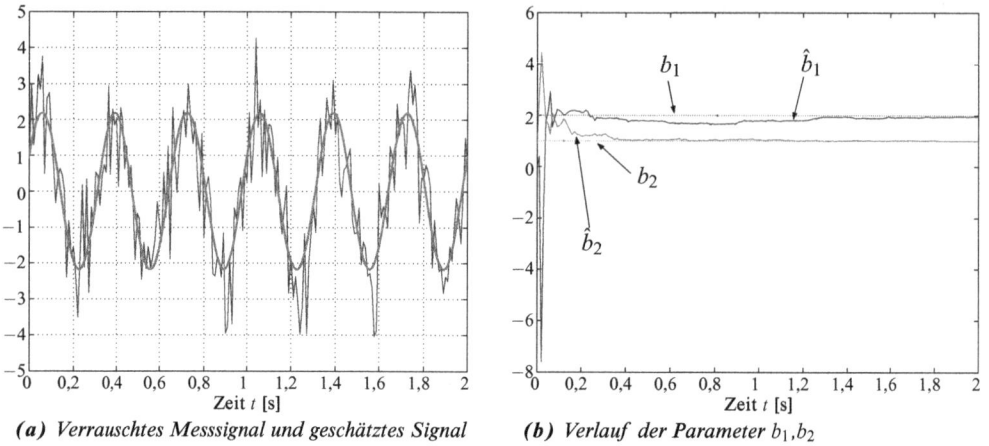

(a) Verrauschtes Messsignal und geschätztes Signal   (b) Verlauf der Parameter b_1, b_2

Abbildung 8.9: *Rekursive Least-Squares-Schätzung der verrauschten harmonischen Schwingung*

wird um einen Vergessensfaktor (*Forgetting Factor*) λ mit $0 < \lambda \leq 1$ erweitert:

$$J(n) = \sum_i \left(y(n-i) - \hat{y}(n-i)\right)^2 \cdot \lambda^i \tag{8.176}$$

Ein typischer Wert zum Beispiel ist $\lambda = 0{,}95$. Damit werden die Rekursionsbeziehungen Gl. (8.164) zu

$$\underline{k}(n) = \underline{P}(n-1) \cdot \underline{\Phi}(n) \left[\lambda + \underline{\Phi}^{\mathrm{T}}(n) \cdot \underline{P}(n-1) \cdot \underline{\Phi}(n)\right]^{-1} \tag{8.177}$$

und Gl. (8.165) zu

$$\underline{P}(n) = \frac{1}{\lambda} \left(\underline{P}(n-1)\right.$$
$$\left. - \underline{P}(n-1) \cdot \underline{\Phi}(n) \left[\lambda + \underline{\Phi}^{\mathrm{T}}(n) \cdot \underline{P}(n-1) \cdot \underline{\Phi}(n)\right]^{-1} \underline{\Phi}^{\mathrm{T}}(n) \cdot \underline{P}(n-1)\right). \tag{8.178}$$

2. Zyklisches Zurücksetzen

Die laufende Schätzung wird nach einer festen Anzahl von Rekursionsschritten beendet. Der im letzten Rekursionszyklus geschätzte Parameter $\underline{\hat{b}}_a$ wird als Anfangswert für eine neue Rekursion gewählt.

$$\underline{\hat{b}}(0) = \underline{\hat{b}}_a \tag{8.179}$$

Dann wird die Schätzung mit dem Anfangswert für die Schätzfehlerkovarianzmatrix nach Gl. (8.173)

$$\underline{P}(0) = c \cdot \underline{I} \tag{8.180}$$

neu gestartet. Das Verfahren umgeht die Schwierigkeit, den Vergessensfaktor λ geeignet zu wählen.

3. Berücksichtigung des aktuellen Schätzfehlers

Das „Einschlafen" des RLS-Schätzalgorithmus aufgrund der Konsistenz-Eigenschaft hat bei zeitvarianten Systemen einen steigenden Schätzfehler zur Folge. Addiert man den mit dem Faktor von zum Beispiel 10^3 gewichteten quadratischen Schätzfehler

$$(y(n) - \hat{y}(n))^2 = \left(y(n) - \underline{\Phi}^{\mathrm{T}}(n) \cdot \underline{\hat{b}}(n-1) \right)^2 \tag{8.181}$$

in der Rekursionsbeziehung (8.165) für $\underline{P}(n)$, so wird die Diagonale der Schätzfehlerkovarianzmatrix nicht unter dieses Niveau absinken.

$$\underline{P}(n) = \underline{P}(n-1) - \underline{k}(n) \cdot \underline{\Phi}^{\mathrm{T}}(n) \cdot \underline{P}(n-1) + 10^3 \cdot \left(y(n) - \underline{\Phi}^{\mathrm{T}}(n) \cdot \underline{\hat{b}}(n-1) \right)^2 \cdot \underline{I} \tag{8.182}$$

Das Verfahren kann mit dem Vergessensfaktor kombiniert werden. Durch den additiven Term wird die Kondition von $\underline{P}(n)$ verbessert.

8.4.3 Discrete Root Filter Method in Covariance Form

Die bezogene Schätzfehlerkovarianzmatrix $\underline{P}(n)$ wird über eine Matrixinvertierung berechnet.

$$\underline{P}(n) = \left(\underline{\Psi}^{\mathrm{T}}(n) \underline{\Psi}(n) \right)^{-1} \tag{8.183}$$

Bei schlecht konditionierten Matrizen kommt es zu numerischen Problemen bei der Invertierung. Bei zu enger Wahl der Abtastwerte unterscheiden sich zum Beispiel die Regressionsvektoren $\underline{\Phi}^{\mathrm{T}}(n-m)$ kaum noch, wodurch die Zeilenvektoren $\underline{\Psi}(n)$ nahezu linear voneinander abhängen. Ähnlich kritische Verhältnisse können sich ergeben, wenn man den LS-Schätzer auf einem Rechner mit Festkomma-Arithmetik laufen lässt.

Man umgeht die numerischen Probleme durch Aufteilung der Schätzfehlerkovarianzmatrix in zwei Dreiecksmatrizen.

$$\underline{P}(n) = \underline{S}(n) \cdot \underline{S}^{\mathrm{T}}(n) \tag{8.184}$$

$\underline{S}(n)$ wird die „Quadrat-Wurzel" von $\underline{P}(n)$ genannt. Damit ergeben sich die folgenden Iterationsgleichungen. Die Gewichtsmatrix in Gl. (8.177) wird zu

$$\underline{k}(n) = \underline{P}(n-1)\underline{\Phi}(n) \cdot \left(\lambda + \underline{\Phi}^{\mathrm{T}}(n)\underline{P}(n-1)\underline{\Phi}(n) \right)^{-1} \tag{8.185}$$

$$\boxed{\underline{k}(n) = \underline{S}(n-1)\underline{S}^{\mathrm{T}}(n-1)\underline{\Phi}(n) \cdot \left(\lambda + \underline{\Phi}^{\mathrm{T}}(n)\underline{S}(n-1)\underline{S}^{\mathrm{T}}(n-1)\underline{\Phi}(n) \right)^{-1} .}$$

$$\tag{8.186}$$

Die Rekursion der Kovarianzmatrix ist nach Gl. (8.178)

$$
\lambda \cdot \underline{P}(n)
$$

$$
= \underline{P}(n-1) - \underline{P}(n-1)\underline{\Phi}(n) \underbrace{\left(\lambda + \underline{\Phi}^{\mathrm{T}}(n)\underline{P}(n-1)\underline{\Phi}(n)\right)^{-1}}_{a(n)} \underline{\Phi}^{\mathrm{T}}(n)\underline{P}(n-1)
$$

(8.187)

$$
= \underline{P}(n-1) - \underline{P}(n-1)\underline{\Phi}(n)\underline{\Phi}^{\mathrm{T}}(n)\underline{P}(n-1) \cdot a(n) \cdot \underbrace{\left[\frac{2}{1+\sqrt{\lambda a(n)}} - \frac{1-\sqrt{\lambda a(n)}}{1+\sqrt{\lambda a(n)}} \right]}_{=1}
$$

(8.188)

$$
= \underline{P}(n-1) - \frac{2a(n)}{1+\sqrt{\lambda a(n)}}\underline{P}(n-1)\underline{\Phi}(n)\underline{\Phi}^{\mathrm{T}}(n)\underline{P}(n-1)
$$

$$
+ \frac{a(n)\left(1-\lambda a(n)\right)}{\left(1+\sqrt{\lambda a(n)}\right)^2}\underline{P}(n-1)\underline{\Phi}(n)\underline{\Phi}^{\mathrm{T}}(n)\underline{P}(n-1)
$$

(8.189)

$$
\lambda \cdot \underline{P}(n) = \underline{P}(n-1) - \frac{1}{1+\sqrt{\lambda a(n)}}\underline{P}(n-1)\underline{\Phi}(n) \cdot \underbrace{\left[a(n)\underline{\Phi}^{\mathrm{T}}(n)\underline{P}(n-1)\right]}_{=\underline{k}^{\mathrm{T}}(n)}
$$

$$
- \frac{1}{1+\sqrt{\lambda a(n)}} \underbrace{\left[a(n)\underline{P}(n-1)\underline{\Phi}(n)\right]}_{=\underline{k}(n)}\underline{\Phi}^{\mathrm{T}}(n)\underline{P}(n-1)
$$

$$
+ \frac{\frac{1}{a(n)}-\lambda}{\left(1+\sqrt{\lambda a(n)}\right)^2} \cdot \underbrace{\left[a(n)\underline{P}(n-1)\underline{\Phi}(n)\right]}_{=\underline{k}(n)} \cdot \underbrace{\left[a(n)\underline{\Phi}^{\mathrm{T}}(n)\underline{P}(n-1)\right]}_{=\underline{k}^{\mathrm{T}}(n)}.
$$

(8.190)

In einer Zwischenrechnung erhält man

$$
\frac{1}{a(n)} - \lambda = \lambda + \underline{\Phi}^{\mathrm{T}}(n)\underline{P}(n-1)\underline{\Phi}(n) - \lambda = \underline{\Phi}^{\mathrm{T}}(n)\underline{P}(n-1)\underline{\Phi}(n).
$$

(8.191)

Damit wird Gl. (8.190)

$$
\lambda \cdot \underline{P}(n)
$$

$$
= \underline{P}(n-1) - \frac{1}{1+\sqrt{\lambda a(n)}}\underline{P}(n-1)\underline{\Phi}(n)\underline{k}^{\mathrm{T}}(n) - \frac{1}{1+\sqrt{\lambda a(n)}}\underline{k}(n)\underline{\Phi}^{\mathrm{T}}(n)\underline{P}(n-1)
$$

$$
+ \frac{1}{\left(1+\sqrt{\lambda a(n)}\right)^2} \cdot \underline{k}(n)\underline{\Phi}^{\mathrm{T}}(n)\underline{P}(n-1)\underline{\Phi}(n)\underline{k}^{\mathrm{T}}(n)
$$

(8.192)

Es wird nun $\underline{P}(n) = \underline{S}(n)\underline{S}^{\mathrm{T}}(n)$ eingesetzt und eine Unterteilung in zwei Produktterme vorgenommen.

$$\sqrt{\lambda}\underline{S}(n)\sqrt{\lambda}\underline{S}^{\mathrm{T}}(n) = \underline{S}(n-1)\underline{S}^{\mathrm{T}}(n-1)$$

$$- \frac{1}{1+\sqrt{\lambda a(n)}}\underline{S}(n-1)\underline{S}^{\mathrm{T}}(n-1)\underline{\Phi}(n)\underline{k}^{\mathrm{T}}(n)$$

$$- \frac{1}{1+\sqrt{\lambda a(n)}}\underline{k}(n)\underline{\Phi}^{\mathrm{T}}(n)\underline{S}(n-1)\underline{S}^{\mathrm{T}}(n-1)$$

$$+ \frac{1}{\left(1+\sqrt{\lambda a(n)}\right)^2} \cdot \underline{k}(n)\underline{\Phi}^{\mathrm{T}}(n)\underline{S}(n-1)\underline{S}^{\mathrm{T}}(n-1)\underline{\Phi}(n))\underline{k}^{\mathrm{T}}(n)$$

$$(8.193)$$

$$= \left[\underline{S}(n-1) - \frac{1}{1+\sqrt{\lambda a(n)}}\underline{k}(n)\underline{\Phi}^{\mathrm{T}}(n)\underline{S}(n-1)\right]$$

$$\cdot \left[\underline{S}(n-1) - \frac{1}{1+\sqrt{\lambda a(n)}}\underline{k}(n)\underline{\Phi}^{\mathrm{T}}(n)\underline{S}(n-1)\right]^{\mathrm{T}} \quad (8.194)$$

Setzt man $a(n)$ wieder ein, so erhält man die Iterationsbeziehung für die „Quadrat-Wurzel" der Schätzfehlerkovarianzmatrix als

$$\boxed{\underline{S}(n) = \frac{1}{\sqrt{\lambda}}\left(\underline{S}(n-1) - \left(1+\sqrt{\frac{\lambda}{\lambda + \underline{\Phi}^{\mathrm{T}}(n)\underline{S}(n-1)\underline{S}^{\mathrm{T}}(n-1)\underline{\Phi}(n)}}\right)^{-1} \cdot \underline{k}(n)\underline{\Phi}^{\mathrm{T}}(n)\underline{S}(n-1)\right).}$$

$$(8.195)$$

Als Anfangswerte nimmt man

$$\underline{S}(0) = \sqrt{c}\underline{I} \quad \text{und} \quad \hat{\underline{b}}(0) = \underline{0}. \quad (8.196)$$

8.5   AR-Schätzung

Die autoregressive Schätzung verwendet das autoregressive Signalmodell aus Abschnitt 7.2.3, das mit weißem Rauschen $w(n)$ angeregt wird. Die Parameter des AR-Modells bestimmen das zu modellierende Ausgangssignal. Diese werden mit Hilfe der Autokorrelationsmatrix des gemessenen Signals $y(n)$ über die Yule-Walker-Gleichung bestimmt. Das AR-Filter wird zur Spektralschätzung und zur Prädiktion verwendet.

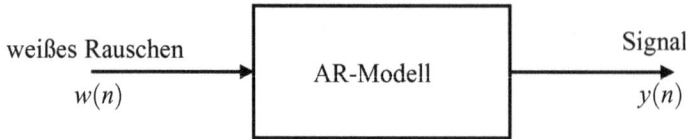

Abbildung 8.10: *Autoregressives Filter*

8.5.1   Yule-Walker-Gleichung

Das Signal $y(n)$ werde als Ausgang eines autoregressiven Systems (Abschnitt 7.2.3) dargestellt, das mit weißem Rauschen $w(n)$ angeregt wird.

$$y(n) + a(1) \cdot y(n-1) + \ldots + a(K) \cdot y(n-K) = w(n) \tag{8.197}$$

Der Signalwert $y(n)$ hängt ab von K vorherigen Signalwerten $y(n-k)$, $k = 1, \ldots, K$ und der stochastischen Anregung $w(n)$. Die Übertragungsfunktion des AR-Filters besitzt nur ein Nennerpolynom.

$$G(z) = \frac{1}{1 + \sum_{k=1}^{K} a(k)z^{-k}} = \frac{1}{A(z)}, \quad a(K) \neq 0 \tag{8.198}$$

Aus $y(n) = g(n) * w(n)$ folgt:

$$Y(z) = G(z) \cdot W(z) = \frac{1}{A(z)} \cdot W(z) \tag{8.199}$$

$$S_{yy}(z) = \frac{\sigma_w^2}{A(z) \cdot A(z^{-1})} \tag{8.200}$$

In Matrizenschreibweise erhält man aus Gleichung (8.197)

$$\underline{a}^T \underline{y}(n) = \underline{y}^T(n) \cdot \underline{a} = y(n) + \underline{y}^T(n-1)\underline{c} = w(n), \tag{8.201}$$

mit

$$\underline{a} = \begin{bmatrix} 1 & a(1) & \ldots & a(K) \end{bmatrix}^T \tag{8.202}$$

$$\underline{c} = \begin{bmatrix} a(1) & a(2) & \ldots & a(K) \end{bmatrix}^T \tag{8.203}$$

$$\underline{y}(n) = \begin{bmatrix} y(n) & y(n-1) & \ldots & y(n-K) \end{bmatrix}^T \tag{8.204}$$

$$\underline{y}(n-1) = \begin{bmatrix} y(n-1) & \ldots & y(n-K) \end{bmatrix}^T \tag{8.205}$$

Die Koeffizientenvektoren $\underline{a}$ und $\underline{c}$ sowie die Signalvektoren $\underline{y}(n)$ und $\underline{y}(n-1)$ haben die unterschiedlichen Dimensionen $K+1$ und K. Gleichung (8.201) wird von rechts mit $\underline{y}^T(n-1)$ multipliziert und dann der Erwartungswertbildung unterzogen.

$$\begin{bmatrix} 1 & \underline{c}^T \end{bmatrix} \cdot \begin{bmatrix} y(n) \\ \underline{y}(n-1) \end{bmatrix} = y(n) + \underline{c}^T \underline{y}(n-1) = w(n) \tag{8.206}$$

$$\underbrace{E\left\{y(n)\underline{y}^{\mathrm{T}}(n-1)\right\}}_{=\underline{r}_{yy}^{\mathrm{T}}(1)}+\underline{c}^{\mathrm{T}}\cdot\underbrace{E\left\{\underline{y}(n-1)\underline{y}^{\mathrm{T}}(n-1)\right\}}_{=\underline{R}_{yy}}=\underbrace{E\left\{w(n)\underline{y}^{\mathrm{T}}(n-1)\right\}}_{=\underline{0}^{\mathrm{T}}\ \text{da unkorreliert}} \qquad (8.207)$$

Der Korrelationsvektor

$$\underline{r}_{yy}^{\mathrm{T}}(1) = \begin{bmatrix} r_{yy}(1) & \dots & r_{yy}(K) \end{bmatrix} \qquad (8.208)$$

hat die Ordnung K. Es gilt $\underline{r}_{yy}(-1) = \underline{r}_{yy}(1)$. Die Autokorrelationsmatrix der Ordnung $K \times K$

$$\underline{R}_{yy} = \begin{bmatrix} \underline{r}_{yy}^{\mathrm{T}}(0) \\ \vdots \\ \underline{r}_{yy}^{\mathrm{T}}(K-1) \end{bmatrix} = \begin{bmatrix} r_{yy}(0) & r_{yy}(1) & \dots & r_{yy}(K-1) \\ r_{yy}(1) & r_{yy}(0) & \dots & r_{yy}(K-2) \\ \vdots & & \ddots & \vdots \\ r_{yy}(K-1) & \dots & & r_{yy}(0) \end{bmatrix} \qquad (8.209)$$

hat eine Töplitz-Struktur. Durch Invertierung der Autokorrelationsmatrix erhält man die Yule-Walker-Gleichung

$$\underline{c} = -\underline{R}_{yy}^{-1}\underline{r}_{yy}(1)\,, \qquad (8.210)$$

die einen Zusammenhang herstellt zwischen den Koeffizienten des AR-Filters und der Autokorrelationsmatrix des Signals $y(n)$. Die Erwartungswerte $E\{\underline{y}(n-1)\underline{y}^{\mathrm{T}}(n-1)\}$ und $E\{\underline{y}(n)\underline{y}^{\mathrm{T}}(n-1)\}$ werden durch Mittelwerte angenähert. Dafür muss eine ausreichende Zahl N an Messwerten $y(n)$ vorliegen.

Spektralschätzung

Aus N Messwerten $y(n)$ werden die Autokorrelationsmatrix $\underline{R}_{yy}$ und der Vektor $\underline{r}_{yy}(1)$ näherungsweise entsprechend Gl. (6.56) berechnet. Über die Yule-Walker-Gleichung (8.210) werden dann die K Koeffizienten des AR-Filters berechnet. Die Leistungsdichte des Ausgangssignals $y(n)$ ist dann:

$$S_{yy}(z) = \frac{\sigma_w^2}{A(z)\cdot A(z^{-1})} \qquad (8.211)$$

Die Ordnung K des Parametervektors $\underline{c}$ ist wesentlich geringer als die Ordnung N des Messvektors $\underline{y}(n)$. Damit ist der Rechenaufwand insgesamt geringer als die mehrfache diskrete Fourier-Transformation des Messvektors der Ordnung N und anschließende Mittelung der Spektren. Weil das AR-Filter nur ein Nennerpolynom besitzt, können allerdings Filter mit Nullstellen nur durch wesentlich erhöhte Ordnung K nachgebildet werden.

8.5.2   Prädiktionsfilter

Im Folgenden soll der aktuelle Signalwert $y(n)$ aus den K vergangenen Werten $y(n-k)$, $k = 1, \ldots, K$ prädiziert werden. Das Prädiktionsfilter habe die Impulsantwort $\underline{p}^{\mathrm{T}}$. Der prädizierte Signalwert ist dann die Faltung

$$\hat{y}(n) = \underline{p}^{\mathrm{T}} \cdot \underline{y}(n-1)\,. \qquad (8.212)$$

Eine mögliche Anwendung ist die so genannte „analytische Redundanz". Dazu werden die prädizierten Messwerte $\hat{y}(n)$ zur Diagnose der tatsächlichen Messwerte $y(n)$ herangezogen.

Die Koeffizienten der Impulsantwort des Prädiktionsfilters $\underline{p}$ sollen so bestimmt werden, dass der mittlere quadratische Fehler

$$E\left\{(y(n)-\hat{y}(n))^2\right\} \to \min \tag{8.213}$$

minimal ist.

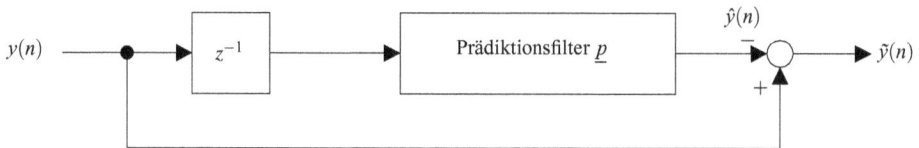

Abbildung 8.11: *Prädiktion des aktuellen Messwertes*

Das Projektionstheorem lautet

$$E\left\{(y(n)-\hat{y}(n))\hat{y}(n)\right\} = 0. \tag{8.214}$$

Es wird der Prädiktionsfilter-Ansatz aus Gl. (8.212) eingesetzt.

$$E\left\{\left(y(n)-\underline{p}^{\mathrm{T}}\cdot\underline{y}(n-1)\right)\underline{p}^{\mathrm{T}}\cdot\underline{y}(n-1)\right\} = 0 \tag{8.215}$$

$$\underline{p}^{\mathrm{T}}\cdot\underbrace{E\left\{y(n)\cdot\underline{y}(n-1)\right\}}_{=\underline{r}_{yy}(-1)} = \underline{p}^{\mathrm{T}}\cdot\underbrace{E\left\{\underline{y}(n-1)\cdot\underline{y}^{\mathrm{T}}(n-1)\right\}}_{=\underline{R}_{yy}}\cdot\underline{p} \tag{8.216}$$

$$\underline{p} = \underline{R}_{yy}^{-1}\underline{r}_{yy}(1) \tag{8.217}$$

Die Koeffizienten der Impulsantwort $\underline{p}$ des optimalen Prädiktionsfilters sind die negierten Koeffizienten $-\underline{c}$ des AR-Filters aus der Yule-Walker-Gleichung (8.210).

$$\underline{p} = -\underline{c} \tag{8.218}$$

Analytische Redundanz
Prädiktion von $\hat{y}(n)$ aus den K zurückliegenden Messwerten $y(n-1)$ bis $y(n-K)$ als Redundanz zum aktuellen Signalwert $y(n)$ zur Fehlerdiagnose in sicherheitsrelevanten Systemen.

8.5.3   Prädiktionsfehlerleistung

Der Prädiktionsfehler ist die Differenz

$$\tilde{y}(n) = y(n) - \hat{y}(n) = y(n) - \underline{p}^{\mathrm{T}}\underline{y}(n-1) \tag{8.219}$$

$$= \begin{bmatrix} 1 & \underline{c}^{\mathrm{T}} \end{bmatrix}\cdot\underline{y}(n) = \underline{a}^{\mathrm{T}}\underline{y}(n), \tag{8.220}$$

und die z-Transformierte der Faltungssumme Gl. (8.220) ist

$$\tilde{Y}(z) = A(z)\cdot Y(z). \tag{8.221}$$

Die Leistung des Prädiktionsfehlers ist die Schätzfehlervarianz.

$$P = E\left\{(\tilde{y}(n))^2\right\} = E\left\{(y(n) - \hat{y}(n))^2\right\} \tag{8.222}$$

$$= E\left\{(y(n) - \underline{p}^T\underline{y}(n-1))\,(y(n) - \underline{p}^T\underline{y}(n-1))\right\} \tag{8.223}$$

$$= r_{yy}(0) - 2\cdot\underline{p}^T\underline{r}_{yy}(1) + \underline{p}^T\underbrace{\underline{R}_{yy}\underline{p}}_{\underline{r}_{yy}(1)} \tag{8.224}$$

$$= r_{yy}(0) - \underline{p}^T\underline{r}_{yy}(1) \tag{8.225}$$

$$= \begin{bmatrix} 1 & \underline{c}^T \end{bmatrix} \cdot \begin{bmatrix} r_{yy}(0) \\ \underline{r}_{yy}(1) \end{bmatrix} = \underline{a}^T\underline{r}_{yy}^K(0) \tag{8.226}$$

Der Korrelationsvektor $\underline{r}_{yy}^K(0)$ hat die Ordnung $(K+1)$.

Bei Berechnung der Leistung des Prädiktionsfehlers aus dem Leistungsdichtespektrum des Schätzfehlers ergibt sich alternativ

$$P = E\left\{(\tilde{y}(n))^2\right\} = r_{\tilde{y}\tilde{y}}(0). \tag{8.227}$$

Aus Gl. (8.221) erhält man die Autoleistungsdichte des Prädiktionsfehlers

$$S_{\tilde{y}\tilde{y}}(z) = A(z)\cdot A(z^{-1})\cdot S_{yy}(z). \tag{8.228}$$

Es wird

$$z = e^{j\Omega} \tag{8.229}$$

eingesetzt und durch Integration über das Nyquistband die Prädiktionsfehlerleistung berechnet

$$P = \frac{1}{2\pi}\int\limits_{-\pi}^{\pi} S_{\tilde{y}\tilde{y}}(e^{j\Omega})d\Omega = \frac{1}{2\pi}\int\limits_{-\pi}^{\pi} \left|A(e^{j\Omega})\right|^2 S_{yy}(e^{j\Omega})d\Omega. \tag{8.230}$$

Es werden jetzt das Ausgangssignal $y(n)$ des AR-Systems und seine entsprechende Autoleistungsdichte nach Gleichung (8.211) eingesetzt.

$$Y(z) = \frac{1}{A(z)}W(z), \quad S_{yy}(e^{j\Omega}) = \frac{\sigma_w^2}{|A(e^{j\Omega})|^2}. \tag{8.231}$$

Dann ist die Prädiktionsfehlerleistung in Gl. (8.230) gerade die Varianz des weißen Rauschens.

$$P = \frac{1}{2\pi}\int\limits_{-\pi}^{\pi} \sigma_w^2 d\Omega = \sigma_w^2. \tag{8.232}$$

Das AR-Prädiktionsfilter wird deshalb auch „Whitening"-Filter genannt.

Satz 8.1 *Prädiktionsfehlerleistung periodischer Signale*

Periodische Signale $y(n)$ sind exakt prädizierbar. Bei ihnen ist damit die Prädiktionsfehler-leistung gleich Null.

$$P = \frac{1}{2\pi} \int\limits_{-\pi}^{\pi} \left| A(e^{j\Omega}) \right|^2 S_{yy}(e^{j\Omega}) d\Omega \overset{!}{=} 0 \tag{8.233}$$

Beweis 8.1

Die beiden Funktionen unter dem Integral in Gl. (8.233) sind größer gleich Null.

$$S_{yy}(e^{j\Omega}) \ge 0, \quad \left| A(e^{j\Omega}) \right|^2 \ge 0 \tag{8.234}$$

Dann gilt die folgende Abschätzung:

1. $\left| A(e^{j\Omega}) \right|^2$ ist nur in den Nullstellen Ω_i des Polynoms $A(z)$ gleich Null, d. h. in den Polstellen des AR-Filters.

2. Damit das Produkt $\left| A(e^{j\Omega}) \right|^2 \cdot S_{yy}(e^{-j\Omega})$ wie gefordert überall Null ist, darf $S_{yy}(e^{j\Omega})$ nur in diesen Nullstellen von $A(z)$ ungleich Null sein. Die Leistungsdichte $S_{yy}(e^{j\Omega})$ muss damit ein Linienspektrum haben, was nur für periodische Signale zutrifft.

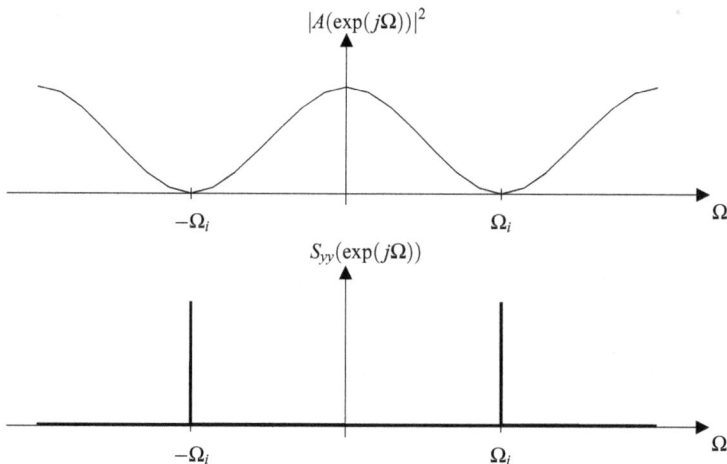

Abbildung 8.12: Linienspektrum einer periodischen Funktion

$$S_{yy}(\Omega) = \sum_{i=1}^{K} s_i^2 \cdot \delta(\Omega - \Omega_i) \tag{8.235}$$

Damit ist gezeigt, dass die Prädiktionsfehlerleistung für periodische Signale Null ist.

8.5.4 Minimalphasigkeit des AR-Prädiktorfilters

Die Prädiktionsfehlerleistung ist nach Gl. (8.230)

$$P = \frac{1}{2\pi} \int_{-\pi}^{\pi} \left| A(e^{j\Omega}) \right|^2 S_{yy}(e^{j\Omega}) d\Omega. \tag{8.236}$$

Das Nennerpolynom $A(z)$ wird entsprechend seiner Nullstellen faktorisiert. Da $A(z)$ reell ist, sind die Nullstellen paarweise konjugiert komplex.

$$A(z)A(z^{-1}) = \prod_i A_i(z)A_i(z^{-1}) \tag{8.237}$$

$$= \prod_i \left| (1 - z_{0i}z^{-1})(1 - z_{0i}^*z^{-1}) \right| \cdot \left| (1 - z_{0i}z)(1 - z_{0i}^*z) \right| \tag{8.238}$$

$$= \prod_i \left| (1 - z_{0i}z^{-1})(1 - z_{0i}^*z) \right| \cdot \left| (1 - z_{0i}z)(1 - z_{0i}^*z^{-1}) \right| \tag{8.239}$$

$$= \prod_i \left| 1 - z_{0i}z^{-1} - z_{0i}^*z + z_{0i}z_{0i}^* \right| \cdot \left| 1 - z_{0i}z - z_{0i}^*z^{-1} + z_{0i}z_{0i}^* \right| \tag{8.240}$$

Durch Einsetzen von $z = e^{j\Omega}$ und $z_{0i} = r_i e^{j\Phi_i}$ erhält man für das Betragsquadrat

$$\prod_i |A_i(\Omega)|^2 = \prod_i \left| 1 - 2r_i \cos(\Phi_i - \Omega) + r_i^2 \right| \cdot \left| 1 - 2r_i \cos(\Phi_i + \Omega) + r_i^2 \right|. \tag{8.241}$$

Die Radien r_i können nun entweder den im Einheitskreis liegenden Nullstellen ($r_i < 1$) oder den außerhalb des Einheitskreises liegenden Nullstellen ($r_i > 1$) zugeordnet werden. Die Produktterme $|A_i(\Omega)|^2$ werden für $r_i < 1$ minimal, d. h. wenn die Nullstellen im Einheitskreis liegen. Da das AR-Filter die Prädiktionsfehlerleistung minimiert, folgt daraus $r_i < 1$, d. h. es ist minimalphasig.

8.6 Bayes-Schätzung

Die Bayes-Schätzung arbeitet mit allgemeinen Wahrscheinlichkeitsdichten, und nicht nur mit einer Statistik 2. Ordnung ($\hat{=}$ Normalverteilung). Da die Wahrscheinlichkeitsdichte der zu schätzenden Parameter zumeist unbekannt ist, hat nur der Maximum-Likelihood-Schätzer praktische Bedeutung. Wählt man eine Statistik 2. Ordnung und legt ein lineares Signalmodell zugrunde, so erhält man die bekannten Schätzer aus den Abschnitten 8.1 und 8.2. Mit Hilfe der Cramér-Rao-Ungleichung lässt sich die Schätzfehlerkovarianz eines verwendeten Schätzers mit der minimal möglichen Schätzfehlerkovarianz vergleichen.

8.6.1 Maximum-a-posteriori-Schätzer

Aus den gestörten Messwerten $\underline{y}$ sollen die Parameter $\underline{b}$ geschätzt werden. Ausgangspunkt ist die Verbundwahrscheinlichkeitsdichte der Parameter und Messungen

$$f(\underline{b}, \underline{y}), \tag{8.242}$$

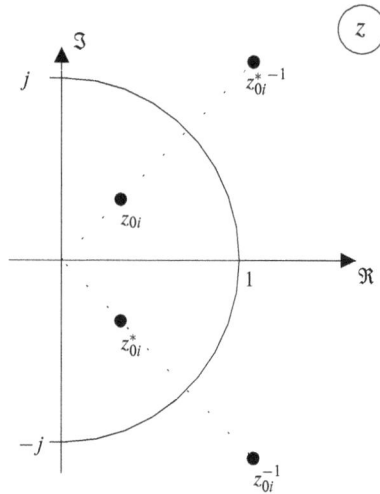

Abbildung 8.13: *Nullstellen von $A(z)A(z^{-1})$ in der z-Ebene für $r_i < 1$*

die für die Schätzung als bekannt vorausgesetzt wird. Daraus soll der Parametervektor

$$\underline{\hat{b}} = \underline{\hat{b}}(\underline{y}) \tag{8.243}$$

geschätzt werden. Zur Gewichtung der Schätzfehler wird eine nicht-negative, konvexe Kostenfunktion

$$C(\underline{b} - \underline{\hat{b}}) \geq 0 \tag{8.244}$$

eingeführt. Für zufällige Schätzergebnisse $\underline{\hat{b}}$ ist die Kostenfunktion ebenfalls zufällig. Es wird daher der Erwartungswert der Kostenfunktion bezüglich der Verbundwahrscheinlichkeitsdichte

$$E_{\underline{b},\underline{y}}\left\{C(\underline{b} - \underline{\hat{b}})\right\} = \int\limits_{-\infty}^{\infty} \int\limits_{-\infty}^{\infty} C(\underline{b} - \underline{\hat{b}}) f(\underline{b},\underline{y}) d\underline{b} d\underline{y} \quad \rightarrow \quad \min \tag{8.245}$$

minimiert. Nach der Regel von Bayes ist die Verbundwahrscheinlichkeitsdichte gleich der bedingten Wahrscheinlichkeitsdichte multipliziert mit der Wahrscheinlichkeitsdichte für die Vorbedingung.

$$f(\underline{b},\underline{y}) = f(\underline{b}|\underline{y}) \cdot f(\underline{y}) = f(\underline{y}|\underline{b}) \cdot f(\underline{b}) \tag{8.246}$$

$f(\underline{b}|\underline{y})$ ist die a-posteriori-Dichte und $f(\underline{y}|\underline{b})$ die a-priori-Dichte (siehe auch [36]).

Die Minimierungsaufgabe lässt sich damit umformulieren.

$$E_{\underline{b},\underline{y}}\left\{C(\underline{b} - \underline{\hat{b}})\right\} = \int\limits_{-\infty}^{\infty} \left(\int\limits_{-\infty}^{\infty} C(\underline{b} - \underline{\hat{b}}) \cdot f(\underline{b}|\underline{y}) d\underline{b} \right) \cdot f(\underline{y}) d\underline{y} \quad \rightarrow \quad \min \tag{8.247}$$

Wegen $C(\underline{b} - \underline{\hat{b}}) \geq 0$ und $f(\underline{b}|\underline{y}) \geq 0$ ist das innere Integral nicht-negativ. Es reicht daher, anstelle des gesamten Integrals lediglich das innere zu minimieren. Das Gütekriterium minimiert damit den Erwartungswert der Kostenfunktion bezüglich der a-posteriori-Dichte

$$Q = \int_{-\infty}^{\infty} C(\underline{b} - \underline{\hat{b}}) \cdot f(\underline{b}|\underline{y}) \, d\underline{b} = E_{\underline{b}|\underline{y}}\left\{C(\underline{b} - \underline{\hat{b}})\right\} \quad \rightarrow \quad \min. \tag{8.248}$$

Für die weiteren Betrachtungen werden folgende Symmetrieeigenschaften der Kostenfunktion und der a-posteriori-Dichte vorausgesetzt. Dazu wird

$$\underline{\beta} = \underline{b} - E_{\underline{b}|\underline{y}}\{\underline{b}\}, \qquad \underline{\hat{\beta}} = \underline{\hat{b}} - E_{\underline{b}|\underline{y}}\{\underline{b}\} \tag{8.249}$$

eingeführt.

1. Die Kostenfunktion $C(\underline{b} - \underline{\hat{b}})$ sei symmetrisch um $\underline{\hat{b}}$:

$$C(\underline{b} - \underline{\hat{b}}) = C(\underline{\hat{b}} - \underline{b}) \quad \Leftrightarrow \quad C(\underline{\beta} - \underline{\hat{\beta}}) = C(\underline{\hat{\beta}} - \underline{\beta}) \tag{8.250}$$

2. Die a-posteriori-Dichte $f(\underline{b}|\underline{y})$ sei symmetrisch um $E_{\underline{b}|\underline{y}}\{\underline{b}\}$:

$$f\left(E_{\underline{b}|\underline{y}}\{\underline{b}\} + \underline{\beta} \,\middle|\, \underline{y}\right) = f\left(E_{\underline{b}|\underline{y}}\{\underline{b}\} - \underline{\beta} \,\middle|\, \underline{y}\right). \tag{8.251}$$

Damit wird das Gütekriterium umgeformt zu

$$Q = \int_{-\infty}^{0} C(\underline{\beta} - \underline{\hat{\beta}}) f\left(\underline{\beta} + E_{\underline{b}|\underline{y}}\{\underline{b}\} \,\middle|\, \underline{y}\right) d\underline{\beta} + \int_{0}^{\infty} C(\underline{\beta} - \underline{\hat{\beta}}) f\left(\underline{\beta} + E_{\underline{b}|\underline{y}}\{\underline{b}\} \,\middle|\, \underline{y}\right) d\underline{\beta}. \tag{8.252}$$

Mit $\beta' = -\beta$ wird das erste Integral umgeformt und mit dem zweiten zusammengefasst.

$$Q = \int_{0}^{\infty} C(\underline{\hat{\beta}} + \underline{\beta}') \underbrace{f\left(-\underline{\beta}' + E_{\underline{b}|\underline{y}}\{\underline{b}\} \,\middle|\, \underline{y}\right)}_{f\left(\underline{\beta}' + E_{\underline{b}|\underline{y}}\{\underline{b}\} \,\middle|\, \underline{y}\right)} d\underline{\beta}'$$

$$+ \int_{0}^{\infty} C(\underline{\hat{\beta}} - \underline{\beta}) f\left(\underline{\beta} + E_{\underline{b}|\underline{y}}\{\underline{b}\} \,\middle|\, \underline{y}\right) d\underline{\beta} \tag{8.253}$$

$$= \int_{0}^{\infty} \left[C(\underline{\hat{\beta}} + \underline{\beta}) + C(\underline{\hat{\beta}} - \underline{\beta})\right] f\left(\underline{\beta} + E_{\underline{b}|\underline{y}}\{\underline{b}\} \,\middle|\, \underline{y}\right) d\underline{\beta} \tag{8.254}$$

Um Q zu minimieren, wird nach $\underline{\hat{\beta}}$ differenziert.

$$\frac{\partial Q}{\partial \underline{\hat{\beta}}} = \int_{0}^{\infty} \left[\frac{\partial C(\underline{\hat{\beta}} + \underline{\beta})}{\partial \underline{\hat{\beta}}} + \frac{\partial C(\underline{\hat{\beta}} - \underline{\beta})}{\partial \underline{\hat{\beta}}}\right] f\left(\underline{\beta} + E_{\underline{b}|\underline{y}}\{\underline{b}\} \,\middle|\, \underline{y}\right) d\underline{\beta} = \underline{0} \tag{8.255}$$

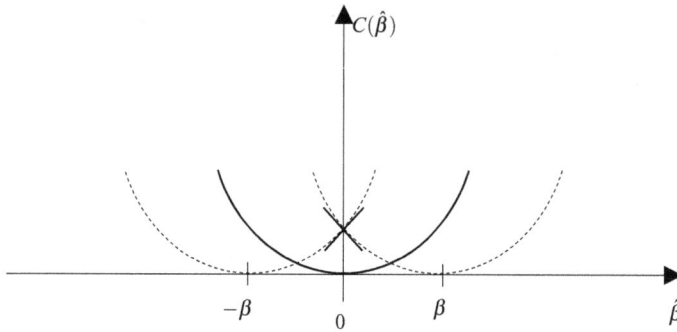

Abbildung 8.14: *Symmetrische Kostenfunktion*

Für $\hat{\beta} = \underline{0}$ haben die beiden verschobenen Kostenfunktionen aufgrund ihrer Symmetrie gerade gleich große Steigungen mit entgegengesetzten Vorzeichen (vgl. Abb. 8.14)

$$\frac{\partial C(\hat{\beta} + \beta)}{\partial \hat{\underline{\beta}}}\bigg|_{\hat{\beta}=0} = -\frac{\partial C(\hat{\beta} - \beta)}{\partial \hat{\underline{\beta}}}\bigg|_{\hat{\beta}=0} \tag{8.256}$$

und damit $\frac{\partial Q}{\partial \hat{\underline{\beta}}} = \underline{0}$. Man erhält den geschätzten Parameter also für $\hat{\beta} = \underline{0}$ oder mit Gl. (8.249) für

$$\boxed{\hat{\underline{b}} = E_{\underline{b}|\underline{y}}\{\underline{b}\}\,.} \tag{8.257}$$

Der Schätzwert $\hat{\underline{b}}$ liegt beim Maximum der a-posteriori-Dichte, unabhängig von der gewählten Kostenfunktion $C(\underline{b} - \hat{\underline{b}})$ und der Dichtefunktion. Lediglich die Symmetrieeigenschaften wurden vorausgesetzt. Der Schätzer heißt *Maximum-a-posteriori*-Schätzer, oder MAP-Schätzer.

Da die a-posteriori-Dichte $f(\underline{b}|\underline{y})$ nur schwer bestimmt werden kann und die Wahrscheinlichkeitsdichte $f(\underline{b})$ der Parameter meist unbekannt ist, hat die MAP-Schätzung hauptsächlich theoretische Bedeutung. Sie kann als die allgemeinste und umfassendste Schätzmethode angesehen werden, aus der sich durch Spezialisierung andere grundlegende Schätzmethoden ableiten lassen.

Beispiel 8.6   *Quadratische Kostenfunktion*

Für eine symmetrische, positiv definite Gewichtsmatrix $\underline{W}$ erhalten wir die quadratische Kostenfunktion

$$C(\underline{b} - \hat{\underline{b}}) = (\underline{b} - \hat{\underline{b}})^{\mathrm{T}} \cdot \underline{W} \cdot (\underline{b} - \hat{\underline{b}})\,.$$

Die Minimierungsaufgabe lautet dann:

$$Q = \int\limits_{-\infty}^{\infty} C(\underline{b} - \hat{\underline{b}}) f(\underline{b}|\underline{y}) d\underline{b} \quad \rightarrow \quad \min$$

$$\frac{\partial}{\partial \underline{\hat{b}}} \int_{-\infty}^{\infty} (\underline{b} - \underline{\hat{b}})^{\mathrm{T}} \cdot \underline{W} \cdot (\underline{b} - \underline{\hat{b}}) f(\underline{b}|\underline{y}) \, d\underline{b} = \underline{0}$$

$$-2\underline{W} \int_{-\infty}^{\infty} (\underline{b} - \underline{\hat{b}}) f(\underline{b}|\underline{y}) d\underline{b} = \underline{0}$$

$$\underline{\hat{b}} \cdot \underbrace{\int_{-\infty}^{\infty} f(\underline{b}|\underline{y}) d\underline{b}}_{=1} = \int_{-\infty}^{\infty} \underline{b} \cdot f(\underline{b}|\underline{y}) d\underline{b} = E_{\underline{b}|\underline{y}}\{\underline{b}\}$$

$$\underline{\hat{b}} = E_{\underline{b}|\underline{y}}\{\underline{b}\}$$

Die Schätzung ist unabhängig von der Gewichtsmatrix $\underline{W}$.

8.6.2 Maximum-Likelihood-Schätzer

Weil der Logarithmus eine monotone Funktion ist, ist das Maximum von $f(\underline{b}|\underline{y})$ gleich dem Maximum der logarithmierten Dichte $\ln f(\underline{b}|\underline{y})$. Aus der Regel von Bayes Gl. (8.246) folgt für die Ableitung:

$$\frac{\partial \ln f(\underline{b}, \underline{y})}{\partial \underline{b}} = \frac{\partial \ln f(\underline{b}|\underline{y})}{\partial \underline{b}} + \underbrace{\frac{\partial \ln f(\underline{y})}{\partial \underline{b}}}_{=0} = \frac{\partial \ln f(\underline{y}|\underline{b})}{\partial \underline{b}} + \frac{\partial \ln f(\underline{b})}{\partial \underline{b}} \tag{8.258}$$

In vielen Fällen ist die Wahrscheinlichkeitsdichte $f(\underline{b})$ der Parameter nicht bekannt. Daher wird eine Gleichverteilung über ein unendlich großes Intervall angenommen. Somit verschwindet die Ableitung der logarithmierten Wahrscheinlichkeitsdichte $\ln f(\underline{b})$ und es gilt als notwendige Bedingung für das Maximum der a-posteriori-Dichte:

$$\frac{\partial \ln f(\underline{b}|\underline{y})}{\partial \underline{b}} = \frac{\partial \ln f(\underline{y}|\underline{b})}{\partial \underline{b}} = \underline{0} \tag{8.259}$$

Das Maximum der a-posteriori-Dichte $f(\underline{b}|\underline{y})$ stimmt dann mit dem Maximum der Likelihood-Dichte $f(\underline{y}|\underline{b})$ überein: Der Maximum-a-posteriori-Schätzer geht in einen *Maximum-Likelihood*-Schätzer (ML-Schätzer) über.

Beispiel 8.7 *MAP- und ML-Schätzer bei Normalverteilung*

Das Signalmodell ist nach Abschnitt 7.2.2

$$\underline{y} = \underline{\Psi}\underline{b} + \underline{e}.$$

Die Kovarianzmatrix $\underline{C}_{ee}$ der Messfehler und die Korrelationsmatrix $\underline{R}_{bb}$ der Parameter seien gegeben. Die Verbundwahrscheinlichkeitsdichte wird mit der Regel von Bayes in

$$f(\underline{y}, \underline{b}) = f(\underline{y}|\underline{b}) \cdot f(\underline{b})$$

zerlegt. Die Likelihood-Dichte $f(\underline{y}|\underline{b})$ stimmt bis auf die Verschiebung um den deterministischen Anteil $\underline{\Psi}\underline{b}$ mit der Wahrscheinlichkeitsdichte der Messfehler $f(\underline{e})$ überein.

$$\underline{e} = \underline{y} - \underline{\Psi}\underline{b}$$

Die Likelihood-Dichte sei normalverteilt:

$$f(\underline{y}|\underline{b}) = \frac{1}{(2\pi)^{N/2}|\underline{C}_{ee}|^{1/2}} \exp\left(-\frac{1}{2}(\underline{y} - \underline{\Psi}\underline{b})^{\mathrm{T}}\underline{C}_{ee}^{-1}(\underline{y} - \underline{\Psi}\underline{b})\right).$$

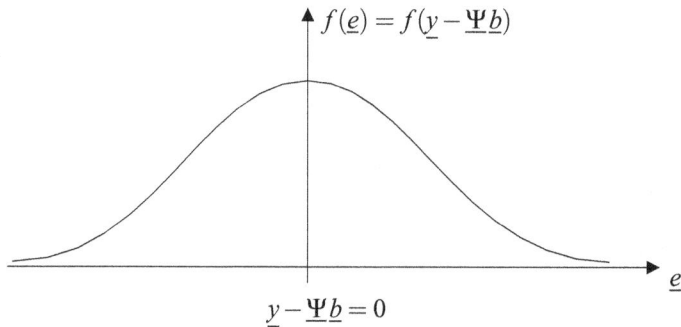

Abbildung 8.15: *Normalverteilung der Messfehler*

MAP-Schätzer:

Zur Berechnung des MAP-Schätzers wird die Wahrscheinlichkeitsdichte der Parameter $\underline{b}$ ebenfalls als normalverteilt angenommen:

$$f(\underline{b}) = \frac{1}{(2\pi)^{N/2}|\underline{R}_{bb}|^{1/2}} \exp\left(-\frac{1}{2}\underline{b}^{\mathrm{T}}\underline{R}_{bb}^{-1}\underline{b}\right)$$

Die Logarithmierung der Verbundwahrscheinlichkeitsdichte gestattet die Zerlegung

$$\ln f(\underline{y},\underline{b}) = \ln f(\underline{y}|\underline{b}) + \ln f(\underline{b})$$

$$= \text{const} - \frac{1}{2}(\underline{y} - \underline{\Psi}\underline{b})^{\mathrm{T}}\underline{C}_{ee}^{-1}(\underline{y} - \underline{\Psi}\underline{b}) - \frac{1}{2}\underline{b}^{\mathrm{T}}\underline{R}_{bb}^{-1}\underline{b}.$$

Zur Maximum-Suche wird abgeleitet

$$\frac{\partial \ln f(\underline{y},\underline{b})}{\partial \underline{b}} = \underline{\Psi}^{\mathrm{T}}\underline{C}_{ee}^{-1}(\underline{y} - \underline{\Psi}\underline{b}) - \underline{R}_{bb}^{-1}\underline{b} = \underline{0},$$

und daraus der geschätzte Parametervektor

$$\boxed{\hat{\underline{b}} = \left(\underline{\Psi}^{\mathrm{T}}\underline{C}_{ee}^{-1}\underline{\Psi} + \underline{R}_{bb}^{-1}\right)^{-1}\underline{\Psi}^{\mathrm{T}}\underline{C}_{ee}^{-1}\underline{y}}$$

berechnet. Bei einer Statistik zweiter Ordnung (Normalverteilung) wird aus dem MAP-Schätzer der Gauß-Markov-Schätzer.

ML-Schätzer:

Die Wahrscheinlichkeitsdichte der Parameter $\underline{b}$ wird als gleichverteilt über ein unendlich großes Intervall angenommen. Daraus folgt die Bedingung für das Maximum der Verbunddichte:

$$\frac{\partial \ln f(\underline{y},\underline{b})}{\partial \underline{b}} = \frac{\partial \ln f(\underline{y}|\underline{b})}{\partial \underline{b}} = \underline{\Psi}^T \underline{C}_{ee}^{-1}(\underline{y} - \underline{\Psi}\,\underline{b}) = \underline{0}$$

Der geschätzte Parameter lautet damit:

$$\hat{\underline{b}} = (\underline{\Psi}^T \underline{C}_{ee}^{-1} \underline{\Psi})^{-1} \underline{\Psi}^T \underline{C}_{ee}^{-1} \underline{y}$$

Bei einer Statistik zweiter Ordnung wird aus dem ML-Schätzer der Minimum-Varianz-Schätzer. Wird zusätzlich angenommen, dass der Fehler $\underline{e}$ weißes Rauschen ist, geht daraus der LS-Schätzer hervor (vgl. Abschnitt 8.2).

Abb. 8.16 und Tabelle 8.1 veranschaulichen die Zusammenhänge zwischen den verschiedenen Klassen von Schätzern.

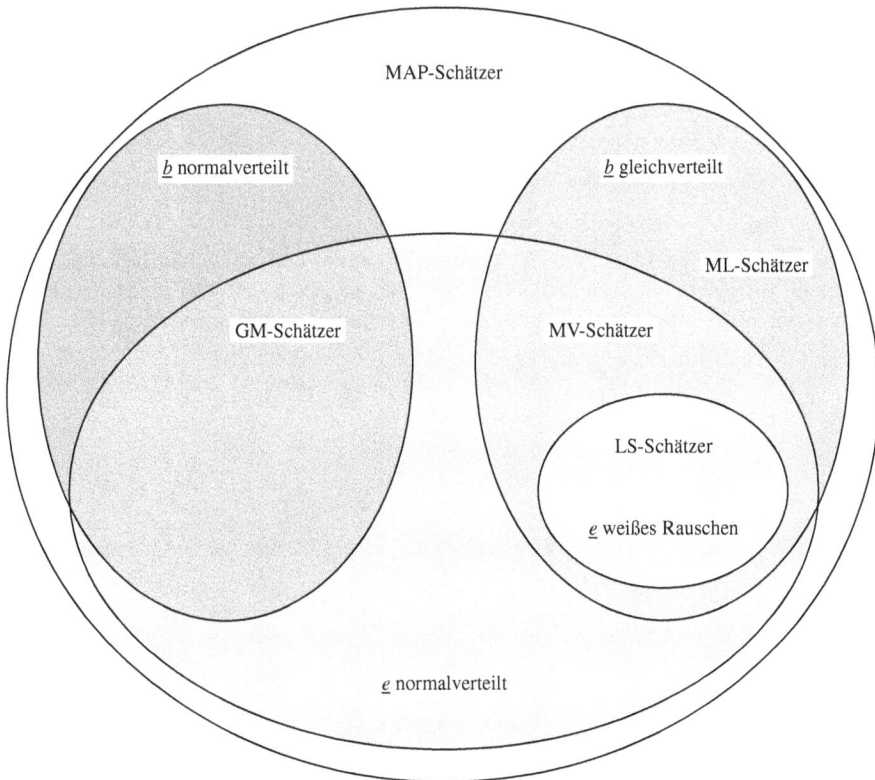

Abbildung 8.16: *Klassen von Bayes-Schätzern*

Schätzer	Annahmen $\underline{b}$		Annahmen $\underline{e}$	
	gleichverteilt	normalverteilt	normalverteilt	weißes Rauschen
MAP				
GM		×	×	
ML	×			
MV	×		×	
LS	×		×	×

Tabelle 8.1: Klassen von Bayes-Schätzern

Beispiel 8.8   *ML-Schätzer der mittleren Intervallzeit $\bar{t}$ und Varianz σ_t^2 von Bauelemente-Ausfällen*

Die Wahrscheinlichkeitsdichte für die einwandfreie Betriebszeit eines Bauelements ist als Exponentialverteilung

$$f(t|\lambda) = \begin{cases} \lambda \cdot \exp(-\lambda t) & \text{für } t \geq 0 \\ 0 & \text{sonst} \end{cases}$$

angenommen. Bekanntlich ist dann der durchschnittliche Ausfallzeitpunkt

$$\bar{t} = \frac{1}{\lambda} \tag{8.260}$$

und die Varianz des Ausfallzeitpunktes

$$\sigma_t^2 = \frac{1}{\lambda^2},$$

wobei λ die Ausfallrate ist, welche die Breite der Wahrscheinlichkeitsdichte bestimmt. Diese soll mit einem Maximum-Likelihood-Schätzer geschätzt werden. Dazu werden die Zeiten t_n der Bauelementeausfälle gemessen, bis N Bauelemente ausgefallen sind. Alle Bauelemente sollen die gleiche Wahrscheinlichkeitsdichte und die gleiche Ausfallrate λ haben. Die einzelnen Ausfälle seien voneinander unabhängig. Dann ist die Likelihood-Dichte für N Ausfälle das Produkt der einzelnen Dichten

$$f(t_1,\ldots,t_N|\lambda) = \prod_{n=1}^{N} f(t_n|\lambda) = \lambda^N \cdot \exp\left(-\lambda \sum_{n=1}^{N} t_n\right).$$

Die Ableitung nach dem gesuchten Parameter λ ergibt das Maximum der Likelihood-Dichte.

$$\frac{\partial f(t_1,\ldots,t_N|\lambda)}{\partial \lambda} = \left(\frac{N}{\lambda} - \sum_{n=1}^{N} t_n\right) \cdot \lambda^N \cdot \exp\left(-\lambda \sum_{n=1}^{N} t_n\right) = 0$$

$$\hat{\lambda} = \frac{N}{\sum_{n=1}^{N} t_n} = \frac{1}{\frac{1}{N}\sum_{n=1}^{N} t_n} = \frac{1}{\bar{t}}$$

Die geschätzte Ausfallrate ist die aus Gleichung (8.260), d. h. die Inverse des durchschnittlichen Ausfallzeitpunktes.

8.6.3 Boltzmannsche H-Funktion

Der Erwartungswert der logarithmierten Likelihood-Dichte ist die *Boltzmannsche H-Funktion*

$$H(\underline{\beta}) = \int\limits_{-\infty}^{\infty} \ln\left(f(\underline{y}|\underline{\beta})\right) f(\underline{y}|\underline{b}) d\underline{y}, \tag{8.261}$$

die gerade bei $\underline{\beta} = \underline{b}$ maximal ist. Das Maximum der Boltzmannschen H-Funktion ergibt den gleichen Parameter $\underline{b}$ wie das Maximum der Likelihood-Dichte. Im Folgenden soll der Erwartungswert plausibel gemacht werden. Bei N Schätzvorgängen mit voneinander unabhängigen Messungen $\underline{y}_i$, $i = 1,\ldots,N$, ist die Verbund-Likelihood-Dichte gleich dem Produkt der einzelnen Likelihood-Dichten.

$$f(\underline{y}_1,\underline{y}_2,\ldots,\underline{y}_N|\underline{\beta}) = f(\underline{y}_1|\underline{\beta})\cdots f(\underline{y}_N|\underline{\beta}) \tag{8.262}$$

Bei Logarithmierung entspricht die Summe der einzelnen Dichten einem Mittelwert, der für große N in den Erwartungswert übergeht.

$$\frac{1}{N}\ln\left(f(\underline{y}_1,\underline{y}_2,\ldots,\underline{y}_N|\underline{\beta})\right) = \frac{1}{N}\sum_{n=1}^{N}\ln\left(f(\underline{y}_n|\underline{\beta})\right) \tag{8.263}$$

$$\lim_{N\to\infty}\frac{1}{N}\sum_{n=1}^{N}\ln\left(f(\underline{y}_n|\underline{\beta})\right) = \int\limits_{-\infty}^{\infty}\ln\left(f(\underline{y}|\underline{\beta})\right) f(\underline{y}|\underline{b}) d\underline{y} = H(\underline{\beta}) \tag{8.264}$$

Das Maximum der Boltzmannschen H-Funktion wird für

$$H(\underline{\beta}) \quad\to\quad \max, \quad \underline{\beta} = \underline{b} \tag{8.265}$$

erreicht. Dies soll im Folgenden gezeigt werden.

Zur Maximum-Suche wird $H(\underline{\beta})$ differenziert.

$$\frac{\partial H(\underline{\beta})}{\partial\underline{\beta}} = \frac{\partial}{\partial\underline{\beta}}\int\limits_{-\infty}^{\infty}\ln\left(f(\underline{y}|\underline{\beta})\right) f(\underline{y}|\underline{b}) d\underline{y} \tag{8.266}$$

$$= \int\limits_{-\infty}^{\infty}\frac{1}{f(\underline{y}|\underline{\beta})}\cdot\frac{\partial f(\underline{y}|\underline{\beta})}{\partial\underline{\beta}} f(\underline{y}|\underline{b}) d\underline{y} \tag{8.267}$$

Durch Einsetzen von $\underline{\beta} = \underline{b}$ wird überprüft, dass die Ableitung

$$\frac{\partial H(\underline{\beta})}{\partial\underline{\beta}} = \underline{0}$$

wird.

$$\frac{\partial H(\underline{\beta})}{\partial \underline{\beta}}\bigg|_{\underline{\beta}=\underline{b}} = \int_{-\infty}^{\infty} \frac{1}{f(\underline{y}|\underline{\beta})}\bigg|_{\underline{\beta}=\underline{b}} \frac{\partial f(\underline{y}|\underline{\beta})}{\partial \underline{\beta}}\bigg|_{\underline{\beta}=\underline{b}} \cdot f(\underline{y}|\underline{b}) \, d\underline{y} \tag{8.268}$$

$$= \frac{\partial}{\partial \underline{\beta}} \underbrace{\int_{-\infty}^{\infty} f(\underline{y}|\underline{\beta}) d\underline{y}}_{=1}\bigg|_{\underline{\beta}=\underline{b}} d\underline{y} = \underline{0} \tag{8.269}$$

Damit $H(\underline{\beta})$ bei $\underline{\beta} = \underline{b}$ ein Maximum besitzt, muss die Hesse-Matrix

$$-\underline{J} = \frac{\partial^2 H(\underline{\beta})}{\partial \underline{\beta}^2}\bigg|_{\underline{\beta}=\underline{b}} = \left[\frac{\partial^2 H(\underline{\beta})}{\partial \beta_i \partial \beta_j}\bigg|_{\underline{\beta}=\underline{b}}\right]_{i,j} \tag{8.270}$$

für $\underline{\beta} = \underline{b}$ negativ-definit sein. Die Hesse-Matrix ist

$$-\underline{J} = \int_{-\infty}^{\infty} \frac{\partial^2}{\partial \underline{\beta}^2}\left[\ln\left(f(\underline{y}|\underline{\beta})\right) f(\underline{y}|\underline{b})\right] d\underline{y}\bigg|_{\underline{\beta}=\underline{b}} \tag{8.271}$$

$$\boxed{\underline{J} = -E_{\underline{y}|\underline{b}}\left\{\frac{\partial^2 \ln\left(f(\underline{y}|\underline{\beta})\right)}{\partial \underline{\beta}^2}\right\}_{\underline{\beta}=\underline{b}}} \tag{8.272}$$

In dieser Form kann nicht nachgewiesen werden, dass die Hesse-Matrix negativ-definit bzw. $\underline{J}$ positiv-definit ist. Im Folgenden soll deshalb eine alternative Darstellung abgeleitet werden. Ein Element ij der Hesse-Matrix ist

$$\frac{\partial^2 H(\underline{\beta})}{\partial \beta_i \partial \beta_j} = E_{\underline{y}|\underline{b}}\left\{\frac{\partial^2 \ln\left(f(\underline{y}|\underline{\beta})\right)}{\partial \beta_i \beta_j}\right\} = E_{\underline{y}|\underline{b}}\left\{\frac{\partial}{\partial \beta_j}\left(\frac{1}{f(\underline{y}|\underline{\beta})} \cdot \frac{\partial f(\underline{y}|\underline{\beta})}{\partial \beta_i}\right)\right\} \tag{8.273}$$

$$= \int_{-\infty}^{\infty} \frac{1}{f^2(\underline{y}|\underline{\beta})}\left[f(\underline{y}|\underline{\beta})\frac{\partial^2 f(\underline{y}|\underline{\beta})}{\partial \beta_i \partial \beta_j} - \frac{\partial f(\underline{y}|\underline{\beta})}{\partial \beta_i}\frac{\partial f(\underline{y}|\underline{\beta})}{\partial \beta_j}\right] f(\underline{y}|\underline{b}) \, d\underline{y}. \tag{8.274}$$

Für den nächsten Schritt wird die Beziehung

$$\frac{\partial f(\underline{y}|\underline{\beta})}{\partial \beta_i} = f(\underline{y}|\underline{\beta})\frac{\partial \ln\left(f(\underline{y}|\underline{\beta})\right)}{\partial \beta_i} \tag{8.275}$$

benötigt. Für $\underline{\beta} = \underline{b}$ wird das Element ij der Hesse-Matrix

$$\frac{\partial^2 H(\underline{\beta})}{\partial \beta_i \partial \beta_j}\bigg|_{\underline{\beta}=\underline{b}} = \left[\int\limits_{-\infty}^{\infty} \frac{\partial^2 f(\underline{y}|\underline{\beta})}{\partial \beta_i \beta_j} d\underline{y} \right.$$

$$\left. - \int\limits_{-\infty}^{\infty} \frac{\partial \ln\left(f(\underline{y}|\underline{\beta})\right)}{\partial \beta_i} \cdot \frac{\partial \ln\left(f(\underline{y}|\underline{\beta})\right)}{\partial \beta_j} f(\underline{y}|\underline{b}) d\underline{y} \right]_{\underline{\beta}=\underline{b}} \qquad (8.276)$$

$$= \underbrace{\underbrace{\frac{\partial^2}{\partial \beta_i \partial \beta_j} \int\limits_{-\infty}^{\infty} f(\underline{y}|\underline{\beta}) d\underline{y}\bigg|_{\underline{\beta}=\underline{b}}}_{=1}}_{=0}$$

$$- E_{\underline{y}|\underline{b}}\left\{ \frac{\partial \ln\left(f(\underline{y}|\underline{b})\right)}{\partial b_i} \cdot \frac{\partial \ln\left(f(\underline{y}|\underline{b})\right)}{\partial b_j} \right\} \qquad (8.277)$$

Damit erhält man für die Matrix $\underline{J}$ eine alternative Darstellung als dyadisches Produkt

$$\boxed{\underline{J} = -\frac{\partial^2 H(\underline{\beta})}{\partial \underline{\beta}^2}\bigg|_{\underline{\beta}=\underline{b}} = E_{\underline{y}|\underline{b}}\left\{ \left[\frac{\partial \ln\left(f(\underline{y}|\underline{b})\right)}{\partial \underline{b}}\right] \cdot \left[\frac{\partial \ln\left(f(\underline{y}|\underline{b})\right)}{\partial \underline{b}}\right]^{\mathrm{T}} \right\}.} \qquad (8.278)$$

$$\underline{J} = -E_{\underline{y}|\underline{b}}\left\{ \frac{\partial^2 \ln\left(f(\underline{y}|\underline{b})\right)}{\partial \underline{b}^2} \right\} \qquad (8.279)$$

Die Matrix $\underline{J}$ ist positiv definit, da das dyadische Produkt in der Erwartungswert-Klammer in Gl. (8.278) positiv definit ist. Die Matrix $-\underline{J}$ ist damit negativ definit, d. h. das Extremum der Boltzmannschen H-Funktion $H(\underline{\beta})$ ist tatsächlich ein Maximum.

$$\boxed{H(\underline{\beta})\Big|_{\underline{\beta}=\underline{b}} \quad \rightarrow \quad \mathrm{max}} \qquad (8.280)$$

Die Matrix $\underline{J}$ wird *Fischersche Informationsmatrix* genannt.

8.6.4 Cramér-Rao-Ungleichung

Mit Hilfe der Definitionen des vorangegangenen Abschnitts wird als nächstes die Cramér-Rao-Ungleichung abgeleitet. Der geschätzte Parameter $\hat{\underline{b}}$ war gerade gleich dem Erwartungswert von $\underline{b}$ bezüglich der Likelihood-Dichte $f(\underline{y}|\underline{b})$. Folglich ist der Erwartungswert des Schätzfehlers $(\underline{b} - \hat{\underline{b}})$ bezüglich der Likelihood-Dichte minimal:

$$E_{\underline{y}|\underline{b}}\left\{ (\underline{b} - \hat{\underline{b}})^{\mathrm{T}} \right\} = \int\limits_{-\infty}^{\infty} (\underline{b} - \hat{\underline{b}})^{\mathrm{T}} f(\underline{y}|\underline{b}) d\underline{y} \quad \rightarrow \quad \mathrm{min} \qquad (8.281)$$

Die Ableitung ist im Minimum gerade gleich Null. Durch partielle Differentiation erhält man

$$\frac{\partial}{\partial \underline{b}} E_{\underline{y}|\underline{b}} \left\{ (\underline{b} - \hat{\underline{b}})^{\mathrm{T}} \right\} = \int_{-\infty}^{\infty} \underbrace{\frac{\partial}{\partial \underline{b}} (\underline{b} - \hat{\underline{b}})^{\mathrm{T}}}_{= \underline{I}} f(\underline{y}|\underline{b}) d\underline{y} + \int_{-\infty}^{\infty} \underbrace{\frac{\partial}{\partial \underline{b}} f(\underline{y}|\underline{b})}_{= \frac{\partial \ln (f(\underline{y}|\underline{b}))}{\partial \underline{b}} f(\underline{y}|\underline{b})} (\underline{b} - \hat{\underline{b}})^{\mathrm{T}} d\underline{y} = \underline{0}$$

$$(8.282)$$

$$= \underline{I} + \int_{-\infty}^{\infty} \frac{\partial \ln (f(\underline{y}|\underline{b}))}{\partial \underline{b}} f(\underline{y}|\underline{b}) (\underline{b} - \hat{\underline{b}})^{\mathrm{T}} d\underline{y} = \underline{0} \qquad (8.283)$$

Durch Multiplikation mit zwei beliebigen Vektoren $\underline{a}_1$ und $\underline{a}_2$ von links und rechts wird daraus eine Skalarengleichung

$$\underline{a}_1^{\mathrm{T}} \underline{a}_2 = - \int_{-\infty}^{\infty} \left[\underline{a}_1^{\mathrm{T}} \frac{\partial \ln (f(\underline{y}|\underline{b}))}{\partial \underline{b}} \right] \cdot \left[(\underline{b} - \hat{\underline{b}})^{\mathrm{T}} \underline{a}_2 \right] f(\underline{y}|\underline{b}) d\underline{y}. \qquad (8.284)$$

Auf das Integral wird die Schwarzsche Ungleichung angewendet, und die Fischersche Informationsmatrix nach Gl. (8.278) eingesetzt. Das Innenprodukt der Funktionen in der Schwarzschen Ungleichung ist dabei als Integral bezüglich der Belegungsfunktion $f(\underline{y}|\underline{b})$ definiert.

$$(\underline{a}_1^{\mathrm{T}} \underline{a}_2)^2 = \left(\int_{-\infty}^{\infty} \left[\underline{a}_1^{\mathrm{T}} \frac{\partial \ln (f(\underline{y}|\underline{b}))}{\partial \underline{b}} \right] \cdot \left[(\underline{b} - \hat{\underline{b}})^{\mathrm{T}} \underline{a}_2 \right] f(\underline{y}|\underline{b}) d\underline{y} \right)^2 \qquad (8.285)$$

$$\leq \left(\int_{-\infty}^{\infty} \left[\underline{a}_1^{\mathrm{T}} \left(\frac{\partial \ln (f(\underline{y}|\underline{b}))}{\partial \underline{b}} \right) \left(\frac{\partial \ln (f(\underline{y}|\underline{b}))}{\partial \underline{b}} \right)^{\mathrm{T}} \underline{a}_1 \right] f(\underline{y}|\underline{b}) d\underline{y} \right) \cdot$$

$$\cdot \left(\int_{-\infty}^{\infty} \left[\underline{a}_2^{\mathrm{T}} (\underline{b} - \hat{\underline{b}}) (\underline{b} - \hat{\underline{b}})^{\mathrm{T}} \underline{a}_2 \right] f(\underline{y}|\underline{b}) d\underline{y} \right) \qquad (8.286)$$

$$(\underline{a}_1^{\mathrm{T}} \underline{a}_2)^2 \leq (\underline{a}_1^{\mathrm{T}} \underline{J} \underline{a}_1) \cdot \left(\underline{a}_2^{\mathrm{T}} \underbrace{E_{\underline{y}|\underline{b}} \left\{ (\underline{b} - \hat{\underline{b}}) (\underline{b} - \hat{\underline{b}})^{\mathrm{T}} \right\}}_{= \underline{C}_{\tilde{b}\tilde{b}}} \underline{a}_2 \right) \qquad (8.287)$$

Dem bislang beliebigen Vektor $\underline{a}_1$ wird nun der spezielle Wert

$$\underline{a}_1 = \underline{J}^{-1} \underline{a}_2, \quad \underline{a}_1^{\mathrm{T}} = \left(\underline{J}^{-1} \underline{a}_2 \right)^{\mathrm{T}} = \underline{a}_2^{\mathrm{T}} \underline{J}^{-1} \qquad (8.288)$$

zugewiesen ($\underline{J}$ ist symmetrisch), was die Abschätzung

$$\left(\underline{a}_2^{\mathrm{T}} \underline{J}^{-1} \underline{a}_2 \right)^2 \leq \left(\underline{a}_2^{\mathrm{T}} \underline{J}^{-1} \underline{a}_2 \right) \cdot \left(\underline{a}_2^{\mathrm{T}} \underline{C}_{\tilde{b}\tilde{b}} \underline{a}_2 \right) \qquad (8.289)$$

$$\left(\underline{a}_2^{\mathrm{T}} \underline{J}^{-1} \underline{a}_2 \right) \leq \left(\underline{a}_2^{\mathrm{T}} \underline{C}_{\tilde{b}\tilde{b}} \underline{a}_2 \right) \qquad (8.290)$$

ergibt. Wenn die quadratische Form einer Matrix $\underline{C}_{\tilde{b}\tilde{b}}$ größer als die einer Matrix $\underline{J}^{-1}$ ist, so sagt man auch, die Matrix $\underline{C}_{\tilde{b}\tilde{b}}$ sei größer als $\underline{J}^{-1}$. Man erhält somit die Cramér-Rao-Ungleichung

$$\boxed{\underline{J}^{-1} \leq \underline{C}_{\tilde{b}\tilde{b}}}. \qquad (8.291)$$

Die Kovarianzmatrix $\underline{C}_{\tilde{b}\tilde{b}}$ jedes beliebigen Schätzers ist größer gleich der Inversen $\underline{J}^{-1}$ der Fischerschen Informationsmatrix. Bei Gleichheit ist der Schätzer effizient. Zur Berechnung der Fischerschen Informationsmatrix muss die Likelihood-Dichte bekannt sein.

Satz 8.2 *Asymptotische Effizienz des Maximum-Likelihood-Schätzers*

Der Maximum-Likelihood-Schätzer ist *asymptotisch effizient*, d. h.:

$$\lim_{N\to\infty} E\left\{\hat{\underline{b}}\right\} = \underline{b} \qquad \lim_{N\to\infty} \underline{C}_{\tilde{b}\tilde{b}} = -\underline{J}^{-1}$$

Beispiel 8.9 *Minimum-Varianz-Schätzer*

Es wird der MV-Schätzer aus Beispiel 8.7 betrachtet. Die Messfehler $\underline{e}$ seien normalverteilt. Die Likelihood-Dichte ist dann gleich der normalverteilten Dichte der Messfehler.

$$f(\underline{y}|\underline{b}) = f(\underline{y} - \underline{\Psi}\underline{b}) = \frac{1}{(2\pi)^{N/2}\,|\underline{C}_{ee}|^{1/2}}$$
$$\cdot \exp\left(-\frac{1}{2}(\underline{y} - \underline{\Psi}\underline{b})^{\mathrm{T}}\underline{C}_{ee}^{-1}(\underline{y} - \underline{\Psi}\underline{b})\right)$$

$$\ln f(\underline{y}|\underline{b}) = \text{const} - \frac{1}{2}(\underline{y} - \underline{\Psi}\underline{b})^{\mathrm{T}}\underline{C}_{ee}^{-1}(\underline{y} - \underline{\Psi}\underline{b})$$

$$\frac{\partial \ln f(\underline{y}|\underline{b})}{\partial \underline{b}} = \underline{\Psi}^{\mathrm{T}}\underline{C}_{ee}^{-1}\underline{y} - \underline{\Psi}^{\mathrm{T}}\underline{C}_{ee}^{-1}\underline{\Psi}\underline{b}$$

$$\frac{\partial^2 \ln f(\underline{y}|\underline{b})}{\partial \underline{b}^2} = -\underline{\Psi}^{\mathrm{T}}\underline{C}_{ee}^{-1}\underline{\Psi}$$

Die Matrizen $\underline{\Psi}$ und $\underline{C}_{ee}$ sind deterministisch. Die Fischersche Informationsmatrix ist nach Gl. (8.272)

$$\underline{J} = -E_{y|b}\left\{\frac{\partial^2 \ln\left(f(\underline{y}|\underline{b})\right)}{\partial \underline{b}^2}\right\} = \underline{\Psi}^{\mathrm{T}}\underline{C}_{ee}^{-1}\underline{\Psi}.$$

Die Schätzfehlerkovarianzmatrix des MV-Schätzers nach Gleichung (8.117) ist gleich der inversen Fischerschen Informationsmatrix.

$$\underline{C}_{\tilde{b}\tilde{b}} = \left(\underline{\Psi}^{\mathrm{T}}\underline{C}_{ee}^{-1}\underline{\Psi}\right)^{-1} = \underline{J}^{-1}$$

In der Cramér-Rao-Ungleichung gilt das Gleichheitszeichen. Der Minimum-Varianz-Schätzer ist daher effizient.

Beispiel 8.10 *Gauß-Markov-Schätzer und Minimum-Varianz-Schätzer*

Die Cramér-Rao-Grenze gilt ausschließlich für erwartungstreue Schätzer. Dies zeigt sich bei der Betrachtung der Schätzfehlerkovarianz des Gauß-Markov-Schätzers und des Minimum-Varianz-Schätzers:

$$\underline{C}_{\tilde{b}\tilde{b}}^{GM} = \left(\underline{\Psi}^T \underline{C}_{ee}^{-1} \underline{\Psi} + \underline{R}_{bb}^{-1}\right)^{-1} \leq \underline{C}_{\tilde{b}\tilde{b}}^{MV} = \left(\underline{\Psi}^T \underline{C}_{ee}^{-1} \underline{\Psi}\right)^{-1} \quad \text{mit } \underline{R}_{bb} \geq 0$$

Der MV-Schätzer erreicht die Cramér-Rao-Grenze: $\underline{C}_{\tilde{b}\tilde{b}}^{MV} = -\underline{J}^{-1}$. Der GM-Schätzer unterschreitet sie, falls $\underline{R}_{bb}$ positiv definit ist. Dies ist möglich, da der GM-Schätzer nicht erwartungstreu ist.

Beispiel 8.11 *Maximum-Likelihood-Schätzer*

Im Mobilfunk besteht häufig keine Sichtverbindung zwischen Sender und Empfänger. In diesem Fall unterliegt die Amplitude A des empfangenen Signals einer Rayleigh-Verteilung:

$$f(A) = \begin{cases} \dfrac{2A}{P} \cdot \exp\left(-\dfrac{A^2}{P}\right) & A \geq 0 \\ 0 & \text{sonst} \end{cases}$$

Dabei ist P die mittlere Empfangsleistung:

$$E\left\{A^2\right\} = P$$

Es soll ein Maximum-Likelihood-Schätzer entworfen werden, mit dessen Hilfe aus N statistisch unabhängigen Messungen der Amplitude A die mittlere Empfangsleistung P geschätzt werden kann.

In einem ersten Schritt wird die Likelihood-Funktion

$$\begin{aligned} \ln f(\underline{A}|P) &= \sum_{i=1}^{N} \ln f(A_i|P) \\ &= \sum_{i=1}^{N} \left(\ln 2 + \ln A_i - \ln P - \frac{A_i^2}{P}\right) \\ &= N\ln 2 - N\ln P + \sum_{i=1}^{N}\left(\ln A_i - \frac{A_i^2}{P}\right) \end{aligned}$$

berechnet. Mit Hilfe dieses Ergebnisses und der Bedingung

$$\left.\frac{\partial \ln f(\underline{A}|P)}{\partial P}\right|_{P=\hat{P}} \overset{!}{=} 0$$

$$\left.\frac{\partial \ln f(\underline{A}|P)}{\partial P}\right|_{P=\hat{P}} = -\frac{N}{\hat{P}} + \sum_{i=1}^{N}\frac{A_i^2}{\hat{P}^2} \overset{!}{=} 0$$

folgt für den Schätzwert für die mittlere Empfangsleistung:

$$\hat{P} = \frac{1}{N} \sum_{i=1}^{N} A_i^2 \, .$$

Der Schätzer ist *erwartungstreu*, da der Erwartungswert des Schätzwertes der tatsächlichen Leistung entspricht:

$$E\{\hat{P}\} = E\left\{ \frac{1}{N} \sum_{i=1}^{N} A_i^2 \right\}$$

$$= \frac{1}{N} \sum_{i=1}^{N} \underbrace{E\{A_i^2\}}_{=P} = P \, .$$

Um den Schätzer auf Konsistenz und Effizienz zu überprüfen, muss zunächst die Schätzfehlervarianz berechnet werden:

$$\sigma_{\hat{P}}^2 = E\left\{ (P - \hat{P})^2 \right\} = E\left\{ \left(P - \frac{1}{N} \sum_{n=1}^{N} A_n^2 \right)^2 \right\}$$

$$= E\left\{ P^2 - 2P \cdot \frac{1}{N} \sum_{n=1}^{N} A_n^2 + \frac{1}{N^2} \sum_{n=1}^{N} \sum_{n'=1}^{N} A_n^2 A_{n'}^2 \right\}$$

$$= P^2 - 2P \cdot \frac{1}{N} \sum_{n=1}^{N} \underbrace{E\{A_n^2\}}_{=P} + \frac{1}{N^2} \sum_{n=1}^{N} \sum_{n'=1}^{N} E\{A_n^2 A_{n'}^2\} \, ,$$

wobei

$$E\{A_n^2 A_{n'}^2\} = \begin{cases} E\{A_n^4\} & n = n' \\ E\{A_n^2\} E\{A_{n'}^2\} & n \neq n' \end{cases}$$

$$= \begin{cases} 2P^2 & n = n' \\ P^2 & n \neq n' \end{cases} \, .$$

Durch Einsetzen erhält man das Ergebnis

$$\sigma_{\hat{P}}^2 = P^2 - 2P^2 + \frac{1}{N^2} \left(N \cdot 2P^2 + N \cdot (N-1) \cdot P^2 \right)$$

$$= P^2 - 2P^2 + \frac{N+1}{N} \cdot P^2 = \frac{P^2}{N} \, .$$

Somit ist der Schätzer *konsistent*, da

$$\lim_{N \to \infty} \sigma_{\hat{P}}^2 = \lim_{N \to \infty} \frac{P^2}{N} = 0$$

erfüllt ist.

Nun bleibt noch zu prüfen, ob der Schätzer auch *effizient* ist. Die Effizienz kann mithilfe der Cramér-Rao-Ungleichung überprüft werden.

$$\sigma_{\hat{P}}^2 \geq -\left(E\left\{ \frac{\partial^2 \ln f(\underline{A}|P)}{\partial P^2} \right\} \right)^{-1}$$

Die zweite Ableitung der Likelihood-Funktion ergibt:

$$\frac{\partial^2 \ln f(\underline{A}|P)}{\partial P^2} = \frac{N}{P^2} - 2\sum_{i=1}^{N} \frac{A_i^2}{P^3}.$$

Davon wird der Erwartungswert

$$E\left\{ \frac{\partial^2 \ln f(\underline{A}|P)}{\partial P^2} \right\} = \frac{N}{P^2} - 2\sum_{i=1}^{N} \frac{E\left\{A_i^2\right\}}{P^3}$$

gebildet und mit $E\left\{A^2\right\} = P$ folgt dann

$$E\left\{ \frac{\partial^2 \ln f(\underline{A}|P)}{\partial P^2} \right\} = \frac{N}{P^2} - \frac{2N}{P^2} = -\frac{N}{P^2}.$$

Die Cramér-Rao-Ungleichung ergibt schließlich:

$$\sigma_{\hat{P}}^2 \geq -\left(E\left\{ \frac{\partial^2 \ln f(\underline{A}|P)}{\partial P^2} \right\} \right)^{-1} = \frac{P^2}{N}.$$

Die Schätzfehlervarianz des Maximum-Likelihood-Schätzers entspricht der Cramér-Rao-Grenze, d. h. der Schätzer ist effizient.

9   Zustandsschätzung

9.1   Kalman-Filter

Das Kalman-Filter ist ein Zustandsschätzer. Es arbeitet mit einer Prozess- und Signaldarstellung im Zustandsraum und bildet über ein lineares Systemmodell den Prozess- und Signalzustand nach. Dabei wird rekursiv ein neuer Schätzwert aus dem alten Schätzwert und den aktuell gemessenen Ausgangswerten berechnet. Als Optimierungskriterium wird die Minimierung der quadratischen Norm des Schätzfehlers verwendet. Der Entwurf ist geeignet für

- instationäre, zeitvariante Vorgänge,
- Mehrgrößensysteme in Zustandsraumdarstellung,
- numerische Rechnung im Zeitbereich.

9.1.1   Systemmodell

Für das Kalman-Filter wird von einem linearen, zeitdiskreten, zeitvarianten Systemmodell ausgegangen (siehe Abb. 9.1):

$$\underline{x}(n+1) = \underline{A}(n)\underline{x}(n) + \underline{B}(n)\underline{u}(n) + \underline{L}(n)\underline{v}(n) \tag{9.1}$$

$$\underline{y}(n) = \underline{C}(n)\underline{x}(n) + \underline{w}(n). \tag{9.2}$$

Dabei ist $\underline{u}(n)$ die deterministische Eingangsgröße des Systems. Das Systemrauschen $\underline{v}(n)$ und das Messrauschen $\underline{w}(n)$ sind weiße Gaußsche Rauschprozesse mit den Eigenschaften

$$E\{\underline{v}(n)\} = \underline{0} \qquad\qquad E\{\underline{v}(n)\underline{v}^{\mathrm{T}}(m)\} = \underline{Q}(n) \cdot \delta(n-m) \tag{9.3}$$

$$E\{\underline{w}(n)\} = \underline{0} \qquad\qquad E\{\underline{w}(n)\underline{w}^{\mathrm{T}}(m)\} = \underline{R}(n) \cdot \delta(n-m). \tag{9.4}$$

Die Kovarianzmatrizen $\underline{Q}(n)$ und $\underline{R}(n)$ sind positiv semidefinite Diagonalmatrizen.

Es wird vorausgesetzt, dass das Systemrauschen $\underline{v}(n)$ und das Messrauschen $\underline{w}(n)$ unkorreliert zueinander und zum Anfangszustand $\underline{x}(0)$ des Systems sind:

$$E\{\underline{v}(n)\underline{w}^{\mathrm{T}}(m)\} = \underline{0} \quad \forall\, m, n \tag{9.5}$$

$$E\{\underline{v}(n)\underline{x}^{\mathrm{T}}(0)\} = \underline{0} \quad \forall\, n \tag{9.6}$$

$$E\{\underline{w}(n)\underline{x}^{\mathrm{T}}(0)\} = \underline{0} \quad \forall\, n \tag{9.7}$$

Ferner werden der Erwartungswert und die Prädiktions-Kovarianzmatrix des Anfangszustandes als bekannt angenommen:

$$\underline{\hat{x}}(0) = E\{\underline{x}(0)\}, \qquad \underline{\hat{P}}(0) = E\left\{ \left(\underline{x}(0) - \underline{\hat{x}}(0)\right)\left(\underline{x}(0) - \underline{\hat{x}}(0)\right)^{\mathrm{T}} \right\} \tag{9.8}$$

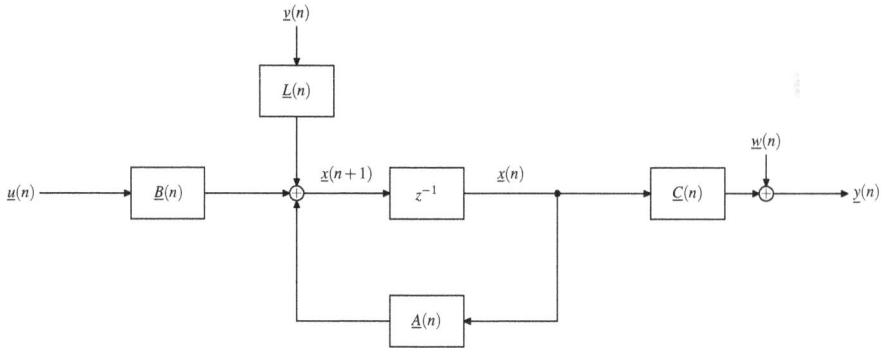

Abbildung 9.1: *Systemmodell des Kalman-Filters*

9.1.2   Herleitung der Kalman-Gleichungen

Das Schätzkriterium besteht in der Minimierung der quadratischen Norm des Schätzfehlers

$$E\left\{ \left| \hat{\underline{x}}(n) - \underline{x}(n) \right|^2 \Big| \underline{y}(0),\dots,\underline{y}(n) \right\} \to \min. \tag{9.9}$$

Im Folgenden wird dafür kurz

$$E\left\{ \left| \hat{\underline{x}}(n) - \underline{x}(n) \right|^2 \Big| \underline{Y}(n) \right\} \to \min \tag{9.10}$$

geschrieben. Das Kalman-Filter arbeitet in zwei Schritten. Als erstes wird der nächste Systemzustand $\underline{x}^*(n+1)$ prädiziert. Der *Prädiktionsschritt* baut auf der *a-priori-Dichte* $f(\underline{x}(n+1)|\underline{Y}(n))$ auf. Diese Dichte sei normalverteilt und werde daher durch ihre beiden ersten Momente, den Prädiktions-Schätzwert und die Prädiktions-Kovarianzmatrix

$$\underline{x}^*(n+1) = E\left\{ \underline{x}(n+1) \Big| \underline{Y}(n) \right\} \quad \text{und} \tag{9.11}$$

$$\underline{P}^*(n+1) = E\left\{ \left(\underline{x}(n+1) - \underline{x}^*(n+1)\right)\left(\underline{x}(n+1) - \underline{x}^*(n+1)\right)^{\mathrm{T}} \Big| \underline{Y}(n) \right\} \tag{9.12}$$

vollständig beschrieben. Im darauf folgenden *Filterschritt* wird der neue gemessene Ausgangsvektor $\underline{y}(n+1)$ berücksichtigt, sowie die stochastischen Informationen über das System- und Messrauschen, um die ersten beiden Momente der ebenfalls als normalverteilt angenommenen *a-posteriori-Dichte* $f(\underline{x}(n+1)|\underline{Y}(n+1))$, den *Filterschätzwert*

$$\hat{\underline{x}}(n+1) = E\left\{ \underline{x}(n+1) \Big| \underline{Y}(n+1) \right\} \tag{9.13}$$

und die *Filter-Kovarianzmatrix*

$$\hat{\underline{P}}(n+1) = E\left\{ \left(\underline{x}(n+1) - \hat{\underline{x}}(n+1)\right)\left(\underline{x}(n+1) - \hat{\underline{x}}(n+1)\right)^{\mathrm{T}} \Big| \underline{Y}(n+1) \right\} \tag{9.14}$$

zu berechnen.

Prädiktionsschritt

Im Prädiktionsschritt wird das Systemmodell verwendet. Der Erwartungswert der a-priori-Dichte ist der *Prädiktions-Schätzwert*:

$$\underline{x}^*(n+1) = E\{\underline{x}(n+1)|\underline{Y}(n)\} \tag{9.15}$$

$$= E\{\underline{A}(n)\underline{x}(n) + \underline{B}(n)\underline{u}(n) + \underline{L}(n)\underline{v}(n)|\underline{Y}(n)\} \tag{9.16}$$

$$= \underline{A}(n)\underbrace{E\{\underline{x}(n)|\underline{Y}(n)\}}_{\hat{\underline{x}}(n)} + \underline{B}(n)\underline{u}(n) + \underline{L}(n)\underbrace{E\{\underline{v}(n)|\underline{Y}(n)\}}_{\underline{0}} \tag{9.17}$$

$$\boxed{\underline{x}^*(n+1) = \underline{A}(n)\hat{\underline{x}}(n) + \underline{B}(n)\underline{u}(n)} \tag{9.18}$$

Mit der Zustandsdifferenzengleichung (9.1) und Gl. (9.18) wird der Prädiktions-Schätzfehler

$$\underline{x}(n+1) - \underline{x}^*(n+1) = \underline{A}(n)\big(\underline{x}(n) - \hat{\underline{x}}(n)\big) + \underline{L}(n)\underline{v}(n). \tag{9.19}$$

Damit wird die *Prädiktions-Kovarianzmatrix* berechnet:

$$\underline{P}^*(n+1) = E\left\{\big(\underline{x}(n+1) - \underline{x}^*(n+1)\big)\big(\underline{x}(n+1) - \underline{x}^*(n+1)\big)^{\mathrm{T}}\Big|\underline{Y}(n)\right\} \tag{9.20}$$

$$= E\left\{\underline{A}(n)\big(\underline{x}(n) - \hat{\underline{x}}(n)\big)\big(\underline{x}(n) - \hat{\underline{x}}(n)\big)^{\mathrm{T}}\underline{A}^{\mathrm{T}}(n) + \underline{L}(n)\underline{v}(n)\underline{v}^{\mathrm{T}}(n)\underline{L}^{\mathrm{T}}(n)\Big|\underline{Y}(n)\right\} \tag{9.21}$$

$$= \underline{A}(n)\underbrace{E\left\{\big((\underline{x}(n) - \hat{\underline{x}}(n)\big)\big(\underline{x}(n) - \hat{\underline{x}}(n)\big)^{\mathrm{T}}\Big|\underline{Y}(n)\right\}}_{=\hat{\underline{P}}(n)}\underline{A}^{\mathrm{T}}(n)$$

$$+ \underline{L}(n)\underbrace{E\left\{\underline{v}(n)\underline{v}^{\mathrm{T}}(n)\Big|\underline{Y}(n)\right\}}_{=E\{\underline{v}(n)\underline{v}^{\mathrm{T}}(n)\}=\underline{Q}(n)}\underline{L}^{\mathrm{T}}(n) \tag{9.22}$$

$$\boxed{\underline{P}^*(n+1) = \underline{A}(n)\hat{\underline{P}}(n)\underline{A}^{\mathrm{T}}(n) + \underline{L}(n)\underline{Q}(n)\underline{L}^{\mathrm{T}}(n)} \tag{9.23}$$

Bemerkung 9.1

Da das Systemrauschen $\underline{v}(n)$ unabhängig von den Messwerten $\underline{y}(i)$, $i = 0, \ldots, n$ ist, gilt

$$E\left\{\underline{v}(n)\underline{v}^{\mathrm{T}}(n)\big|\underline{Y}(n)\right\} = E\left\{\underline{v}(n)\underline{v}^{\mathrm{T}}(n)\right\} = \underline{Q}(n).$$

Filterschritt

Im Filterschritt wird das aktuelle Messsignal $\underline{y}(n+1)$ mit einbezogen. Es wird angenommen, dass der Filterschätzwert als linear gewichtete Summe des Prädiktionsschätzwertes und des aktuellen Messsignals dargestellt werden kann:

$$\hat{\underline{x}}(n+1) = \underline{K}^*(n+1)\underline{x}^*(n+1) + \underline{K}(n+1)\underline{y}(n+1) \tag{9.24}$$

Zunächst soll ein Zusammenhang zwischen den Verstärkungsmatrizen $\underline{K}^*(n+1)$ und $\underline{K}(n+1)$ hergestellt werden. Dazu wird gefordert, dass die Schätzung erwartungstreu sein soll. Es wird nach dem Prinzip der vollständigen Induktion argumentiert: Nach Voraussetzung (Gl. (9.8)) ist der Schätzwert zum Zeitpunkt $n = 0$ erwartungstreu. Daher genügt es, die Verstärkungsmatrizen so zueinander in Beziehung zu setzen, dass der Schluss von n auf $n+1$

$$E\{\underline{\hat{x}}(n)\} = E\{\underline{x}(n)\} \quad \Rightarrow \quad E\{\underline{\hat{x}}(n+1)\} = E\{\underline{x}(n+1)\} \tag{9.25}$$

gezogen werden kann.

Aus der Annahme $E\{\underline{\hat{x}}(n)\} = E\{\underline{x}(n)\}$ folgt direkt die Erwartungstreue der Prädiktion:

$$E\{\underline{x}^*(n+1)\} = E\{\underline{A}(n)\underline{\hat{x}}(n) + \underline{B}(n)\underline{u}(n)\} \tag{9.26}$$

$$= \underline{A}(n)E\{\underline{\hat{x}}(n)\} + \underline{B}(n)\underline{u}(n) \tag{9.27}$$

$$= \underline{A}(n)E\{\underline{x}(n)\} + \underline{B}(n)\underline{u}(n) \tag{9.28}$$

Dies entspricht dem Erwartungswert

$$E\{\underline{x}(n+1)\} = E\{\underline{A}(n)\underline{x}(n) + \underline{B}(n)\underline{u}(n) + \underline{L}(n)\underline{v}(n)\} \tag{9.29}$$

$$= \underline{A}(n)E\{\underline{x}(n)\} + \underline{B}(n)\underline{u}(n) + \underline{L}(n)\underbrace{E\{\underline{v}(n)\}}_{=\underline{0}} \tag{9.30}$$

$$= E\{\underline{x}^*(n+1)\}. \tag{9.31}$$

In Gl. (9.24) wird die Ausgangsgleichung (9.2) des Systemmodells eingesetzt und der Erwartungswert gebildet:

$$E\{\underline{\hat{x}}(n+1)\} = E\left\{\underline{K}^*(n+1)\underline{x}^*(n+1) + \underline{K}(n+1)\big(\underline{C}(n+1)\underline{x}(n+1) + \underline{w}(n+1)\big)\right\} \tag{9.32}$$

$$= \underline{K}^*(n+1)\underbrace{E\{\underline{x}^*(n+1)\}}_{=E\{\underline{x}(n+1)\}} + \underline{K}(n+1)\underline{C}(n+1)E\{\underline{x}(n+1)\}$$

$$+ \underline{K}(n+1)\underbrace{E\{\underline{w}(n+1)\}}_{=\underline{0}} \tag{9.33}$$

$$= \underbrace{\big(\underline{K}^*(n+1) + \underline{K}(n+1)\underline{C}(n+1)\big)}_{\overset{!}{=}\underline{I}} E\{\underline{x}(n+1)\} \tag{9.34}$$

Fordert man Erwartungstreue nach Gl. (9.25), so folgt für die Verstärkungsmatrix

$$\underline{K}^*(n+1) = \underline{I} - \underline{K}(n+1)\underline{C}(n+1). \tag{9.35}$$

In Gl. (9.24) eingesetzt, ergibt dies die Gleichung für den Filterschätzwert:

$$\underline{\hat{x}}(n+1) = \big(\underline{I} - \underline{K}(n+1)\underline{C}(n+1)\big)\underline{x}^*(n+1) + \underline{K}(n+1)\underline{y}(n+1) \tag{9.36}$$

$$\boxed{\underline{\hat{x}}(n+1) = \underline{x}^*(n+1) + \underline{K}(n+1)\big(\underline{y}(n+1) - \underline{C}(n+1)\underline{x}^*(n+1)\big)} \tag{9.37}$$

Aus Gl. (9.36) und der Ausgangsgleichung (9.2) des Systemmodells ergibt sich der Filterschätz-
fehler

$$
\begin{aligned}
\underline{x}(n+1) - \hat{\underline{x}}(n+1) &= \underline{x}(n+1) - (\underline{I} - \underline{K}(n+1)\underline{C}(n+1))\underline{x}^*(n+1) \\
&\quad - \underline{K}(n+1)\big(\underline{C}(n+1)\underline{x}(n+1) + \underline{w}(n+1)\big) \qquad (9.38) \\
&= (\underline{I} - \underline{K}(n+1)\underline{C}(n+1))\big(\underline{x}(n+1) - \underline{x}^*(n+1)\big) \\
&\quad - \underline{K}(n+1)\underline{w}(n+1) \qquad (9.39)
\end{aligned}
$$

Damit wird die Filter-Kovarianzmatrix berechnet:

$$
\begin{aligned}
\hat{\underline{P}}&(n+1) \\
&= E\left\{ \big(\underline{x}(n+1) - \hat{\underline{x}}(n+1)\big)\big(\underline{x}(n+1) - \hat{\underline{x}}(n+1)\big)^{\mathrm{T}} \Big| \underline{Y}(n+1) \right\} \qquad (9.40) \\
&= E\bigg\{ \Big((\underline{I} - \underline{K}(n+1)\underline{C}(n+1))\big(\underline{x}(n+1) - \underline{x}^*(n+1)\big) - \underline{K}(n+1)\underline{w}(n+1) \Big) \\
&\qquad \Big(\big(\underline{x}(n+1) - \underline{x}^*(n+1)\big)^{\mathrm{T}}(\underline{I} - \underline{K}(n+1)\underline{C}(n+1))^{\mathrm{T}} \\
&\qquad - \underline{w}^{\mathrm{T}}(n+1)\underline{K}^{\mathrm{T}}(n+1) \Big) \Big| \underline{Y}(n+1) \bigg\} \qquad (9.41)
\end{aligned}
$$

Es wird ausmultipliziert, wobei folgende Zusammenhänge berücksichtigt werden:

- Der Prädiktionsschätzwert $x^*(n+1)$ ist unabhängig vom Messwert $y(n+1)$. Daher gilt:

$$
\begin{aligned}
E&\left\{ \big(\underline{x}(n+1) - \underline{x}^*(n+1)\big)\big(\underline{x}(n+1) - \underline{x}^*(n+1)\big)^{\mathrm{T}} \Big| \underline{Y}(n+1) \right\} \qquad (9.42) \\
&= E\left\{ \big(\underline{x}(n+1) - \underline{x}^*(n+1)\big)\big(\underline{x}(n+1) - \underline{x}^*(n+1)\big)^{\mathrm{T}} \Big| \underline{Y}(n) \right\} = \underline{P}^*(n+1) \\
&\qquad\qquad\qquad\qquad\qquad\qquad\qquad\qquad\qquad\qquad\qquad\qquad (9.43)
\end{aligned}
$$

- Desweiteren gilt:

$$
E\left\{ \underline{w}(n+1)\underline{w}^{\mathrm{T}}(n+1) \Big| \underline{Y}(n+1) \right\} = E\left\{ \underline{w}(n+1)\underline{w}^{\mathrm{T}}(n+1) \right\} = \underline{R}(n+1)
$$
$$
(9.44)
$$

$$
E\left\{ \big(\underline{x}^*(n+1) - \underline{x}(n+1)\big)\underline{w}^{\mathrm{T}}(n+1) \Big| \underline{Y}(n+1) \right\} = \underline{0} \qquad (9.45)
$$

$$
E\left\{ \underline{w}(n+1)\big(\underline{x}^*(n+1) - \underline{x}(n+1)\big)^{\mathrm{T}} \Big| \underline{Y}(n+1) \right\} = \underline{0} \qquad (9.46)
$$

Damit folgt für die Rekursionsgleichung der Filter-Kovarianzmatrix:

$$
\boxed{
\begin{aligned}
\hat{\underline{P}}(n+1) &= (\underline{I} - \underline{K}(n+1)\underline{C}(n+1)) \cdot \underline{P}^*(n+1) \\
&\quad \cdot (\underline{I} - \underline{K}(n+1)\underline{C}(n+1))^{\mathrm{T}} + \underline{K}(n+1)\underline{R}(n+1)\underline{K}^{\mathrm{T}}(n+1)
\end{aligned}
}
$$
$$
(9.47)
$$

Bestimmung der Verstärkungsmatrix

Die Verstärkungsmatrix $\underline{K}(n+1)$ soll nun so bestimmt werden, dass die Varianz des Filter-Schätzfehlers bezüglich der a-posteriori-Dichte minimiert wird:

$$E\left\{ (\underline{x}(n+1) - \hat{\underline{x}}(n+1))^{\mathrm{T}} (\underline{x}(n+1) - \hat{\underline{x}}(n+1)) \big| \underline{Y}(n+1) \right\} \quad \rightarrow \quad \min \quad (9.48)$$

Das Skalarprodukt ist identisch mit der Summe über die Diagonalelemente des dyadischen Produktes:

$$E\left\{ (\underline{x}(n+1) - \hat{\underline{x}}(n+1))^{\mathrm{T}} (\underline{x}(n+1) - \hat{\underline{x}}(n+1)) \big| \underline{Y}(n+1) \right\}$$
$$= \mathrm{Spur}\left(E\left\{ (\underline{x}(n+1) - \hat{\underline{x}}(n+1))(\underline{x}(n+1) - \hat{\underline{x}}(n+1))^{\mathrm{T}} \big| \underline{Y}(n+1) \right\} \right) \quad (9.49)$$

Daraus folgt das Optimierungsziel

$$\mathrm{Spur}\left(\hat{\underline{P}}(n+1) \right) \quad \rightarrow \quad \min. \quad (9.50)$$

Für beliebige Matrizen $\underline{U}$ und $\underline{V}$ gilt:

$$\frac{\partial}{\partial \underline{U}} \mathrm{Spur}\left(\underline{U}\,\underline{V}\,\underline{U}^{\mathrm{T}} \right) = 2\underline{U}\,\underline{V} \quad (9.51)$$

Damit kann die Spur der Filter-Kovarianzmatrix bezüglich der Verstärkungsmatrix minimiert werden:[1]

$$\frac{\partial}{\partial \underline{K}(n+1)} \mathrm{Spur}\left(\hat{\underline{P}}(n+1) \right)$$
$$= -2(\underline{I} - \underline{K}(n+1)\underline{C}(n+1)) \cdot \underline{P}^{*}(n+1)\underline{C}^{\mathrm{T}}(n+1) + 2\underline{K}(n+1)\underline{R}(n+1) \stackrel{!}{=} \underline{0}$$
$$(9.52)$$

Auflösen nach $\underline{K}(n+1)$ ergibt:

$$\boxed{\underline{K}(n+1) = \underline{P}^{*}(n+1)\underline{C}^{\mathrm{T}}(n+1)\left(\underline{C}(n+1)\underline{P}^{*}(n+1)\underline{C}^{\mathrm{T}}(n+1) + \underline{R}(n+1) \right)^{-1}}$$
$$(9.53)$$

Vereinfachung der Rekursionsgleichung der Filter-Kovarianzmatrix

Gl. (9.47) ist die sog. Joseph-Form der Rekursionsgleichung für die Filter-Kovarianzmatrix. Daneben existiert eine einfachere Variante, die im Folgenden hergeleitet wird. Der Vorteil der Joseph-Form besteht in der größeren Stabilität bei der numerischen Berechnung. [14]

---

[1] Das negative Vorzeichen vor dem ersten Term von Gl. (9.52) resultiert aus der Anwendung der Kettenregel.

In Gl. (9.47) wird zunächst der vordere Term teilweise ausmultipliziert, anschließend wird Gl. (9.53) zur Berechnung der Verstärkungsmatrix eingesetzt:

$$\hat{\underline{P}}(n+1) = \left(\underline{I} - \underline{K}(n+1)\underline{C}(n+1)\right) \cdot \underline{P}^*(n+1) \cdot \left(\underline{I} - \underline{K}(n+1)\underline{C}(n+1)\right)^{\mathrm{T}}$$
$$+ \underline{K}(n+1)\underline{R}(n+1)\underline{K}^{\mathrm{T}}(n+1) \tag{9.54}$$

$$= \left(\underline{I} - \underline{K}(n+1)\underline{C}(n+1)\right) \cdot \underline{P}^*(n+1) - \left(\underline{I} - \underline{K}(n+1)\underline{C}(n+1)\right)$$
$$\cdot \underline{P}^*(n+1)\underline{C}^{\mathrm{T}}(n+1)\underline{K}^{\mathrm{T}}(n+1) + \underline{K}(n+1)\underline{R}(n+1)\underline{K}^{\mathrm{T}}(n+1) \tag{9.55}$$

$$= \left(\underline{I} - \underline{K}(n+1)\underline{C}(n+1)\right) \cdot \underline{P}^*(n+1) - \underline{P}^*(n+1)\underline{C}^{\mathrm{T}}(n+1)\underline{K}^{\mathrm{T}}(n+1)$$
$$+ \underbrace{\underline{K}(n+1)\left(\underline{C}(n+1)\underline{P}^*(n+1)\underline{C}^{\mathrm{T}}(n+1) + \underline{R}(n+1)\right)}_{\text{Gl. (9.53) einsetzen}}\underline{K}^{\mathrm{T}}(n+1)$$
$$\tag{9.56}$$

$$= \left(\underline{I} - \underline{K}(n+1)\underline{C}(n+1)\right) \cdot \underline{P}^*(n+1) - \underline{P}^*(n+1)\underline{C}^{\mathrm{T}}(n+1)\underline{K}^{\mathrm{T}}(n+1)$$
$$+ \underline{P}^*(n+1)\underline{C}^{\mathrm{T}}(n+1)\underline{K}^{\mathrm{T}}(n+1) \tag{9.57}$$

$$\boxed{\hat{\underline{P}}(n+1) = \left(\underline{I} - \underline{K}(n+1)\underline{C}(n+1)\right) \cdot \underline{P}^*(n+1)} \tag{9.58}$$

9.1.3　Interpretation

Die Gleichungen des Kalman-Filters lauten zusammengefasst:

Prädiktion

$$\underline{x}^*(n+1) = \underline{A}(n)\hat{\underline{x}}(n) + \underline{B}(n)\underline{u}(n)$$
$$\underline{P}^*(n+1) = \underline{A}(n)\hat{\underline{P}}(n)\underline{A}^{\mathrm{T}}(n) + \underline{L}(n)\underline{Q}(n)\underline{L}^{\mathrm{T}}(n)$$

Filterung

$$\hat{\underline{x}}(n+1) = \underline{x}^*(n+1) + \underline{K}(n+1)\left(\underline{y}(n+1) - \underline{C}(n+1)\underline{x}^*(n+1)\right)$$
$$\hat{\underline{P}}(n+1) = \left(\underline{I} - \underline{K}(n+1)\underline{C}(n+1)\right) \cdot \underline{P}^*(n+1) \cdot \left(\underline{I} - \underline{K}(n+1)\underline{C}(n+1)\right)^{\mathrm{T}}$$
$$+ \underline{K}(n+1)\underline{R}(n+1)\underline{K}^{\mathrm{T}}(n+1)$$
$$= \left(\underline{I} - \underline{K}(n+1)\underline{C}(n+1)\right) \cdot \underline{P}^*(n+1)$$

Verstärkung

$$\underline{K}(n+1) = \underline{P}^*(n+1)\underline{C}^{\mathrm{T}}(n+1)\left(\underline{C}(n+1)\underline{P}^*(n+1)\underline{C}^{\mathrm{T}}(n+1) + \underline{R}(n+1)\right)^{-1}$$

Zur rekursiven Lösung der Gleichungen werden nach Abschnitt 9.1.1 die Startwerte $\hat{\underline{x}}(0)$ und $\hat{\underline{P}}(0)$ benötigt. Falls diese nicht bekannt sind, kann beispielsweise

$$\hat{\underline{x}}(0) = \underline{0} \quad \text{und} \quad \hat{\underline{P}}(0) = \sigma_{\tilde{x}}^2 \cdot \underline{I}, \quad \sigma_{\tilde{x}}^2 \to \infty \tag{9.59}$$

gewählt werden. In jedem Zeitschritt werden die Prädiktions- und Filtergleichungen nacheinander ausgewertet.

Abb. 9.2 verdeutlicht, dass das Kalman-Filter die gleiche Struktur wie ein linearer zeitdiskreter Zustandsbeobachter besitzt. Es bestehen jedoch zwei wesentliche Unterschiede:

- Das Kalman-Filter lässt sich auch auf zeitvariante Systeme anwenden.

- Die Verstärkungsmatrix $\underline{K}(n)$ ist im Allgemeinen zeitvariant. Liegt ein zeitinvariantes System vor und sind die Rauschprozesse stationär, so konvergiert die Verstärkungsmatrix für $n \to \infty$ gegen einen konstanten Wert.

- Die Verstärkungsmatrix $\underline{K}(n)$ berücksichtigt die zeitlich veränderlichen stochastischen Eigenschaften des System- und Messrauschens über $\underline{Q}(n)$ und $\underline{R}(n)$. Daher eignet sich das Kalman-Filter zur Zustandsschätzung bei unzuverlässigen Messdaten und Störungen am Systemeingang bzw. einem ungenauen Systemmodell.

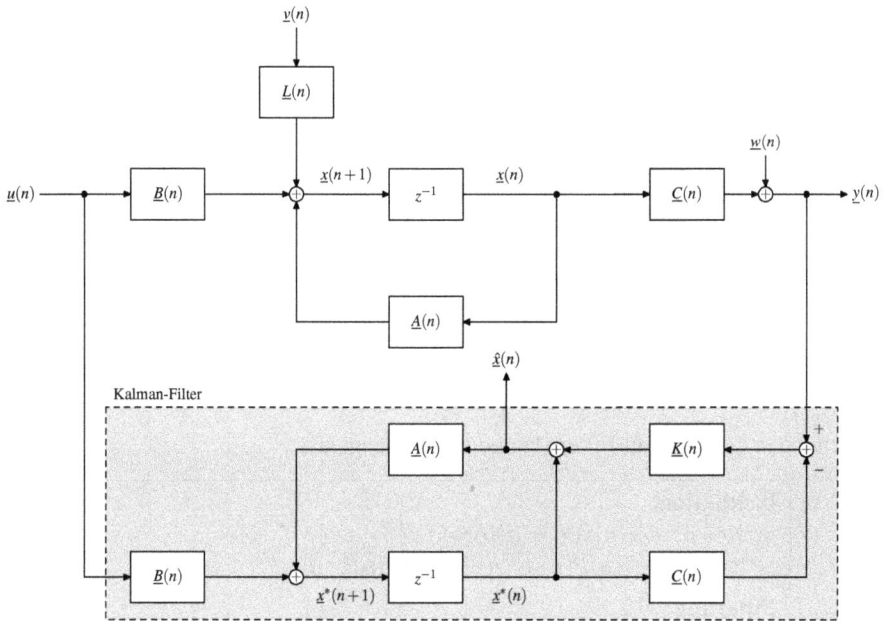

Abbildung 9.2: *Struktur des Kalman-Filters*

Zur Veranschaulichung wird ein SISO-System (Single Input — Single Output) erster Ordnung betrachtet. Die Gleichungen des Kalman-Filters enthalten dann ausschließlich skalare Größen:

Prädiktion
$$x^*(n+1) = A(n)\hat{x}(n) + B(n)u(n)$$
$$P^*(n+1) = A^2(n)\hat{P}(n) + L^2(n)Q(n)$$

Filterung
$$\hat{x}(n+1) = x^*(n+1) + K(n+1)\big(y(n+1) - C(n+1)x^*(n+1)\big)$$
$$\hat{P}(n+1) = \big(1 - K(n+1)C(n+1)\big)^2 \cdot P^*(n+1) + K^2(n+1)R(n+1)$$
$$= \big(1 - K(n+1)C(n+1)\big) \cdot P^*(n+1)$$

Verstärkung
$$K(n+1) = \frac{P^*(n+1)C(n+1)}{C^2(n+1)P^*(n+1) + R(n+1)}$$

Es werden zwei Fälle betrachtet:

1. **Unzuverlässige Messdaten:** $R(n+1) \gg Q(n)$
   Der Term $R(n+1)$ dominiert den Nenner des Verstärkungsterms. Daher gilt: $K(n+1) \approx 0$.
   Der Filterschätzwert lautet dann:

   $$\hat{x}(n+1) \approx x^*(n+1) = A(n)\hat{x}(n) + B(n)u(n)$$

   Das Kalman-Filter berücksichtigt die Messwerte nicht, sondern schätzt den Zustand mit Hilfe des internen Systemmodells.

2. **Starkes Systemrauschen bzw. ungenaues Systemmodell:** $Q(n) \gg R(n+1)$
   Ist das Systemrauschen groß, kann das Kalman-Filter den Systemzustand nicht zuverlässig prädizieren, da das interne Modell von idealen Eingangsgrößen beeinflusst wird. Durch den großen Wert von $Q(n)$ wird daher auch die Prädiktionsvarianz $P^*(n+1)$ groß. Somit dominiert der Term $C^2(n+1)P^*(n+1)$ den Nenner des Verstärkungsterms. Daraus folgt: $K(n+1) \approx 1/C(n+1)$. Der Filterschätzwert lautet dann:

   $$\hat{x}(n+1) \approx x^*(n+1) + \frac{1}{C(n+1)}\left(y(n+1) - C(n+1)x^*(n+1)\right)$$

   $$= \frac{y(n+1)}{C(n+1)} = x(n+1) + \frac{w(n+1)}{C(n+1)} \tag{9.60}$$

   Das Kalman-Filter schätzt den Zustand aus der Messgröße.

Die Zusammenhänge werden auch für den vektoriellen Fall deutlich, wenn die Gleichung für die Verstärkungsmatrix mit Hilfe des Matrix-Inversions-Lemmas

$$\left(\underline{A} + \underline{B}\,\underline{C}^{\mathrm{T}}\right)^{-1} = \underline{A}^{-1} - \underline{A}^{-1}\underline{B}\left(\underline{I} + \underline{C}^{\mathrm{T}}\underline{A}^{-1}\underline{B}\right)^{-1}\underline{C}^{\mathrm{T}}\underline{A}^{-1} \tag{9.61}$$

$$= \underline{A}^{-1}\left[\underline{I} - \underline{B}\left(\underline{I} + \underline{C}^{\mathrm{T}}\underline{A}^{-1}\underline{B}\right)^{-1}\underline{C}^{\mathrm{T}}\underline{A}^{-1}\right] \tag{9.62}$$

durch Einsetzen von

$$\underline{A} = \underline{R}(n+1) \tag{9.63}$$
$$\underline{B} = \underline{C}(n+1)\underline{P}^*(n+1) \tag{9.64}$$
$$\underline{C} = \underline{C}(n+1) \tag{9.65}$$

umgeformt wird:

$$\underline{K}(n+1) = \underline{P}^*(n+1)\underline{C}^{\mathrm{T}}(n+1)\underline{R}^{-1}(n+1) \cdot \Big(\underline{I} - \underline{C}(n+1)\underline{P}^*(n+1)$$

$$\cdot \left(\underline{I} + \underline{C}^{\mathrm{T}}(n+1)\underline{R}^{-1}(n+1)\underline{C}(n+1)\underline{P}^*(n+1)\right)^{-1}$$

$$\cdot \underline{C}^{\mathrm{T}}(n+1)\underline{R}^{-1}(n+1)\Big) \tag{9.66}$$

In dieser Darstellung wird noch einmal deutlich, dass die Prädiktions-Kovarianzmatrix $\underline{P}^*(n+1)$ als Faktor eingeht, der die Verstärkungsmatrix vergrößert, während die Kovarianzmatrix des Messrauschens $\underline{R}(n+1)$ invers eingeht.

Besitzt ein System mehr Messkanäle als unbedingt erforderlich, kann das gerade geschilderte Verhalten des Kalman-Filters zur so genannten Sensor-Datenfusion genutzt werden. Dabei wird der geschätzte Zustandsvektor im Wesentlichen immer nur durch die Messkanäle in der Rekursion verbessert, die einen geringeren momentanen Fehler aufweisen. Die oben beschriebene Rekursion der Gewichtungsmatrix $\underline{K}(n+1)$ verlagert die Gewichte der Anpassungsbeiträge automatisch auf die fehlerarmen Messkanäle.

9.1.4   Bestimmung der Varianz von Fehlersignalen

Das Kalman-Filter erfordert, dass die Varianzen des System- und Messrauschens bekannt sind. In einigen Fällen können diese durch theoretische Überlegungen bestimmt werden, beispielsweise beim Auftreten von Quantisierungsrauschen. Ist das fehlerbehaftete Signal messbar, erfolgt jedoch im Allgemeinen eine Varianzschätzung.

Dazu wird zunächst der Erwartungswert durch eine gleitende Mittelwertbildung aus den vergangenen N Messwerten geschätzt:

$$\underline{\bar{y}}(n) = \frac{1}{N} \cdot \sum_{i=0}^{N-1} \underline{y}(n-i) \tag{9.67}$$

Dieser Wert wird als deterministischer Signalanteil interpretiert. Der Schätzwert für die Kovarianzmatrix lautet dann:

$$\underline{R}(n) \approx \frac{1}{N-1} \cdot \sum_{i=0}^{N-1} \left(\underline{y}(n-1) - \underline{\bar{y}}(n) \right) \cdot \left(\underline{y}(n-1) - \underline{\bar{y}}(n) \right)^{\mathrm{T}} \tag{9.68}$$

In der Praxis kommt es auch häufig vor, dass die Varianzen nicht berechnet oder geschätzt werden, sondern dass die Matrizen $\underline{Q}(n)$ und $\underline{R}(n)$ als „Tuning-Parameter" eingesetzt werden. Dies ist ein heuristischer Ansatz, der es ermöglicht, qualitatives Wissen in die Schätzung einzubringen.

Beispiel 9.1   *Sensor-Datenfusion [24]*

Zur Bestimmung einer Raddrehzahl werden verschiedene Sensoren eingesetzt, unter anderem ein Inkrementalgeber. Von diesem sei bekannt, dass sich die Qualität des Messsignals mit steigender Drehzahl verbessert. Für die Datenfusion kann dieses Wissen genutzt werden, indem die Varianz dieses Sensorsignals als Funktion der Drehzahl vorgegeben wird.

9.1.5   Farbiges System- und Messrauschen

Ist das Systemrauschen $\underline{v}(n)$ nicht weiß, so wird zu seiner Modellierung ein eigener Markov-Prozess angesetzt:

$$\underline{x}_2(n+1) = \underline{A}_2(n)\underline{x}_2(n) + \underline{L}_2(n)\underline{v}(n) \tag{9.69}$$

$\underline{x}_2(n)$ ist jetzt das farbige Systemrauschen für das ursprüngliche Modell und $\underline{v}(n)$ die weiße Anregung des Rauschmodells. Die Zustandsdifferentialgleichung für das zu schätzende Signal $\underline{x}_1(n)$ lautet:

$$\underline{x}_1(n+1) = \underline{A}_1(n)\underline{x}_1(n) + \underline{B}(n)\underline{u}(n) + \underline{L}_1(n)\underline{x}_2(n) \tag{9.70}$$

Insgesamt erhält man ein erweitertes Zustandsraummodell.

$$\begin{bmatrix} \underline{x}_1(n+1) \\ \underline{x}_2(n+1) \end{bmatrix} = \begin{bmatrix} \underline{A}_1(n) & \underline{L}_1(n) \\ \underline{0} & \underline{A}_2(n) \end{bmatrix} \begin{bmatrix} \underline{x}_1(n) \\ \underline{x}_2(n) \end{bmatrix} + \begin{bmatrix} \underline{B}(n) \\ \underline{0} \end{bmatrix} \underline{u}(n) + \begin{bmatrix} \underline{0} \\ \underline{L}_2 \end{bmatrix} \underline{v}(n) \tag{9.71}$$

$$\underline{y}(n) = \begin{bmatrix} \underline{C}(n) & \underline{0}^\mathrm{T} \end{bmatrix} \begin{bmatrix} \underline{x}_1(n) \\ \underline{x}_2(n) \end{bmatrix} + \underline{w}(n) \tag{9.72}$$

Ist das Messrauschen $\underline{w}(n)$ nicht weiß, wird entsprechend verfahren. Mit einem weißen Rauschsignal $\underline{w}(n)$ erhält man das farbige Messrauschen $\underline{x}_3(n)$ über einen eigenen Markov-Prozess:

$$\underline{x}_3(n+1) = \underline{A}_3(n)\underline{x}_3(n) + \underline{L}_3(n)\underline{w}(n) \tag{9.73}$$

Die Ausgangsgleichung lautet dann:

$$\underline{y}(n) = \underline{C}(n)\underline{x}_1(n) + \underline{x}_3(n) \tag{9.74}$$

Das Zustandsraummodell wird also nochmals erweitert.

$$\begin{bmatrix} \underline{x}_1(n+1) \\ \underline{x}_2(n+1) \\ \underline{x}_3(n+1) \end{bmatrix} = \begin{bmatrix} \underline{A}_1(n) & \underline{L}_1(n) & \underline{0} \\ \underline{0} & \underline{A}_2(n) & \underline{0} \\ \underline{0} & \underline{0} & \underline{A}_3(n) \end{bmatrix} \begin{bmatrix} \underline{x}_1(n) \\ \underline{x}_2(n) \\ \underline{x}_3(n) \end{bmatrix} + \begin{bmatrix} \underline{B} \\ \underline{0} \\ \underline{0} \end{bmatrix} \underline{u}(n)$$

$$+ \begin{bmatrix} \underline{0} & \underline{0} \\ \underline{L}_2(n) & \underline{0} \\ \underline{0} & \underline{L}_3(n) \end{bmatrix} \begin{bmatrix} \underline{v}(n) \\ \underline{w}(n) \end{bmatrix} \tag{9.75}$$

$$\underline{y}(n) = \begin{bmatrix} \underline{C}^\mathrm{T}(n) & \underline{0}^\mathrm{T} & \underline{I} \end{bmatrix} \begin{bmatrix} \underline{x}_1(n) \\ \underline{x}_2(n) \\ \underline{x}_3(n) \end{bmatrix} \tag{9.76}$$

9.2 Extended Kalman-Filter

Im vorherigen Abschnitt wurde das Kalman-Filter für ein lineares Systemmodell hergeleitet. Um den Systemzustand eines *nichtlinearen* Systems zu schätzen, wird nun das Extended Kalman-Filter eingeführt. Es arbeitet ebenfalls im Zustandsraum und bildet über ein nichtlineares Systemmodell

$$\underline{x}(n+1) = \underline{f}\left(\underline{x}(n), \underline{u}(n), \underline{v}(n)\right), \tag{9.77}$$

$$\underline{y}(n+1) = \underline{g}\left(\underline{x}(n), \underline{u}(n), \underline{w}(n)\right) \tag{9.78}$$

den Prozess- und Signalzustand nach. Hierbei sind, wie im linearen Fall, das Systemrauschen $\underline{v}(n)$ und das Messrauschen $\underline{w}(n)$ ebenfalls mittelwertfreie, Gaußsche Rauschprozesse, für die

$$E\left\{\underline{v}(n)\cdot\underline{v}^{\mathrm{T}}(n)\right\} = \underline{Q}(n)\cdot\delta(n-m)\,, \tag{9.79}$$

$$E\left\{\underline{w}(n)\cdot\underline{w}^{\mathrm{T}}(n)\right\} = \underline{R}(n)\cdot\delta(n-m) \tag{9.80}$$

gelten soll.

Für die Ermittlung einer geeigneten Verstärkungsmatrix $\underline{K}(n+1)$ wird die nichtlineare System-funktion $\underline{f}$ um den Schätzwert $\hat{\underline{x}}(n)$ aus dem letzten Filterschritt linearisiert. Das Systemrau-schen $\underline{v}(n)$ wird dabei aufgrund der Mittelwertfreiheit zu Null gesetzt.

$$\underline{x}(n+1) \approx \underline{f}\left(\hat{\underline{x}}(n),\underline{u}(n),\underline{0}\right) + \underline{A}_f\left(\underline{x}(n) - \hat{\underline{x}}(n)\right) + \underline{L}_f(n)\cdot\underline{v}(n) \tag{9.81}$$

$$\text{mit} \quad \underline{A}_f = \left.\frac{\partial\underline{f}}{\partial\underline{x}}\right|_{(\hat{\underline{x}}(n),\underline{u}(n),\underline{0})} \quad \text{und} \quad \underline{L}_f = \left.\frac{\partial\underline{f}}{\partial\underline{v}}\right|_{(\hat{\underline{x}}(n),\underline{u}(n),\underline{0})} \tag{9.82}$$

Die Ausgangsfunktion $\underline{g}$ wird um den aktuell prädizierten Schätzwert $\underline{x}^*(n)$ linearisiert. Dabei wird das Messrauschen $\underline{w}(n)$ ebenfalls aufgrund der Mittelwertfreiheit zu Null gesetzt.

$$\underline{y}(n) \approx \underline{g}(\underline{x}^*(n),\underline{u}(n),\underline{0}) + \underline{C}_g\left(\underline{x}(n) - \hat{\underline{x}}(n)\right) + \underline{L}_g(n)\cdot\underline{w}(n) \tag{9.83}$$

$$\text{mit} \quad \underline{C}_g = \left.\frac{\partial\underline{g}}{\partial\underline{x}}\right|_{(\underline{x}^*(n),\underline{u}(n),\underline{0})} \quad \text{und} \quad \underline{L}_g = \left.\frac{\partial\underline{g}}{\partial\underline{w}}\right|_{(\underline{x}^*(n),\underline{u}(n),\underline{0})} \tag{9.84}$$

Diese Linearisierung wird nur benötigt, um die Schätzfehlerkovarianz zu prädizieren und damit die Filterverstärkung zu berechnen. Die Prädiktion des Systemzustands und die Berechnung der Ausgangsgröße $\underline{y}(n)$ erfolgt anhand des nichtlinearen Systemmodells.

Wie auch beim linearen Kalman-Filter werden im *Prädiktionsschritt* der Prädiktions-Schätz-wert $\underline{x}^*(n+1)$ sowie die Prädiktions-Kovarianzmatrix $\underline{P}^*(n+1)$ berechnet:

$$\underline{x}^*(n+1) = \underline{f}\left(\hat{\underline{x}}(n),\underline{u}(n),\underline{0}\right)\,, \tag{9.85}$$

$$\underline{P}^*(n+1) = \underline{A}_f(n)\hat{\underline{P}}(n)\underline{A}_f^{\mathrm{T}}(n) + \underline{L}_f(n)\underline{Q}(n)\underline{L}_f^{\mathrm{T}}(n)\,. \tag{9.86}$$

Der *Filterschritt* lautet im Falle des Extended Kalman-Filter

$$\hat{\underline{x}}(n+1) = \underline{x}^*(n+1) + \underline{K}(n+1)\left(\underline{y}(n+1) - \underline{g}(\hat{\underline{x}}(n),\underline{u}(n),\underline{0})\right)\,, \tag{9.87}$$

$$\hat{\underline{P}}(n+1) = \left(\underline{I} - \underline{K}(n+1)\underline{C}_g(n+1)\right)\cdot\underline{P}^*(n+1)\,. \tag{9.88}$$

Die Verstärkungsmatrix wird analog zum linearen Kalman-Filter anhand von

$$\underline{K}(n+1) = \underline{P}^*(n+1)\underline{C}_g^{\mathrm{T}}(n+1)\left(\underline{C}_g(n+1)\underline{P}^*(n+1)\underline{C}_g^{\mathrm{T}}(n+1)\right.$$

$$\left. + \underline{L}_g(n+1)\underline{R}(n+1)\underline{L}_g^{\mathrm{T}}(n+1)\right)^{-1} \tag{9.89}$$

bestimmt.

Die Anwendung des Extended Kalman-Filter soll nun an einem Beispiel verdeutlicht werden.

Beispiel 9.2 *Schätzung des Schwimmwinkels eines nichtlinearen Zweispurmodells [41], [24]*

Moderne Kraftfahrzeuge sind heute mit einer Vielzahl von Systemen zur Fahrerunterstützung ausgestattet. Dabei rückt insbesondere die Erhöhung der aktiven Sicherheit immer mehr in den Vordergrund. Das Ziel aktiver Sicherheitssysteme ist die Vermeidung eines Unfalls. Dazu greifen diese Systeme gezielt in die Dynamik des Fahrzeuges ein. Das wohl bekannteste aktive Sicherheitssystem ist das Elektronische Stabilitäts-Programm (kurz ESP, auch DSC für Dynamic Stability Control oder ESC für Electronic Stability Control). Das ESP hat die Aufgabe, ein seitliches Ausbrechen des Fahrzeuges zu verhindern. Es erzeugt deshalb ein stabilisierendes Moment um die Fahrzeughochachse indem es einzelne Räder gezielt abbremst. Neben radindividuellen Bremseingriffen kann ein stabilisierendes Moment um die Hochachse auch durch aktive Lenkung der Vorder- oder Hinterräder erzeugt werden.

Das Zweispurmodell als nichtlineares Zustandsmodell

Zur Beurteilung der Querdynamik eines Fahrzeugs wird das nichtlineare Zweispurmodell aus [24] verwendet. Dieses ergibt sich, wenn alle vier Räder des Fahrzeugs einzeln betrachtet werden. Das Modell einschließlich der wichtigsten Fahrzeugparameter, Bewegungsgrößen und angreifenden Kräfte ist in Abb. 9.3 zu sehen. Dabei wird die Drehung des Fahrzeuges um die Hochachse durch die *Gierrate* $\dot{\psi}$ beschrieben. Die Geschwindigkeit im Schwerpunkt v ist tangential zur Bahnkurve gerichtet und schließt mit der Fahrzeuglängsachse den

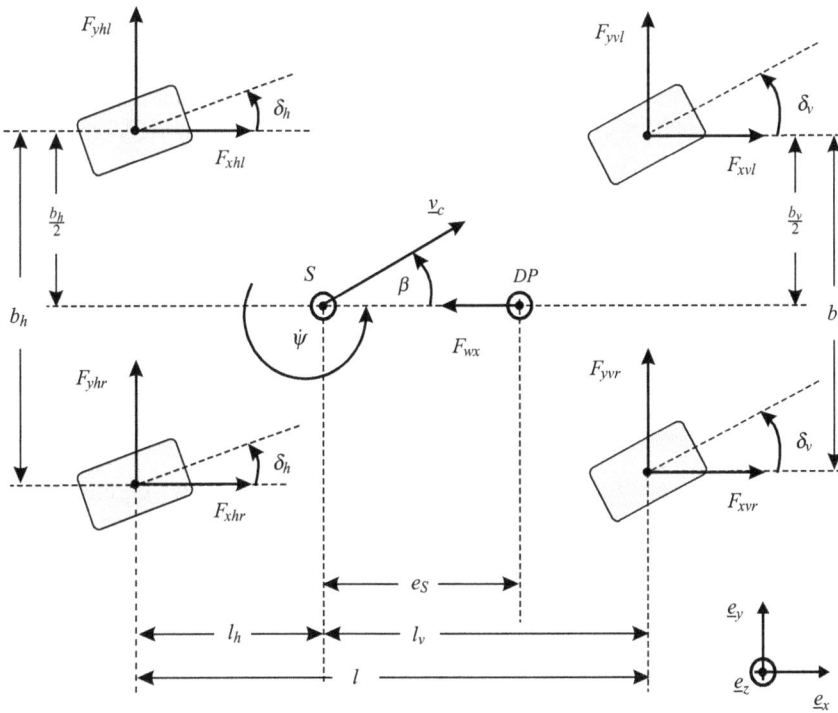

Abbildung 9.3: *Nichtlineares Zweispurmodell*

Schwimmwinkel β ein. Der Schwimmwinkel ist eine zentrale Größe der Fahrzeugdynamik. Wird der Schwimmwinkel sehr groß oder wächst er stark an, wird die Fahrsituation kritisch. In diesem Beispiel soll der Schwimmwinkel β anhand des Extended Kalman-Filters geschätzt werden.

Im Druckmittelpunkt DP, der sich auf der Fahrzeuglängsachse im Abstand e_S vom Schwerpunkt befindet, greift der Luftwiderstand F_{wx} in Fahrzeuglängsrichtung an. Alle weiteren Kräfte werden vernachlässigt. Der Schwerpunkt des Fahrzeugs wird in Fahrbahnhöhe angenommen. Der Reifennachlauf wird ebenfalls vernachlässigt.

Anhand von Abb. 9.3 können nun die Bewegungsgleichungen des Fahrzeugs unter Verwendung der Fahrzeugmasse m und des Trägheitsmomentes um die Hochachse J_z aufgestellt werden:

$$\sum_k \underline{F}_k = m \cdot \underline{a}, \tag{9.90}$$

$$\sum_k \underline{r}_k \times \underline{F}_k = \underline{J}_z \cdot \underline{\ddot{\psi}}. \tag{9.91}$$

Das Fahrzeug rotiert um seine Hochachse gegenüber dem ortsfesten Inertialsystem mit der Gierrate $\dot{\psi}$. Die Basisvektoren sind damit *zeitabhängig*. Für ihre Ableitung gilt:

$$\underline{\dot{e}}_x = \dot{\psi} \cdot \underline{e}_y, \quad \underline{\dot{e}}_y = -\dot{\psi} \cdot \underline{e}_x. \tag{9.92}$$

Der Geschwindigkeitsvektor $\underline{v}$ der Länge $v = |\underline{v}|$ bestimmt sich zu

$$\underline{v} = v_x \cdot \underline{e}_x + v_y \cdot \underline{e}_y = v \cdot \cos\beta \cdot \underline{e}_x + v \cdot \sin\beta \cdot \underline{e}_y. \tag{9.93}$$

Anhand von Gl. (9.93) kann die Beschleunigung $\underline{\dot{v}}$ bestimmt werden. Durch Anwendung der Kräftebilanz (9.90) in x- und y-Richtung und der Momentenbilanz (9.91) gelangt man zu folgenden Gleichungen:

$$\dot{v} = \frac{1}{m} \cdot \left[\cos\beta \cdot \sum F_x + \sin\beta \cdot \sum F_y \right], \tag{9.94}$$

$$\dot{\beta} = \frac{1}{mv} \cdot \left[\cos\beta \cdot \sum F_y - \sin\beta \cdot \sum F_x \right] - \dot{\psi}, \tag{9.95}$$

$$\ddot{\psi} = \frac{1}{J_z} \cdot \left[l_v(F_{yvl} + F_{yvr}) - l_h(F_{yhl} + F_{yhr}) + \frac{b_v}{2}(F_{xvr} - F_{xvl}) \right.$$
$$\left. + \frac{b_h}{2}(F_{xhr} - F_{xhl}) \right]. \tag{9.96}$$

Mit (9.94), (9.95) und (9.96) liegen drei Gleichungen für v, β und $\dot{\psi}$ vor, die eine Darstellung der Querdynamik durch ein Zustandsmodell erlauben. Dazu werden die drei Gleichungen zu einer vektoriellen Gleichung zusammengefasst:

$$\underline{\dot{x}} := \begin{bmatrix} \dot{v} \\ \dot{\beta} \\ \ddot{\psi} \end{bmatrix} = \underline{f}\left(v, \beta, \dot{\psi}, F_{xij}, F_{yij}\right). \tag{9.97}$$

Die Funktion $\underline{f}$ hängt dabei neben den drei Zustandsgrößen v, β und $\dot{\psi}$ von den Längs- und Querkräften F_{xij} und F_{yij} ab. Für eine weitere Modellierung dieser Radkräfte werden sie zunächst vom Fahrzeugkoordinatensystem in das Radkoordinatensystem transformiert.

Das *radfeste* Koordinatensystem dreht sich um das *fahrzeugfeste* mit dem Radeinschlagwinkel δ_i (siehe Abb. 9.4):

$$F_{xij} = F_{lij}\cos\delta_i - F_{sij}\sin\delta_i, \tag{9.98}$$

$$F_{yij} = F_{lij}\sin\delta_i - F_{sij}\cos\delta_i. \tag{9.99}$$

Werden die Radkräfte (9.98) und (9.99) in die drei Differentialgleichungen für Geschwindigkeit (9.94), Schwimmwinkel (9.95) und Gierrate (9.96) eingesetzt, dann folgt:

$$
\begin{aligned}
\dot{v} = \frac{1}{m} \cdot \big[& (F_{lvl} + F_{lvr})\cos(\delta_v - \beta) - (F_{svl} + F_{svr})\sin(\delta_v - \beta) \\
& (F_{lhl} + F_{lhr})\cos(\delta_h - \beta) - (F_{shl} + F_{shr})\sin(\delta_h - \beta) \\
& - c_w^* v^2 \cos\beta \big],
\end{aligned} \tag{9.100}
$$

$$
\begin{aligned}
\dot{\beta} = \frac{1}{mv} \cdot \big[& (F_{lvl} + F_{lvr})\sin(\delta_v - \beta) - (F_{svl} + F_{svr})\cos(\delta_v - \beta) \\
& (F_{lhl} + F_{lhr})\sin(\delta_h - \beta) - (F_{shl} + F_{shr})\cos(\delta_h - \beta) \\
& + c_w^* v^2 \sin\beta \big],
\end{aligned} \tag{9.101}
$$

$$
\begin{aligned}
\ddot{\psi} = \frac{1}{J_z} \cdot \Big[& l_v \cdot ((F_{lvl} + F_{lvr})\sin\delta_v + (F_{svl} + F_{svr})\cos\delta_v) \\
& - l_h \cdot ((F_{lhl} + F_{lhr})\sin\delta_h + (F_{shl} + F_{shr})\cos\delta_h) \\
& + \frac{b_v}{2}((F_{lvr} - F_{lvl})\cos\delta_v - (F_{svr} - F_{svl})\sin\delta_v) \\
& + \frac{b_h}{2}((F_{lhr} - F_{lhl})\cos\delta_h - (F_{shr} - F_{shl})\sin\delta_h) \Big].
\end{aligned} \tag{9.102}
$$

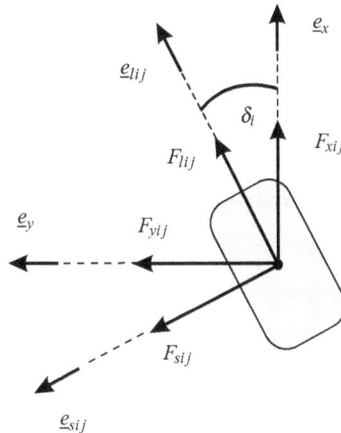

Abbildung 9.4: *Kräfte eines mit δ_i rotierenden Rades*

Die drei nichtlinearen Differentialgleichungen hängen neben den Radeinschlagwinkeln δ_v und δ_h von den Längs- und Seitenkräften an den Rädern F_{lij} und F_{sij} ab. Diese Kräfte bestimmen im Wesentlichen die Bewegung des Fahrzeuges. Die Längskräfte F_{lij} können separat berechnet und als Eingangsgrößen aufgefasst werden. Um zusätzliche Eingangsgrößen zu vermeiden, werden die Seitenkräfte F_{sij} in Abhängigkeit von den drei Zustandsgrößen v, β und $\dot{\psi}$ ausgedrückt und über die Schräglaufwinkel der Reifen direkt im Modell berücksichtigt. Darauf soll hier nicht näher eingegangen werden.

Hiermit lässt sich das Zweispurmodell als nichtlineares Zustandsmodell darstellen:

$$\underline{\dot{x}} = \underline{f}(\underline{x}, \underline{u}), \qquad (9.103)$$

$$\underline{y} = \underline{g}(\underline{x}, \underline{u}), \qquad (9.104)$$

mit dem Zustandsvektor

$$\underline{x} = [v \quad \beta \quad \dot{\psi}]^{\mathrm{T}}, \qquad (9.105)$$

den Eingangsgrößen

$$\underline{u} = [F_{lvl} \quad F_{lvr} \quad F_{lhl} \quad F_{lhr} \quad \delta_v \quad \delta_h]^{\mathrm{T}}, \qquad (9.106)$$

und dem Messvektor

$$\underline{y} = [\omega_{vl} \quad \omega_{vr} \quad \omega_{hl} \quad \omega_{hr} \quad a_y \quad \dot{\psi}]^{\mathrm{T}} = \underline{g}(\underline{x}, \underline{u}). \qquad (9.107)$$

Somit stehen als Messgrößen neben der Gierrate $\dot{\psi}$ auch die Drehzahlen ω_{ij} an jedem Rad und die Querbeschleunigung a_y zur Verfügung. Diese Anordnung entspricht der eines Serienfahrzeugs, das mit ESP ausgerüstet ist.

Nachdem nun die notwendigen Modellgleichungen zur Schätzung hergeleitet sind, kann das *Extended Kalman-Filter* angesetzt werden [41]. Ausgangspunkt sind die Gleichungen (9.103) bis (9.107). Da das Modell zeitkontinuierlich vorliegt, wird es durch eine Zeitdiskretisierung nach Euler

$$\underline{x}(n+1) = \underline{x}(n) + t_A \cdot \underline{f}(\underline{x}, \underline{u}) \quad , \quad t_A = 1\,\mathrm{s} \qquad (9.108)$$

umgewandelt. Nach der Herleitung des Modells muss nun noch das Extended Kalman-Filter durch die Wahl der Kovarianzmatrizen $\underline{Q}(n)$ und $\underline{R}(n)$ des System- und Messrauschens eingestellt werden.

Dimensionierung der Kovarianzmatrizen

Das Verhalten des Extended Kalman-Filters hängt wesentlich von den Kovarianzmatrizen $\underline{Q}(n)$ und $\underline{R}(n)$ ab.

Da das hergeleitete Modell das Verhalten während eines Getriebe-Gangwechsels nur unzureichend beschreibt, werden die Elemente der Kovarianzmatrix $\underline{Q}(n)$ des Systemrauschens während der Schaltvorgänge auf hohe Werte gesetzt, damit sich das Extended Kalman-Filter in diesen kurzen Momenten weniger auf das Systemmodell und stärker auf die Messwerte verlässt [41].

Bei der Modellierung der Fahrzeugdynamik wird der Reifenschlupf vernachlässigt. Der Fehler, der aus dieser Vereinfachung resultiert, wirkt sich dann besonders stark aus, wenn stark

beschleunigt oder gebremst wird. In diesen Fällen weichen die Schwerpunktsgeschwindigkeiten und die aus den Raddrehzahlen berechneten Geschwindigkeiten deutlich voneinander
ab. Die Varianz der einzeln berechneten Schwerpunktsgeschwindigkeiten kann deshalb
als Maß für die Zuverlässigkeit der Raddrehzahlen herangezogen werden und stellt somit
ein Maß für die Kovarianzmatrix $\underline{R}(n)$ dar. Dazu wird zunächst eine mittlere Geschwindigkeit $\bar{v}$ definiert, welche die tatsächliche Schwerpunktsgeschwindigkeit möglichst exakt
beschreiben soll. Bei starker Beschleunigung tritt an den angetriebenen Rädern ein großer
Antriebsschlupf auf. In diesem Fall wird die mittlere Geschwindigkeit $\bar{v}$ als Mittelwert
der beiden Schwerpunktsgeschwindigkeiten berechnet, die sich aus den Raddrehzahlen
der nicht angetriebenen Räder ergeben. In allen anderen Fällen wird der Median der vier
errechneten Schwerpunktsgeschwindigkeiten $v^{(ij)}$ verwendet. Gegenüber einer einfachen
Mittelwertbildung hat der Median den Vorteil, dass einzelne blockierende oder durchdre-
hende Räder aus der Berechnung herausfallen. Die Varianz der einzelnen Raddrehzahlen
wird dann definiert als quadratische Abweichung der berechneten Schwerpunktsgeschwindigkeit $v^{(ij)}$ von der mittleren Geschwindigkeit $\bar{v}$:

$$\sigma^2_{\omega_{ij}} = \left(v^{(ij)} - \bar{v} \right)^2 . \tag{9.109}$$

Je größer der Schlupf an einem Rad ist, desto größer wird diese Varianz und desto weniger
stark wird die entsprechende Raddrehzahl ω_{ij} im Korrekturschritt des Extended Kalman-
Filters berücksichtigt.

Für die weitere Dimensionierung der Kovarianzmatrizen müssen die unterschiedlichen Wertebereiche der einzelnen Größen beachtet werden. Die Wertebereiche der Zustandsgrößen
werden angenommen als

$$0 \text{ km/h} < v \leq 200 \text{ km/h}, \quad |\beta| \leq 20°, \quad |\dot{\psi}| \leq 80 \text{ °s}^{-1} .$$

Bei einer Durchschnittsgeschwindigkeit von 60 km/h und einer Standardabweichung von
1 % ergibt sich die Varianz der Geschwindigkeit zu $\sigma^2_v = 0{,}028 \text{ m}^2/\text{s}^2$. Auf den gesamten Wertebereich bezogen folgen die Varianzen für die beiden anderen Zustandsgrößen
zu $\sigma^2_\beta = 4{,}9 \cdot 10^{-5} \text{ rad}^2$ und $\sigma^2_{\dot{\psi}} = 7{,}8 \cdot 10^{-4} \text{ rad}^2/\text{s}^2$. Bei der Festlegung der Kovarianz des
Messrauschens werden im Allgemeinen die Herstellerangaben der verwendeten Sensoren
herangezogen.

Fahrmanöver

Nun wird anhand eines Fahrmanövers der Einsatz des Extended Kalman-Filters validiert.
Geschätzt werden soll der Schwimmwinkel β während eines Ausweichmanövers. Den
Streckenaufbau nach dem ISO-3888-2-Standard zeigt Abb. 9.5. Dabei wird die Gassen-
breite an die Fahrzeugbreite b_F angepasst:

$$b_1 = 1{,}1 \cdot b_F + 0{,}25 \text{ m},$$
$$b_2 = b_F + 1 \text{ m},$$
$$b_3 = \max\{1{,}3b_F + 0{,}25 \text{ m}, 3 \text{ m}\} .$$

Beim Wechsel zurück auf die ursprüngliche Spur steht dem Fahrer ein Meter weniger zur
Verfügung als beim Verlassen der Spur. Damit soll eine möglichst hohe Querbeschleunigung gegen Ende des Manövers erreicht werden. Abb. 9.6 zeigt die Ergebnisse für eine

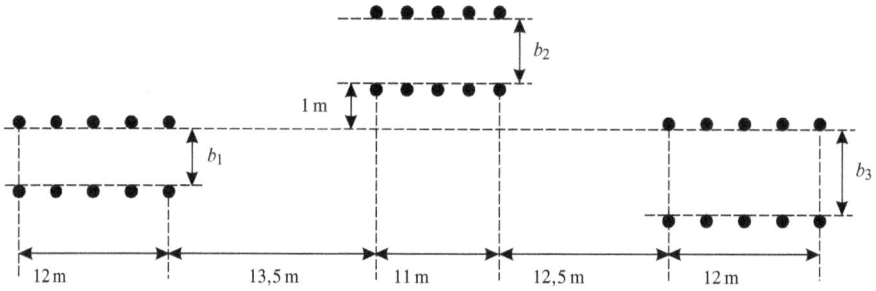

Abbildung 9.5: *Teststrecke für den Spurwechsel nach ISO 3888-2*

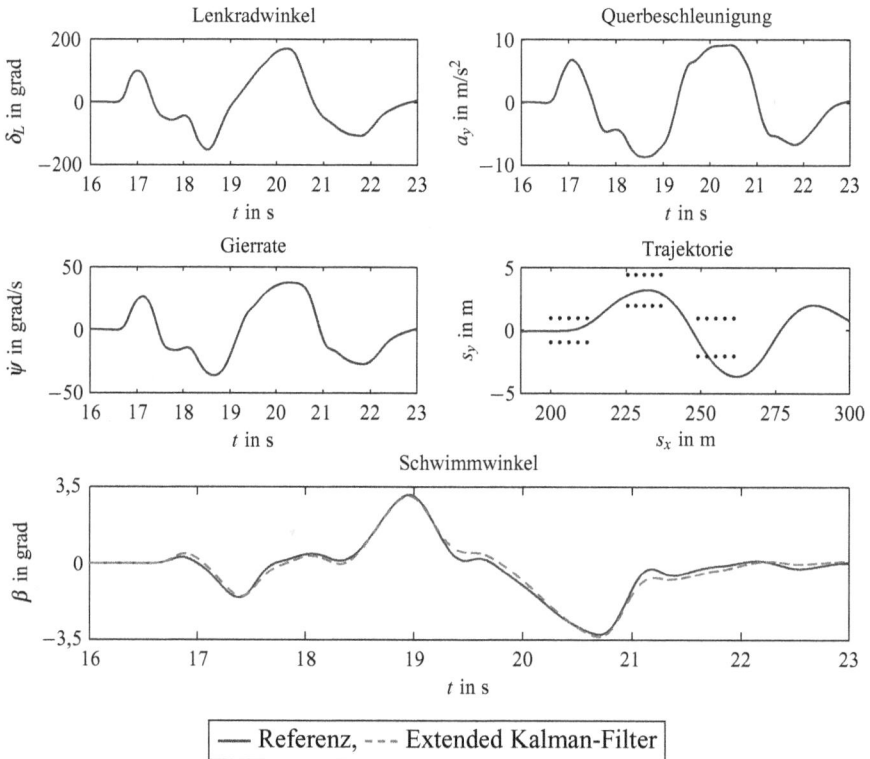

Abbildung 9.6: *Closed-loop-Manöver: Ausweichmanöver nach ISO 3888-2*

Geschwindigkeit von 65 km/h. Neben den querdynamischen Kenngrößen ist auch die gefah-
rene Trajektorie gezeigt. Die Pylonen, die den Kurs markieren, sind als schwarze Punkte
dargestellt. Der Fahrer kann zunächst die Spur erfolgreich wechseln, beim Wechsel zurück
auf die ursprüngliche Spur verliert er jedoch die Kontrolle über sein Fahrzeug und fährt
aus dem abgesteckten Parcours heraus. Die Querbeschleunigung erreicht Werte von bis zu
$10\,\mathrm{m/s^2}$, der Schwimmwinkel β bleibt kleiner als $3{,}5°$. Durch Vergleich mit einer Referenz-

messung sieht man, dass das Extended Kalman-Filter in der Lage ist, den Schwimmwinkel mit hoher Genauigkeit zu schätzen. Dies ist die Grundlage für eine Fahrdynamikregelung, die hier aber nicht näher erläutert werden soll.

A   Sätze und Definitionen

A.1   Fourier-Transformation

Die Fourier-Transformation ist gegeben durch

$$X(f) = \mathcal{F}_t\{x(t)\} = \int\limits_{-\infty}^{\infty} x(t)e^{-j2\pi ft}dt.$$

Entsprechend ist die Rücktransformation gegeben durch

$$x(t) = \mathcal{F}_f^{-1}\{X(f)\} = \int\limits_{-\infty}^{\infty} X(f)e^{j2\pi ft}df.$$

A.1.1   Verschiebungssatz

Allgemein gilt für $\alpha \neq 0$ und $\beta \in \mathbb{R}$

$$\mathcal{F}_t\{s(\alpha t + \beta)\} = \frac{1}{\alpha}\exp(j2\pi f\frac{\beta}{\alpha})S(\frac{f}{\alpha}).$$

Speziell für pos. bzw. neg. Zeitverschiebung folgt daraus

$$\mathcal{F}_t\{s(t - t_0)\} = \exp(-j2\pi ft_0)\cdot S(f)$$
$$\mathcal{F}_t\{s(t + t_0)\} = \exp(j2\pi ft_0)\cdot S(f).$$

A.2   Der Satz von Parseval

Wenn ein Signal $s(t)$ sowie sein Betragsquadrat im Intervall $(-\infty, \infty)$ integrierbar sind, dann gilt

$$\int\limits_{-\infty}^{\infty} |s(t)|^2\,dt = \int\limits_{-\infty}^{\infty} |S(f)|^2\,df.$$

Bemerkung A.1

Die Signalenergie ändert sich bei der Fourier-Transformation nicht.

A.3   Ergodizität

Ein stationärer, stochastischer Prozess heißt ergodisch, wenn der Zeitmittelwert einer einzigen beliebigen Musterfunktion mit der Wahrscheinlichkeit Eins mit dem Scharmittelwert über alle Musterfunktionen übereinstimmt.

In der Regel ist der streng mathematische Nachweis der Ergodizität nicht möglich. Die Ergodizität wird jedoch in praktischen Anwendungen zumeist angenommen, damit aus einer einzelnen Musterfunktion $y^{(i)}(t)$ alle statistischen Eigenschaften eines Zufallsprozesses bestimmt werden können.

A.4   Schwarzsche Ungleichung

Die Schwarzsche Ungleichung lautet nach [23]

$$|\langle \underline{a}, \underline{b} \rangle|^2 \leq \|\underline{a}\|^2 \cdot \|\underline{b}\|^2 \; .$$

Für beliebige komplexe Zahlen a_i und b_j als Elemente der Vektoren $\underline{a}$ und $\underline{b}$ gilt folgender Zusammenhang

$$|a_1 b_1 + a_2 b_2 + \cdots + a_n b_n| \leq \sqrt{a_1^2 + a_2^2 + \cdots + a_n^2} \cdot \sqrt{b_1^2 + b_2^2 + \cdots + b_n^2}$$

bzw.

$$(a_1 b_1 + a_2 b_2 + \cdots + a_n b_n)^2 \leq (a_1^2 + a_2^2 + \cdots + a_n^2) \cdot (b_1^2 + b_2^2 + \cdots + b_n^2) \; .$$

Dies lässt sich auf konvergierende Summen und Integrale erweitern.

$$\left(\sum_{n=1}^{\infty} a_n b_n \right)^2 \leq \left(\sum_{n=1}^{\infty} a_n^2 \right) \cdot \left(\sum_{n=1}^{\infty} b_n^2 \right)$$

$$\left[\int_a^b f(t) g^*(t) dt \right]^2 \leq \left(\int_a^b |f(t)|^2 dt \right) \cdot \left(\int_a^b |g(t)|^2 dt \right)$$

A.5   Matrix-Inversions-Lemma

$$\left(\underline{A} + \underline{B} \underline{C}^{\mathrm{T}} \right)^{-1} = \underline{A}^{-1} - \underline{A}^{-1} \underline{B} \left(\underline{I} + \underline{C}^{\mathrm{T}} \underline{A}^{-1} \underline{B} \right)^{-1} \underline{C}^{\mathrm{T}} \underline{A}^{-1}$$
$$= \underline{A}^{-1} \left[\underline{I} - \underline{B} \left(\underline{I} + \underline{C}^{\mathrm{T}} \underline{A}^{-1} \underline{B} \right)^{-1} \underline{C}^{\mathrm{T}} \underline{A}^{-1} \right]$$

B   Beweise

B.1   Zeitdiskrete Poissonsche Summenformel

Die in Kapitel 2 verwendete zeitdiskrete Poissonsche Summenformel soll im Folgenden abgeleitet werden. Dabei wird vom allgemeinen Fall der überkritischen Abtastung des Spektrums ausgegangen. Wir betrachten eine zeitdiskrete Impulsreihe

$$y(n) = \sum_{l=0}^{\Delta K-1} \delta(n - l \cdot K) \, , \, l = 0, \cdots, \Delta K - 1 \, .$$

Die Funktion $y(n)$ hat eine diskrete Periodendauer K und wird ΔK-mal im Beobachtungsintervall N wiederholt. Außerhalb des Beobachtungsintervalls der N Abtastschritte erfolgt ebenfalls eine periodische Wiederholung (N-Periodizität).

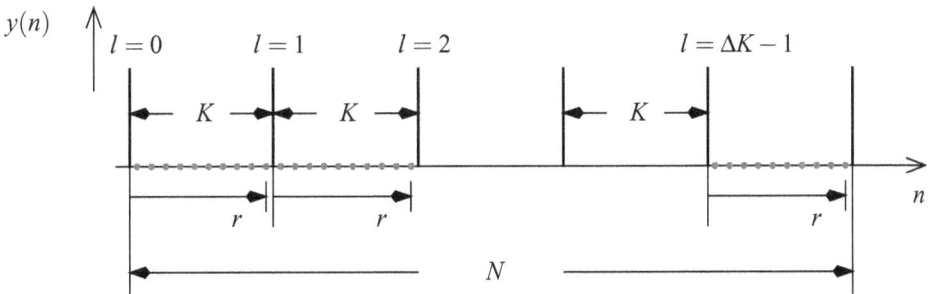

Abbildung B.1: *Zeitdiskrete Impulsreihe*

Die zeitdiskrete Funktion ist außerdem K-periodisch, d. h.

$$y(n) = y(n + q \cdot K) = y(n + r \cdot K) \, , \quad q, r \in \mathbb{N} \, .$$

1. Die diskrete Fourier-Transformierte der Impulsreihe $y(n)$ ist

$$Y(k) = \sum_{n=0}^{N-1} y(n) \cdot \exp(-j2\pi kn/N) \, , \, n = 0, ..., N-1$$

$$= \sum_{n=0}^{N-1} \sum_{l=0}^{\Delta K-1} \delta(n - l \cdot K) \exp(-j2\pi kn/N) \, .$$

Es wird die folgende Variablentransformation eingeführt.

$$n' = n + r - l \cdot K$$

Aufgrund der N-Periodizität der zeitdiskreten Funktion $y(n)$ erfolgt die Summation für die neue Variable n' unverändert von 0 bis $N - 1$.

$$Y(k) = \sum_{l=0}^{\Delta K-1} \sum_{n'=0}^{N-1} \delta(n' - r) \exp\left(-j2\pi k(n' - r + l \cdot K)/N\right)$$

Zur Berücksichtigung der K-Periodizität von $y(n)$ wird als nächstes die Summationsvariable n' folgendermaßen in die zwei Summationsvariablen r und q aufgeteilt.

$$n' = r + q \cdot K, \quad r = 0, \ldots, K - 1, \, q = 0, \ldots, \Delta K - 1$$

Daraus folgt

$$Y(k) = \sum_{l=0}^{\Delta K-1} \sum_{r=0}^{K-1} \sum_{q=0}^{\Delta K-1} \delta(q \cdot K) \exp(-j2\pi kqK/N) \cdot \exp(-j2\pi klK/N)$$

$$= \sum_{r=0}^{K-1} \sum_{l=0}^{\Delta K-1} \exp(-j2\pi kl/\Delta K) \underbrace{\sum_{q=0}^{\Delta K-1} \delta(q \cdot K) \exp(-j2\pi kq/\Delta K)}_{=1}$$

$$= \sum_{r=0}^{K-1} \sum_{l=0}^{\Delta K-1} \exp(-j2\pi kl/\Delta K) \cdot \underbrace{\exp(j2\pi lr)}_{=1}$$

$$= \sum_{r=0}^{K-1} \sum_{l=0}^{\Delta K-1} \exp(-j2\pi l(k - r\Delta K)/\Delta K)$$

$$= \Delta K \cdot \sum_{r=0}^{K-1} \delta(k - r \cdot \Delta K).$$

Die diskrete Fourier-Transformierte $Y(k)$ ist eine in ΔK periodische Impulsreihe. Dies entspricht der kontinuierlichen Frequenzperiode F.

2. Die inverse diskrete Fourier-Transformation von $Y(k)$ ist

$$y(n) = \frac{1}{N} \sum_{k=0}^{N-1} Y(k) \exp(j2\pi kn/N)$$

$$= \frac{1}{N} \sum_{k=0}^{N-1} \Delta K \sum_{r=0}^{K-1} \delta(k - r \cdot \Delta K) \exp(j2\pi kn/N)$$

$$= \frac{1}{K} \sum_{r=0}^{K-1} \sum_{k=0}^{N-1} \delta(k - r \cdot \Delta K) \exp(j2\pi kn/N)$$

$$= \frac{1}{K} \sum_{r=0}^{K-1} \exp(j2\pi rn/K).$$

3. Die zeitdiskrete Poissonsche Summenformel ist damit

$$\sum_{l=0}^{\Delta K-1} \delta(n - l \cdot K) = \frac{1}{K} \sum_{r=0}^{K-1} \exp(j2\pi nr/K).$$

Eine entsprechende Formulierung ist

$$\sum_{l=0}^{M-1} \delta(n - l \cdot \Delta M) = \frac{1}{\Delta M} \sum_{r=0}^{\Delta M-1} \exp(j2\pi nr/\Delta M).$$

B.2   Innenprodukt von Gabor-Wavelets

Im Folgenden wird das Innenprodukt zweier zeitverschobener und skalierter Gabor-Wavelets

$$\psi_{a,b}(t) = \frac{1}{\sqrt{|a|}} \left(\frac{\beta}{\pi}\right)^{\frac{1}{4}} \exp\left(-\frac{\beta}{2}\left(\frac{t-b}{a}\right)^2\right) \exp\left(j2\pi f_x \left(\frac{t-b}{a}\right)\right) \qquad (B.1)$$

und

$$\psi_{a',b'}(t) = \frac{1}{\sqrt{|a'|}} \left(\frac{\beta}{\pi}\right)^{\frac{1}{4}} \exp\left(-\frac{\beta}{2}\left(\frac{t-b'}{a'}\right)^2\right) \exp\left(j2\pi f_x \left(\frac{t-b'}{a'}\right)\right) \qquad (B.2)$$

berechnet:

$$\langle \psi_{a,b}(t), \psi_{a',b'}(t) \rangle = \int_{-\infty}^{\infty} \psi_{a,b}(t) \cdot \psi_{a',b'}^{*}(t)\, dt \qquad (B.3)$$

$$= \int_{-\infty}^{\infty} \sqrt{\frac{\beta}{\pi |aa'|}} \exp\left(-\frac{\beta}{2}\left[\left(\frac{t-b}{a}\right)^2 + \left(\frac{t-b'}{a'}\right)^2\right]\right)$$

$$\exp\left(j2\pi f_x \left[\left(\frac{t-b}{a}\right) - \left(\frac{t-b'}{a'}\right)\right]\right) dt \qquad (B.4)$$

$$= K \int_{-\infty}^{\infty} \exp\left(-(At^2 - Bt)\right) \exp\left(-j2\pi Ft\right) dt \qquad (B.5)$$

mit

$$A := \frac{\beta}{2}\left(\frac{1}{a^2} + \frac{1}{a'^2}\right) \in \mathbb{R}^+ \qquad (B.6a)$$

$$B := \beta\left(\frac{b}{a^2} + \frac{b'}{a'^2}\right) \qquad (B.6b)$$

$$F := f_x\left(\frac{1}{a} - \frac{1}{a'}\right) \qquad (B.6c)$$

$$K := \sqrt{\frac{\beta}{\pi |aa'|}} \exp\left(-\frac{\beta}{2}\left(\frac{b^2}{a^2} + \frac{b'^2}{a'^2}\right)\right) \exp\left(j2\pi f_x \left(\frac{b}{a} - \frac{b'}{a'}\right)\right). \qquad (B.6d)$$

Der quadratische Ausdruck im Exponent wird mit Hilfe der quadratischen Ergänzung umgeformt:

$$\langle \psi_{a,b}(t), \psi_{a',b'}(t) \rangle = K \int_{-\infty}^{\infty} \exp\left(-A\left(t^2 - \frac{B}{A}t\right)\right) \exp\left(-j2\pi Ft\right) dt \qquad (B.7)$$

$$= K \cdot \exp\left(\frac{B^2}{4A}\right) \int_{-\infty}^{\infty} \exp\left(-A\left(t - \frac{B}{2A}\right)^2\right) \exp\left(-j2\pi Ft\right) dt \qquad (B.8)$$

Das Integral wird als Fourier-Integral interpretiert und es wird die Zeitverschiebungsregel angewendet:

$$\langle \psi_{a,b}(t), \psi_{a',b'}(t) \rangle = K \cdot \exp\left(\frac{B^2}{4A}\right) \exp\left(-j2\pi F \frac{B}{2A}\right) \mathcal{F}\left\{\exp(-At^2)\right\}\Big|_{f=F} \qquad (B.9)$$

$$= K \cdot \exp\left(\frac{B^2}{4A}\right) \exp\left(-j2\pi F \frac{B}{2A}\right) \sqrt{\frac{\pi}{A}} \exp\left(-\frac{\pi F^2}{A}\right) \qquad (B.10)$$

Nach Einsetzen der Abkürzungen aus Gl. (B.6) und einigen Vereinfachungen ergibt sich:

$$\langle \psi_{a,b}(t), \psi_{a',b'}(t) \rangle = \sqrt{\frac{2|aa'|}{a^2+a'^2}} \exp\left(-\frac{\beta}{2} \cdot \frac{(b-b')^2}{a^2+a'^2}\right) \exp\left(-\frac{\pi^2 f_x^2}{\beta/2} \cdot \frac{(a-a')^2}{a^2+a'^2}\right)$$

$$\cdot \exp\left(j2\pi f_x \cdot \frac{(a+a')(b-b')}{a^2+a'^2}\right) \qquad (B.11)$$

Abb. B.2 zeigt den Betrag des Innenproduktes

$$\langle \psi_{1,0}(t), \psi_{a',b'}(t) \rangle$$

für verschiedene Skalierungen a' und Zeitverschiebungen b'. Dabei wurde $\beta = 1$ und
$f_x = \sqrt{\beta} = 1$ festgelegt.

Aus Gl. (B.11) kann geschlossen werden, dass das Innenprodukt zwar für unterschiedliche
Skalierungen a und a' bzw. unterschiedliche Zeitverschiebungen b und b' sehr kleine Beträge
annehmen kann, aber niemals Null wird.

B.3   Half-Sample-Delay-Bedingung

Der folgende Beweis ist im Wesentlichen an [38] angelehnt. Untersucht wird, welcher Zusam-
menhang zwischen den Realteil-Filtern $h_{\text{TP}}^{\Re e}$ und den Imaginärteilfiltern $h_{\text{TP}}^{\Im m}$ in der Dual-Tree
Complex Wavelet Transform gelten muss.

Die Wavelet-Funktion $\psi^{\Im m}(t)$ soll die Hilbert-Transformierte von $\psi^{\Re e}(t)$ sein. Im Frequenzbereich bedeutet dies

$$\Psi^{\Im m}(\Omega) = \begin{cases} -j\Psi^{\Re e}(\Omega), & \Omega > 0 \\ j\Psi^{\Re e}(\Omega), & \Omega < 0 \end{cases} \qquad (B.12)$$

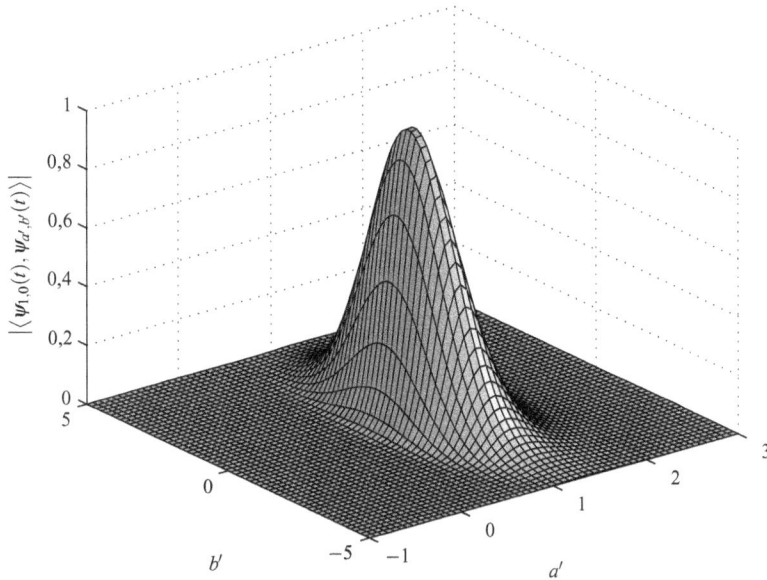

Abbildung B.2: *Innenprodukt zweier Gabor-Wavelets*

Da also die Amplituden gleich sind und sich beide Spektren lediglich in der Phase unterscheiden, wird für die Filter der folgende Ansatz gemacht:

$$H_{\text{TP}}^{\mathfrak{Im}}(\Omega) = H_{\text{TP}}^{\mathfrak{Re}}(\Omega)e^{-j\theta(\Omega)}. \tag{B.13}$$

Zuerst soll nun gezeigt werden, welche Beziehung zwischen den Fourier-Transformierten der Skalierungsfunktionen $\Phi^{\mathfrak{Im}}(\Omega)$ und $\Phi^{\mathfrak{Re}}(\Omega)$ gilt. Mit Gleichung (4.131) folgt

$$\Phi^{\mathfrak{Re}}(\Omega) = \prod_{k=1}^{\infty} \left(\frac{1}{\sqrt{2}} H_{\text{TP}}^{\mathfrak{Re}} \left(\frac{\Omega}{2^k} \right) \right). \tag{B.14}$$

Damit gilt auch (unter Berücksichtigung des Ansatzes)

$$\Phi^{\mathfrak{Im}}(\Omega) = \prod_{k=1}^{\infty} \left(\frac{1}{\sqrt{2}} H_{\text{TP}}^{\mathfrak{Im}} \left(\frac{\Omega}{2^k} \right) \right) \tag{B.15}$$

$$= \prod_{k=1}^{\infty} \left(\frac{1}{\sqrt{2}} H_{\text{TP}}^{\mathfrak{Re}} \left(\frac{\Omega}{2^k} \right) e^{-j\theta(\Omega/2^k)} \right) \tag{B.16}$$

$$= \Phi^{\mathfrak{Re}}(\Omega) \cdot e^{-j\sum_{k=1}^{\infty} \theta(\Omega/2^k)}. \tag{B.17}$$

Als nächstes soll untersucht werden, wie die Frequenzgänge $H_{\text{TP}}^{\mathfrak{Im}}(\Omega)$ und $H_{\text{TP}}^{\mathfrak{Re}}(\Omega)$ zusammenhängen. Aus Gleichung (4.151) folgt

$$H_{\text{BP}}^{\mathfrak{Re}}(\Omega) = -H_{\text{TP}}^{\mathfrak{Re}*}(\Omega - \pi)e^{-j\Omega}. \tag{B.18}$$

Entsprechend gilt unter Berücksichtigung des Ansatzes (B.13)

$$H_{\mathrm{BP}}^{\Im\mathrm{m}}(\Omega) = -H_{\mathrm{TP}}^{\Im\mathrm{m}*}(\Omega - \pi)\mathrm{e}^{-j\Omega} \tag{B.19}$$

$$= -\left(H_{\mathrm{TP}}^{\Re\mathfrak{e}}(\Omega - \pi)\mathrm{e}^{-j\theta(\Omega-\pi)}\right)^* \mathrm{e}^{-j\Omega} \tag{B.20}$$

$$= H_{\mathrm{BP}}^{\Re\mathfrak{e}}(\Omega)\mathrm{e}^{j\theta(\Omega-\pi)}. \tag{B.21}$$

Mit Gl. (4.153) kann schließlich ein Zusammenhang für die Fourier-Transformierten der Wavelets $\Psi^{\Im\mathrm{m}}(\Omega)$ und $\Psi^{\Re\mathfrak{e}}(\Omega)$ hergestellt werden.

$$\Psi^{\Im\mathrm{m}}(\Omega) = \frac{1}{\sqrt{2}}H_{\mathrm{BP}}^{\Im\mathrm{m}}\left(\frac{\Omega}{2}\right)\Phi^{\Im\mathrm{m}}\left(\frac{\Omega}{2}\right) \tag{B.22}$$

$$\overset{(B.21)}{=} \frac{1}{\sqrt{2}}H_{\mathrm{BP}}^{\Re\mathfrak{e}}\left(\frac{\Omega}{2}\right)\mathrm{e}^{j\theta(\Omega/2-\pi)}\Phi^{\Im\mathrm{m}}\left(\frac{\Omega}{2}\right) \tag{B.23}$$

$$\overset{(B.17)}{=} \frac{1}{\sqrt{2}}H_{\mathrm{BP}}^{\Re\mathfrak{e}}\left(\frac{\Omega}{2}\right)\mathrm{e}^{j\theta(\Omega/2-\pi)}\Phi^{\Re\mathfrak{e}}\left(\frac{\Omega}{2}\right)\mathrm{e}^{-j\sum_{k=1}^{\infty}\theta\left(\Omega/2^{k+1}\right)} \tag{B.24}$$

$$= \Psi^{\Re\mathfrak{e}}(\Omega)\mathrm{e}^{j\left[\theta(\Omega/2-\pi)-\sum_{k=1}^{\infty}\theta\left(\Omega/2^{k+1}\right)\right]} \tag{B.25}$$

Vergleicht man dieses Ergebnis mit der Anforderung an das Hilbert-Paar (B.12), erhält man die Bedingung:

$$\theta(\Omega/2-\pi) - \sum_{k=1}^{\infty}\theta\left(\Omega/2^{k+1}\right) \overset{!}{=} \begin{cases} -\frac{\pi}{2}, & \Omega > 0 \\ \frac{\pi}{2}, & \Omega < 0 \end{cases} \tag{B.26}$$

Nun soll verifiziert werden, dass der Ansatz

$$\theta(\Omega) = \frac{\Omega}{2}, \quad |\Omega| < \pi \tag{B.27}$$

für die 2π-periodische Funktion $\theta(\Omega)$ diese Bedingung erfüllt. Mit dem obigen Ansatz ergibt sich für den ersten Summanden in (B.26)

$$\theta(\Omega/2-\pi) = \begin{cases} -\frac{\pi}{2}+\frac{\Omega}{4}, & 0 < \Omega < 2\pi \\ \frac{\pi}{2}+\frac{\Omega}{4}, & -2\pi < \Omega < 0 \end{cases} \tag{B.28}$$

Nun wird der Ansatz (B.27) in den zweiten Summanden der Bedingung (B.26) eingesetzt:

$$\beta(\Omega) = -\sum_{k=1}^{\infty}\theta\left(\Omega/2^{k+1}\right). \tag{B.29}$$

Dieser Ausdruck kann mittels der geometrischen Reihe zu

$$\beta(\Omega) = \begin{cases} -\frac{\Omega}{4} & , |\Omega| < 4\pi \\ \beta(\Omega-4\pi) & , 4\pi < \Omega \\ \beta(\Omega+4\pi) & , \Omega < -4\pi \end{cases} \tag{B.30}$$

umgeformt werden. Diese drei Phasengänge sind in Abb. B.3 gezeigt. Man erkennt, dass die

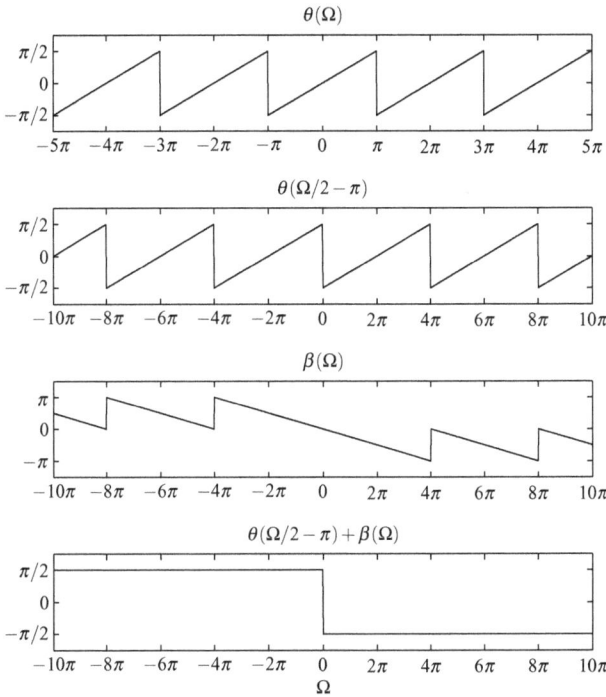

Abbildung B.3: *Erzeugung des Phasengangs der Hilbert-Transformation*

Summe $\theta(\Omega/2 - \pi) + \beta(\Omega)$ gerade den geforderten Verlauf nach Bedingung (B.26) einhält. Der Ansatz (B.27) liefert damit Filter, deren zugehörige Wavelets ein Hilbert-Paar bilden. Transformiert man die Frequenzgänge in den Zeitbereich zurück, so erhält man die Half-Sample-Delay-Bedingung

$$H_{\text{TP}}^{\mathfrak{Im}}(\Omega) = H_{\text{TP}}^{\mathfrak{Re}}(\Omega)e^{-j\Omega/2}, \quad |\Omega| < \pi \tag{B.31}$$

$$h_{\text{TP}}^{\mathfrak{Im}}(n) = h_{\text{TP}}^{\mathfrak{Re}}(n - 1/2). \tag{B.32}$$

Es muss allerdings angemerkt werden, dass diese Gleichung nur im Grenzfall für unendlich viele Filterbankstufen zu analytischen Basisfunktionen führt. Dies liegt daran, dass Gleichung (B.14) verwendet wurde, die das Spektrum der Skalierungsfunktion aus unendlich vielen Upsample/Tiefpass-Stufen zusammensetzt. Für endlich viele Filterbankstufen ist diese Bedingung demnach nicht völlig ausreichend, um analytische Koeffizienten zu erzeugen.

C Symbole

Die Auflistung der Symbole spiegelt die Verwendungsweise in diesem Buch wider. Dabei wurde die internationale Schreibweise beachtet. Es muss jedoch darauf hingewiesen werden, dass sich in anderen Büchern, Schriften etc. die Schreibweise unterscheiden kann.

A_{xy}	Kreuz-Ambiguitätsfunktion	$f_x(t)$	Momentanfrequenz des Signals $x(t)$
$\underline{A}$	Systemmatrix		
α	Überabtastfaktor	$\underline{\Phi}_k$	Basisvektor
$\underline{B}$	Steuermatrix	$\underline{\Phi}^{\mathrm{T}}$	Regressionsvektor
$\underline{b}$	Parametervektor	$\varphi_{m,k}$	Skalierungsfunktion
$\underline{C}$	Beobachtungsmatrix	$G(s)$	Übertragungsfunktion eines zeitkontinuierlichen Systems
C_{xx}	Cohen-Klasse		
$\underline{C}_{xy}$	Kreuzkovarianz-Matrix	$G(z)$	Übertragungsfunktion eines zeitdiskreten Systems
c_k	Skalierungskoeffizient		
$c_{k,i}$	Wavelet-Packet-Koeffizient	$g(t)$	Impulsantwort eines zeitkontinuierlichen Filters, zeitkontinuierliches Gauß-Fenster
$\underline{D}$	Durchschaltmatrix		
d_k	Waveletkoeffizient	g_n	Impulsantwort eines zeitdiskreten Filters, zeitdiskretes Gauß-Fenster
$\underline{e}$	Fehlervektor		
Δ_f	Bandbreite	$g_{\mathrm{TP}}, g_{\mathrm{BP}}$	Analysefilter
Δ_t	Zeitdauer	$\gamma(t)$	Analysefenster
$\delta(t)$	Dirac-Impuls	$\tilde{\gamma}(t)$	Synthesefenster
$E\{\ \}$	Erwartungswertoperator	$h_{\mathrm{TP}}, h_{\mathrm{BP}}$	Synthesefilter
E_x	Signalenergie des Signals $x(t)$	j	Imaginäre Einheit
F_{eff}	Effektive Zeitdauer	Ω_{xx}	Affine Klasse
$F_x^\gamma(\tau, f)$	Kurzzeit-Fourier-Transformierte des Signals $x(t)$ bzgl. des Analysefensters $\gamma(t)$	P_x	Leistung des Signals $x(t)$
		$\underline{\Psi}$	Beobachtungsmatrix
$\mathcal{F}$	Fourieroperator	$\psi(t)$	Mother-Wavelet
f	Frequenz	$\psi_{m,k}(t)$	Analyse-Wavelet
f_A	Abtastfrequenz	$\tilde{\psi}_{m,k}(t)$	Synthese-Wavelet
$f_y(y)$	Wahrscheinlichkeitsdichte	$\underline{R}_{xy}$	Kreuzkorrelations-Matrix
		r_{xy}	Kreuzkorrelationsfunktion
f_x	Mittlere Frequenz des Signals $x(t)$	$r_T(t)$	Rechteckfunktion

σ^2 Varianz

$\sigma(t)$ Sprungfunktion

$S_{xx}^E(f)$ Energiedichte des Signals $x(t)$ über der Frequenz

$S_x^\gamma(\tau, f)$ Spektrogramm des Signals $x(t)$ bzgl. des Analysefensters $\gamma(t)$

$s_{xx}^E(t)$ Energiedichte des Signals $x(t)$ über der Zeit

T_{eff} Effektive Zeitdauer

t_A Abtastzeit

t_x Mittlere Zeit des Signals $x(t)$

$t_x(f)$ Gruppenlaufzeit des Signals $x(t)$

V_k Tiefpass-Unterräume

W_k Bandpass-Unterräume

$W_x^\psi(a, b)$ Wavelet-Transformierte des Signals $x(t)$ bzgl. des Mother-Wavelets $\psi(t)$

$\left| W_x^\psi(a, b) \right|^2$ Skalogramm des Signals $x(t)$ bzgl. des Mother-Wavelets $\psi(t)$

$W_{xx}(t, f)$ Wigner-Ville-Verteilung des Signals $x(t)$

$W_{xx}^{(\mathrm{PW})}(t, f)$
   Pseudo-Wigner-Ville-Verteilung des Signals $x(t)$

$W_{xx}^{(\mathrm{SPW})}(t, f)$ Smoothed Pseudo-Wigner-Ville-Verteilung des Signals $x(t)$

$\underline{y}$ Messvektor

Literaturverzeichnis

[1] *Special Edition IEEE Signal Processing*, 1991.

[2] AKANSU, A. N. und TAZEVBAY, M. V.: *Wavelet and Subband Transforms: Fundamentals and Communciation Applications*. 1995.

[3] AUGER, F. et al.: *Time-Frequency Toolbox for use with MATLAB – Tutorial*. Centre National de la Recherche Scientifique (France), Rice University (USA), 1996.

[4] BRONSTEIN, I. N. et al.: *Taschenbuch der Mathematik*. Verlag Harri Deutsch, 5. Auflage, 2001.

[5] BURRUS, C. S., GOPINATH, R. A. und GUO, H.: *Introduction to Wavelets and Wavelet Transforms*. Prentice Hall, 1998.

[6] COHEN, I., RAZ, S. und MALAH, D.: *Shift Invariant Wavelet Packet Bases*. In: *IEEE Proc. Int. Conf. Acoust., Speech, Signal Processing*, Band 4: 1080–1084, Detroit, MI, 1995.

[7] COHEN, L.: *Time-Frequency Distributions, A Review*. In: *Proceedings of the IEEE*, Band 11, 1989.

[8] COIFMAN, R. R. und WICKERHAUSER, M. V.: *Entropy-Based Algorithms for Best Basis Selection*. In: *IEEE Transactions on Information Theory*, 38(2): 713–718, 1992.

[9] DAUBECHIES, I.: *Ten Lectures on Wavelets*. Society for Industrial and Applied Mathematics, 1992.

[10] DAUBECHIES, I.: *The Wavelet Transform, Time-Frequency Localization and Signal Analysis*. In: *IEEE Transactions on Information Theory*, Band 36, Sept. 1990.

[11] DIKICH, E. W.: *Verfahren zur automatischen Gesichtserkennung*. Logos, 2003.

[12] FÖLLINGER, O.: *Regelungstechnik*. Hüthig-Verlag, 8. Auflage, 1994.

[13] GABOR, D.: *Theory of Communication*. In: *Journal of the IEEE*, 93: 423–457, 1946.

[14] GREWAL, M. S. und ANDREWS, A. P.: *Kalman Filtering – Theory and Practice using Matlab*. Wiley, 2001.

[15] HLAWATSCH, F. und BOUDREAUX-BARTELS, G. F.: *Linear and Quadratic Time-Frequency Signal Representations*. In: *IEEE Signal Processing Magazine*, April 1992.

[16] HUCKER, M.: *Digitale Signalverarbeitung bei der Ultraschall-Doppler-Geschwindigkeitsmessung an Blutgefäßen*. Dissertation Universität Karlsruhe, Institut für Prozessmeßtechnik und Prozessleittechnik, 1992.

[17] ISERMANN, R.: *Identifikation dynamischer Systeme I*. Springer Verlag, 1988.

[18] ISERMANN, R.: *Identifikation dynamischer Systeme II*. Springer Verlag, 1988.

[19] JONDRAL, F. und WIESLER, A.: *Grundlagen der Wahrscheinlichkeitsrechnung und stochastischer Prozesse für Ingenieure*. Teubner Verlag, 2000.

[20] KAMMEYER, K. D. und KROSCHEL, K.: *Digitale Signalverarbeitung*. Teubner Verlag, 6. Auflage, 2006.

[21] KHAWAJA, A.: *Automatic ECG Analysis using Principal Component Analysis and Wavelet Transformation*. Universitätsverlag Karlsruhe, 2006.

[22] KIENCKE, U. und EGER, R.: *Messtechnik*. Springer Verlag, 7. Auflage, 2008.

[23] KIENCKE, U. und JÄKEL, H.: *Signale und Systeme*. R. Oldenbourg Verlag, 4. Auflage, 2008.

[24] KIENCKE, U. und NIELSEN, L.: *Automotive Control Systems*. Springer Verlag, 2005.

[25] KINGSBURY, N.G.: *The Dual-Tree Complex Wavelet Transform: A new Technique for Shift Invariance and Directional Filters*. In: *Proc. 8th IEEE DSP Workshop*, 1998.

[26] KRONMÜLLER, H.: *Signalverarbeitung*. Springer Verlag, 1991.

[27] LANG, M., GUO, H., ODEGARD, J. E., BURRUS, C. S. und WELLS, JR., R. O.: *Nonlinear Processing of a Shift-Invariant DWT for Noise Reduction*. In: *SPIE Conference on Wavelet Applications*, Band 2491, Orlando, FL, 1995.

[28] MALLAT, S.: *A Wavelet Tour of Signal Processing*. Academic Press, 2. Auflage, 1999.

[29] MALLAT, S. G.: *A Theory for Multiresolution Signal Decomposition: the Wavelet Representation*. In: *IEEE Transactions on Pattern Recognition and Machine Intelligence*, Band 11, 1989.

[30] MERTINS, A.: *Signaltheorie*. Teubner Verlag, 1996.

[31] PEI, S. C. und YEH, M. H.: *An Introduction to Discrete Finite Frames*. In: *IEEE Signal Processing Magazine*, November 1997.

[32] QIAN, S. und CHEN, D.: *Joint Time-Frequency Analysis*. Prentice Hall, 1996.

[33] RAY, W. D. und DRIVER, R. M.: *Further Decomposition of the Karhunen-Loève series Representation of a Stationary Random Process*. In: *IEEE Transactions Information Theory*, Band IT-16: 663–668, 1970.

[34] REID, I.: *Applied Estimation II*. Vorlesungsskript, University of Oxford, 2002.

[35] SCHEITHAUER, R.: *Signale und Systeme*. Teubner Verlag, 2. Auflage, 2005.

[36] SCHÜRMANN, J.: *Pattern Classification: A Unified View of Statistical and Neural Approaches*. Wiley, 1996.

[37] SELESNICK, I., BARANIUK, R. und KINGSBURY, N.: *The Dual-Tree Complex Wavelet Transform*. In: *IEEE Signal Processing Magazine*, 22(6): 123–151, November 2005.

[38] SELESNICK, I. W.: *Hilbert Transform Pairs of Wavelet Bases*. In: *IEEE Signal Processing Letters*, 8(6): 170–173, June 2001.

[39] STRAMPP, W. und VOROZHTSOV, E. V.: *Mathematische Methoden der Signalverarbeitung*. Oldenbourg, 2004.

[40] TREES, H. L. VAN: *Detection, Estimation and Modulation Theory. Part I*. Wiley, 1968.

[41] VON VIETINGHOFF, A.: *Nichtlineare Regelung eines Kraftfahrzeuges in querdynamisch kritischen Fahrsituationen*. Dissertation Universität Karlsruhe, Institut für Industrielle Informationstechnik, 2008.

[42] WERNER, M.: *Digitale Signalverarbeitung mit MATLAB-Praktikum*. Vieweg Verlag, 3. Auflage, 2006.

[43] WEXLER, J. und RAZ, S.: *Discrete Gabor Expansion*. In: *Signal Processing*, Band 21: 207–220, 1990.

Index

Index

www.ingramcontent.com/pod-product-compliance
Lightning Source LLC
Chambersburg PA
CBHW081038220326

41598CB00038B/6912